中国水利学会

2021 学术年会论文集

第一分册

中国水利学会 编

黄河水利出版社

· 郑州 ·

内 容 提 要

本书是以"谋篇布局'十四五'，助推新阶段水利高质量发展"为主题的中国水利学会2021学术年会论文合辑，积极围绕当年水利工作热点、难点、焦点和水利科技前沿问题，重点聚焦水资源短缺、水生态损害、水环境污染和洪涝灾害频繁等新老水问题，主要分为水资源、水生态、流域生态系统保护修复与综合治理、山洪灾害防御、地下水等板块，对促进我国水问题解决、推动水利科技创新、展示水利科技工作者才华和成果有重要意义。

本书可供广大水利科技工作者和大专院校师生交流学习和参考。

图书在版编目（CIP）数据

中国水利学会2021学术年会论文集：全五册/中国水利学会编. —郑州：黄河水利出版社，2021.12
ISBN 978-7-5509-3203-6

Ⅰ. ①中… Ⅱ. ①中… Ⅲ. ①水利建设-学术会议-文集 Ⅳ. ①TV-53

中国版本图书馆 CIP 数据核字（2021）第 268079 号

策划编辑：杨雯惠 电话：0371-66020903 E-mail：yangwenhui923@163.com

出　版　社：黄河水利出版社
　　　　　　地址：河南省郑州市顺河路黄委会综合楼14层
　　　　　　网址：www.yrcp.com
　　　　　　邮政编码：450003
发行单位：黄河水利出版社
　　　　　　发行部电话：0371-66026940、66020550、66028024、66022620（传真）
　　　　　　E-mail：hhslcbs@126.com
承印单位：广东虎彩云印刷有限公司
开本：787 mm×1 092 mm　1/16
印张：158.25（总）
字数：5 013 千字（总）
版次：2021 年 12 月第 1 版　　印次：2021 年 12 月第 1 次印刷
定价：720.00 元（全五册）

中国水利学会 2021 学术年会论文集

编 委 会

前言 Preface

　　学术交流是学会立会之本。作为我国历史上第一个全国性水利学术团体，90年来，中国水利学会始终秉持"联络水利工程同志、研究水利学术、促进水利建设"的初心，团结广大水利科技工作者砥砺奋进、勇攀高峰，为我国治水事业发展提供了重要科技支撑。自2001年创立年会制度以来，中国水利学会认真贯彻党中央、国务院方针政策，落实水利部和中国科协决策部署，紧密围绕水利中心工作，针对当年水利工作热点、难点、焦点和水利科技前沿问题，邀请专家、代表和科技工作者展开深层次的交流研讨。中国水利学术年会已成为促进我国水问题解决、推动水利科技创新、展示水利科技工作者才华和成果的良好交流平台，为服务水利科技工作者、服务学会会员、推动水利学科建设与发展做出了积极贡献。

　　中国水利学会2021学术年会以习近平新时代中国特色社会主义思想为指导，认真贯彻落实"节水优先、空间均衡、系统治理、两手发力"的治水思路，以"谋篇布局'十四五'，助推新阶段水利高质量发展"为主题，聚焦水资源短缺、水生态损害、水环境污染等问题，共设16个分会场，分别为：山洪灾害防御分会场；水资源分会场；2021年中国水利学会流域发展战略专业委员会年会分会场；水生态分会场；智慧水利·数字孪生分会场；水利政策分会场；水利科普分会场；期刊分会场；检验检测分会场；水利工程教育专业认证分会场；地下水分会场；水力学与水利信息学分会场；粤港澳大湾区分会场；流域生态系统保护修复与综合治理暨第二届生态水工学学术论坛分会场；水平定向钻探分会场；国际分会场。

　　中国水利学会2021学术年会论文征集通知发出后，受到了广大会员和水利科技工作者的广泛关注，共收到来自有关政府部门、科研院所、大专院校、水利设计、施工、管理等单位科技工作者的论文600余篇。为保证本次学术年会入选论文的质量，各分会场积极组织相关领域的专家对稿件进行了评审，共评选出 377 篇主题相符、水平较高的论文入选论文集。本论文集共包括 5 册。

本论文集的汇总工作由中国水利学会学术交流与科普部牵头，各分会场积极协助，为论文集的出版做了大量的工作。论文集的编辑出版也得到了黄河水利出版社的大力支持和帮助，参与评审和编辑的专家和工作人员花费了大量时间，克服了时间紧、任务重等困难，付出了辛苦和汗水，在此一并表示感谢。同时，对所有应征投稿的科技工作者表示诚挚的谢意。

由于编辑出版论文集的工作量大、时间紧，且编者水平有限，不足之处，欢迎广大作者和读者批评指正。

中国水利学会

2021 年 12 月 20 日

目录 Contents

水生态

目 录

水资源

丹江口水库优化调度探索与实践

丁洪亮　杨海从　董付强　王　伟

（汉江水利水电（集团）有限责任公司，湖北武汉　430048）

摘　要：通过分析丹江口水库优化调度面临的形势，阐述了开展优化调度的思路、主要研究内容，介绍了丹江口水库优化调度方案成果，对比了优化调度方案与常规调度规则，总结了近几年优化调度实践情况，分析了有关效益，提出了进一步优化丹江口水库调度的建议。

关键词：汉江；丹江口；优化调度；生态调度

1　概述

汉江流域是我国水资源配置的战略水源地[1]，随着经济社会发展和人民对美好生态环境需求的增加，流域内用水与外调水的矛盾、上下游蓄泄矛盾、河道内用水与河道外用水矛盾、水资源开发利用与生态环境保护用水的矛盾日益突出。丹江口水库是汉江流域控制性大型骨干工程，也是南水北调中线一期工程重要水源地，地跨汉江生态经济带两区（丹江口库区及上游地区、汉江中下游地区），在汉江流域水资源配置和南水北调中线一期工程供水中发挥着重要作用。南水北调中线一期工程通水后，在尊重流域水文规律和工程调度运用规则前提下，通过认真总结经验，不断探索创新，逐步优化调度方案，使丹江口水库工程运行调度趋向精细精确精准。

2　丹江口水库优化调度形势

2.1　流域径流发生变化，来水有减少趋势

汉江径流主要来源于降水，径流年内分配不均匀，7~10月径流量一般占全年径流量的65%；径流年际变化很大，年最大最小径流相差约6倍，为长江各支流之冠，径流分配不均加剧了流域水资源调配的难度。严栋飞等的研究成果表明，汉江上游径流量总体呈减少趋势，尤其在20世纪90年代以后减少趋势显著[2]。近20年来，汉江流域枯水年出现频率有所增加，并发生了2012—2016年"五连枯"的情况。丹江口水库大坝加高时采用1956—1998年水文系列，多年平均天然入库径流量388亿m³，系列延长至2018年，入库径流量减少至374亿m³，其中延长的1999—2018年系列年均径流量为345亿m³，较原水文系列降低11%。近年来汉江来水减少，水资源配置难度加剧。

2.2　水资源开发程度高，水资源配置压力大

汉江流域是我国重要的水源地，主要引调水工程包括南水北调中线一期工程、襄阳引丹工程、鄂北地区水资源配置工程、引江济汉工程、引汉济渭工程、引红济石工程、引乾济石工程等。其中，南水北调中线一期工程从丹江口水库多年平均调水量95亿m³；引汉济渭工程从汉江上游调水至渭河，2025年多年平均调水量10亿m³，2035年多年平均调水量15亿m³；襄阳引丹工程、鄂北地区水资源配置工程分别从丹江口水库调水6.28亿m³、7.7亿m³。研究表明，汉江流域水资源开发利用率已达较高程度，对水资源可持续利用和水生态环境保护产生较大压力[3]。随着汉江生态经济带的进一步发展，经济社会需水逐步增加，到2035年汉江流域经济需水量将达187亿m³，其中汉江上游用水量

作者简介：丁洪亮（1975—），男，高级工程师，主要从事防汛和水库调度工作。

达到 49.4 亿 m³。按照丹江口坝址断面多年平均径流计算，2035 年汉江上游水资源开发利用率将达到 46.4%。

2.3 水库防洪供水矛盾突出，需要统筹考虑

丹江口水库工程任务以防洪、供水为主，兼顾发电、航运等综合利用。夏汛期水库防洪限制水位 160.0 m，秋汛期水库防洪限制水位 163.5 m，防洪高水位 171.7 m，防洪库容 80.53 亿~110.21 亿 m³。水库正常蓄水位 170 m，死水位 150 m，兴利库容 161.22 亿 m³。汛期结合库容 62.51 亿~92.19 亿 m³，为同期防洪库容的 77.6%~83.6%，为兴利库容的 38.8%~57.2%。丹江口水库防洪与供水对水库水位的要求是矛盾的、冲突的，客观上增加了综合调度的难度[4]。枯水期，为保证供水安全，水库按照用水需求控制出库；丰水年份水位消落较慢，汛前水位消落压力大，存在无洪弃水风险。进入主汛期，防洪调度和供水调度的矛盾要求水库水位贴近防洪限制水位运行，造成水库来水稍大就弃水的情况。同时，主汛期也是水库来水的主要时段，秋汛期结束后，丹江口水库待蓄库容 62.51 亿 m³，蓄水压力很大。以 2018 年为例，6 月初丹江口水库水位 161.99 m，按正常供水预降水位至防洪限制水位难度大，同时 6 月上中旬来水偏丰，6 月中旬利用弃水进行了促进汉江中下游四大家鱼繁殖的生态试验；6 月下旬、7 月上中旬受制于防洪限制水位，再次发生弃水；汛末蓄水期，由于来水小于用水，水库水位逐步降至 11 月初的 159.48 m。

2.4 汉江中下游水华频现，生态用水需求增加

汉江中下游干流部分江段总磷、化学需氧量等污染物浓度较高，干流沙洋以下多处江段发生水华。1992 年 2 月中旬至 3 月初，汉江首次发生大规模水华。1998—2021 年，汉江中下游又爆发了 14 次较大规模水华。程兵芬等研究认为，与非水华年份相比，汉江水华年份流量偏低 15.0%[5]。李昱燃等研究结果表明，汉江中下游水华断面流量达到甚至超过 1 300 m³/s，调度效果才进一步显现[6]。可见，应对汉江中下游水华需要丹江口水库临时增加下泄水量。南水北调中线一期工程通水以后，丹江口水库运行水位抬高，枯水期下泄长期维持 500 m³/s 左右，丹江口—王甫洲区间流量流速降低，伊乐藻等沉水水生植物大量繁殖，洪水期大量水草被冲刷堆积于王甫洲库区，严重影响王甫洲枢纽正常运行。

3 丹江口水库优化调度方案研究与形成

3.1 优化调度方案探讨与设计

丹江口水库建成运行以来，主管部门、工程运行管理单位组织对工程调度运用方式做了大量研究工作，工程初期规模阶段编制了调度规程和调度手册，通水后又组织编制了《南水北调中线一期工程水量调度方案》《丹江口水利枢纽调度规程（试行）》等，作为常规调度的依据。胡军等探讨了水库初期工程阶段的优化调度方案[7]。与此同时，工程运行管理、预报调度、预案预演、应急管理等工作也逐步成熟，尤以调度运行实践最为成功——1998 年与长江洪水错峰调度、2010 年与三峡错峰调度、2011 年抗旱联调、2017 年蓄水联调[8]。在研究和总结的基础上，提出了在不降低工程及汉江中下游防洪安全的前提下，优化丹江口水利枢纽调度方式，减少弃水，增加北调水量，提高水资源利用率的优化调度方案思路。

根据上述思路，丹江口水库优化调度方案的原则包括不降低工程规划设计标准、优化调度以保障防洪安全为最基本前提、围绕增加有效供水量开展优化调度。主要研究内容包括流域水文情势分析、流域实时预报方案编制、水库汛期运行水位动态控制研究、水库防洪调度方式优化研究、水库水量调度方式优化研究、水库应急与生态调度方式研究等，见图 1。其中，流域水文情势分析和实时预报方案编制是开展优化调度的必要条件；水库汛期运行水位动态控制研究是优化调度方案的核心内容，研究内容包括汛前消落、汛期运行水位动态控制范围及风险、汛末提前蓄水等；其他优化调度研究内容是以相应任务或效益为主，统筹协调其他效益的专项研究，最终目的是发挥工程最大综合效益。

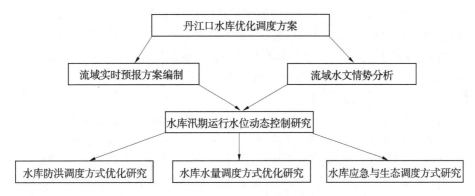

图 1　丹江口水库优化调度方案研究内容框架

3.2　优化调度方案成果与对比

3.2.1　调度任务优化

将统筹考虑生态需求、提高水资源利用率等内容作为作为水库优化调度的任务。联合调度方面，明确上游石泉、安康、潘口、黄龙滩等水库在保证枢纽安全及其调度任务的前提下，与丹江口水库联合调度。

3.2.2　水文气象情报与预报

明确开展汉江流域中长期气象预报，为丹江口水库调度提供参考。在原调度规程的基础上，补充了对水文气象情报与预报的具体内容和要求，新增开展短期气象预报的技术要求，新增开展降水中期、延伸期预报。另外，还增加了对水情监测、分析会商和滚动预报的要求。

3.2.3　调度控制水位

优化调度方案调度控制水位遵从原设计要求，一般要求与原调度规程一致，但在具备条件的前提下，汛期运行水位可适当上浮，2021 年为夏汛期可按不超过 161.5 m、秋汛期可按不超过 165.5 m 运行。上浮运行条件包括：上游安康水库水位在防洪限制水位以下，汉江水位在 25 m 以下，预报 3 天内丹江口水库以上地区及丹江口—皇庄（碾盘山）区间没有中等及以上强度降水，不会发生较大洪水过程。当前述条件不满足时，调度控制水位按原设计要求执行。夏汛期与秋汛期过渡期，水位按不超过 163.5 m 控制。与原规程相比，在具备条件的前提下，夏汛期水库运行水位由 160.0 m 上浮 1.5 m，秋汛期上浮 2.0 m，相应增加调节库容 12.40 亿 m³、18.20 亿 m³，过渡期期初上浮 1.5 m，期末未上浮。运行水位上浮期间，丹江口水库继续采用预报预泄、分级补偿调节的防洪调度方式，增加了对上游安康、潘口等水库配合丹江口水库进行拦洪削峰的规定。

3.2.4　兴利调度

兴利调度主要增加了生态调度的有关要求，明确在丹江口水库满足年度供水计划的前提下，根据水库蓄水情况、生态补水计划和有关部门生态调度需求，相机实施华北地区生态补水、汉江中下游生态调度试验等。

4　丹江口水库优化调度的实践与效益

4.1　汛期运行水位动态控制实践情况

在水利部长江水利委员会的指导下，丹江口水库分别在 2018 年、2020 年、2021 年实施了汛期运行水位动态控制。2018 年进行初次尝试，夏汛期运行水位上浮 1.28 m[9]。2020 年，丹江口水库按照当年批准的优化调度方案调度，7 月中旬水库按照调度指令控制下泄流量由 1 500 m³/s 降低至 500 m³/s，以降低汉江中下游河道水位，减轻长湖防洪压力，水库在蓄水防洪的同时夏汛期运行水位最高上浮 1.5 m，并实现由夏汛期向秋汛期平稳过渡。2020 年汛期运行水位上浮期间，水库具备加大供水条件，6 月、7 月供水流量基本维持在 350～420 m³/s，陶岔渠首年度供水量达到通水以来最高，为

87.56 亿 m³，受水区收水 86.22 亿 m³，受水区收水量超过设计的多年平均供水量。2021 年，水库夏汛期运行水位动态浮动至 161.5 m，8 月中旬，根据气象水文预报和会商结果，运行水位继续上浮，进入过渡期水位达到 162.97 m。3 个年度汛期水位动态控制逐步提高，控制在一定限度之内，多蓄水 10.54 亿~12.40 亿 m³，汛期累计利用结合库容超过 35 亿 m³，效果显著。

4.2 上游梯级水库与丹江口水库联调情况

近两年，水利部长江水利委员会通过实施汉江上游水库联合调度，显著减少了丹江口水库弃水。2019 年 8 月，调度部门明确 8 月 21 日前丹江口水库调度控制水位按照不超过 160.5 m 控制。水库按照用水控制出库运行，8 月 14 日水位涨至 160.0 m，仍呈上涨趋势。为达到水位控制目标，19 日调度部门紧急协调增加丹江口水电站出力，发电流量由 550 m³/s 增加至 1 150 m³/s，同时协调安康、黄龙滩等水电站降低发电流量，正好于夏汛期末控制丹江口水库水位至 161.50 m，避免弃水发生，联合调度过程概况见图 2。

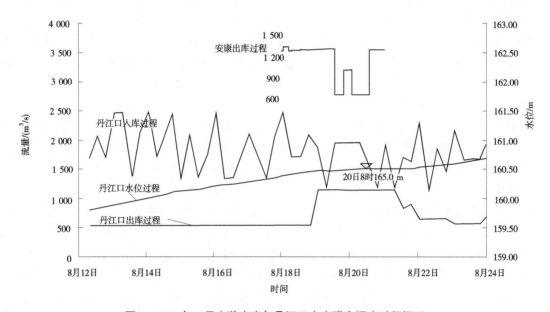

图 2 2019 年 8 月上游水库与丹江口水库联合调度过程概况

2021 年 8 月上旬，丹江口水库水位已动态上浮至夏汛期调度控制水位上限 161.5 m。8 月 7 日，气象预报汉江上游和中下游近期有中等以上降水过程，按照优化调度方案，水库应实施预泄。7 日下午，水库按照调度指令开闸泄洪。9 日后，汉江上游降水基本结束，但径流仍较大，加之上游控制性水库安康、潘口等水电站维持较大发电流量，丹江口水库入库流量超过用水流量，水位呈上涨态势。为减少水库弃水，丹江口水库调度部门 9 日协调安康、潘口、黄龙滩等水电站控制下泄，减小丹江口水库入库流量。9 日 18 时，丹江口水库关闭泄洪闸。

4.3 生态调度试验及应对水华情况

丹江口—王甫洲区间生态调度试验始于 2020 年，目前进行了 2 年尝试。2020 年试验期为 3 月下旬至 4 月底，历时 39 d，丹江口水库最大下泄流量 1 270 m³/s。2021 年 2 月下旬、3 月中旬进行为期 10 d 2 次生态调度试验，下泄流量在 500~1 280 m³/s 波动，平均流量 907 m³/s。生态调度期间，汉江中下游河道水位大幅提升，流速增加，水动力条件明显改善，清除水草增加显著，有效抑制了丹江口—王甫洲区间水草过度生长，降低了王甫洲水利枢纽安全运行风险。

2018 年、2021 年汉江中下游发生较严重水华。2018 年 2—3 月，沙洋至武汉共 300 余 km 的江段出现藻类异常增殖，历时 30 余 d，监测断面藻密度高峰期达 3.42×10⁷/L。根据历年水华的发生规律，调度部门已在 2 月初提前提高丹江口水库下泄流量，2 月上旬下泄流量由 520 m³/s 提高至 580 m³/s，11 日加到 700 m³/s，12 日后继续加大至 700~900 m³/s，皇庄、仙桃断面流量在 3 月 1 日之后持续接近或超过 1 000 m³/s，藻类开始明显降低。2021 年 1 月中下旬，兴隆库区—武汉宗关水厂等多个断面藻密度迅速增加，兴隆库区最高达到 1.80×10^7/L，武汉宗关水厂断面最高达到 2.01×10^7/L，发生轻度水华。24 日，丹江口水库按照调度指令将下泄流量由 620 m³/s 提高到 800 m³/s 并维持 6 d，其间多下泄水量 0.93 亿 m³，有效控制藻类密度至"无明显水华"标准，见图 3。

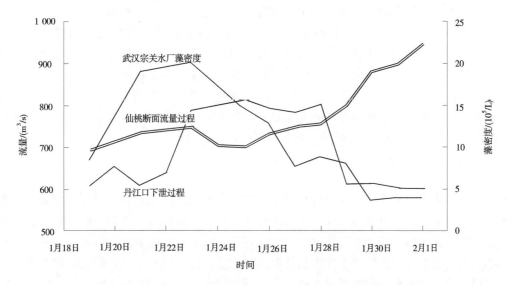

图 3　2021 年 1 月下旬汉江水华藻密度监测与水量调度过程

5　建议进一步优化的方面

5.1　开展调度控制水位实时调度

邹进等认为，多年调节水库调度的关键是如何科学、合理地控制其年末水位[10]。丹江口水库为多年调节水库，自 2014 年南水北调中线一期工程通水以来，部分年份消落低水位为 150.27~152.44 m，出现供水相对紧张情况，但多数年份汛前仅消落至 158~159 m，甚至出现刚进入主汛期即受限于防洪限制水位而弃水的情况。根据有关研究分析，丹江口水库汛前水位控制与夏汛期（6 月 21 日至 8 月 20 日）来水密切相关，如夏汛期来水距平偏少 40% 的情况下，对应来水频率约为 70%，汛前水位控制在 158.0 m 可不影响后期供水。建议进一步加大丹江口水库汛前消落深度研究，合理确定汛前消落控制水位，既不影响供水保证程度，又能够降低水库入汛后面临中小洪水的弃水风险，建议 6 月初水库运行水位以不超过 158 m 为宜。

加强汛期运行水位动态控制实时调度。左键等研究认为，丹江口水库夏汛期防洪限制水位对兴利影响较大，秋汛期防洪限制水位对兴利影响不大[11]。为保证防洪安全，夏汛期要加强运行水位动态控制实时调度，6 月、7 月及 8 月上旬运行水位要能上能下，一般以靠近防洪限制水位为主，中小洪水为加大洪水资源化利用水位可浮动至调度控制水位上限，8 月中旬运行水位逐步向调度控制水位上限过渡，秋汛期一般按照优化调度控制水位上限浮动。

5.2　进行提前蓄水尝试

目前，批准的优化调度方案仅对汛末提前蓄水提出了原则性意见，尚未有成功实践经验。汉江上游干支流大型水库众多，常规调度过程中各大型水库同步蓄水，上游水库蓄水期间下泄减少，丹江口水库来水不足，蓄水压力较大，丹江口水库提前蓄水很有必要。Yitian Li 等认为，提前蓄水方案的制定主要由水库开始蓄水时间和蓄水进度控制两个要素决定[12]。Feng Feng 等研究认为，每年来水的多少很大程度上影响到当年水库的蓄水方案制定[13]。汪芸等研究认为，丹江口水库提前蓄水最佳时间为 9 月 15 日，9 月蓄水上限水位为 166 m[14]。建议继续加大研究，结合水文情势预报和上游水库运行特点，合理确定丹江口水库提前蓄水的时机，开展提前蓄水尝试，产研结合，逐步推进。

5.3 挖掘兴利调度潜力

程殿龙等认为，增加水资源的有效供给，是洪水资源化的工作目标[15]。丹江口水库优化调度的目的是充分发挥丹江口水库综合效益，提高北调水供水保障程度，增加北调水量，若水库用水不足，优化调度效果也必然受到影响。建议加快受水区北调水消纳，推进受水区水权交易；在丹江口水库丰水年、汛期运行水位上浮期间，增加北调水量配置，相机增加受水区生态补水。

2021 年 3 月《长江保护法》正式施行，要求水利水电等枢纽工程将生态用水调度纳入日常运行调度规程，建立常规生态调度机制。目前来看，丹江口—王甫洲生态调度试验主要在汛前进行，建议结合丹江口水库蓄水情况，适时在汛中、汛后进行尝试，逐步实现常态化。

近年来，汉江中下游水华频繁发生，发生河段由仙桃江段上溯至兴隆库区。在丹江口水库实施优化调度的背景下，丰水年份水库具备在枯水期进一步加大向汉江中下游下泄的条件，水华多发时段可提前将下泄流量加大至 800 m³/s 并维持，以有效预防发生发生。

6 结语

实施丹江口水库优化调度是落实习近平总书记在南水北调后续工程高质量发展座谈会重要讲话精神的具体实践和重要举措，对提高汉江流域水资源调配能力、增加南水北调中线一期工程供水保障程度、应对汉江中下游水华发生和改善部分河段生态环境、有效利用流域雨洪资源、充分发挥丹江口水库工程效益具有重要意义。丹江口水库优化调度刚刚起步，值得进一步深入研究。展望未来，随着水文情报及预报技术的进步和优化调度实践的深入，丹江口水库调度水平必然跃上一个新的台阶，工程综合效益将得到巨大发挥。

参考文献

[1] 王新才，管光明，戴昌军. 汉江流域：建立流域和区域相结合的水资源管理制度 [J]. 中国水利，2014 (15)：34-36.

[2] 严栋飞，解建仓，姜仁贵，等. 汉江上游径流变化趋势及特征分析 [J]. 水资源与水工程学报，2016，27 (6)：13-19.

[3] 马建华. 关于汉江流域实施水量分配管理若干问题的思考 [J]. 人民长江，2010，41 (17)：1-6，11.

[4] 穆青青，何晓东，丁洪亮，等. 2017 年丹江口水库精细化调度实践与探讨 [J]. 人民长江，2019，50 (3)：40-46.

[5] 程兵芬，夏瑞，张远，等. 基于拐点分析的汉江水华暴发突变与归因研究 [J]. 生态环境学报，2021，30 (4)：787-797.

[6] 李昱燃，李欣悦，林莉. 2018 年汉江中下游水华现象的思考与建议 [J]. 人民长江，2020，51 (8)：62-66.

[7] 胡军，刘松，胡永光，等. 丹江口水库优化调度与效益分析 [J]. 人民长江，2012，43 (20)：8-11.

[8] 董付强，丁洪亮，穆青青，等. 以丹江口水库为核心的汉江上游水库群联合调度初步实践与探讨 [J]. 中国防汛抗旱，2019，29 (6)：9-12，18.

[9] 杨海从. 南水北调中线一期工程生态补水机制建设研究 [C] //董力. 创新体制机制建设强化水利行业监管. 北京：中国水利水电出版社，2020.11：146-151.

[10] 邹进，何士华. 多年调节水库年末消落水位的多目标决策模型 [J]. 水力发电，2006 (5)：12-13+57.

[11] 左建，林云发，邓山，等. 丹江口水库兴利效益影响因素分析 [J/OL]. 长江科学院院报，2021-08-20：1-7.

[12] Yitian Li, Gan F, Deng J. Preliminary study on impounding water of Three Gorges Project in September [J]. Journal of Hydroelectric Engineering, 2006, 25 (1)：61-66.

[13] Feng Feng, ShiGuo Xu, JianWei Liu, et al. Comprehensive benefit of flood resources utilization through dynamic successive fuzzy evaluation model: A case study [J]. Science China Technological Sciences, 2010, 53 (2)：

[14] 汪芸，郭生练，李天元. 丹江口水库提前蓄水方案 [J]. 武汉大学学报（工学版），2014 (47)：433-439.

[15] 程殿龙，尚全民，万海斌，等. 以科学精神和积极态度对待洪水资源化 [J]. 中国水利，2004 (15)：25-27.

典型灌区灌溉水有效利用系数测算及节水对策

郑江丽[1,2]　熊　静[1,2]　郭　伟[1,2]

(1. 水利部珠江河口治理与保护重点实验室，广东广州　510611；
2. 珠江水利委员会珠江水利科学研究院，广东广州　510611)

摘　要： 选取广西典型灌区开展灌溉水有效利用系数监测调查。结果表明：采用渠系水利用系数测算方法计算得到顺梅灌区 2017 年渠系水利用系数为 0.530，灌溉水利用系数为 0.477，较历年灌溉水利用系数有所提高。根据顺梅灌区的基本情况以及测算成果，从加强渠道维护、加强灌区管理、加强节水灌溉技术推广等方面提出了顺梅灌区应采取的节水措施。

关键词： 灌溉水有效利用系数；测算；节水对策

农业用水一向是我国的重要用水大户，加强农业用水管理，特别是加强灌溉用水效率管理，对于节约水资源，促进节水型社会建设、生态文明建设具有重要意义。农业用水效率一般采用灌溉水有效利用系数来衡量，灌溉水有效利用系数是指在某次或某一时间内被农作物利用的净灌溉用水量与水源渠首处总灌溉引水量的比值[1]，其值越高则农业灌溉用水效率越高。灌溉水有效利用系数一直以来作为灌区灌溉用水评价的一个最重要指标，目前灌溉水有效利用系数的确定方法主要有 2 种：一种是传统测定方法典型渠段测量法[2-3]，即用各级渠道水利用系数和田间水利用系数的乘积来表示，能够反映各级渠道输水利用率状况；另一种是首尾测算法[3-5]，即田间实际净灌溉用水总量与灌区渠首引入的毛灌溉用水量之比。首尾测算法虽然简单，但一般需要较长时间试验观测数据，传统测定方法在了解灌区渠道走向的情况下，对某次灌水开展试验观测即可。

全国各省从 2006 年以来，采用首尾测算法开展了 10 多年的农田灌溉水有效利用系数测算[6]，取得了省、市、县以及典型灌区灌溉水有效利用系数的很多成果。其中，典型灌区灌溉水利用系数测算是基础，典型灌区作为整个灌区系统的小单元，其灌溉效率的提高具有较好的带动作用和推广价值，为此选取广西典型灌区开展灌溉水有效利用系数监测调查工作，评价典型灌区灌溉效率的合理性，为农业用水管理提出切实可行的节水措施。

1　数据与方法

1.1　研究区概况

顺梅灌区位于桂林市阳朔县福利镇，水源由顺梅水库经明渠引流，灌区共有 5 条干渠，总长 34.90 km，其中用混凝土衬砌防渗长度达到 19.90 km，干渠的衬砌率达到 56.4%，支渠 14 条，总长 27.10 km。干渠中流量级别为 1~5 m³/s 的有 1 条，长度 4.40 km；流量级别为 1 m³/s 以下的有 4 条，长度 30.50 km。支渠流量级别为 0.5~1 m³/s 的有 6 条，长度 17.00 km；流量级别为 0.5 m³/s 以下的有 8 条，长度 10.10 km。灌区设计灌溉面积 2.6 万亩，2016 年有效灌溉面积 2.1 万亩，2017 年有效灌溉面积 1.6 万亩。灌区多年平均降水量 1 547 mm，土壤类型全部为壤土。

基金项目： 广西重点研发计划（902229136010）；贵州省水利厅科技专项经费项目（KT201904）。

作者简介： 郑江丽（1985—），女，高级工程师，主要从事水资源规划与农业灌溉研究工作。

顺梅灌区主要作物为水稻、甘蔗和果树，2017 年实灌面积分别为 4 000 亩、5 000 亩和 7 000 亩。目前，水稻采用淹水灌溉方式、甘蔗和果树采用沟灌方式。

1.2 测算方法

根据《灌溉渠道系统量水规范》（GB/T 21303—2017）、《灌溉水利用率测定技术导则》（SL /Z 699—2015）、《灌溉试验规范》（SL 13—2015）以及相关文献研究成果[3-5]，渠系水利用系数等于各级渠道水利用系数的乘积，渠道水利用系数的测算如下。

1.2.1 渠段水利用系数的计算

为了更接近实际渠道情况和便于测量，采用动水测定法测定渠道水利用系数。观测典型渠段始、末端两个断面同时段的流量，计算公式如下：

$$\eta_{\text{典型}c} = \frac{W_{\text{典型}c}}{W_{\text{典型}r}} = \frac{Q_{\text{典型}c}}{Q_{\text{典型}r}} \tag{1}$$

式中：$\eta_{\text{典型}c}$ 为典型渠段的渠道水利用系数；$W_{\text{典型}c}$、$W_{\text{典型}r}$ 分别为同时期典型渠道末端放出和首端进入的水量，m^3；$Q_{\text{典型}c}$、$Q_{\text{典型}r}$ 分别为同时期典型渠道末端放出和首端进入的流量，m^3/s。

1.2.2 渠道输水损失率的计算

（1）测量时段内典型渠段的损失水量用下式计算：

$$W_{\text{典型}s} = W_{\text{典型}r} - W_{\text{典型}c} \tag{2}$$

式中：$W_{\text{典型}s}$ 为测量时段内典型渠段的损失水量，m^3；$W_{\text{典型}r}$ 为测量时段内典型渠段首端断面的水量，m^3；$W_{\text{典型}c}$ 为测量时段内典型渠段末端断面的水量，m^3。

（2）典型渠段的输水损失率和水利用系数用下式计算：

$$\delta_{\text{典型}c} = \frac{W_{\text{典型}s}}{W_{\text{典型}r}} \tag{3}$$

$$\eta_{\text{典型}c} = 1 - \delta_{\text{典型}c} \tag{4}$$

式中：$\delta_{\text{典型}c}$ 为典型渠段的渠道输水损失率。

（3）渠道单位长度的输水损失率用下式计算：

$$\sigma_c = \left[k_2 + k_3(k_1 - 1) \cdot (1 - k_2) \right] \frac{\delta_{\text{典型}c}}{L_{\text{典型}c}} \tag{5}$$

式中：σ_c 为渠道单位长度输水损失率；k_1 为输水修正系数，$k_1 = 1 + \dfrac{Q_{\text{典型}c}}{Q_{\text{典型}r}}$；$k_2$ 为分水修正系数，可以用渠道控制区宽度计算，$k_2 = 0.5 \times (1 - \dfrac{1}{6} \cdot \dfrac{\Delta B_{\text{典型}c}}{B_{\text{典型}r}})$，$\Delta B_{\text{典型}c}$ 为渠道首部与尾部控制区的宽度差，$B_{\text{典型}r}$ 为渠道控制区的平均宽度，若接近均匀分水则 $k_2 = 0.5$；k_3 为位置修正系数，$k_3 = 0.5 + \dfrac{l_{\text{典型}c}}{L_c}$，$l_{\text{典型}c}$ 为典型渠段中心到典型渠道渠首的距离，L_c 为典型渠道长度；$L_{\text{典型}c}$ 为典型渠段长度。

1.2.3 渠道水利用系数的计算

渠道的输水损失率和渠道水利用系数用下式计算：

$$\delta_c = \sigma_c \cdot L_c \tag{6}$$

$$\eta_c = 1 - \delta_c \tag{7}$$

式中：δ_c 为渠道输水损失率；L_c 为某级渠道平均长度，为该级渠道总长除以总条数；η_c 为渠道水利用系数。

2 结果及分析

2.1 测算结果

根据传统测算方法，结合顺梅灌区的实际情况选取 11 条典型渠段 24 个断面进行流速监测，测量仪器有：南水牌 XZ-3 型流速仪 2 台、50 m 长皮尺 2 把、10 m 钢卷尺 2 把、5 m 测深标杆尺 2 把、40 m 长麻绳 2 根、两岸固定桩 4 支、钉锤 2 把、测距仪 1 台、连体水衣裤 2 套。测定时间间隔为 20~60 min。灌区测算渠段示意图见图 1，根据 2017 年 4 月 13—16 日对顺梅水库灌区实际测得数据，用渠道水利用系数计算公式进行演算，得到相应的渠道水利用系数，见表 1。

图 1　顺梅水库灌区测算渠段示意图

表 1　顺梅水库灌区渠道水利用系数

渠道名称	渠段首端进入流量 $Q/$ (m^3/s)	测段分流口流量 $Q/$ (m^3/s)	渠段末端放出流量 $Q/$ (m^3/s)	渠段输水损失率/%	渠道输水损失率/%	输水修正系数 k_1	分水修正系数 k_2	位置修正系数 k_3	渠段输水系数	渠道水利用系数	
总干渠	0.404	0.0636	0.335	1.31	1.90	1.987	0.5	0.841	0.987	0.981	0.981
东干渠	0.0367	0.00847	0.0268	3.9	18.3	1.961	0.5	0.675	0.961	0.817	
北干渠	0.0142	0	0.0124	12.7	24.6	1.873	0.5	0.984	0.873	0.754	0.530（由本次测量不同级别渠道水利用系数相乘得到）
中干渠	0.0386	0	0.0359	7.00	12.7	1.93	0.5	1.044	0.93	0.873	
西干渠	0.184	0.068	0.103	7.07	16.2	1.93	0.5	0.915	0.93	0.838	
路拐井支渠	0.15	0.033	0.108	6.0	23.4	1.94	0.5	0.706	0.94	0.766	0.770
垌心支渠	0.00715	0.00231	0.00426	8.11	11.6	1.919	0.5	1.25	0.919	0.884	
中和村支渠	0.0534	0.0202	0.0295	6.93	25.3	1.931	0.5	0.725	0.931	0.747	
总干渠 1 斗	0.0269	0.0143	0.0110	5.95	8.23	1.951	0.5	1.357	0.951	0.918	0.847
西干渠 1 斗	0.0195	0.007	0.011	7.7	17.9	1.923	0.5	0.86	0.923	0.821	

根据《节水灌溉工程技术标准》（GB/T 50363—2018）水稻灌区田间水利用系数不宜低于 0.95；旱作物灌区田间水利用系数不宜低于 0.90，本次估算顺梅灌区田间水利用系数为 0.90，则顺梅灌区灌溉水利用系数由渠系水利用系数乘以田间水利用系数为 0.477。

2.2 测算合理性分析

历年广西农田灌溉水有效利用系数测算分析成果中均选取了顺梅灌区作为样点灌区，采用首尾测算法计算了顺梅灌区的灌溉水有效利用系数为 0.396~0.471，见表2，2013—2016 年首尾测算法得到顺梅灌区的灌溉水有效利用系数呈逐年增加趋势，灌溉效率逐年提高。

表2　顺梅水库灌区灌溉水有效利用系数历年比较

年份	有效灌溉面积/万亩	实灌面积/万亩	年毛灌溉用水量/万 m³	节水灌溉面积/万亩	节水改造工程总投资/万元	灌溉水有效利用系数
2013	1.79	1.58	2 089	1.28	800	0.396
2014	1.79	1.58	943	1.28	0	0.423
2015	1.79	1.43	1 067	0.52	0	0.454 4
2016	2.1	1.55	1 162	1.74	5.6	0.471
2017（本次测量）	1.6	1.6	—	—	0	0.477

注：1 亩 = 1/15 hm²，后同。

顺梅灌区自 2013 年投入 800 万元进行节水改造以后，灌溉水有效利用系数有较大的提升，说明加强灌区投入对提高灌区效率效果显著。2013 年顺梅灌区节水改造内容主要为渠道防渗。

尽管国家重视农业水利的投入，但是社会经济发展中农业比重日趋减小，农民种田积极性不高，2015 年实灌面积减小，在无节水投入的情况下，渠道逐渐损毁，2016 年在 5.6 万元节水投入下，实灌面积有所增加。本次考察可以看出，部分渠段两岸杂草茂盛，有局部损坏和较大裂痕的情况。截至 2017 年，干渠中完好的衬砌渠道从 2013 年的 19.9 km 减小至 13 km。

本次采用典型渠道测量法测算得到顺梅灌区灌溉水利用系数为 0.477，略大于 2016 年首尾法测算的灌溉水利用系数 0.471。谢颂磊[7] 认为，由于典型渠道测量法测算结果主要受渠道工程配套设施好坏程度的影响，未包含因调水管理水平而造成的水量损失因素，首尾测算法则 2 个因素均涵盖。因此，典型渠道测量法结果比首尾测算法高是正常的。

2.3 灌区节水计划及措施

2.3.1 存在问题

通过本次调查发现顺梅灌区灌溉效率较低，主要表现在：

（1）顺梅灌区各干渠渠道部分渠段两岸杂草茂盛，渠底泥沙较多，且渠道有局部损坏和较大裂痕；各支渠杂草较多，有局部损坏和较大裂痕，斗渠、农渠的防渗衬砌率较低，从而导致灌区渠系水利用系数降低，造成灌溉水量的浪费。

（2）50%频率下顺梅灌区甘蔗净灌溉定额 340 m³/亩，毛灌溉定额 806 m³/亩，大于《广西农林牧渔业及农村居民生活用水定额》（DB 45/T 804—2012）规定沟灌浇灌情况下制定的 50%频率毛灌溉定额 600 m³/亩，远大于喷灌情况下制定的 50%频率毛灌溉定额 225 m³/亩，远远大于微灌情况下制定的 50%频率毛灌溉定额 200 m³/亩，因此顺梅灌区节水技术有待加强。

（3）顺梅灌区灌溉水有效利用系数 0.477，广西本地桂林市、南宁市、百色市 2017 年灌溉水有效利用系数为分别为 0.508、0.493、0.480；全国平均灌溉水有效利用系数 0.548，北方地区灌水效率较高的省份 2017 年灌溉水有效利用系数达到 0.6~0.7，可见顺梅灌区灌溉效率相比省内城市偏低，相比全国平均水平以及北方先进水平还有较大的差距。

2.3.2 节水计划及措施

（1）加强灌区渠道维护。渠道管护人员要重视灌溉渠道的检查工作，放水前要对灌溉主干道和支干道进行仔细的巡查。巡查的内容包括渠道上是否有鼠洞、蚁穴之类的影响；留意渠道内是否有严重的淤积物、大面积的水流垃圾；还要注意渠道是否有缺口、滑坡之类的问题。放水期间要注意观察行水是否稳定、均匀。放水结束后，要做后期检查，以防出现水下部分的损坏。对一些用混凝土作为防渗的渠道，要及时对渠道的伸缩缝进行检查，对一些已经出现填料缺失的伸缩缝，要及时进行补修措施。

（2）加强灌区用水管理，实现节水的"软驱升级"。统计数据表明，广西大型灌区管理程度较好的灌区比管理程度为中的灌区的灌溉水有效利用系数高 0.05，中型灌区中管理程度较好的灌区比管理程度为中的灌区的灌溉水有效利用系数高 0.04，中型灌区中管理程度为中的灌区比管理程度差的灌区的灌溉水有效利用系数高 0.08，小型灌区中管理程度较好的灌区比管理程度为中的灌区的灌溉水有效利用系数高 0.05，小型灌区中管理程度为中的灌区比管理程度差的灌区的灌溉水有效利用系数高 0.07。可见，加强灌区管理有利于提高灌区用水效率。坚持计划用水、总量控制、定额管理的管理原则，重点从三个方面加强灌区用水管理。一要制订科学的调配水方案。坚持用水申报制度，在掌握全灌区用水总量的基础上，统筹考虑干渠渠域上下游、左右岸的用水需求，制订详尽的供水计划和灌溉次序，优化调度，科学配置，防止因调度缺位、配置不佳和用水秩序混乱造成的水源浪费。二要推进群管组织建设。干渠用水由灌区管理，但支渠以下的用水存在着管理不力乃至无人组织管理的问题，这也是造成水量浪费的主要原因之一。实践证明，在灌区组建农民用水户协会等群管用水组织，让群众参与管理、自主管理，是解决渠系末端水量浪费的有效措施，是灌区用水管理和节水工作的有益补充和有力保证。今后，应进一步推广以农民用水户协会为主的群管组织建设，逐步使"灌区+协会+农户"新型用水管理模式覆盖全灌区。三要切实搞好用水计量和统计工作。用水计量是实现宏观总量控制和微观定额管理的基础。一方面，要加强计量设施建设，尤其要加强支、斗渠计量设施的建设和配套，为准确计量打下硬件基础；另一方面，要注重引进和采用先进的计量设备和技术，加强计量人员队伍建设和教育培训，建立严格计量制度，以不断提高计量水平，确保计量真实准确。

（3）加强节水技术推广，推动灌溉方式"系统更新"。在顺梅灌区推广科学的作物灌溉制度，提高用水效益。顺梅灌区甘蔗和果树种植面积较大，建议大力推广喷灌、微灌、膜下滴灌等先进节水技术。

（4）发展农业节水灌溉。加快灌排骨干工程建设与配套改造，促进灌区现代化改造，加强田间渠系配套、小型农田水利设施建设，完善农田灌排工程体系。实施区域规模化高效节水灌溉，达到国家节水灌溉技术标准要求。推行农业灌溉用水总量控制和定额管理，推行农业水价综合改革，健全农业节水倒逼和激励机制，增加灌区节水灌溉工程面积。

3 结论

本次采用传统测定方法对广西典型灌区顺梅水库灌区的灌溉水有效利用系数进行测算，所需测试时间较短，测算的灌溉水有效利用系数为 0.477。通过测算以及调查发现，顺梅灌区存在渠道损毁、杂草丛生等问题，灌区的灌溉水有效利用系数相比省内城市平均以及国内平均水平还有一定差距。

顺梅灌区具有较大的节水潜力，建议从以下四个方面加强节水：加强灌区渠道维护；加强灌区用水管理，实现节水的"软驱升级"；加强节水技术推广，推动灌溉方式"系统更新"；发展农业节水灌溉。

参考文献

[1] 何文学，李荼青. 灌溉水利用系数测算分析中遇到的困难或问题研究 [J] . 中国水利，2014 (23)：36-38.

［2］许建中，赵竞成，高峰，等．灌溉水利用系数传统测定方法存在问题及影响因素分析［J］．中国水利，2004（17）：39-41.

［3］赵波，王振华，李文昊．兵团第十三师灌溉水利用系数测算［J］．中国农村水利水电，2016（8）：118-120.

［4］高峰，赵竞成，许建中，等．灌溉水利用系数测定方法研究［J］．灌溉排水学报，2004，23（1）：14-20.

［5］严雷，赵晓波．峡口灌区灌溉水利用系数测算［J］．节水灌溉，2009（6）：48-50.

［6］杨芳，郑江丽，李兴拼．省级灌溉水有效利用系数测算工作评估方法探讨［J］．节水灌溉，2016（9）：129-132.

［7］谢颂磊．灌溉水有效利用系数的 2 种测算方法研究分析——以合浦水库灌区为例［J］．安徽农业科学，2016，44（2）：310-312.

双源蒸散发模型在湿润地区的适用性研究

马俊超[1]　王　琨[2]

(1. 长江勘测规划设计研究有限责任公司，湖北武汉　430010;

2. 长江水利委员会水文局，湖北武汉　430010)

摘　要：为研究双源蒸散发模型在估算湿润地区蒸散发量的适用性，以淮河大坡岭以上流域为研究对象，构建了考虑植被叶面积指数的分布式双源蒸散发模型，计算历年逐日流域蒸散发能力，并建立与蒸发皿实测值的拟合关系，以比较双源蒸散发模型计算的精度。结果表明：双源蒸散发模型计算的流域蒸散发能力值与蒸发皿实测值在时间上具有较好的相似性和一致性。研究结果可为估算湿润地区的蒸散发量提供支撑。

关键词：淮河流域；植物生长模型；双源蒸散发模型；相关分析

1　引言

蒸散发是水文循环的重要过程，也是水量平衡的重要组成部分。准确地估算区域蒸散发量，对于农业灌溉预测及水量合理分配具有重要意义。早在 1948 年，Penman 就基于大气动力平衡方程和湍流扩散理论，将空气动力学和热量平衡方程进行结合，提出了著名的 Penman 公式[1]，Monteith 又在 1965 年对该公式进行了改进，加入植物叶面气孔扩张程度以及植物表面对水汽的扩散阻力，并采用植物冠层阻抗计算水汽分子的扩散[2]，得到了广泛应用于蒸散发计算的 Penman-Monteith（PM）公式。近年来，许多学者在 Penman-Monteith 公式的基础上，又开展了不同程度的研究。莫兴国等[3-4]提出了基于 Penman-Monteith 公式的双源蒸散发模型，即将植被冠层和土壤表面作为两个源汇项分别进行计算，从而得到流域蒸散发量。袁飞[5] 又对其进行再次改进，将植物生长模型导入双源蒸散发模型作为模型的输入，实现了随植被叶面积指数动态变化的流域蒸散发量的计算。但是目前常用的蒸散发模型均属于单层模型，将整个流域蒸发面考虑成一个整体，忽略了土地利用条件、地貌、植被等的空间差异对蒸散发的影响，在计算下垫面条件复杂的流域蒸散发量时稍有不足[6-7]。

本文基于南阳、枣阳、驻马店、信阳 4 个气象站及武汉辐射站的 2015—2018 年日观测气象及辐射资料，构建了考虑地形、土地利用及植被叶面积指数的分布式双源蒸散发模型，用于计算区域蒸散发能力，并与蒸发皿实测蒸散发能力进行比较，以定量分析评价双源蒸散发模型在计算湿润地区蒸散发量的适用性，为该区域农业灌溉水量预测及分配提供理论依据及技术支撑。

2　研究区概况

本文选取淮河大坡岭以上流域为研究对象，流域位于 113.273°E ~ 113.823°E，32.222°N ~ 32.713°N，见图 1，流域面积为 1 631.22 km²，干流长度为 73 km。大坡岭以上流域多年平均降水量 939 mm，多年平均径流深为 375 mm 左右。

作者简介：马俊超（1991—），男，工程师，主要从事水文水资源及水环境相关工作。

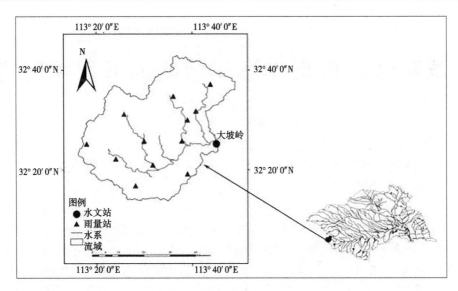

图 1   研究区域

3   模型介绍

3.1   植物生长模型

3.1.1   植物生长过程

本文采用 EPIC 模型作为植物生长模型。模型假定植物生长是基于每日积累的热量，而温度是表征热量的关键物理量。根据热量理论假定植物生长所需热量可以进行时程分配，当日平均温度大于最低生长温度时，超过部分的热量被植物所吸收，所以需要在植物生长过程中记录每天日平均温度，并将其用热量单位表现出来。当具有种植日期、成熟日期、最低生长温度和日平均气温资料时，即可计算出植物生长成熟所需要的总热量[8-9]。

植物生长过程中某天所积累的热量单元如下：

$$HU = \bar{T}_{av} - T_{base} \quad (\bar{T}_{av} > T_{base}) \tag{1}$$

式中：HU 为植物某天积累的热量单元，℃；$\bar{T}_{av}$ 为日平均气温，℃；T_{base} 为植物生长的最低温度，℃。

植物成熟所需要的总积温如下：

$$PHU = \sum_{d=1}^{m} HU_d \tag{2}$$

式中：PHU 为植物成熟需要的总积温，即潜在总积热，℃；HU_d 为植物第 d 天积累的热量单元，℃；m 为植物从种植到成熟所经历的天数。

植物生长过程中的潜在积热率可由下式计算：

$$fr_{PHU} = \frac{\sum_{i=1}^{d} HU_i}{PHU} \tag{3}$$

式中：HU 为截至第 d 天植物生长所需要的热量；fr_{PHU} 为截至第 d 天植物生长的潜在积热率；PHU 为植物生长所需要的总积温。

3.1.2   叶面积指数计算

叶面积指数 LAI（leaf area index）是指某块土地上植物叶片的总面积与植物占地面积的比值，是影响植物蒸散发的主要因素之一[10-11]，叶面积指数又称叶面积系数，计算公式如下：

$$LAI = leaf_{area}/T_{area} \tag{4}$$

式中：LAI 为植物叶面积指数，m^2/m^2；$leaf_{area}$ 为植物叶片总面积，m^2；T_{area} 为植物占地面积，m^2。

叶面积指数控制着植物的各种物理、生理过程，例如呼吸作用、光合作用、碳循环、植被蒸腾和降水截留等，是陆面过程中一个关键的结构参数，也是决定植物冠层表面阻力的重要参数。

完成植物叶面积指数动态变化的计算后，计算出的不同植物的叶面积指数将作为蒸散发模型的输入用于流域蒸散发的计算。

3.2 双源蒸散发模型

双源蒸散发模型是将土壤表层和植被冠层作为两个相互作用与影响的源汇项，并且互相独立，计算公式如下：

$$E_t = E_i + E_{pc} + E_{ps} \tag{5}$$

式中：E_t 为流域蒸散发能力；E_i 为植被冠层实际的截留蒸发量；E_{pc} 为植被实际的蒸腾量；E_{ps} 为土壤实际的蒸发量。

E_i、E_{pc} 和 E_{ps} 的计算公式如下：

（1）植被冠层实际的截留蒸发量 E_i（被植被叶面截留的那部分水量的蒸发）：

$$E_i = \frac{\Delta \cdot R_{nc} + \dfrac{\rho C_p D_0}{\gamma_{ac}}}{\lambda(\Delta + \gamma)} W_{fr} \tag{6}$$

（2）植被实际的蒸腾量（土壤含水量达到田间持水量时，植被叶面气孔所能蒸发的水分）：

$$E_{pc} = \frac{\Delta \cdot R_{nc} + \dfrac{\rho C_p D_0}{\gamma_{ac}}}{\lambda\left[\Delta + \gamma\left(1 + \dfrac{\gamma_{cp}}{\gamma_{ac}}\right)\right]}(1 - W_{fr}) \tag{7}$$

（3）土壤实际的蒸发量（土壤含水量达到田间持水量时，裸土或者植物冠层以下土壤所蒸发的水分）：

$$E_{ps} = \frac{\Delta \cdot (R_{ns} - G) + \dfrac{\rho C_p D_0}{\gamma_{as}}}{\lambda\left[\Delta + \gamma\left(1 + \dfrac{\gamma_{sp}}{\gamma_{as}}\right)\right]} \tag{8}$$

式中：R_{ns} 为植物冠层获取的太阳净辐射值，W/m^2；R_{ns} 为土壤表面得到的太阳净辐射值，W/m^2；G 为土壤热通量值，W/m^2；ρ 为平均空气密度，kg/m^3；γ 为空气湿度常数值，$kPa/℃$；Δ 为饱和水汽压梯度值，$kPa/℃$；C_p 为空气比热值，$1.013 \times 10^{-3} kJ/(kg \cdot ℃)$；$\lambda$ 为蒸发潜热值，MJ/kg；W_{fr} 为潮湿冠层比例值；γ_{ac} 为植物冠层总的气孔阻抗值，sm^{-1}；γ_{sp} 为土壤表面阻抗值，sm^{-1}；γ_{as} 为植物冠层源汇高度与土壤表层之间的空间动力学阻抗值，sm^{-1}；γ_{ac} 为冠层总的边界层阻抗值，sm^{-1}；D_0 为植物冠层的源汇高程处水汽压强差的值，kPa。

4 结果与分析

4.1 资料准备

研究选取 2015—2018 年的武汉站的净辐射资料及流域附近的南阳、枣阳、驻马店和信阳 4 个气象站的日平均气温、日最高气温、日最低气温、日平均水汽压、日照时间及日平均风速等气象资料。流域 2010s 的土地利用由旱地（47.6%）、森林（47.6%）、灌木丛（3.4%）及水田（0.2%）等组成（见图 2），不同土地利用类型对应的叶面积指数逐日变化过程见图 3。

4.2 模型计算结果与分析

双源蒸散发模型计算得到的流域日蒸散发能力及蒸发皿的实测蒸散发能力变化过程如图 4 所示。由各年及多年平均的日蒸散发能力变化过程可以发现，双源蒸散发模型计算的流域蒸散发能力与蒸发皿实测的蒸散发能力的变化趋势基本一致。同时可以看出，由于蒸发皿计算的蒸散发能力是水面蒸发，要明显大于模型计算的流域蒸散发能力，蒸发皿的实测值比双源蒸散发模型计算值高 126~159 mm。双源蒸散发模型对流域蒸散发能力的计算既考虑植被冠层又考虑土壤表层[12-13]，计算得到的蒸

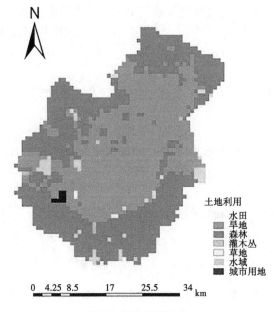

图 2 土地利用组成

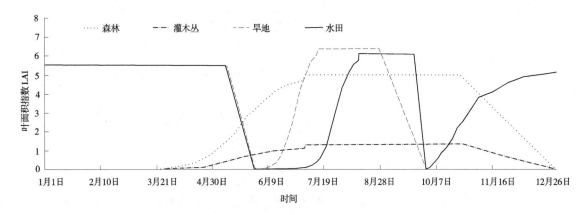

图 3 叶面积指数逐日变化过程

散发量与蒸发皿实测的蒸散发量比较接近。

对日蒸散发能力的变化过程分析发现,两种方法计算得到的蒸散发能力均是夏季(180~240 d)普遍比其他季节大,主要是因为夏季植物叶面积指数达到最大,且处于汛期,降水量也偏大,同时温度较高,所以计算得到的蒸散发能力最大。

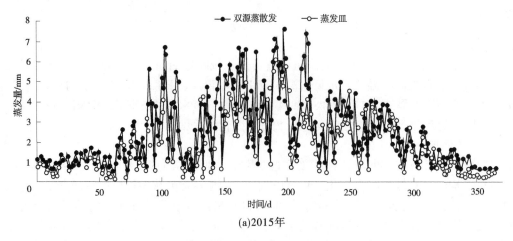

(a)2015年

图 4 大坡岭流域 2015—2018 年蒸散发模拟结果比较

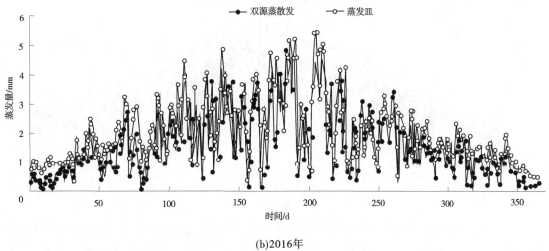

(b)2016年

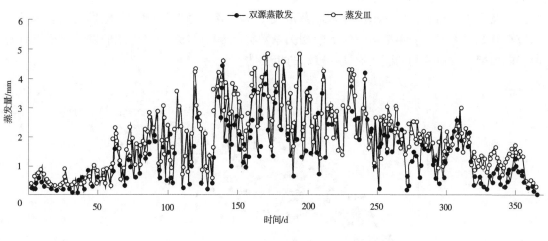

(c)2017年

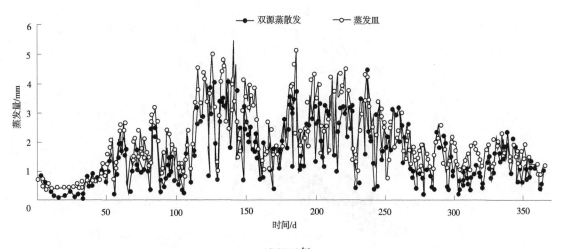

(d)2018年

续图4

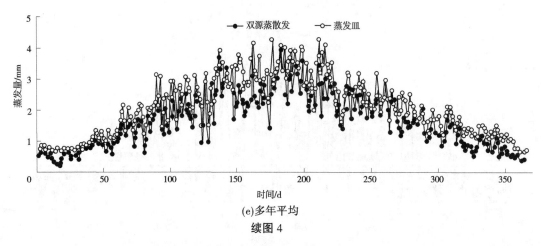

(e)多年平均

续图 4

为进一步比较双源蒸散发模型计算的结果与蒸发皿实测值的相似性以及在淮河大坡岭以上流域的适用性，本文建立了蒸发皿的实测蒸散发量与双源蒸散发模型计算的蒸散发能力的线性回归方程，并建立相关关系，对其进行相关关系分析。

由图 5 及表 1 可知，2015—2018 年双源蒸散发模型计算的蒸散发能力与蒸发皿的实测蒸发值的相关系数在 0.86~0.93，多年平均条件下的相关系数为 0.94。可知，双源蒸散发计算模型计算得到的蒸散发能力与蒸发皿实测的蒸发值具有较好的相关性。

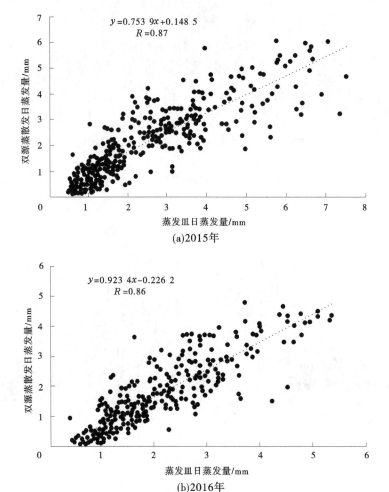

图 5　蒸散发能力计算值与实测值相关关系

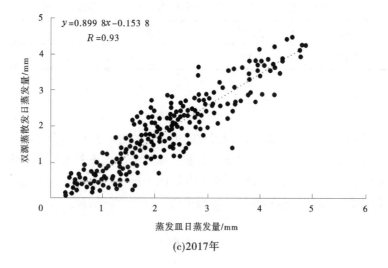

(c)2017年

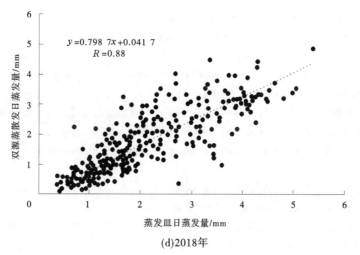

(d)2018年

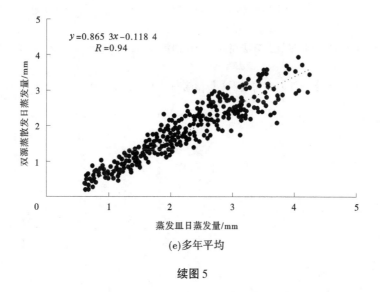

(e)多年平均

续图5

表 1　双源蒸散发模型计算的蒸散发能力与蒸发皿实测值相关系数

年份	2015	2016	2017	2018	多年平均
相关系数	0.87	0.86	0.93	0.88	0.94

5　结论

本文将双源蒸散发模型与考虑植被叶面积指数的植物生长过程模型耦合，构建了能够反映气象条件、土地利用及土壤特性的时空差异性对流域蒸散发影响的分布式蒸散发模型，并应用于淮河大坡岭以上流域。研究分析发现，双源蒸散发模型计算得到的流域日蒸散发能力与当地蒸发皿观测资料在时间上具有较好的相似性和一致性，能够较精确地模拟估算湿润地区的蒸散发量。

参考文献

［1］Penman H L. Natural evaporation from open water, base soil and grass［J］. Proc. Roy . Soc., 1948, A193：120-146.

［2］Monteith J L . Evaporation and environment［M］. Cambridge 19th Symposia of the Society for Experimental Biology, University Press, 1965.

［3］Mo X G, Liu S X, Chen D, et al. Scale effects on actual evapotranspiration and gross primary production over a large basin［J］. Journal of Hydrological Sciences, 2009, 54（1）：160-173.

［4］莫兴国，林忠辉，刘苏峡，等 . 基于 Penman-Monteith 公式的双源模型的改进［J］. 水利学报，2000（5）：6-10.

［5］袁飞 . 考虑植被影响的水文过程模拟研究［D］. 南京：河海大学，2006.

［6］Neitsch S L, Arnold J G, Kiniry J R, et al. Soil and Water Assessment Tool Theoretical documentation, Version 2000. http：//www. brc. tamus. edu/swat/. 2001.

［7］Stannard D I. Comparison of Penman-Monteith, Shuttleworth-Wallace, and modified Priestley-Taylor evapotranspiration models for wildland vegetation in semiarid rangeland［J］. Water Resource Res., 1993, 29（5）：1379-1392.

［8］刘钰，Pereira L S, Teixeira J L 等 . 参照腾发量的新定义及计算方法对比［J］. 水利学报，1997（6）：27-33.

［9］李玫，邱诚，周洋，等 . 基于气象因子敏感性的参照蒸散发简化计算模型［J］. 人民长江，2015（11）：18-20.

［10］张秀平，许小华，雷声，等 . 基于遥感技术的鄱阳湖湿地蒸散发估算研究［J］. 人民长江，2014（1）：29-32.

［11］梁丽乔，李丽娟，张丽，等 . 松嫩平原西部生长季参考作物参照蒸散发的敏感性分析［J］. 农业工程学报，2008, 24（5）：1-5.

［12］鞠彬，胡丹 . 基于作物蒸发蒸腾量计算方法在额尔齐斯河流域的适用性研究［J］. 水资源与水工程学报，2014（5）：106-111.

［13］韩元元，吴昊 . 不同蒸发计算方法对水文过程模拟影响的分析［J］. 人民长江，2012（9）：31-33.

梯级水库影响下乌江流域非一致性洪水频率分析

杜　涛　邹振华　欧阳硕　邵　骏

（长江水利委员会水文局，湖北武汉　430010）

摘　要：在梯级水库群多阻断效应影响下，诸多流域水文时间序列已非天然随机状态，导致传统基于一致性假设的洪水频率分析方法不再适用。目前，较少有研究将梯级水库群多阻断效应考虑到非一致性洪水频率分析当中。本文将梯级水库群调蓄因素引入到非一致性洪水频率分析当中，建立洪水频率分布统计参数与流域梯级水库群调蓄能力之间的解释关系。选取受梯级水库群调蓄影响较为显著的乌江流域为研究对象。结果表明：相比于时间为协变量，以梯级水库群调蓄能力为协变量的非一致性洪水频率分布模型效果更优。本研究成果可为流域水利工程规划设计、运行管理以及防洪决策等工作提供理论参考。

关键词：梯级水库群；非一致性；洪水频率分析；时变矩

1　研究背景

在全球气候变化和大规模人类活动的影响下，水文极值事件的一致性假设遭到破坏，作为水利水电工程设计依据的历史水文情势将无法反映现在、未来的水文情势[1-2]。非一致性洪水频率分析大多集中于时变矩理论，即通过构建洪水频率分布的统计参数随时间或其他物理协变量的变化情况来描述洪水时间序列的非一致性特征。Coles[3]对时变矩法应用于非一致性水文频率分析做了较为详细的介绍。位置、尺度和形状的广义可加模型（generalized additive models for location, scale and shape, GAMLSS）是由 Rigby 等[4]提出的（半）参数回归模型，可以灵活地模拟随机变量分布的任何统计参数与解释变量之间的线性或非线性关系，近年来在非一致性水文频率分析中得到了广泛的应用。Villarini 等[5]应用 GAMLSS 模型分别对美国 Little Sugar Creek 流域的年最大洪水流量进行非一致性频率分析。除选取时间作为协变量外，还选取了具有物理意义的气象因子作为协变量，模拟结果相比于单纯选取时间为协变量更加合理可信。

在梯级水库群多阻断效应影响下，诸多流域水文时间序列已非天然随机状态，导致传统基于一致性假设的洪水频率分析方法不再适用。目前，较少有研究将梯级水库群多阻断效应引入非一致性洪水频率分析当中。本文将梯级水库群调蓄因素引入非一致性洪水频率分析当中，建立洪水频率分布统计参数与流域梯级水库群调蓄能力之间的解释关系，以建立更具物理意义的洪水概率分布模型。

2　研究区域及数据

乌江是长江上游右岸最大支流，发源于贵州省西北部乌蒙山东麓，于涪陵注入长江，干流全长 1 037 km，天然落差 2 124 m，见图 1。作为我国十三大水电基地之一，乌江干流规划调整后的 12 个梯级已建成发电的有普定、引子渡、洪家渡、东风、索风营、乌江渡、彭水、构皮滩、思林、沙沱和银盘等 11 座水电站，仅有白马枢纽尚未建成。乌江流域梯级水库群多阻断效应已经形成，受此影响，

基金项目：国家重点研发计划（2019YFC0408901，2019YFC0408903）。

作者简介：杜涛（1988—），男，高级工程师，主要从事水文分析与计算等方面的研究。

乌江干流下游控制站武隆站水文时间序列已非天然随机状态。因此，开展梯级水库群影响下的乌江流域非一致性洪水频率分析，对流域水利工程规划建设以及防洪决策等具有重要意义。

图 1　乌江流域水系及水文气象站点分布

武隆水文站为乌江干流下游控制站，武隆站 1951—2016 年逐日平均流量数据来自长江委水文局，选取其年最大 1 d 流量序列作为洪水极值事件进行研究。武隆站位于 107°45′E、29°19′N，乌江与长江汇合口上游 69 km 处，控制面积 83 035 km²，约为乌江流域总面积的 94%。

本文收集了水电站的相应参数用于构建武隆水文站上游水库指数因子。

3　研究方法

3.1　非参数方法的非一致性识别

水文气象要素的非正态性分布使得经典统计方法失效，非参数检验方法成为水文气象要素非一致性分析较为实用的工具。Mann-Kendall（M-K）趋势检验法是世界气象组织推荐用于检验水文气象序列趋势性及其显著性的一种方法[6]。Pettitt 变点检验法计算简便且不受少数异常值干扰，可以确切给出突变点发生的时间以及显著性水平，在水文、气象等领域应用十分广泛[7-10]。因此，本文选取以 M-K 趋势检验法和 Pettitt 变点检验法对水文序列进行初步非一致性识别。

3.2　基于 GAMLSS 的非一致性洪水频率分析

考虑位置、尺度和形状参数的广义可加模型是由 Rigby 和 Stasinopoulos 提出的一种半参数回归模型[4]，它克服了广义线性模型和广义可加模型的局限性，将响应变量服从指数分布族这一假设放宽到可服从更广义的分布族，包括一系列高偏度和高峰度的连续的和离散的分布[4,11]，同时可以描述响应变量的任一统计参数与解释变量（协变量）之间的线性或非线性关系。近年来，GAMLSS 模型被越来越多的应用在水文领域非一致性水文频率分析当中[12-16]。本文以水库指数为协变量，构建武隆水文站非一致性洪水频率分布模型。

3.3　水库指数因子

为了量化水库调蓄作用对下游径流过程的影响，López 和 Francés 提出了一个无量纲的水库指数 RI，该指数假设水库对径流过程的调蓄作用与水库的库容和集水面积成正相关关系[14]。López 和 Francés 将 RI 表示为

$$RI = \sum_{i=1}^{N} (\frac{A_i}{A_T}) \cdot (\frac{V_i}{C_T}) \tag{1}$$

式中：N 为水文站上游水库总数；A_T 为水文站控制流域面积；A_i 为水文站上游各个水库集水面积；C_T 为水文站多年平均年径流量；V_i 为水文站上游各个水库的总库容。

Jiang 等对 López 和 Francés 所揭的水库指数进行了改进，采用水文站上游各水库总库容之和 V_T 代替水文站多年平均年径流量 C_T[17]，Jiang 等将 RI 表示为

$$RI = \sum_{i=1}^{N} (\frac{A_i}{A_T}) \cdot (\frac{V_i}{V_T}) \tag{2}$$

本文中为了更加体现水库调蓄作用对下游水文站径流过程的影响，在 Jiang 等研究基础上，对水库指数 RI 做进一步改进，认为水库对径流过程的调蓄作用与水库的集水面积和调节库容成正相关关系，具体表示如下：

$$RI = \sum_{i=1}^{N} (\frac{A_i}{A_T}) \cdot (\frac{V_{i调}}{V_{T调}}) \tag{3}$$

式中：$V_{i调}$ 为水文站上游各个水库的调节库容；$V_{T调}$ 为水文站上游各水库调节库容之和。

3.4　模型选取及评价准则

本文采用 AIC 准则[18] 选取最优非一致性模型，用 worm 图[19]、分位图、Filliben 相关系数（F_r）[20] 以及 Kolmogorov-Smirnov（K-S）检验统计量（D_{KS}）[21] 评价模型拟合优度。

4　结果分析

4.1　初步非一致性检验

武隆水文站 1951—2016 年实测年最大 1 d 流量序列如图 2 所示，分别选取 M-K 趋势检验法和 Pettitt 变点检验法对实测洪水序列的趋势性特征和跳跃性突变进行初步非一致性识别，显著性水平 α 取 0.05。结果表明，武隆站年最大 1 d 流量序列均存在一定程度的下降趋势，同时在 2003 年前后也出现了向下跳跃性突变，但在显著性水平 α 取 0.05 的情况下，两种非一致性形式均不显著。进一步分析实测洪水序列发现，在 20 世纪 70 年代中期到 90 年代以及 2000 年以后波动性有所减弱，由此猜想武隆水文站年最大 1 d 流量序列非一致性可能不是单纯的趋势性或者单一变点的跳跃性。

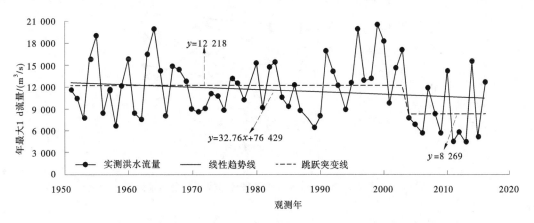

图 2　武隆水文站最大 1 d 流量序列及相应非一致性趋势/跳跃线

4.2 乌江流域水库指数

武隆水文站以上乌江干流普定、引子渡、洪家渡、东风、索风营、乌江渡、彭水、构皮滩、思林、沙沱和银盘等 11 个梯级均已建成，本文收集了其相应参数用于构建武隆水文站上游流域水库指数因子。在此基础上，依据式（3）计算武隆水文站上游流域水库指数，见图 3，结果表明，各水库建立节点与武隆水文站洪水序列发生突变的年份比较一致，由此可见，上游梯级水库群的多级阻断效应对武隆水文站洪水序列非一致性确实可能存在一定程度的影响。

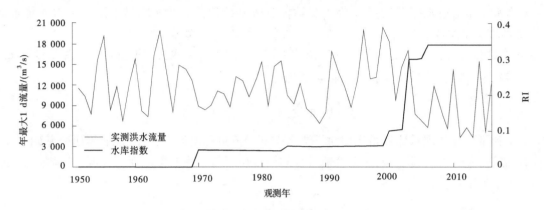

图 3　武隆水文站上游流域水库指数 RI 随时间变化图

4.3 关联梯级水库群调蓄因素的非一致性洪水频率分析

本文选取 Weibull 分布、Gumbel 分布、Gamma 分布、Normal 分布以及 Logistic 分布等 5 种常用的两参数分布以及 P-Ⅲ分布和 GEV 分布 2 种常用的三参数分布作为备选洪水频率分布线型。对于三参数的 P-Ⅲ分布和 GEV 分布，由于其形状参数较为敏感，通常不考虑该参数的非一致性。

在时变矩理论的基础上，结合 GAMLSS 模型，分别以时间 t 和水库指数 RI 为协变量，研究武隆水文站洪水频率分布统计参数随协变量的变化情况，构建武隆水文站年最大 1 d 流量序列时变非一致性频率分布模型。

当以 t 为协变量时，各非一致性模型拟合结果 AIC 值（见图 4、表 1）表明，P-Ⅲ分布为最优分布，尺度参数 σ［经过链接函数 $g(\sigma) = \ln(\sigma)$ 转换后，该类转换后文不再指出］随 t 线性变化为最优非一致性模型，相应 AIC 值为 1 279.2。

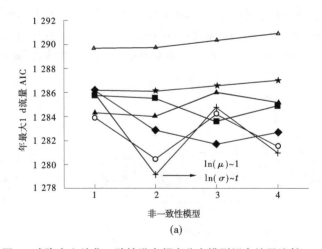

(a)

图 4　武隆水文站非一致性洪水频率分布模型拟合结果比较

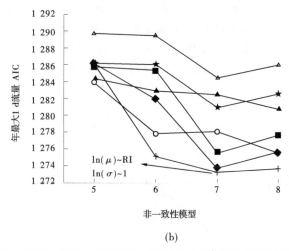

(b)

(a)

1:g(μ)~1, g(σ)~1 2:g(μ)~1, g(σ)~t 3:g(μ)~t, g(σ)~1 4:g(μ)~t, g(σ)~t

(b)

5:g(μ)~1, g(σ)~1 6:g(μ)~1, g(σ)~RI 7:g(μ)~RI, g(σ)~1 8:g(μ)~RI, g(σ)~RI

★ Normal ▲ Weibull ◆ Gumbd ○ Gamma △ Logistic ＋ P-Ⅲ ■ GEV

续图 4

表 1 武隆水文站非一致性频率分析结果及评价指标统计量

拟合模型	估计参数	AIC	Filliben 相关系数 F_r^3	KS 统计量 D_{KS}^3
非一致性 P-Ⅲ 分布[1] (t 为协变量)	$\mu_0 = 9.36$ $\sigma_0 = -1.24$ $\sigma_1 = 0.008\ 35$ $\kappa_0 = 0.691$	1 279.2	0.988	0.101
非一致性 P-Ⅲ 分布[2] (RI 为协变量)	$\mu_0 = 9.47$ $\mu_1 = -1.38$ $\sigma_0 = -0.930$ $\kappa_0 = 0.792$	1 273.2	0.992	0.072

注：1. 统计参数与协变量间关系：$\ln(\mu_t) = \mu_0$，$\ln(\sigma_t) = \sigma_0 + \sigma_1(t-\tau)$，$\kappa_t = \kappa_0$，$\tau = 1\ 950$。

2. 统计参数与协变量间关系：$\ln(\mu_t) = \mu_0 + \mu_1 RI_t$，$\ln(\sigma_t) = \sigma_0$，$\kappa_t = \kappa_0$。

3. Filliben 相关系数及 KS 统计量在 $\alpha = 0.05$ 的临界值分别为 $F_\alpha = 0.978$ 和 $D_\alpha = 1.36/\sqrt{66} \approx 0.167$，$F_r > F_\alpha$ 或者 $D_{KS} < D_\alpha$ 则表示非一致性模型通过拟合优度检验。

虽然根据 AIC 准则已选出 P-Ⅲ 分布尺度参数 σ 时变为最优非一致性模型，然而模型具体表现如何未知，下面将对所选模型效果进行评价。模型的残差正态 QQ 图和 worm 图表明，残差正态 QQ 图除个别点偏离外，大部分点都分布在 1∶1 线附近，并且 worm 图中所有点都分布在 95% 置信区间内，定性说明所选非一致性模型效果较好。进一步统计模型标准化正态残差序列的 Filliben 相关系数以及 KS 检验统计量等定量评价指标，结果表明，各评价指标均说明经验残差序列的正态性，意味着所选模型较为合理。

以 t 为协变量所得的非一致性模型从效果上可以接受，然而模型缺乏一定的物理意义，并且默认了基于历史观测样本序列所得出的非一致性趋势在未来将无限制地持续下去，因此它不免有些不妥之处。考虑到上游梯级水库群的建立对武隆水文站洪水序列非一致性可能存在一定程度的影响，下面选取更具物理意义的 RI 作为协变量进行非一致性洪水频率分析，见图 5。

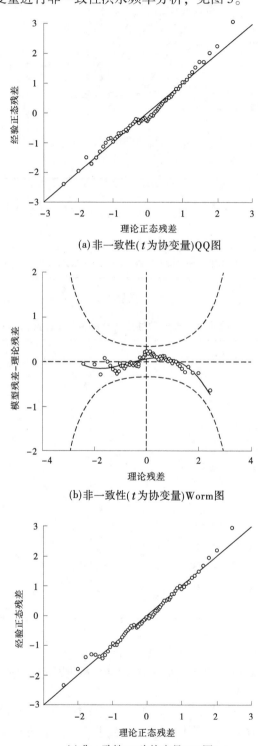

(a)非一致性(t为协变量)QQ图

(b)非一致性(t为协变量)Worm图

(c)非一致性(RI为协变量)QQ图

图 5　武隆水文站最优非一致性模型拟合优度检验 QQ 图及 worm 图

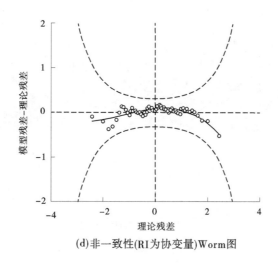

(d)非一致性(RI为协变量)Worm图

续图5

当以 RI 为协变量时，各备选分布拟合非一致性 GAMLSS 模型结果的 AIC 值表明，P-Ⅲ分布为最优分布，其位置参数 μ 为 RI 的线性函数为最优非一致性模型，其他分布下的非一致性模型 AIC 值相比于该模型均有一定程度的增加。值得指出的是，以 RI 为协变量的最优非一致性模型 AIC 值为 1 273.2，明显小于以 t 为协变量的最优非一致性模型的 1 279.2，说明选取 RI 为协变量不仅使所得模型具有一定的物理意义，而且得到的模型效果更优。

定性及定量评价结果表明，模型能够通过各拟合优度检验。综合各方面来看，无论是定性还是定量，以 RI 为协变量的最优非一致性模型效果很好，并且优于以 t 为协变量的情况。

最后，分别给出以 t 为协变量和以 RI 为协变量两种情况下各自最优非一致性模型分位曲线图（见图6），总体来看，以 t 为协变量的分位曲线方差有逐渐变大的趋势，然而这与2000年以后的实测序列并不相符，且根据模型特点，该趋势将无限延续下去，将导致推求未来时期设计洪水量级存在较大不确定性；相比之下，以 RI 为协变量的分位曲线综合考虑了流域各个时期修建水利工程引起的洪水序列非一致性，能够明显拟合出序列的下降趋势/向下跳跃突变，拟合结果相比 t 为协变量更为合理。

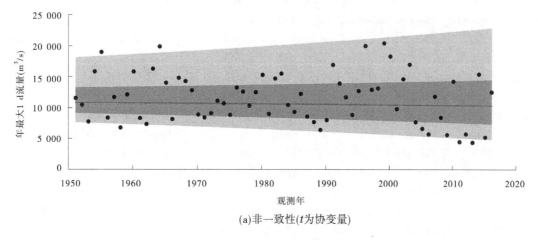

(a)非一致性(t为协变量)

图6　武隆水文站最优非一致性模型分位曲线

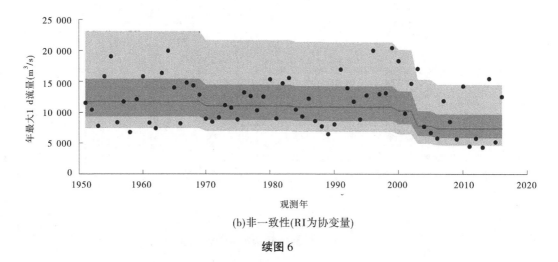

(b)非一致性(RI为协变量)

续图 6

5 结论

在梯级水库群多级阻断效应影响下，洪水频率分析的一致性假设不再成立。本文将梯级水库群调蓄因素引入非一致性洪水频率分析当中，建立洪水频率分布统计参数与流域梯级水库群调蓄能力之间的解释关系。

通过将该方法应用于受梯级水库群调蓄影响较为显著的乌江流域进行实例验证，结果发现，以水库指数为解释变量的最优非一致性模型，不仅能够提高模型的拟合效果，而且具有更强的物理意义，可以为流域水利工程规划设计、运行管理以及防洪决策等工作提供理论参考。

参考文献

［1］ Katz R W, Parlang M B, Naveau P. Statistics of extremes in hydrology［J］. Advances in Water Resources, 2002, 25 (8)：1287-1304.

［2］ Milly P C D, Betancourt J, Falkenmark M, et al. Stationarity is dead：whiter water management?［J］. Science, 2008, 319 (5863)：573-574.

［3］ Coles S. An introduction to statistical modelling of extreme values［M］. London：Springer, 2001.

［4］ Rigby R A, Stasinopoulos D M. Generalized additive models for location, scale and shape［J］. Journal of the Royal Statistical Society：Series C (Applied Statistics), 2005, 54：507-54.

［5］ Villarini G, Smith J A, Serinaldi F, et al. Flood frequency analysis for nonstationary annual peak records in an urban drainage basin［J］. Advance in Water Resource, 2009, 32：1255-1266.

［6］ Mittchell J M, Dzerdzeevskii B, Flohn H, et al. Climate Change［M］. WMO Technical Note No. 79, World Meteorological Organization, 1966.

［7］ Dou L, Huang M B, Yang H. Statistical assessment of the impact of conservation measures on streamflow responses in a watershed of the Loess Plateau, China［J］. Water Resources Management, 2009, 23 (10)：1935-1949.

［8］ 徐宗学, 刘浏. 太湖流域气候变化检测与未来气候变化情景预估［J］. 水利水电科技进展, 2012, 32 (1)：1-7.

［9］ 杨大文, 张树磊, 徐翔宇. 基于水热耦合平衡方程的黄河流域径流变化归因分析［J］. 中国科学：技术科学, 2015, 45 (10)：1024-1034.

［10］ Pettitt A. A nonparametric approach to the change point problem［J］. Applied Statistics, 1979, 28：126-135.

［11］ 杜鸿. 气候变化背景下淮河流域洪水极值事件概率分析研究［D］. 武汉：武汉大学, 2014.

［12］ Villarini G, Serinaldi F, Smith J A, et al. On the stationarity of annual flood peaks in the Continental United States during the 20th century［J］. Water Resources Research, 2009, 45 (8)：2263-2289.

［13］ 江聪, 熊立华. 基于 GAMLSS 模型的宜昌站年流量序列趋势分析［J］. 地理学报, 2012, 67 (11)：1505-1514.

［14］ López J, Francés F. Non-stationary flood frequency analysis in continental Spanish rivers, using climate and reservoir indices as external covariates [J] . Hydrology and Earth System Sciences, 2013, 17: 3189-3203.

[15] Zhang Q, Gu X H, Singh V P, et al. Stationarity of annual flood peaks during 1951-2010 in the Pearl River basin, China [J] . Journal of Hydrology, 2014, 519 (D): 3263-3274.

[16] 熊立华, 江聪, 杜涛, 等. 变化环境下非一致性水文频率分析研究综述 [J] . 水资源研究, 2015, 4 (4): 310-319.

[17] Jiang C, Xiong L, Xu C, et al. Bivariate frequency analysis of nonstationary low-flow series based on the time-varying copula [J] . Hydrological Processes, 2015, 29 (6): 1521-1534.

[18] Akaike H. A new look at the statistical model identification [J] . IEEE Transactions on Automatic Control, 1974, 19 (6): 716-723.

[19] Buuren S V, Fredriks M. Worm plot: a simple diagnostic device for modeling growth reference curves [J] . Statistical in Medicine, 2001, 20: 1259-1277.

[20] Filliben J J. The probability plot correlation coefficient test for normality [J] . Technometrics, 1975, 17 (1): 111-117.

[21] Massey F J Jr. The Kolmogorov-Smirnov test for goodness of fit [J] . Journal of the American Statistical Association, 1951, 46 (253): 68-78.

空陆水资源联合利用政策制度协调性分析

吴　巍[1,2]　王高旭[1,2]　关铁生[1,2]　吴永祥[1,2]　刘　涛[1,2]　田雪莹[1,2]

（1. 南京水利科学研究院，江苏南京　210029；
2. 水文水资源与水利工程科学国家重点实验室，江苏南京　210098）

摘　要：我国水安全呈现出新老问题相互交织的严峻形势，利用人工增雨技术开发利用空中水资源逐渐成为保障供水安全、水生态安全的新措施。从相关法律法规、政策制度等方面着手，梳理了水利部门和气象部门在农业抗旱、供水保障、水生态修复等典型场景中的职能定位，分析了空陆水资源联合利用的协调性，提出了实施空陆水资源联合利用面临的问题，从健全法律法规、完善体制机制、统筹规划计划、构建规范流程和强化科技支撑五个方面提出了措施建议，可为完善空陆水资源联合利用政策制度提供思路，为建立空陆一体化水安全保障体系奠定基础。

关键词：水安全；陆地水资源；云水资源；联合利用；农业抗旱；供水保障；水生态修复

为了满足人民对优质水资源、健康水生态的需求，按照"节水优先、空间均衡、系统治理、两手发力"的治水思路[1]，近年来我国在供水安全、生态安全等方面取得了巨大成效。然而，由于自然条件的限制和社会经济发展，仍然存在区域缺水、水生态恶化等情况[2]。干旱和半干旱地区年均降水量少，水资源匮乏，出现湖泊萎缩、河道断流、水源涵养能力下降等情况；南方地区水资源丰沛，但也存在着季节性缺水、工程性缺水等问题；近年来，"京津冀""长三角""珠三角"等城市群形成，水资源分布与社会经济发展布局不匹配日益凸显，制约了社会经济发展。在进行最严格水资源管理、用水定额管理、节约用水、产业结构调整等措施后，非常规水资源利用也是解决水资源供需矛盾的重要抓手[3]。我国大陆上空平均水汽输入总量丰富，空中水资源开发潜力巨大[4]。近年来，气象部门连续实施了东北区域、西北区域、东南区域、西南区域、中部区域人工影响天气能力建设项目，作业开发能力不断提升。常态化的空中水资源利用催生了空陆水资源联合利用问题，空陆水资源分属气象部门和水利部门，如何破除政策制度上的阻碍、畅通体制机制是联合利用的前提。因此，从农业抗旱、供水保障、水生态修复等联合利用场景切入，分析相关法规、政策、制度等方面分析了区域人工影响天气与水资源管理工作的协调性，提出了空陆水资源联合利用可能面临的问题，为建立空陆一体化水安全保障体系奠定基础。

1　农业抗旱

水利是农业的命脉，保障农业用水供给是水利部门重要职责[5]。《中华人民共和国抗旱条例》[6]明确规定抗旱工作是统一指挥、部门协作的，由水行政主管部门负责江河湖泊流域管理机构负责本行政区域内抗旱工作。水利部门在抗旱工作处于十分重要的位置，除负责组织协调工作外，还需承担抗旱规划编制、水资源应急调度、土壤墒情监测等职责。在日常管理工作中，需负责建设完善的农业抗旱工程体系，为农业应急抗旱奠定设施设备基础。

基金项目：国家重点研发计划（2016YFA0601703，2016YFC0401005）；国家自然科学基金（42075191，52009080，91847301，92047203）。

作者简介：吴巍（1991—），男，工程师，主要从事水资源调度、水资源管理、智慧水利相关工作。

依据《中华人民共和国抗旱条例》，气象部门在旱灾预防和抗旱减灾方面需要配合水利部门，做好气象干旱监测和预报工作，及时提供并发布气象干旱及其他与抗旱有关的气象信息，并适时实施人工增雨作业。与《中华人民共和国气象法》[7]《气象灾害防御条例》[8] 中规定的气象部门农业干旱天气预报、预警等职责分工是一致的。《人工影响天气管理条例》[9] 也要求水利部门及时无偿提供实施人工影响天气作业所需的灾情、水文等资料，在法律法规层面规定了农业抗旱中空陆水资源联合利用的要求和职责分工。

以云南省为例来说，该省大部分地区连年遭遇春旱，是应用人工增雨缓解农业旱情的典型区域。在云南省防汛抗旱指挥部的总体指导下，气象部门密切监视天气变化情况，加强短期滚动预报和中长期预报，抢抓有利天气条件，及时实施人工增雨作业，改善土壤墒情。水利部门则加强监测研判和调度管理，根据旱情预测预报情况和蓄水现状，科学推进应急抗旱保障春耕灌溉用水工作。

总体而言，农业抗旱中空陆水资源联合利用各部门职责清晰明确，空陆水资源联合利用初具雏形。但目前两部门联动主要体现在监测数据交换上，详细深入的联合利用机制尚未建成。

2　供水保障

《中华人民共和国水法》[11] 中明确规定水利部门负责水资源的合理开发利用与配置：协调当地水资源禀赋与社会经济发展；兼顾上下游、左右岸、干支流的用水需求，充分发挥水资源的综合效益；统筹生活用水、工业用水、农业用水、生态用水。水利部门在保障供水安全方面的主要工作职责包括：①水资源规划编制，例如《水资源综合规划》《全国水中长期供求规划》；②水资源论证与取用水户审批；③水资源调度管理，例如编制《黄河水量调度条例》《南水北调工程供用水管理条例》等；④推进非常规水源开发利用，包括雨水、微咸水、海水淡化等，印发了《关于非常规水源纳入水资源统一配置的指导意见》等指导文件。

人工影响天气相关机构隶属于气象部门。《人工影响天气管理条例》《关于进一步加强人工影响天气工作的意见》《全国人工影响天气业务发展指导意见》明确提出"开发利用云水资源，缓解水资源短缺，保障国家水资源安全"是人工影响天气的一项重要任务。《全国人工影响天气发展规划（2014—2020 年）》提出实施常态化、规模化人工增雨作业的目标。近年来，开展常态化增蓄型人工增雨作业提升水资源安全保障水平已成为各地的共识，尤其是在严重缺水区域的重要水源地，开展人工增雨作业是缓解水资源短缺的重要手段和有益补充[12]。提升人工增雨作业的针对性离不开陆地水资源信息与水利部门的配合。

以昆明市为例，昆明市水资源量短缺，开发利用程度高，供需矛盾突出，对人工增雨需求迫切。《昆明市人工影响天气管理办法》（2015）中提出了城乡主水源区、重要供水水源区建立常态化人工增雨基地，实施常态化人工增雨作业，开展人工增雨作业的条件为库塘蓄水量不足。近年来，昆明市充分抓住增雨有利时机，启动《昆明市人工增雨增加重点水库蓄水应急方案》，通过人工增雨有效增加了城市主要供水水源松华坝水库、云龙水库和清水海 3 个重点水源区的降雨量和蓄水量。

综上所述，气象部门在保障供水安全方面做出了积极地贡献。在水资源匮乏地区，人工增雨增加水库蓄水量已经成为重要手段。

3　水生态修复

水生态修复和保护工作得到了高度重视[13]。水利部门围绕健康水生态的主要职责包括：①水土流失防治与监督管理；②地下水超采区综合治理，制定了《华北地区地下水超采综合治理行动方案》《重要水源地和地下水超采区水量水位双控制方案》等；③饮用水水源保护，负责编制了《全国重要生态系统保护和修复大工程全国重要生态系统保护和修复大工程总体规划（2021—2035 年）》长江重点生态区和黄河重点生态区的工程布局；④生态流量管控，发布了《关于做好河湖生态流量确定和保障工作的指导意见》等政策。

《全国人工影响天气业务发展指导意见》《人工影响天气"耕云"行动计划（2020—2022 年）》将生态安全纳入保障目标。《中国气象局关于加强生态文明建设气象保障服务工作的意见》明确了气象部门在水土流失综合治理、湿地保护和恢复方面气象监测预报和人工影响天气的服务的职责。《关于推进人工影响天气工作高质量发展的意见》指明了生态修复型人工影响天气的重点区域为黄河重点生态区、长江重点生态区以及重要河流水源区。

石羊河流域是典型的生态脆弱区，一方面，气象部门生态修复型人工影响作业以及水利部门跨区域调水，石羊河水量增加，通过水利工程调度实现空陆水资源统一配置；另一方面，水利部门结合当地水文地质特性、水土流失范围，给出生态修复型人工影响作业目标区域。通过上述两方面空陆水资源水生态修复联合利用，民勤地下水位下降趋势逐步得到有效遏制，植被逐渐恢复，青土湖水域面积逐年增加，生态环境逐步改善。

水利部门和气象部门形成了从河湖补水、地下水超采治理等方面开展水生态修复的共识。水生态修复型联合利用是常态化利用中的一种，生态保护与修复的重要性逐渐提升，有必要单独分析水生态修复型联合利用。

4 存在问题分析

水利部门和气象部门在农业抗旱、供水保障、水生态修复等方面开展了初步合作，但常态化、规模化联合利用仍然存在政策制度上的制约。

（1）缺乏联合利用的法律法规依据。陆地水资源、空中水资源相关规定散见于现有的法律法规体系中，除《中华人民共和国抗旱条例》外，鲜有两部门的交叉融合。从水利部门角度出发，空中水资源未纳入非常规水资源范畴，更无从谈及联合利用以及各部门具体职责分工。

（2）缺乏统筹考虑的顶层设计。《全国抗旱规划》[10] 中的战略任务、措施布局未考虑空中水资源可利用情况，只是将空中水资源作为新技术应用，整体性不足。水利部门负责灌排工程、应急水源规划，气象部门负责人工影响天气建设项目布局规划，没有从空陆水资源联合利用角度统一部署，缺乏统筹性。

（3）缺乏联合利用的指导文件。空陆水资源联合利用的组织、协调、实施过程是复杂的系统工程，水利部门和气象部门在数据共享、开发利用、效果评估等具体开发利用流程上缺乏规范性的指导性文件，限制了联合利用中两部门的协同性。

（4）缺乏解决新问题的科技支撑。常态化大规模的人工增雨势必造成陆地水资源量时空分布的改变，基于陆地水资源开发利用制定的水权制度、流域水量分配方案适用性有待研究，空陆水资源联合利用指导性文件的出台也受到一系列关键科学技术问题的制约。

5 措施建议

空陆水资源联合利用具备良好的基础，但是作为一种全新的水资源开发模式，对两部门协同合作提出了更高的要求。结合对上述问题的分析，未来在实现空陆水资源联合利用方面应做好以下工作：

（1）健全法律法规。参照《中华人民共和国抗旱条例》，在供水保障、水生态修复联合用用方面从国家层面制定相关法律法规，规定空陆水资源联合利用的原则、整体架构、各部门间的职责分工、纠纷解决等内容，为空陆水资源联合利用提供强有力的法律依据。

（2）完善体制机制。充分发挥国家人工影响天气协调会议制度的作用，各级人民政府加强对本地区人工影响天气工作的领导和协调，健全管理体制和运行机制，提升人员队伍素质。完善联动机制，加强部门之间、区域之间沟通协调，畅通空陆水资源联合利用途径。

（3）统筹规划计划。将空陆水资源联合利用纳入当地经济社会发展规划统筹考虑，制定空陆水资源联合利用规划计划。完善水利部门、气象部门规划，深入分析空陆水资源分布、现有工程布局，提出综合考虑空陆水资源联合利用的工程布局，提升空陆水资源联合利用的整体性。

（4）构建规范流程。推进气象监测与水文监测耦合，构建技术先进的"天基—空基—地基"监测网络，提升空、陆水资源监测预报能力；加强数据共享交换，建立模拟模型，给出空中水资源开发目标区域及陆地水资源调度方案；强化后评估，评估作业效果，提出改进建议。构建"预测—模拟—作业—评估"全流程空陆水资源联合利用流程指导性文件。

（5）强化科技支撑。空陆水资源联合利用是全新领域，在政策制度建立上存在大量亟待解决的关键科学问题和技术难点。加大空陆水资源联合利用的科技攻关力度，着力基础研究、应用研究，聚焦关键空中水资源预报模拟、空陆水资源联合调控等核心技术攻关，回答制约政策制度、规范文件制定的关键科学技术问题。

参考文献

［1］方子杰．水安全战略下水利规划"多规融合"的思考与探讨［J］．中国水利，2014（21）：13-17.

［2］陈茂山，吴浓娣，廖四辉．深刻认识当前我国水安全呈现出新老问题相互交织的严峻形势［J］．水利发展研究，2018，18（9）：2-7.

［3］马涛，刘九夫，彭安帮，等．中国非常规水资源开发利用进展［J］．水科学进展，2020，31（6）：960-969.

［4］蔡淼．中国空中云水资源和降水效率的评估研究［D］．北京：中国气象科学研究院，2013.

［5］李代鑫，吴守信，严家适．农田水利建设保障机制的重大改革——《关于建立农田水利建设新机制的意见》解读［J］．中国水利，2006（7）：31-33.

［6］张志彤．我国抗旱减灾工作的里程碑——解读《中华人民共和国抗旱条例》［J］．中国水利，2009（6）：19-21，13.

［7］卞耀武，曹康泰，温克刚．中华人民共和国气象法释义［M］．北京：法律出版社，2001.

［8］国务院法制办．气象灾害防御条例［M］．北京：中国法制出版社，2010.

［9］杨桦，肖宝玭．我国人工影响天气的立法评析——基于文本的比较［J］．湖北警官学院学报，2012，25（7）：26-30.

［10］杨光，刘宝军，贾汀，等．全国抗旱规划实施工作思考与启示［J］．中国防汛抗旱，2016，26（2）：7-10，14.

［11］黄建初，高而坤．中华人民共和国水法释义［M］．北京：法律出版社，2003.

［12］张中平，钱霞荣，叶祥玉，等．库区蓄水型人工增雨效果评估及其应用［J］．热带气象学报，2007，23（2）：205-208.

［13］朱党生，王晓红，张建永．水生态系统保护与修复的方向和措施［J］．中国水利，2015（22）：9-13.

长江源区近55年径流变化规律及其影响因素研究

贾建伟 何康洁 王 栋

（长江水利委员会水文局，湖北武汉 430010）

摘 要： 对长江源区沱沱河站、直门达站 1964—2018 年径流特性进行了分析，并采用累积距平统计、Mann-Kendall 突变检验方法与累积量斜率变化分析方法定量分析了降水、冰冻圈要素对长江源区径流变化的影响。结果表明，近 55 年长江源区径流呈增加趋势，直门达以上流域降水对径流变化的贡献率为 67.5%，而沱沱河以上流域降水对径流变化的贡献率仅占 23.0%，这主要是由冻土、冰川等冰冻圈因素对气温变化的响应引起的。

关键词： 长江源；径流特性；冰冻圈；影响因素

1 引言

"十四五"时期，我国将建设集水灾害防控、水资源调配、水生态保护功能一体化的国家水网，三江源区作为"中华水塔"，对国家水网的建设至关重要[1]，其内冰川、积雪、冻土等冰冻圈要素分布广泛，对气候变化极为敏感。长江源区是三江源区中冰川分布最集中的地区[2]，近 55 年来，在全球气候变暖的背景下，冰川后退、冻土退化、活动层加深等冰冻圈要素的变化影响了长江源区径流变化规律[3]。目前，学者们采用滑动 t 检验、Mann-Kendall 趋势分析等方法分析了长江源区近几十年的径流变化规律[3-5]，发现长江源区径流序列发生了突变。但目前的研究大多采用定性的方法对其影响因素进行分析[6]，难以量化各要素对径流变化规律的影响，无法较好地为国家水网的建设提供参考。长江源区冻土覆盖率极高，冰冻圈要素对径流的影响剧烈且过程极为复杂[7-9]，难以直接研究。在长江源区，影响径流的主要因素为降水和冰冻圈要素，因此可以通过定量分析降水对径流的贡献而估计冰冻圈要素的贡献。本文拟依据长江源区实测径流、降水系列，对长江源区近 55 年径流变化规律进行研究，并采用定量、定性方法相结合分析降水对沱沱河、直门达水文站的贡献率，从而估计冰冻圈要素的贡献，对于研究气候变化下受冰冻圈要素影响的长江源区径流变化规律有一定的指导意义，同时为国家水网的建设提供了参考。

2 材料与方法

2.1 研究区域概况及数据来源

长江源区位于青藏高原腹地，介于 90.5°E ~ 97.9°E，32.3°N ~ 35.9°N，流域面积约为 13.8 万 km²[2]，是典型的高原寒区流域，其中多年冻土约占 76.9%，季节冻土约占 21.6%，冰川约占 0.8%（见图 1）。长江源区地处青藏高原季风气候区，为亚寒带半湿润、半干旱气候区[10]，降水主要集中在 5~9 月，多年平均降水量为 344 mm，多年平均气温为 -3.03℃，多年平均径流量为 422 m³/s。流域内设有沱沱河、五道梁、曲麻莱、玉树、清水河等国家基本气象站，沱沱河、直门达国家基本水文站，本文主要采用上述气象站、水文站实测的 1964—2018 年降水、气温、径流数据分析长江源区近 55 年径流变化规

基金项目： 第二次青藏高原综合科学考察研究（2019QZKK0203）。

作者简介： 贾建伟（1982—），男，高级工程师，主要从事水文水资源研究工作。

律及其影响因素，数据来源于《中华人民共和国水文年鉴》、国家气象科学数据中心。

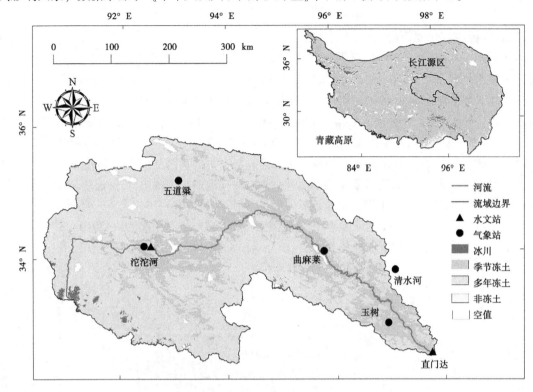

图 1 研究区域位置示意图

2.2 研究方法

2.2.1 突变检验

本文选用目前常用的累积距平统计[11]、Mann-Kendall（M-K）检验[12] 两种方法综合分析长江源区径流系列突变点。当序列累积距平曲线上出现极值时，对应年份即为趋势突变年份，该年份前后两个时段的值发生转折，从持续的负（或正）距平趋势突变为正（或负）距平趋势；当 M-K 检验的正向（UK）、反向（UB）对偶统计量曲线相交于某显著水平的接受区域内时，说明其既没有正向的显著变化趋势，也没有反向的显著变化趋势，即可认为该点可能存在趋势突变[11]。

2.2.2 累积量斜率变化分析方法

在识别突变点的基础上，依据突变点将序列划分为 n 个时段（$n \geq 2$），将第 1 个时段设置为基准期，其后的时段设置为影响期；然后，绘制累积年径流量或累积年降水量（y 轴）与年份（x 轴）的散点图，分基准期、各影响期计算分期内的斜率 k_i（$i = 0, 1, 2, \cdots, n-1$），则基准期—影响期的累积年径流量或累积年降水量的斜率变化率 K_r 可以按下式计算[13-14]：

$$K_r = \frac{k_{i \geq 1}}{k_{i=0}} \times 100\% \tag{1}$$

则降水对影响期内的径流变化的贡献率可按下式计算：

$$C_p = \frac{KP_r}{KR_r} \times 100\% \tag{2}$$

式中：C_p 为降水对径流量变化的贡献率，%；KP_r 为降水基准期—影响期的斜率变化率，%；KR_r 为径流基准期—影响期的斜率变化率，%。

除降水因素外的其他因素对径流变化的贡献率可由下式计算：

$$C_f = 1 - C_p \tag{3}$$

式中：C_f 为除降水外的其他因素，在长江源区，主要为气温和冰川、冻土等冰冻圈要素。

3 结果与讨论

3.1 长江源区径流变化规律研究

如图 2 所示，1964—2018 年长江源区沱沱河站、直门达站实测径流总体均呈增加趋势。其中，沱沱河站多年平均流量为 61.6 m³/s，增加趋势为 11.7（m³/s）/10 a，总体上 1998 年以前为枯水年组，最长连续 8 年为枯水年（1990—1997 年），而最长仅连续 2 年为丰水年且仅出现 2 次；1998 年以后为丰水年组，最长连续 5 年为丰水年（1998—2002 年），而最长仅连续 2 年为枯水年且仅出现 1 次；1960s—1990s 多年平均流量为 43~50 m³/s，2000s—2010s 多年平均流量为 86~98 m³/s，后者较前者均值增加约 97%。直门达站多年平均流量为 422 m³/s，增加趋势为 23.3（m³/s）/10 a，总体上 2005 年以前为枯水年组，最长连续 8 年为枯水年（1966—1973 年），而最长仅连续 2 年为丰水年且仅出现 4 次；2005 年以后为丰水年组，最长连续 6 年为丰水年（2007—2012 年），而最长仅连续 2 年为枯水年且仅出现 1 次；1960s—1990s 多年平均流量为 346~447 m³/s，2000s—2010s 多年平均流量为 476~499 m³/s，后者较前者均值增加约 25%。

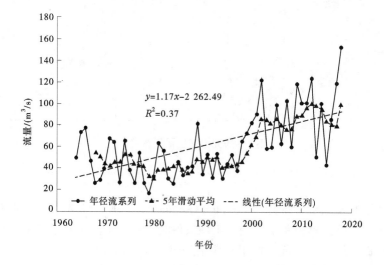

(a)沱沱河站年径流过程

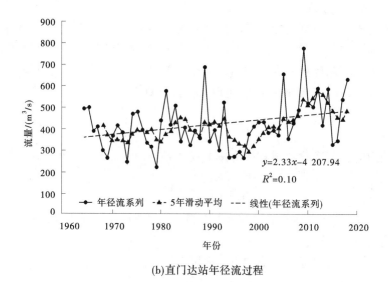

(b)直门达站年径流过程

图 2 长江源 1964—2018 年年径流过程

如图 3 所示，沱沱河站以上流域由于多年冻土覆盖率极高（见图 1），冻结期断流，仅有 5—10 月实测径流资料，6—9 月径流量占多年平均径流量的 87.9%，5 月径流量最小，仅占 5.1%；直门达水文站 5—10 月径流量占多年平均径流量的 87.3%，2 月径流量最小，仅占 1.2%。不同年代际间，沱沱河站各月平均流量总体呈增加趋势，且 2000s、2010s 的 5—10 月增加幅度明显大于 1960s—1990s；直门达站各月平均流量总体呈增加趋势，且 2000s、2010s 的 6—11 月增加幅度大于 1960s—1990s。

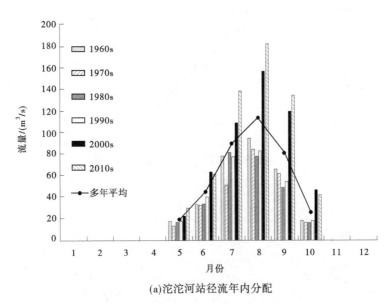

(a)沱沱河站径流年内分配

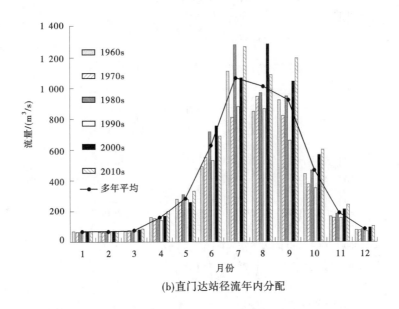

(b)直门达站径流年内分配

图 3　长江源 1960s—2010s 年代际间径流年内分配变化

3.2　长江源区径流突变分析

如图 4 所示，依据累积距平统计，沱沱河站、直门达站突变点分别为 1997 年、2004 年；而依据 M-K 检验，沱沱河站、直门达站突变点分别为 2001 年、2008 年。结合长江源区径流年际间、年代际间的变化规律，累积距平统计求得的突变点更加符合实际情况（见图 2、图 3），因此长江源区沱沱河站、直门达站突变点分别为 1997 年、2004 年。罗玉等[3] 采用滑动 t 检验分析长江源 1961—2016 年序列突变点，沱沱河站、直门达站突变点分别为 1996 年、2004 年；朱延龙等[4] 采用 Mann-Kendall 趋势分析和滑动 t 检验确定直门达站 1978—2009 年序列的突变点为 2004 年。综上，考虑序列长短的差异，本文所确定的沱沱河站、直门达站的突变点是合理的。

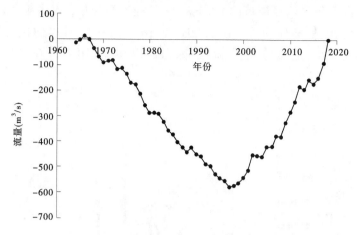

(a)沱沱河站年平均径流量累积距平曲线

(b)沱沱河站径流M-K突变点检测

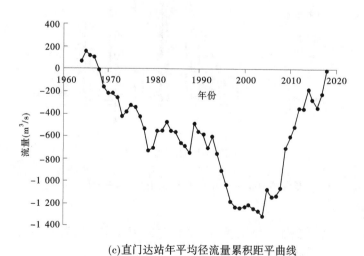

(c)直门达站年平均径流量累积距平曲线

图 4　长江源区 1964~2018 年径流突变点分析

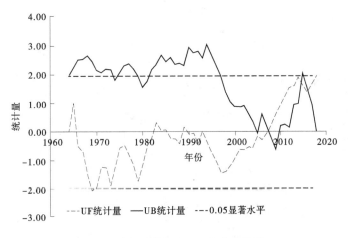

(d)直门达站径流M-K突变点检测

续图4

3.3 长江源区径流变化影响因素分析

如图5所示，依据累积量斜率变化分析方法，沱沱河站累积年径流过程、累积年降水量过程在1997年前后的斜率变化率分别为106.92%、24.62%，依据式（3）可得沱沱河以上流域降水对径流变化的贡献率为23.0%，则气温和冰川、冻土等冰冻圈要素对径流变化的综合贡献率为77.0%；而直门达以上流域径流、降水累积量的斜率变化率分别为31.10%、20.97%，即降水对径流变化的贡献率为67.5%，气温和冰川、冻土等冰冻圈要素对径流变化的综合贡献率为32.5%。一方面，如图6所示，近55年来长江源区气温呈上升趋势，气温升高将导致冻土退化，且冻土退化对于多年冻土覆盖率越高的区域的径流影响越大[7-9, 15]，直门达以上流域多年冻土覆盖率为76.9%，而沱沱河以上流域多年冻土覆盖率达90%以上，因此气温、冻土因素对沱沱河以上流域的影响更大。另一方面，长江源冰川的分布主要集中在沱沱河以上流域（见图1），因此冰川因素对沱沱河以上流域的影响也更大。唐见等[16]对长江源区气象要素变化与大尺度环流因子的关系研究中表明，降水量是影响长江源区（直门达以上流域）的关键要素，其对年径流的贡献率约占63%，与图6中降水、气温的变化过程吻合。李宗杰[17]在长江源区应用稳定同位素示踪方法和端元混合径流分割模型等方法发现沱沱河站大气降水贡献了河水的26%。综上所述，考虑资料系列、研究方法的差异，采用累积量斜率变化分析方法计算的长江源区径流变化贡献率是合理的。

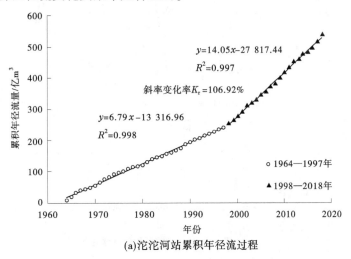

(a)沱沱河站累积年径流过程

图5　长江源区1964—2018年年径流、年降水累积斜率变化

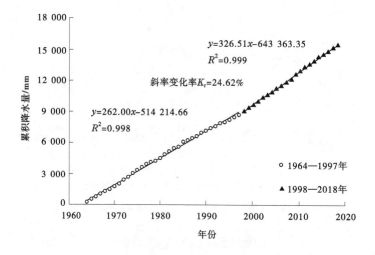

(b)沱沱河以上流域累积年降水量过程

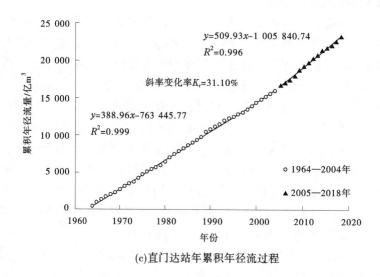

(c)直门达站年累积年径流过程

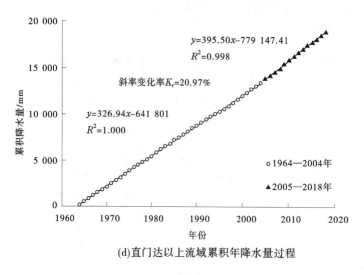

(d)直门达以上流域累积年降水量过程

续图 5

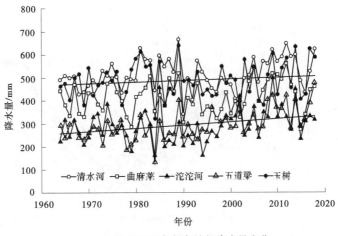

(a)长江源区各气象站年降水量变化

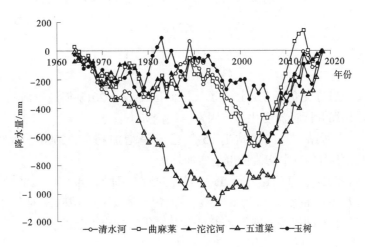

(b)长江源区各气象站年降水量累积距平曲线

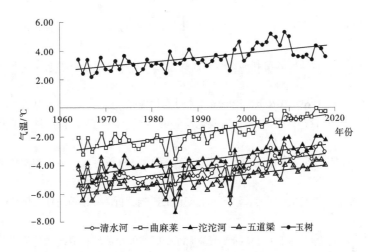

(c)长江源区各气象站年平均温度变化

图6 长江源区 1964—2018 年各气象站年降水、年平均气温变化

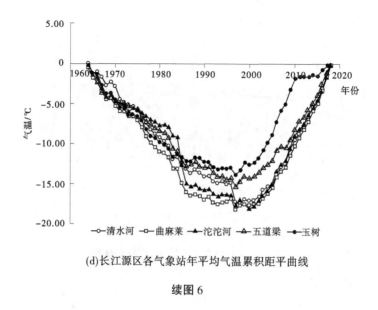

(d)长江源区各气象站年平均气温累积距平曲线

续图 6

4 结论

本文从变化规律、趋势突变等方面分析了长江源区 1964—2018 年沱沱河站、直门达站的径流特性，并进一步分析了长江源区径流变化影响因素，结论如下：

（1）长江源区沱沱河站、直门达站近 55 年径流呈增加趋势，2000s、2010s 径流量明显大于 1960s—1990s，且两站年内各月平均流量也呈增加趋势。

（2）长江源区沱沱河站、直门达站近 55 年径流过程分别在 1997 年、2004 年发生了突变，直门达以上流域降水对径流变化的贡献率为 67.5%，而沱沱河以上流域降水对径流变化的贡献率仅占 23.0%，这主要是由冻土、冰川等冰冻圈要素对气温变化的响应引起的。

参考文献

［1］齐冬梅，张顺谦，李跃清．长江源区气候及水资源变化特征研究进展［J］．高原山地气象研究，2013，33（4）：89-96.

［2］李林，戴升，申红艳，等．长江源区地表水资源对气候变化的响应及趋势预测［J］．地理学报，2012，67（7）：941-950.

［3］罗玉，秦宁生，周斌，等．1961-2016 年长江源区径流量变化规律［J］．水土保持研究，2019，26（5）：123-128.

［4］朱延龙，陈进，陈广才．长江源区近 32 年径流变化及影响因素分析［J］．长江科学院院报，2011，28（6）：1-4，9.

［5］张建云，刘九夫，金君良，等．青藏高原水资源演变与趋势分析［J］．中国科学院院刊，2019，34（11）：1264-1273.

［6］罗玉，秦宁生，庞轶舒，等．气候变暖对长江源径流变化的影响分析——以沱沱河为例［J］．冰川冻土，2020，42（3）：952-964.

［7］黄克威，王根绪，宋春林，等．基于 LSTM 的青藏高原冻土区典型小流域径流模拟及预测［J］．冰川冻土，2021，43（4）：1144-1156.

［8］Song C, Wang G, Mao T, et al. Linkage between permafrost distribution and river runoff changes across the Arctic and the Tibetan Plateau［J］. Science China-Earth Sciences, 2020, 63（2）：292-302.

［9］Ye B, Yang D, Zhang Z, et al. Variation of hydrological regime with permafrost coverage over Lena Basin in Siberia［J］. Journal of Geophysical Research-Atmospheres, 2009, 114.

［10］罗玉，秦宁生，王春学，等．长江源区夏季径流量变化及其与高原夏季风和南亚夏季风的关系［J］．长江流域资

源与环境, 2020, 29（10）: 2209-2218.

[11] 黄嘉佑, 李庆祥. 气象数据统计分析方法 [M]. 北京: 气象出版社, 2015.

[12] 魏凤英. 现代气候统计诊断与预测技术 [M]. 2 版. 北京: 气象出版社, 2007.

[13] 王随继, 闫云霞, 颜明, 等. 皇甫川流域降水和人类活动对径流量变化的贡献率分析——累积量斜率变化率比较方法的提出及应用 [J]. 地理学报, 2012, 67（3）: 388-397.

[14] 赵益平, 王文圣, 张丹, 等. 累积量斜率变化分析法及其在径流变化归因中的应用 [J]. 水电能源科学, 2019, 37（10）: 17-20.

[15] 赵林, 胡国杰, 邹德富, 等. 青藏高原多年冻土变化对水文过程的影响 [J]. 中国科学院院刊, 2019, 34（11）: 1233-1246.

[16] 唐见, 曹慧群, 陈进. 长江源区水文气象要素变化及其与大尺度环流因子关系研究 [J]. 自然资源学报, 2018, 33（5）: 840-852.

[17] 李宗杰. 基于稳定同位素示踪的长江源区径流源解析研究 [D]. 兰州: 兰州大学, 2020.

基于互联互通的高速供水网架构模式及其宁波实践

张松达[1]　方碧波[2]　毛顶辉[3]

(1. 宁波市河道管理中心，浙江宁波　315192；
2. 宁波市原水有限公司管道分公司，浙江宁波　315020；
3. 浙江钦寸水库有限公司，浙江宁波　312500)

摘　要： 宁波市在解决水资源短缺，提升优化配置、科学调度水平的实践中，创新性地提出并实施了原水外网、清水内网、大工业供水专网、域外引水网等"四网合一"的宁波高速供水网，实现了分质供水、优水优用、联网联调、应急互保的现代化用水新格局。本文介绍了宁波市水库群联网联调工程、水厂供水环网工程、大工业供水专线工程和域外引水工程的总体布局、设计规模、技术特点及作用效益，总结提出了高速水网建设的宁波模式，成为国家水网建设的先行者。

关键词： 供水；水网；联网联调；分质供水；模式

宁波市地处浙江省东部，为全国计划单列城市。2020年总人口940.43万，GDP 1.24万亿元，为我国沿海经济发达地区。宁波市所在的甬江流域为独流入海河流，源短流急。降水时程变化大，年内年际分配不均匀，地区水资源分布不平衡，多年平均年降水深1 525.3 mm，多年平均年径流深801.1 mm，水资源总量为83.32亿 m^3，人均水资源占有量不足1 000 m^3，低于全国、全省的平均水平，是一个缺水城市，尤其是优质的饮用水严重短缺。加上部分水资源受到不同程度的污染，遭遇干旱年份，水资源的供需矛盾十分突出。用水格局上以县（区、市）行政区域独立供水为主，水库与水厂单线供水，生活用水与工业用水不分，水库取水与河网取水混合，水库原水向城市供水的比例不足45%，城市供水保证率低，供水水质欠佳，应急保障能力较弱。进入21世纪，宁波市大力加强水资源的开发利用和节约保护，不断提升水资源管理水平。新建扩建大中型蓄水工程，通过内部挖潜，优化配置和科学调度，实现水资源的高效利用，尤其是实施了水库群的联网联调工程，中心城区清水环网工程、大工业供水专线工程，形成了原水联网、清水环网、大工业供水专网的城市供水高速水网，与域外引水专线一起组成的宁波水资源高速水网，实现了分质供水、优水优用、应急互保的用水格局，也极大地缓解了宁波城市的用水紧张状况。

宁波城市供水高速水网（见图1）主要架构有4张网组成，一是原水外网，即水库群联网联调；二是清水内网，即多水厂清水环网；三是供水专网，即大工业供水专线；四是域外引水网，即境外引水工程干支线联网。四张网互为联通，以调蓄水库、供水水厂为重要节点，以优化资源配置、智慧调控为手段，形成原水清水上下游一体、防洪供水生态功能一体、多水源联网联调的现代化供水的新格局，成为国家水网连通工程的先行者和探索者。

1　建设水库群联网联调工程，原水外网互联互通

1.1　城市供水主要水源

向宁波城市供水的水库主要有白溪水库、周公宅水库、钦寸水库、横山水库、亭下水库、皎口水库等6座大型水库，溪下水库、横溪水库、三溪水库、西溪水库等4座中型水库，总库容10.89亿

作者简介：张松达（1960—），男，教授级高级工程师，长期从事水利规划、建设和管理工作。

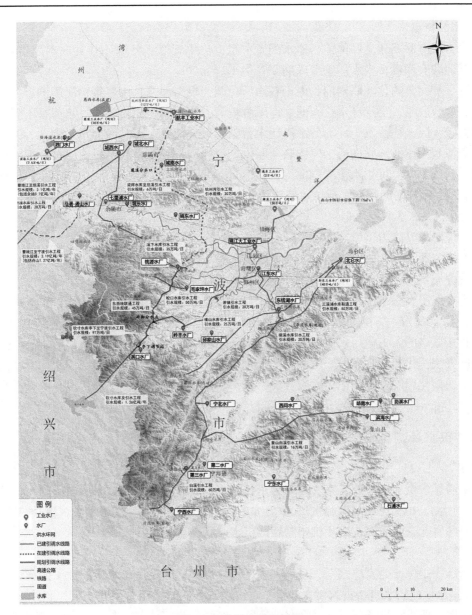

图 1　宁波供水水网布置

m³，总供水能力 200 万 m³/d，上述水库分布在宁波市的宁海县、奉化区、鄞州区和海曙区，地域分散，水库高程不一，供水量差异大。

1.2　联网联调工程总体布置

　　根据水库和水厂的分布位置，水库群联网工程总体布置分为水库群东线联网工程、水库群西线联网工程和东线与西线联网工程。水库群东线联网工程分别连接白溪水库、横山水库、西溪水库、横溪水库、三溪浦水库，联合向东钱湖水厂、北仑水厂和江东水厂供水，供水规模 100 万 t/d；水库群西线联网工程连接钦寸水库、亭下水库、周公宅水库、皎口水库和溪下水库，联合向毛家坪水厂、桃源水厂、杭州湾新区水厂供水，供水规模 120 万 t/d；东线与西线联网工程互通节点为江东水厂，互通规模 20 万 t/d。远期规划东西线连通葛岙水库和横山引水复线，东西线联网规模增加到 60 万 t/d。远期东西线水库群联网联调总供水规模为 240 万 t/d。

　　水库群联网形式以水库与水库并联连接为主，部分梯级水库实行串联连接。输水方式为重力流，隧洞连通为主，辅以管道输水，东西线联网工程隧（管）道总长度 208.24 km，其中隧道长 193.75 km，管道长 14.49 km，隧道断面设计输水规模分别为 100 万 t/d。沿线设置 9 座流量调节站或分流控制站，以调节分流压力和流量。

1.3 联网联调的特点

一是供水方式互联互通。联网前，原水配置单水源、单管道、各水库独立向水厂供水。联网后，多水库隧道互通联合调度，多水厂管道联网联合供水。

二是水资源利用集约化。联网前，由于各水库功能、集雨面积、库容等情况不同，如有的水库集水面积较大，库容较小，容易弃水；有的水库库容较大，集水面积相对较小，水库蓄不满，特别是当库容系数相差较大时，往往发生一部分水库还未蓄满，另一部分水库已经弃水。因此，区域内各水库弃水多，水资源利用率低。联网后，库群联调联供，可利用水资源量有了较大增加。据水库群西线联网工程测算，西线水库群可供水量联网前为 3.7 亿 m³，联网联调后提高到 4.07 亿 m³，年增加可供水量 0.37 亿 m³。水库群联网联调实现了水资源优化配置、科学调度和集约利用，使水库可供水量有了显著增加。

三是水厂应急保安能力倍增。联网工程有效应对水源及输水工程突发性事件，各水厂互为应急保安，各水库互为资源备用，极大提高了宁波城市供水安全保障能力。

四是实现分质供水、优水优用。城市分质供水体系得到了进一步确立，水库水向城市生活供水，姚江河网水主要保障大工业用水和城市河道生态用水。2005 年，宁波市水库优质水向城市供水的比例仅为 43%，到 2020 年，宁波城市水库直供水比例达到 100%，让市民都喝到了水库优质水。同时，由姚江干流直接取水的大工业用水也得到了很好的保障。

五是调度方法优化。在水库群联网联调工程建设的同时，宁波市研究提出了水库群联网运行分期空库系数约束的优化调度方法，把多库聚合成一库，形成聚合水库调度图进行以弃水量最小为目标的优化调度。

2 建设水厂供水环网工程，清水内网互联互通

2.1 供水水厂

宁波市中心城区供水水厂共 5 座，分别为东钱湖水厂 50 万 t/d、北仑水厂 30 万 t/d、毛家坪水厂 50 万 t/d、江东水厂 20 万 t/d 和桃源水厂 50 万 t/d，总供水规模 200 万 t/d。供水辐射宁波市鄞州区、海曙区、镇海区、北仑区、江北区和杭州湾新区供水。

2.2 环网布局

清水环网工程是保证毛家坪水厂、东钱湖水厂、江东水厂以及桃源水厂的优质清水输送到市区的关键工程。4 座水厂的清水直接进入供水环网，再由供水环网分送至各供水支网。清水环网沿城市东西南北 4 个方向；西线沿机场路，北线沿北外环路，东线沿世纪大道、同三高速，南线沿鄞州大道，设计 DN1 800～2 000 的大口径供水环网管道，呈环形连接，总长 47.3 km，形成互相联通的"城市内环供水高速公路"，见图 2。

2.3 主要特点

清水环网的特点是水厂联供、快捷输水、应急互保，打破了原来单一水厂向特定供水区供水的格局。宁波的水资源都在南部，相应的水厂也建设在城市南部，而供水区域分布在东北部，建设清水环网也起到了南水北调的作用，保证了各供水支网的末端供水压力，这种模式更适应城市远期用水量的变化，也保证城市各区域的平衡供水和应急供应。

3 建设大工业供水专线工程，供水专网枝状满供

3.1 大工业水厂

宁波北仑、镇海等区是沿杭州湾临港工业集聚区，分布有镇海炼化、台塑、宁钢、LG 等重大工业企业。工业用水量大，用水要求高。原有利用城市自来水管网供水，一方面用水量远远不能满足要求，另一方面水库优质水浪费严重。因此，2006 年开始宁波实施大工业供水工程，利用姚江水源建设大工业专用水厂，保障大工业用水。大工业水厂日供水能力 50 万 t/d，以姚江为水源，2008 年 11

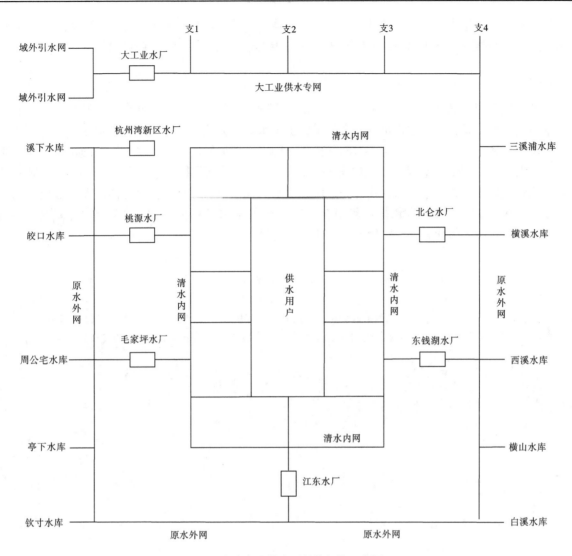

图2　宁波高速供水网整体架构示意图

月建成，成为宁波市向大工业企业供水的重要水厂，并且与原城市自来水官网切割，独立向大工业集聚区供水。

3.2　专网供水

大工业供水管网与水厂同步建设，输水管线途经江北、镇海、北仑三区，建成 DN1 800~2 000 管径的主输水干线 46 km，8 条支线单厂单管供水，长 29 km，供水总用户 13 家重大工业企业。

3.3　主要作用

大工业专网供水保证了宁波市临港工业区重大工业企业的用水，更大的意义在于分质供水、优水优用的供水理念的实质推进。

4　推进宁波市浙东引水工程，域外引水网专线输送

宁波市浙东引水是缓解水资源短缺的重要途经。工程构建了三大输水主干线。一是曹娥江至慈溪引水工程，拓宽输水干线 85 km，引水规模 60 m³/s，设计年引水量 4.2 亿 m³，解决宁波北部地区余姚、慈溪两市的农业需水、工业需水和生态环境需水。二是曹娥江至宁波引水工程。通过杭甬运河上虞段河道和姚江干流，全长 93 km，设计引水规模 40 m³/s，年引水量 3.19 亿 m³，解决宁波市城市农业用水、大工业用水和生态环境用水。三是钦寸水库引水工程。宁波市与新昌县合作建设钦寸水库，总库容 2.44 亿 m³，开凿引水隧洞 28.9 km，向宁波市年引水 1.26 亿 m³，解决宁波市优质水短缺矛

盾。三大引水工程组成了宁波市域外引水网，专线输送，总引水量达 8.65 亿 m³，特别是钦寸水库优质水通过专线直接与宁波市水库群联网联供，进一步提升了城市供水的保障能力。

5　结语

　　宁波市实现原水联网、清水环网、大工业供水专网、域外引水网等四网合一、联网联调，形成城市供水高速水网，是特大城市供水的一大创举，也是水资源分质供水、优水优用理念的科学实践。创新探索出一套适合宁波特色的高速供水网新模式，即以水库群联网联调、多水厂环网辐射、大工业专网供水、浙东引水网干线组网等"四网合一"的优化配置、分质供水、智慧调控、应急互保为主要内容的现代化供水模式。宁波市在建设完成城市供水高速水网的同时，在管理体制上也迈出了创新的一大步，2019 年将原水集团和供排水集团合并组建宁波市水务环境集团，实现原水、供水、排水、水生态环境等水务一体化管理，继续向现代化水利迈进。

参考文献

［1］张松达，夏国团，王士武，等 . 水库群联合调度实用方法与应用 ［M］. 杭州：浙江大学出版社，2013.
［2］郭旭宁，何君，张海滨，等 . 关于构建国家水网体系的若干考虑 ［J］. 中国水利，2019 （15）：1-4.

滦河流域极端降水时空演变特性分析

陈　旭　杨学军

（水利部海河水利委员会水文局，天津　300170）

摘　要：为研究气候变化背景下滦河流域极端降水事件时空变化的规律性，本文基于流域6个气象站、12个雨量站和33个格点1960—2012年逐日降水资料，利用RClindex计算7个典型极端降水指数，在此基础上采用趋势、周期、突变等统计学方法系统分析了极端降水的时空演变特性。结果表明：滦河流域极端降水在过去52年间变化不显著，但强降水量在总降水量中所占比例有一定的下降趋势；连续干旱情况有小幅增加，而连续湿润事件有微弱的减少，未来干旱造成的灾害风险及其影响将会增强；极端降水在1998年发生突变且表现出4~7a、13a、16~23a和30~31a的周期性；滦河流域普通降水变化不大，但极端强降水在呈现一定的下降趋势，降水在向均值方向变化，而且这种特征在滦河中下游的农区、牧草区、林区表现的更为明显；各站点CWD（持续湿润指数）趋势呈较为明显的南北分异特征，北部各站点基本呈下降趋势（88%），而南部各站点则基本呈上升趋势（66.7%），说明整个滦河流域北干南湿程度正在加剧。

关键词：滦河流域；极端降水；时空特性

1　引言

当前，气候变化已经成为影响人类社会可持续发展的重大问题之一[1]。联合国政府间气候变化专门委员会（Intergovernmental Panel on Climate Change，IPCC）第五次评估报告指出[2]，1880—2012年，全球地表的平均温度上升了0.85 ℃，且升温速率加快，随着气候变暖不断加剧，极端气候事件发生的频率和强度明显增加，给水资源供给、生态系统安全、灾害预测等方面带来潜在影响，对当地农业、生态环境等敏感领域的影响尤为显著，极端气候由此成为国内外学者广泛关注的热点问题[3-4]。中国是世界上极端气候危害最严重的国家之一[5]，在全球地表明显增温的大背景下，对极端降水事件时空格局的研究显得尤为重要[6-7]。国内外许多学者已开展极端降水事件时空变化规律的研究[8-10]。吴利华等[11]利用11个极端降水指数分析丽江极端降水变化特征，得出丽江地区日降水≥1 mm的降水日数呈显著减少，特强降水量呈显著增加，并存在介于4~56 a的4~6个准周期，介于12~56 a的1~3个主周期。王建中等[12]利用4个极端降水指数分析了该流域极端降水事件的时空变化特征及未来变化趋势，得出4个极端降水指数均表现出上升趋势，各极端降水指数在流域内的多数地区均表现为上升趋势，未来流域多数地区各极端降水指数仍将以上升为主。温煜华等[13]采用多种统计学方法分析了12个极端降水指数的时空变化特征及其对海拔和大气环流指数的响应机制，研究表明祁连山降水活动增强，极端降水频度增大，降水向降水日数更多、时间更集中的方向发展；祁连山极端降水受北大西洋年代际振荡（AMO）指数影响最大。任正果等[14]基于4个极端降水指标，采用统计学

基金项目：国家重点研发计划"地表要素的卫星和UAV多源遥感及其水文业务预报应用"（2018YFE0106500），"National Key R&D Program of China"（2018YFE0106500）。

作者简介：陈旭（1988—），女，博士，研究方向为水文学及水资源。

通讯作者：杨学军（1972—），男，教授级高级工程师，主要从事水文学及水资源研究工作。

方法分析了黄河流域极端气候事件的时空变异特征，研究表明黄河流域暖干化趋势明显，流域北部尤为突出，不同子区域不同极端气候指数的突变年份不尽相同，但多集中于 20 世纪 90 年代。

截至目前，对于极端降水事件时空变化特性的相关研究已取得了长足进展，并得到了许多有意义的结论，但对滦河流域极端降水事件的研究仍相对较少。近年来，滦河流域由极端降水事件引起的旱涝灾害次数明显增多，如 2012 年和 2021 年洪水，1972 年罕见大旱，该流域又是暴雨型地质灾害多发区，强降水往往容易诱发滑坡、泥石流等地质灾害。因此，本文以滦河流域气象站及格点数据为依据，对滦河流域极端降水的趋势及空间分布特性进行探讨，为预测极端降水事件的发生、提高该地区的防灾能力提供科学依据[15-16]。

2 研究方法

RClimDex 是由加拿大气象研究部基于 R 语言开发的，用于计算多种极端气候指数的模型，该模型为世界气象组织气候委员会所推荐用于极端气候指数分析和气候变化检测、监测[17]。该模型的优点在于只需按规定格式输入逐日最高气温、最低气温和逐日降水量数据，即可计算得到 27 个核心极端气候指数，包括 11 个极端降水指数和 16 个极端温度指数。在进行极端气候指数计算之前，通过 RClimDex 对气象站实测及格点数据进行了质量控制：①最低气温大于最高气温的按缺测值处理；②超出均值 3 倍标准差的记为出界值，根据相邻台站的记录进行人工处理；③降水数据在一个月中出现 3 d 以上，或一年中出现 15 d 以上缺测值时，则对该月或该年的降水指数不进行计算，设为缺测值。

结合滦河流域实际降水情况和研究需要，选取与极端降水紧密相关的 7 个极端降水指数（见表 1），对滦河流域过去 52 年极端降水事件发生情况进行刻画。运用 RclimDex 计算得到各站点极端降水指数，将所有站点的极端降水指数进行平均，得出每个指数在整个滦河流域的平均值。在此基础上采用线性趋势法、滑动平均法、Mann-Kendall 检验以及 Spearman 趋势检验法[18-20]对滦河流域极端降水指数的时空变化趋势进行分析。

表 1 极端降水指数名称及释义

极端降水指数代码	指数名称	定义	单位
PRCPTOT	年总降水量	年内日降水量≥1 mm 的降水量总量	mm
SDII	普通日降水强度	年内日降水量≥1 mm 的总量与日数之比	mm/d
RX5day	5 d 最大降水量	年内连续五日的最大降水量	mm
R95pTOT	强降水量	年内日降水量>95%分位值强降水之和	mm
R10	强降水日数	年内日降水量≥10 mm 的总日数	d
CDD	持续干燥指数	年内日降水量<1 mm 的最长持续日数	d
CWD	持续湿润指数	年内日降水量≥1 mm 的最长持续日数	d

3 研究区域及数据

滦河流域北起内蒙古高原，南临渤海，西界潮白、蓟运河，东与辽河相邻，位于东经 115°45′~119°45′，北纬 39°10′~42°40′，全长 888 km，流域面积 44 880 km²，其中山区 47 120 km²，平原 7 410 km²。滦河发源于丰宁县巴彦图古尔山麓，始称闪电河，流经内蒙古正兰旗至大河口纳吐力根河后称大滦河，至隆化县郭家屯附近与小滦河汇合后称滦河，郭家屯以下至潘家口河道蜿蜒曲折，穿行于燕山山脉，过桑园峡口进入迁安盆地，至滦县城关流出燕山山脉，于乐亭县兜网铺入渤海。滦河水系属于半湿润、半干旱的大陆性季风气候类型。受气候条件影响，降水量年内分配极不均匀，80%左右的降水量集中在汛期，枯季仅占 20%。特别是丰水年份，汛期所占比重更大。降水量的年际变化幅度以燕山迎风坡一带最大，最大年降水量与最小年降水量比值在 3~4，其他地区在 2~3。

选取 1961—2012 年滦河流域及其周边 6 个气象站逐日降水资料，数据来源于中国气象数据共享服务网公布的实测数据。滦河流域的 6 个气象站分布较稀疏，为进行极值事件空间特性分析，本文同时选取滦河流域 12 个雨量站和 33 个格点的逐日逐日降水（中国地面降水日值 0.5°×0.5°格点数据集（V2.0））数据，数据来源于中国气象数据共享服务网（http：//data.cma.cn/data/index/125cb60be7cb5b8d.html）。

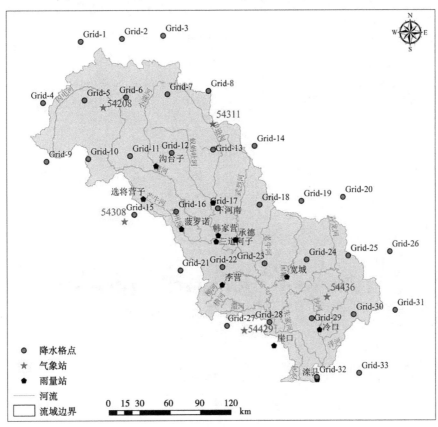

图 1   滦河流域气象站、雨量站及格点分布

4   极端降水时空演变特性分析

4.1   极端降水时间变化特性分析

4.1.1   极端降水趋势特性分析

1961—2012 年间表征极端降水事件的 5 个指数（SDII、RX5day、R10、CDD 和 CWD）呈现轻微的下降趋势，变化趋势并不明显（见图 2）；表征年降水总量的 PRCPTOT 呈现较为明显下降趋势，变化速率为 8.3 mm/10 a；强降水量 R95pTOT 呈现出较大的下降趋势，其年际变化倾向率为 2.8 mm/10 a，这说明研究区强降水总量在总降水量中所占的比例在下降。由图 2 还可以看出，各极端降水指数年际波动变化具有一定的相似性，大致可以分为 6 个阶段：20 世纪 60—70 年代中期为第 1 阶段，此阶段各降水指数表现为波动下降趋势；70 年代中期至 70 年代末为第 2 阶段，各降水指数表现为上升趋势；70 年代末至 80 年代中期为第 3 阶段，此阶段各指数呈现下降趋势；第 4 阶段是 80 年代中期至90 年代末，各降水指数表现为波动上升趋势；第 5 阶段是 90 年代末至 21 世纪初，各指数呈现下降趋势；第 6 阶段是 21 世纪初至研究时段末，各指数进入了小幅波动上升阶段。因此，滦河流域1961—2012 年各极端降水指数表现为阶段性波动变化，但均呈不显著变化趋势。综合极端降水指数变化趋势可以得到：大部分极端降水指数变化斜率较小，说明研究区的降水在过去 52 年间变化不太明显，但强降水量在总水量中所占比例有一定的下降趋势。

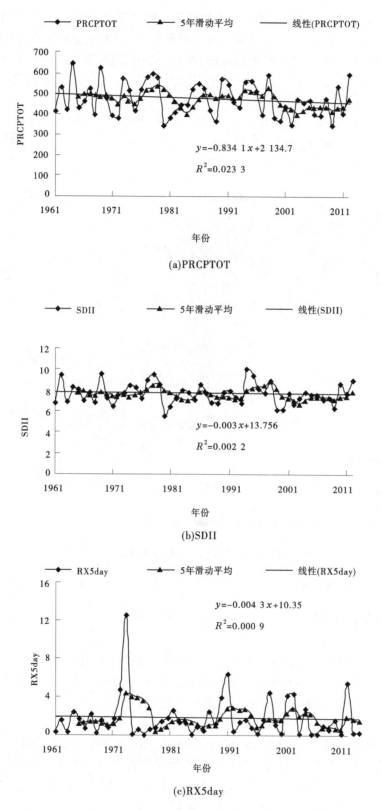

(a)PRCPTOT

(b)SDII

(c)RX5day

图 2　滦河流域极端降水指数变化趋势

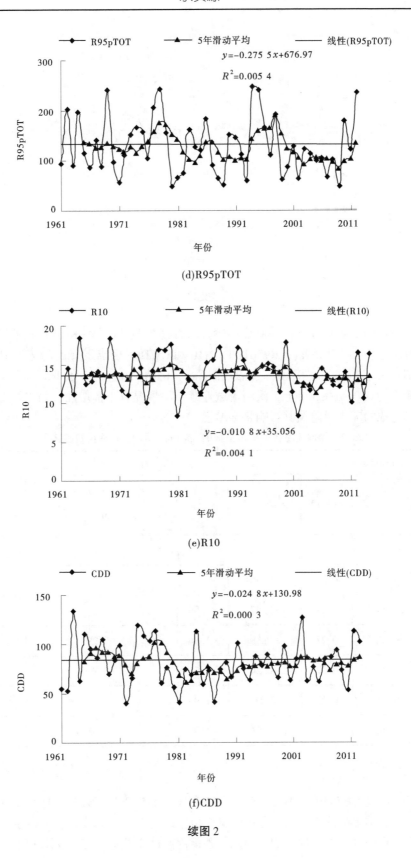

(d)R95pTOT

(e)R10

(f)CDD

续图2

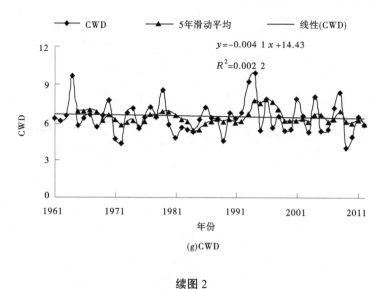

(g)CWD

续图 2

从极端降水事件的 Spearman 和 M-K 趋势检验来看（见表 2），M-K 趋势分析与线性分析结果基本一致，PRCPTOT、SDII、RX5day、R95pTOT、R10 和 CWD 呈现出下降的趋势，但均不显著，年际变化倾向率分别为 -0.68 mm/a、0、0、-0.29 mm/a、-0.01 d/a、-0.01 d/a，而 CDD 呈微弱的增加趋势，其变化速率为 0.04 d/a。综上，滦河流域连续干旱情况有小幅增加，而连续湿润事件有微弱的减少，未来干旱造成的灾害风险及其影响将会增强。

表 2　滦河流域极端降水指数的 Spearman 和 M-K 趋势检验结果

指数	Spearman 检验法		M-K 检验法			变化趋势
	秩相关系数	临界值	Z 统计量	临界值	倾斜度 （mm/a 或 mm/d/a 或 d/a）	
PRCPTOT	-0.13	0.27	-0.88	-1.96	-0.68	▽
SDII	-0.05	0.27	-0.36	-1.96	0	▽
RX5day	-0.08	0.27	-0.47	-1.96	0	▽
R95pTOT	-0.07	0.27	-0.58	-1.96	-0.29	▽
R10	-0.03	0.27	-0.24	-1.96	-0.01	▽
CDD	0.02	0.27	0.21	-1.96	0.04	△
CWD	-0.08	0.27	-0.51	-1.96	-0.01	▽

4.1.2　极端降水突变特性分析

利用 M-K 突变检验法对 PRCPTOT、SDII、RX5day、R95pTOT、R10、CDD 和 CWD 7 个极端降水指数进行突变分析，结果如图 3 所示。各指标突变检验的两条突变曲线在上下两条临界线之间存在多个交点，表明突变点受到干扰点的影响，因此分别运用滑动 T 检验（子序列长度 5）和 Bernaola-Galvan（BG）分割法对突变点进交互验证（见图 4），排除虚假突变点，最终确认 PRCPTOT 和 SDII 的可能突变年份均为 1979 年和 1998 年；RX5day 的可能突变年份为 1979 年和 2009 年；R95pTOT 的可能突变年份为 1993 年和 1998 年；R10 的可能突变年份为 1998 年；CDD 的可能突变年份为 1977 年；

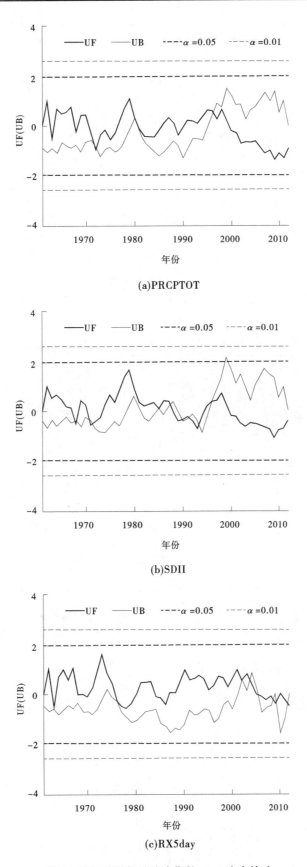

(a)PRCPTOT

(b)SDII

(c)RX5day

图 3 滦河流域极端降水指数 M-K 突变检验

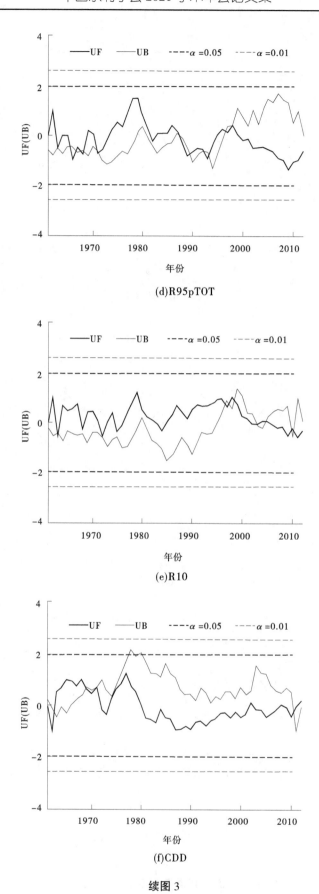

(d)R95pTOT

(e)R10

(f)CDD

续图 3

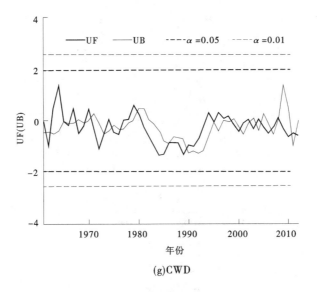

(g)CWD

续图 3

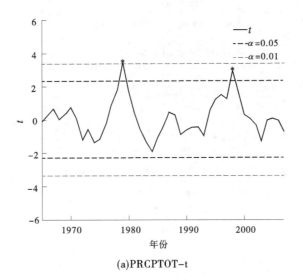

(a)PRCPTOT-t

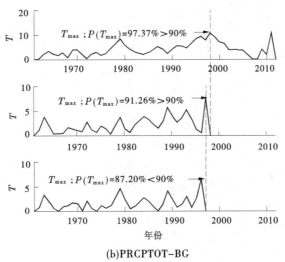

(b)PRCPTOT-BG

图 4　滦河流域极端降水指数滑动 T 法和 BG 分割法突变检验

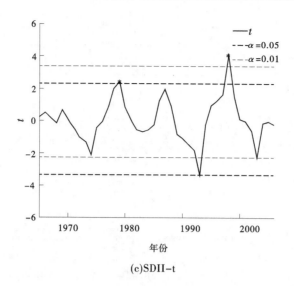

(c)SDII-t

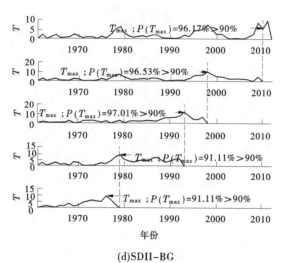

(d)SDII-BG

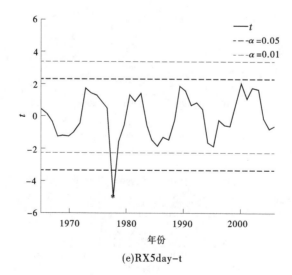

(e)RX5day-t

续图 4

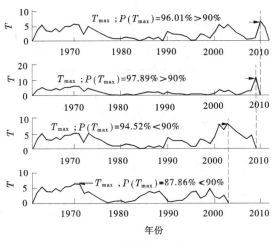

(f)RX5day-BG

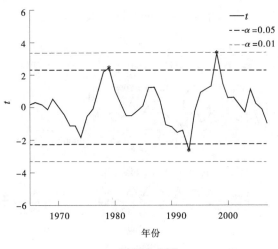

(g)R95pTOT-t

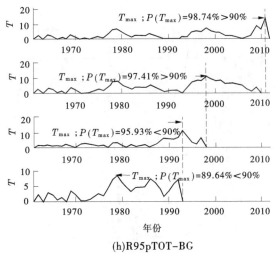

(h)R95pTOT-BG

续图4

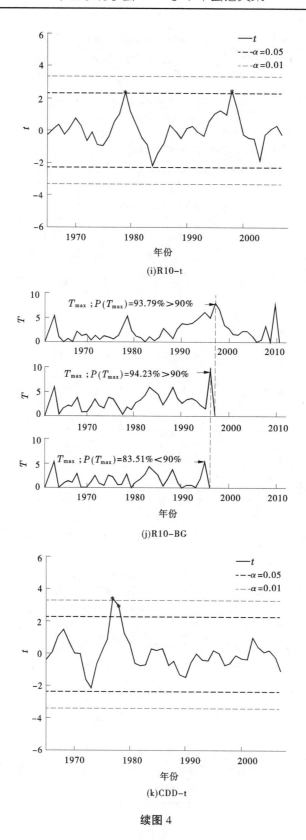

(i)R10-t

(j)R10-BG

(k)CDD-t

续图 4

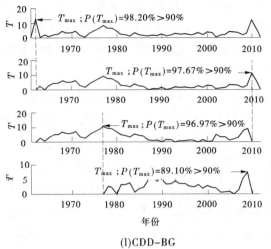

(l)CDD-BG

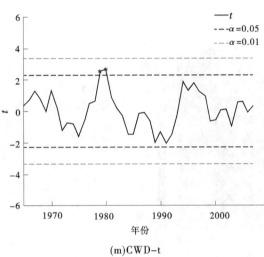

(m)CWD-t

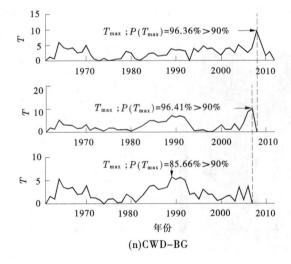

(n)CWD-BG

续图 4

CWD 的可能突变年份为 1980 年和 2008 年。综合各极端降水指标的突变年份看，最有可能发生突变的时段为 1977—1980 年间和 1998 年，1998 年以后其变化趋势较为明显，这与 1999 年以来滦河流域发生持续干旱的现状相符合[21]，因此最终确定极端降水的突变点位 1998 年。

4.1.3 极端降水周期特性分析

利用 Morlet 小波分析法对 1961—2012 年滦河流域极端降水指数的周期特性进行分析，结果如图 5 所示。从年总降水量的小波实部图［见图 5（a）］可见，年总降水量在 31 a 左右的时间尺度上经历了准 2.5 次振荡，2002 年左右进入了一个新的低值期，即年总降水量偏少的时期，且可判断未来几年年总降水量仍将持续偏少。更小尺度的周期在不同时段表现不同，20 世纪 60 年代至 70 年代末，年总降水量主要能量密度集中在 5~9 a 和 15~21 a 的时间尺度上，小波位相分别经历了负—正交替的 4 次和 2 次变化，70 年代末至 90 年代末，主要变化周期为 10~15 a 和 5~9 a 2 个时间尺度，分别经历了 2 次和 5 次周期振荡；90 年代末至 2011 年以 13 a 左右的周期振荡为主，小波位相经历了负—正交替的 1.5 次变更。

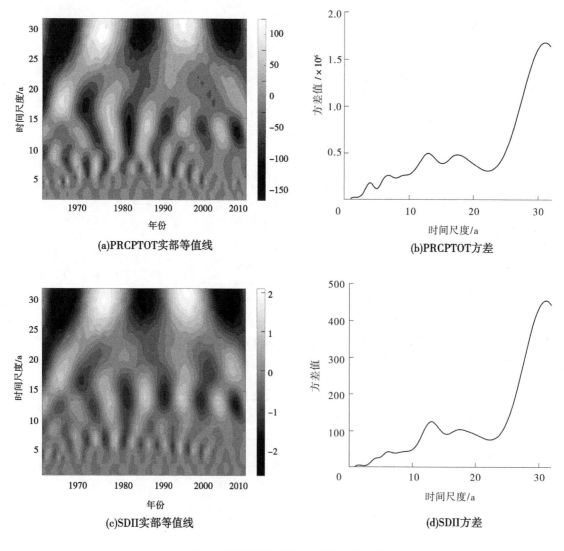

(a)PRCPTOT实部等值线

(b)PRCPTOT方差

(c)SDII实部等值线

(d)SDII方差

图 5 滦河流域极端降水指数小波分析

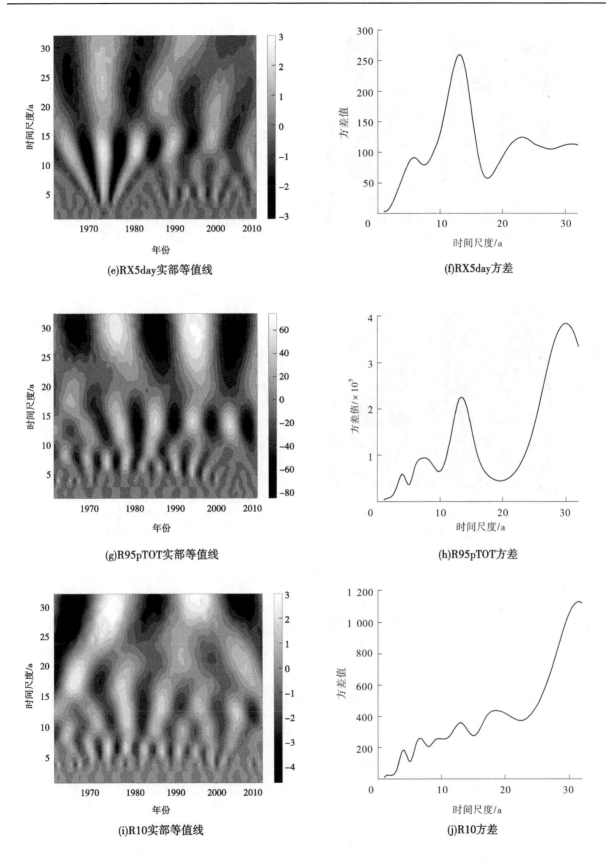

(e)RX5day实部等值线

(f)RX5day方差

(g)R95pTOT实部等值线

(h)R95pTOT方差

(i)R10实部等值线

(j)R10方差

续图5

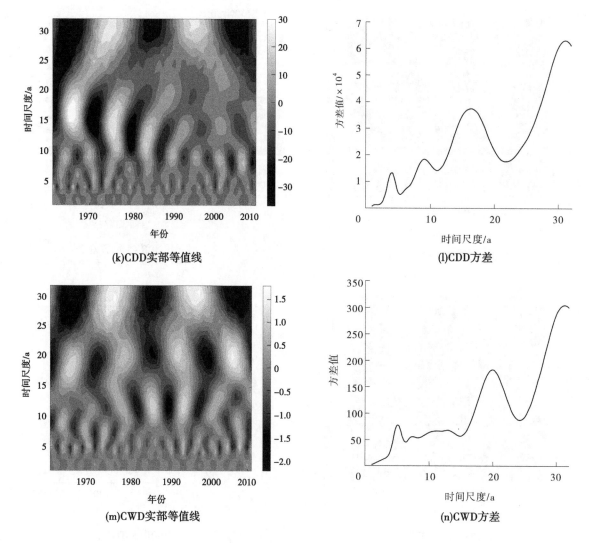

(k)CDD实部等值线   (l)CDD方差

(m)CWD实部等值线   (n)CWD方差

续图 5

　　年总降水量的小波方差图［见图 5（b）］显示，控制年总降水量变化的主要周期为 31 a，第二主周期为 13 a、17 a、7 a 和 4 a 也有 3 个小高峰，分别为第三、第四和第五主周期。其余极端降水指数周期参见表 3。由表 3 可以看出，7 个极端降水指数均表现出 4~7 a、13 a、16~23 a 和 30~31 a 的周期性。

表 3　滦河流域极端降水指数的小波分析结果

指数	周期/a	振荡次数	主周期/a	
PRCPTOT	25~32	2.5	第一	31
	10~15	6.5	第二	13
	15~21	5	第三	17
	5~9	12.5	第四	7
	3~5	20.5	第五	4

续表3

指数	周期/a	振荡次数	主周期/a	
SDII	25~32	2.5	第一	31
	9~15	6.5	第二	13
	15~23	5	第三	18
	5~9	13.5	第四	6
RX5day	10~16	6	第一	13
	18~27	4	第二	23
	27~32	3	第三	31
	4~7	13	第四	6
R95pTOT	23~32	2.5	第一	30
	10~17	6	第二	13
	5~10	12	第三	7
	3~5	20	第四	4
R10	24~32	2.5	第一	31
	15~21	4	第二	19
	10~15	6.5	第三	13
	5~8	12.5	第四	7
	3~5	20	第五	4
CDD	24~32	2.5	第一	31
	12~20	5.5	第二	16
	7~11	8.5	第三	9
	3~5	21	第四	4
CWD	24~32	2.5	第一	31
	16~22	4	第二	20
	3~6	16	第三	5
	9~16	6.5	第四	13
	6~11	11.5	第五	7

4.2 极端降水空间变化特性分析

4.2.1 极端降水事件变化的空间格局

滦河流域 1961—2012 年极端降水事件的发生情况及变化的空间格局如图 6 和图 7 所示。从该流域 7 个极端降水指数多年平均值的空间分布特征可以看出，研究区年总降水量（PRCPTOT）、普通日降水强度（SDII）、5 日最大降水量（RX5day）、强降水量（R95pTOT）和强降水日数（R10）均呈现西北低东南高的格局，而持续干燥指数（CDD）则呈明显的中东部高，北部和西南部低之势。年总降水量（PRCPTOT）、普通日降水强度（SDII）、5 d 最大降水量（RX5day）、强降水量（R95pTOT）和强降水日数（R10）整体上表现出自西北向东南逐渐升高的趋势，并出现了明显的高值中心，主要分布在青龙满族自治县北部、兴隆县以及承德市市辖区区域，其中青龙满族自治县北部 PRCPTOT 值、SDII 值、RX5day 值、R95pTOT 值和 R10 值分别高达 688.9 mm、12.8 mm/d、2.7 mm、205.6 mm 和 18.9 d，而低值区主要分布在滦河上游区域，其中正蓝旗 PRCPTOT 值、SDII 值、R95pTOT 值和 R10 值分别仅为 331.8 mm、5.2 mm/d、77.6 mm 和 8.4 d，隆化县与围场满族蒙古族自治县交界处的 RX5day 仅为 1.3 mm；5 日最大降水量（RX5day）整体呈现西北低、东南高的趋势，高值区主要分布在兴隆县、凌源市和建昌县区域，其中凌源市 RX5day 高达 2.65 mm，低值区主要分布在太仆寺旗、沽源县、丰宁满族自治县西北部、围场满族蒙古族自治县北部以及隆化县北部区域，其中隆化县北部 RX5day 仅为 1.3 mm。最多连续无雨日天数（CDD）整体上呈现中东部高、北部和西南部低的趋势，并出现了明显的高值中心，主要分布在多伦县中部、承德县东北部、平泉县以及凌源县区域，其中多伦县 CDD 高达 90.7 d，低值区主要分布在太仆寺旗、沽源县、围场满族蒙古族自治县北部、兴隆县、迁西县、迁安市、卢龙县以及滦县区域，其中滦县 CDD 仅为 73.7 d。最多连续雨日天数（CWD）整体上呈现出西北高东南低的格局，高值区主要分布在围场满族蒙古族自治县、隆化县、承德市市辖区以及丰宁满族自治县西北部区域，其中围场满族蒙古族自治县东部 CWD 高达 7.7 d，而低值区则主要分布在兴隆县、迁安市、卢龙县以及滦县区域，其中滦县 CWD 仅为 5.5 d。从以上各极端降水指标的空间分布特征可以看出，PRCPTOT、SDII、RX5day、R95pTOT 和 R10 的空间分布趋势较为一致，与 CDD 基本呈相反的分布特征。

由图 6 和图 7 极端降水指数各年代均值的空间分布特征可以看出，PRCPTOT 在 5 个时段内基本处于稳定状态，并表现出略微的下降趋势，且下游较上游下降趋势明显；SDII 在 5 个时段内基本处于稳定状态，变化趋势不显著；RX5day 没有呈现一定规律的变化趋势，但北部地区多数站点在最近时段（21 世纪初）处于历史最低值，这说明北部地区强降水事件在进入 21 世纪后有下降的趋势，在滦河中下游表现为 20 世纪 70 年代和 80 年代最大，90 年代和 21 世纪初次之，20 世纪 60 年代最小，表现出较为明显的下降趋势；R95pTOT 表现为锯齿状，在 5 个时段没有呈现一定方向的变化趋势，但大多数站点 20 世纪 80 年代处于历史最低值，尤其在滦河中上游地区这种特征更加明显。R10 在 5 个时段内基本处于稳定状态，在北部地区多数站点 90 年代的值处于历史最高值。CWD 没有呈现一致性变化趋势，但各站点 80 年代均处于历史最低值。而与之相对应 CDD 却未呈现出各站点 80 年代值较高的特征，反而是多数站点的这个值也处于历史低值。综合 7 个极端降水指数的空间分布状况可知，滦河流域普通降水变化不大，但极端强降水在呈现一定的下降趋势，降水在向均值方向变化，而且这种特征在滦河中下游的农区、牧草区、林区表现得更为明显。

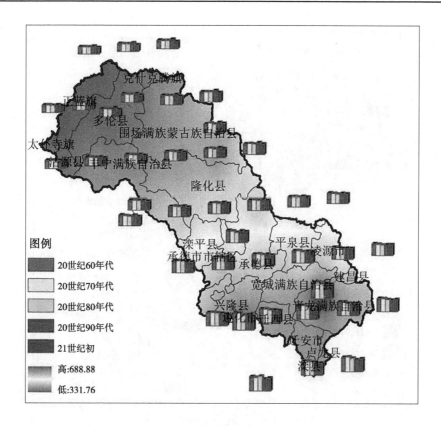

(a)PRCPTOT

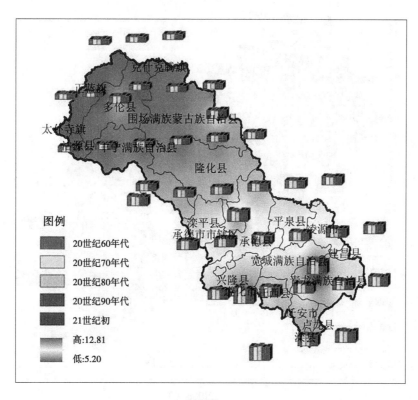

(b)SDII

图 6　极端降水类指数（PRCPTOT、SDII、RX5day 和 R95pTOT）年际变化的空间格局分布

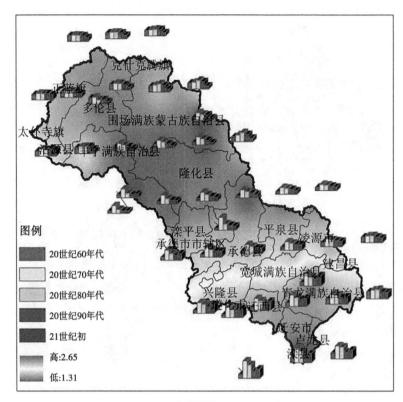

(c)RX5day

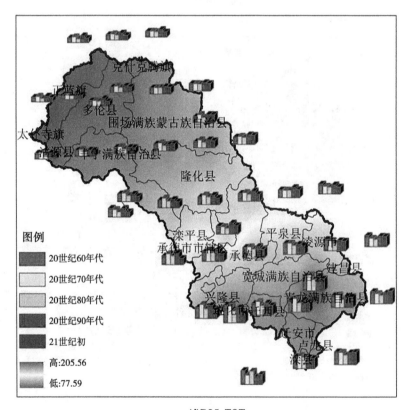

(d)R95pTOT

续图 6

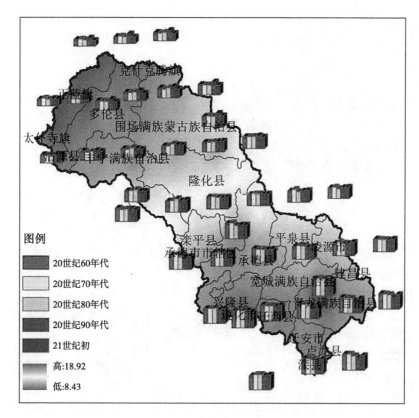

(a)R10

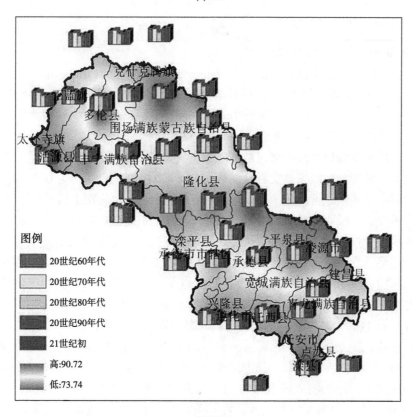

(b)CDD

图7 极端降水类指数（R10、CDD 和 CWD）年际变化的空间格局分布

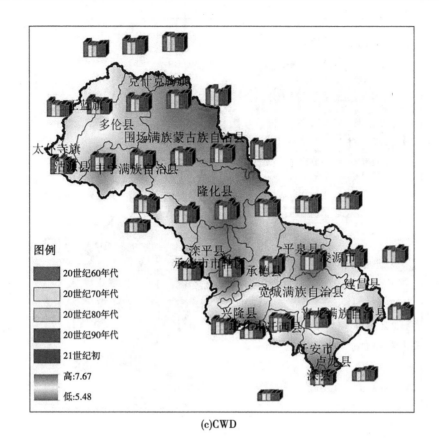

(c)CWD

续图 7

4.2.2 极端降水指数趋势变化的空间格局

根据 M-K 法计算各站点各极端降水指数的 Sen′s 变化倾斜度 β，通过 ArcGIS 进行反距离加权（inverse distance weighted，IDW）插值[22]，得到各极端降水指数在空间上的变化趋势（见图 8 和图 9）。由图 8 和图 9 可以看出，表征极端降水事件的各种指数具有明显的空间特征。从 PRCPTOT 来看，整个研究区除围场满族蒙古自治县东南部三个站点外，其余各站点均呈现下降趋势，但均并不显著，且南部和北部区域的下降趋势较中部区域下降幅度大，最大降幅出现在兴隆县、遵化市和迁西县一带，而位于隆化县、承德县、滦平县交界处的区域 PRCPTOT 降幅最小，为 0.39 mm/10 a，说明整个滦河流域的降水量在呈不太显著的下降趋势。SDII 在滦河中上游呈现上升趋势，下游呈现下降趋势，但变化趋势均不显著，说明在反映普通降水强度方面的 SDII 指数在整个滦河流域没有呈现一致性的规律，分异性较大。与 SDII 趋势变化相反，RX5day 在滦河中上游呈现下降趋势，在滦河下游呈现上升趋势，变化趋势也均不显著。在西北与东南方向上以研究区的中轴线为界，在中轴线以上大多数站点 R95pTOT 呈现上升趋势，中轴线以下大多数站点呈现下降趋势。R10 的变化趋势为中上游大多数站点呈上升趋势，下游呈下降趋势，且趋势变化均不显著，其中围场满族蒙古族自治县东南部上升幅度最大，达到了 0.34 d/10 a，青龙满族自治县东部下降幅度最大，达到了 0.77 d/10 a。CDD 下降趋势主要出现在正蓝旗、太仆寺旗、沽源县一带，以及隆化县南部、承德县北部、滦平县、承德市市辖区、兴隆县、遵化市、迁西县一带，其中沽源县下降幅度达到了 5.3 d/10 a，上升趋势主要分布在研究区域东南和东北部，围场满族蒙古族自治县北部上升幅度高达 4.1 d/10 a。滦河上游各站点 CWD 变化趋势以下降为主，占 88%，其中，显著下降站点占 16.7%，变化幅度为 0.002~0.481 d/10 a，滦河中下游各站点 CWD 变化趋势以上升为主，占 66.7%，但均不显著，变化幅度为 0.007~0.33 d/10 a。各站点 CWD 趋势呈较为明显的南北分异特征，北部各站点基本呈下降趋势（88%），而南部各站点则基本呈上升趋势（66.7%），上升幅度最大的站点为平泉县南部（0.33 d/10 a），下降幅度最大的站点为正蓝旗与多伦县交界处（0.48 d/10 a），且从整个区域来看，呈现上升趋势的站点明显少于下降趋势的站点，这也同样说明，整个滦河流域的降水有缓慢下降的趋势。

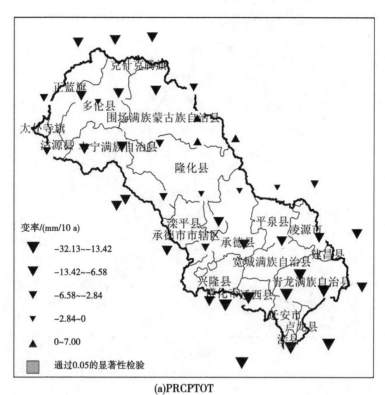

(a)PRCPTOT

(b)SDII

图8　极端降水类指数（PRCPTOT、SDII、RX5day 和 R95pTOT）变化趋势的空间分布

(c)RX5day

(d)R95p

续图 8

(a)R10

(b)CDD

图 9 极端降水类指数（R10、CDD 和 CWD）变化趋势的空间分布

(c)CWD

续图 9

5 结论

在全球变暖、极端事件频发的背景下，本文以滦河流域为研究区，基于 RClindex 模型定量计算了该流域极端降水指数，在此基础上利用多种统计学方法系统地分析了极端降水的时空变化特性。本文的主要结论如下：

（1）滦河极端降水在过去 52 年间变化不太明显，但强降水量在总降水量中所占比例有一定的下降趋势，最有可能发生突变的年份为 1977—1980 年间和 1998 年，其 31 a 的变化周期较为显著。

（2）PRCPTOT、SDII、RX5day、R95pTOT 和 R10 均呈现西北低、东南高的格局，而 CDD 则呈明显的中东部高，北部和西南部低之势，CWD 整体上呈现出西北高东南低的格局。整个研究区内 PRCPTOT 基本呈现下降趋势，但均并不显著，且南部和北部区域的下降趋势较中部区域下降幅度大。SDII 在滦河中上游呈现上升趋势，下游呈现下降趋势，但变化趋势均不显著，而 RX5day 与 SDII 趋势变化正好相反，变化趋势也不显著。在西北与东南方向上以研究区的中轴线为界，在中轴线以上大多数站点 R95pTOT 呈现出上升趋势，中轴线以下大多数站点呈现下降趋势。R10 的变化趋势为中上游大多数站点呈上升趋势，下游呈下降趋势，且趋势变化均不显著。CDD 下降趋势主要出现在正蓝旗、太仆寺旗、沽源县一带，以及隆化县南部、承德县北部、滦平县、承德市市辖区、兴隆县、遵化市、迁西县一带，上升趋势主要分布在研究区域东南和东北部。CWD 趋势呈较为明显的南北分异特征，北部各站点基本呈下降趋势（88%），而南部各站点则基本呈上升趋势（66.7%），说明整个滦河流域北干南湿程度正在加剧。

参考文献

[1] 马齐云，张继权，来全，等. 1960—2014 年松嫩草地极端气候事件的时空变化 [J]. 应用生态学报，2017，28（6）：1769-1778.

［2］IPCC. Climate Change 2013：The Physical Science Basis［M］. Cambridge：Cambridge University Press，2014.

［3］朱大运，熊康宁，肖华. 贵州省极端气温时空变化特征分析［J］. 资源科学，2018，40（8）：1672-1683.

［4］Song Xiao，Zhang Zhao，Chen Yi，et al. Spatiotemporal changes of global extreme temperature events（ETEs）since 1981 and the meteorological causes［J］. Natural Hazards，2014，70（2）：975-994.

［5］秦大河. 中国极端天气气候事件和灾害风险管理与适应国家评估报告［M］. 北京：科学出版社，2015.

［6］张兵，韩静艳，王中良，等. 海河流域极端降水事件时空变化特征分析［J］. 水电能源科学，2014，32（2）：15-18，34.

［7］Moccia Benedetta，Papalexiou Simon Michael，Russo Fabio，et al. Spatial variability of precipitation extremes over Italy using a fine-resolution gridded product［J］. Journal of Hydrology：Regional Studies，2021，DOI：10.1016/J. EJRH. 2021. 100906.

［8］吴利华，彭汐，马月伟，等. 1951—2016年昆明极端气温和降水事件的变化特征［J］. 云南大学学报（自然科学版），2019，41（1）：91-104.

［9］陈金明，陆桂华，吴志勇，等. 1960—2009年中国夏季极端降水事件与气温的变化及其环流特征［J］. 高原气象，2016，35（3）：675-684.

［10］汪宝龙，张明军，魏军林，等. 西北地区近50 a气温和降水极端事件的变化特征［J］. 自然资源学报，2012，27（10）：1720-1733.

［11］吴利华，成鹏，董李勤，等. 1951—2017年丽江极端气温和降水事件的变化特征［J］. 南京信息工程大学学报（自然科学版）：1-22［2021-10-20］.

［12］王建中，高鹏，刘翠杰，等. 1960—2018年嫩江流域极端降水事件时空变化特征［J］. 东北水利水电，2021，39（9）：30-33.

［13］温煜华，吕越敏，李宗省. 近60 a祁连山极端降水变化研究［J］. 干旱区地理，2021，44（5）：1199-1212.

［14］任正果，张明军，王圣杰，等. 1961—2011年中国南方地区极端降水事件变化［J］. 地理学报，2014，69（5）：640-649.

［15］Li Peixi，Yu Zhongbo，Jiang Peng，et al. Spatiotemporal characteristics of regional extreme precipitation in Yangtze River basin［J］. Journal of Hydrology，2021，DOI：10.1016/J. JHYDROL. 2021. 126910.

［16］王建中，高鹏，刘翠杰，等. 1960—2018年嫩江流域极端降水事件时空变化特征［J］. 东北水利水电，2021，39（9）：30-33.

［17］陈昌春，张余庆，王腊春，等. 基于RClimDex模型的江西省极端降水时空变化研究［J］. 中国农村水利水电，2013（11）：41-45.

［18］曹宇峰，刘高峰，王慧敏. 基于Mann-Kendall方法的淮河流域降雨量趋势特征研究［J］. 安徽师范大学学报（自然科学版），2014，37（5）：477-480，485.

［19］汪攀，刘毅敏. Sen′s斜率估计与Mann-Kendall法在设备运行趋势分析中的应用［J］. 武汉科技大学学报，2014，37（6）：454-457，472.

［20］Yue Sheng，Pilon Pilon，George Gavadias. Power of the Mann-Kendall and Spearman′s rho tests for detecting monotonic trends in hydrological series［J］. Journal of Hydrology，2002，259（1）：254-271.

［21］温立成，鞠玉梅. 滦河水资源可持续开发利用初探［J］. 海河水利，2003（2）：26-27.

［22］张明军，李瑞雪，贾文雄，等. 中国天山山区潜在蒸发量的时空变化［J］. 地理学报，2009，64（7）：798-806.

西北地区典型能源基地水-能源-粮食纽带关系解析
——以鄂尔多斯盆地为例

蒋桂芹　靖　娟　赵麦换

（黄河勘测规划设计研究院有限公司，河南郑州　450003）

摘　要： 水-能源-粮食纽带关系为促进资源协同发展提供了新视角和新思路。以西北地区典型能源基地——鄂尔多斯盆地为研究区，在分析水资源开发利用、能源生产与消费、粮食生产与消费基础上，解析了水-能源-粮食纽带关系的特点，并定量分析了能源生产用水量、粮食生产用水量、粮食生产耗能量、水资源开发利用耗能量等主要纽带关系，识别了资源开发利用存在的主要问题并提出对策建议，以期为制定相关资源利用政策提供参考。

关键词： 水-能源-粮食；纽带关系；定量分析；对策建议

1　引言

水、能源、粮食是人类赖以生存和发展的战略基础资源，三者之间形成了一种相互影响、相互制约并极具敏感性和脆弱性的安全纽带，单一资源稳定无法保证长期的社会稳定，任何资源的扰动都将产生不可预期的后果[1-2]。只有考虑三者的耦合关系与潜在冲突，制定多资源协同发展战略，才能缓解资源危机，保障经济社会的可持续发展[3]。

我国是全球第一大水资源、能源及粮食消费国，正处于工业化中期与城镇化快速发展阶段，未来资源需求仍将保持强劲增长态势，资源供给压力尤为突出。我国煤炭等能源资源主要分布在西北地区，与西北少东南多的水资源分布格局严重不匹配，加之粮食生产对水资源的粗放消耗与环境污染问题，水-能源-粮食协同安全成为保障我国社会经济可持续发展的必然选择。本文选取西北地区典型能源基地——鄂尔多斯盆地作为研究区，开展水-能源-粮食资源流动特征及纽带关系解析，识别当前资源开发利用过程中存在的问题并提出对策建议，以期为制定相关政策提供参考。

2　水、能源、粮食概况

鄂尔多斯盆地位于我国西北地区东部，地跨甘肃、宁夏、内蒙古、陕西、山西五省（区），面积约 28 万 km^2，是五大国家综合能源基地之一。考虑到数据的可获取性，将鄂尔多斯盆地能源基地涉及的五省（区）作为研究范围。

2.1　水资源开发利用情况

鄂尔多斯盆地水资源贫乏、时空分布不均、开发利用率高。据中国水资源公报数据统计，2000—2016 年平均降水量为 6 415 亿 m^3（折合 326 mm），占全国的 10.6%；水资源总量为 1 149 亿 m^3，约占全国的 4.2%。水资源时空分布不均匀，7—9 月径流量占年径流量的 60% 以上，有自东南向西北剧减的规律。水资源开发利用率达 45.4%，高出全国平均水平的 21.4%。

鄂尔多斯盆地以地表水利用为主，农田灌溉是第一用水大户。2016 年供用水总量为 539.8 亿 m^3，

基金项目： 国家重点研发计划（2017YFC0404604）。

作者简介： 蒋桂芹（1986—），女，高级工程师，主要从事水文水资源研究工作。

其中地表水供水量占 63.6%，地下水、其他水源供水量占 34.0% 和 2.4%；从各部门用水量看，农田灌溉用水量 349.1 亿 m³，约占总用水量的 64.7%，其次是工业用水量，约占 11.0%，林牧渔业用水量、生活用水量、生态用水量分别占 8.4%、9.3% 和 6.6%。鄂尔多斯盆地 2016 年水资源流动桑基图见图 1。

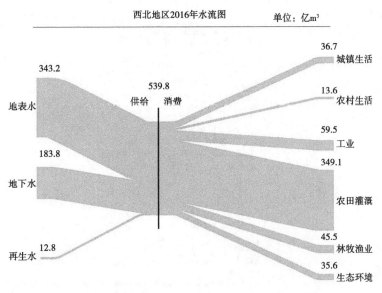

图 1　鄂尔多斯盆地 2016 年水资源流动桑基图

2.2　能源生产消费情况

鄂尔多斯盆地以原煤生产为主，主要集中在内蒙古、陕西和山西三省（区）。2016 年一次能源生产总量为 172 463 万 t 标准煤，其中原煤产量占 88.5%；其次是天然气，约占 5.2%；原油和电力生产量分别占 3.7% 和 2.6%。能源生产主要集中在内蒙古、陕西和山西，三省（区）能源产量约占一次能源产量的 94%。

鄂尔多斯盆地能源消费主要以煤炭为主，2016 年可供本区消费的能源量 80 209 万 tce，其中，煤炭消费量占 80%，其次是石油和电力，分别占 8%，天然气消费约占 4%。本地消费能源中，约 44% 用于加工转换，终端消费量约占 56%，终端消费主要用于工业，工业消费量约占能源终端消费量的 71%。鄂尔多斯盆地 2016 年能源流动桑基图见图 2。

鄂尔多斯盆地作为国家重要能源基地，大部分能源输出区外。其中，内蒙古、陕西、山西为煤炭输出地区，煤炭输出量约占产量的 60%；陕西是石油输出地区，约 76% 的石油产量输出区外；内蒙古、陕西是天然气输出地区，天然气输出量约占产量的 80%；鄂尔多斯盆地是电力输出地区，电力输出量约占电力生产总量的 26%。甘肃、宁夏是煤炭输入地区；除陕西外，其他四省（区）是石油输入地区；甘肃、宁夏、山西是天然气输入地区。

2.3　粮食生产消费情况

鄂尔多斯盆地有广袤的土地，为粮食生产提供有利的后备资源。现状耕地面积 3.16 亿亩，农作物播种面积 3.22 亿亩，粮食作物播种面积 2.35 亿亩，占农作物播种面积的 73%。粮食种植以玉米、小麦为主，玉米和小麦种植比例分别为 46.5% 和 20.6%，稻谷、豆类、薯类、其他粮食作物种植比例分别为 1.9%、9.1%、10.2% 和 11.6%。2016 年粮食总产量 6 839 万 t，单位面积粮食产量平均为 291 kg/亩（267～320 kg/亩），人均粮食产量 514 kg（322～1 103 kg/亩）。

鄂尔多斯盆地粮食消费以口粮和饲料用粮为主。2016 年粮食消费总量为 5 711 万 t，其中居民直接消费量 1 856 万 t，占粮食消费总量的 33%；饲料用粮 2 353 万 t，占粮食消费总量的 41%；工业用粮 1 097 万 t，占粮食消费总量的 19%；种子用粮 268 万 t，占粮食消费总量的 5%；损耗及其他消费 137 万 t，占粮食消费总量的 2%。

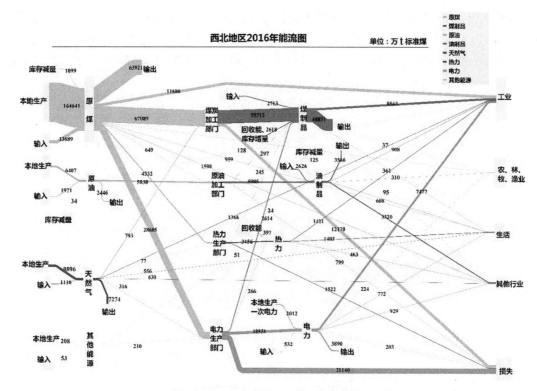

图 2　鄂尔多斯盆地 2016 年能源流动桑基图

鄂尔多斯盆地除内蒙古外，粮食基本自给。2016 年粮食总产量 6 839 万 t，总消费量 5 711 万 t，产消差 1 128 万 t，可供输出或储存的粮食为 1 128 万 t。从各省（区）情况来看，甘肃、宁夏、山西三省粮食产消基本平衡；内蒙古产消差 973 万 t，占当地粮食产量的 35%，可供输出或储存；陕西产消差为 -18 万 t，约占当年粮食产量的 1.4%，即当年粮食产量不足以供本地消费，需要输入或动用库存。鄂尔多斯盆地 2016 年粮食流动桑基图见图 3。

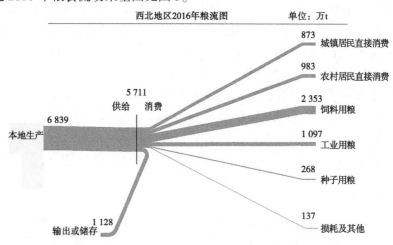

图 3　鄂尔多斯盆地 2016 年粮食流动桑基图

3　水–能源–粮食关系特点及定量分析

3.1　水–能源–粮食纽带关系特点

区域水–能源–粮食系统是一个结构复杂、功能多样的资源系统，从结构和功能上可将其划分为水、能源和粮食三个子系统，这三个子系统相互作用、相互影响，形成了复杂的"纽带关系"。这种"纽带关系"主要体现为：粮食生产需要灌溉，同时凝聚了其他粮食生产投入要素所包含的虚拟水；

粮食生产过程中的灌溉、施肥、运输、加工、处理等过程均需要能源投入；粮食也可作为能源的生产原料，如生物燃料；能源生产和加工转化需要水的投入，同时水的开发、处理、供应和净化等过程也需要能源的投入。鄂尔多斯盆地能源富集、水资源短缺，尚不存在生物燃料种植，故水-能源-粮食纽带关系主要体现为以下四个方面：①能源生产用水；②粮食生产用水；③粮食生产用能；④水资源开发利用处理用能。

3.2 水-能源-粮食纽带关系定量分析

3.2.1 方法和数据

国内外学者针对水-能源-粮食纽带关系定量分析方法开展了大量的研究，Dargin 等[4] 对 8 种 WEF nexus 研究方法的复杂性进行了评估，指出尽管复杂程度较高的方法能够更细致地捕捉纽带关系中的细节，但较为简单的方法在多系统整体的交互设计方面更胜一筹。王雨等[3] 对水-能源-粮食纽带关系定量分析方法进行了综述，指出没有任何一种方法能完美应用于 WEF nexus 研究领域的，需根据数据的可行性及时空尺度需求选取合适的方法。

本文采用定额法解析鄂尔多斯盆地上述四种关系，即根据能源产品产量与相应取水定额乘积求得能源生产用水量；根据粮食作物实灌面积与相应用水定额乘积求得粮食生产用水量；根据粮食播种面积与粮食生产单位面积耗能乘积求得粮食生产耗能量；根据水资源开发利用量与开发利用处理单方水耗能量乘积求得水资源开发利用处理耗能量。各类能源产量自于《中国能源统计年鉴》，耕地实灌面积、粮食作物播种面积、粮食产量等数据来自于《中国统计年鉴》，水资源开发利用数据来自于《中国水资源公报》，能源产品取水定额及灌溉定额来自于各省（区）发布的行业用水定额标准，粮食生产单位面积耗能数据来自于文献 [5]，开发利用处理单方水耗能量数据来自于文献 [6]。

3.2.2 分析结果

鄂尔多斯盆地能源生产用水量、粮食生产用水量、粮食生产用能量及水资源开发利用处理用能量估算结果见表 1。2016 年，鄂尔多斯盆地能源生产用水量为 16.07 亿 m^3，粮食生产用水量为 254.22 亿 m^3，分别占总用水量的 3.0% 和 47.1%；粮食生产耗能量为 690 万 tce，水资源开发利用处理耗能量为 1 446 万 tce，分别占能源供给总量的 0.4% 和 0.8%。

表 1 鄂尔多斯盆地水-能源-粮食纽带关系解析结果

省（区）	能源生产用水量/亿 m^3	粮食作物用水量/亿 m^3	粮食生产耗能量/万 tce	水资源开发利用处理耗能量/万 tce
甘肃	0.86	62.44	101	202
宁夏	0.96	33.58	30	168
内蒙古	4.04	89.00	255	491
陕西	5.03	36.74	122	346
山西	5.18	32.47	183	238
合计	16.07	254.22	690	1 446

根据鄂尔多斯盆地水、能源、粮食概况及水、能源、粮食纽带关系解析结果，绘制鄂尔多斯盆地水-能源-粮食纽带关系示意图见图 4。鄂尔多斯盆地作为国家能源基地，2016 年可供利用的能源量 187 434 万 tce，其中 57.2% 输出到区外，本地消费量占 41.6%，而粮食生产耗能和水资源开发利用处理耗能占比约 1.2%；当年粮食产量 6 839 万 t，其中内蒙古输出粮食约 750 万 t，占 11.0%，本地消费或储存粮食 6 089 万 t，占 89.0%，处于基本自给状态；用水总量 539.8 亿 m^3，其中粮食生产用水 254.22 亿 m^3，占 47.1%，能源生产用水 16.07 亿 m^3，占 3.0%，其他部门用水量约占 49.9%。

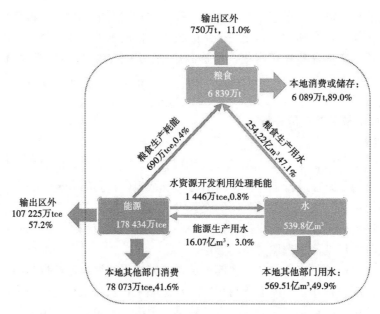

图 4　鄂尔多斯盆地水-能源-粮食纽带关系示意图

4　结论与建议

本文以西北地区典型能源基地——鄂尔多斯盆地为研究区，通过分析水资源开发利用、能源生产与消费、粮食生产与消费情况，结合研究区水、能源、粮食资源利用特点，采用定额法估算了能源生产用水量、粮食生产用水量、粮食生产耗能量、水资源开发利用耗能量，解析了水-能源-粮食之间的纽带关系，识别了关键问题并提出有关建议。

（1）鄂尔多斯盆地能源富集，煤炭保有储量约占全国总量的 66%，石油储量约占全国总量的 22%，天然气储量约占全国陆上总量的 34%，未来能源开发潜力大。作为我国重要的能源基地，大部分能源产量需输出区外，本地能源消费量约占当年可供消费能源量的 40%，其中粮食生产和水资源开发利用耗能比例极低，均不到 1%，粮食生产和水资源开发利用基本不受能源供给制约。能源生产需要水资源保障，能源生产用水量占总用水量的 3%，未来随着能源的进一步开发以及产业链的延长，高耗水产业所占比例增大，对水资源的需求将进一步增加。

（2）鄂尔多斯盆地涉及我国"七区二十三带"为主体的农业战略格局中的"三区五带"，2000—2016 年，鄂尔多斯盆地耕地面积增加了 8.1%，农作物播种面积增加了 11.3%，粮食作物播种面积增加了 4.3%，粮食作物播种比例由 78% 减小至 73%。粮食产量主要用于本区消费，约有 10% 的粮食输出区外，粮食生产用水量约占总用水量的 47%。随着未来人口增加和经济社会发展，鄂尔多斯盆地对粮食需求量还将进一步增加，其广大未开发和利用的土地资源作为我国可持续发展的战略后备资源，具有开发利用潜力，同时对水资源的需求也将增加。

（3）鄂尔多斯盆地水资源贫乏且时空分布不均，水资源开发利用难度大，可供利用的水资源量有限。2016 年用水总量约 540 亿 m^3，水资源开发利用率高达 45.4%，高出全国平均水平的 21.4%。当前，鄂尔多斯盆地水资源紧缺，部分地区水资源利用已超过水资源承载能力，造成一些区域因缺水导致部分有灌溉设施的耕地无法正常灌溉，一些工业项目因无取水指标而无法实施，未来随能源和粮食生产对水资源需求不断增加，水资源供需矛盾将更加突出，能源行业的快速发展将加剧不同行业间的用水冲突，引发尖锐的"能粮争水"现象。

（4）水、能源、粮食是经济社会发展最重要的基础性资源，能源和粮食生产离不开水，粮食生产和水资源开发利用需要能源，三者彼此关联、相互依存，存在一种"纽带"关系。"纽带"关系强调资源间的协调发展，若未进行详细分析和科学评估，人为过度干预任一领域，均可能影响甚至破坏这种脆弱的平衡关系。鄂尔多斯盆地水-能源-粮食协同发展面临的主要问题是保障能源安全和粮食安全的用水，处理好"能粮争水"问题。

针对鄂尔多斯盆地"能粮争水"的关键问题，提出以下解决建议：一是充分利用节水技术、管理等手段，促进各行业节水，提高水资源利用效率；二是通过创新水权转换机制、开展水资源空间调配、加强非常规水源利用等方式增加可供水量；三是通过政策引导促进能源生产结构和农业结构朝有利于水资源高效利用的方向调整，同时要健全和布局与结构调整相适应的能源安全和粮食安全保障体系；四是加强水、能源、粮食部门间的协同合作，从规划层面就要加强协调，能源和农业发展规划充分考虑水资源约束，促进能源产业、农业发展和水资源管理等多部门目标的协同，制定有效的实施方案和措施，落实"以水定地、以水定产"，提高资源综合管理能力，实现生态保护和经济社会的高质量发展。

参考文献

［1］李桂君，黄道涵，李玉龙．水-能源-粮食关联关系：区域可持续发展研究的新视角［J］．中央财经大学学报，2016（12）：76-90.

［2］赖玉珮．中国水-能源-粮食协同需求的区域特征研究［J］．北京规划建设，2019，184（1）：74-77.

［3］王雨，王会肖，杨雅雪，等．水-能源-粮食纽带关系定量研究方法综述［J］．南水北调与水利科技（中英文），2020，18（6）：46-67.

［4］Dargin J，Daher B，Mohtra R H. Complexity versus simplicity in water energy food nexus（WEF）assessment tools［J］．Science of the Total Environment，2019，650（1）：1566-1575.

［5］徐键辉．粮食生产的能源消耗及其效率研究——基于DEA方法的实证分析［D］．杭州：浙江大学，2010.

［6］姜珊．水-能源纽带关系解析与耦合模拟［D］．北京：中国水利水电科学研究院，2017.

丰水地区河流生态流量确定及实践

周宏伟 曹菊萍 尚钊仪 李 敏

（太湖流域管理局水利发展研究中心，上海 200434）

摘 要：生态流量是维系河湖生态功能，控制水资源开发强度的重要指标，按照水利部相关文件要求，在东南诸河区选择有代表性的晋江、建溪两条重要河流，开展生态流量研究。首先在掌握河流生态保护对象的基础上，结合河流自身特点，合理选定生态流量控制断面，其次根据所掌握的河流控制断面长系列径流量资料，采用了 Q_p 法、Tennant 法、近 10 年最枯月平均流量法等水文学计算方法为主，比选确定生态流量目标，最后结合河流水利工程布局，合理确定生态流量保障措施。目前，两条河流生态流量目标均经水利部印发实施，生态流量管控实践逐步落到实处。

关键词：晋江；建溪；生态流量；控制断面；Q_p 法

人类对水资源的不合理开发会改变合理的天然水文情势，使水生生物来不及适应短期内水文情势的急剧改变而造成河流生态系统的退化。在河流内保持一定的生态流量对于维持河道内生态环境与生物多样性将起到很大作用[1]。

20 世纪 80 年代，由于水污染问题日益严峻和水电开发快速发展，国内学者就开始关注河流生态环境问题。近年来，由于北方地区水资源开发利用过度，南方地区部分河段工程不合理调度等，1980—2016 年间全国有 170 余条河流发生过断流，河流生态保护问题依然严峻。进入新发展阶段以来，随时生态保护政策的不断加强，我国河流由大规模开发阶段向以保护为主阶段转变。生态流量是统筹生活用水、生产用水和生态用水，优化配置水资源的重要基础，为此，从 2018 年开始，水利部连续多年组织开展河湖生态流量研究，要求全国各地统筹考虑河湖水资源禀赋、开发利用状况以及生态保护需求，按照因地制宜、有序推进的原则，选择一批重要河湖开展生态流量目标研究工作。

东南诸河区属于南方丰水地区，通过选定重要河流，从合理确定控制断面、科学确定计算方法、明确保障措施和推动建立常态化管控等方面，构建一套具有丰水地区特色的生态流量保障体系[2]。

1 重要河流的选择

东南诸河区为全国十个水资源一级区之一，地处我国经济较发达、水资源较丰沛的东南沿海，涉及省级行政区有浙江、福建、台湾、安徽、江西五省，总面积 24.46 万 km^2，全区多年平均年降水量 1 810 mm，水资源总量 2 694 亿 m^3。区内地形地貌以丘陵山地为主，盆地多，平原少。区内河流众多，一般源短流急，自成体系，独流入海。2010—2016 年东南诸河区地表水资源开发利用程度为 15.8%，总体处于较低水平，区内瓯江、交溪（赛江）、富屯溪和建溪地表水资源开发利用程度在 10% 以下，而晋江和甬江等个别地表水资源开发利用程度较高，已超 40%。

在充分考虑河流生态保护需求、工程调蓄措施及保护重要性、监管紧迫性、调控可行性等因素，在流域内分别选择开发利用程度较高的晋江和开发利用程度较低的建溪开展生态流量研究。

晋江是泉州市境内第一大河，全长 182 km，流域面积 5 629 km^2。流域多年平均水资源总量为 54.30 亿 m^3，地表水开发利用率为 49.60%，开发利用程度较高。晋江是闽东南沿海的重要水源，经

作者简介：周宏伟（1973—），男，高级工程师，主要从事水资源规划评价方面工作。

河流下游金鸡拦河闸统一调配，通过南北输水干渠及其他通道，向晋江中下游的泉州城区、晋江、石狮及泉港等沿海地区供水，且承担着向台湾金门供水的任务。该地区人均水资源量紧缺，水电站、水库等工程密布，生态流量保障需求紧迫。保障晋江生态流量（水量），对于维护泉州市以及台湾金门地区水安全、生态安全具有重要意义，是支持和推动加快建设福建海峡西岸经济区和生态文明示范省的重要举措。

建溪为闽江左岸支流，是流域内重要的跨省界河流，河长 294 km，流域面积为 16 453.8 km²，流域内的武夷山自然保护区是首批国家级重点风景名胜区之一。建溪流域多年平均水资源总量为171.79 亿 m³，地表水开发利用率为 9.05%，该区域河流水资源丰沛，水资源开发利用程度低，水质状况优良，水产资源和水生动植物丰富。保障建溪流域生态流量（水量），对于维持流域良好的水生态环境，促进区域旅游产业和绿色发展具有重要意义。

2 控制断面选定

综合考虑流域水系特征和水利工程建设情况，根据流域上下游协调、干支流均衡原则，结合重要生态敏感区和保护对象分布等因素，选择可监测、可考核、可调度的若干重要断面作为生态流量监管主要控制断面。

晋江分为东溪和西溪两支溪流，西溪为晋江正源，发源于安溪县桃舟乡达新村梯仔岭东南坡，流至双溪口处与东溪汇合，在双溪口以下为晋江干流，最终汇入泉州湾。多年来，晋江逐步建成防洪挡潮、除涝、灌溉、引调水和发供电等相配套的水利水电工程体系。东溪上游建有流域控制性水利工程山美水库，在东西溪汇合口下游 10 km 处建有金鸡拦河闸。石砻断面位于金鸡拦河闸上游约 3 km 处，是晋江把口断面，控制流域面积占流域总面积的 89.9%，石砻断面下游的晋江河口涉及泉州湾河口湿地自然保护区，主要保护对象是滩涂湿地、红树林及其自然生态系统、重点保护野生动物和鸟类[3]。将石砻站作为考核断面，山美水库为生态流量保障调度工程。

建溪自源头至延平共有崇阳溪、松溪和南浦溪 3 条一级支流，干流由北往南流经浦城、建阳、建瓯并在延平区汇入闽江。建溪流域内为了防洪、供水、发电、灌溉等需要建有大量梯级电站，并有小 (2) 以上水库数百座，其中大型水库 1 座。北津水电站位于建瓯城关上游 7 km 的干流河段上，坝址以上主河道长度为 220 km，集水面积 9 705 km²，约占建溪流域的 60%。建溪流域的把口断面是七里街断面，其控制流域面积约占流域总面积的 90.2%。其中松溪是建溪流域最大一支跨省支流，松溪干流上游建有兰溪桥水库，在浙闽省界附近浙江境内河段上建有马蹄岙水库及其他小型水电站，松溪省界断面下游约 9 km 处有松溪河厚唇鱼国家级水产种质资源保护区。因此，选定松溪省界断面、七里街断面为建溪生态流量考核断面，将北津水电站、兰溪桥水库、马蹄岙水库作为生态流量保障调度工程。

3 生态流量计算

目前全世界研究提出的生态流量计算方法有 200 多种，大致可分为水文学方法、水力学方法、水文-生物分析法、生境模拟法以及综合评价法等 5 大类，各种方法计算结果不一，且针对不同河湖特征、不同的生态流量保护对象和需求等应用背景，采用不同的计算方法得出的结果差异较大[4-6]。因此，因河施策确定科学的计算方法具有一定挑战性。在掌握晋江、建溪生态保护对象的基础上，结合河湖自身特点和资料掌握情况，以 Q_p 法、Tennant 法、近 10 年最枯月平均流量法等水文学方法为主，并综合多方面要求，反复论证分析，科学制定生态流量目标。

晋江石砻断面 1980—2016 年多年平均径流量为 48.1 亿 m³，1956—2016 年多年平均径流量为48.02 亿 m³，变幅小于 10%，对 Q_p 法、Tennant 法、近 10 年最枯月平均流量法等不同方法计算的多个成果，经合理分析后取外包值，即 15.3 m³/s 作为石砻断面生态基流控制目标。晋江石砻断面下游为晋江河口段，涉及泉州湾河口湿地自然保护区，主要保护对象是滩涂湿地、红树林及其自然生态系统、重点保护野生动物和鸟类，经观测，多年来水生生物已适应下游感潮河段半咸水生态环境，对生态基流不敏感，且上游水库距石砻断面较远，对水生生物影响不明显。

对于松溪浙闽省界断面，先采用水文比拟法推算其长系列径流量，然后采用 Q_p 法和 Tennant 法计算断面的生态基流，综合考虑松溪河流特点、水文资料及历年保证率情况，采用 Q_p 法的计算值作为其生态流量，确定其生态基流为 2.5 m^3/s。此外，考虑到松溪河厚唇鱼国家级水产种质资源保护区，为维持保护区鱼类生境，在分析松溪省界断面生态流量时补充计算了敏感期生态流量，考虑保护鱼种产卵繁殖的需要，采用 Tennant 法计算得到敏感期（5—6 月）松溪省界生态流量为 14.7 m^3/s。断面上游的马蹄岙电站为小（1）型水利工程，因多年淤积，水库调蓄能力较弱，对水生生物影响不明显。

建溪七里街断面 1980—2016 系列多年平均径流量为 159.34 亿 m^3，1959—2016 年系列多年平均径流量为 156.89 亿 m^3，变幅为 2.45%，小于 10%，且断面下游无水生态敏感区，上游水库距七里街断面较远，对水生生物影响不明显，故以《太湖流域及东南诸河水资源综合规划》中确定的目标值 64.8 m^3/s 作为七里街断面的生态流量控制目标。

4 生态流量保障

晋江西溪水利工程均为径流式电站，无调节功能，东溪的山美水库为多年径流调节水库，为保障晋江石砻断面生态流量，在泉州市已实施的"月调控、旬调度、日调节"水量调度工作机制基础上，根据石砻断面生态流量考核要求，强化对保障石砻断面水量作用明显、调控能力强的山美水库及西溪各控制电站的联合调度，尽量利用西溪天然来水，节约山美水库水源，增加晋江水资源有效利用[7]。

为保障建溪流域松溪省界断面生态流量，着力加强马蹄岙水库、兰溪桥水库的精细调度，努力保障防洪、供水、生态安全。为保障断面下游保护区鱼类产卵要求，在每年 5 月 1 日至 6 月 30 日特别保护期，要求马蹄岙电站按照敏感期生态流量进行调度。

为保障七里街断面的生态流量，要求北津电站应加强精细调度，努力保障防洪、生态、航运和供电安全。根据《关于印发福建省水电站下泄流量在线监控装置安装工作方案的函》，电站按照日均流量不小于 56.83 m^3/s 进行调度。当水库水位在汛限水位 108.0 m 以下，上游入库流量小于最大发电流量时，根据发电机组发力情况，优化发电机组台数，保障七里街断面生态基流要求。枯水期水量不足时，按照"来多少、泄多少"原则下泄。

5 生态流量管控要求

为落实流域生态流量保障工作，需加强领导，明确责任，落实分工，细化考核；按照不同控制断面的性质，确定相应的保障责任主体，作为考核结果的追责对象。其中，晋江石砻断面生态流量保障责任主体为泉州市人民政府；松溪浙闽省界断面生态流量保障责任主体为浙江省丽水市人民政府，七里街断面生态流量保障责任主体为福建省南平市人民政府。要求各责任主体将生态流量保障方案的实施纳入地方经济社会发展规划和生态环境保护规划，调整经济、产业发展，合理配置水资源，优化水利工程调度；将生态流量达标考核纳入河长制评价等评价体系，强化领导干部绩效考核，实行考核问责制度。还要求监测单位加强监测体系建设，加大资金投入力度，完善信息化平台建设，实现实时预警、及时调度的自动化控制，保障生态流量目标达标。

6 结语

目前，晋江、建溪生态流量目标均已经水利部发布，生态流量保障实施方案分布经福建省水利厅、太湖流域管理局印发实施，河流生态流量保障得到逐步落实。此项研究对协调河流水资源开发利用与生态保护之间关系等方面收获了宝贵经验，为丰水地区其他河流生态流量确定提供借鉴。

参考文献

[1] 尚松浩. 确定河流生态流量的几种湿周法比较 [J]. 水利水电科技进展, 2011, 31 (4): 41-44.

[2] 陈昂, 隋欣, 廖文根, 等. 我国河流生态基流理论研究回顾 [J]. 中国水利水电科学研究院学报, 2016, 14 (6): 401-411.

[3] 陈若海. 泉州湾河口湿地自然保护区珍稀濒危鸟类的分布特点及其保护 [J]. 东北林业大学学报, 2014, 42 (5): 164-169.

[4] 钟华平, 刘恒, 耿雷华, 等. 河道内生态需水估算方法及其评述 [J]. 水科学进展, 2006, 17 (3): 430-434.

[5] 徐宗学, 武玮, 于松延. 生态基流研究进展与挑战 [J]. 水力发电学报, 2016, 35 (4): 1-11.

[6] 刘悦忆, 朱金峰, 赵建世. 河流生态流量研究发展历程与前沿 [J]. 水力发电学报, 2016, 35 (12): 23-34.

[7] 谢招南. 晋江流域水库群联合供水调度方案探讨 [J]. 水利科技, 2009 (2): 9-11.

长三角地区水资源空间格局及配置公平性研究

卜　慧[1]　王政祥[1]　李季琼[2,3]　季俊杰[4]　刘海滢[5]

(1. 长江水利委员会水文局，湖北武汉　430010；
2. 武汉长科设计有限公司，湖北武汉　430010；
3. 长江水利委员会长江科学院，湖北武汉　430010；
4. 江苏省河道管理局，江苏南京　210029；
5. 中国水利水电科学研究院，北京　100038)

摘　要：本文主要以长三角地区城市群为研究对象，根据各地市的水资源丰度和强度，分析了长三角地区的水资源空间格局；基于洛伦兹曲线、基尼系数和泰尔指数，定量分析了长三角地区水资源配置公平性。结果表明，各地市水资源丰度和强度均存在一定差异。用水量与社会经济发展各指标的洛伦兹曲线均呈现一定程度的弯曲现象，基尼系数和泰尔指数表明经济及工业角度的水资源配置存在一定的不公平性，有待进一步优化。本研究成果可为推动长三角地区协调发展工作提供一定的参考。

关键词：长三角地区；空间格局；洛伦兹曲线；基尼系数；泰尔指数

1　研究背景

2018 年 11 月 5 日，习近平总书记在首届中国国际进口博览会上宣布，支持长江三角洲（简称长三角）区域一体化发展并上升为国家战略。2019 年 12 月 1 日，中共中央 国务院印发《长江三角洲区域一体化发展规划纲要》。长江三角洲地区是我国经济发展最活跃、开放程度最高、创新能力最强的区域之一，"一带一路"建设和长江经济带发展战略深入实施，为长三角一体化发展注入了新动力。

然而，经济全球化趋势放缓，长三角一体化发展面临更加复杂多变的国际环境，区域内发展不平衡不充分，跨区域共建共享共保共治机制尚不健全，统一开放的市场体系尚未形成，给长三角一体化发展带来新的挑战。水资源是社会发展的重要战略资源，长三角地区经济总量约占全国的 1/4，2019年常住人口城镇化率接近 70%，是引领全国经济发展的重要引擎，而 2019 年水资源量仅占全国的 7.4%，用水总量约占全国的 16.8%，因此科学分析长三角地区水资源空间格局[1] 及水资源配置公平性[2]，对于更好地推动形成长江三角洲区域协调发展新格局具有重要的意义。

2　研究区域概况

根据《长江三角洲区域一体化发展规划纲要》，规划范围包括上海市、江苏省、浙江省、安徽省全域（面积 35.8 万 km²）。长三角地区主要分布有长江流域、淮河流域和东南诸河 3 个水资源一级区，面积分别占总面积的 35%、37%、28%。规划以上海、南京、杭州、合肥等 27 个城市为中心区（面积 22.5 万 km²），辐射带动长三角地区高质量发展。本文以长三角地区三省一市共 41 个城市为研究对象，对水资源的空间格局及水资源配置公平性展开研究，研究区如图 1 所示。

基金项目：国家重点研发计划（2019YFC0408901）。

作者简介：卜慧（1992—），女，工程师，主要从事水文分析计算等方面的工作。

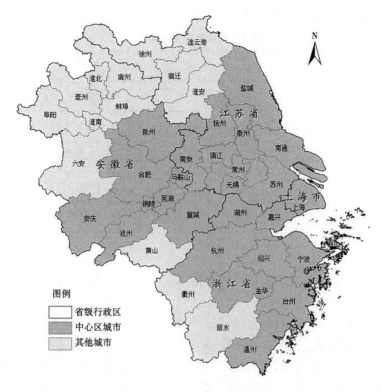

图1　长三角地区示意图

3　研究方法及数据

3.1　研究方法

3.1.1　水资源空间格局

水资源空间格局主要用水资源丰度与水资源强度表征，水资源丰度表征地区水资源的丰腴程度，通过地区的水资源总量与该地区土地面积相除得到；水资源强度即水资源消耗强度，是通过地区的水资源消费量与该地区的生产总值相除得到，反映了地区生产过程中的水资源利用效率。

3.1.2　水资源配置公平性

为定量分析水资源配置公平性，本文引入洛伦兹曲线和基尼系数[4]。洛伦兹曲线，是经济学和统计学中常用的指标，主要用来描述收入分配的不均等程度，现在也广泛用来描述和衡量分布不均匀性和集中性[6]，其数学表达式为

$$L(y) = \frac{\int_0^y x\mathrm{d}F(x)}{\mu} \tag{1}$$

式中：$F(x)$ 为各中心区城市的累积分布函数；μ 为均值。

一般而言，洛伦兹曲线的弯曲程度越大，表明两种变量的分配越不均，而越接近对角线（绝对平均线），表明两种变量的分配越公平。

为进一步定量描述洛伦兹曲线，基尼在洛伦兹曲线的基础上，将实际洛伦兹曲线与绝对平均线所包围的面积占绝对平均线与绝对不平均线之间的面积比，定义为基尼系数[7]，按照国际公认标准进行评价[8]，见表1。

在本文研究中，基于2019年长三角地区城市群的用水量及社会经济指标，将各中心区城市的某一社会经济指标进行百分比计算后，以水资源量累积百分比作为横坐标轴，以该指标的累积百分比作为纵坐标轴，绘制其对应关系曲线，即为洛伦兹曲线，在此基础上计算相应的基尼指数。该方法以下述假设作为前提：人类社会发展过程中，产生的生产总值（人口、GDP、耕地等）与水资源的消耗，

两者的匹配关系在空间上相对是均衡的。

表1　基尼系数划分标准

基尼系数	评价标准
0～0.2	最佳公平
0.2～0.3	比较公平
0.3～0.4	合理状态
0.4～0.5	相对不公平
0.5 以上	高度不公平

3.1.3　泰尔指数

泰尔指数由荷兰经济学家 Theil 根据信息理论提出，最开始应用于研究国家间收入差距。泰尔指数越大，则指标值在样本之间的差距越大，越不公平；反之，则越公平。泰尔指数等于 0 表示绝对公平。由于泰尔指数可以将整体差异分解为区域间差异和区域内差异，学者逐渐将其广泛运用在区域经济差异评价上[10]。本研究基于上述水资源配置公平性分析结果，对其中存在的不公平性，进一步运用泰尔指数分析其成因。由于上海市为直辖市，本研究主要考虑将长三角地区对应总体差异分解成江、浙、皖内部各地市之间的差异以及江、浙、皖三大省级行政区的差异，分析各类差异对总体差异的贡献程度，从而找出水资源配置不公平的主要成因。泰尔指数分解的计算公式为

$$T_{ID} = \sum_{j=1}^{3} \frac{E_j}{E} \sum_{i=1}^{m} \left[\frac{E_{ji}}{E_j} \ln \left(\frac{E_{ji}/E_j}{W_{ji}/W_j} \right) \right] \tag{2}$$

$$T_{RD} = \sum_{j=1}^{3} \left[\frac{E_j}{E} \ln \left(\frac{E_j/E}{W_j/W} \right) \right] \tag{3}$$

$$T_D = T_{ID} + T_{RD} \tag{4}$$

式中：T_D 为总泰尔指数值；T_{ID} 为长三角地区江、浙、皖内部各地市之间的差异；T_{RD} 为长三角地区江、浙、皖三大省级行政区的差异；m 为江、浙、沪各省级行政区内地市个数；E_{ji} 为 j 省中 i 市社会经济指标；E_j 为 j 省社会经济指标；W_{ji} 为 j 省中 i 市用水量；W_j 为 j 省用水量。

3.2　数据来源

本文中的水资源量及用水量数据来源于江浙沪皖 2019 年水资源公报，社会经济发展指标来源于各省级行政区统计年鉴。其中，社会经济指标从人口、GDP、工业、农业等与水资源关系密切的方面选择了人口、GDP、工业增加值、农田实际灌溉面积等指标。

4　结果分析

4.1　水资源空间格局

长三角城市群当地水资源丰度空间分布见图2。其中，浙江省台州、衢州、宁波、丽水、金华、温州等地区的水资源丰度最高，都达到了 120 万 m³/km² 以上；其次为浙江省杭州、绍兴、舟山、湖州、嘉兴，安徽省黄山等地区的水资源较为丰富，处在 80 万～120 万 m³/km²；扬州、泰州、滁州、南京等 14 个城市水资源丰度较低，均在 20 万 m³/km² 以下。可以看出，水资源丰度较高的地级市主要分布在浙江省，水资源丰度较低的城市主要分布在江苏省及安徽省大部分地区，各地市水资源丰度存在较大差异。由于上海、江苏、安徽处于长江下游，有丰富的过境水资源量可以利用，各地市当地产水量情况不能充分反映水资源配置情况，因此本文的水资源配置公平性研究主要采用各地市用水量及相应的社会经济发展指标。

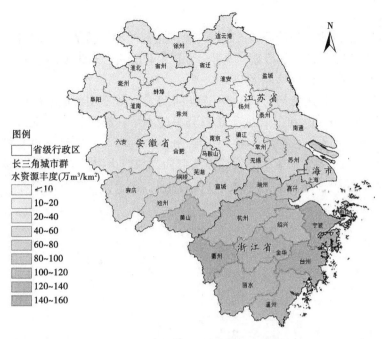

图2　长三角地区水资源丰度分布示意图

长三角城市群水资源强度空间分布见图3。其中，淮南、六安、马鞍山、铜陵的水资源强度最高，均超过130 m³/万元，说明其水资源利用效率较低；其次，池州、连云港、安庆、宿迁的水资源强度也较高，处在100~130 m³/万元；舟山、宁波、上海、杭州等22个城市的水资源强度低于全国平均水平（60.8 m³/万元），舟山、宁波、上海的水资源强度更是在20 m³/万元以下，说明其水资源利用效率较高。可以看出，水资源强度较高的城市主要分布在安徽省西部地区、南部地区及江苏省北部地区，水资源强度较低的城市主要分布在上海市及浙江省，上海市及浙江省内各地市水资源强度均小于全国平均水平，各地市水资源强度也存在一定差异。

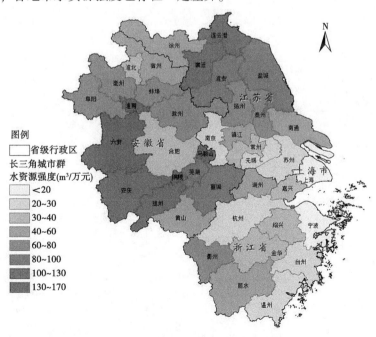

图3　长三角地区水资源强度分布示意图

4.2 水资源配置公平性

构建长三角城市群的用水量与社会经济发展一系列指标的分析模型，绘制洛伦兹曲线（见图4），并计算基尼系数[8]（见表2）及泰尔指数（见表4）以量化分析长三角地区水资源配置公平性。

4.2.1 洛伦兹曲线及基尼系数分析

从社会及农业角度看，用水量与人口、农田灌溉用水量与农田实灌面积的洛伦兹曲线弯曲现象较为明显，基尼系数分别为0.25、0.20，处于比较公平的水平，说明长三角地区人口数量和用水量、农田实灌面积和农田灌溉用水量在空间上基本协调，配置相对公平。从经济角度和工业角度看，用水量与GDP、工业用水量与工业增加值的洛伦兹曲线弯曲现象较为明显，基尼系数均为0.34，处于比较合理的状态，其水资源配置公平性不如社会及农业角度，有进一步提升的空间。

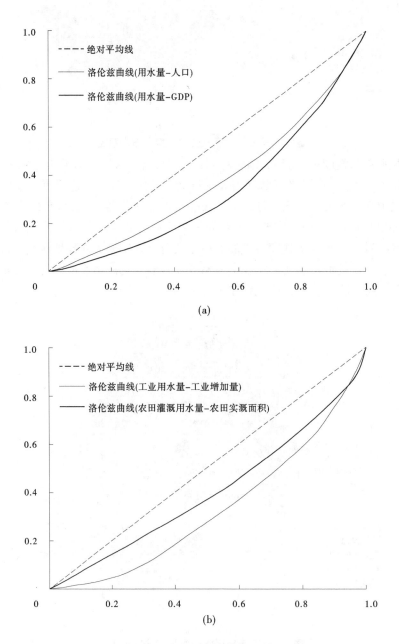

图4　用水量—社会经济发展指标洛伦兹曲线

表 2　用水量与社会经济发展指标基尼系数

指标	用水量-人口	用水量-GDP	工业用水量-工业增加值	农田灌溉用水量-农田实灌面积
基尼系数	0.25	0.34	0.34	0.20

从用水指标（见表3）看，长三角地区人均综合用水量为 446 m³，略大于全国平均水平 431 m³，其中 22 个城市的人均综合用水量大于全国平均水平；万元 GDP 用水量（水资源强度）为 42.6 m³，小于全国平均水平 60.8 m³，其中 19 个城市的水资源强度大于全国平均水平；万元工业增加值用水量为 34.4 m³，小于全国平均水平 38.4 m³，其中 13 个城市的万元工业增加值用水量大于全国平均水平；农田灌溉亩均用水量为 361 m³，与全国平均水平 368 m³ 相当，其中 19 个城市农田灌溉亩均用水量大于全国平均水平。由此可以看出，长三角城市群用水指标也存在一定差异，部分地区的水资源利用效率还有待进一步提高。

表 3　用水指标　　　　　　　　　　　　　　　　　　单位：m³

区域	人均综合用水量	万元 GDP 用水量	万元工业增加值用水量	农田灌溉亩均用水量
长三角地区	446	42.6	34.4	361
全国平均	431	60.8	38.4	368

4.2.2　泰尔指数分析

通过基尼系数计算结果可知，经济及工业角度的水资源配置处于比较合适的水平，但仍有进一步提升的空间，水资源强度分布图也反映出经济角度下的江苏省用水量有一定的空间差异。基于泰尔指数，将经济及工业角度下用水量总体空间差异分解为江、浙、皖内部各地市之间的差异以及江、浙、皖三大省级行政区之间的差异，并分析各类差异对总体差异的贡献程度，见表4。

表 4　经济及工业角度下用水量总体空间差异分解

角度	区域内地市间差异					区域间差异		总体空间差异
	江苏	浙江	安徽	贡献值合计	贡献率	贡献值	贡献率	
经济	0.12	0.06	0.13	0.31	82.3%	0.07	17.7%	0.38
工业	0.15	0.07	0.07	0.28	77.2%	0.08	22.8%	0.37

计算结果显示，总泰尔指数值均大于0，说明经济及工业角度下长三角地区水资源配置存在一定的不公平现象。区域内地市间差异贡献率分别为82.3%、77.2%，说明基于经济及工业角度的水资源配置不公平性均主要由区域内地市间差异所导致，经济角度下江苏省和安徽省地市间差异较浙江省大，工业角度下江苏省地市间差异较大。

5　结论与建议

本文根据长三角地区的水资源丰度和强度，分析了长三角地区的水资源空间格局。水资源丰度较高的城市主要分布在浙江省，丰度较低的城市主要分布在江苏省及安徽省大部分地区，水资源强度较高的城市主要分布在安徽省西部地区、南部地区及江苏省北部地区，水资源强度较低的城市主要分布在上海市及浙江省，各地市水资源丰度和强度均存在一定的差异；引入洛伦兹曲线、基尼系数及泰尔指数分析了水资源配置的公平性，其中经济及工业角度下的洛伦兹曲线弯曲现象更为明显，基尼系数均为 0.34，总泰尔指数均大于 0，说明经济及工业角度下水资源配置存在一定的不公平现象，有进一步提升的空间。

从城镇化发展角度看，长三角各地区城镇化率也有一定的差别，上海、南京城市化进程在全国都属于前列，上海城镇化率达 90% 以上，南京城镇化率达 80% 以上，而安徽省亳州、宿州、阜阳市、六安、安庆等城市城镇化率不足 50%。从水资源开发角度看，长三角地区水资源量开发利用率较高，中心区城市的整体水资源开发利用率超过 50%，上海市、江苏省各城市用水量更是超过了当地产水量，这主要是由于上海市、江苏省和安徽省位于长江下游，具有较多的过境水资源量可以利用。部分城市如浙江省丽水、衢州、安徽省黄山等城市水资源开发利用率不足 10%，而水资源丰度均在 100 万 m^3/km^2 以上，这些地区社会经济发展相对滞后。

基于以上研究，本文提出以下建议：

（1）完善区域水利发展布局，改善水资源时空分布不均。以长江为纽带，淮河、大运河、钱塘江、黄浦江等河流为骨干河道，太湖、巢湖、洪泽湖、千岛湖、高邮湖、淀山湖等湖泊为关键节点，完善水资源配置工程体系，加强省级重大水利工程建设，改善水资源时空分布不均造成的水资源与社会经济发展空间不平衡问题。

（2）探索区域水联动机制，加强水资源统一配置[11]。正确认识区域发展的差异性，评价各地区的发展潜力，综合各地区优势，建立长江、淮河等干流跨省联动机制，做好水资源综合规划，协调推进各区域水量分配方案制订，实现水资源合理配置、统一调度，并完善相应的水资源监管机制，提升水资源配置公平性，推进长三角地区协调发展。

（3）提高经济及工业用水效率，强化水资源节约保护。经济及工业角度的长三角地区水资源配置存在一定的不公平性，区域内地市间差异相对较大。经济及工业用水效率低的地市应进一步改进生产技术，注重节水水平评价，对重点行业和重点用水单位实施节水技术改造，加强城市间交流合作，提升水资源管理水平，增强水资源开发利用与经济增长的匹配程度。

（4）完善用水量控制目标，建立水资源刚性约束指标。科学确定各地市水资源开发上限和河道外引调水强度，分析过境水与可利用水的关系，坚持流域与区域相结合的管理制度，合理分配和完善各地市取用水总量控制目标，建立生态流量、最小下泄流量、下泄水量等水资源刚性约束指标，并开展监管评价，使有限的水资源创造更大的社会经济效益。

参考文献

[1] 关伟，赵湘宁，邹薪韵. 中国能源-水资源的空间格局与重心演变 [J]. 辽宁师范大学学报（自然科学版），2020，43（1）：86-94.

[2] Li W，Li R. Matching degree of water resources status and social-economic development in the Jialing River [J]. Journal of Water Resources Research，2017.

[3] Yan Bo，Yuan Zhe，Luo Qian，et al. The matching degree of water resources and social economy-ecology-energy in the Yangtze River Economic Belt [J]. Journal of Coastal Research，2020，104（sp1）.

[4] 赵霞，杜军凯，牛存稳，等. 中国水资源与经济社会发展匹配度的动态分析 [J]. 人民长江，2018，49（23）：68-73.

［5］张吉辉，李健，唐燕．中国水资源与经济发展要素的时空匹配分析［J］．资源科学，2012，34（8）：1546-1555.

［6］Lorenz M O. Methods of measuring the concentration of wealth［J］. Journal of the American Statistical Association，1905，9（70）：209-219.

［7］Dorfman R. A formula for the Gini coefficient［J］. Review of Economics & Statistics，1979，61（1）：146-149.

［8］徐映梅，张学新．中国基尼系数警戒线的一个估计［J］．统计研究，2011，28（1）：80-83.

［9］杜军凯，李晓星，贾仰文，等．基于基尼系数法的全国十大水资源一级区水资源与经济社会要素时空匹配分析［J］．水利科技与经济，2018，24（6）：1-8.

［10］吴兆丹，梁莎婉，梁希瑶．江苏省水资源配置公平性研究［J］．水利经济，2021，39（1）：54-57，81-82.

［11］王中敏，张令茹．长江经济带建设中水资源利用问题与保护对策研究［J］．中国水利，2018（11）：1-3.

金中梯级电站尾水水位流量关系受顶托影响研究

王 琨[1] 马俊超[2]

（1. 长江水利委员会水文局，湖北武汉 430000；
2. 长江勘测规划设计研究有限责任公司，湖北武汉 430000）

摘 要： 本文以金沙江中游梨园—观音岩电站为研究对象，根据各梯级实测运行数据，对相邻梯级分级拟合不同库水位下的尾水水位流量关系曲线，得到受下游梯级不同程度回水顶托影响的水位流量关系及其影响规律。创新性地提出顶托临界水位概念及确定标准，用以判别下游梯级库水位是否对上游梯级尾水造成明显顶托影响的临界条件。进一步探讨了顶托水位变幅与流量、河底高程等多种因素的关系，得出以下结论：受顶托影响的尾水水位变幅与下泄水量及相邻两个梯级高差呈负相关，与库水位同坝下河底的高差呈正相关。

关键词： 水位流量关系；梯级水电站；金沙江中游；尾水；顶托

1 引言

水利工程设计断面有实测水位流量资料时，往往可用实测数据点绘水位流量关系；缺乏或无实测资料时，若河道较为顺直规整，则常假设流态为稳定均匀流，利用实测大断面、水面比降、河床糙率，采用曼宁公式率定[1-2]；对于回水影响下的河道水位流量关系，孙昭华等[3] 学者基于原有单值化方法，提出了一种仅依赖水文资料确定多值型水位流量关系的改进方法。在建设有梯级水库的河段上，率定各梯级尾水水位流量关系，在水库运行过程中通过实测水位查找相应流量，是水库计算下泄流量重要的手段之一[4]；分析尾水水位流量关系受下游梯级回水顶托影响，对合理利用水头差制定发电策略、水库群联合运用时充分利用河段水能资源有重要意义[5]。

金沙江中游干流目前已建成梨园、阿海、金安桥、鲁地拉、龙开口、观音岩 6 个梯级水电站，梯级开发任务以发电为主，兼顾防洪、供水、灌溉等。各梯级装机容量分别为梨园（2 400 MW）—阿海（2 000 MW）—金安桥（2 400 MW）—龙开口（1 800 MW）—鲁地拉（2 160 MW）—观音岩（3 000 MW），装机满发最大引用流量依次为 2 544 m³/s、2 860 m³/s、2 420 m³/s、3 021 m³/s、3 036 m³/s、3 225 m³/s，最小下泄流量依次为 300 m³/s、350 m³/s、350 m³/s、380 m³/s、400 m³/s、430 m³/s。首台机组投产发电的时间分别为：梨园 2014 年 12 月、阿海 2012 年 12 月、金安桥 2011 年 3 月、龙开口 2013 年 5 月、鲁地拉 2013 年 7 月、观音岩 2014 年 12 月。金中梯级运行年限不长，根据沿程水文站实测大断面，坝下至尾水未发生明显淤积，因此在上下游两级水库水位不衔接的情况下，尾水水位流量关系可看作天然状况下的。本文拟探讨金沙江中游梯级电站库尾水位流量关系在下游梯级不同运行水位下的变化规律及受顶托的影响。

2 梯级衔接关系

在不考虑下泄流量的情况下，金沙江中游各级电站尾水与下一梯级正常蓄水位均可衔接，与死水

资助项目：第二次青藏高原综合科学考察研究资助（2019QZKK0203）。

作者简介：王琨（1990—），女，工程师，主要从事水文分析计算、流域水资源优化配置等工作。

位部分衔接，具体关系见表 1。其中，金安桥坝下河底高程与龙开口死水位一致，金安桥不泄流时龙开口死水位刚好回至其坝下；鲁地拉死水位则比龙开口坝下水位高 1 m，鲁地拉以死水位运行时与龙开口尾水产生 1 m 的重叠水深。

表 1　下泄 0 流量时金中梯级尾水与下游特征水位衔接关系

水电站名称	坝下河底高程/m	正常蓄水位/m	死水位/m	尾水与库水位衔接情况
梨园	1 500	1 618	1 605	
阿海	1 410	1 504	1 492	梨—阿正常蓄水位衔接；死水位不衔接
金安桥	1 290	1 418	1 398	阿—金正常蓄水位衔接；死水位不衔接
龙开口	1 215	1 298	1 290	金—龙死水位刚好衔接
鲁地拉	1 130	1 223	1 216	龙—鲁死水位衔接，重叠水深 1 m
观音岩	1 012	1 134	1 122	鲁—观正常蓄水位衔接；死水位不衔接

3　尾水水位流量关系拟合

根据金沙江中游各梯级 2017—2020 年实测逐小时运行数据，将上一梯级尾水水位、流量点据点绘在一张图上，可拟合得到下游梯级死水位—正常蓄水位间的数条尾水水位流量关系曲线（见图 1～图 5），从而反映下游梯级不同运行水位下的上游尾水水位流量关系情况。

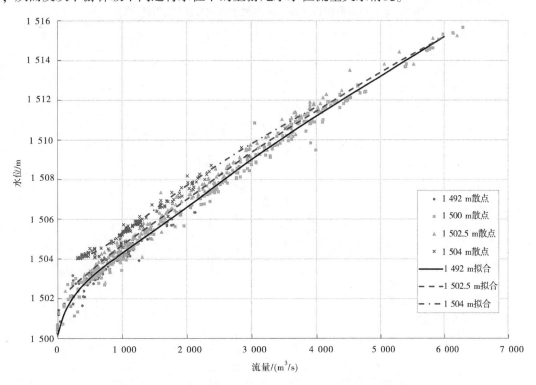

图 1　阿海不同运行水位下梨园尾水水位流量关系曲线拟合

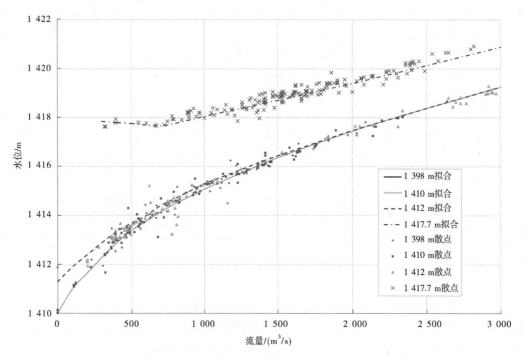

图 2　金安桥不同运行水位下阿海尾水水位流量关系曲线拟合

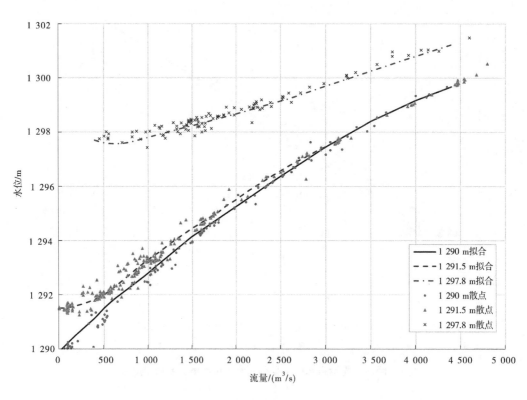

图 3　龙开口不同运行水位下金安桥尾水水位流量关系曲线拟合

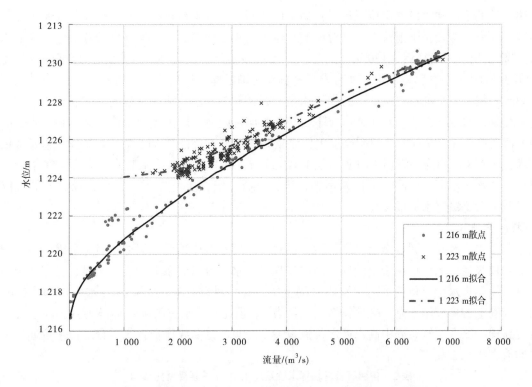

图4 鲁地拉不同运行水位下龙开口尾水水位流量关系曲线拟合

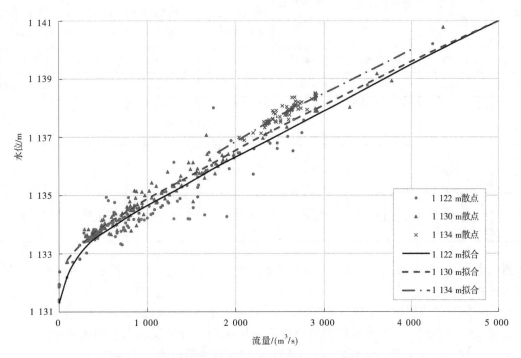

图5 观音岩不同运行水位下鲁地拉尾水水位流量关系曲线拟合

4 库尾水位流量关系受顶托的影响

4.1 天然尾水水位流量关系

分析图1~图5可知，除龙开口电站外，其余梨园、阿海、金安桥、鲁地拉尾水均存在天然水位流量关系。

上述电站的下游梯级以死水位运行时，尚未回水至坝下，上游梯级尾水水位流量关系不受顶托影响，梨园、阿海、金安桥下泄流量为 0 对应的水位即为坝下河底高程。但鲁地拉 0 流量对应的水位为 1 131 m，高于坝下河底高程 1 130 m，这是由于鲁地拉地下厂房尾水渠道较长，经过调压井才到出口，约在坝下 1 km 左右，尾水出口处有未完全拆除的围堰体，抬高了河底高程。

当梨园、阿海、金安桥电站的下游梯级水位刚好达到与其坝下河底高程齐平时，尾水水位流量关系也仍未受到回水顶托影响。对于死水位不衔接的梨园—阿海，阿海坝前水位为死水位 1 492 m 和为梨园坝下河底高程 1 500 m 时，梨园尾水水位流量关系完全重合；对于阿海—金安桥，金安桥坝前水位为死水位 1 398 m 和为阿海坝下河底高程 1 410 m 时，阿海尾水水位流量关系也完全重合。

因此，死水位不衔接或刚好衔接的相邻梯级，下游梯级在上游坝下河底高程及以下的水位运行时，均不对上游梯级尾水造成顶托。

4.2 顶托临界水位

理论上，当下游梯级回水至上游坝下后，会对上游尾水造成顶托。但根据对未分组的散点图分析可知，下游梯级运行水位略高于上游坝下河底高程时，水位流量关系上抬极不明显，且存在某一临界运行水位，使尾水水位流量关系出现较明显的上抬，即可见顶托影响，将这一水位作为顶托临界水位，用以判别上游梯级尾水是否受顶托影响，见表 2。顶托临界水位的确定标准为：①高于上一梯级坝下河底高程；②在实测系列中高水处水位流量关系可与天然曲线重合；③重合之前水位偏离天然曲线的平均值大于 0.2 m。

表 2　各梯级顶托临界水位及尾水 Q-H 关系受顶托影响

相邻梯级	坝下河底高程/m	临界顶托水位/m	最小下泄流量/（m³/s）	最小下泄流量对应尾水水位抬高/m	满发最大引用流量/（m³/s）	满发流量对应尾水水位抬高/m	Q-H 曲线开始重合的流量/（m³/s）
梨园—阿海	1 500	1 502.5	300	0.52	2 544	0.38	6 000
阿海—金安桥	1 410	1 412	350	0.52	2 860	0	2 100
金安桥—龙开口	1 290	1 291.5	350	0.76	2 420	0.21	3 000
龙开口—鲁地拉	1 215	—	380	—	3 021	—	—
鲁地拉—观音岩	1 130	1 130	400	0.22	3 026	0.19	5 000

将实测尾水水位、流量点据进一步按照运行水位进行细化分组，并与天然水位流量关系线进行对比，确定顶托临界水位。

（1）梨园—阿海的临界顶托水位为 1 502.5 m，较梨园坝下河底高程高 2.5 m。该情况下，梨园最小下泄流量 300 m³/s 时，尾水水位较天然情况下抬高 0.52 m；满发最大引用流量 2 544 m³/s 时，尾水水位抬高 0.38 m。从下泄流量 6 000 m³/s 起，水位流量关系开始与天然的重合。

（2）阿海—金安桥的临界顶托水位为 1 412.0 m，较阿海坝下河底高程高 2.0 m。该情况下，阿海最小下泄流量 350 m³/s 时，尾水水位较天然情况下抬高 0.52 m；从下泄流量 2 100 m³/s 起，水位流量关系开始与天然的重合，因此满发最大引用流量 2 860 m³/s 时已不受顶托。

（3）金安桥—龙开口的临界顶托水位为 1 291.5 m，较金安桥坝下河底高程高 1.5 m，并且低水部分出现反曲。该情况下，金安桥最小下泄流量 350 m³/s 时，尾水水位较天然情况下抬高 0.76 m；满发最大引用流量 2 420 m³/s 时，尾水水位抬高 0.21 m。从下泄流量 3 000 m³/s 起，水位流量关系开始与天然的重合。

（4）龙开口—鲁地拉在鲁地拉以死水位 1 216 m 运行时，就已出现顶托，龙开口不存在天然尾水水位流量关系。

（5）鲁地拉—观音岩的临界顶托水位为 1 130 m。该情况下，鲁地拉最小下泄流量 400 m³/s 时，尾水水位较天然情况下抬高 0.22 m；满发最大引用流量 3 026 m³/s 时，尾水水位抬高 0.19 m。从下泄流量 5 000 m³/s 起，水位流量关系开始与天然的重合。

对于梨园—龙开口相邻梯级，临界顶托水位高出坝下河底高程 1.5~2.5 m，下泄流量越大，顶托影响越小，直至与天然状况下的尾水水位流量关系重合。临界顶托水位并非刚好等于坝下河底高程是由于刚刚衔接时，上游梯级下放的水量引起的水位变化会迅速坦化。临界顶托水位处于高出坝下河底高程所在的区间，高于其引起的最大水位抬升区间，这是由于坝下河底并非平整的，相比测量结果，有低洼和凸出的部分，且尾水水尺或水位计监测读数有波动，在曲线拟合时对顶托影响程度有所均化，因此可以认为高出 1.5~2.5 m 是对地形测量误差和对水位监测误差的集中反映。

4.3 正常蓄水位下的顶托影响

当下游梯级以正常蓄水位运行时，对上游梯级尾水造成的顶托影响均十分明显，并且均在低水部分出现了不同程度的反曲，见表 2。不考虑高水外延的情况下，根据实测点据均未能拟合得到水位流量关系曲线与天然的重合。

表 2　正常蓄水位运行时对上游梯级尾水 $Q\text{-}H$ 关系顶托影响

相邻梯级	下游梯级正常蓄水位-临界顶托水位/m	最小下泄流量/(m³/s)	最小下泄流量对应尾水水位抬高/m	满发最大引用流量/(m³/s)	满发流量对应尾水水位抬高/m
梨园—阿海	1.5	300	1.70	2 544	0.95
阿海—金安桥	6.0	350	5.22	2 860	1.66
金安桥—龙开口	6.0	350	6.55	2 420	2.87
龙开口—鲁地拉	较死水位高 7.0	380	较死水位高 7.00	3 021	较死水位高 0.98
鲁地拉—观音岩	4.0	400	4.0	3 026	0.61

（1）阿海以正常蓄水位 1 504 m 运行，较临界顶托水位高 1.5 m。梨园最小下泄流量 300 m³/s 时，尾水水位较天然情况下抬高 1.70 m；满发最大引用流量 2 544 m³/s 时，尾水水位抬高 0.95 m。

（2）金安桥以正常蓄水位 1 418 m 运行，较临界顶托水位高 6.0 m。阿海最小下泄流量 350 m³/s 时，尾水水位较天然情况下抬高 5.22 m；满发最大引用流量 2 860 m³/s 时，尾水水位抬高 1.66 m。

（3）龙开口以正常蓄水位 1 298 m 运行，较临界顶托水位高 6.0 m。金安桥最小下泄流量 350 m³/s 时，尾水水位较天然情况下抬高 6.55 m；满发最大引用流量 2 420 m³/s 时，尾水水位抬高 2.87 m。

（4）鲁地拉以正常蓄水位 1 223 m 运行，较死水位高 7.0 m。该运行水位下实测龙开口下泄流量均在 1 000 m³/s 以上，因此不足以分析最小下泄流量 380 m³/s 对应的情况；满发最大引用流量 3 021 m³/s 时，尾水水位较鲁地拉死水位运行抬高 0.98 m。

（5）观音岩正常蓄水位 1 134 m 运行，较临界顶托水位高 4.0 m。该运行水位下实测鲁地拉下泄流量均在 2 000 m³/s 以上，因此不足以分析最小下泄流量 400 m³/s 对应的情况；满发最大引用流量 3 026 m³/s 时，尾水水位抬高 0.61 m。

当下游梯级以正常蓄水位或以临界顶托水位运行时，分析电站尾水在顶托影响下的水位变幅，初步可判定，不光与下泄水量呈负相关，还与相邻两个梯级高差呈负相关，与库水位同坝下河底的高差呈正相关。

5　结论

针对已建成并运行了一定年数的金沙江中游梯级水库群，采用实测水位、流量数据，点绘在一张图上，分水位级拟合下游梯级不同库水位下的尾水水位流量关系曲线，并得出以下结论：

（1）对于相邻梯级，当下游库水位在上游坝下河底高程以下时，上游梯级尾水呈天然水位流量关系。金中河段龙开口死水位与金安桥坝下河底齐平，此时金安桥尾水不受回水影响，近似于天然。鲁地拉死水位高于龙开口坝下河底高程，龙开口尾水必受回水顶托影响。

（2）梨园—龙开口相邻梯级间存在一个临界顶托水位，高于坝下河底高程，受坝下河底不平整程度及尾水水位监测及散点拟合误差的影响。对金中梯级来说，这一水位高出坝下河底 1.5~2.5 m。

（3）下游梯级以临界顶托水位运行时，开始对上游梯级尾水出现明显的顶托影响，顶托造成的水位变幅随下泄流量增大而减小，直至与天然尾水水位流量关系重合。阿海电站满发最大引用流量 2 860 m³/s 时，不受金安桥顶托临界水位顶托。

（4）当下游梯级以正常蓄水位运行时，对上游梯级尾水造成严重的顶托影响，在低水部分存在不同程度的反曲，且高水水位流量关系不重合。

（5）电站尾水在顶托影响下的水位变幅与下泄水量及相邻两个梯级高差呈负相关关系，与库水位同坝下河底的高差呈正相关关系。

参考文献

[1] 张大发，等. 水利水电工程设计洪水计算手册 [M]. 北京：中国水利水电出版社，1995.

[2] 望建成. 北盘江马马崖一级水电站厂房尾水水位流量关系复核 [J]. 红水河，2019，38 (5)：41-42，47.

[3] 孙昭华，周歆玥，范杰玮，等. 考虑回水影响的河道水位流量关系确定方法 [J]. 水科学进展，2021，32 (2)：259-270.

[4] 高峰. 白石水库尾水渠水位流量关系曲线率定与分析 [J]. 水利信息化，2021 (3)：21-24.

[5] 李同青. 水电站利用下游消落水位发电时厂房水位流量关系探讨 [J]. 黑龙江水利科技，2019，47 (10)：105-106，246.

流域水资源保护对策措施研究
——以 B 流域为例

胡和平

（中水珠江规划勘测设计有限公司，广东广州　510610）

摘　要： 在流域开发利用过程中，为了保障经济和自然环境可持续发展，加强流域水资源保护十分必要。在调查分析流域水污染现状及发展趋势的基础上，研究提出了制定水功能区、核定流域纳污能力和控制污染物入河量等保护措施，实现经济社会与环境和谐发展。

关键词： 水功能区；纳污能力；水资源保护

1　流域概况

B 流域呈扇形分布，流域总面积 4 212 km²，其中冰川及雪被覆盖面积约 1 040 km²，干流河长 120.7 km，天然落差 3 360 m，平均坡降 10.7‰，多年平均径流量 57.08 亿 m³。

B 流域涉及 4 个乡（镇）29 个行政村，经济以农为主、农牧结合。由于水利基础设施薄弱，存在供水得不到充分保障、农田牧场得不到有效灌溉、居民生活和生产活动受到洪水威胁等问题，制约当地经济社会的发展。为了促进流域经济社会可持续发展，加快边疆少数民族脱贫致富，政府部门开展了流域综合规划，对流域的供水、灌溉、防洪、水力发电、水土保持工作进行了总体部署。

2　水资源保护现状

2.1　水（环境）功能区划现状

2.1.1　水功能区划现状

据调查，水利部门尚未对 B 流域水功能进行区划，仅对 B 流域的上一级干流水功能区进行了区划，干流源头至干流出口均属于"保护区"，水质保护目标为 II 类。

2.1.2　水环境功能区划现状

2013 年 9 月，环保部门对 B 流域水环境功能区进行了区划，将干流划分为 3 个水环境功能区，主要支流划分为 2 个水环境功能区。

2.2　污染源现状

2.2.1　经济社会数据

B 流域涉及 4 乡（镇）29 个行政村，总人口 1.30 万人。流域经济以农为主、农牧结合，工业基础十分薄弱。流域范围内无工矿企业，交通车流量较少，主要污染源有禽畜养殖污染源、农村生活污水、生活垃圾、农业面源污染等。

2.2.2　相关参数

为了便于计算，根据《全国污染源普查生活源产排污系数手册》和《畜禽养殖业污染防治技术规范》（HJ/T 81—2001），1 头肉牛折算为 5 头猪，1 匹马折算为 3 头猪，1 匹骡折算为 5 头猪，30 只

作者简介： 胡和平（1979—），男，高级工程师，主要从事水资源保护与水污染治理工作。

鸡（鸭或者鹅）折算为 1 头猪来计算排泄量。

根据《全国污染源普查生活源产排污系数手册》《全国水环境容量核定技术指南》和《室外排水设计规范》（GB 50014—2006，2016 年版），人的污染物产生量按 COD 40 g/（人·d）、氨氮 4 g/（人·d）；猪的污染物产生量按 COD 50 g/（头·d）、氨氮 10 g/（头·d）；农业面源污染物源强系数 COD 15.60 kg/（亩·a），氨氮 3.12 kg/（亩·a）。

一般认为，点源污染入河系数大于面源污染入河系数，前者为后者的 2~3 倍[1]，参考 B 流域所在地区地表水环境功能区划分技术报告及其他相关统计资料，B 流域污染物入河系数 COD 为 0.22，氨氮为 0.24。

2.2.3 污染物产生量和入河量

根据流域经济发展水平及各行业污染物排放强度，并结合污染源与流域水功能区（见 4.1 节）位置关系，以及污染物入河系数，各水功能区集水范围内污染物产生量和入河量见表 1。由表 1 可知，流域污染物产生量和入河量主要位于"干流饮用、农业用水区 1"，对 COD 和氨氮的贡献率高达 66% 以上。

表 1 现状污染物产生量和入河量

序号	水功能区	水质目标	产生量/（t/a）		入河量/（t/a）	
			COD	NH₃—N	COD	NH₃—N
1	干流源头水保护区	Ⅱ	0	0	0	0
2	干流饮用、农业用水区 1	Ⅱ	2 528.82	494.01	556.34	118.56
3	干流饮用、农业用水区 2	Ⅲ	214.24	41.31	47.13	9.91
4	干流饮用、农业用水区 3	Ⅱ	333.33	64.40	73.33	15.45
5	支流源头水保护区	Ⅱ	0	0	0	0
6	支流饮用、农业用水区 1	Ⅱ	591.81	115.83	130.20	27.80
7	支流饮用、农业用水区 2	Ⅲ	117.52	22.52	25.86	5.41
	合计		3 785.72	738.07	832.86	177.13

2.3 水环境质量现状

B 流域现状无例行监测断面，为了更系统、全面掌握流域的地表水环境质量现状，在收集近年来流域既有水质监测资料的同时，还对 B 流域干流及其主要支流现状水质进行了补充监测。

采用单因子标准指数法对水质单项因子进行评价，评价结果表明，单项指数值均小于 1，水温周平均变化在正常范围内，流域水质满足《地表水环境质量标准》（GB 3838—2002）Ⅱ~Ⅲ级标准，水环境质量良好。

3 污染物产生量预测

随着国民经济发展规划和流域综合规划实施，流域经济将得到发展，人口和农牧业得到较大程度增加，并导致污染物产生量随之增加，结合区域经济社会发展统计资料，2017—2035 年的城镇人口增长率、农村人口增长率分别为 12‰、8‰，大、小牲畜年平均增长率分别为 1.0%~1.2%，预测 2025 年和 2035 年经济发展水平，并结合污染物排放强度预测 2025 年和 2035 年污染物产生量，详见表 2 和表 3。由表 2 和表 3 可知，流域污染物产生量主要分布在"干流饮用、农业用水区 1"，对 COD 和氨氮的贡献率高达 66% 以上。

表 2　污染物产生量预测（2025 年）

序号	水功能区	水质目标	产生量/（t/a）		入河量/（t/a）	
			COD	NH₃—N	COD	NH₃—N
1	干流源头水保护区	Ⅱ	0	0	0	0
2	干流饮用、农业用水区 1	Ⅱ	2 738.27	535.10	602.42	128.42
3	干流饮用、农业用水区 2	Ⅲ	232.38	44.82	51.12	10.76
4	干流饮用、农业用水区 3	Ⅱ	359.91	69.56	79.18	16.69
5	支流源头水保护区	Ⅱ	0	0	0	0
6	支流饮用、农业用水区 1	Ⅱ	641.65	125.63	141.16	30.15
7	支流饮用、农业用水区 2	Ⅲ	126.11	24.16	27.74	5.80
	合计		4 098.32	799.27	901.63	191.82

表 3　污染物产生量预测（2035 年）

序号	水功能区	水质目标	产生量/（t/a）		入河量/（t/a）	
			COD	NH₃—N	COD	NH₃—N
1	干流源头水保护区	Ⅱ	0	0	0	0
2	干流饮用、农业用水区 1	Ⅱ	2 980.63	582.49	655.74	139.80
3	干流饮用、农业用水区 2	Ⅲ	253.48	48.88	55.77	11.73
4	干流饮用、农业用水区 3	Ⅱ	390.76	75.53	85.97	18.13
5	支流源头水保护区	Ⅱ	0	0	0	0
6	支流饮用、农业用水区 1	Ⅱ	699.27	136.93	153.84	32.86
7	支流饮用、农业用水区 2	Ⅲ	136.14	26.07	29.95	6.26
	合计		4 460.28	869.90	981.26	208.78

4　水资源保护措施

4.1　划定水功能区，为流域水资源保护与水污染防治奠定基石

水功能区划是水资源开发利用和保护工作的重要依据，制定水功能区划，加强水功能区监督管理，对促进水资源合理开发和有效保护，落实最严格水资源管理制度，实现水资源可持续利用具有重要意义[2]。为了规范水功能区划分技术要求、程序和方法，水利部组织编制了《水功能区划分标准》（GB/T 50594—2010），标准对各类水功能区的划区条件和指标进行了规定。

结合流域实际情况，并根据不同水功能区划区条件，并与流域水环境功能区划成果协调后，将 B 流域干流及其主要支流区划为 4 个一级区和 5 个二级区。一级水功能区河长 195.4 km，其中保护区 2 个，河长 97.9 km，占总河长的 50.1%，开发利用区 2 个，河长 97.5 km，占总河长的 49.9%。2 个开发利用区划分成 5 个二级水功能区，其中饮用水源区 3 个，河长 90 km，占开发利用区总长的

92.3%；农业用水区 2 个，河长 7.5 km，占开发利用区总长的 7.7%，见表 4。

表 4 流域水功能区划分方案

序号	一级水功能区	二级水功能区	长度/km	功能排序	水质目标
1	干流源头水保护区		50.7	源头水	Ⅱ
2	干流开发利用区	饮用、农业用水区 1	50	饮用、农业用水	Ⅱ
		饮用、农业用水区 2	6	饮用、农业用水	Ⅲ
		饮用、农业用水区 3	14	饮用、农业用水	Ⅱ
3	支流源头水保护区		47.2	源头水	Ⅱ
4	支流开发利用区	支流饮用、农业用水区 1	26	饮用、农业用水	Ⅱ
		支流饮用、农业用水区 2	1.5	饮用、农业用水	Ⅲ

4.2 核定流域纳污红线，严控排污总量

根据《污水综合排放标准》（GB 8978—1996）第 4.1.5 条的规定："GB 3838 中Ⅰ、Ⅱ类水域和Ⅲ类水域中划定的保护区，GB 3079 中一类海域，禁止新建排污口，现有排污口应按水体功能要求，实行污染物总量控制，以保证受纳水体水质符合规定用途的水质标准。"

B 流域除"干流饮用、农业用水区 2"和"支流饮用、农业用水区 2"两个功能区水质目标为Ⅲ类外，其余河段水质目标均为Ⅱ类，禁止新增排污口，纳污总量按现状值确定。采用河流一维数学模型法，根据河道水文条件、河道水质现状和水质目标，对水质目标为Ⅲ类水的水功能区纳污能力进行核算。经核算，B 流域纳污能力：COD 为 12 533.87 t/a，氨氮为 1 225.82 t/a。各水功能区纳污能力汇总见表 5。

表 5 流域纳污能力汇总

序号	水功能区	水质目标	纳污能力/（t/a）		现状入河量/（t/a）	
			COD	氨氮	COD	NH₃—N
1	干流源头水保护区	Ⅱ	0	0	0	0
2	干流饮用、农业用水区 1	Ⅱ	556.34	118.56	556.34	118.56
3	干流饮用、农业用水区 2	Ⅲ	6 989.00	664.00	47.13	9.91
4	干流饮用、农业用水区 3	Ⅱ	73.33	15.45	73.33	15.45
5	支流源头水保护区	Ⅱ	0	0	0	0
6	支流饮用、农业用水区 1	Ⅱ	130.20	27.80	130.20	27.80
7	支流饮用、农业用水区 2	Ⅲ	4 785.00	400.00	25.86	5.41
8	合计		12 533.87	1 225.82	832.86	177.13

由表 5 可知，流域内 2 个水质目标为Ⅲ类水的水功能区，纳污能力较大，远大于现状污染物入河量，具有较大的纳污潜力，为流域经济社会发展提供了环境条件。另外，在此需要说明的是，"核定流域纳污红线，严控排污总量"与促进流域经济社会发展并不矛盾。因为 B 流域现状污染物治理基础设施基本空白，各类污染源以自然散排的方式进入接纳水体，所以流域污染物入河量削减潜力巨

大。在推进流域经济社会发展过程中，配套建设污染治理基础设施，做到"不欠新账，多还旧账，增产不增污"，实现流域经济社会和环境资源的协调发展。

4.3 以流域纳污能力为准绳，削减污染物入河量

4.3.1 污染物削减量

根据 2025 年和 2035 年污染物产生量和入河量预测值，结合各水功能区污染物控制指标，2025 年和 2035 年污染物削减量指标见表 6 和表 7。

表 6 污染物削减量（2025 年）

序号	水功能区	水质目标	产生量/（t/a）		控制量/（t/a）		削减量/（t/a）	
			COD	NH$_3$—N	COD	NH$_3$—N	COD	NH$_3$—N
1	干流源头水保护区	Ⅱ	0	0	0	0	0	0
2	干流饮用、农业用水区 1	Ⅱ	2 738.27	535.10	2 528.82	494.01	209.45	41.09
3	干流饮用、农业用水区 2	Ⅲ	232.38	44.82	232.38	44.82	0	0
4	干流饮用、农业用水区 3	Ⅱ	359.91	69.56	333.33	64.40	26.58	5.16
5	支流源头水保护区	Ⅱ	0	0	0	0	0	0
6	支流饮用、农业用水区 1	Ⅱ	641.65	125.63	591.81	115.83	49.84	9.80
7	支流饮用、农业用水区 2	Ⅲ	126.11	24.16	126.11	24.16	0.00	0.00
	合计		4 098.32	799.27	3812.45	743.22	285.87	56.05

表 7 污染物削减量（2035 年）

序号	水功能区	水质目标	产生量/（t/a）		控制量/（t/a）		削减量/（t/a）	
			COD	NH$_3$—N	COD	NH$_3$—N	COD	NH$_3$—N
1	干流源头水保护区	Ⅱ	0	0	0	0	0	0
2	干流饮用、农业用水区 1	Ⅱ	2 980.63	582.49	2 528.82	494.01	451.81	88.48
3	干流饮用、农业用水区 2	Ⅲ	253.48	48.88	253.48	48.88	0	0
4	干流饮用、农业用水区 3	Ⅱ	390.76	75.53	333.33	64.40	57.43	11.13
5	支流源头水保护区	Ⅱ	0	0	0	0	0	0
6	支流饮用、农业用水区 1	Ⅱ	699.27	136.93	591.81	115.83	107.46	21.10
7	支流饮用、农业用水区 2	Ⅲ	136.14	26.07	136.14	26.07	0	0
	合计		4 460.28	869.90	3 843.58	749.19	616.70	120.71

由表 6 和表 7 可知，中期 2025 年 COD 和氨氮削减指标分别为 285.87 t/a 和 56.05 t/a；远期 2035 年 COD 和氨氮削减指标分别为 616.70 t/a 和 120.71 t/a。

4.3.2 污染物削减措施

（1）禽畜养殖污染治理措施。

根据前文分析，畜禽养殖都是流域最主要的污染源，COD 和氨氮的贡献率高达 80% 以上，且有

逐渐升高的趋势，是流域污染控制的重点。因此，必须以草场承载力定畜牧业生产规模，限制畜牧业无序发展，改变目前畜禽散养的状态，进行集约化养殖，减少不必要的废水产生；养殖场舍实行干湿分离、雨污分流，防止因雨水冲刷造成的污水排放。

（2）农村生活污水处理措施。

因地因村采取纳管集中处理、就地生态化处理等多种方式处理农村生活污水。污水管网能够覆盖的区域，生活污水必须纳管排放；布局分散的村庄，通过三级化粪池对生活污水进行处理，化粪池排水可作为有机肥用于农业生产。

（3）农村垃圾集中收集处理措施。

结合新农村建设，全面清除陈年垃圾。根据自然村落布局和人口分布情况，合理设置垃圾收集、分拣或转运等设施，因村制宜地采取焚烧、填埋、沤肥等方式，对垃圾进行无害化处理。

（4）农业面源污染处理措施。

实行生态平衡施肥技术和生态防治技术，从源头上控制化肥和农药的大量施用；结合节水灌溉技术，提高农业水、肥利用效率；设置植被缓冲带，增加湿地面积，不同农作物的间作套种、轮作，减轻非点源污染物对水体的污染。

5 结语

B 流域生态环境保护好、水质好、开发程度低。随着国民经济发展规划和流域综合规划的实施，流域资源开发和城镇化进程的不断加快，污染物产生量和入河量将随之增加，对流域水资源将带来不可忽视的影响。为此，必须对流域进行水功能区划，核定流域纳污能力红线，控制污染物入河量，流域优良的水环境质量现状才能保持下去，实现经济社会和环境资源的协调发展。

参考文献

［1］杨迪虎．新安江流域安徽省地区水环境状况分析［J］．水资源保护，2006，22（5）：77-80.
［2］彭文启．全国重要江河湖泊水功能区划的重大意义［J］．中国水利，2012，697（7）：34-37.

关于怀来县借用官厅水库调蓄功能取水可行性的探讨

齐　静　韩云鹏

（水利部海河水利委员会科技咨询中心，天津　300170）

摘　要：本文对 2025 年怀来县大数据产业基地需水量进行分析，在 2025 年怀来县全面压采地下水的情况下，缺水 2 014 万 m^3。鉴于官厅水库近年来蓄水量不足的情况，考虑通过怀来县节水增加官厅水库入库水量，经官厅水库调蓄后向怀来县大数据产业基地供水的方式满足其用水需求。经分析，怀来县节水入官厅水库水量可满足怀来县大数据产业基地用水需求，且经过官厅水库调蓄后，增加的入库水量对官厅水库蓄水基本无影响，怀来县借用官厅水库调蓄功能向大数据产业基地供水是可行的。

关键词：借库取水；需水预测；水源方案；供需分析

1　引言

怀来县位于河北省西北部，紧邻北京市的延庆区、昌平区及门头沟区，是北京数字经济领域相关产业项目外溢疏解的首选之地。《张家口首都水源涵养功能区和生态环境支撑区建设规划（2019—2035 年）》明确指出："要求加快发展大数据产业，建设一批公共服务和互联网应用服务平台、重点行业和企业等云计算数据中心、灾备中心，引进电信运营商和国内云服务企业的大型云计算数据中心，建设辐射全国的云服务平台。升级网络基础设施，引进大数据硬件产品企业，发展大数据存储服务，促进形成大数据存储服务功能区。"

怀来县大数据产业基地位于怀来县东花园镇花园生态科技城，规划总面积 15 000 亩，主要包含数据中心、研发运维等。随着签约企业的陆续开工建设，大数据产业基地用水需求将成倍增长，目前大数据产业基地供水水源为当地地下水，根据《张家口首都水源涵养功能区和生态环境支撑区建设规划（2019—2035 年）》的要求，怀来县需要压采地下水，因此亟需解决大数据产业基地供水水源问题。

官厅水库位于大数据产业基地附近，是一座兼防洪、供水、发电、灌溉等功能的大（1）型水库，总库容 41.6 亿 m^3，承担着北京市工业及城市供水和农业灌溉任务，1997 年官厅水库退出北京城市生活饮用水体系，主要向工业和生态供水。由于上游来水不足，官厅水库多年来一直低水位运行。

本文通过对大数据产业基地水资源供需分析以及官厅水库调蓄能力分析等，探讨借用官厅水库调蓄功能取水的可行性。

2　需水预测

2.1　生活需水预测

2018 年花园生态科技城常住人口为 2.5 万，依据《城市给水工程规划规范》（GB 50282—2016）、

作者简介：齐静（1979—），女，高级工程师，主要从事水资源规划、防洪规划等工作。

《室外给水设计标准》（GB 50013—2018）以及《河北省用水定额》（DB13/T 1161—2016），结合当地实际情况确定最高日城镇居民生活用水定额为 90 L/（人·d），规划 2025 年大数据产业基地常驻总人口为 4.75 万人，根据区域发展及《河北省用水定额》并参考张家口市现状城镇用水定额 110 L/（人·d）分析，预测 2025 年，怀来县城镇居民生活用水定额为 110 L/（人·d）。结合用水定额预测成果，计算生活净需水量，再考虑水量损失后得出生活总需水量。设计水平年净水厂自用水损失取 5%，管网漏损率取 8%，水源至水厂损失系数 2%。经计算，设计水平年大数据产业基地生活净需水量为 190.7 万 m^3，设计水平年大数据产业基地生活毛需水量为 224.4 万 m^3。

2.2 数据中心需水预测

由于数据中心为大数据产业基重要用水户，本次进行单独预测。数据中心需水预测可采用用地指标法和日平均用水量两种方法综合预测。考虑大数据产业基地各企业采用水冷和风冷等不同，而采用水冷和风冷等不同冷却方式对需水预测成果影响较大，且数据中心发展在本地区或类似地区才刚刚起步，实际调查用水量数据十分有限，不宜采用日平均用水量法。数据中心现状及规划占地面积基本确定，产品类型相对明确，因此本次数据中心采用用地指标法进行需水预测，即按照建设规模，结合企业实际用水需求调查成果，换算为亩均用水量，对 2025 年数据中心需水量进行预测。经分析，2025 年数据中心年毛需水量为 1 323 万 m^3。

2.3 三产需水预测

根据规划，大数据产业基地内三产用水主要为商业服务业，依据《张家口怀来大数据产业基地（科技创新园）规划方案》，初步确定 2025 年大数据产业基地规划商业服务业设施占地总计 2 037.3 亩，结合河北省地方规范标准中商业服务类用水定额为 8 L/（m^2·d），按照设计水平年净水厂自用水损失取 5%、管网漏损率取 8%、水源至水厂损失系数 2%，本次设计水平年三产净需水量为 396.6 万 m^3，毛需水量为 466.6 万 m^3。

2.4 生态环境需水预测

大数据产业基地生态环境需水主要用于满足园区道路浇洒和绿地用水。根据调查，基准年道路和绿地占地约 20 亩，依据《张家口怀来大数据产业基地（科技创新园）规划方案》初步确定设计水平年道路和绿地占地约 685.2 亩。根据《河北省用水定额》（DB13/T 1161—2016）要求，浇洒道路、广场和绿地用水可按浇洒面积用水指标为 1.0 L/（m^2·d）计算，按半年时间计算，设计水平年生态环境需水量为 8.3 万 m^3，由再生水解决。

2.5 需水合计

根据上述需水量预测成果，大数据产业基地设计水平年毛需水量为 2 022.3 万 m^3。其中，生活需水 224.4 万 m^3，数据中心需水 1 323.0 万 m^3，三产需水 466.6 万 m^3，生态环境需水 8.3 万 m^3。

表 1　大数据产业基地设计水平年总需水量统计

序号	类型	毛需水量/万 m^3	说明
1	生活	224.4	
2	数据中心	1 323.0	
3	三产	466.6	
4	生态环境	8.3	采用再生水
	合计	2 022.3	

3　水源方案

大数据产业基地附近具备供水能力的中型以上水库 3 座，为官厅水库（距项目区直线距离 4.7

km）、洋河响水堡水库（距项目区直线距离 62.5 km）、白河堡水库（距项区目直线距离 44.7 km）。通过投资比较官厅水库取水工程造价约 1.2 亿元，洋河取水工程造价约 9 亿元，白河调水工程造价约 3 亿元，官厅水库取水为水源首选方案，然而由于上游来水不足，官厅水库多年来一直低水位运行。2015—2020 年官厅水库蓄水量在 3 亿~5 亿 m³，为保证北京及永定河下游河道生态修复补给用水，官厅水库无多余水量供给大数据产业基地。

考虑到官厅水库目前蓄水量较少，本次分析主要利用怀来县节约水量，通过现状河道下放至官厅水库，通过官厅水库调蓄后满足大数据产业基地数据中心工业用水需求。经分析，怀来县节约水量主要来源于洋河二灌区节水综合改造工程节水量和京西洁源污水处理厂提标扩容改造后增供的再生水。

3.1 怀来县洋河二灌区节水综合改造工程

按照水利部印发的《永定河流域农业节水工程实施推进方案》（办农水函〔2019〕1491 号），怀来县洋河二灌区节水综合改造工程灌溉面积 8.2 万亩。项目实施后，通过改造、衬砌部分破损的干、支渠，实施田间渠道混凝土防渗 4.8 万亩、发展 1.7 万亩的高效节水灌溉，灌区的灌溉水利用系数由现状的 0.503 提高至 0.623；同时，通过严格定额管理、加强灌区管理、挖掘田间节水潜力、配套安装计量设施、完善水量分配制度、加强用水计量、推进水价改革，将灌区亩均综合净灌溉定额由现状的 295 m 过严亩（对应现状实际引水量 4 800 万 m³）降至 205 m 现状亩，亩均综合毛灌溉定额由现状的 585 m 综合亩降至 329 m 综合亩。怀来县洋河二灌区节水综合改造工程完成后，灌区灌溉用水量由现状的 4 800 万 m³ 降低至 2 708 万 m³，年可节约水量 2 092 万 m³。

2019 年度秋季永定河生态补水，洋河（响水堡）水库放水 1 003 万 m³，北京市官厅水库净收水 806 万 m³，收水率为 80.4%，即响水堡水库至官厅水库输水损失率 19.6%。考虑到洋河二灌区取水口距下游官厅水库约 18 km，响水堡水库距离官厅水库约 36 km，参考响水堡水库至官厅水库输水损失率，洋河二灌区取水口至官厅水库输水损失率按 9.8% 计。该工程实施后，官厅水库可增加入库水量 1 887 万 m³。

3.2 京西洁源污水处理厂

京西洁源污水处理厂提标扩容改造后到 2025 年可增加 1 000 万 m³ 再生水回用，扣除存瑞、云之鼎大数据再生水回用 226 万 m³，再生水节水量为 774 万 m³，河道输水损失按照 10% 计算，再生水可向官厅水库增加入库水量 697 万 m³。

综上所述，通过洋河二灌区节水综合改造工程和京西洁源污水处理厂提标扩容改造 2 项工程，2025 年可向官厅水库增加入库水量 2 584 万 m³。

4 供需平衡分析

对怀来县节水量进行分析，设计水平年 2025 年怀来县可向官厅水库增加入库水量 2 584.0 万 m³，可满足大数据产业基地和生态环境用水需求，见表 2。

表 2 2025 年大数据产业基地水资源供需平衡　　　　　　　　　　　单位：万 m³

类型	需水量	供水量	缺水量
生活	224.4	224.4	0
数据中心	1 323.0	1 323.0	0
三产	466.6	466.6	0
生态环境	8.3	8.3	0
合计	2 022.3	2 022.3	0

5　官厅水库调蓄能力分析

1979—1980 年官厅水库水位在 477～478 m；1995—1996 年水库水位在 476～477 m，最高水位曾达到 478.4 m；水库最低水位出现在 2007 年，水库蓄水量仅 0.99 亿 m，水库水位降至 469.6 m；近 10 年水库最低水位在 471～472 m，出现在 2010—2011 年。2015—2020 年官厅水库最高水位在 474.03～476.58 m（大沽高程），最低水位在 473.08～475.33 m，最高水位在汛限水位 476 m 上下。经调查，近年官厅水库最高水位均低于水库正常蓄水位 479 m。

按照最不利情况考虑，官厅水库水位按照近年最高蓄水位 478.4 m 计，且怀来县洋河二灌区节水和京西洁源污水处理厂提标扩容增加的 2 584.0 万 m³ 水量同时进入官厅水库，官厅水库水位增加 0.2 m，水位提高至 478.6 m，仍低于官厅水库正常蓄水位 479 m，官厅水库具备调蓄该水量的能力。

6　结语

怀来县大数据产业基地建设是推进京津冀协同发展，承接首都数字经济外溢的迫切需要；是加速新旧动能转换，形成数据产业链，打造张家口大数据产业中心的需要；是优化水资源配置，实现怀来县经济社会高质量发展的需要。2025 年怀来县大数据产业基地需水量为 2 022.3 万 m³，其中生活需水量为 224.4 万 m³，数据中心需水量为 1 323.0 万 m³，三产需水量为 466.6 万 m³，生态环境需水量为 8.3 万 m³。在 2025 年怀来县全面压采地下水的情况下，大数据产业基地供水量为再生水量 8.3 万 m，缺水量为 2 014.0 万 m³。

由于上游来水不足，官厅水库多年来一直低水位运行，不能采用官厅水库直接供水的方式。本次分析主要利用怀来县节约水量，通过现状河道下放至官厅水库，利用官厅水库调蓄功能，满足怀来县大数据产业基地用水需求。通过洋河二灌区节水综合改造工程和京西洁源污水处理厂提标扩容改造工程可增加官厅水库入库水量 2 584.0 万 m³，满足大数据产业基地用水需求。

另外，根据收集到的官厅水库 2015—2020 年实际水库水位和库容资料，结合官厅水库库容曲线分析，向官厅水库增加入库水量 2 584.0 万 m³，日平均入库水量为 7.1 万 m³，经水库调蓄后，只有 570.0 万 m³ 水留在水库作为生态补偿用水，其余 2 014.0 万 m³ 水量通过相关工程输送至大数据产业基地。查官厅水库库容曲线，增加 570.0 万 m³ 水量后，官厅水库水位比 2015—2020 年水库平均水位 475.14 m 增加约 0.05 m，对官厅水库蓄水基本无影响。因此，怀来县借用官厅水库调蓄功能向怀来县大数据产业基地供水是可行的。

参考文献

[1] 王浩，刘家宏.国家水资源与经济社会系统协同配置探讨［J］.中国水利，2016（17）：7-9.

[2] 杜勇，万超，杜国志，等.永定河全线通水需水量及保障方案研究［J］.水利规划与设计，2020（7）：14-17，27.

[3] 张杰，李冬.城市水系统健康循环理论与方略［J］.哈尔滨工业大学学报，2010，42（6）：849-854.

[4] 陈洋波，陈安勇.水库优化调度——理论方法应用［M］.武汉：湖北科技出版社，1996.

生态文明视角下的水资源多目标优化配置理论体系框架研究

马兴华　查大伟　赵　燕

（珠江水利委员会珠江水利科学研究院，广东广州　510611）

摘　要：水量水质联合调配是目前研究的热点和难题问题之一，本文从生态文明角度出发，研究水资源多目标优化配置理论体系框架，在水量水质联合调配研究背景的基础上，揭示了水量水质联合调配的概念和内涵，提出了水量水质联合调配理论体系框架，包括 2 个基本原理、5 个主要理论、7 个关键技术和 4 个主要管理手段，为水量水质联合调配的深入研究和实践提供理论参考。

关键词：生态文明；水量水质；理论体系；基本原理；主要理论；关键技术

1　引言

我国水资源时空分布不均，随着社会经济的快速发展，水资源短缺、水环境恶化、水生态系统退化的问题越来越突出，已成为了严重制约社会经济进一步发展的主要瓶颈。为了破解水资源短缺问题，开始了水资源配置；为了缓解水环境污染和水生态恶化问题，提出了水量水质联合调配。水量水质联合调配已成为了目前研究的重点和难点问题之一，开展流域或者区域水量水质联合调配理论体系研究，构建理论体系框架，对深入开展水量水质联合调配技术方法将有着重要的理论指导意义。

我国水资源配置研究开始于 20 世纪 80 年代初，起始于华士乾的以系统工程理论开展的水资源利用研究[1]。随后，我国的水资源配置经历了"就水论水配置""宏观经济配置""面向生态配置""广义水资源配置""跨流域大系统配置""量质一体化配置"等阶段[2]。关于水量水质联合调配研究，游进军等提出了水量水质联合调控思想和技术思路[3]。张守平等提出了水量水质联合调配技术方法，构建了水质模拟系统，提出了基于水功能区纳污能力的污染物总量分配优化模型[4]。

然而，水量水质联合调配目前尚未形成完整的理论体系，鉴于此，本文在水量水质联合调配研究背景的基础上，深入探讨水量水质联合调配的概念和内涵，提出水量水质联合调配理论体系框架，论述水量水质联合调配的基本原理、主要理论、关键技术和主要管理手段，为深入研究与实现水量水质联合调配提供理论参考。

2　水量水质联合调配概念及内涵

2.1　水量水质联合调配的概念

水量和水质是水资源的两个基本属性，缺一不可。人类社会不同的发展阶段对水资源的需求不同，在社会经济发展的初级阶段，人类对水资源的索取较少，干扰不大，人们主要关注水量的满足程度，以需定供，最大程度地满足人们对水资源量的需求；然而，随着社会经济的进一步发展，人类对水资源的需求越来越大，一定程度上对自然水循环造成了破坏，再加上废污水的随意排放，在对河流

基金项目：国家重点研发计划（2017YFC0405900）；广西科技厅重点研发项目（桂科 AB16380309）。

作者简介：马兴华（1983—），男，高级工程师，主要从事水文学及水资源研究工作。

造成水量减小的同时，河流水质的污染也越发严重，资源型缺水和水质型缺水并存。因此，为了实现水资源的可持续利用，人们必须在水资源的开发、利用、节约、保护、治理等各方面采取有效措施，使人类活动对水资源的索取在水资源承载能力范围之内，同时注重对水环境的保护和对水生态系统的维持。

"缺水很大程度上是由于资源得不到科学分配和合理利用所造成"[3]，因此水资源配置是在出现缺水的情况下提出的。但由于水量与水质研究的"不同步性"以及"分离评价模式"[5]，水资源配置也经历了水量配置和水量与水质联合调配两个阶段。以 20 世纪 90 年代为界，在此之前的水资源配置主要以水资源量的配置为主，注重供水满足程度和经济效益的最大化；20 世纪 90 年代以后，随着水资源污染趋于严重以及分质供水不断被推进，在传统的以水量为主要对象的水资源配置模式开始注重水质的影响，开始探讨水资源量与质的联合调配[6]。目前，水量水质联合调配研究主要有 2 种方式：一种是水质模拟模型与水量配置模型的简单结合；另一种是在水量配置模型中考虑水质的影响，但侧重于水量分配[3]。

水量水质优化配置是以水量配置为基础，研究自然水循环系统中的产汇流过程以及社会水循环系统中的取水、供水、用水、耗水、排水过程，而在水资源自然水循环和社会水循环过程中伴随着各种污染物质的产生、排放、迁移、转化等过程。传统的水资源配置仅考虑水量的变化过程，追求的是社会经济效益最大化这一单一目标；而水量水质联合调配是在研究水量变化的基础上同时研究伴生的污染物产生及其变化过程，追求的是社会经济-水生态-水环境综合效益，是多目标优化配置。水量水质优化配置是水量配置的扩展和升级。

目前，有关水量水质联合调配概念的研究较少。2002 年，水利部首次给出水资源配置的概念[7]，包括配置的原则、措施、准则，是"对多种可利用水源在区域间和各用水部门间进行的调配"[7]；2014 年，张守平等在水利部提出的水资源配置概念的基础上，加入了"天然-人工"二元水循环的基础以及水资源与水环境系统相互影响机制的约束，提出了以实现"社会经济和生态环境可持续发展"为目标的水量水质联合配置概念，综合考虑水量、水质和水生态因素，不仅是对有限水资源的合理分配，还包括对有限水环境资源的合理分配[4]。

根据《新华字典》，"配"有把缺少的补足之意，"置"指设立，"配置"是把缺少的补足并且设置好；"调度"意为调动、调节；"调配"意为调和、配合、调动分配，包含调度和配置两个方面。因此，水量水质联合调配可以解释为通过对有限水资源和水环境资源在区域或者流域上的合理调节和分配，使水量水质因素满足各方面的需求，实现社会经济与水资源、水生态、水环境的协调发展，实现水资源的可持续利用、水生态环境的永续健康。调配的内容包括水量和水质两方面，手段是各类工程措施和非工程措施，调配是按照一定的预案或者方案进行，是有序的调配。

2.2 水量水质联合调配的内涵

根据水量水质联合调配的概念，归纳其内涵主要包括以下几个方面（见图 1）：

（1）调配的目的是实现人与水、人与自然和谐协调，促进水资源的可持续利用和水生态环境的永续健康。

（2）调配的对象是流域或者区域内有限的水资源和水环境资源，充分考虑自然水循环和社会水循环的耦合，实现水量与水质的联合协调。

（3）调配的手段是以修建的各类水利工程为基础，通过制定各种科学合理的分配预案或者方案等非工程措施进行有序地调配。

（4）调配要遵循公平、高效、可持续的原则；公平不仅仅体现在上下游、左右岸之间，同时要体现在不同用水部门之间；高效是指合理抑制需求、有效增加供水，以最小的水资源代价承载最大的社会经济规模；可持续是指通过对水量和水质合理的分配，实现人类当代与未来的永续发展。

（5）水量和水质体现在水资源、水环境和水生态之中，它们是一个相互联系的有机整体，不可分割开来。

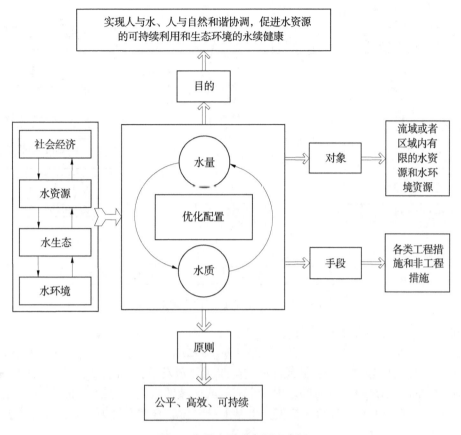

图1　水量水质联合调配内涵

3　水量水质联合调配理论体系框架

　　基于对水量水质联合调配概念及内涵的认识，总结出水量水质联合调配理论体系框架，见图2。水量水质联合调配研究的是流域或者区域的水资源、社会经济和水生态环境系统。通过探讨水量水质联合调配的基本原理、主要理论、关键技术和主要管理手段，以指导水量水质联合调配的实现，模拟水循环和污染物质迁移转化规律，分析水量水质联合调配方案，达到支撑水资源的可持续利用、水生态环境持续健康和经济社会高质量发展之目的。水量平衡原理和污染物迁移转化原理两大基本原理贯穿于整个水量水质优化配置模型全过程；可持续发展理论、人水和谐理论、生态文明理论、河湖健康理论、水资源适应性利用理论等五大理论在模型中一般作为约束性条件体现；"三次平衡"配置技术、水循环模拟技术、水资源优化配置技术、大系统分解协调技术、水资源控制技术、水利工程概化技术、空间拓扑关系应用技术等七大技术是水量水质优化配置模型求解的关键技术；法律、行政、经济、教育等是四大水资源管理手段。

3.1　基本原理

　　水量平衡原理和污染物迁移转化原理是水量水质联合调配的两个基本原理，是进行水量水质联合模拟计算的基础。

3.1.1　水量平衡原理

　　水循环是指地球上不同地方的水，在太阳辐射和重力作用下，引起自身状态（液态、气态、固态）的变化，从地球上一个地方到另外一个地方的循环运动。降水、蒸发和径流是水循环过程的三个主要环节，决定着全球的水量平衡，也决定着一个流域或者区域的水资源总量。水量平衡是指，水循环的数量在任意给定的时空尺度下，水的运动在数量上保持着收支平衡，平衡的基本原理是质量守恒定律。对于一个流域或区域来说，水量平衡是指在一定的时间尺度内，降水量等于蒸发量、出流

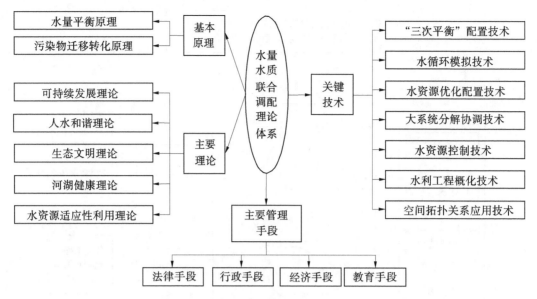

图 2　水量水质联合调配理论体系框架

量、水量变化量之和，其表达公式如下：

$$P_{\Delta t} = E_{\Delta t} + Q_{\Delta t} + \Delta R_{\Delta t} \tag{1}$$

式中：$P_{\Delta t}$、$E_{\Delta t}$ 为 Δt 时间段内一个流域或区域的降水量和蒸发量，mm；$Q_{\Delta t}$ 为 Δt 时间段内一个流域或区域的出流量，mm；$\Delta R_{\Delta t}$ 指 Δt 时间段内一个流域或区域的水量变化量，mm。

水量平衡原理是水资源分析评价的依据，也是水量水质联合调配最为主要的计算依据。

3.1.2　污染物迁移转化原理

污染物迁移转化是指污染物在环境中发生空间位置的移动及其所引起的污染物的富集、扩散和消失的过程，这一过程伴随着污染物的物理、化学和生物作用。污染物在水中的迁移转化包括污染物在水中的自由扩散作用和被水流的搬运作用，其一般规律为污染物在水体中的浓度与污染源的排放量成正比，与平均流速和距污染源的距离成反比。水体中的污染源主要分为 2 种，一种是外源污染，另一种是内源污染。外源污染主要是指人类活动产生的排污行为对水体的污染以及自然界本身富集于土壤中的污染物随着水流运动进入河流、湖泊等水体所造成的污染，内源污染是指进入河流、湖泊中的营养物质通过各种物理、化学和生物作用，逐渐沉降至河湖底部，当累积到一定量后再向水体释放的污染，也称为内源污染负荷。

污染物迁移转化原理是对河流、湖泊、水库等水体中污染物质分析评价的主要依据，也是水量水质联合调配的主要计算依据。

3.2　主要理论

3.2.1　可持续发展理论

水是生命之源、生产之要、生态之基[8]，是一切生命的载体，是人类生产活动的重要资源，水资源与社会经济、生态环境密切相关。一个流域或区域的水资源量是不变的，水资源可承载力是有限的，要使有限的水资源承载无限发展的社会经济规模，就必须要实现水资源的可持续利用[9]，通过流域或区域水资源在水量水质上的优化配置，实现水资源与社会经济、生态环境的协调，促进可承载、有效益、可持续的发展，满足水资源在现代人和未来人对水量水质的需求，从长远角度分析和科学规划开发利用水资源。

3.2.2　人水和谐理论

人水和谐的目的是保障人文系统与水系统之间的平衡协调，使水资源能够可持续开发利用，其手段是通过有效控制人类取排行为，改善水系统自我维持和更新能力[10]，其实质是要求人与水的关系始终要处于一种和谐协调状态[11]。人类对水资源的开发利用要适度，排污要适量，进行水量水质联合调配除要求人们适度开发利用有限水资源外，还要对人们的排污行为加以控制，对水资源的开发利用要控制在水资源可利用范围之内，排污量要控制在水功能区纳污总量控制范围之内，在促进人类社会经济可持续发展的同时，促进水系统的良性循环，促进人水和谐。

3.2.3 生态文明理论

2012 年 11 月，党的十八大首次将生态文明建设纳入社会主义现代化建设"五位一体"总体布局，水资源是我国建设生态文明的重要纽带，水生态文明是生态文明的核心组成部分[12]。长期以来，粗放式的水资源开发利用方式，导致了水资源短缺、水污染严重、水生态环境退化等问题，为此付出了惨重代价。推进生态文明建设，是为了扭转水生态环境恶化趋势，促进人水和谐。而水量水质联合调配是促进生态文明建设的重要措施之一，在进行水资源配置时，不仅要考虑水量的影响，也要考虑水质的影响，在保证人类社会用水需求的同时，也要考虑水资源水生态系统的保护和修复。

3.2.4 河湖健康理论

维持一定的河湖环境流量对维护河湖健康十分重要[13]。河湖健康就是要具有良好的水质、水沙流畅的河床和可维系的河湖生态系统。随着社会经济的快速发展，人类活动势必会对河湖水系的水资源、水环境、水生态系统功能产生影响，只有河湖水系自然功能和社会功能的协调发展，方能实现河湖水系健康[9]。进行流域或区域水量水质联合调配，就是要对河湖水资源进行合理开发利用，维持河湖水系水生态系统的稳定，保持生物多样性，保护河湖健康。

3.2.5 水资源适应性利用理论

人类对水资源的开发利用，势必会对水资源有所干扰或者是破坏，但是人类为了生存和发展就必须要开发利用水资源。水资源适应性利用是指当由于气候变化、陆面变化、人类活动等因素带来的水资源供给侧发生变化时，人类生活、生产和生态的需求侧也要做出相应的调整[11]。水资源适应性利用理论是在遵循自然规律和社会发展规律的基础上的一种适应环境变化且保障水系统良性循环的水资源利用方式[14]。水资源适应性利用方案的制定是遵循"确定—适应—评估—反馈—再确定"的循环路径[14]，而水量水质联合调配方案的制定是这一循环路径的手段和工具，水量水质联合调配必须要遵循水资源适应性利用理论。

3.3 关键技术

3.3.1 "三次平衡"配置技术

2003 年，王浩院士等首次提出了"三次平衡"配置方法[15]，这是我国当前开展水资源优化配置的主要技术方法[16]。

水资源一次平衡分析，是以现状水平年供水能力为基础，进行区域现状供水能力与外延式增长的用水需求间的平衡分析，旨在通过"摸家底"的方式，看清现状供水水平能否应对规划水平年的用水需求，充分暴露未来供需中可能发生的最大缺口，为合理配置水资源、节水、治污、挖潜及其他新增供水措施的分析提供定量基础。水量水质联合调配的一次平衡分析不仅要关注水资源量的最大缺口，还要关注由于水质型缺水带来的更大的缺口。

水资源二次平衡分析，是在一次平衡分析的基础上，立足当地水资源，一方面通过"开源"的方式进一步挖掘区域内的供水潜力，另一方面通过"节流"的方式进一步降低需水规模，在"开源节流"的共同作用下，一次平衡下的供需缺水往往会有较大幅度的降低，从而得到一个较小的供需缺口，即二次平衡条件下的供需缺口[17]。水量水质联合调配的二次平衡分析除通过常规的开源和节流措施外，还需要采用截污减排措施，保证水功能区水质达标；通过兴建中水回用工程措施，提高污水处理率和中水回用率，扩大中水回用量比例，在此基础上进行的二次平衡条件下的供需缺口[16]。

水资源三次平衡分析，是在二次平衡分析的基础上，根据二次平衡的缺水量，确定三次平衡的必要性以及相关的平衡工作。也就是根据二次平衡缺水的结果，确定区域所需调水量，并在充分满足其经济发展和生态环境用水需求前提下，根据调入区的需调水量，确定其可调水量[17]。水量水质联合调配的三次平衡分析是在二次平衡分析出现供水缺口的情况下，考虑外调水资源量与本地水资源量的联合调配和优化配置,为制订调水工程规划方案提供依据[16]。

3.3.2 水循环模拟技术

实现水量水质联合调配的首要任务是对水量水质的联合模拟[3]。模拟技术是对水循环系统实际过程的深入分析,包括对自然水循环系统和人工侧支水循环系统的模拟分析,模仿实际系统的各种效应,对系统输入给出预定规则下的响应过程。模拟模型的基本思路就是,按照符合实际流程的逻辑推理对水资源系统中的水资源存蓄、传输、供给、排放、处理、利用、再利用、转换等进行定量分析和计算,以获得水资源水量水质调配结果。模拟模型是一种带有复杂输入、输出和中间过程,并可以外部控制的"冲击-响应"模型。

水循环模拟技术,就是把水资源系统中各节点的工程特征、运行准则、水流特征,以及水循环的来龙去脉,自然水循环与社会水循环的耦合过程,包括污染物的迁移转化等过程,用逻辑语言和数学公式表示出来,用数据表达式描述水流在系统中的流动情况[17]。不同的节点,水流转化形式不同,运用方式也不一样,因而需要对每一种节点建立一套数学子模型。主模型按照自上而下、先支流后干流的次序运行,遇到哪种节点,便调用哪个子模型。节点之间的河道仅起水流的传输作用。

3.3.3 水资源优化配置技术

优化技术是通过构建多目标或单目标优化模型为主,通过数学方程反映物理系统中的各物理量之间的动态依存关系,如表达各类水量平衡关系的水量平衡方程[18-19]。这些方程又可以进一步分成两类,一类为在决策过程中应当遵循的基本规律及其适用范围,即数学模型中的约束条件;另一类则为决策所追求的目标或衡量决策质量优劣的若干标准,即数学模型中的目标函数及其辅助性的评价指标体系。优化模型的求解方法多种多样,有遗传算法、POA 算法、线性规划法、神经网络法等。

就计算原理而言,优化技术与模拟技术的不同之处在于优化技术可以寻找到问题的最优解,有助于寻求系统总体优良的决策方向,通过建立目标函数和系统约束寻求满足给定要求下效益较好的结果。而模拟技术更注重对细节过程做准确可控的描述,所以其计算过程相对而言清晰易懂、仿真性强,适合构建输入输出式的系统响应结构。与优化模型比较而言,模拟模型灵活性、适应性更强,便于结合实际情况进行相应的调整,根据需要并结合专业人员的经验进行各种简化和处理。

3.3.4 大系统分解协调技术

水资源系统是复杂的巨系统,对水资源系统进行细化划分,既有利于剖析系统内部错综复杂的关系,也有利于水资源的分析评价。大系统分解协调技术顺应了这一问题的解决需求,截至目前,几乎所有水资源配置都是基于大系统分解协调技术进行的。大系统分解协调技术是指将复杂的水资源大系统分解为若干个既相互独立又有水力联系的子系统,也称计算单元[18]。一般情况下,计算单元划分规则有按行政区单元划分、按流域分区单元划分和按流域套行政区单元划分这 3 种划分规则。行政区单元有省级、地(市)级、县(区)级、乡(镇)级等行政区单元,水资源分区单元有三级、四级、五级水资源分区单元。有水力联系是指计算单元之间存在着上下游之间的退水关系。相互独立是指每一个计算单元都可以看作一个独立的子系统,每个子系统内部都有各自的来水体系、工程体系、供水体系、用水体系、污水处理体系和排污体系。水量水质联合调配就是在这些水资源子系统上进行的。

3.3.5 水资源控制技术

在对水资源系统进行水量水质联合模拟计算时,得到的并不一定是最优的调配方案,需要对一些关键性的目标加以控制,满足各方需求。为了维护河流的健康生命,需要保证关键控制断面的河川基流量;为了满足水功能区水质目标,需要保证水功能区控制断面的水质不能超过水质目标要求;为了满足水功能区纳污总量控制目标,污染物入河排污量需要控制在纳污总量控制范围之内;为了满足河流生态环境系统的良性循环,需要对水资源的开发利用加以控制;为了满足河道外生活用水、生产用水、生态用水的需求,在统筹考虑上述各方面需求的同时,需要最大限度地发挥水资源的社会效益、经济效益和生态环境效益。因此,在进行水量水质联合调配时,需要从水资源的供、用、耗、排等各个环节进行有效控制,以满足人类社会、经济发展、水资源、水生态、水环境之间的和谐与协调,促进人水和谐。

3.3.6 水利工程概化技术

即使是采用了大系统分解协调技术,将水资源大系统分解为若干个独立的子系统,但是要对子系统内的每一个水利工程都进行分析计算,存在较大工作量和较大的复杂程度。我们在进行水资源配置时并不需要针对每一个水利工程都加以计算,通过对水利工程进行概化,既减轻了工作量和难度,分析计算成果又不会产生较大的误差影响。因此,有必要对系统内的水利工程进行概化处理,例如针对大中型的水利工程,我们可以单独进行调算,但对于小型的水利工程(如小型水库、塘坝、窖池、引提水工程等),我们可以采取打包处理。

3.3.7 空间拓扑关系应用技术

拓扑关系是指点、线、面等几何形状之间的相接、相邻、相交关系。目前,拓扑结构在流域水文模拟中运用十分广泛,如子流域上下游之间的关系、子流域与水系之间的关系。在流域水文模拟分析中,流域网络拓扑结构的建立一般是借助于 ArcGIS 或 ArcView 工具自动实现。但是拓扑关系在水资源配置分析中的引用却并不多见,这主要是由于水资源配置网络概化图还过分依赖手工绘制,没有与 GIS 平台工具有效地结合起来。随着水资源信息化的飞速发展,特别是在计算机和 GIS 等技术的推动下,拓扑分析方法将会提高水资源系统分析效率,并有助于系统集成[17]。

将拓扑关系引入水资源系统配置,基本出发点是便于高效管理水资源系统中各元素,便于计算机自动识别各元素间的拓扑关系。实现水资源系统拓扑结构的建立,首要解决的关键问题,是要明确系统中各元素之间的关系,将相对独立的各元素集成在一个大系统内进行整体计算,并借助于计算机实现各个元素之间的数据传递。在水资源系统中,反映系统内各要素之间拓扑关系主要考虑点和线两大类的问题。点主要是系统中不同类型的节点,如水利工程、控制断面、水文站点等;线主要指代表水流流向和水量相关关系的节点间的有向线段。

3.4 主要管理手段

水量水质联合调配方案能够得到顺利实施,除制订科学合理、可操作性强的调配方案外,还需要配合以法律、行政、经济和教育等管理手段。

法律手段是一种强制性手段,通过制定各种法律法规来对水资源及涉水事务进行管理,完善的法律法规体系是水资源有效管理的基础。通过立法,使得水资源管理有法可依,以维护水资源开发利用秩序,合理配置水量水质资源,防治水害,促进社会经济与水资源、水生态环境的可持续协调发展。

行政手段是各级水行政管理部门依法制定的各种水资源管理的方针、政策、标准,对水资源开发活动进行监督管理,实施行政决策,是涉水活动的体制保障和组织行为保障,具有一定的强制性质,是针对水资源日常管理和解决突发性涉水事件的强力组织和执行方式。有效的行政管理是保障水资源水量水质调配措施实现的重要手段。

水资源是基础性的自然资源,也是战略性的经济资源。经济手段是通过运用市场、价格、税收等经济杠杠,控制人们对水资源的开发利用行为,促进人们节约用水。通过制定水价和征收水费、水资源费,制定奖惩措施等,利用政府宏观调控和市场对价格的微观调控手段对水资源的调节作用,促进水资源各项活动的有效进行。

宣传教育是进行水资源管理的重要手段,通过"世界水日""中国水周"等节日宣传水法规政策,宣传节水、爱水、亲水行为;通过报纸、广播、展览、广告牌、文艺汇演、专题讲座等各种媒介,广泛宣传教育,使水资源管理的重要意义和内容深入人心,提高人们的水患意识,形成自觉惜水、护水、节水的社会风尚。

4 结语

本文在水量水质联合调配研究背景的基础上,揭示了水量水质联合调配的概念和内涵。认为水量水质联合调配是通过对有限水资源和水环境资源在区域或流域上的合理调节和分配，使水量水质因素满足各方面的需求，实现社会经济与水资源、水生态、水环境的协调发展，实现水资源的可持续利用、水生态环境的永续健康，并从原则、目的、对象、手段等方面论述了水量水质联合调配的内涵。基于对水量水质联合调配概念和内涵的认识，总结了水量水质联合调配理论体系框架，包括 2 个基本原理、5 个主要理论、7 个关键技术和 4 个主要管理手段。

水量平衡原理和污染物迁移转化原理是水量水质联合调配的两大基本原理。水量平衡原理是进行水量分析评价和水量配置的基础，污染物迁移转化原理是河湖水体污染物质分析评价的基础。

水量水质联合调配主要理论涉及可持续发展理论、人水和谐理论、生态文明理论、河湖健康理论、水资源适应性利用理论，五大理论构成了水量水质联合调配的主要理论体系。水量水质联合调配需要注重水资源的可持续利用、维持河湖健康、构筑生态文明建设、促进水资源适应性利用、实现人水和谐。

水量水质联合调配主要技术包括水量水质联合调配的"三次平衡"配置技术、水循环模拟技术、水资源优化配置技术、大系统分解协调技术、水资源控制技术、水利工程概化技术、空间拓扑关系应用技术。"三次平衡"配置技术是分层次的水资源配置技术，为我们制定水资源配置方案提供了基本方法；水资源配置主要分为水循环模拟配置和水资源优化配置两种技术，模拟技术是对水循环过程和污染物迁移转化过程的模拟分析，优化技术是通过建立目标函数和约束条件，采用优化计算方法以寻求系统总体优良的决策方向；大系统分解协调技术是将水资源大系统分解成若干个子系统，便于水资源的模拟分析，是水资源配置的常用技术；水资源控制技术为水资源水量水质联合调配的最优方案提供了控制手段；水利工程概化技术是对复杂水资源系统的简化分析技术；空间拓扑关系应用技术为计算机自动识别水资源系统各个要素提供了计算手段，是高效管理水资源系统内部各个元素的主要技术。

为了使所制订的水量水质联合调配方案能够得到顺利实施，除制订科学合理、可操作性强的调配方案外，还需要配合以法律、行政、经济和教育等管理手段。法律手段是水资源有效管理的基础；行政手段是水资源日常管理的有效方式；经济手段是利用价格杠杠优势促进人们节约用水的有力手段；宣传教育是提高人们水患意识的重要手段，促使人们形成自觉爱水、护水、节水的良好社会风尚。

水量水质联合调配历来是水资源管理的重要手段，也是学术界研究的热点和难题问题之一，本文在深入剖析流域或区域水量水质联合调配概念和内涵的基础上，提出了水量水质联合调配理论体系框架，为科学研究水量水质联合调配的实现提供理论参考。

参考文献

[1] 华士乾. 水资源系统分析指南 [M]. 北京：水利电力出版社，1988.

[2] 王浩，游进军. 中国水资源配置 30 年 [J]. 水利学报，2016，47（3）：265-271.

[3] 游进军，薛小妮，牛存稳. 水量水质联合调控思路与研究进展 [J]. 水利水电技术，2010，41（11）：7-9.

[4] 张守平，魏传江，王浩，等. 流域/区域水量水质联合配置研究 I：理论方法 [J]. 水利学报，2014，45（7）：757-766.

[5] 夏军，左其亭. 我国水资源学术交流十年总结与展望 [J]. 自然资源学报，2013，28（9）：1488-1497.

[6] 张修宇，潘建波，张修萍. 基于水量水质联合调控模式的水资源管理研究 [J]. 人民黄河，2011，33（6）：46-49.

[7] 中华人民共和国水利部. 全国水资源综合规划技术大纲 [R]. 北京：中华人民共和国水利部，2002.

[8] 中共中央，国务院. 关于加快水利改革发展的决定 [R]. 2010.12.

[9] 左其亭，崔国韬. 河湖水系连通理论体系框架研究 [J]. 水电能源科学，2012，30（1）：1-5.

[10] 左其亭，张云. 人水和谐量化研究方法及应用 [M]. 北京：中国水利水电出版社，2009.

[11] 左其亭. 水资源适应性利用理论及其在治水实践中的应用前景 [J]. 南水北调与水利科技，2017，15（1）：18-

24.

[12] 左其亭，罗增良，马军霞．水生态文明建设理论体系研究［J］．人民长江，2015，46（8）：1-6.

[13] 刘昌明，刘晓燕．河流健康理论初探［J］．地理学报，2008，63（7）：683-692.

[14] 左其亭．水资源适应性利用理论的应用规则与关键问题［J］．干旱区地理，2017，40（5）：925-932.

[15] 王浩，秦大庸，王建华，等．黄淮海流域水资源合理配置［M］．北京：科学出版社，2003.

[16] 康爱卿，魏传江，谢新民，等．水资源全要素配置框架下的三次平衡分析理论研究与应用［J］．中国水利水电科学研究院学报，2011，9（3）：161-167.

[17] 董延军，王琳，邹华志．水资源供需平衡理论技术与实践［M］．北京：中国水利水电出版社，2013.

[18] 马兴华，左其亭．水资源分配模型及模拟求解技术［J］．南水北调与水利科技，2009，7（5）：80-83.

[19] 左其亭，晨曦．面向可持续发展的水资源规划与管理［M］．北京：中国水利水电出版社，2003.

南水北调中线一期工程优化运用方案研究

雷 静 李书飞 马立亚 吴永妍 洪兴骏

（流域水安全保障湖北省重点实验室，长江勘测规划设计研究有限责任公司，湖北武汉 430010）

摘 要：本文梳理了南水北调中线一期工程调度涉及的工程体系；总结了工程通水以来运行情况；提出了南水北调中线一期工程优化运用的目标、原则及适用条件；从强化水文气象预测预报成果运用、优化丹江口水库水量调度方式、提高中线总干渠利用效率、开展受水区多水源联合调度、中线一期工程生态补水调度、优化水量应急调度等各方面开展了优化运用方案研究。相关成果对优化现有水量调度管理，实施精准精确调度，提高工程供水保障程度具有重要意义，可为推进南水北调后续工程高质量发展提供重要支撑。

关键词：南水北调中线一期工程；优化运用；丹江口水库；水量调度；生态补水

南水北调中线一期工程从汉江引水，穿越长江、淮河、黄河、海河 4 个流域，受水区涉及北京、天津、河北、河南四省（市），是缓解我国北方城市水资源严重短缺、实现我国水资源整体优化配置、改善生态环境的重大战略性基础设施工程[1]。南水北调工程建成后，我国将形成"四横三纵、南北调配、东西互济"的水资源配置格局，从根本上扭转我国水资源分布严重不均的局面。南水北调中线一期工程于 2014 年 12 月 12 日正式通水运行以来，截至 2021 年 8 月底，累计由丹江口水库向北方调水量 412 亿 m³，其中受水区生态补水量 61 亿 m³，受益人口超过 7 900 万人，具有显著的经济效益、社会效益和生态效益[2]。

中线一期工程通水以来，由于水质优良，显著改善了受水区人民的生活用水品质，已逐渐成为受水区多座城市城区供水的主要水源之一。2017 年以来，开展了受水区生态补水工作[3]。目前，受水区对中线工程供水调度的稳定性、安全性和可靠性提出了新的更高的要求[4]。开展南水北调中线一期工程优化运用方案研究，对优化现有水量调度管理，实施精准精确调度，提高工程供水保障程度具有重要意义。

1 工程基本情况

1.1 中线一期工程基本情况

南水北调中线工程供水目标主要向受水区城市生活、工业供水，兼顾农业和生态环境用水。受水区涉及北京、天津、河北、河南 4 个省（市）。工程于 2014 年建成通水，多年平均调水 95 亿 m³。南水北调中线一期主体工程由水源工程、输水工程和汉江中下游治理工程组成。

南水北调中线工程的水源为汉江的丹江口水库。输水总干渠全长 1 432 km，布设 64 座节制闸（含惠南庄加压泵站）、61 座控制闸、97 座分水口和 54 座退水闸。

为减少和消除调水对汉江中下游产生的不利影响，在汉江中下游兴建兴隆水利枢纽、引江济汉工程、改扩建沿岸部分引水闸站、整治局部航道四项工程[5]。

1.2 汉江上游主要水库及重要引调水工程情况

汉江丹江口水库上游已建的主要大型水库包括石泉、安康、潘口、黄龙滩（见表1），汉江上游

基金项目：国家重点研发计划课题"长江水资源节约高效利用与水旱灾害风险集合管理对策"（2019YFC0408903）。

作者简介：雷静（1977—），女，高级工程师，主要从事水资源配置、调度工作。

及丹江口库区重要引调水工程主要包括襄阳市引丹工程、鄂北地区水资源配置工程、引汉济渭工程、引红济石工程和引乾济石工程等[6]，见表2。

表 1　丹江口及上游已建主要水利水电工程基本情况

水库名称	所在河流	调节性能	正常蓄水位/m	防洪限制水位/m	死水位/m	调节库容/亿 m³	装机容量/MW	综合利用任务
石泉	汉江干流	季调节	410	405	400	1.66	225	发电、航运
安康	汉江干流	不完全年调节	330	325	305/300（极限死水位）	16.77	800	发电
潘口	堵河	年调节	355	347.6	330	11.2	500	发电、防洪
黄龙滩	堵河	季调节	247	247	226	4.43	510	发电
丹江口	汉江干流	多年调节	170	夏汛期 160 秋汛期 163.5	150/145（极限消落水位）	161.22	900	防洪、供水、发电、航运

表 2　汉江上游及丹江口库区重要引调水工程

引调水工程	多年平均引水量/亿 m³
襄阳市引丹工程	6.28
鄂北地区水资源配置工程	7.7（2030 水平年）
引汉济渭工程	10（近期） 15（远期）
引红济石工程	0.94
引乾济石工程	0.47

1.3　受水区调蓄水库基本情况

受水区具有向城市供水功能的大、中型水库和洼淀有 18 座，其中河南 8 座、河北 6 座、北京 2 座、天津 2 座，其中海委直管的岳城水库向河南、河北两省供水[7]。调蓄水库总调蓄库容 52.79 亿 m³，其中黄河以南 13.31 亿 m³，黄河以北 39.48 亿 m³。各调蓄水库特性见表 3。

表 3　受水区调蓄水库特性　　　　　　　　　　　　　　单位：亿 m³

分区	省（市）	补偿调节水库		充蓄调节水库	
		水库名称	调节库容	水库名称	调节库容
黄河以南	河南	鸭河口	8.10	白龟山	2.46
		昭平台	2.08	尖岗	0.52
		澎河	0.15	常庄	
		小计	10.33		2.98

续表 3

分区	省（市）	补偿调节水库		充蓄调节水库	
		水库名称	调节库容	水库名称	调节库容
黄河以北	河南	小南海	0.65		
		彰武			
	河北	岳城	6.86	千顷洼	1.66
		东武仕	1.40	白洋淀	0.20
		岗南	5.45		
		黄壁庄	3.58		
	北京			密云	17.01
				大宁	0.38
	天津	于桥	2.14	王庆坨	0.15
	小计		20.08		19.40
合计			30.41		22.38

2 运行情况

2.1 运行管理工作基础

南水北调中线一期工程运行管理的依据包括：

（1）《南水北调工程供用水管理条例》（国务院令第 647 号）。

（2）《南水北调中线一期工程水量调度方案（试行）》（水资源〔2014〕337 号）。

（3）《南水北调中线干线工程输水调度暂行规定（试行）》（中线建管局，2018）。

（4）《水利部南水北调司关于进一步加强南水北调中线一期工程水量调度监督管理的通知》（南调运函〔2019〕3 号）。

（5）《汉江流域水量分配方案》（水资源〔2016〕262 号）。

（6）《汉江洪水与水量调度方案》（国汛〔2017〕9 号）。

（7）《汉江流域水量调度方案（试行）》（长水资管〔2020〕588 号）。

（8）《丹江口水利枢纽调度规程（试行）》（水建管〔2016〕377 号）。

（9）《丹江口水库优化调度方案（2020 年度）》（水防〔2020〕92 号）。

（10）《丹江口水库优化调度方案（2021 年度）》（水防〔2021〕179 号）。

其中，《丹江口水利枢纽调度规程（试行）》（水建管〔2016〕377 号）明确了丹江口水库综合利用调度图（见图 1）。在水文预报方面，通过水雨情及工情信息的汇集整合与融合应用，建立了"水文气象相结合、短中长期相结合、预报调度相结合"的水文气象技术体系。

2.2 供水调度情况

南水北调中线一期工程通水运行 7 年来，工程运行平稳有序，水质安全稳定，沿线受水区用水量逐年增加，年度供水量呈上升趋势。丹江口水库各调度年度供水情况见表 4。2014 年以来，陶岔渠首供水量总体呈稳定增长趋势。2020 年 4 月 29 日至 6 月 20 日，陶岔渠首实施了加大流量 420 m^3/s 输水工作。

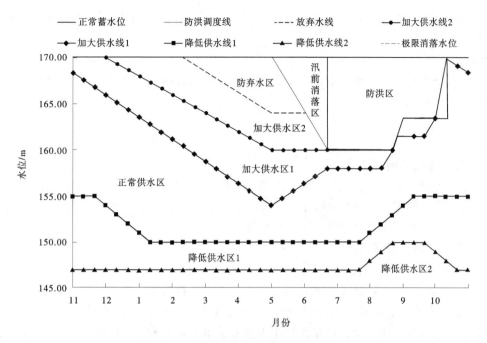

图1 丹江口水库综合利用调度

表4 丹江口水库各调度年度供水情况 单位：亿 m³

调度年度	实际来水量	陶岔渠首供水	汉江中下游下泄	清泉沟渠首供水
2014年11月至2015年10月	275.28	21.67	301.25	9.94
2015年11月至2016年10月	215.39	38.45	145.79	14.21
2016年11月至2017年10月	443.69	48.46	289.28	8.84
2017年11月至2018年10月	312.27	74.63	289.01	10.53
2018年11月至2019年10月	341.92	71.27	198.39	8.93
2019年11月至2020年10月	353.33	87.56	267.75	8.66
2020年11月至2021年8月（截至9月底）	591.00	79.91	450.08	10.47
合计	2 532.88	421.95	1 941.55	71.58

3 优化运用目标、原则及适用条件

3.1 优化运用目标

优化运用的目标为：在保障防洪安全、工程安全的前提下，增加丹江口水库可供水量，提高南水北调中线总干渠利用效果和供水安全系数。

3.2 优化运用原则

（1）水量调度服从防洪调度，在确保防洪安全的前提下，科学利用洪水资源，保障供水安全。

（2）统筹协调水源区、受水区和汉江中下游用水，不损害水源区原有的用水利益和生态安全，促进流域水资源可持续利用。

（3）南水北调中线一期工程水量调度应与汉江流域水资源统一调度相协调。

（4）在全面加强节水、强化水资源刚性约束的前提下，受水区应统筹配置南水北调水与当地各类水源，坚决避免敞口用水、过度调水。

（5）在保障受水区城市生活、工业供水等正常供水前提下，利用增加的可供水量，相机实施华北地区生态补水。

3.3 适用条件

考虑引江补汉工程正在开展前期论证工作，本研究成果适用于引江补汉工程运行前南水北调中线一期工程的水量优化调度。

4 优化运用方案

4.1 强化水文气象预测预报成果运用

在年度来水预测的基础上，根据水量调度管理需要，滚动开展丹江口水库关键调度期、月度、旬及短期水文气象预测预报，进一步强化成果运用，加强水源区长期、短中期、关键调度期来水预测预报分析，为中线一期工程水量调度优化运行提供支撑。

4.2 优化丹江口水库水量调度方式

（1）丹江口水库汛前消落控制水位、汛期运行水位和汛末运行水位按照水利部批复的《丹江口水库优化调度方案（2021 年度）》（水防〔2021〕179 号）执行。

（2）一般情况下，丹江口水库在确保枢纽工程安全的前提下，按水利部批准的年度水量调度计划和年度生态补水方案实施供水，满足汉江中下游、清泉沟和南水北调中线一期工程供水需求。若丹江口水库可能会产生弃水，可适当增加陶岔渠首、清泉沟渠首和汉江中下游供水流量。具体实施时，陶岔渠首可按需供水（包括生态补水），多余水量向清泉沟渠首和汉江中下游供水。

（3）实时调度中，当丹江口水库遭遇枯水年份，库水位位于降低供水区，可供水量不足时，面临时段供水可在年度水量调度计划的基础上向汉江中下游、清泉沟和南水北调中线一期工程减少供水，降低供水破坏深度。

（4）一般情况下，丹江口水库上游工程按工程任务和批复的年度水量调度计划运行，并服从流域防洪及水资源统一调度。当丹江口水库水位接近调度图（见图 1）降低供水区且无法满足年度供水计划时，石泉、安康、潘口、黄龙滩等水库结合来水及蓄水情况，适当加大下泄流量，缓解丹江口水库供水紧张局面。引汉济渭、引红济石和引乾济石等汉江上游其他引调水工程应服从汉江流域水资源统一调度和管理，枯水年采取避让措施，减缓对汉江流域用水和南水北调中线一期工程调水的影响。引江济汉工程配合丹江口水库对汉江中下游实施补水调度，补水调度按照《中线水量调度方案》实施。

4.3 提高中线总干渠利用效率

4.3.1 加强正常输水调度

针对总干渠实际运行遇到的问题，对中线总干渠初期正常输水调度方式进行了优化，将中线工程设计阶段采用的闸前常水位方式优化为采用闸前区间水位的运行方式；在保障工程安全的前提下，根据实际运行调度需求和安全水位运行范围，适当调整节制闸目标水位；采用渠段蓄量整体控制（水量平衡）、水位控制为主的策略，实施总干渠统一调度；维持供水流量平稳，条件允许时尽可能较长时间维持设计流量供水。

4.3.2 优化冰期输水调度

根据预报的气象条件和实际冰情、供用水形势等，在保障安全的情况下，优化冰期运行时间和冰期输水影响范围，及时调整冰期调度计划，实施动态管理，以提升总干渠冰期输水量，提高冰期总干渠利用效果。

4.3.3 适时开展加大流量输水

当丹江口水库水位相对较高或预测来水偏丰，按计划供水可能产生弃水时，在确保工程安全的前提下，中线总干渠可实施加大流量输水。加大流量供水期间应加强监测工作，根据水情及工期，合理调度总干渠沿线闸门，平稳增加和减少流量，避免流量大幅变化对工程安全带来的不利影响。

4.4 开展受水区多水源联合调度

受水区沿线各省（市）应结合中线一期工程供水实际，加大与当地调蓄工程的联合调度运用，合理配置当地水、外调水，压采地下水，根据实际用水情况和用水水平，合理制订年、月度用水计划。

4.5 优化中线一期工程生态补水调度

4.5.1 计划生态补水

计划生态补水为在南水北调中线一期工程达效前，在南水北调中线工程年度可调水量范围内，按照批复的年度生态补水方案实施的补水。计划生态补水量确定后纳入月度供水计划逐月实施。

4.5.2 加大生态补水

加大生态补水为当丹江口水库来水、蓄水具备条件时，为有效利用水库富余水量，且受水区具备实施生态补水的条件，在计划生态补水基础上视情况可增加的受水区生态补水。加大生态补水的条件如下：汛期（6月21日至9月30日）预报水库水位将高于丹江口水库防洪限制水位；非汛期（10月1日至次年6月20日）水库水位较高，且按计划供水可能产生弃水。

4.6 优化水量应急调度

在丹江口水库、汉江、中线总干渠、引江济汉工程或受水区发生可能危及供水安全的洪涝灾害、干旱灾害、水生态破坏事故、水污染事故、工程安全事故等突发事件时，通过水量应急调度，最大程度地减少其影响范围、程度及造成的损失，维护社会稳定[4]。实施时按照《南水北调中线一期工程水量应急调度方案》《中线水量调度方案》《汉江洪水与水量调度方案》等执行。

根据近年来开展汉江中下游水华应急调度实践，提出应对水华的水量应急调度方式如下：

（1）当水华发生在丹江口水库—兴隆枢纽河段，统筹中线一期工程供水和汉江中下游用水需求，调度丹江口水库加大下泄流量，同时调整王甫洲、崔家营、兴隆等水库下泄流量。

（2）当水华发生在兴隆枢纽以下干流，加大引江济汉工程向汉江干流补水流量。如引江济汉工程补水不能满足应急处置需要，根据丹江口水库来水、蓄水情况，具备条件时，调整丹江口水库下泄流量予以配合。

（3）当上游水库加大下泄进行应急调水时，沿线水库及涵闸泵站等水利工程配合开展调度，不得拦截和取用应急调度水量。

5 结语

南水北调中线一期通水以来，依据《南水北调工程供用水管理条例》《南水北调中线一期工程水量调度方案（试行）》《丹江口水利枢纽调度规程（试行）》等指导调度运行，并在长期的调度实践中积累了大量的经验，本文通过研究分析，在水文气象预测预报、丹江口水库水量调度、中线总干渠运行、受水区多水源联合调度、生态补水调度、水量应急调度等方面提出了优化运用方案。开展南水北调中线一期工程优化运用，有利于增加丹江口水库可供水量，提高南水北调中线总干渠利用效果和供水安全系数，对推进南水北调后续工程高质量发展具有重要意义。建议今后进一步深化以丹江口水库为核心的联合调度研究，提升精准精确水量调度能力。

参考文献

［1］钮新强，文丹，吴德绪．南水北调中线工程技术研究［J］．人民长江，2005，36（7）：6-8.

［2］管光明，雷静，马立亚．以水量统一调度促进长江流域水资源有效管控［J］．中国水利，2019，（17）：62-63.

［3］雷静，马立亚，吴泽宇．南水北调中线一期工程向北方受水区生态补水研究［C］//中国水利学会2019年学术年会论文集（第五分册）．北京：中国水利水电出版社，2019：1048-1053.

［4］雷静，马立亚，石卫．汉江流域水量应急调度预案研究［C］//中国水利学会2019学术年会论文集．北京：中国

水利水电出版社，2019：156-162.

［5］马立亚，吴泽宇，雷静，等．南水北调中线一期工程水量调度方案研究［J］．人民长江，2018，49（13）：59-64.

［6］马立亚，吴泽宇，刘国强，等．汉江梯级水库群供水优化调度模型研究［C］//中国水利学会 2013 年学术年会论文集．北京：中国水利水电出版社，2013：338-342.

［7］石卫，雷静，李书飞，等．南水北调中线水源区与海河受水区丰枯遭遇研究［J］．人民长江，2019，50（6）：82-87.

亭子口水利枢纽汛期调度运行实践总结与运行水位运用探讨

李肖男[1]　饶光辉[1]　张建明[2]　庄　严[2]　管益平[1]　张利升[1]

(1. 流域水安全保障湖北省重点实验室，长江勘测规划设计研究有限责任公司，湖北武汉　430010；
2. 嘉陵江亭子口水利水电开发有限公司，四川苍溪　628408)

摘　要：亭子口水利枢纽是嘉陵江干流开发中唯一的控制性工程，本文总结了水库运行以来的调度实践，结合水库调度需求，对水库汛期调度运用方式进行了探讨，重点对亭子口水库汛期运行水位动态控制进行了分析，基于预报预泄的思路初步探讨了汛期亭子口水库上浮运用的空间，希望可进一步发挥水库的综合效益，为流域的防洪安全和国家节能减排发挥更大作用。

关键词：亭子口水库；调度运行实践；汛期运行水位动态控制；预报预泄

1　工程概况

亭子口水利枢纽位于四川省广元市苍溪县境内，下距苍溪县城约 15 km（见图 1），坝址控制流域面积 61 089 km²，是嘉陵江干流开发中唯一的控制性工程，以防洪、发电及城乡供水、灌溉为主，兼顾航运，并具有拦沙减淤等综合利用效益[1]。亭子口水库正常蓄水位 458 m，死水位 438 m，调节库容 17.32 亿 m³，具有年调节性能；防洪限制水位 447 m，防洪高水位 458 m，设计洪水位 461.3 m，预留防洪库容 10.6 亿 m³（非常运用时为 14.4 亿 m³），可将下游南充市防洪能力提升至 50 年一遇。枢纽电站装机容量 1 100 MW（4×275 MW），电站保证出力 187 MW（不考虑灌溉），额定水头 73 m，设计多年平均发电量 31.75 亿 kW·h。工程等别为 I 等，工程规模为大（1）型。

嘉陵江亭子口水利枢纽工程主体工程于 2009 年 11 月 25 日正式开工，2010 年 1 月实现大江截流，2013 年 6 月完成底孔下闸蓄水阶段验收鉴定工作，2013 年 8 月首台机组并网发电，2014 年 5 月全部 4 台机组并网发电，2014 年 8 月枢纽工程通过了正常蓄水位 458 m 阶段验收，工程可基本正常运行；2017 年汛前具备设计挡水、泄水正常运行条件，2018 年 2 月四川省水利厅以川水函〔2018〕268 号文批复了《嘉陵江亭子口水利枢纽水库调度规程》（简称《调度规程》），为水库的正常运行提供了重要依据。

2　汛期调度运用方式

亭子口水库汛期为每年 5 月 1 日至 10 月 31 日。其中，前汛期为 5 月 1 日至 6 月 20 日，主汛期为 6 月 21 日至 8 月 31 日，后汛期为 9 月 1 日至 10 月 31 日。水库的防洪任务为：在保证枢纽工程防洪安全的前提下，利用水库拦蓄洪水，提高嘉陵江中下游沿江市县、两岸乡（镇）、居民村落和农田的防洪标准；配合三峡水库对长江中下游进行防洪调度。水库的防洪控制断面为南充水位站，相应河道

基金项目：中国大唐集团有限公司科研项目（CDT-TZK/SYC〔2020〕-019）；长江勘测规划设计研究有限责任公司自主创新项目（CX2019Z44）。

作者简介：李肖男（1989—），男，高级工程师，主要从事水库调度与水利水电规划设计工作。

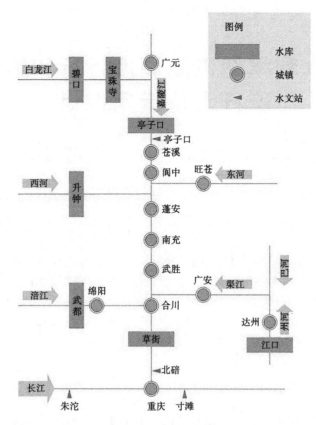

图 1　亭子口水利枢纽位置示意图

安全泄量为 25 100 m³/s。

2.1　汛期运行水位

《调度规程》对亭子口水库汛期运行水位运用方式进行了原则性规定，具体如下[2]：

（1）在汛期未发生洪水时，水库按不高于防洪限制水位运行，主汛期 6 月 21 日至 8 月 31 日防洪限制水位为 447 m；后汛期 9 月 1 日起，水库可以逐步充蓄，10 日之后可蓄至正常蓄水位 458 m。

（2）为保证防洪需要，汛前水位应逐步平稳消落，6 月 20 日消落至 447 m；水库调洪蓄水后，在洪水退水过程中，应统筹考虑下游防洪要求、枢纽运行安全和水库供水等，使水库水位尽快消落至防洪限制水位。

2.2　防洪调度方式

亭子口水库是长江中下游总体防洪体系的组成部分，以解决嘉陵江干流阆中至南充河段防洪为主，拦蓄进入三峡水库的洪量，配合三峡水库对长江中下游防洪。水库防洪库容分为两部分：一部分为正常运用的防洪库容（10.6 亿 m³，库水位 447~458 m 库容），主要用于将下游南充市防洪标准提高到 50 年一遇；另一部分为非常运用的防洪库容（3.8 亿 m³，库水位 458~461.3 m 库容），设置在防洪高水位之上，其主要用于配合三峡水库拦蓄长江中下游地区 100 年一遇以上洪水，以及用于嘉陵江中下游遭遇 50 年一遇以上洪水，或者其他紧急情况。水库防洪调度采用"固定下泄量法"和"补偿调度"相结合的方式。概括如下[2]：

（1）汛期水库来水小于或等于 10 000 m³/s 时，库水位原则上按防洪限制水位控制运行。

（2）当水库来水介于 10 000~18 000 m³/s 时，水库按 10 000 m³/s 控制下泄。

（3）当水库来水大于或等于 18 000 m³/s 或南充流量大于或等于 20 000 m³/s 时，采用"补偿调度"方式运用，控制南充流量不超过 25 100 m³/s。

（4）当嘉陵江中下游未发生洪水而长江中下游发生洪水需亭子口配合三峡水库防洪时，亭子口水库根据来水相机拦蓄进入三峡水库的基流，配合三峡对长江中下游进行防洪调度。

（5）当长江和嘉陵江中下游发生特大洪水或有紧急需要时，可动用亭子口水库预留的全部防洪库容，控制库水位不超过461.3 m。

3 汛期调度运用实践

本文研究了亭子口水库2014年正常蓄水运用以来的调度运行资料，对前汛期、主汛期和后汛期3个运行时段的特征水位和特征流量进行了分析。在此基础上，对亭子口水库汛期不同阶段的调度运行规律进行了总结。

3.1 前汛期

前汛期水库通常来水不大，下游基本没防洪需求，亭子口水库常按照发电调度方式运行。表1统计了亭子口水库2014—2020年历年前汛期的特征水位，图2、图3分别展示了逐年的水位运用过程和水位变幅空间。

表1　亭子口水库2014—2020年历年前汛期的特征水位统计　　　　单位：m

年份	5月1日水位	5月31日水位	6月20日水位	最高水位	最低水位	平均水位
2014	439.22	440.41	439.40	440.41	437.56	438.89
2015	437.94	438.03	441.42	441.72	437.57	439.51
2016	444.23	441.70	440.05	444.31	439.88	442.04
2017	442.10	442.24	443.80	443.80	441.59	442.37
2018	441.34	440.03	441.57	443.40	439.34	441.00
2019	439.80	448.01	446.53	450.53	439.36	446.69
2020	439.29	439.57	442.27	442.27	438.63	439.43
平均	440.77	441.74	442.13	444.03	439.22	441.75

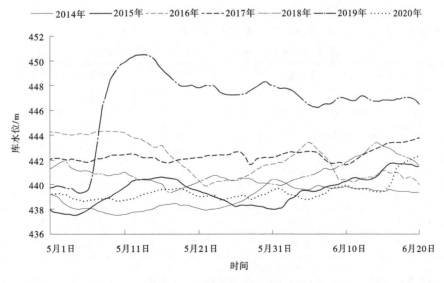

图2　亭子口水库历年前汛期运行水位

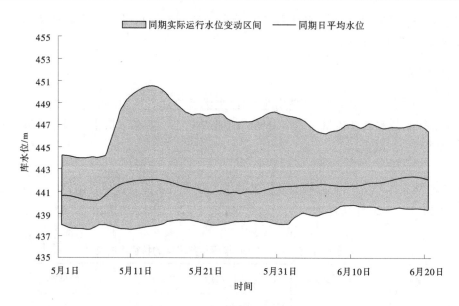

图3 亭子口水库历年前汛期水位变动区间

分析可知，由于亭子口电站所属四川电网实行丰枯电价机制，为充分发挥工程的发电效益，进入前汛期时库水位通常已消落至防洪限制水位 447 m 以下，统计表明，5 月 1 日同期库水位基本在 442 m 以下，平均库水位 440.8 m；5 月 1 日至 6 月 20 日期间，除 2019 年外，其余年份的运行水位基本在 445 m 以下，此阶段库水位呈现反复波动且小幅上涨的趋势；6 月 20 日同期库水位基本在 440 m 以上，平均库水位 442.1 m。2019 年，5 月 4—6 日嘉陵江上游发生一次大范围、长时间的降水过程，形成了明显涨水过程（亭子口入库洪峰流量 5 110 m³/s，最大 24 h 洪量 3.49 亿 m³，最大 3 d 洪量 7.52 亿 m³），水库相机拦蓄洪水，同期库水位最高运用至 450.5 m，之后逐步消落，至 6 月 20 日消落至 446.5 m。

3.2 主汛期

主汛期随着来水的增大，亭子口水库按照电调服从水调、兴利服从防洪的原则，开展调度运用。表 2 统计了 2014—2020 年主汛期的特征流量，除 2018 年和 2020 年外，其余年份主汛期水库来水不大，各年最大入库流量基本在 10 000 m³/s 以内，平均入库流量基本在 1 000 m³/s 以内，各年最大出库流量基本在 4 000 m³/s 以内，平均出库流量基本在 1 000 m³/s 以内。

表2 亭子口水库 2014—2020 年主汛期的特征流量统计   单位：m³/s

年份	最大入库流量	平均入库流量	最大出库流量	平均出库流量	最大拦蓄流量
2014	4 110	570	1 760	490	3 490
2015	12 620	570	2 860	530	11 770
2016	5 040	660	2 720	580	3 660
2017	6 570	830	3 240	680	5 910
2018	25 130	2 400	16 000	2 320	14 840
2019	9 780	990	4 220	1 000	9 320
2020	17 940	2 770	14 720	2 630	9 530

表 3 统计了亭子口水库 2014—2020 年历年主汛期的特征水位，图 4、图 5 分别展示了逐年主汛期水位运用过程和水位变幅空间。从时间节点来看，由于前期水位消落幅度较大，6 月 21 日库水位基本在 445 m 以下，平均库水位 441.9 m；而 7 月 31 日同期库水位基本在 445 m 以上，平均库水位 447.3 m；8 月 31 日同期库水位同样基本在 445 m 以上，平均库水位 447.5 m。

表3　亭子口水库2014—2020年历年主汛期的特征水位统计　　　单位：m

年份	6月21日水位	7月31日水位	8月31日水位	最高水位	最低水位	平均水位
2014	439.29	446.20	446.01	448.07	438.70	443.80
2015	441.25	444.60	443.80	449.25	440.97	444.96
2016	439.71	448.49	443.83	450.26	438.81	444.65
2017	443.87	443.86	453.98	454.15	442.64	445.65
2018	440.61	449.98	447.07	455.58	438.48	448.47
2019	445.75	447.02	445.35	448.74	442.21	445.94
2020	442.54	450.71	452.06	454.96	440.09	447.10
平均	441.86	447.27	447.45	451.57	440.27	445.80

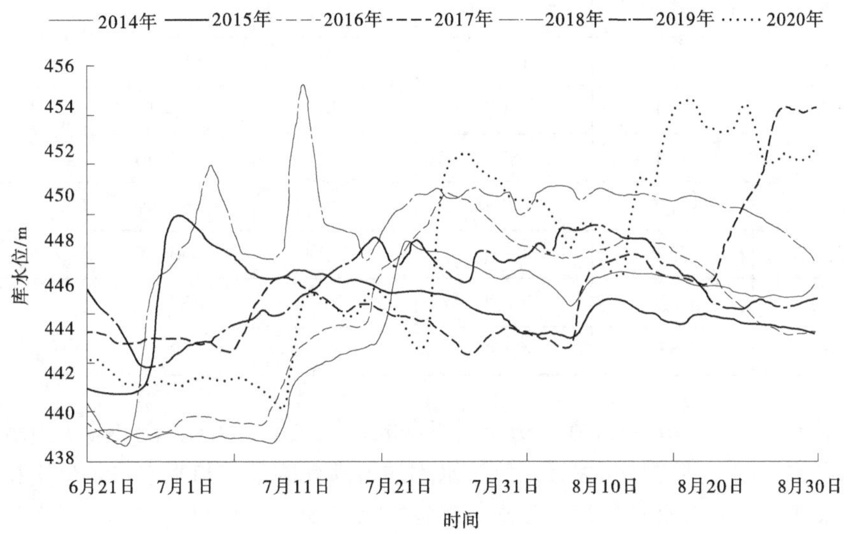

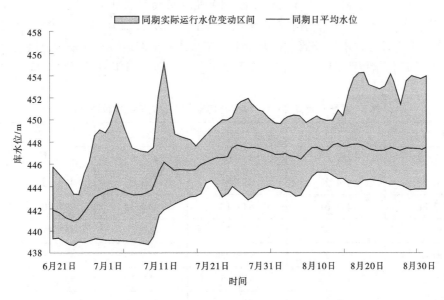

图4　亭子口水库历年主汛期运行水位

图5　亭子口水库历年主汛期水位变动区间

结合主汛期水库来水和运行水位的运用过程来看，除 2015 年、2018 年外，运行以来亭子口水库 6 月下旬至 7 月上旬来水量级相对不大，库水位多在 447 m 以下运行。7 月中旬之后，随着来水逐渐增加，库水位逐渐抬升，至 7 月下旬，库水位基本保持在防洪限制水位 447 m 附近。从历年主汛期的最高运行水位来看，伴随着防洪减压调度运用或洪水资源利用，实时调度中主汛期亭子口水库拦蓄洪水，最高运行水位一般在 450 m 以上，最高为 2018 年的 455.58 m。

3.3 后汛期

后汛期来水较主汛期有所减少，按照《调度规程》，亭子口水库可逐步充蓄。但受华西秋雨影响，这一阶段仍有发生较大洪水的可能性。表 4 统计了亭子口水库 2014—2020 年历年后汛期的来水情况，在 2019 年和 2020 年，后汛期均发生了 5 年一遇量级的洪水。其中 2019 年 9 月 14 日出现当年度最大洪峰 10 500 m³/s，亭子口控制最大出库流量 7 420 m³/s，削峰率达到 30%。

表 4 亭子口水库 2014—2020 年历年后汛期的特征流量和水量统计

年份	最大入库流量/（m³/s）	平均入库/（m³/s）	最大出库流量/（m³/s）	平均出库流量/（m³/s）	最高水位/m	后汛期蓄水量/亿 m³
2014	3 630	810	1 470	470	457.78	10.94
2015	3 270	640	1 120	350	456.13	11.24
2016	970	310	650	150	444.40	0.35
2017	6 770	1 150	5 990	940	457.99	3.76
2018	6 280	730	1 830	360	456.78	9.49
2019	10 500	1 320	7 420	1 010	457.85	11.76
2020	8 970	1 530	4 120	1 300	458.01	5.00

表 5 统计了亭子口水库 2014—2020 年历年后汛期的特征水位，图 6、图 7 分别展示了逐年后汛期水位运用过程和水位变幅空间。整体来看，历年水库的蓄满程度基本与来水水量呈正相关，亭子口水库可充分利用汛末期的较大来水过程相机蓄水，以发挥水库的综合利用效益。同时，为兼顾中下游防洪需求，多数年份水库 9 月上旬蓄水进程缓慢，9 月中旬呈现集中、快速充蓄的态势，库水位 9 月 20 日多可充蓄至 453 m 以上、9 月底至 455 m 以上，10 月份完成蓄水任务。从历年最高蓄水位来看，2014 年、2017 年、2019 年、2020 年基本蓄水至正常蓄水位 458 m，2015 年和 2018 年基本蓄至 456 m 以上。2016 年，9 月 1 日起蓄水位较低，仅为 444 m 左右；后汛期遇特枯的来水，最大入库流量不足 1 000 m³/s、平均入库流量仅为 310 m³/s，出现无水可蓄的局面，当年后汛期水库基本在 443 m 左右低水位运行。

表 5 亭子口水库 2014—2020 年历年后汛期的特征水位统计　　　　　　　　　　单位：m

年份	9 月 11 日水位	9 月 21 日水位	9 月 31 日水位	10 月 31 日水位	最高水位	平均水位
2014	447.77	454.47	455.02	457.61	457.78	453.69
2015	450.29	454.27	455.81	456.07	456.13	453.33
2016	442.88	442.61	443.10	444.38	444.40	443.11
2017	456.90	457.47	457.58	457.83	457.99	457.29
2018	450.21	451.27	453.93	456.66	456.78	452.80
2019	448.09	456.88	457.55	456.10	457.85	454.82
2020	454.51	455.46	456.73	457.58	458.01	456.42
平均	450.09	453.02	454.25	455.18	455.56	453.07

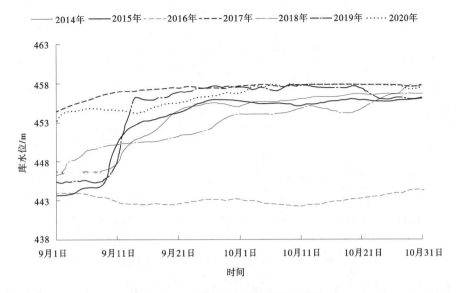

图 6 亭子口水库历年后汛期运行水位

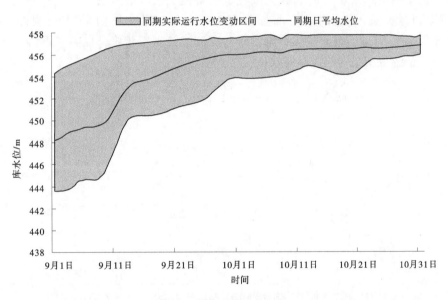

图 7 亭子口水库历年后汛期水位变动区间

4 汛期调度运用探讨

4.1 防洪调度作用不可替代

作为嘉陵江干流开发中唯一的控制性工程，运行实践表明，亭子口水库在流域防洪减灾中的作用是不可替代的。水库蓄水运行以来，2018 年和 2020 年亭子口水库分别发生入库洪峰流量 25 100 m³/s 和 18 000 m³/s 的大洪水，亭子口水库通过拦洪削峰错峰，为嘉陵江中下游和长江中下游防洪减压效益显著[3-4]。其中，2018 年 "7·11" 洪水期间，亭子口入库洪峰流量达 25 130 m³/s（见图 8），洪峰量级超过 50 年一遇，为有实测资料记录以来最大洪水；亭子口水库通过拦洪错峰，最大出库流量 16 000 m³/s，削峰率 33%，拦蓄洪水 8.1 亿 m³，有效避免了嘉陵江中下游南充、北碚水位超保证水位，同时减轻了长江中下游的防洪压力。

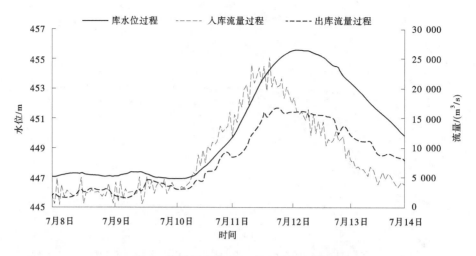

图 8　亭子口水库 2018 年 7 月洪水调度图

2020 年 8 月中旬，嘉陵江连续发生两次编号洪水，1 号洪水期间亭子口水库通过提前预泄腾库、有效拦洪削峰，拦蓄洪量约 5.8 亿 m³，极大减轻了下游重庆河段的防洪压力，并为长江 4 号洪水削峰错峰做出了积极贡献；2 号洪水期间，面对 18 000 m³/s 的年度最大入库流量（见图 9），亭子口水库拦蓄洪量 4.8 亿 m³，有效实现嘉陵江干流洪水与支流涪江洪峰错峰，保障了下游苍溪至武胜河段的防洪安全，降低下游重庆境内河段洪峰水位。

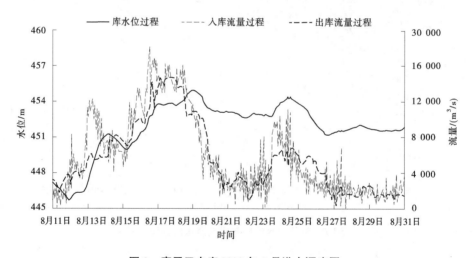

图 9　亭子口水库 2020 年 8 月洪水调度图

同时，应该看到亭子口坝址控制流域面积 6.11 万 km²，仅占流域面积的 38%，对于下游区间来水为主的洪水，尤其是发生渠江、涪江来水为主洪水时，亭子口水库的防洪作用将取决于坝址以上来水的量级[5-6]。为提升流域的水安全保障水平，特别是对下游合川、重庆主城区等城镇的防洪保障水平，单靠亭子口水库显然是不够的，需要联合流域内其他预留防洪库容的大型水库，如白龙江的碧口水库、宝珠寺水库，西河的升钟水库，渠江的江口、红鱼洞等水库，涪江的武都水库，开展以亭子口水库为骨干的梯级水库群联合防洪调度，结合气象水文预报，充分发挥水库群的防洪减灾作用。

4.2　汛期洪水资源利用水平具有优化空间

亭子口水电站 2014 年 5 月 1 日全部四台机组并网发电，电站具备正常发电运行的条件。根据电站 2015—2020 年主汛期的实际运行资料，表 6 初步统计了电站洪水资源利用情况。统计表明，在来水偏枯的年份，亭子口出库流量可尽量通过机组下泄（额定流量约 1 730 m³/s），避免电站弃水。但是在来水正常及偏丰年份，水库弃水较多，尤其是 2018—2020 年期间，主汛期弃水水量分别为

19.56 亿 m^3、11.96 亿 m^3 和 8.88 亿 m^3。其中，2018 年和 2020 年，由于主汛期来水较大，为确保枢纽工程防洪安全和嘉陵江中下游防洪安全，按照电调服从水调的原则，水库不可避免发生弃水；2019 年 7 月下旬至 8 月中旬，亭子口连续发生三场中小量级洪水，入库洪峰流量分别为 4 600 m^3/s（7 月 22 日 19 时）、9 800 m^3/s（7 月 29 日 8 时）、6 700 m^3/s（8 月 5 日 13 时），为控制水库尽量维持汛限水位运行，亭子口水库开闸泄洪，产生弃水。

表 6 亭子口水电站 2015—2020 年主汛期洪水资源利用统计

年份	出力大于或等于额定出力小时数/h	电站满发运行小时数/h	占比/%	平均入库流量/（m^3/s）	平均发电流量/（m^3/s）	调峰弃水水量/亿 m^3
2015	67	67	100	570	520	0
2016	107	86	80	660	570	1.21
2017	136	82	60	830	620	2.49
2018	673	241	36	2 400	1 000	19.56
2019	263	69	26	990	780	11.96
2020	758	207	27	2 770	1 210	8.88

进一步分析表明，由于嘉陵江流域洪水多为陡涨陡落过程，对于 10 000 m^3/s 以内的中小量级洪水，特别是 7 000 m^3/s 以内的洪水，其 3 d 洪量并不大，以 2019 年上述三场洪水过程为例，7 月 21—23 日的平均流量为 1 900 m^3/s，7 月 28—30 日的平均流量为 2 200 m^3/s，8 月 4—6 日的平均流量为 2 000 m^3/s。若按照额定出力持续运行，相应需水库拦蓄洪量 0.44 亿 m^3、1.22 亿 m^3、0.70 亿 m^3，库水位可上浮 0.5 m、1.5 m 和 0.8 m（以汛限水位 447 m 为基准），从而实现洪水资源的充分利用。

随着"碳达峰、碳中和"国家战略的实施，在节能减排大趋势下，新能源开发将是今后我国能源发展的重点方向，而风电、光伏发电的间歇性和不稳定性的特点，势必需要调度灵活的水电进行稳定调节，以保障电网运行安全和电力供应质量[7]。作为川东北地区主要调峰电源，由于汛期防洪限制水位的要求，亭子口水库的调度灵活性受到一定限制，特别是遭遇汛期 10 000 m^3/s 以内的中小量级洪水时[8]，为尽量维持汛限水位运行且尽量提升洪水资源利用水平，水库需要结合来水预报提前预降库水位，相应的电站机组将出现出力受阻、调峰能力不能充分发挥等问题。

假如水库汛期可开展运行水位动态控制，即当汛期来水相对不大且下游南充、合川地区无防洪需求时，在确保防洪安全的前提下，使水库在汛限水位以上适当抬升库水位运行，既可以提高汛期发电水头、改善出力受阻情况，提升电站的容量效益和电量效益；又可以提高电站的调峰能力、减少水库调峰弃水水量，增强调度灵活性及机组运行的稳定性[9]。同时，调峰能力的提升可进一步优化电网电源结构，大幅提高电力系统接纳新能源的比例，为电网的经济安全运行和可持续发展提供重要的能源保障。

4.3 汛期运行水位动态控制可相机开展

挑选亭子口坝址 1954—2020 年超过 3 000 m^3/s 的洪水共 239 场进行分析，结果表明亭子口坝址 3 000 m^3/s 以上流量级的洪水均出现在 4—10 月，主要发生在 6 月下旬至 9 月中旬（见图 10）。由亭子口超过 3 000 m^3/s 的洪水最大流量分布散点图可看出，绝大多数场次洪水的量级在 3 000～10 000 m^3/s。统计 239 场洪水洪峰流量，在 3 000～10 000 m^3/s 的洪水场次共 208 场，占总场次的 87%；大于 10 000 m^3/s 的洪水场次共 31 场，占总场次的 13%。由此可知，亭子口坝址洪水大多数情况下洪峰流量不超过 10 000 m^3/s，且 6—10 月期间在 3 000～10 000 m^3/s 量级的洪水出现最为频繁[8]。

根据水库调度规程，汛期水库来水小于或等于 10 000 m^3/s 时，库水位原则上按入库平衡进行调度，维持汛限水位运行，那么势必会产生发电弃水。更为重要的是，嘉陵江流域洪水具有陡涨陡落

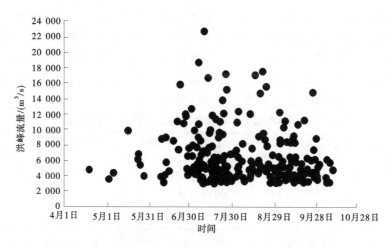

图 10　亭子口坝址 1954—2020 年超过 3 000 m³/s 洪水的洪峰流量分布

的特点，对于 3 000～10 000 m³/s 量级的洪水，其洪量有限，对亭子口水库库容的使用量不高。因此，如果对于 3 000～10 000 m³/s 量级的洪水进行适当的调蓄，在汛限水位以上相机开展汛期运行水位动态控制，既可以减轻下游的防洪压力，又可以提高洪水资源利用水平；同时，根据气象水文预报，当预报将要发生大洪水时，在保证下游防洪安全的前提下腾库预泄，亦不影响水库防洪作用的发挥。

同时，鉴于嘉陵江流域洪水陡涨陡落的特点，为维持水库汛限水位运行需要频繁进行闸门启闭操作；而且亭子口水库表孔工作闸门和底孔工作闸门启闭有较为严格的操作流程和要求。因此，考虑泄洪设施启闭时效的需要，在确保枢纽和下游防洪安全的前提下，开展汛期运行水位动态控制，以可减少闸门开启频率，提升汛期水库调度操作的灵活性。

4.4　汛期运行水位上浮空间初步探讨

本文基于"预报预泄"的方式初步对亭子口水库汛期运行水位浮动的空间进行探讨。研究的思路为，当预报入库来水较小、下游防洪控制点不需要亭子口水库防洪时，库水位在一定范围内向上浮动运行，以提高洪水资源利用效率和枢纽综合效益；当预报预见期内入库来水或中下游防洪控制点来水将达到一定量级，水库及时预泄至汛限水位，并保证预泄后下游控制站点水位不超过设定的控制目标。

具体调蓄方式为，当预见期 T_p 内预报入库流量大于启动预泄的预报入库流量 Q_p，水库按照等泄量的方式均匀预泄 Q_f，在尽量不增加下游防洪压力的前提下，使库水位在预见期内及时降至汛限水位。其中，亭子口水利枢纽近年来的调度实践表明，若利用降水预报成果，亭子口水利枢纽可以制作满足预见期 24 h 的预报，因此预见期 T_p 取 24 h；预泄流量 Q_f 结合水库防洪调度对水库下泄流量的安排，水库预报预泄期间出库流量应按不大于 10 000 m³/s 考虑，以与水库防洪调度安排合理衔接，并不增加下游的防洪压力，同时根据嘉陵江中下游沿江城镇，特别是阆中市的防洪现状，基于预泄尽量不增加下游防洪压力的原则，本着留有一定安全裕度的考量，本研究预泄期间出库流量 Q_f 按不超过 7 000 m³/s 控制。基于上述研究思路，表 7 计算了亭子口水库在 24 h 内库水位由 448～458 m 预泄至 447 m 的增泄流量。

由表 7 可知，预泄流量按 7 000 m³/s 控制，可初步计算亭子口水库运行水位浮动空间，即：

（1）预报未来 24 h 入库流量小于 1 830 m³/s，库水位在 452 m 以内，可预泄至汛限水位。

（2）预报未来 24 h 入库流量大于或等于 1 830 m³/s 小于 2 900 m³/s，库水位在 451 m 以内，可预泄至汛限水位。

（3）预报未来 24 h 入库流量大于或等于 2 900 m³/s 小于 4 000 m³/s，库水位在 450 m 以内，可预泄至汛限水位。

（4）预报未来 24 h 入库流量大于或等于 4 000 m³/s 小于 5 000 m³/s，库水位在 449 m 以内，可预泄至汛限水位。

（5）预报未来 24 h 入库流量大于或等于 5 000 m³/s 小于 6 000 m³/s，库水位在 448 m 以内，可预泄至汛限水位。

表 7   24 h 预见期内亭子口水库库水位降至汛限水位的增泄流量

上浮水位/m	相应库容/亿 m³	增泄流量/（m³/s）
448	0.85	980
449	1.73	2 000
450	2.62	3 040
451	3.54	4 100
452	4.47	5 170
453	5.42	6 280
454	6.40	7 400
455	7.41	8 580
456	8.45	9 780
457	9.51	11 000
458	10.58	12 240

需要说明的是，上述根据预见期不同来水条件探讨的库水位浮动空间，是基于未来 24 h 预报入库流量区间的上限计算的结果。实际上，预见期内来水过程通常是变化的，且与当前时刻来水有一定关联性。因此，根据当前来水过程和预报来水过程，选择匹配的预泄流量，可进一步精细化分析库水位的浮动空间。

5   结语

本文对亭子口水库 2014—2020 年主汛期的调度运行实践进行了系统总结，结合水库防洪和发电调度的需求，探讨了水库的主汛期调度方式的优化方向。总体来看，亭子口水库在嘉陵江流域的防洪调度作用不可替代，在确保防洪安全的前提下，汛期洪水资源利用水平具有优化空间，为提升水库的综合效益，尤其助力双碳目标的实现，水库汛期运行水位动态控制可相机开展；此外，根据水库的预报预见期和防洪要求，初步探讨了汛期亭子口水库上浮运用的空间。通过本文的总结和探讨，希望进一步优化亭子口水库汛期调度方式，更好地发挥水库的综合效益，为流域的防洪安全和国家节能减排发挥更大的作用。

参考文献

［1］长江勘测规划设计研究有限责任公司．嘉陵江亭子口水利枢纽初步设计报告［R］．武汉：长江勘测规划设计研究有限责任公司，2009.

［2］长江勘测规划设计研究有限责任公司．嘉陵江亭子口水利枢纽调度规程［R］．武汉：长江勘测规划设计研究有限责任公司，2018.

［3］李肖男，李文俊，管益平，等．嘉陵江中下游防洪现状及调度策略探讨［J］．中国防汛抗旱，2019，29（12）：

27-32.

［4］李肖男，饶光辉，何小聪，等．嘉陵江 2020 年洪水调度实践与启示［J］．人民长江，2020，51（12）：166-171.

［5］李汉卿，冯忠强．嘉陵江下游河段防洪初步研究［J］．人民长江，2002，33（12）：34-35，43.

［6］管益平，罗斌，陈炯宏．亭子口水利枢纽对嘉陵江中下游河段的防洪作用［J］．人民长江，2015，46（S2）：1-4.

［7］程春田．碳中和下的水电角色重塑及其关键问题［J］．电力系统自动化，2021，45（16）：29-36.

［8］刘泽文．亭子口水利枢纽常遇洪水实时预报预泄调度研究［J］．人民长江，2014，45（19）：16-20.

［9］袁玉娇．亭子口水利枢纽常遇洪水实时预报预泄调度的运用［J］．四川水利，2018，39（5）：44-47.

基于国产 GF-1 号卫星的农业用水总量计算

王行汉[1,2]　　周晓雪[1,2]　　陈静霞[1,2]　　俞国松[1,2]　　邝高明[1,2]　　吴　丹[1,2]

陈海花[1,2]　　李树波[1,2]　　杜德杰[1,2]　　白春祥[1,2]　　蓝振伟[1,2]

(1. 珠江水利委员会珠江水利科学研究院，广东广州　510611；
2. 水利部珠江河口动力学及伴生过程调控重点实验室，广东广州　510611)

摘　要： 农业用水总量是最严格水资源管理考核的重要指标之一，然而，目前全国农业用水的计量率总体不足，导致考核缺乏行之有效的抓手。因此，探索新的技术手段，研究快速、准确的农业用水总量计算方法十分迫切。本文基于国产 GF-1 号卫星影像，解译研究区内种植结构时空分布，计算农业用水总量。结果表明：①研究区内水稻、玉米、烤烟面积占比最高，三者共占比 96.10%，其中水稻面积 634.83 km^2、玉米面积 6 265.97 km^2、烤烟面积 2 685.42 km^2。②基于研究区种植结构遥感解译结果，计算得到 2019 年研究区内农作物用水总量总额约为 24.47 亿 m^3，其中依靠渠系、管道供水的农业（水稻、蔬菜、花卉、果园）用水总量约 8.95 亿 m^3，水稻灌溉用水量约占比 86%，是最主要的用水种植类型。

关键词： GF-1 号卫星；灌区；种植结构；农业用水总量

1　引言

灌区发展对保障我国粮食安全、水安全、生态安全和农村社会经济发展具有重要意义。当前我国灌溉用水所占用水总量比重最大，但用水效率较低，极大限制了灌区的可持续发展，解决此问题的关键突破口在于节水。对于灌区节水管理即采用现代化监管手段，通过强有力监管发现问题，通过严格问责的考核制度来推动调整水资源浪费行为。因此，灌区监管的主要内容包含节水计量监测、节水过程动态监控和科学评估等，其为实现灌溉水资源的高效利用提供重要基础。

康绍忠[1] 认为灌区现代化是工程设施现代化、管理方式现代化、创新能力现代化的系统集成，其主要特征是设施完善、管理科学、创新驱动、智慧精准、节水高效、生态健康和高质量发展。齐学斌等[2] 在研究灌区水资源优化配置时指出，目前灌区水资源管理系统中，田间作物需水信息、灌水信息等往往缺乏实测数据，直接限制了灌区水资源优化配置模型作用的发挥。谢崇宝[3] 认为灌溉现代化必须适时适量精准供水，掌握需求是关键。灌区用水需求的监测包括了对灌区农作物种植结构、实际灌溉面积、渠系状况等内容。传统灌区监测方法主要是依靠调查和统计的方式来实现对灌区基础信息的采集，不仅耗费大量的人力、物力、财力，而且获得的结果往往更新不够及时，与现实差异较大，对于灌区需水管理的指导性意义不大。特别是在我国南方灌区，平均气温较高，种植结构更新周期较快，灌区存在水源多、结构复杂，研究提出可操作、能落实的灌溉用水量统计方法，对于落实最严格水资源管理制度中农业用水总量控制具有重要意义[4]。

遥感技术的发展为大尺度蒸散发计算、作物分布识别及估产提供了一条有效途径，为基于遥感信

基金项目：广州市科技计划项目（202102021287）。

作者简介：王行汉（1987—），男，高级工程师，主要从事水利遥感相关研究工作。

通讯作者：周晓雪（1995—），女，硕士，主要从事水利遥感相关研究。

息的灌区灌溉水有效利用效率及作物水分利用效率定量评价奠定了基础[5]，许多学者针对灌区监管中应用遥感技术的具体场景进行了探索：徐美等[6] 利用卫星图像对青铜峡灌区进行了作物种植结构遥感监测，并在此基础上，结合历年的统计数据分析了青铜峡灌区近年作物种植结构变化特征及灌区水资源供给状况，认为水资源是决定灌区作物种植结构的制约性因素，作物种植结构调整应成为灌区主要农业节水手段之一；蒋磊等[7] 利用遥感蒸散发模型对河套灌区节水改造以来的灌溉水有效利用系数进行了分析和评价；张宏鸣等[8] 提出了基于无人机 DEM 的灌区渠系提取方法，在灌区渠系的提取方面取得了一些研究成果。综上，本文提出了一种农业用水总量遥感计算方法，通过提取大范围高精度的农作物种植结构，计算农业用水总量，为水资源管理和高效利用提供技术支撑和参考依据。

2 研究区域及数据

2.1 研究区域

曲靖市位于云南省东部、珠江源头，地处东经 102°42′~104°50′，北纬 24°19′~27°03′，东与贵州省六盘水市、兴义市和广西壮族自治区隆林县毗邻，西与昆明市嵩明县、寻甸县、东川区接壤，南与文山州丘北县、红河州泸西县及昆明市石林县、宜良县相连，北与昭通市巧家县、鲁甸县及贵州省威宁县交界，素有"滇黔锁钥""云南咽喉"之称。曲靖市境东西最大横距 103 km，南北最大纵距 302 km，总面积 2.89 万 km²，占云南省面积的 13.63%。地貌以高原山地为主，间有高原盆地、高山、中山、低山、河槽和湖盆多种地貌并存，地势西北高东南低，平均海拔 2 000 m 左右。辖 3 区 1 市 5 县和 1 个国家级经济技术开发区，常住人口 661 万人，有彝族、回族、苗族、壮族、布依族、水族、瑶族等世居少数民族。

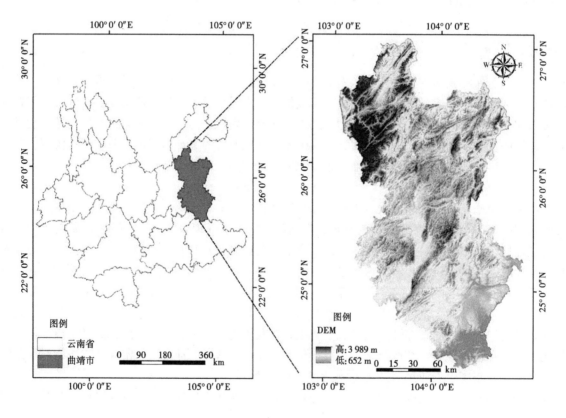

图 1　研究区域示意图

2.2 研究数据

2.2.1 遥感影像数据及预处理

本文以国产 GF-1 卫星为基础数据源，影像空间分辨率为 2 m，主要包含了红、绿、蓝、近红外

4 个波段，成像时间主要为 2019 年 4 月。遥感影像预处理工作主要涉及影像镶嵌、裁剪、辐射定标、大气校正、几何校正、正射校正、图像增强、彩色合成和影像融合等过程。本文采用 ENVI 软件的 FLAASH（fast line-of-sight atmospheric analysis of spectral hypercubes）模块完成大气校正，并选择道路交叉点、河流交叉点、大型建筑物的外边缘固定点等不易变化的特征点，采用二次多项式进行几何精校正，校正后的均方根误差控制在 0.5px 以内，精度满足本研究需要。影像融合包含了相同或多传感器的多时相的影像变化检测、多空间分辨率影像、不同光谱范围影像三个层次。在本研究中主要指的是多传感器的全色影像与多光谱影像的融合，融合方式采用 Gram-Schmidt 融合法。

2.2.2 地面调查数据

地面调查主要是开展研究区内的灌区种植结构情况现场调查，调查内容主要包括了收集灌区内种植结构情况、空间点位的经纬度、现场照片编号、调查时间等信息。本研究共获得 296 个调查点的野外验证数据，文中选取 195 个点进行验证，其中水稻 57 个点、玉米 47 个点、烤烟 32 个点、蔬菜 41 个点、花卉 6 个点、果园 12 个点。现场调查点位空间分布如图 2 所示。

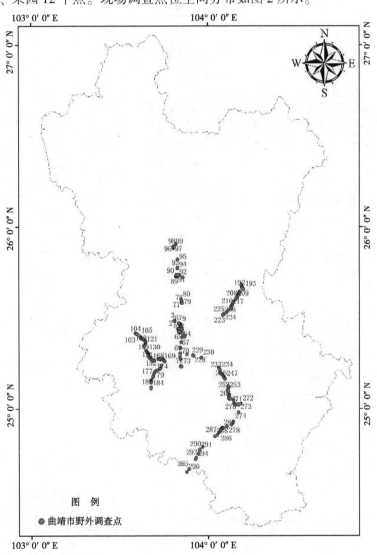

图 2 曲靖市种植结构地面调查点位空间分布

3 研究方法

3.1 农作物种植结构遥感信息提取体系构建

农作物种植结构解译体系主要是指针对特定的研究区域，为开展种植结构类型的识别，建立的一套解译类型标准。种植结构解译体系的构建主要包括了解译数据源的确定以及解译体系的建立。本文综合考虑了遥感影像空间分辨率、时间分辨率、光谱信息、研究区域特征以及卫星研究的基础条件是否完备等因素，选择采用以国产卫星 GF-1 号作为种植结构类型解译基础数据。研究区内种植结构类型主要为水稻、烤烟、玉米、中药材、蔬菜、花卉、甘蔗、油菜、茶叶、柑橘、小麦、大豆、薯类、蚕豆等，基于此将研究区种植结构解译体系划分为水稻、玉米、烤烟、中药材、蔬菜、花卉、果类、其他等 8 大主要类型。

本文中采取面向对象的计算机识别分类技术和人机交互技术相融合的方法（见图 3），借助于德国 eCognition 软件平台，采用面向对象分类技术进行初分类，然后利用 ArcGIS 平台进行人工检查、复核，进一步修正成果数据。其中，eCognition 软件平台采用模糊分类算法，弥补了传统单纯基于光谱信息进行影像分类的不足。

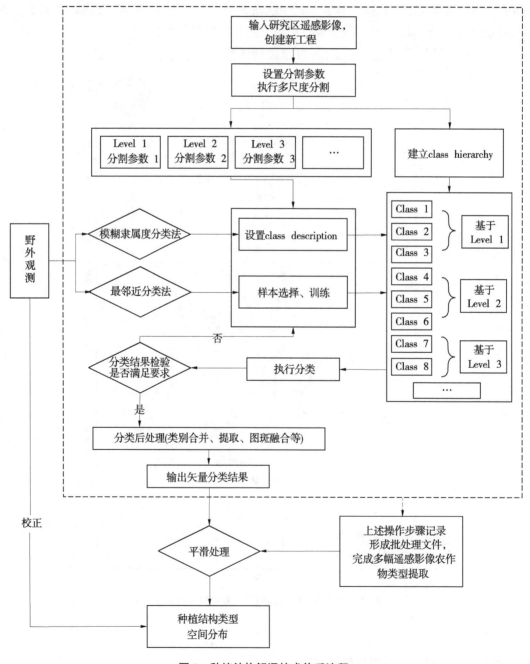

图 3　种植结构解译技术体系流程

3.2 农作物种植结构解译精度评估

误差矩阵[9-11]是用来表示遥感图像分类精度评价的一种标准格式,由不同分类结果与调查结果类型的点的总数组成,一般矩阵的行代表分类点,列代表参照点,对角线部分指某类型与验证类型完全一致的样点个数,对角线为经验证后正确的样点个数。针对遥感图像分类误差矩阵,计算遥感分类常用的精度评价指标 Kappa 系数。

计算公式为

$$\hat{K} = \frac{N \cdot \sum_i^r x_{ii} - \sum (x_{i+} x_{+i})}{N^2 - \sum (x_{i+} x_{+i})} \tag{1}$$

式中:$\hat{K}$ 为 Kappa 系数;r 为误差矩阵的行数;x_{ii} 为第 i 行第 i 列(主对角线)上的值;x_{i+} 和 x_{+i} 分别为第 i 行的和与第 i 列的和;N 是样点总数。

3.3 农业用水总量计算

本文基于遥感解译的灌区农作物种植结构类型,参照《云南省地方标准用水定额》(DB53/T 168—2013),曲靖市下辖 9 个县(区)(富源、会泽、陆良、罗平、马龙、麒麟、师宗、宣威和沾益)共分为 4 个农业灌溉用水分区(见图 4),其中马龙县为滇中区(Ⅰ区)Ⅰ-1 区,陆良县、麒麟区、沾益区为滇中区(Ⅰ区)Ⅰ-4 区,师宗县、富源县、罗平县为滇东南区(Ⅱ区)Ⅱ-2 区,会泽县、宣威市为滇东北区(Ⅳ区)Ⅳ-2 区。

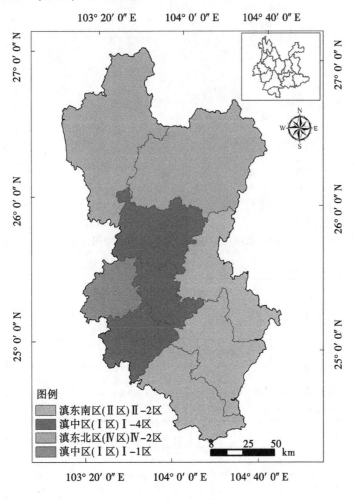

图 4　用水区划示意图

4 结果与分析

4.1 农作物种植结构提取结果

基于本文种植结构提取方法，解译获得了 2019 年曲靖市的主要种植结构类型及其空间分布（见图 5）。本文采用地面调查数据和混淆矩阵验证遥感种植结构解译精度，解译精度如表 1 所示。

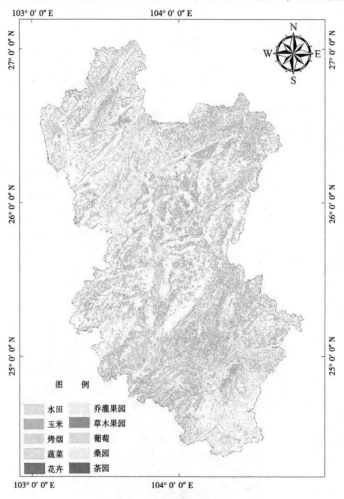

图 5 曲靖市农作物种植解译结果空间分布

表 1 基于野外调查数据的精度验证结果

农作物类型		解译类型						总计
		水稻	玉米	烤烟	蔬菜	花卉	果园	
调查类型	水稻	53	1	2	1	0	0	57
	玉米	1	43	2	1	0	0	47
	烤烟	0	4	28	0	0	0	32
	蔬菜	0	0	0	41	0	0	41
	花卉	0	0	0	0	6	0	6
	果园	0	0	0	0	0	12	12
总计		54	48	32	43	6	12	195

采用 3.2 节混淆矩阵计算公式，计算得本研究农作物种植结构解译结果 Kappa 系数为 0.92。由表 2 可知分类结果非常好，农作物种植结构解译精度较高，满足本研究需求。

表 2　Kappa 系数值与分类精度对应关系

Kappa 系数值	<0	0~0.20	0.20~0.40	0.40~0.60	0.60~0.80	0.80~1.00
分类精度	较差	差	正常	好	较好	非常好

根据曲靖市农业用地种植结构类型解译结果分析可知，曲靖市农业用地种植结构主要以玉米、烤烟、水田和蔬菜为主。水稻在空间上主要分布于马龙县、麒麟区、沾益区和陆良县；玉米、烤烟主要分布于宣威市、会泽县、富源县和罗平县；蔬菜主要分布于陆良县；桑园主要分布于陆良县和沾益县。此外，本文还进一步统计曲靖市 2019 年不同种植结构的面积，其中水稻面积 634.83 km²、玉米面积 6 265.97 km²、烤烟面积 2 685.42 km²、蔬菜面积 98.23 km²、花卉面积 3.91 km²、乔灌果园面积 180.54 km²、草本果园面积 0.33 km²、葡萄面积 15.40 km²、茶园面积 0.11 km²、桑园面积 90.33 km²。

4.2　农业用水总量计算

根据本文 3.3 节，参考《云南省用水定额标准》（DB53/T 168—2013）[12]，其中水稻按照双季早稻、双季晚稻灌溉用水定额，取两者均值作为曲靖市水稻整体用水定额值，玉米、烤烟、蔬菜（茎叶类）、花卉、果园（木本类、草本类、葡萄）均参考各用水分区正常水平年取值区间，分别取每个区间平均数为各用水分区用水定额值。最终各用水分区中农作物用水定额取值如表 3 所示。根据该用水定额取值和 4.1 节农作物种植结果解译结果，计算得曲靖市 2019 年各类型农作物用水总量如表 4 所示。

表 3　各用水分区中农作物用水定额取值　　　　　单位：m/hm²

区域	水稻		玉米	烤烟	蔬菜	花卉	果园		
	早稻	晚稻					木本类	草本类	葡萄
滇中区/Ⅰ区			1 950	1 575	10 613	4 538	863	1 238	2 513
滇东南区/Ⅱ区	7 950	4 200	1 725	1 388	10 088	3 975	750	1 088	2 213
滇东北区/Ⅳ区			1 875	1 500	10 388	4 313	788	1 163	2 363

表 4　2019 年曲靖市各类型农作物用水总量　　　　　单位：亿 m³

农作物	水稻	玉米	烤烟	蔬菜	花卉	果园	合计
用水总量	7.71	11.54	3.98	1.04	0.016	0.184	24.47

根据主要农作物用水总量计算结果，曲靖市农作物用水总量总额约为 24.47 亿 m³，其中玉米用水总量最高，其次为水稻和烤烟，蔬菜、花卉、果园用水总量相对较少。结合曲靖市农作物实际生长过程中的灌溉用水情况可知，玉米、烤烟的生长过程中基本是靠天然降水灌溉，水稻主要依靠渠系灌溉，蔬菜基本采用喷灌，花卉部分依靠天然降水，果园主要采用喷灌、滴灌。因此可得，主要需要依

靠渠系、管道供水的农业（水稻、蔬菜、花卉、果园）用水总量约 8.95 亿 m^3，其中水稻灌溉用水量约占比 86%，是最主要的灌溉用水种植类型。

5　结论与展望

5.1　结论

南方地区地形破碎、种植结构复杂且更新周期快，对于灌区的灌溉用水总量有着重要的影响，因此本文基于曲靖市 2019 年国产 GF-1 号卫星影像，重点围绕区域内典型灌区，构建了不同农作物的解译标志库进行农作物种植结构信息提取，用于宏观区域农业用水总量计算。本文是水资源强监管的重要实践，对于提升水资源管理与优化配置，促进水资源的高效持续利用意义深远。研究结果表明：

（1）基于遥感的农作物种植结构提取。

本文基于地面调查数据中 195 个样点和混淆矩阵验证遥感种植结构解译精度，结果表明采用本文方法获得的解译结果 Kappa 系数为 0.92，分类结果精度较高，可有力支撑农业用水总量的计算过程。曲靖市内各农作物类型中水稻面积 634.83 km^2、玉米面积 6 265.97 km^2、烤烟面积 2 685.42 km^2、蔬菜面积 98.23 km^2、花卉面积 3.91 km^2、乔灌果园面积 180.54 km^2、草本果园面积 0.33 km^2、葡萄面积 15.40 km^2、茶园面积 0.11 km^2、桑园面积 90.33 km^2。水稻、玉米、烤烟面积占比最高，三者共占比 96.10%。

（2）曲靖市农业用水总量计算。

基于遥感解译的灌区种植结构类型，依据《云南省用水定额标准》（DB53/T 168—2013）[12]，计算得到 2019 年曲靖市农作物用水总量总额约为 24.47 亿 m^3，其中依靠渠系、管道供水的农业（水稻、蔬菜、花卉、果园）用水总量约 8.95 亿 m^3，水稻灌溉用水量约占比 86%，是最主要的用水种植类型。

5.2　展望

随着水资源管理的不断深入，传统的水资源管理方式已经不能够满足新时代社会的发展，遥感技术的应用无疑是未来发展的一个重要手段，进一步深入研究遥感技术在最严格水资源管理方面的应用意义重大。本研究是新技术手段在水资源管理方面的一次有力尝试和探索，下一步将继续开展实践应用，总结存在问题，优化水资源监管方法体系。

参考文献

[1] 康绍忠. 加快推进灌区现代化改造 补齐国家粮食安全短板 [J]. 中国水利，2020 (9)：1-5.

[2] 齐学斌，黄仲冬，乔冬梅，等. 灌区水资源合理配置研究进展 [J]. 水科学进展，2015，26 (2)：287-295.

[3] 谢崇宝，张国华. 灌溉现代化核心内涵及水管理关键技术 [J]. 中国农村水利水电，2017 (7)：28-32.

[4] 王奕童，郭宗楼. 对南方大中型灌区灌溉用水量的几点认识与思考 [J]. 中国农村水利水电，2016 (8)：28-29.

[5] 尚松浩，蒋磊，杨雨亭. 基于遥感的农业用水效率评价方法研究进展 [J]. 农业机械学报，2015，46 (10)：81-92.

[6] 徐美，阮本清，黄诗峰，等. 灌区作物种植结构遥感监测及其应用 [J]. 水利学报，2007 (7)：879-885.

[7] 蒋磊，杨雨亭，尚松浩. 基于遥感蒸发模型的干旱区灌区灌溉效率评价 [J]. 农业工程学报，2013，29 (20)：95-101.

[8] 张宏鸣，李瑶，王猛，等. 基于无人机 DEM 的灌区渠系提取方法 [J]. 农业机械学报，2017，48 (10)：165-171.

［9］Congalton R G. A review of assessing the accuracy of classifications of remotely sensed data ［J］. Remote Sensing of Environment, 1991, 37（1）：35-46.

［10］Richards J A. Classifier performance and map accuracy ［J］. Remote Sensing of Environment, 1996, 57（3）：161-166.

［11］Stehman S V. Selecting and interpreting measures of thematic classification accuracy ［J］. Remote Sensing of Environment, 1997, 62（1）：77-89.

［12］云南省质量技术监督局. 云南省地方标准用水定额：DB53/T 168—2013 ［S］. 北京：中国水利水电出版社, 2015.

小浪底和西霞院两站优化运行探讨

李 鹏

（小浪底水利枢纽管理中心，河南郑州 450000）

摘 要： 黄河流域的水资源严重短缺，实现有限水资源的高效利用，是小浪底水利枢纽亟待解决的关键问题。在"以水定电"模式下，有效地实现小浪底和西霞院两站优化运行，对于有效缓解小浪底电站调峰运行与下游河道用水的矛盾，对提高小浪底工程的综合效益，充分利用黄河水资源具有重要意义。

关键词： 以水定电；调峰容量；优化运行；集中调度；自动发电控制

1 背景

水资源、能源短缺与生态环境制约是我国社会经济发展的突出矛盾，是实现可持续发展与社会和谐亟须解决的重大问题。黄河流域的水资源严重短缺，实现有限水资源的高效利用，确保水利枢纽安全经济运行，是小浪底水电厂亟待解决关键问题。在河南电网供大于求矛盾突出、新能源比例不断增加的情况下，作为河南电网最大电水电厂，在"以水定电"模式下，有效地实现小浪底和西霞院两站优化运行，实现枢纽综合效益最大化，具有重大意义。

2 小浪底和西霞院两站优化运行的重要意义

随着经济的发展，我国电力基础设施投资明显加大，电厂、电网的建设发展迅速，河南电网截至2021年8月底，随着新增火电机组，以及新能源机组的快速发展，河南省总装机容量10 523.75万 kW。其中，水电装机容量407.71万 kW，占比3.87%；火电装机容量7 243.48万 kW，占比68.83%；风电装机容量1 528.53万 kW，占比14.52%；太阳能装机容量1 344.03万 kW，占比12.77%。承担主调峰功能的水电机组占比远远低于全国平均值，电网调峰压力巨大。

小浪底水力发电厂是河南省最大的水电厂，总装机容量为194万 kW，自动化程度高，可靠性强，机组开停机时间短（开机一般5 min，而火电厂开一次机至少需8 h），调节响应速度快（有功负荷调节为3万 kW/s，而自动化程度高的火电厂为0.2万~0.4万 kW/min），加减负荷及开、停机附加损耗小，电网对小浪底电厂实现了自动发电控制（AGC）、无功电压自动控制（AVC），目前小浪底水电厂的现代化水平和性能优势，是河南电网中其他电厂难以替代的。但小浪底电厂的运行，是以"以水定电"为原则，受到黄河水利委员会和河南省电网的双重调度，枢纽社会效益（水调）优先于发电效益（电调），在正常生产中，水电调之间的矛盾制约了小浪底电厂调峰作用的发挥。深入研究小浪底、西霞院两库的联合调度模式，优化机组经济运行，具有重要的意义：

（1）充分发挥小浪底水利枢纽的综合利用效益以及保证电网的平稳、安全运行，增加发电企业的经济效益。

（2）对小浪底电站因调峰下泄的不稳定流进行反调节，可以使小浪底电站的装机容量充分发挥效益。

作者简介： 李鹏（1973—），男，高级工程师，主要从事水利工程运行管理工作。

（3）除可消除小浪底调峰对下游带来的不利影响外，还可使小浪底水电站增加调峰容量。

（4）可解决因调峰运行与下游河段的工农业用水和环境用水的矛盾，提高水资源的综合利用。

因此，通过小浪底、西霞院两库的联合调度，可以使小浪底在系统调峰、调频及事故备用中的作用更好地发挥，同时可进一步优化电量结构，在充分发挥枢纽综合效益的前提下，提高枢纽的经济效益。

3 开展小浪底和西霞院两站优化运行的基本技术条件

目前，小浪底和西霞院的机组虽然已经实现集中控制，但在机组控制上，在电网调度上，仍作为两个电站分别调度。在这种情况下，两站联合调度和优化运行只能在较低的水平下开展，只有实行两站集中统一调度，才能真正意义上实现优化运行。

实行两站集中统一调度，是小浪底水电厂实现优化调度重要的技术支持和保障。小浪底水电厂的优化运行，是在满足电力系统潮流稳定等安全约束条件下，由两站间负荷优化经济分配、厂内经济运行、最佳的水力运转过程等相互联系、制约的基本环节组成的统一过程。每个大环节，还包括水力发电机组工况计算、水电厂特性计算和水力计算等小环节，是一个甚为复杂的有机整体。由于所有环节间都有着密切的联系，所以必须将它们纳入一个统一的计算过程。只有实行两站集中统一调度，才能将两站的运行管理提升到集约型、决策效益型的实时优化调度管理水平。

实行两站集中统一调度，可实现发电效益最大化。集中控制系统在满足电网安全校验和下泄流量要求的前提下，考虑小浪底和西霞院两站不同机组运行边界条件下，通过监控系统优化分配2座电站各台机组所带的出力，统一调度2座电站的水头和水量，实现经济发电、降低水耗、维持水量和电力生产相对的动态平衡，用有限的水量发最多的电力电量，为企业创造更高的产值，实现电力生产利润最大化。

4 开展小浪底和西霞院两站优化运行的技术思路

4.1 基于水头效益的优化运行

根据电调要求和水调要求，结合两站间水力优化特性，必须对整个枢纽逐时段逐级进行计算，逐一进行两站间负荷优化经济分配。在优化计算分配过程中，有些约束条件，如功率平衡、出力限制、水位限制等，应随时满足。小浪底和西霞院两级电站中，上游的小浪底电站具有多年调节能力，设计采用混流式水轮发电机组。正常情况下，上游水位1 d内的波动幅度都比较小，对水头效益不会有明显的影响，因此该机组无论担负何种形式的日负荷过程，在确定梯级电厂间负荷分配的初始解时，可主要考虑满足系统所安排的水电厂梯级日负荷图的要求，而考虑边界条件要求较少。下游西霞院电站是具有日调节水库的径流式水电厂，采用轴流转桨式水轮发电机组，由于调蓄能力较小，一般情况下随上库出库水量的变化，水位波动幅度相对较大，对该厂1 d的平均水头影响甚为显著，因而其水头效益也较大。对于该类型的水电厂应将水库水位尽量控制在较高水平，并使其变幅尽量地小，以获得上游较高的日平均水位，使水电厂日平均水头较高。这可由协调上、下相邻两水电厂的日负荷图来实现，也就是从水力、水量、电力电量平衡关系的优化来处理这个问题；若系统负荷情况允许，可安排西霞院水电厂根据逐时段的入库流量决定时段负荷。这样形成的日负荷图将使其上游水位在一日的过程中保持不变。要实现这一点，需采取相应的水力水量平衡的计算方法；此外，还必须使两站日负荷过程之总和满足由电网所的要求，即达到功率平衡。当然，如果这样安排的梯级出力过程，经过一定的调整，在某些时段仍不能满足系统的要求时，则应以满足系统要求为原则对个别时段做相应的调整。这样形成两站日负荷分配的初始解后，再进行水电厂间负荷分配优化调整的计算，直至得到最优解。

4.2 采用小浪底和西霞院机组联合投入 AGC 的运行方式

根据华中电网要求，为保证电网安全，河南电网与湖北电网间的系统联络线交换功率不得超标。

由于小浪底水电厂是河南电网最大的水电厂，机组调节速度快，响应性能好，最适于投入 AGC，实时跟踪鄂豫间系统联络线换功率，快速调整负荷，保证电网安全运行。河南电网中正常情况下具有20 万~30 万 kW 左右的随机负荷，小浪底电厂的 30 万 kW 机组在正常运行时，单机出力范围为18 万~30 万 kW，具备 12 万 kW 的可调节容量，基本有 2 台机组投入 AGC，可满足系统随机负荷的需要。由于小浪底水电厂采用"以水定电"的原则，每日电量为定额，低谷期间的多发的电量势必会减少峰段和平段的电量，这对于电量结构必会造成不利影响，同时将减少调峰容量。两台机组共24 万 kW 的可调节容量，正是电网真正所需要的，而 36 万 kW 的最低出力并非电网需要。因此，小浪底电厂每天需要多发 288 万 kW·h（18 万 kW×8 h×2）的谷电，相应的，峰电和平电将减少 288 万kW·h。

西霞院反调节水库的投运，使小浪底水利枢纽的运行条件发生变化。根据机组的特性曲线，西霞院机组正常运行时，出力范围为 1.2 万~3.5 万 kW，具备 2.3 万 kW 的可调节容量，4 台机组全部运行时具备 9.2 万 kW 的可调节容量，与小浪底电站 1 台机组的可调节容量基本相当。根据这种情况，可考虑在每日低谷时段（00：00~08：00），安排小浪底站 1 台机组和西霞院站 4 台机组投入 AGC 运行，可满足电网对于小浪底水电厂可调节容量的需要。采取这种运行方式，小浪底站每天可少发谷电144 万 kW·h（18 万 kW×8 h），相应的，峰电和平电电量将增加 144 万 kW·h，电量峰谷比得到提高，电量结构得到进一步优化。对于小浪底水电厂来说，增加了枢纽的经济效益；对于电网来说，相当于增加了电网的调峰容量。

但是，这种运行方式也有一定的局限性。例如，在下泄流量指标较低时，谷时段西霞院 4 台机组全开，瞬时流量最大可达到将近 1 400 m³/s，其他时段下泄流量会较小甚至为 0，会造成每日流量波动较大，使西霞院电站失去反调节的作用。为保证西霞院下泄流量最小值大于 150 m³/s，4 台机组投入 AGC 时的流量按照 940 m³/s 计算，这种运行方式适用于日均下泄流量大于 414 m³/s 的时期。当日均下泄流量小于 414 m³/s 时，可采取基于水头效益的优化运行模式。同时，采用这种运行方式，两站必须实现集中统一调度。

4.3 水电厂内部经济运行

用于解决机组负荷最优分配，以及最优工作机组组合和台数的确定这两个问题的方法有等微增率法、动态规划法、优先顺序法、分支定界法、拉格朗日松弛法等，其中前两种方法比较常用，但在负荷分配问题中，采用等微增率分配的充分条件是机组和微增率曲线是凸函数，另外，机组存在有出力限制区时也会给使用微增率法带来很多困难。为此，可采用动态规划方法来解决上述问题。用动态规划求解时，以工作机组的台数作为阶段变量，以该阶段所有运行机组的负荷总和作为状态变量，用新投入的运行机组所带负荷作为决策变量，目标函数为在满足电力系统给定负荷的前提下，电站总耗流量最小，即

$$Q_c = \text{Min} \sum_{i=1}^{n} Q_i(N_i)$$

式中：$Q_i(N_i)$ 为第 i 台机组带负荷 N_i 时的耗用流量；n 为可投入运行的机组总台数；Q_c 为电站总耗流量。

对上述目标，采用正向或逆向递推顺序，根据动态规划原理即可求解。用动态规划法可一次性解出水电站运行机组台数、运行机组组合及各机组所带的最优负荷，并且有计算原理简明等到优点，但也存在工作量大等缺点。

相对于水电站短期经济运行和长期经济运行而言，日最优运行属于微观调控，由水电站的运行特点可知，研究成果的应用要求有很强的时效性、可操作性，但传统用于解决日最优运行问题的上述方法虽然计算结果可靠，但由于耗用的计算时间长，这样就失去了最佳决策的有效时间，而大中型水电站承担系统的负荷变化较大，为了电力系统的安全、可靠运行，电站需根据实时信息做出合理的运行方式，最新优化算法遗传算法的应用可在一定程度上解决上述问题。

5 结论

随着黄河的统一调度的实施，黄河防洪、防凌形势、水资源需求的进一步复杂化，使防汛调度、水量调度更加细化，枢纽运行约束条件越来越多。研究小浪底和西霞院两站优化运行，对于有效缓解小浪底电站调峰运行与下游河道用水的矛盾，对提高小浪底工程的综合效益，充分利用黄河水资源具有重要意义。

参考文献

[1] 孙斌，王丽萍，孙丹丹，等．梯级水电站优化调度方案效益分析及分配研究［J］．水力发电，2010（12）：12-14.

[2] 陈尧，马光文，杨道辉，等．节能发电调度下梯级水电站短期优化调度研究［J］．水力发电，2009（10）：85-87.

[3] 吴杰康，李赢．梯级水电站联合优化发电调度［J］．电力系统及其自动化学报，2010（8）：11-16.

[4] 郑晓丹，罗云霞，周慕逊，等．温州电网梯级水电站优化调度实践［J］．华东电力，2008（9）：108-110.

[5] 韩冰，张粒子，舒隽，等．梯级水电站优化调度方法综述［J］．现代电力，2007（2）：78-106.

2000—2020年湖北省水资源及水质变化趋势分析

周 琴 李 超 习刚正

（长江水资源保护科学研究所，湖北武汉 430051）

摘 要： 本文根据 2000—2020 年的《湖北省水资源公报》和《长江流域及西南诸河水资源公报》，统计了湖北省近 20 年的降水总量、水资源利用及水质情况，分析了各指标的变化趋势。结果表明：2000年以来，湖北省水资源总量在 596.7 亿~1 745.6 亿 m³ 的区间波动变化，降水总量、地表水资源量、水资源总量的年际变化趋势并不显著。2000—2020 年湖北省用水结构未发生大幅度变化，农业用水和工业用水仍然是用水的两大主要部分，2000—2019 年两项用水量约占总用水量的 80% 以上。近 20 年，万元 GDP 用水量持续降低，整体用水效率不断增加。2004—2018 年湖北省地表水总体良好。河流水质呈波动向好趋势，2018 年水质Ⅲ类及以上河长占评价河长的 92.6%；湖泊水质较差，水质Ⅰ~Ⅲ类湖泊面积占比呈下降趋势；水库水质总体良好，年际变化趋势并不显著。通过总结湖北省水资源及水质变化趋势，为更好保护区域水资源、水环境提供基础支撑。

关键词： 水资源；开发利用；水质状况；变化趋势

1 引言

湖北省位于中国中部偏南地区，属长江中游省份，境内河流、湖泊密布，水资源丰富。河流以长江为主干，由西向东，流贯省内 26 个县（市），西起巴东县鳊鱼溪河口入境，东至黄梅滨江出境，流程 1 031 km，横贯全省南部。长江在湖北省境内的主要支流有汉江、沮水、漳水、东荆河、陆水、清江等。汉江是湖北省第二大河流，自陕西入境，由西北向东南斜贯省内，于汉口汇入长江。除长江和汉江干流外，河长在 100 km 以上的河流有 41 条，省内各级河流河长 5 km 以上的有 4 228 条。同时，湖北省素有"千湖之省"的美誉，众多湖泊集中分布于长江、汉江之间，江汉平原区面积大于 0.1 km² 的湖泊有 958 个。湖北省现有水库 6 275 座，其中大型水库 69 座，中型水库 280 座，总库容量居全国第一。

结合中央治水新思路、国家"十四五"时期重大决策部署及湖北区域发展战略[1-2]，系统思考湖北省水资源开发和利用格局[3-7]，对促进水安全保障能力具有重大意义。

2 研究区域及方法

根据《湖北省水资源公报》[8]《长江流域及西南诸河水资源公报》[9]，以湖北省作为研究区域，本文研究分析了 2000—2020 年湖北省水资源量（包括降水量、地表水资源量和水资源总量）变化趋势；水资源利用（供水量、用水量、耗水量和排水量，以及万元 GDP 用水指标）变化趋势；境内主要河流、湖泊和水库水质变化趋势。

3 结果与讨论

3.1 水资源量分析

2000—2020 年湖北省平均降水总量整体呈波动变化，多年平均降水总量约 2 134 亿 m³，其中

作者简介：周琴（1988—），女，工程师，主要从事水污染控制与治理工作。

2020 年降水总量最大，为 3 032 亿 m³；2001 年、2006 年和 2019 年为较枯年份，降水总量较多年均值（2000—2020 年）分别偏少 23.7%、19.5% 和 22.6%（见图 1）。2000—2020 年湖北省地表水资源量呈波动变化，地表水资源量平均约 962 亿 m³。其中，2020 年全年地表水资源量 1 735 亿 m³，较常年偏多 75.4%；2001 年、2006 年和 2019 年为较枯年份，地表水资源量较多年均值（2000—2020 年）分别偏少 41.8%、37.0% 和 39.6%（见图 2）。2000—2020 年湖北省水资源量呈波动变化，变化趋势与地表水资源量变化趋势基本相同。水资源总量平均约 992 亿 m³。其中，2020 年水资源总量最高为 1 746 亿 m³，而 2001 年、2006 年和 2019 年水资源总量较低，较多年均值（2000—2020 年）分别偏少 39.8%、35.8% 和 38.3%（见图 3）。

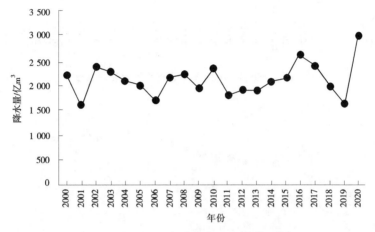

图 1　2000—2020 年湖北省平均降水总量

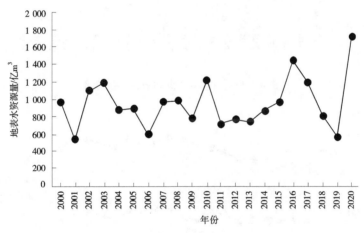

图 2　2000—2020 年湖北省平均地表水资源量

3.2　水资源量利用状况分析

2000—2002 年湖北省供水量呈先上升后下降的特征，2003—2012 年呈缓慢上升趋势，2013—2020 年在小幅波动中基本保持稳定（见图 4）。2020 年全省总供水量 278.9 亿 m³，其中地表水源供水量 273.8 亿 m³，占当年总供水量的 98.2%；地下水资源供水量 4.7 亿 m³，占当年总供水量的 1.7%；其他水源供水占比 0.2%。地表水源供水量中，蓄水工程供水量占 35.0%，引水工程供水量占 23.9%。提水工程供水量占 41.0%，跨流域调水量占 0.1%，主要为淮河流域调入长江流域水量。

2000—2020 年湖北省用水总量变化趋势与供水量变化趋势一致（见图 5）。用水结构未发生大幅度变化，农业用水和工业用水仍然是湖北省用水的两大主要部分，2000—2019 年两项用水量约占总用水量的 80% 以上（2020 年除外，当年由于疫情影响）。其中，农业用水量呈小幅波动；工业用水量呈小幅上升后缓慢下降的趋势，2011 年工业用水量达到峰值为 120.2 亿 m³；生活用水量呈上升趋势，由 2000 年的 27.6 亿 m³，逐步增加到 2020 年的 50.2 亿 m³。2020 年全省总用水量 278.9 亿 m³，其中

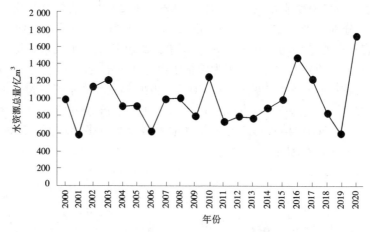

图 3   2000—2020 年湖北省平均水资源总量

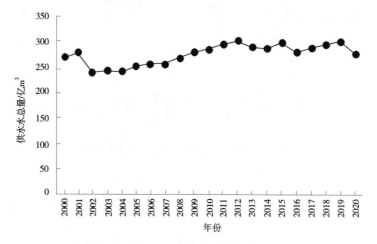

图 4   2000—2020 年湖北省供水量总量

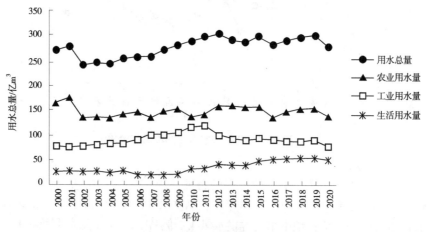

图 5   2000—2020 年湖北省用水总量

农业用水量 136.2 亿 m³，占 48.8%；工业用水量 77.6 亿 m³，占 27.8%；生活用水量 65.1 亿 m³，占 23.4%。

2000—2020 年湖北省耗水总量呈小幅波动变化（见图 6）。其中，农业耗水量呈小幅波动；工业耗水量呈小幅上升后缓慢下降的趋势，2010 年工业耗水量达到峰值为 31.7 亿 m³；生活耗水量呈上升趋势，由 2000 年的 15.6 亿 m³，逐步增加到 2020 年的 25.2 亿 m³。2020 年全省总耗水量 116.35 亿 m³，耗水率（消耗量占用水量的百分比）为 41.7%。其中农业、工业和生活耗水量分别为 76.4 亿

m³、14.8亿m³和25.2亿m³，分别占用水消耗总量的65.6%、12.7%和21.7%。

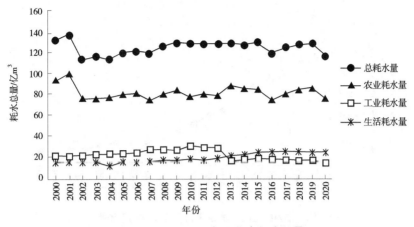

图6　2000—2020年湖北省耗水总量

2005—2013年湖北省废水排放量变化呈先上升后下降的趋势，2012年废水排放量达到峰值53.8亿m³；2013—2015呈显著上升趋势；2015—2019年废水排放量基本保持稳定，2020年由于新冠肺炎疫情影响，废水排放量下降（见图7）。其中，工业废水排放量在2005—2020年间整体呈先上升后下降趋势，且在2012—2013年间下降幅度较大；生活排放量呈上升趋势，由2000年的7.7亿m³，逐步增加到2020年的14.3亿m³。2020年全省废污水排放总量43.9亿m³，其中工业排水量17.28亿m³、城镇生活废水量14.31亿m³、第三产业废水排放量12.3亿m³。

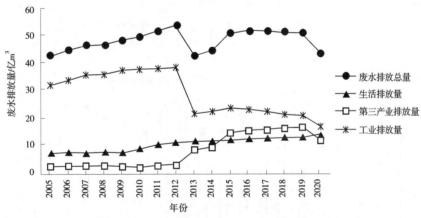

图7　2005—2020年湖北省废水排放量

2001—2020年全省万元GDP（当年价）用水量呈显著下降趋势，由2001年的625 m³，下降到2020年的62 m³（见图8）。湖北省万元GDP用水量的降低主要受益于经济发展、国家产业政策导向影响，高耗水、高污染产业逐渐退出，同时技术进步使单位产业用水量逐步降低。

3.3　水质状况分析

根据湖北省水资源水环境监测网2004—2018年水质监测资料和国家《地表水环境质量标准》（GB 3838—2002），对长江、汉江干流湖北段及省内92条中小河流的水质进行了评价。

不同年份评价河长如图9所示，2004—2018年湖北省评价河长呈上升趋势，由2009年的5 310 km，到2018年评价河长10 823 km。结果显示，2004—2012年湖北省内水质Ⅰ～Ⅱ类、Ⅲ类河长占比呈波动变化，2013—2018年Ⅲ类以上河长占比呈上升趋势（见图10）。2018年湖北省内水质Ⅲ类及以上河长占评价河长的92.6%，劣于Ⅲ类的河长主要集中在城市河段和部分支流，主要超标项目为氨氮、总磷、五日生化需氧量等。其中，长江干流和汉江干流湖北段共评价河长1 921.5 km，Ⅲ类及以上河长占评价河长的100%。

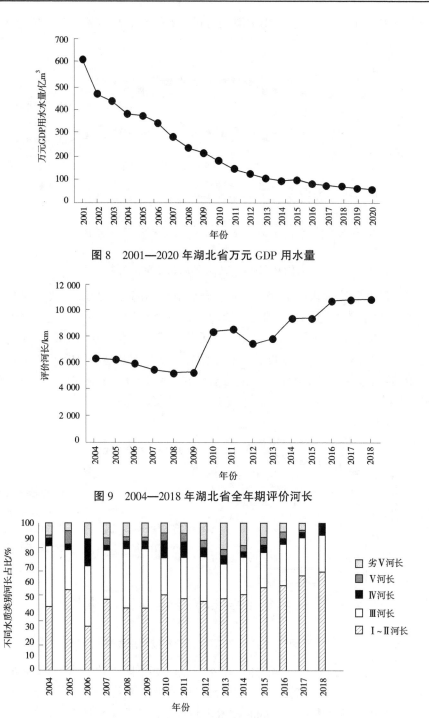

图 8　2001—2020 年湖北省万元 GDP 用水量

图 9　2004—2018 年湖北省全年期评价河长

图 10　2004—2018 年湖北省全年不同水质类别河长比例

　　2004—2018 年湖北省评价湖泊个数和面积呈上升趋势，2004 年评价湖泊个数为 20 个，评价面积为 1 264.51 km²；2018 年评价数量增加到 29 个，评价面积增加到 1 642.68 km²（见图 11）。2004—2018 年湖北省内湖泊水质 I～III 类面积占比呈下降趋势，由 2004 年的 83.8%，下降到 2018 年的 25.5%（见图 12）。2018 年湖北省内水质 III 类的湖泊 2 个，评价面积占比 25.5%；IV 类水湖泊 13 个，评价面积占比 52.2%；V 类和劣 V 类水湖泊分别为 10 个和 4 个。湖泊主要超标项目为总磷、氨氮、高锰酸盐指数等。

　　2004—2018 年湖北省评价水库个数呈上升趋势，由 2004 年的 24 个，增加到 2018 年的 72 个（见图 13）。2004—2018 年湖北省内水库水质总体良好，除了 2009 年和 2012 年 I～III 类水水库占比低于

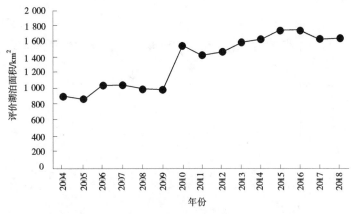

图 11 2004—2018 年湖北省全年期评价湖泊面积

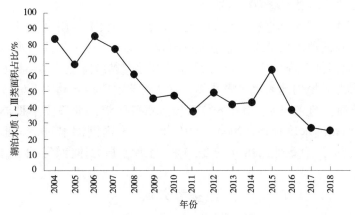

图 12 2004—2018 年湖北省全年期水质 Ⅰ～Ⅲ类湖泊面积比例

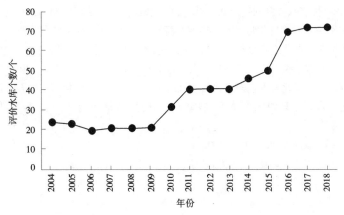

图 13 2004—2018 年湖北省全年期评价水库个数

80%，其余年份占比均高于 85%（见图 14）。2018 年湖北省内水质达到Ⅲ类及以上的水库 64 个，Ⅳ类水水库 7 个，Ⅴ类水水库 1 个。主要超标项目为总磷。

4 结论

本文结合 2000—2020 年《湖北省水资源公报》和《长江流域及西南诸河水资源公报》的基础数据，分析了湖北省近 20 年来降水总量、水资源利用、水质情况，对省内各指标的变化趋势进行了归纳总结，为最严格水资源管理制度的推进提供数据支撑。

2000 年以来，湖北省水资源总量在 596.7 亿～1 745.6 亿 m³ 的区间波动变化，降水总量、地表水

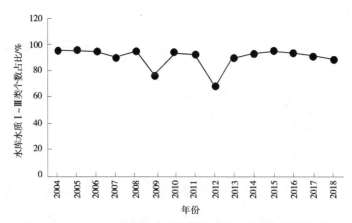

图 14　2004—2018 年湖北省全年期水质 I ~ III 水库个数比例

资源量、水资源总量的年际变化趋势并不显著。

2000—2020 年湖北省用水结构未发生大幅度变化，农业和工业用水仍然是湖北省用水的两大主要部分，2000—2019 年两项用水量约占总用水量的 80% 以上。居民生活用水占比相对稳定，随着城市发展，生活用水量呈上升趋势。近 20 年万元 GDP 用水量持续降低，整体用水效率不断增加。

2004—2018 年湖北省境内地表水水质总体良好。河流水质在波动中呈好转趋势，2018 年水质 III 类及以上河长占评价河长的 92.6%，其中长江干流和汉江干流湖北段优于 III 类及以上河长占评价河长的 100%。湖北境内湖泊水质较差，2004—2018 年湖北省内湖泊水质 I ~ III 类面积占比呈下降趋势，由 2004 年的 83.8%，下降到 2018 年的 25.5%。水库水质总体良好，年际变化趋势并不显著。

参考文献

[1] 贾海燕，裴中平，邹家祥 . 长江流域水资源保护科研回顾与展望 [J]. 水利水电快报，2020，41（1）：73-77.

[2] 陈进，刘志明 . 近 20 年长江水资源利用现状分析 [J]. 长江科学院院报，2018，35（1）：1-4.

[3] 岳智颖 . 湖北省地表水污染时刻变化特征及污染源解析 [D]. 武汉：华中师范大学，2019.

[4] 李瑞清，宾洪祥，由星莹 . 湖北水安全保障策略的初步思考 [J]. 中国水利，2021，（9）.

[5] 张海涛，欧阳红兵 . 湖北省水生态文明建设现状及问题分析 [J]. 环境与发展，2019，31（7）：199-211.

[6] 贾诗琪，张鑫，彭辉，等 . 湖北省水生态足迹时空动态分析 [J]. 长江科学院院报，2021，1-8.

[7] 聂晓，张中旺 . 湖北省水资源环境与经济发展耦合关系时序特征研究 [J]. 灌溉排水学报，2020，39（2）：138-143.

[8] 湖北省水资源公报 [R]，湖北省水利厅，2000-2020.

[9] 长江流域及西南诸河水资源公报 [R]，水利部长江水利委员会，2000-2020.

关于长江流域跨省江河流域水量分配若干问题的思考

陶　聪[1]　戴昌军[2]　李书飞[1]

(1. 长江设计集团有限公司，湖北武汉　430010；
2. 长江水利委员会水资源管理局，湖北武汉　430010)

摘　要： 长江流域水资源相对丰富，但流域内局部地区和部分时段资源性短缺与工程性缺水的问题仍然突出，水资源总体利用效率不高。水量分配是长江流域水资源管理的一项重要基础工作，也是落实水资源刚性约束的重点举措之一。基于长江流域已开展的四批共 23 条跨省江河流域水量分配方案编制工作的实践经验，总结了长江流域水量分配的原则、技术路线及特点，探讨了水量分配过程中存在的若干问题，如用水总量控制指标、不同水源配置方案、不同来水频率分水方案、水量分配方案的监管等。

关键词： 长江流域；水量分配；水资源管理

1　长江流域水资源现状

长江是我国第一大河，流域多年平均水资源量 9 958 亿 m³，不仅为流域内经济社会发展提供水资源，还通过南水北调等工程惠泽流域外广大地区，是我国水资源配置体系的重要战略水源地[1]。根据《国务院办公厅关于印发实行最严格水资源管理制度考核办法的通知》（国发办〔2013〕2 号），2020 年全国用水总量控制指标为 6 700 亿 m³，长江流域（不含太湖）2020 年用水总量控制指标为 1 921 亿 m³。2020 年长江流域（不含太湖）总用水量为 1 624 亿 m³，现状用水量与用水总量控制指标之间尚有 297 亿 m³ 的富余水量，水资源开发利用率约为 19.7%。一方面，长江流域水资源较为丰富，但人均占有水资源量少，仅相当于世界平均水平的 30%。另一方面，与北方地区和发达国家用水指标相比，长江流域用水效率不高，水资源利用方式还很粗放。

最严格水资源管理制度实施以来，长江流域水资源、水环境、水生态及水安全状况持续向好，但水资源刚性约束制度尚未建立，流域内仍存在局部地区和部分时段资源性短缺与工程性缺水并存，水资源总体利用率不高与部分地区无序过度开发并存等问题。目前，长江流域流域水资源管理工作与长江大保护和流域经济社会高质量发展要求还有差距。

2　长江流域跨省江河流域水量分配工作基本情况

水量分配是水资源管理的一项重要基础工作，是落实依法治水、实行最严格水资源管理制度的重要抓手，是推动区域经济发展布局与水资源条件相适应的主要措施，也是落实水资源刚性约束的重要举措。2011 年以来，根据水利部工作安排，长江水利委员会（简称长江委）先后推动了四批共 23 条跨省江河流域水量分配方案编制（范围及基本情况见图 1、表 1），确定了各流域用水总量控制指标和重要断面下泄流量（水量）指标。

第一批汉江、嘉陵江、岷江、沱江、赤水河等 5 个方案于 2016 年 7 月由水利部批复；第二批乌江、牛栏江等 2 个方案于 2018 年 1 月由水利部批复，2020 年 8 月，金沙江流域水量分配方案获国家

作者简介： 陶聪（1995—），女，工程师，主要从事水利规划设计工作。

发展和改革委员会批复；2020 年 9 月，沅江流域水量分配方案获水利部批复，至此，前三批共 9 条河流水量分配方案均已获批。目前，长江委正在积极推进湘江等新一批 14 条跨省江河流域水量分配方案编制工作。至此，长江流域（不含太湖）已开展水量分配的流域面积占总面积的 97% 以上，基本实现跨省江河流域水量分配全覆盖。

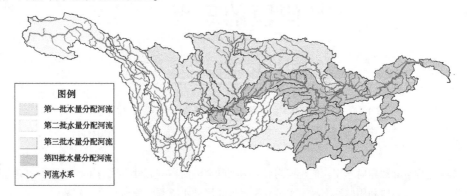

图 1　长江流域已开展的四批跨省江河流域水量分配范围示意图

表 1　长江流域已开展的四批跨省江河流域水量分配工作基本情况

批次	跨省江河	涉及省（区）	流域面积/万 km²	批复情况
第一批	汉江	陕西、湖北、河南、四川、重庆、甘肃	15.90	2016 年 7 月获水利部批复
	嘉陵江	陕西、甘肃、四川、重庆	15.90	
	岷江	四川、青海	13.50	
	沱江	四川、重庆	2.76	
	赤水河	云南、贵州、四川	2.04	
第二批	乌江	云南、贵州、重庆、湖北	8.79	2018 年 1 月获水利部批复
	牛栏江	云南、贵州	1.37	
	金沙江	青海、西藏、四川、云南、贵州	50.00	2020 年 8 月获国家发展和改革委员会批复
第三批	沅江	贵州、湖南、重庆、湖北	8.98	2020 年 9 月获水利部批复
第四批	湘江	湖南、广东、广西、江西	9.48	2020 年 12 月已通过水利部水利水电规划设计总院审查，目前待批复
	资水	湖南、广西	2.81	
	澧水	湖南、湖北	1.86	
	赣江	江西、福建、湖南、广东	8.09	
	信江	江西、福建、浙江	1.55	
	饶河	江西、安徽、浙江	1.42	
	洞庭湖环湖区	湖南、湖北、江西	3.13	
	富水	湖北、江西	0.53	
	綦江	贵州、重庆	0.71	
	御临河	四川、重庆	0.39	
	青弋江及水阳江	安徽、江苏	1.77	
	滁河	安徽、江苏	0.78	
	长江干流宜宾至宜昌河段（包括区间中小支流）	云南、四川、贵州、重庆、湖北	8.08	
	长江干流宜昌至河口河段（包括区间中小支流）	河南、湖北、湖南、江西、安徽、江苏、上海	18.29	

为进一步落实已批复的水量分配方案，强化水资源统一调度，长江委抓紧编制并印发实施了乌江等 4 条重点河流水量调度方案，明确了水量调度管理工作要求，并根据河流特点，分类施策实施年度

水量调度管理。近年来，长江委先后组织编制实施了汉江等 6 条河流的年度水量调度计划，以及岷江等 3 条河流年度水量分配方案。同时，以"实时监测、滚动预警、联合响应、适时管控、综合评估"为抓手，持续对流域内 265 个断面实施最小下泄流量监管。

3 长江流域跨省江河流域水量分配方法

3.1 水量分配原则

随着长江流域水量分配工作的不断推进，新发展阶段对水量分配工作提出了更高要求，水量分配的原则也在不断更新。以正在推进的新一批 14 条跨省江河流域水量分配方案为例，长江流域水量分配主要遵循以下五个基本原则：

（1）节水优先、保护生态。水量分配应坚持以水定城、以水定地、以水定人、以水定产，把水资源作为最大的刚性约束，强化水资源的高效节约利用。积极贯彻"长江大保护"要求，保障河湖基本生态用水需求。

（2）公平公正、科学合理。水量分配应考虑不同区域历史背景、自然条件、人口分布、经济结构、发展水平、战略地位以及现状用水情况等，统筹城乡共同发展，保障区域和谐发展。

（3）优化配置、持续利用。合理统筹和调配水资源，协调流域内城乡居民生活、生产、生态用水，合理配置跨流域调水，优化水资源配置，提高水资源的利用效率和效益，促进水资源可持续利用。

（4）因地制宜、统筹兼顾。正确处理流域内与流域外、上游与下游、现状与未来、开发与保护等方面的关系，合理确定流域水资源利用和水量分配规模。在优先满足本流域用水的前提下考虑跨流域的水量调配。

（5）民主协商、行政决策。水量分配涉及不同地区的利益，方案制订影响因素众多，应坚持民主协商的原则，充分征求流域内各方意见，认真研究并开展技术和行政协调。

3.2 水量分配技术路线

目前，长江流域跨省江河流域水量分配方案的主要技术指导文件为水利部颁布的《水量分配暂行办法》（水利部 2007 年第 32 号令）及 2019 年印发的《跨省江河流域水量分配方案制订技术大纲》。长江委在开展水量分配过程中大胆进行技术创新，创造性地提出了南方丰水地区跨省江河流域分层次（流域、省级区域、断面）、分频率（多年平均、50%、75%、95%）、分过程（年度总量、年内分月）的分配方法[2]。下面以乌江为例，介绍乌江流域水量分配方案的主要技术路线（见图 2）：

（1）以全国水资源调查评价成果为基础，重点分析整理流域地表水资源量及地表水可利用量，综合考虑跨流域调入调出水量，计算分析各规划水平年地表水可分配水量。

（2）以水资源综合规划、用水总量控制指标及乌江流域相关省区用水总量控制指标分解成果为基础，确定流域水资源配置方案。在控制地下水合理开采量和考虑其他水源的资源重复利用的前提下，分析确定乌江流域各规划水平年地表水可分配水量。

（3）综合对比（1）、（2）两种方法的计算成果，根据水资源配置方案确定的地表水可分配水量小于由地表水资源可利用量推求的地表水可分配水量，选择根据水资源配置方案确定的地表水可分配水量作为分配水量的控制上限。

（4）结合水资源综合规划中长系列水资源供需分析的调算成果，统筹考虑流域水资源特点、来水情况、区域用水需求等，提出不同来水频率情况下各省级行政区的水量分配份额。

（5）分析流域河道内生态环境现状，科学制定断面的生态基流（水位）、最小下泄流量（最低控制水位），根据长系列流量资料统计各断面指标满足程度。

（6）根据流域内水平衡关系，分析计算主要控制断面不同来水频率下的下泄水量指标。

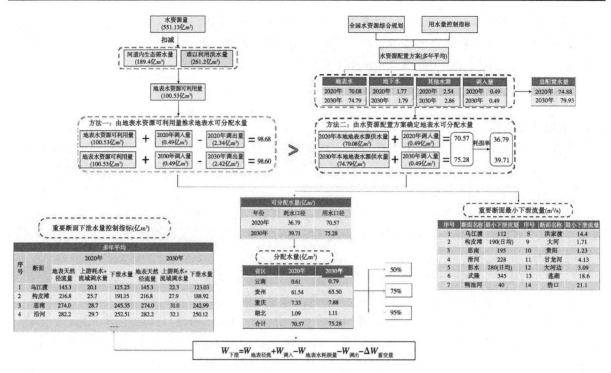

图 2　乌江流域水量分配方案过程示意图

3.3　水量分配方案特点

3.3.1　地表水可分配水量

确定流域地表水可分配水量是开展水量分配工作的基础，也是关键所在。长江流域跨省江河流域水量分配方案中通过两种方法推求地表水可分配水量。方法一是由地表水资源可利用量推求地表水可分配水量。地表水资源可利用量指地表水资源量扣除非汛期河道内需水量和汛期难以控制利用的洪水量后的水量。在地表水可利用量的基础上，扣除向外流域调出水量并加上自外流域调入水量，同时扣除山丘区地下水开采对地表水的袭夺量，即可得到地表水可分配水量（耗损量口径）。方法二是基于用水总量控制指标确定地表水可分配水量。先以水资源综合规划、流域综合规划和各省（区）在该流域已有的用水总量控制指标分解成果为基础，确定流域水资源配置方案，再以其中地表水供水量作为地表水可分配水量（用水量口径）上限。两种方法分别推求得到地表水可分配水量后，采用水资源综合规划中的各地区用水耗损率将方法二计算得到的地表水可分配水量折算为耗损量口径，再将两套相同口径的成果对比，取其中的较小值作为最终确定的地表水可分配水量。

长江流域水资源较为丰沛、水资源开发利用程度不高，用水总量控制指标较水资源可利用量更为严格。因此，多数河流在比对分析后最终采用方法二，即基于用水总量控制指标得到水资源配置方案，以地表水配置水量（用水量口径）作为分配水量的控制上限。

3.3.2　跨流域调水量配置

长江流域跨流域调水工程众多、引调水量规模大，水量分配过程中必须统筹考虑流域内外用水需求。长江流域跨省江河流域水量分配方案中的分水对象指的是用于本流域内的地表水量，即跨流域调水工程调入水量计入本流域地表水分配水量中，而跨流域调水工程调出水量不作为本流域地表水分配水量。但在由地表水可利用量推求地表水可分配水量的过程中，跨流域调水工程调入和调出水量均将被作为边界条件纳入分析。对于跨流域调水量尚不明确的工程，将根据前期工作情况在水量分配方案中预留指标份额。

3.3.3　生态基流（水位）与最小下泄流量（水位）

水量分配方案中重要控制断面指标主要包括下泄水量指标、生态基流和最小下泄流量指标。其中，生态基流与最小下泄流量的概念最容易混淆。生态基流指能够维持河床基本形态，保持河道输水能力，保持水体一定的自净能力的最小流量，其保护对象为河流基本生态环境；最小下泄流量指的是在生态基流的基础上，综合考虑断面下游区间河道外生产及生活用水所需的最小水量，其保护对象包括河流基本生态环境和人类基本活动。因此，从定义上看，同一断面最小下泄流量指标值一定大于或等于生态基流。此外，生态基流与最小下泄流量在考核要求上也有差异，重要控制断面生态基流日均满足率要求达到90%以上，而最小下泄流量日均满足率要求达到85%以上。

长江中下游河网地区，水流流向复杂，不具备采用流量指标控制条件，可通过制定断面生态水位和最低控制水位保障河道内基本生态需水以及断面下游区间生产、生活和航运用水需求。

4 长江流域跨省江河流域水量分配的若干问题

4.1 用水总量控制指标

长江流域水量分配本质上依然是用水总量控制指标的分解问题。对于相关省（区）已经将用水总量控制指标分解到流域的，原则上采用该省（区）分解成果，并注意与历史规划成果的协调性；若相关省（区）尚未完成用水总量控制指标分解，也缺乏相关规划成果作为支撑，应当牢牢把握"以水而定、量水而行"的理念，以区域水资源承载能力为约束，以供水范围内的人口、灌溉面积、工业增加值作为主要因素客观核定未来用水需求，合理确定分水比例，并在分解过程中加强与流域内相关省（区）的沟通协调，充分考虑各方意见。

4.2 分水源配置方案

明确流域用水总量控制指标后，如何分解到各供水水源，是水量分配方案协调过程中的另一个关键问题。分水源配置过程中，既要考虑与已有的水资源综合规划、流域综合规划、地下水管控指标等相关规划成果之间的协调性，也要充分考虑流域内各水源现状供水格局。目前，南方丰水地区对节水工作重要性认识不足，节水内生动力不足，非常规水源使用积极性不高。在分水源配置过程中，应充分考虑流域内各地区再生水利用及集雨工程设施建设情况，合理制订规划水平年其他水源配置供水量，逐步提升流域再生水利用率。为进一步鼓励南方丰水地区加大非常规水源使用，全面推进节水型社会建设，建议其他水源不纳入用水总量控制指标考核。

4.3 不同来水频率的分水方案

长江流域水资源相对丰富，但水资源年代间丰枯变化明显，枯水年的用水矛盾仍然突出。因此，如何制订枯水年分水方案及断面指标尤为重要。一般在95%来水条件下，生活用水、工业用水和河道外生态环境用水按需水要求分配，农业灌溉遭到一定破坏。制订特枯年份分水方案时，要综合考虑流域和区域特点、水利工程调控能力和供水保障能力，合理确定农业需水破坏深度；制订主要控制断面流量（水量）指标时，应充分考虑枯水典型年指标满足程度。

4.4 水量分配方案的监管

长江流域用水总量管控面临的最大问题是如何将水量分配成果进行考核和管理[3]。2017年以来，长江委建立了长江流域水资源动态管控平台，对流域内265个重要断面持续实施最小下泄流量监测监督管理，有效保障了流域内基本生态用水。但区域用水总量及用水过程的考核方式目前仍在探索阶段。例如，针对断面下泄水量控制指标，包括省界断面出境水量的监管力度不够，距离"管住用水"还有较大差距。一是现阶段面向流域水资源管理的重要断面监测站点尚未实现全覆盖，监测体系不健全，监测能力还不能满足水资源管理要求；二是长江流域水量分配口径为用水量口径，而断面下泄水量中已包含直接或间接退回河道内的回归水量，再加上长江流域水系复杂，跨流域调水工程众多，下泄水量控制指标的考核难度较大，亟须开展进一步研究。

5 结语

长江委已先后推进了四批共23条跨省江河流域水量分配方案工作，形成了南方丰水地区极具特色的分层次、分频率、分过程的水量分配方法，为下一步指导各省内跨地市江河流域水量分配工作，尽快实现长江流域水量分配全覆盖积累了宝贵的经验。本文从用水总量控制指标的分解、不同水源配置方案及不同来水频率分水方案的确定、水量分配方案指标的监管等角度出发，探讨了长江流域水量分配亟待进一步讨论和研究的问题。未来如何在水量分配方案的编制和落实过程中更好地践行"节水优先、空间均衡、系统治理、两手发力"的治水思路，真正实现"合理分水、管住用水"的目标，还需要开展更深入的研究。

参考文献

［1］陈进．长江演变与水资源利用［M］．武汉：长江出版社，2012.

［2］夏细禾，高华斌，李庆航．科学推进长江流域水量分配工作［J］．中国水利，2019（17）：59-61.

［3］陈进．长江流域水量分配的研究重点［N］．人民长江报，2012-03-17（005）．

包钢取水口附近黄河河槽中心线横向迁移分析

孙照东　孙晓懿　魏　玥

（黄河水资源保护科学研究院，河南郑州　450004）

摘　要： 包钢取水口为河心桥墩式，始建于 1958 年，布置在黄河包头昭君坟河段，个别年份取水困难。采用 QGIS 软件提取 36 年系列卫星影像河槽中心线，套绘后，分析河槽中心线横向迁移范围。结果表明，取水口附近黄河河槽中心线横向迁移范围大，可达到 2 700 m，而包钢 1# 取水口断面河槽中心线迁移范围已达到 700 m，但取水口下游昭君坟浮桥附近小范围内河槽未发生大幅度横向迁移。分析原因，主要得益于黄河大堤、供水设施附近的防洪措施和乔木树林的阻挡。包钢黄河取水应急保障措施应当包括河道疏浚、岸边防护、防洪管理等。可采取柳树林、胡杨林等生态措施进行岸边防护。

关键词： 黄河；横向迁移；取水；疏浚；岸边防护

1　引言

包钢取水口为三座河心桥墩式取水口，1#、3#、2# 取水口自上而下设置在黄河干流昭君坟浮桥上游约 800 m 范围内，位于黄河三湖河口—头道拐河段中部。其中，1#、2# 取水口始建于 1958 年，3# 取水口建于 1966 年[1]。三湖河口—头道拐河段属黄河上游的下段，绕过乌拉尔山山嘴后，河道比降减小，河流相对窄深，河岸物质中黏性颗粒含量增多，主要由泥沙质和粉砂质组成，泥质层难以有效阻止河流的侵蚀作用，河道由不同的大小弧形连接而成，为比较典型的蜿蜒型河段[2-3]。蜿蜒型河道的凹岸发生侵蚀，形成河岸后退，凸岸发生沉积，形成河岸延伸，使得一侧河岸遭受侵蚀后退的同时，另一侧河岸则堆积前进，在河岸侵蚀和河岸沉积两个过程共同作用下，引起河道蜿蜒弯曲平面形态的不断变化即河道的横向迁移[4]。由于取水河段河道横向迁移，在个别年份，黄河主流偏离取水口，1#、2#、3# 取水口发生了不同程度的取水困难情况。需要对取水河段平面形态演变过程、演变规律以及主要的影响因素等进行分析，并据此提出相应的应急取水保障措施，使包钢取水的可靠性提高，保障包钢生产正常运行。

2　方法与使用的数据

2.1　使用的数据

使用的影像数据在中国科学院计算机网络信息中心国际科学数据镜像网站（http：//www.gscloud.cn/）、遥感数据共享（http：//ids.ceode.ac.cn/）和欧空局（https：//scihub.copernicus.eu/）下载，为 1986—2021 年共计 36 年，其中 Landsat 5 TM 数据 16 年，Landsat 7 ETM 数据 11 年，Landsat 8 数据 6 年，Sentinel 2 数据 3 年。以无云或少云 5 月、6 月的数据为主，个别年份使用了 4 月、7 月、9 月、10 月的卫星影像数据，云量均小于 20%。影像数据覆盖范围为：左上（40.628°N，108.7°E），右下（40.45°N，109.93°E）。使用的遥感影像成像时间见表 1。

作者简介：孙照东（1964—），男，教授级高级工程师，主要从事水资源保护、水资源论证、入河排污口设置论证工作。

表 1　遥感影像成像时间

卫星编号	成像时间（年-月-日）	卫星编号	成像时间（年-月-日）
Landsat 5	1986-06-22	Landsat 7	2004-05-30
Landsat 5	1987-07-27	Landsat 7	2005-05-01
Landsat 5	1988-06-11	Landsat 7	2006-07-23
Landsat 5	1989-06-14	Landsat 7	2007-06-08
Landsat 5	1990-04-14	Landsat 7	2008-06-10
Landsat 5	1991-07-06	Landsat 7	2009-06-13
Landsat 5	1992-04-19	Landsat 5	2010-06-24
Landsat 5	1993-06-09	Landsat 5	2011-07-13
Landsat 5	1994-07-14	Landsat 7	2012-05-20
Landsat 5	1995-09-19	Landsat 8	2013-04-29
Landsat 5	1996-06-17	Landsat 8	2014-05-02
Landsat 5	1997-10-10	Landsat 8	2015-07-24
Landsat 5	1998-09-27	Sentinel 2A	2016-06-08
Landsat 5	1999-06-26	Landsat 8	2017-06-11
Landsat 7	2000-05-03	Landsat 8	2018-06-28
Landsat 7	2001-06-07	Sentinel 2B	2019-06-08
Landsat 7	2002-06-10	Sentinel 2B	2020-06-12
Landsat 7	2003-04-26	Landsat 8	2021-05-21

2.2　河槽提取方法

2.2.1　影像数据预处理

使用 ESA SNAP 软件（下载地址：http：//step. esa. int/main/download/snap - download/）对 Sentinel 2 数据进行重采样，输出分辨率设置为 10，表观辐亮度转化为表观反射率。

使用 QGIS（下载地址：https：//www. qgis. org/en/site/forusers/download. html）插件 Semi - Automatic Classification Plugin 对 Landsat 数据进行预处理，勾选 Brightness temperature in Celsius、Apply DOS1 atmosphere correction、Perform panshening（Landsat 7 or 8）选项，删除转换后的各波段数据名称前缀 TR_。使用 ESA SNAP 软件或 QGIS 软件，取子集，左上（40. 628°N，108. 7°E），右下（40. 45°N，109. 93°E）。

2.2.2 水体指数

水体指数采用加权归一化差值水体指数 WNDWI[5] 表现形式，使用 QGIS 的 Rater Calculater 算法计算，计算公式为

$$WNDWI = \frac{\rho_{Green} - \alpha \times \rho_{Nir} - (1 - \alpha) \times \rho_{Swir}}{\rho_{Green} + \alpha \times \rho_{Nir} + (1 - \alpha) \times \rho_{Swir}} \qquad (1)$$

式中：$\alpha \in [0, 1]$ 为加权系数，本文取 0.5；ρ_{Green} 为卫星影像绿色波段（Landsat 5 中的 Band 2，Landsat 7 中 B2，Landsat 8 和 Sentinel 2 中的 B3）反射率值；ρ_{Nir} 为卫星影像近红外波段（Landsat 5 中的 Band 4，Landsat 7 中的 B4，Landsat 8 中的 B5 和 Sentinel 2 中的 B8A）反射率值；ρ_{Swir} 为卫星影像短波红外波段（Landsat 5 中的 Band 5，Landsat 7 中的 B5，Landsat 8 中的 B6 和 Sentinel 2 中的 B11）反射率值。

对于 Sentinel 2，使用 B3、B8A、B11 波段数据进行计算；对于 Landsat 5 和 Landsat 7，使用 B2、B4、B5 波段数据进行计算；对于 Landsat 8，使用 B3、B5、B6 波段数据进行计算。当生成的栅格图像层（WNDWI）中 DN 值不只是小于或等于 1 时，用图层中的最大值去除栅格图像层中的 DN 值生成新的栅格图像层，使 DN 值均小于 1。

2.2.3 二值化

使用 QGIS 查看 WNDWI 图层属性，计算直方图。根据直方图中的峰值之间的谷值设置阈值，使用 QGIS 的 Rater Calculater 算法生成二值化图像。

2.2.4 矢量化与河槽提取

使用 QGIS 中的 Polygonize 算法将上述的二值化图像转换成矢量图。使用 QGIS 中 Identify Features 查找矢量图中河槽的 fid。根据河槽 fid，在 QGIS 图层属性的 Source 中 Provider Feature Filter 建立查询，提取河槽层。

对于 Landsat 7 ETM SLC-OFF 数据，由于数据缺失，需要填充数据，通过编辑矢量图，再经过 QGIS 中的 Raterize 和 Polygonize 来实现河槽提取。河槽提取过程中，部分数据还采用了 SAGA GIS（下载地址：https://sourceforge.net/projects/saga-gis/）过滤算法。

2.3 河槽中心线提取方法

河槽矢量图使用 QGIS 的 Geometric Attributes 插件[6] 中的 Centerlines 算法生成河槽中心线，其中 Simplify Vertex Spacing 和 Density Vertex Spacing 设置为 3。

3 结果

按照上述方法得到 1986—2021 年 36 年系列河槽横向迁移范围，其中在昭君坟浮桥下游 2.6 km 附近河槽中心线迁移范围大约为 2 700 m，昭君坟浮桥段河槽中心线迁移范围大约为 170 m，包钢 2# 取水口断面河槽中心线迁移范围大约为 165 m，包钢 3# 取水口断面河槽中心线迁移范围大约为 196 m，包钢 1# 取水口断面河槽中心线迁移范围大约为 702 m；昭君坟浮桥东偏北侧分布有乔木树林以及黄河两岸大堤阻挡了河槽的横向迁移。另外，包钢在取水口附近黄河左岸设置有 1# 泵站、2# 泵站、一级净化设施等建筑物，在洪水期落实防洪措施，也对河槽的横向迁移起到了阻挡作用。1986—2021 年 36 年系列包钢取水口附近黄河河槽中心线横向迁移情况见图 1。

4 结论

根据 1986—2021 年 36 年系列河槽中心线横向迁移范围分析结果可知，包钢取水口附近黄河河槽中心线横向迁移范围大，可达到 2 700 m。其中，包钢 1# 取水口断面河槽中心线迁移范围已达到 700 m。包钢实施黄河取水应急保障措施是必要的。另外，分析结果还表明取水口附近的堤防工程、防洪措施以及乔木树林可以有效阻止河槽横向迁移。因此，包钢黄河取水应急保障措施应当包括河道疏浚、岸边防护、防洪管理等。可采取种植柳树、胡杨等生态措施进行岸边防护。

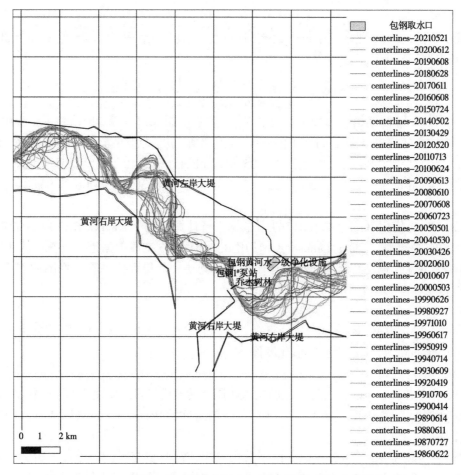

图 1　1986—2021 年 36 年系列包钢取水口附近黄河河槽中心线横向迁情况

参考文献

[1] 刘延澄 . 包头市城市供水科学技术志（1939—1995）［M］. 包头：内蒙古包头市自来水公司，1997：398-400.

[2] 师长兴，王随继，许炯心，等 . 黄河宁蒙段河道洪峰过程洪-床-岸相互作用机理［M］. 北京：科学出版社，2016.

[3] 冀鸿兰，樊宇，翟涌光，等 .1988—2018 年黄河内蒙古段河道边界演变特征及影响因素［J］. 水土保持通报，2020，40（5）：242-249，267.

[4] CROSATO A. 河流蜿蜒分析与模拟［M］. 任松长，李胜阳，程献国，等，译 . 郑州：黄河水利出版社，2011.

[5] Guo Q，Pu R，Li J，et al. A weighted normalized difference water index for water extraction using landsat imagery［J］. International Journal of Remote Sensing，2017，38（19）：5430-5445.

[6] Nyberg B，Buckley S J，Howell J A，et al. Geometric attribute and shape characterization of modern depositional elements：A quantitative GIS method for empirical analysis［J］. Computers & Geosciences，2015，82：191-204.

海河流域南水北调受水区水资源供需形势研究

徐好峰[1]　齐　静[2]　任涵璐[2]

(1. 水利部海河水利委员会引滦工程管理局，天津　3001701；
2. 海河水利委员会科技咨询中心，天津　300170)

摘　要：本文以海河流域南水北调受水区现状水资源开发利用为基础，根据经济社会发展状况，对受水区的经济社会指标和需水进行预测；采用海河流域第三次水资源调查评价成果，对现有水源可供水量进行分析预测；耦合需水和供水预测成果，对受水区的供需形势进行研究；供需成果表明，未来受水区仍有约 59.9 亿 m³ 的缺口，需要开辟外调水源来解决。

关键词：海河流域；南水北调；海河流域受水区；水资源；供需形势

1　水资源开发利用状况及缺水形势

1.1　水资源量

根据海河流域第三次水资源调查评价成果，1956—2016 年系列海河流域水资源总量 327.4 亿 m³，其中南水北调东中线受水区 125.6 亿 m³。与第二次水资源调查评价成果相比，海河流域水资源总量减少 12%，东中线受水区减少 13%。

按第三次水资源调查评价成果分析，海河流域人均水资源量仅为 214 m³/人，仅相当于全国平均水平的 10%，为全国七大江河中水资源最为短缺的流域。

1.2　现状供、用水量

东中线受水区现状总供用水量为 271.90 亿 m³，其中东线受水区总供用水量为 156.62 亿 m³，当地地表水和外调水供水占比达 51%，地下水占 38%，非常规水占 11%；用水方面，农业是主要的用水户，占 55%，其次为生活，占 21%。东中线受水区不同用户供用水量见表 1。

表 1　2017 年南水北调东中线受水区不同用户供用水量　　　　　单位：亿 m³

分区	省（市）	总供水量						总用水量				
		地表水		地下水		非常规	合计	生活	工业	农业	生态环境	合计
		小计	其中外调水	小计	其中深层承压水							
东中线受水区		116.26	67.82	134.27	21.62	21.37	271.90	50.01	31.04	161.62	29.22	271.90
东线受水区	北京	11.68	8.82	15.12	0	10.51	37.31	17.32	3.35	4.40	12.25	37.31
	天津	18.97	10.06	5.24	2.38	3.89	28.10	6.03	6.43	10.50	5.15	28.10
	河北	15.46	5.76	22.87	14.76	2.30	40.63	5.95	3.81	29.41	1.45	40.63
	山东	33.90	26.92	15.83	1.02	0.85	50.58	4.17	3.86	41.20	1.35	50.58
	合计	80.01	51.55	59.07	18.15	17.55	156.62	33.48	17.45	85.51	20.20	156.62

作者简介：徐好峰（1971—），男，高级工程师，主要从事水资源、防洪减灾方面的研究工作。

2 需水量的预测方法和结果

2.1 预测方法

在充分考虑节水的前提下，按生活、工业、农业和生态等类别对规划水平年 2035 年需水量进行预测。

2.1.1 生活需水预测

生活需水量 $W_{生}$ 采用定额法，根据综合人口和生活用水定额进行确定。

$$W_{生} = n_{人} \eta \tag{1}$$

式中：$n_{人}$ 为常住人口；η 为生活用水定额。

其中，人口采用各省（市）城市总规和人口发展规划成果；生活用水定额分城镇生活用水定额（含公共用水定额）和农村居民生活用水定额，城镇生活用水定额是在现状城镇生活用水调查与用水节水水平的基础上，参照城市生活用水变化趋势和增长过程，依据国内外同类地区用水水平，同时结合生活用水习惯、收入水平、第三产业发展等因素，以住建部发行的《城镇居民用水定额标准》中规定的用水定额为依据，综合确定未来生活用水定额；农村居民生活用水定额主要是参考现状实际用水定额，同时考虑居民生活水平的提高进行确定。

2.1.2 工业需水预测

工业需水量 $W_{工}$ 选取定额法、趋势法和土地利用指标法等方法进行预测。

（1）定额法：根据综合万元工业增加值和工业增加值进行确定。

$$W_{工} = I \, W_0 \tag{2}$$

式中：I 为工业增加值，万亿元；W_0 为万元工业增加值用水量，m^3/万亿元。

工业增加值按照经济社会发展趋势，结合相关规划成果确定。工业用水定额是以现状工业用水定额为基础，按照节水降耗的要求以及水资源管理"三条红线"控制指标，并类比相似城市进行预测，与经济指标结合确定工业需水量。

（2）趋势法：根据近几年城市工业用水情况，拟合出工业用水增长趋势线，由趋势线预测工业需水量，见图 1。

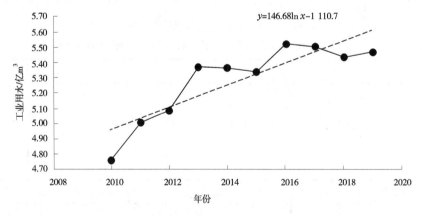

图 1　工业需水趋势法预测示意图

（3）土地利用指标法：根据综合土地利用指标和单位用地用水指标进行确定。

未来工业用地和物流仓储用地等指标结合区域功能定位和工业发展布局，依据各省（市）相关规划成果进行预测，参照给水相关规范中不同类别用地用水指标确定用水定额，结合土地利用指标和土地用水指标进行预测。

2.1.3 农业需水量

农业需水量按照农田灌溉用水量和林牧渔畜用水量分别进行预测。考虑华北地下水治理中灌溉面积和种植结构调整因素，按定额法进行确定。

2.1.4 生态环境需水量

河道外生态需水量按照环境、绿地和河湖分别进行预测，均采用定额法进行预测，见式（3）、式（4）：

$$W_{环/绿} = A_{环/绿} \cdot n_人 \cdot w_{环/绿} \tag{3}$$

式中：$W_{环/绿}$为环卫和绿地需水量；$A_{环/绿}$为人均道路面积或绿地面积，m^2；$w_{环/绿}$为单位道路面积用水量或单位绿地面积用水量，m^3；其他符号意义同前。

$$W_{河湖} = A_河 \cdot H_损 + W_{水质} \tag{4}$$

式中：$W_{河湖}$为河湖需水量；$A_河$为需补水河湖面积，m^2；$H_损$为蒸发渗漏损失，m；$W_{水质}$为维持水质所需的必要换水量。

2.2 需水量

采用上述方法，对东中线受水区的需水量进行预测。预测 2035 年东中线受水区总需水量 333.94 亿 m^3，比基准年增加 37.2 亿 m^3，主要是生活和生态环境增加，年均增长率为 2.4%，低于近些年受水区的增长率 4%。其中，东线受水区总需水量 199.56 亿 m^3，比基准年增加 27.0 亿 m^3。东中线受水区 2035 年需水预测成果见表 2。

表 2　海河流域东中线受水区 2035 年需水预测成果　　　　　　　　单位：亿 m^3

分区	省（市）	生活			工业	农业	生态			合计
		城镇	农村	小计			城镇	农村	小计	
东中线受水区		79.61	7.02	86.63	39.94	171.67	26.35	9.35	35.70	333.94
东线受水区	北京	21.21	0.65	21.86	3.82	5.38	8.84	3.54	12.39	43.44
	天津	14.59	0.61	15.20	7.70	10.28	5.00	1.03	6.03	39.21
	河北	10.63	1.35	11.98	5.53	30.18	3.40	3.87	7.27	54.96
	山东	8.35	1.54	9.89	6.07	44.15	1.83	0	1.83	61.94
	合计	54.78	4.15	58.93	23.11	89.99	19.07	8.44	27.52	199.56

3　规划水平年水资源供需分析

3.1　可供水量分析

地表水，采用现状下垫面条件修订后的 1956—2016 年长系列成果，按照 2035 年供用水条件，以满足河道内基本生态用水要求（保证率不低于 75%）为前提，采用水资源配置模型进行径流调节计算，分析当地地表水多年平均最大供水能力。地下水，采用第三次水资源调查评价确定的可开采量作为可供水量。非常规水，包括再生水和海水淡化利用量，按照水十条和节水型社会建设要求，确定城镇再生水利用率，进而确定再生水利用量；海水淡化利用量采用流域非常规水利用规划成果。外调水，包括中线、东线和引黄工程，中线、东线工程采用一期工程的调水量、引黄工程按照"87"分水方案调整后的引黄指标考虑。

经长系列调算，2035 年东中线受水区多年平均总可供水量为 274.05 亿 m^3，其中当地地表水 40.62 亿 m^3，地下水 99.12 亿 m^3，外调水 100.70 亿 m^3，非常规水 33.61 亿 m^3，见表 3。

表 3　海河流域东中线受水区 2035 年多年平均可供水量　　　　单位：亿 m³

省（市）	供水合计	当地地表水	外调水				地下水	非常规水
			中线一期	东线一期	引黄	小计		
北京	34.31	2.99	10.52	0	0	10.52	14.12	6.68
天津	30.70	10.26	8.63	0	0	8.63	3.21	8.60
河北	119.52	18.95	28.88	0	3.60	32.48	55.02	13.07
河南	38.96	4.04	12.16	0	7.50	19.66	12.94	2.32
山东	50.56	4.38	0	3.80	25.61	29.41	13.83	2.94
合计	274.05	40.62	60.19	3.80	36.71	100.70	99.12	33.61

3.2　水资源供需平衡分析成果

采用海河流域第三次水资源调查评价的 1956—2016 年水资源长系列，对 2035 年的供需状况进行了长系列供需平衡分析。在南水北调东中线工程维持一期供水量的条件下，2035 年东中线受水区多年平均总的需水量为 333.94 亿 m³，总的可供水量为 274.05 亿 m³，缺水量为 59.89 亿 m³，其中城镇和农村生活缺水量为 39.17 亿 m³，农业和农村生态缺水量为 20.73 亿 m³；95% 缺水量为 102.4 亿 m³，其中城镇缺水量为 49.1 亿 m³，农村缺水量为 53.3 亿 m³。东中线受水区供需平衡成果见表 4。

表 4　海河流域东中线受水区 2035 年供需平衡成果　　　　单位：亿 m³

省（市）	需水量			可供水量			缺水量		
	城镇和农村生活	农业和农村生态	合计	城镇和农村生活	农业和农村生态	合计	城镇和农村生活	农业和农村生态	合计
北京	34.51	8.93	43.44	25.39	8.93	34.31	9.13	0	9.13
天津	27.90	11.31	39.21	19.84	10.86	30.70	8.06	0.45	8.51
河北	54.73	95.16	149.89	39.82	79.70	119.52	14.92	15.46	30.38
河南	17.98	21.47	39.46	17.90	21.06	38.96	0.08	0.42	0.50
山东	17.79	44.15	61.94	10.81	39.75	50.56	6.98	4.40	11.38
合计	152.92	181.02	333.94	113.75	160.29	274.05	39.17	20.73	59.89

4　水资源供需形势研判

由供需平衡结果看，在维持南水北调东中线一期工程供水量的情况下，海河流域东中线受水区多年平均缺水量为 59.89 亿 m³，缺水率达到 18%，城镇供水保证率达不到 50%，未来需要通过调水来保障城镇和农村的供水安全。根据水利水电规划设计总院审查并经水利部上报发改委的《引江补汉工程可行性研究》成果，引江补汉工程按照以供定需的原则，可向海河流域受水区配置水量 11.2 亿 m³，全部配置给城镇。配置完成后，纯中线受水区仍有 3 亿~4 亿 m³ 的缺口，需要中线后续来解决；东线受水区（含东线联合供水区）的缺口需通过东线后续来解决。

按照东线受水区不同用户供水保证率要求，同时浅层地下水基本实现采补平衡、深层水实现全面压采的供水保障目标，海河流域东中线受水区仍需要东线二后续工程调水量 32.1 亿 m³，调水水源主要是从长江引水，通过渠道过黄河调入海河流域，用于城镇及农村生活 26.0 亿 m³，大运河和白洋淀生态补水 3.1 亿 m³，地下水超采治理补源水量 3.0 亿 m³。调水实施后，东线受水区不同用户的供水保证率能达到保证率要求。

5 结论

海河流域东中线受水区在维持南水北调东、中线一期工程供水的情况下，水资源仍有较大的缺口，缺水量为 59.9 亿 m^3，其中城镇缺水占 65%，农村缺水占 35%。在引江补汉工程实施的条件下，仍需要东线后续工程调水 32.1 亿 m^3 来保障受水区的供水安全。

在调水工程调水量达效后，海河流域总的水资源开发利用程度明显降低，从现状的 106% 降低为 86%。河湖生态水量得到明显提高，浅层地下水得到采补平衡，深层水达到全部压减，地下水超采得到有效治理。

参考文献

［1］南水北调工程总体规划［R］.北京：国家发展计划委员会，水利部.2002.

［2］钮新强，杨启贵，谢向荣，等.南水北调中线一期工程可行性研究报告［R］.武汉：长江水利委员会长江勘测规划设计研究院，2005.

［3］任东红，陈民，郭亚梅，等.海河流域综合规划［R］.天津：水利部海河水利委员会.2013.

［4］全国水资源调查评价技术细则［R］.北京：水利部水利水电规划设计总院，2017.

［5］王磊，李波，张娜，等.引江补汉工程可行性研究报告［R］.2019.

［6］果有娜，刘江侠，余新启，等.南水北调东线二期工程规划（东平湖以北部分）［R］.天津：中水北方勘测设计研究有限责任公司，2019.

［7］中华人民共和国住房和城乡建设部.城市给水工程规划规范：GB 50282—2016［S］.北京：中国计划出版社，2016.

基于多源数据融合的灌溉面积监测方法研究

白亮亮[1]   王白陆[1]   吴 迪[2]

(1. 水利部海河水利委员会科技咨询中心，天津 300170；
2. 中国灌溉排水发展中心，北京 100054)

摘 要：通过融合多源遥感数据，构建了高分辨地表特征参数数据集，联合地表温度和植被参数获取表层土壤水分，并通过表层土壤水分变化确定实际灌溉面积。研究结果表明，融合后的高分辨率植被指数和地表温度空间纹理信息更加丰富，且空间相对差异性一致，融合结果较好。根据高分辨率地表温度和植被参数获取的表层土壤水分，可以有效估算灌区实际灌溉面积。本文提出的可获得较大范围农业实际灌溉面积方法，可有效弥补灌区管理传统信息获取手段的不足，为地下水超采区农业用水量复核和节水成效评估提供技术支撑。

关键词：Landsat；MODIS；数据融合；土壤水分；灌溉面积

1 引言

大规模的农业灌溉和过度的地下水开发利用，导致了严重的地下水超采。海河流域华北平原区浅层地下水严重超采已导致形成多个地下水漏斗。近40年来，浅层地下水储量消耗471亿 m^3，消耗强度为19.3万 m^3/km^2。为实现农业水资源高效利用，人们不断开展农业节水灌溉工程建设，通过水利工程措施来提高灌溉水利用效率。而现有技术手段和方法，无法对耗水量以及农业水资源开采量进行准确的估算，对农业节水量的复核和节水成效的评估也相对困难。尚未形成满足实行最严格水资源管理制度要求的监测、计量和信息管理能力，在一定程度上制约了制度的落实[1-2]。因此，如何准确、大范围估算实际灌溉面积，复核农业用水量，是灌区农业水资源利用效率评价的基础，对指导节水农业建设，合理开采地下水，实行最严格水资源管理制度要求具有十分重要的意义。

2 材料与方法

2.1 研究区域

本研究区域为河北省石家庄市典型浅层地下水超采区的栾城、赵县和元氏县三个县（简称石家庄三县）。研究区域气候属于温带半湿润半干旱大陆性季风气候，冬季寒冷少雪，夏季炎热多雨。多年平均降水量在400~800 mm，降水主要集中在4—9月，占全年降水量的83%~95%。研究区域土地利用类型详见图1，研究区域主要作物种植类型为冬小麦-夏玉米轮作，其中冬小麦灌溉时段主要为播种前底墒灌溉、拔节期灌溉、抽穗期灌溉和灌浆期灌溉。夏玉米灌溉时段主要为苗期灌溉、拔节期灌溉、抽雄期灌溉和灌浆期灌溉。

2.2 数据融合方法

增强自适应时空融合算法（enhance spatial and temporal adaptive reflectance fusion model，ESTAR-FM)[3]可以有效互补不同遥感数据源的优势。该方法通过对不同遥感数据源进行空间降尺度，生成适宜的时间和空间分辨率影像，如地表反射率和地表温度等地表参数，以满足研究区域对高时空分辨率地表参数的需求[4]。

作者简介：白亮亮（1986—），男，高级工程师，主要从事水资源定量遥感及应用工作。

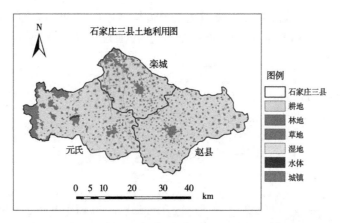

图 1　石家庄三县土地利用分布（其中土地利用类型采用自然资源部发布的 2010 年 30 m **全球地表覆盖数据**）

　　该算法考虑了邻近像元与目标像元之间的光谱距离权重、空间距离权重和时间距离权重，通过邻近相似像元的光谱信息来预测目标像元的辐射值。该算法利用与预测时期相邻 2 个时期的高分辨率影像和低分辨率影像以及预测时期低分辨影像共同生成预测时期的高分辨率影像。最终预测时期高分辨率影像的计算式为

$$L_k(x_{w/2},\ y_{w/2},\ t_p) = L(x_{w/2},\ y_{w/2},\ t_k) + \sum_{i=1}^{N} W_i V_i(M(x_i,\ y_i,\ t_p) - M(x_i,\ y_i,\ t_k)) \quad (k=m,\ n)$$

$$\tag{1}$$

$$L(x_{w/2},\ y_{w/2},\ t_p) = T_m L_m(x_{w/2},\ y_{w/2},\ t_p) + T_n L_n(x_{w/2},\ y_{w/2},\ t_p) \tag{2}$$

$$T_k = \frac{1/\left| \sum\limits_{j=1}^{w} \sum\limits_{i=1}^{w} M(x_j,\ y_i,\ t_k) - \sum\limits_{j=1}^{w} \sum\limits_{i=1}^{w} M(x_j,\ y_i,\ t_p) \right|}{\sum\limits_{k=m,\ n} (1/\left| \sum\limits_{j=1}^{w} \sum\limits_{i=1}^{w} M(x_j,\ y_i,\ t_k) - \sum\limits_{j=1}^{w} \sum\limits_{i=1}^{w} M(x_j,\ y_i,\ t_p) \right|)} \quad (k=m,\ n) \tag{3}$$

式中：w 为相似像元搜索窗口；$(x_{w/2},\ y_{w/2})$ 为中心像元位置；$(x_i,\ y_i)$ 为第 i 个相似像元；$L(x_{w/2},\ y_{w/2},\ t_k)$ 和 $M(x_i,\ y_i,\ t_k)$ 是 k（$k=m,\ n$）时期 Landsat 高分辨率影像和 MODIS 低分辨率影像；$L_m(x_{w/2},\ y_{w/2},\ t_p)$ 和 $L_n(x_{w/2},\ y_{w/2},\ t_p)$ 为 t_m 和 t_n 时期高、低分辨率影像共同预测的 t_p 时期高分辨率影像；$L(x_{w/2},\ y_{w/2},\ t_p)$ 为最终预测时期高分辨率影像；V_i 为转换系数；T_m 和 T_n 分别为 t_m 和 t_n 时期的时间权重因子；W_i 为综合权重因子。

2.3　土壤水分及灌溉面积监测

　　地表温度（land surface temperature，LST）和植被指数（normalized difference vegetation index，NDVI）特征空间存在一系列土壤湿度等值线，即不同水分条件下地表温度与植被指数的斜率[5-6]，并在此基础上获取温度植被干旱指数（temperature vegetation dryness index，TVDI）。该指数具有一定物理基础，并且受影像空间分辨率影响不大，能更准确地反映干旱信息。TVDI 可定义为

$$\text{TVDI} = \frac{\text{TS} - \text{TS}_{min}}{\text{TS}_{max} - \text{TS}_{min}} \tag{4}$$

$$\text{TS}_{min} = a_1 + b_1 \text{NDVI} \tag{5}$$

$$\text{TS}_{max} = a_2 + b_2 \text{NDVI} \tag{6}$$

式中：TS 为任意像元的地表温度；TS_{min} 为某一 NDVI 对应的最低温度，对应湿边；TS_{max} 为某一 NDVI 对应的最高温度，对应干边；a_1、b_1 为湿边方程的拟合系数；a_2、b_2 为干边方程的拟合系数。

　　TVDI 在 [0，1] 之间，当（NDVI，LST）越接近于干边时，下垫面土壤越干燥，在干边上 TVDI=1；当（NDVI，LST）越接近湿边时，下垫面越湿润，在湿边上 TVDI=0。

　　联立式（4）~式（6）可以计算温度植被干旱指数 TVDI：

$$\text{TVDI} = \frac{\text{TS} - (a_1 + b_1 \text{NDVI})}{(a_2 + b_2 \text{NDVI}) - (a_1 + b_1 \text{NDVI})} \tag{7}$$

在温度–植被特征空间中，土壤湿度等值线相交于干边与湿边的交点，该直线斜率与土壤湿度之间呈线性关系。表层土壤湿度（surface soil moisture，SSM）可通过下式计算得到：

$$SSM = a_1 + b_1 \frac{h}{H} \tag{8}$$

式中：SSM 为土壤湿度，cm^3/cm^3；h/H 为直线斜率；a_1 和 b_1 可通过线性回归得到。

像元到干、湿边的距离和干、湿边的土壤湿度值有

$$\frac{SSM_{max} - SSM}{SSM_{max} - SSM_{min}} = \frac{TS - TS_{min}}{TS_{max} - TS_{min}} \tag{9}$$

则土壤湿度可表达为

$$SSM = SSM_{max} - \frac{TS - TS_{min}}{TS_{max} - TS_{min}}(SSM_{max} - SSM_{min}) = SSM_W - TVDI(SSM_W - SSM_D) = aTVDI + b \tag{10}$$

式中：SSM 为任一像元的土壤湿度，cm^3/cm^3；$(TS-TS_{min}) / (TS_{max}-TS_{min})$ 为温度植被指数；SSM_{max} 为土壤湿度最大值，cm^3/cm^3；SSM_{min} 为土壤湿度最小值，cm^3/cm^3，为永久凋萎点。

假设各次灌溉时段范围内无灌溉发生，根据时段内降水资料，以时段初遥感土壤水分值 SSM_t 为初始值，根据土壤水分衰减函数，推求段末土壤水分值 SSM_{t+n}：

$$SSM_{t+n} = cW_0 t^{-m}/100 \tag{11}$$

若

$$SSM'_{t+n} - SSM_{t+n} > D_{阈值}$$

则时段内发生灌溉。

式中：SSM_{t+n} 为时段末估算的土壤湿度，cm^3/cm^3；SSM'_{t+n} 为时段末遥感土壤湿度，cm^3/cm^3；W_0 为初始土壤水贮量，cm^3；c 为常数；m 为衰减系数；t 为时间，d；$D_{阈值}$ 根据不同作物、不同生育期，通过试验资料确定。

3 结果与分析

3.1 植被指数和地表温度降尺度

图 2 为 2018 年 5 月 13 日 MODIS NDVI 和 LST 空间分布图，图 3 为同期融合后 NDVI 和 LST 空间分布图。融合后的 NDVI 和 LST，通过融合 Landsat 4 月 25 日、6 月 12 日和 MODIS 4 月 25 日、5 月 13 日和 6 月 12 日 5 景影像共同生成，其中每景影像包括红 Red、近红外 Near 和地表温度 LST 三个波段，融合后 NDVI 空间分布图由融合后红、近红外波段计算所得。

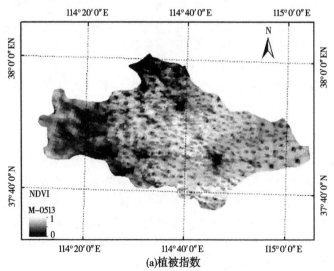

(a)植被指数

图 2　MODIS 植被指数和地表温度空间分布

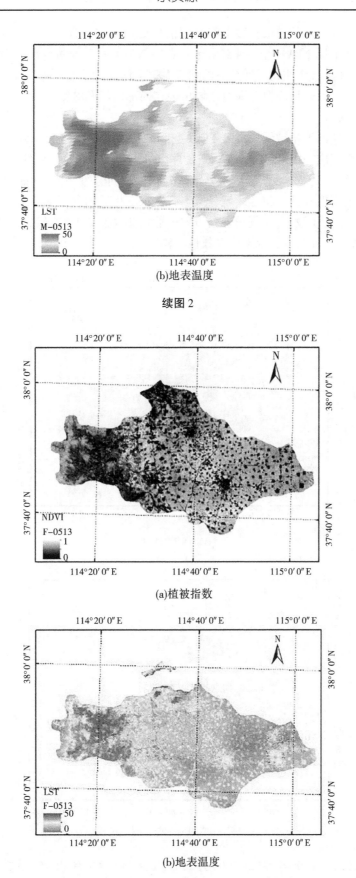

续图2

(a)植被指数

(b)地表温度

图3 融合后植被指数和地表温度空间分布（其中，融合后NDVI由融合后红、近红外波段计算所得）

由图 3 可以看出，融合后的植被指数空间纹理信息更加丰富，且与融合前 MODIS 植被指数空间相对差异性一致，中部平原 NDVI 高于西部山区，农田 NDVI 大于城镇乡村，融合结果较好。同样，与 MODIS 地表温度空间分布图相比，融合后的地表温度空间纹理信息更加丰富，与融合前 MODIS 地表温度空间相对差异性一致，地表温度高值区域出现在西部山区和城镇区域，融合结果较好。

3.2 土壤水分空间分布

图 4 为部分晴空日期温度植被干旱指数 TVDI 空间分布。基于构建的高分辨率 NDVI 和 LST 数据集，进一步获取了生育期内 2018 年 7 月 21 日、8 月 20 日、8 月 24 日和 9 月 3 日的 TVDI 空间分布。图 5 是石家庄三县同期 0~10 cm 表层土壤水分空间分布，空间分辨率为 30 m。由于灌溉作用以及植被覆盖较密、土壤蒸发程度较低，耕地区域表层土壤含水率相对较高，西部山区土壤水分值明显低于平原区。同时可以看出，土壤水分空间分布与 TVDI 呈负相关。TVDI 值较大，表明该区域土壤水分相对较低。TVDI 值较小，表明该区域土壤水分相对较高。

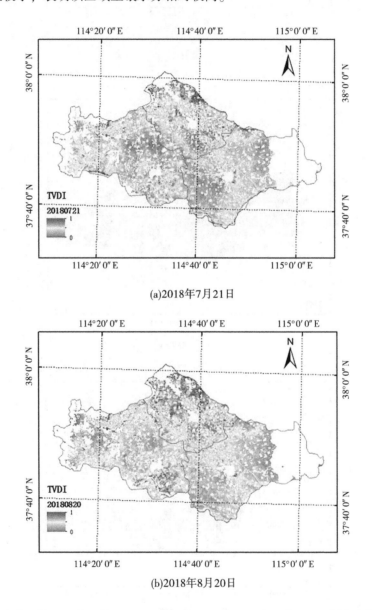

(a)2018年7月21日

(b)2018年8月20日

图 4　2018 年石家庄三县 2018 年 7 月 21 日、8 月 20 日、8 月 24 日和 9 月 3 日不同生育期 TVDI 空间分布

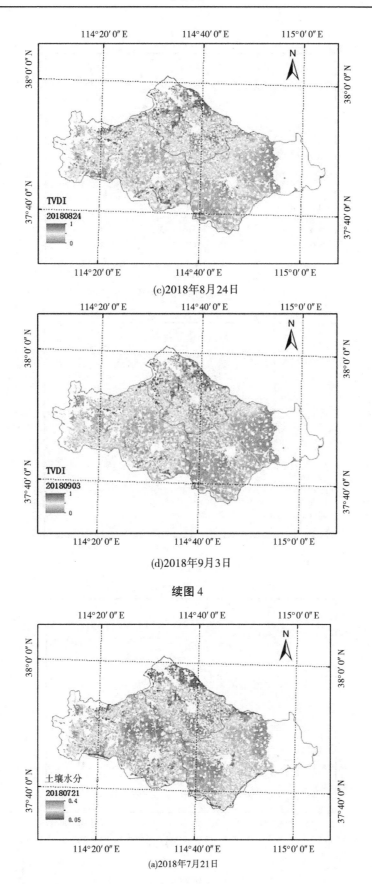

(c)2018年8月24日

(d)2018年9月3日

续图4

(a)2018年7月21日

图5 2018年石家庄三县2018年7月21日、8月20日、8月24日和9月3日0~10 cm土壤水分空间分布

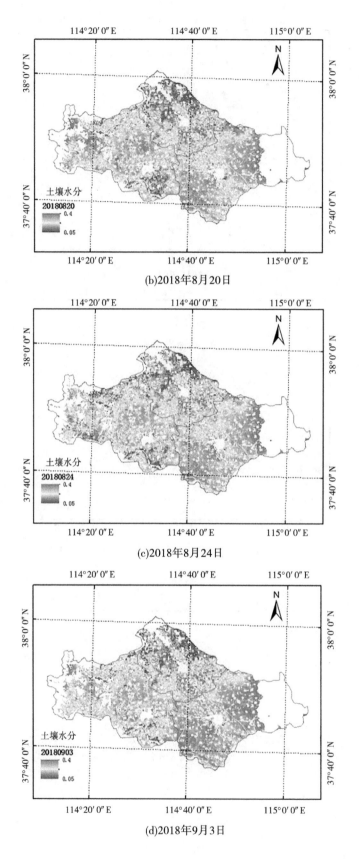

(b)2018年8月20日

(c)2018年8月24日

(d)2018年9月3日

续图 5

3.3 灌溉面积空间分布

图6是根据灌溉时段内土壤水分变化提取的2018年石家庄三县小麦季和玉米季灌溉面积分布。表1~表3为石家庄三县不同作物灌溉面积统计以及灌溉占比。其中,栾城小麦季灌溉面积占到62.66%,玉米季灌溉面积占到48.47%;赵县小麦季灌溉面积占到83.07%,玉米季灌溉面积占到22.76%;元氏小麦季灌溉面积占到56.04%,玉米季灌溉面积占到58.33%。栾城、赵县和元氏总灌溉面积分别为50.99万亩、72.26万亩和70.68万亩,灌溉面积占比分别为87.46%、89.80%和84.20%。

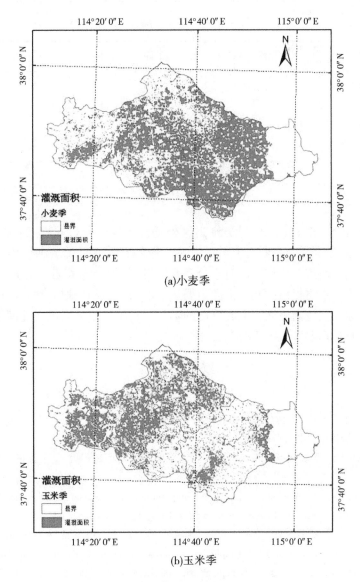

(a)小麦季

(b)玉米季

图6 2018年石家庄三县灌溉面积分布

表1 2018年石家庄三县小麦季灌溉面积统计

县域	像元个数	灌溉面积/万亩	总耕地面积/万亩	灌溉占比/%
栾城	270 716	36.53	58.30	62.66
赵县	495 364	66.84	80.46	83.07
元氏	348 613	47.04	83.94	56.04

表2 2018年石家庄三县玉米季灌溉面积统计

县域	像元个数	灌溉面积/万亩	总耕地面积/万亩	灌溉占比/%
栾城	209 442	28.26	58.30	48.47
赵县	135 672	18.31	80.46	22.76
元氏	362 813	48.96	83.94	58.33

表3 2018年石家庄三县灌溉面积统计

县域	像元个数	灌溉面积/万亩	总耕地面积/万亩	灌溉占比/%
栾城	377 866	50.99	58.30	87.46
赵县	535 504	72.26	80.46	89.80
元氏	523 833	70.68	83.94	84.20

4 结语

本文采用晴空日高分辨率 Landsat 可见光–近红外遥感影像（～30 m），通过 ESTARFM 数据融合方法，对同期 MODIS 中分辨率 MOD09GQ（～250 m）地表反射率和低分辨率 MOD11A1（～1 000 m）地表温度进行降尺度，从而进一步构建高时空分辨率温度–植被干旱指数，并估算了研究区域表层土壤水分和实际灌溉面积。本文提出的基于多源数据融合的灌溉面积提取方法，可应用于大范围灌区实际灌溉面积的提取，弥补现有灌溉面积监测手段的不足，对地下水超采区农业灌溉水量的复核、评估以及落实最严格水资源管理要求具有重要意义。

参考文献

［1］蒋云钟，万毅，甘治国. 加强水资源监控能力建设，支撑最严格水资源管理制度［C］//中国水利学会水资源专业委员会年会暨学术研讨会，中国水利学会，2012.

［2］易珍言，赵红莉，蒋云钟，等. 遥感技术在河套灌区灌溉管理中的应用研究［J］. 南水北调与水利科技，2014（5）：166-169.

［3］Zhu X, Chen J, Gao F, et al. An enhanced spatial and temporal adaptive reflectance fusion model for complex heterogeneous regions［J］. Remote Sensing of Environment. 2010, 114（11）：2610-2623.

［4］岩腊，龙笛，白亮亮，等. 基于多源信息的水资源立体监测研究综述［J］. 遥感学报，2020，24（7）：787-803.

［5］Sandholt I, Rasmussen K, Andersen J. A simple interpretation of the surface temperature/vegetation index space for assessment of surface moisture status［J］. Remote Sensing of environment, 2002, 79（2-3）：213-224.

［6］赵杰鹏，张显峰，廖春华，等. 基于 TVDI 的大范围干旱区土壤水分遥感反演模型研究［J］. 遥感技术与应用，2011（6）：41-49.

雨洪水人工回灌中多分散颗粒堵塞模式识别

邹志科[1]　余　蕾[1]　李亚龙[1]　刘凤丽[1]　罗文兵[1]　孙建东[2]

(1. 长江科学院农业水利研究所，湖北武汉　430010；
2. 中国水电基础局有限公司，天津　301700)

摘　要： 雨洪水人工回灌过程中多分散颗粒堵塞一直是限制人工回灌技术大规模应用的主要原因。本文开展了多分散雨洪颗粒人工回灌二维砂箱定水头试验，试验结果表明：实验室尺度介质自滤作用会高估介质的堵塞程度，雨洪水中少量大颗粒的筛滤作用可以提高较小颗粒的沉积，加快回灌系统的堵塞过程，多分散颗粒回灌过程中表面滤饼堵塞、内部孔隙堵塞、内部-表面双重堵塞3种堵塞模式同时存在，不同的回灌阶段，不同的堵塞模式起主导作用，但无论堵塞模式如何变化，最终都是严重的表面堵塞，形成致密的堵塞层。

关键词： 雨洪水回灌；多分散颗粒；堵塞模式；自滤作用；筛滤作用

1　研究背景

全球气候变化和人类活动增加了暴雨和洪涝等极端灾害发生的频率和强度[1-3]。城市水资源的时空分布不均和城市内涝造成的污染等问题日益突出，如何处理城市水问题日益成为水文学和生态学的热点和难点之一，基于低影响开发（low impact development，LID）理论的海绵城市是我国城市水问题综合治理的一种新理念，海绵城市的核心理念是雨洪管理[4]。雨洪水作为一种非常规水源，是地下水人工回灌的理想水源[5-6]，国内外大量实践经验也表明，在条件适宜的地区，积极地开展雨洪水人工回灌实践，即通过人工补给或提高城市下垫面渗透性来促进雨水入渗补给含水层，不仅可以将雨洪水储存在含水层中以备不时之需，而且可以缓解城市内涝，减少污染物的风险[7-8]。

雨水中存在大量的悬浮颗粒，物理堵塞是雨洪水人工回灌中主要的堵塞类型[9]。物理堵塞是由于颗粒堆积在过滤介质表面，或者是由沉积在深层多孔介质内部引起的。多分散颗粒不同的堵塞机制会产生相应的堵塞模式。堵塞模式根据堵塞发生位置的不同可以分为4类：表面滤饼堵塞、内部孔隙堵塞（包含有暂态堵塞模式）、内部-表面双重堵塞以及颗粒自由通过介质孔隙的不堵塞情况[10]。表面滤饼堵塞主要是由于颗粒粒径大于介质孔隙直径时，筛滤作用导致大于某一粒径的颗粒被截留在介质表面。内部孔隙堵塞是指颗粒粒径小于介质孔隙直径，其中小部分颗粒沉积在介质内部，从而堵塞多孔介质，而介质表面基本没有颗粒沉积。暂态堵塞模式属于内部堵塞的一种子模式，如果回灌过程中颗粒沉积是不稳定的，当水动力条件发生变化或者后续沉积的颗粒对已沉积颗粒造成干扰时，导致颗粒再释放，进而改变了堵塞的状态。内部-表面双重堵塞是粒径较细的颗粒进入介质内部，颗粒沉积在介质孔隙中某一位置，随着颗粒不断在介质孔隙中累积，介质的孔隙变小，颗粒便开始向上沉积，最终形成内部-表面双重堵塞。筛滤作用取决于悬浮颗粒的直径（d_p）与多孔介质颗粒的直径（d_g）之比[11]。

基金项目： 国家自然科学基金委员会-中华人民共和国水利部-中国长江三峡集团有限公司长江水科学研究联合基金项目（U2040213）；中央级公益性科研院所基本科研业务费项目（CKSF2021452/NY）。

作者简介： 邹志科（1990—），男，工程师，主要从事农业水管理方面研究工作。

通讯作者： 李亚龙（1976—），男，教授级高级工程师，主要从事节水灌溉理论与技术研究。

筛滤的阈值（d_p/d_g）可能取决于试验条件，因为已有的研究通过试验得到了各种阈值，范围为 0.005～0.1[12-14]。这些研究基本上都是基于单分散颗粒回灌试验，但是实际上雨洪水中的颗粒具有极强的多分散性，粒径范围纳米尺度和毫米尺度，关于多分散颗粒的回灌试验鲜有研究[15]。此外，当前雨水回灌中的堵塞研究绝大部分仅限于一维砂柱。很少有人研究二维砂箱中多分散颗粒的堵塞过程[16]。砂箱中的水流更接近于自然的地下水流态。目前尚不清楚一维砂柱的发现是否可以直接转移到二维砂箱的堵塞研究中。因此，有必要了解在水平水力梯度下雨水中多分散颗粒的堵塞特性。雨洪水人工回灌中多分散颗粒运移–沉积规律的揭示仍是一个具有挑战性的课题。因此，本文拟开展多分散雨洪颗粒人工回灌二维砂箱试验，通过砂箱出口流量过程曲线、渗透池中堵塞颗粒粒度分布的时间变化、砂箱水头损失和时空变化刻画多分散颗粒的堵塞特征，识别多分散颗粒的堵塞模式和相关机制。

2 物理试验与模型

2.1 试验装置

砂箱试验装置由回灌动力系统、监测系统和数据采集系统组成。砂箱全长 3.2 m、宽 0.3 m、高 0.6 m（3.2 m×0.3 m×0.6 m），如图 1 所示。水箱两侧采用不锈钢隔板将水箱分成三段：主要部分（B）是介质区，长 3 m，其中填入中砂（$d_{50}=0.451$ mm），石英砂用铁铲均匀压实，近似模拟 55 cm 厚的均质各向同性的砂质含水层；第一部分和第三部分（A 和 C）无砂部分均有供水，作为模拟含水层的第一类定水头边界条件。试验中，第一部分（上端）保持 50 cm 恒定水头，第三部分（下端）保持 20 cm 恒定水头。砂箱壁面上按照一定的规则安装了测压孔，监测回灌过程中含水层中水位的变化。回灌池长 30 cm、宽 3 cm，安装在离上游定水头边界 45 cm 处（第二列测压孔的正上方）。本试验通过设计回灌池 52 cm 的水位并保持稳定，模拟实际定水头回灌过程，回灌池底部埋在砂箱中 6 cm 深处（底部标高 49 cm），回灌池顶部通过蠕动泵连接雨洪水水箱模拟人工回灌。

监测系统由压力传感器和计算机组成，测压管水头由压力传感器和巡检仪监测并显示在计算机中。在介质内壁上安装了 15 列采样孔（图 1 中的小实心点），部分采样孔安装在介质区背面。此外，在介质区的内壁上还安装了内径 3 mm 的 11 列测压孔（图 1 中的大实心点）。巡检仪可以每分钟记录一次传感器数据。压力传感器之间的水平间距为 30 cm，但在回灌池周围加密为 20 cm。为了防止介质内部颗粒的流失和干扰，介质区内部装有开孔为 0.1 mm 的滤网。

2.2 多分散颗粒和多孔介质的特征

本试验回灌所用的多分散颗粒是通过刮出长江岸坡表层沉积物而收集的，然后经过不断地干燥、碾磨和机械筛分，最终高温灭菌后称重并溶于纯水中，配制为 30 mg/L 的雨洪水作为回灌水源。颗粒的堆积密度和固体密度经测量分别为 1.05 g/cm³ 和 2.51 g/cm³。粒径分析（particle size distribution，PSD）结果显示，多分散颗粒的粒径范围为 0.375～55.82 μm，平均粒径为 8.15 μm，与实际回灌工程中发生堵塞的粒径特征保持一致[17]。

选用最常用的石英砂作为多孔介质，其结构在回灌过程中保持稳定，孔隙度 0.378（±0.003），固体密度为 2.56 g／cm³。选用石英砂 d_{10} 为 0.302 mm，d_{50} 为 0.451 mm，d_{60} 为 0.473 mm，其不均匀系数（d_{60}/d_{10}）为 1.57<2，表明石英砂介质是均质的[5]。

2.3 试验方案

试验分为三个阶段：①自滤阶段（无水回灌）；②清水回灌阶段；③雨洪水回灌阶段。介质填装时仅用铁铲对多孔介质进行了初步压实，雨洪水回灌前对含水层进行为期一周的的自滤作用，即维持上下游定水头，让水层饱和，实现自然流场下的水力压实。自滤作用是指介质颗粒发生了移动和重新排列，这对准确测量介质的渗透系数（K）有着重要的影响[18]。在自滤阶段测量了渗透系数（K），目的是测量介质的自滤作用对初始渗透系数测量的影响；然后当介质的初始渗透系数稳定后，进行第二阶段的清水回灌，将清水引入回灌池，保持回灌池水位稳定在 52 cm，清水回灌持续到回灌池和出口测得的浊度基本一致；最后根据试验方案，在不影响回灌池入渗速率的情况下，用配制好的雨水代

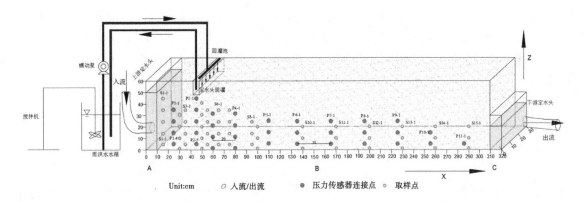

(a)试验装置示意图

(b)装置实物

图1　试验装置

替清水。清水回灌既可以洗去介质中残留的灰尘，也可以作为与后来的雨水回灌进行比较的可靠基准。同样，利用电动搅拌器使颗粒均匀、稳定地分布在雨洪水储槽中。采用蠕动泵将雨洪水泵入回灌池，从回灌池定水头流出的过量雨洪水通过导管被重新导入储槽中。

上下游边界设置为定水头边界，介质中的水力梯度保持在0.1，初始流速为3.24 m/d的一维稳态流动。针对均质潜水含水层，在两侧水头差的驱动下的稳定流，直接采用裘布依（Dupuit）公式和测量多孔介质的出口流量计算饱和多孔介质的渗透系数（K）[19]：

$$K = \frac{2Q_{out}L}{W(H_1^2 - H_2^2)} \tag{1}$$

式中：Q_{out} 为出口流量，m^3/s；L 为多孔介质长度，m；W 为多孔介质宽度，m；H_1 和 H_2 分别为上下游定水头，m。

出口流量稳定需要几天的时间，在整个试验过程中，温度保持在23 ℃（±0.5 ℃）左右。

3　结果与讨论

3.1　出口流量过程

图2显示了整个试验过程中出口流量的变化以及自滤阶段渗透系数的变化。自滤阶段仅显示最后2 d的结果，最初出口流量为341 mL／min，然后降低了约27%至249 mL／min，但出口流量在自滤阶段结束后基本保持稳定。出口流量下降主要归因于多孔介质的填充相对松散而发生了自滤作用，多孔介质内部重新排列和压实。清水回灌阶段，随着清水被引入回灌池，出口流量在几分钟之内急剧增加至667 mL／min，然后稳定下来。这意味着含水层具有足够的导水性以容纳回灌池入渗补给含水层

水流的水平流动。在雨洪水回灌阶段，即使引入雨洪水，出口流量也保持了一段时间的相对稳定，只有当一定量雨洪水回灌到含水层后，出口流量才开始显著下降。出口流量最终稳定在 215 mL／min 左右，并且低于自滤阶段结束时的流量（249 mL／min），这表明雨洪水回灌对含水层的导水性产生了不利影响。

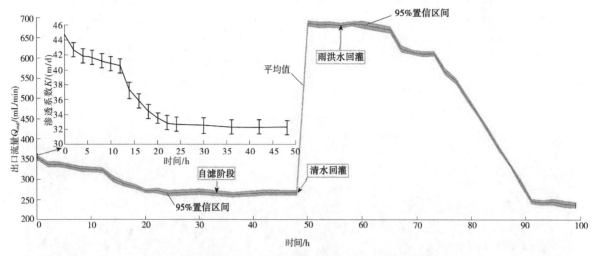

图 2　试验过程中出口流量和自滤阶段（无水回灌）渗透系数的过程变化

稳定状态的出口流量由两部分组成：回灌流量和两侧水头差驱动下的流量。其中，假设水头差驱动下的流量 Q_0（249 mL／min）基本保持不变，回灌流量由于回灌池堵塞的发生而不断减小，出口流量减小的主要原因是回灌流量的减小，当回灌水量小于水力梯度为 1 时的回灌量时，即 $Q_{out} - Q_0 < K \cdot W \cdot B \cdot 1$，其中 B 为回灌池宽度 3 cm，含水层和回灌池的水力联系开始遭到破坏，出现非饱和带，此判断方法可以估计出现非饱和带的时间，此时计算的出流量对应的时间约为 88 h。

渗透系数平均值（K）的变化与出口流量的变化趋势相似，初始 K 的平均值为 45.6 m／d，随着时间的推移而显著下降，下降速度会随着时间的推移而下降，最终趋于稳定，渗透系数平均值自滤 48 h 后达到稳定值 32.4 m／d。在自滤阶段介质渗透系数的变化趋势与前人研究保持一致，例如 Reddi（2005）[20] 等发现在定水头清水回灌的条件下，观察到由于自过滤作用而导致砂质介质的渗透率最大下降了 60%。

3.2　堵塞层的形成

试验过程中对回灌池内颗粒进行取样并进行颗粒粒径分布分析。在雨洪水回灌阶段，仔细收集了回灌池中的颗粒样，采样时间 t_1、t_2 和 t_3 分别对应于 79 h、88 h 和 97 h。选择 t_1（79 h）进行第一次取样是由于此时在回灌池底部形成了可见的黑色堵塞层，t_2（88）为估计出现非饱和带的时间，t_3（97 h）为回灌池完全堵塞的时间。只采样 3 次，以最大程度地减少对堵塞层的影响。

图 3 显示了粒度分析的结果，在 t_1、t_2 和 t_3 时刻颗粒的中值粒径 d_{50} 分别为 21.03 μm、18.71 μm 和 12.97 μm。中值粒径逐渐减小至接近回灌水源的中值粒径，其初始 d_{50} 为 11.28 μm。结果表明，较粗的颗粒逐渐沉积在回灌池底部，较细的颗粒（$d_p < 18.39$ μm）在水动力作用下运移到含水层中，因为第一次取样的颗粒粒度分析几乎没有检测到 $d_p < 18.39$ μm 的颗粒（见图 3 中 t_1 对应的曲线）。18.39 μm 的颗粒粒径与介质平均径之比为 0.04，该比率略小于 Alem 等（2015）[21] 提出的 0.06 发生筛滤的阈值，但远大于 Xu（2006）[14] 提出的 0.008 阈值，表明这些较粗颗粒沉积的主要机制是筛滤作用。此外，样品的 PSD 曲线逐步接近初始的粒度分布，直接证实了较大颗粒在回灌池表面的累积可以提高较小颗粒的沉积效率。这可以通过以下事实来解释：较大颗粒的沉积会占据介质的孔隙空间，以提高较小颗粒的沉积，从而导致较小颗粒的沉积速率增加[22]。最后，几乎所有的回灌颗粒都由于孔隙过小而沉积在回灌池底部，形成了堵塞层。对比一维砂柱试验，证实了根据试验条件的不

同，发生筛滤作用的阈值也不同[23]。

通过开挖和测量堵塞层厚度，堵塞颗粒分布在回灌池底部约 1 cm 的厚度内。根据随机理论，如果某一粒径颗粒 d 的捕获概率为 $\eta(d)$，则其通过 1 cm 厚的介质而被捕获的概率为 $1-(1-\eta(d))^N$，N 代表 1 cm 长度的介质含有的收集器个数（30 个），假设 $1-(1-\eta(d))^N \geqslant 0.99$ 代表筛滤作用的发生，求得对应的颗粒粒径 d 为 19.24 μm，与试验测得的发生筛滤作用的 18.39 μm 颗粒较为接近，随机理论的分析也证明大颗粒的筛滤作用是堵塞层形成的主要原因。

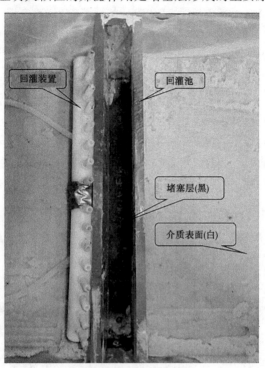

(a)试验结束时黑色堵塞层

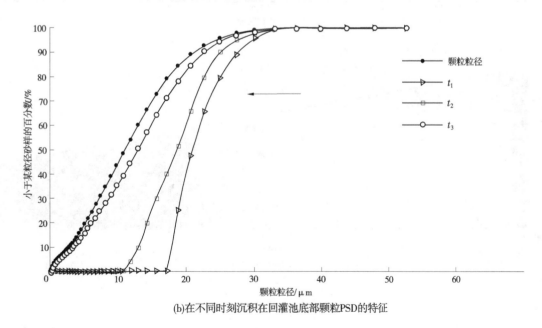

(b)在不同时刻沉积在回灌池底部颗粒PSD的特征

图 3　粒度分析结果

根据以上分析可以得出：尽管雨洪水中大颗粒的比例很小（小于 10% 的颗粒粒径大于 18 μm），由于回灌池底部较大的颗粒可以提高较小颗粒的沉积，少量的大颗粒沉积也会导致整个回灌系统的堵塞。基于以上原因，应采取一些预处理或后处理措施，前人研究表明刮掉堵塞层可以恢复最初渗透能力的 68%[24]。

3.3　多孔介质水头损失的时空变化

由于排除了介质自滤作用造成的影响，回灌过程中水头损失只能是进入含水层的颗粒沉积引起的。图 4 为雨洪水回灌不同阶段水头损失的空间分布。水头损失空间分布很不均匀，回灌池底部水头损失最为明显，越往外扩展，水头损失越小，水头损失在水平方向的影响范围到约 $X = 250$ cm 的位置，随着颗粒的注入，水头损失的范围基本不变，只是回灌池附近水头损失增大，说明几乎所有的颗粒沉积在这个介质长度范围内。在回灌早期阶段，流速相对较高的垂直流可以挟带颗粒运动到含水层较深的位置［见图 4（a）］，但逐渐形成的堵塞层限制垂直流，所以堵塞最严重的还是回灌池周围，这种水头损失非均匀分布随着雨洪水回灌的继续而增大，范围向右和向下扩展，说明随着垂直流作用的减弱，水平水力梯度逐渐对颗粒的沉积起主导作用。值得注意的是，含水层底部出现了异常值点，同时回灌早期的水头损失等值线［见图 4（a）］出现锯齿状，排除插值方法的问题，这可能反映了回灌早期，颗粒在水平梯度控制和垂向流作用下极度不稳定的沉积过程，随着稳定的水平流占主导作用，水头损失等值线也趋于稳定［见图 4（b）~（d）］。

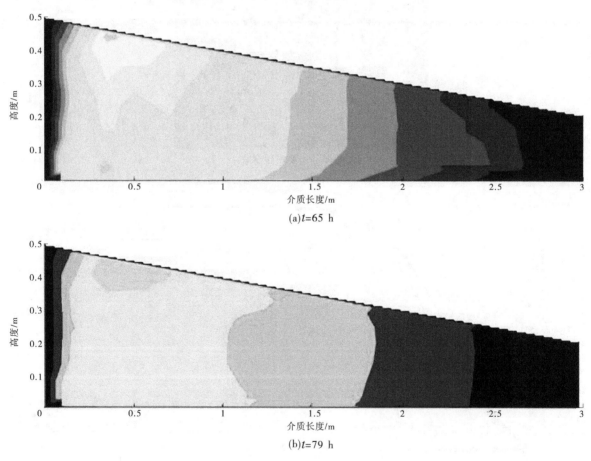

(a)t=65 h

(b)t=79 h

图 4　不同回灌阶段水头损失的空间分布

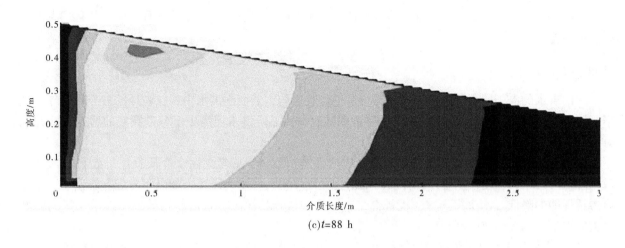

(c)t=88 h

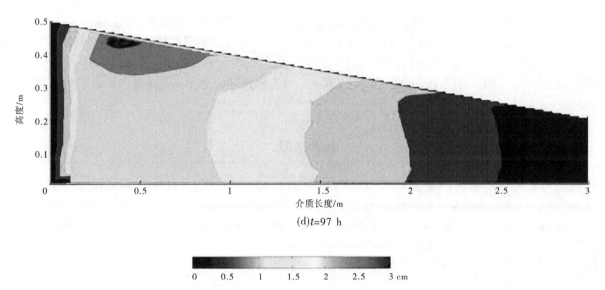

(d)t=97 h

0 0.5 1 1.5 2 2.5 3 cm

续图4

3.4 多分散颗粒堵塞模式识别

由于颗粒粒径跨度范围较大，多分散颗粒回灌过程中通常有不止一种堵塞模式，而且随着堵塞的程度或者水动力条件的改变，不同的堵塞模式之间还进行相互转换。出口流量过程曲线、渗透池中堵塞颗粒粒度分布的时间变化和砂箱水头损失和时空变化分析表明，堵塞模式经历了暂态堵塞模式为主，表面滤饼堵塞和内部-表面双重堵塞为辅的初始阶段；然后是表面滤饼堵塞为主，内部-表面双重堵塞和暂态堵塞模式为辅的过渡阶段，最后是回灌池表面滤饼堵塞和含水层内部暂态堵塞模式共存的严重堵塞阶段。这是因为回灌的初始阶段大部分进入含水层的中间颗粒根据不同捕获概率沿着运移路径沉积，沉积的颗粒呈现极不稳定的状态，但是在回灌垂直流和水平梯度的综合作用下，已沉积的颗粒会发生再释放，形成一种暂时堵塞介质孔隙的状态，同时大颗粒的筛滤作用和小颗粒的深层沉积由于量少也在缓慢进行；随着颗粒的沉积，回灌池底部形成表面堵塞，定水头回灌导致水流速度减小，更小和更少的颗粒进入含水层，内部-表面双重堵塞的作用逐渐不明显；当回灌池完全堵塞，回灌池和含水层的水力联系逐渐切断，回灌池的表面滤饼堵塞和含水层中在水平梯度控制下的暂态堵塞相互独立地共存。

一维砂柱试验堵塞模式的切换主要是颗粒的大小驱动，通过以上分析可知，二维砂箱试验堵塞模式的切换不仅是颗粒的多分散性驱动，还有水平水动力作用的控制。一维砂柱试验中地下水流方向和回灌水流向是一体同向的，而二维砂箱试验地下水流方向和回灌水流向是几乎垂直的，并且两者的来源也不一样。

4　结论

在雨洪水的人工回灌研究中，堵塞问题是不可避免的，然而雨洪水中颗粒粒径的多分散性导致其不同于单分散颗粒的运移–沉积特征。通过物理试验识别了雨洪水回灌中多分散颗粒的堵塞模式并探讨了相关的控制机制，得到了以下结论：

（1）实验室尺度的回灌试验，在测定介质的渗透系数时，应考虑由于介质自滤导致自身渗透系数的降低。在水力梯度作用下多孔介质内部结构会发生重组和水力压实，如果不考虑自滤作用，则介质渗透性能的降低（水头损失）可能被高估，因为在这种情况下，自滤作用导致的渗透性能的降低将被错误地归因于颗粒的沉积。

（2）尽管雨洪水中大颗粒的比例很小（小于 10% 的颗粒粒径大于 18 μm），较大颗粒的筛滤作用可以提高较小颗粒的沉积，即使只有少量的大颗粒沉积，也会导致整个回灌系统的堵塞。

（3）多分散颗粒回灌过程中堵塞模式表面滤饼堵塞、内部孔隙堵塞（包含有暂态堵塞模式）、内部–表面双重堵塞 3 种堵塞模式同时存在，不同的回灌阶段，不同的堵塞模式起主导作用，砂箱试验中反映颗粒再释放的暂态堵塞模式一直存在，但无论堵塞模式如何变化，最终是严重的表面堵塞，形成致密的堵塞层。

参考文献

[1] Chang N B, Lu J W, Chui T, et al. Global policy analysis of low impact development for stormwater management in urban regions [J]. Land Use Policy, 2018, 70 (1): 368-383.

[2] de-Graaf I E M, Gleeson T, van-Beek L P H, et al. Environmental flow limits to global groundwater pumping [J]. Nature, 2019, 574 (7776): 90-94.

[3] 王浩, 梅超, 刘家宏. 海绵城市系统构建模式 [J]. 水利学报. 2017, 48 (9): 1009-1014.

[4] 张建云, 王银堂, 胡庆芳, 等. 海绵城市建设有关问题讨论 [J]. 水科学进展, 2016, 27 (6): 793-799.

[5] Abdel M N, Kamel H. Purification of stormwater using sand filter [J]. Journal of Water Resource and Protection, 2013, 5 (11): 1007-1012.

[6] Coustumer S H, Fletcher T D, Deletic A, et al. The influence of design parameters on clogging of stormwater biofilters: A large-scale column study [J]. Water Research, 2012, 46 (20): 6743-6752.

[7] Sansalone J, Kuang X, Ying G, et al. Filtration and clogging of permeable pavement loaded by urban drainage [J]. Water Research, 2012, 46 (20): 6763-6774.

[8] Zhang K, Manuelpillaia D, Rautcd B, et al. Evaluating the reliability of stormwater treatment systems under various future climate conditions [J]. Journal of Hydrology, 2019, 568: 57-66.

[9] Kandra H S, McCarthy D, Fletcher T D, et al. Assessment of clogging phenomena in granular filter media used for stormwater treatment [J]. Journal of Hydrology, 2014, 512: 518-527.

[10] 王子佳. 城市雨洪水地下回灌过程中悬浮物堵塞规律的实验研究 [D]. 长春: 吉林大学, 2012.

[11] Li H, Davis A P. Urban particle capture in bioretention media. II: Theory and model development [J]. Journal of Environmental Engineering, 2008, 134 (6): 419-432.

[12] Bradford S A, Simunek J, Bettahar M, et al. Modeling colloid attachment, straining, and exclusion in saturated porous media [J]. Environmental Science & Technology, 2003, 37 (10): 2242-2250.

[13] Herzig J P, Leclerc D M, Goff P L. Flow of suspensions through porous media-application to deep filtration [J]. Industrial & Engineering Chemistry, 1970, 62 (5): 8-35.

[14] Xu S, Gao B, Saiers J E. Straining of colloidal particles in saturated porous media [J]. Water Resources Research, 2006, 42 (12).

[15] Min X, Shu L, Li W, et al. Influence of particle distribution on filter coefficient in the initial stage of filtration [J].

Korean Journal of Chemical Engineering, 2013, 30（2）：456-464.

[16] Zou Z, Shu L, Min X, et al. Clogging of infiltration basin and its impact on suspended particles transport in unconfined sand aquifer：insights from a laboratory study［J］. Water, 2019, 11（5）：1083-1098.

[17] Zou Z, Shu L, Min X, et al. Physical experiment and modeling of the transport and deposition of polydisperse particles in stormwater：effects of a depth-dependent initial filter coefficient［J］. Water, 2019, 11（9）：1885-1904.

[18] Dersoir B, Schofield A B, Tabuteau H. Clogging transition induced by self-filtration in a slit pore［J］. Soft Matter, 2017, 13（10）：2054-2066.

[19] Xu Y, Shu L, Zhang Y, et al. Physical experiment and numerical simulation of the artificial recharge effect on groundwater reservoir［J］. Water, 2017, 9（12）：908.

[20] Reddi L N, Xiao M, Hajra M G, et al. Physical clogging of soil filters under constant flow rate versus constant head［J］. Canadian Geotechnical Journal, 2005, 42（3）：804-811.

[21] Alem A, Ahfir N D, Elkawafi A, et al. Hydraulic operating conditions and particle concentration effects on physical clogging of a porous medium［J］. Transport in Porous Media, 2015, 106（2）：303-321.

[22] Xu S, Saiers J E. Colloid straining within water-saturated porous media：Effects of colloid size nonuniformity［J］. Water Resources Research, 2009, 45（5）.

[23] 刘泉声, 崔先泽, 张程远. 多孔介质中悬浮颗粒迁移-沉积特性研究进展［J］. 岩石力学与工程学报, 2015, 34（12）：2410-2427.

[24] Mousavi S F, Rezai V. Evaluation of scraping treatments to restore initial infiltration capacity of three artificial recharge projects in central Iran［J］. Hydrogeology Journal, 1999, 7（5）：490-500.

基于亚像元级水体提取模型的水库库容遥感估算

熊龙海[1,2] 翁忠华[1,2] 何颖清[1,2] 许叙源[3]

(1. 水利部珠江河口动力学及伴生过程调控重点实验室, 广东广州 510611;

2. 珠江水利委员会珠江水利科学研究院, 广东广州 510611;

3. 广东省水利水电勘测设计研究院, 广东广州 510635)

摘 要: 水库库容的获取对水库水资源管理具有重要的意义。遥感可以快速、大范围、周期性地获取水库库容相关信息, 在很大程度上弥补传统监测方法的不足。针对水库库容遥感估算研究中水体提取精度多为像元级, 难以精确获取水陆边界处混合像元中水体的问题, 本文利用亚像元级水体提取模型从遥感影像中精确获取水库面积, 基于 DEM 建立水库面积-库容曲线, 进而估算水库库容。利用该方法对新丰江水库进行了多时相的库容监测, 并根据实测库容进行了精度验证, 结果显示平均相对误差为 5.36%。结果表明本文建立的水库库容遥感估算方法具有较高精度。

关键词: 亚像元级水体提取模型; 水库库容; 新丰江水库; 遥感

1 引言

水库库容信息是水库管理的基础, 及时快速地获取水库库容对水库水资源管理具有重要的意义。传统的水库库容测量方法主要依赖于测绘手段, 首先通过实测手段获取库区水底的地形图, 然后结合实际监测的水库水位得到水库三维信息, 在此基础上计算库容。虽然传统的获取库容方法精度较高, 但是该方法不仅耗时、耗力, 而且周期性长, 因而并不利于日常工作调查。在水库库底地形变化较小, 计算库容不需要达到测绘手段的精度的情况下, 遥感技术因其具有大范围、周期性的特点, 在快速获得水库的库容方面具有明显的优势。

利用遥感技术与 GIS 技术相结合, 对水库库容以及水位进行计算, 能够为水库水资源的合理开发和利用提供可靠的信息和依据。一些水库受控于电力公司, 其水量调控由电力公司直接操控, 而政府部门较难及时、准确地获取到水库的库容。因此, 建立一种能够快速、准确获取水库库容的方法显得十分必要。

在利用遥感与 GIS 技术计算水库库容方面, 很多研究的核心思想都是拟合出水面面积-水量关系曲线[1-3] 或者水位-水量关系曲线[4]。此方法虽然为在没有地形数据的情况下提供了一个估算水量的思路, 但其关键在于需要足够的卫星数据或者实际观测数据来拟合水位-水面面积关系曲线, 对于水位相对稳定的水库来说, 水位的变化范围以及相应的遥感数据不足以用来拟合曲线。

采用遥感影像结合 DEM 或者地形图的方法进行水库库容估算变能够解决实测水位变化范围过小带来的问题, 是目前较为常用的水库库容遥感估算方法。黄伟锋等[5] 在进行水库遥感监测时, 首先利用中巴资源一号星数据通过监督分类方法提取水体面积, 其次利用 GPS 差分技术建立水库 DTM, 最终建立水库的库容模型。齐述华等[6] 通过对 13 个时相 Landsat 数据进行非监督分类提取鄱阳湖水体淹没范围, 然后叠加鄱阳湖区的地形图获取水体边界的水位, 再通过空间内插计算鄱阳湖水位空间分布, 最后计算水深空间分布以及库容。Wang 等[7] 基于 Landsat 影像和 SRTM DEM 数据对三峡大坝的水库库容进行了遥感估算。

作者简介: 熊龙海 (1990—), 男, 工程师, 主要从事水利遥感工作。

在水库库容遥感估算研究中，最关键的是水体范围的提取，而现有研究中主要是利用监督分类、非监督分类或者阈值法、水体指数法[8-10]来提取水体范围，这些方法在提取水体信息时往往精度只能达到像元级，对于水体边界处水陆混合像元中的水体无法进行有效处理，导致提取的水域面积存在一定误差。

水域范围的精确提取是水库库容遥感估算的前提，利用亚像元级水体提取模型（subpixel surface water extraction，SSWE）[11]能够提取出水陆边界处水陆混合像元中水体的丰度，使水域范围的提取达到亚像元级，因此本文建立基于亚像元级水体提取模型的水库库容遥感估算方法。

2 研究区及数据

2.1 研究区

选择广东省东江流域最大的水库新丰江水库作为研究区，其总库容约为 139 亿 m^3，其中防洪库容约为 31 亿 m^3，新丰江水库控制的集水面积约为 5 730 km^2。库区周围为低山丘陵，水库库湾众多，岸线较长并存在较多弯曲复杂岸线，因此其水陆边界处存在大量水陆混合像元，利用像元级的水体提取模型计算其水面面积将会产生较大误差。其地理位置见图 1。

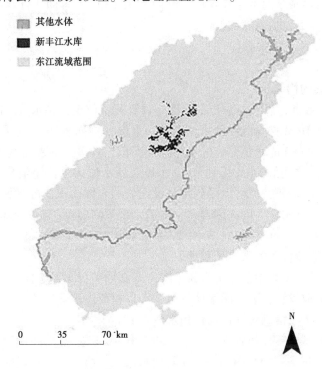

其他水体
新丰江水库
东江流域范围

0 35 70 km

N

图 1 新丰江水库地理位置示意图

2.2 数据

DEM 数据为从国土部门获取的 1∶50 000 的数据，其高程数据来源于 2008 年的实测数据。考虑到新丰江水库面积比较大，选择高空间分辨率的影像可能覆盖不全，中等分辨率遥感影像也能满足水库库容反演的要求，故本文采用空间分辨率为 20 m 的国产中巴资源卫星影像作为试验数据。本文共选取 11 幅中巴影像作为估算库容的试验数据，各幅遥感影像参数见表 1。

表 1 试验数据中巴影像参数

序号	景号	卫星	成像日期（年-月-日）
1	371-073	CBERS-01	2001-11-20
2	371-073	CBERS-02	2003-12-06
3	371-073	CBERS-02	2004-03-08

续表 1

序号	景号	卫星	成像日期（年-月-日）
4	371–073	CBERS–02	2004-10-13
5	371–073	CBERS–02	2006-11-06
6	372–073	CBERS–02B	2007-12-01
7	371–073	CBERS–02B	2008-01-04
8	371–073	CBERS–02B	2008-03-02
9	371–073	CBERS–02B	2008-11-17
10	371–073	CBERS–02B	2009-02-03
11	372–073	CBERS–02B	2009-11-25

用于结果验证的数据通过以下方式获得：从东江流域管理局获取到新丰江水库的水位-库容曲线以及本试验中所有遥感影像成像时的水库水位，继而利用水位-库容曲线计算相应的库容，将该库容作为实测库容对遥感估算库容进行结果验证。

3 方法

3.1 水面面积-库容曲线的构建

利用 1∶50 000DEM 数据，以 1 m 为步长，逐一计算死水位至校核水位之间每一个水位对应的水面面积和库容。首先，从 DEM 中得到库区中小于某一水位（例如 80 m）的所有栅格数据，计算所有像元的总面积，该面积则为 80 m 水位对应的水库水面面积；其次，将 80 m 水位栅格数据减去死水位及介于死水位与 80 m 水位之间的 DEM 得到 80 m 水位与死水位的水位差值分布；再次，根据所有的水位差值，乘以每个像元的面积，就可以得到每个像元处的水体体积，再将每个像元处的水体体积相加，可以得到 80 m 水位与死水位之间的库容差；最后，将该库容差与死库容相加，便得到 80 m 水位时对应的水库库容。利用上述方法，建立该水库的水面面积-库容关系曲线。

3.2 基于亚像元级水体提取模型的水库面积提取

试验获取了新丰江水库 11 幅中巴卫星影像，对所有影像进行辐射定标和大气校正等数据预处理。然后利用亚像元级水体提取模型提取水库水体信息，可以提取出水陆边界处水陆混合像元中水体的丰度，最后根据提取的水体丰度信息统计计算得到水库水面面积。

亚像元级水体提取模型 SSWE 共有三步：第一步，利用修改后的归一化差异水体指数（modified normalized difference water index，MNDWI）[12] 提取纯水像元；第二步，在提取了纯水像元之后，利用膨胀算法得到水陆边界的混合像元；第三步，为了解决地物的类内光谱变化问题，特别是水体的光谱变化，采用动态选择局部水体端元的方法，然后利用多端元光谱混合分析方法对水陆混合像元进行分解。

在获取水库的水面面积-库容关系曲线以及水库面积后便可以估算出成像时的水库库容。

4 结果及讨论

4.1 新丰江水库水面面积-库容曲线

根据 DEM 以 1 m 为间隔，生成不同水位对应的水面面积及水库库容。由于相邻 2 个水位间隔只有 1 m，将相邻 2 个水位之间对应的库容与水面面积关系简化为线性关系，最终生成的新丰江水库水面面积-库容曲线见图 2，根据该曲线能够通过遥感获取水库水面面积进而求取水库库容。

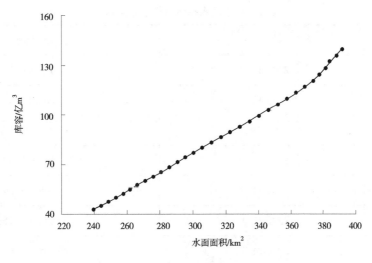

图2　新丰江水库水面面积–库容曲线

4.2　新丰江水库水面面积

　　利用亚像元级水体提取模型 SSWE 提取水库水体信息并计算得到水库 11 个时相的水库水面面积。图 3 是在成像日期为 2001 年 11 月 20 日影像上提取的新丰江水库水体丰度图，可以看到，不仅纯水体像元被有效提取出来，而且水陆边界处的水陆混合像元也被有效提取出来，纯水体像元的水体丰度为 1，水陆混合像元中水体丰度代表了其中水体所占的比例。表 2 是根据 11 幅中巴卫星影像提取的水体丰度结果计算的成像时刻的水库水面面积，可以看出新丰江水库在同一年内不同月份水面面积变化较大，不同年份相同月份水面面积同样变化较大。

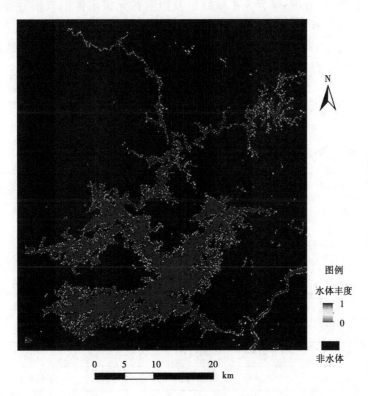

图3　成像日期为 2001 年 11 月 20 日影像上提取的新丰江水库水体丰度图

表 2　新丰江水库各时相水面面积

序号	成像日期（年-月-日）	水面面积/m²
1	2001-11-20	314 836 765
2	2003-12-06	268 099 136
3	2004-03-08	256 569 654
4	2004-10-13	263 078 543
5	2006-11-06	305 174 547
6	2007-12-01	280 458 753
7	2008-01-04	268 348 652
8	2008-03-02	260 182 932
9	2008-11-17	288 237 729
10	2009-02-03	273 957 731
11	2009-11-25	265 352 582

4.3　新丰江水库库容遥感估算结果及精度验证

根据由 DEM 得到的水面面积–库容关系曲线以及由亚像元级水体提取模型得到的水面面积计算出新丰江水库不同时相的库容，并与实测库容进行比较分析，其结果见表 3。由表 3 可以看出，库容估算的绝对误差最小只有 $27.88×10^6$ m³，最大不超过 $910×10^6$ m³；相对误差大部分都在 10% 以内，最佳估算结果的相对误差仅有 0.48%，平均相对误差为 5.36%。

表 3　遥感估算库容的结果验证

序 号	成像日期（年-月-日）	遥感估算结果		实测结果		误差比较	
		水位/m	库容/(10^6 m³)	水位/m	库容/(10^6 m³)	绝对误差/(10^6 m³)	相对误差/%
1	2001-11-20	108.72	8 583.23	110.77	8 945.55	−362.32	4.05
2	2003-12-06	99.83	5 967.34	101.46	6 270.98	−303.64	4.84
3	2004-03-08	96.91	5 310.31	97.81	5 372.15	−61.84	1.15
4	2004-10-13	98.59	5 711.59	101.42	6 260.61	−549.02	8.77
5	2006-11-06	106.97	8 058.16	110.82	8 961.50	−903.34	10.08
6	2007-12-01	101.99	6 620.27	104.93	7 019.62	−399.35	5.69
7	2008-01-04	99.62	5 947.31	102.18	6 458.61	−511.30	7.92
8	2008-03-02	97.73	5 470.15	99.11	5 682.22	−212.07	3.73
9	2008-11-17	103.91	7 066.72	106.12	7 540.91	−474.19	6.29
10	2009-02-03	100.86	6 251.35	102.7	6 596.15	−344.80	5.23
11	2009-11-25	98.95	5 779.13	99.62	5 807.01	−27.88	0.48

由图4不难看出，利用遥感影像和DEM得到水库库容，虽与实测库容仍有一定的偏差，但是总体相关性好。造成偏差的原因主要有两个：①本试验利用DEM建立水面面积-库容函数表，所以对DEM数据精度的依赖较高，有可能由于DEM数据精度问题而影响结果。②本试验采用中巴卫星数据进行水体提取，然而目前我国的中巴卫星数据质量尚不完善，特别是对低值部分的水体，噪声的存在往往影响水体信息的提取，可能在一定程度上影响结果的精度。总体上来说，本试验的结果仍具有一定的实用参考价值，可为快速掌握水库库容提供参考。

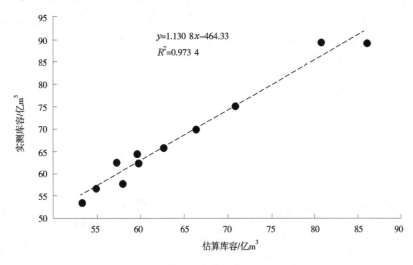

图4　估算库容与实测库容的对比

5　结论

（1）利用亚像元级水体提取模型SSWE提取的新丰江水库水体信息不仅包含纯水体像元，而且包含水陆边界处的水陆混合像元中的水体丰度。新丰江水库在同一年内不同月份水面面积变化较大，不同年份相同月份水面面积同样变化较大。

（2）基于亚像元级水体提取模型的新丰江水库库容遥感估算取得了较好的精度，估算结果的平均相对误差为5.36%。结果表明，基于亚像元级水体提取模型的水库库容遥感估算方法具有一定的实用价值。

参考文献

［1］刘登伟，姜斌，封志明．海河流域基于MODIS 1B遥感数据反演水库库容及水深研究［J］．水利水电技术，2008，39（7）：105-108.

［2］乔平林，张继贤，李海涛，等．水库容水量遥感监测方法研究［J］．测绘科学，2003，28（3）：55-56.

［3］田雨，林宗坚，卢秀山，等．基于GIS和TM影像的水库水位面积曲线测定［J］．地理空间信息，2007，5（2）：8-10.

［4］Somayeh Sima，Moble Tajrishy．Using satellite data to extract volume-area-elevation relationships for Urmia Lake Iran［J］．Journal of Great Lakes Research，2013，39（1）：90-99.

［5］黄伟锋，李茂堂，崔旭东．中巴地球资源一号02B星在广西水库监测中的应用［J］．水利水电技术，2010，41（7）：79-82.

［6］齐述华，龚俊，舒晓波，等．鄱阳湖淹没范围、水深和库容的遥感研究［J］．人民长江，2010，41（9）：35-38.

［7］Xianwei Wang，Yan Chen，Lianchun Song，et al．Analysis of lengths，water areas and volumes of the Three Gorges Reservoir at different water levels using Lnadsat images and SRTM DEM data［J］．Quaternary International，2013，304（9）：115-125.

［8］姜晓晨, 邓正栋, 武国瑛. 基于资源三号卫星与 Landsat 8 OLI 的水库库容估算［J］. 信息技术与网络安全, 2018, 37（12）：30-34.

［9］张磊, 张桂良, 李飞龙. 基于 Landsat 8 和 DEM 的老龙口水库库容遥感分析方法研究［J］. 科技创新与应用, 2018（32）：120-121.

［10］许叙源. 基于 DEM 与遥感影像的水库库容快速估算［J］. 广东水利水电, 2018（1）：7-10.

［11］Longhai Xiong, Ruru Deng, Jun Li, et al. Subpixel Surface Water Extraction（SSWE）using Landsat 8 OLI data［J］. Water, 2018, 10（5）：1-20.

［12］Hanqiu Xu. Modification of Normalised Difference Water Index（NDWI）to enhance open water features in remotely sensed imagery［J］. International Journal of Remote Sensing, 2006, 27（14）：3025-3033.

基于物理成因的随机森林模型在丹江口水库中长期来水预测研究中应用

王　栋　贾建伟　刘　昕

（长江水利委员会水文局，湖北武汉　430010）

摘　要：在中长期预报研究中，预测因子直接影响预报结果的精度。为进一步提高预报精度，本文从物理成因角度筛选预测因子，采用随机森林模型预测丹江口水库中长期来水量。首先，采用相关系数法初步筛选预测因子；其次，从物理成因层面优化预测因子；再次，在其基础上结合随机森林模型完成对应径流过程的预测研究。研究将该方法应用于汉江流域丹江口水库的入库径流预测中，并将其与仅通过相关系数进行预测因子筛选的预测方案进行对比。其结果表明：基于物理成因优选后的预报因子方案下随机森林模型具有较好的精度。

关键词：中长期预报；大气环流因子；物理成因；随机森林；径流预测

为了缓解水资源危机，实现水资源的合理开发和利用，可通过跨流域、区域调水工程来实现水资源时空重新分配。南水北调工程的兴建为北方地区供水提供保障，也进一步促进了北方的经济发展。汉江流域为南水北调工程的水源地，近些年来发生连续枯水年现象，这给南水北调工程水量调度计划的制定带来了严峻挑战。鉴于此，亟须开展汉江流域中长期来水量预测研究工作，为南水北调中线工程的年度水量调度计划奠定基础，是提高流域水资源利用效率、协调防洪－供水－生态之间关系的重要技术支撑。

目前，针对中长期来水预测的方法众多，尤其随着人工智能与数据挖掘技术的快速发展，大量机器学习算法被应用于中长期来水预测，相关学者对中长期水文预报做了大量探索研究工作。如刘勇等[1]在筛选出稳健性较好的预报因子的基础上，构建汉江流域 BP 神经网络的中长期径流预测模型，结果表明预测精度较高。冯小冲等[2]从 74 项环流因子等气候因子中筛选出与丹江口逐月入库径流相关较高的因子，利用逐步回归法构建丹江口中长期径流预报模型，结果表明径流预报精度较高。郦于杰等[3]采用支持向量机模型对汉江流域皇庄站的长期径流过程进行了预报，并对预报结果的不确定性进行相应分析。许斌等[4]以丹江口水库为例，比较了随机森林与梯度提升树两种机器学习模型的预报精度。谢帅等[5]将 LASSO 回归与支持向量机相耦合，并应用于龙羊峡水库入库径流预报研究中。Huang 等[6]将多种机器学习算法与 BMA 方法相结合，开展了基于多模型耦合的汉江流域中长期径流预测研究。仕玉治等[7]将相关向量机、支持向量机及自动回归滑动平均模型应用于南方两水库入库月径流中长期预报研究中，并比较了三者的精度差异。然而，上述研究大都侧重于预报模型选取，而对预报因子筛选则普遍采用相关系数筛选的方法，只考虑了预测因子与预测变量间的线性关系，并未从物理成因方面分析预测因子与预测变量间的密切联系，对于分析两者实际相关性具有很强的局限性。

本文在相关系数法的基础上采用物理成因分析优选预报因子，并将其应用于汉江流域丹江口水库的入库径流预报研究中。首先，该方法采用相关系数法对预报因子进行初步筛选；其次，从物理成因方面进一步优化筛选因子；再次，在此基础上，采用随机森林模型对月径流过程进行相应预测。研究

基金项目：国家重点研发计划（2016YFC0400901）。

作者简介：王栋（1986—），男，高级工程师，主要从事水文水资源研究工作。

结果表明, 经物理成因方面优化预测因子后, 预测结果精度较高, 可为水库运行调度管理提供合理的科学依据。

1 研究区概况

汉江又称汉水, 是长江中游最大的支流, 干流全长 1 577 km, 流域面积约 15.9 万 km²。流域地势西高东低, 由西部的中低山区向东逐渐降至丘陵平原区。丹江口水库位于汉江流域上游, 是南水北调中线工程的水源地, 具有防洪、供水、发电、灌溉、航运、养殖等综合功能。水库以上流域面积约 9.52 万 km², 占汉江流域集水面积的约 60%, 丹江口水库加高后水库总库容为 290.5 亿 m³。流域属于东亚副热带季风气候区, 多年平均降水量为 904 mm, 降水是径流的主要来源, 两者年内年际分配不均匀。

2 数据与研究方法

2.1 数据来源

本次收集了黄家港水文站 1956—2016 年逐月平均流量资料, 数据来源于汉江流域水文年鉴, 其中流量资料要考虑上游水库的调蓄影响进行还原计算, 得出丹江口水库天然逐月平均入库流量系列; 1951—2016 年百项气候系统指数集 (包括 88 项大气环流指数、26 项海温指数及 16 项其他指数), 数据来源于中国气象局国家气候中心; 1951—2016 年逐月太阳黑子指数, 资料由比利时皇家天文台 WDC-SILSO 提供。

2.2 随机森林模型

随机森林是 Breiman 于 2001 年提出的一种袋装法与分类回归树 (CART) 相结合的并行增强机器学习算法[8-10]。随机森林主要分为训练样本子集和子回归模型两部分, 训练样本子集从原始训练集 (预测因子系列) 中通过 Bootstrap 随机抽样方式获取, 子回归模型一般为决策树算法 (本次选用 CART 算法); 多个子回归模型可得到多个预测结果, 然后通过对每个子回归模型的预测值进行取平均值来定量确定最终的预测值。在模型构建阶段, 由预测因子与预测量的实测系列构建随机森林模型; 在模型预测阶段, 只需将最新观测的预测因子数据输入到模型中, 即可计算预测量的预测值。

2.3 精度评价指标

2.3.1 距平符号一致性 (Symbol)

Symbol 值反映了模拟系列与实测系列间的定性相关程度, 该值越接近于 1, 表明预测精度越高, 计算公式为

$$\text{Symbol} = \frac{m}{N} \times 100\% \tag{1}$$

2.3.2 平均绝对百分数误差 (MAPE)

MAPE 值反映了模拟系列和实测系列间的偏差程度, 该值越接近于 0, 表明模拟结果越好, 计算公式为

$$\text{MAPE} = \frac{1}{N} \sum_{i=1}^{N} \frac{|Q_{\text{obs}}^{i} - Q_{\text{sim}}^{i}|}{Q_{\text{obs}}^{i}} \times 100\% \tag{2}$$

2.3.3 确定性系数 (DC)

DC 值反映了模拟系列和实测系列间的吻合程度, 该值越接近于 1, 表明模拟精度越高, 计算公式为

$$\text{NSE} = 1.0 - \frac{\sum_{i=1}^{n}(Q_{\text{obs}}^{i} - Q_{\text{sim}}^{i})^{2}}{\sum_{i=1}^{n}(Q_{\text{obs}}^{i} - \bar{Q}_{\text{obs}})^{2}} \tag{3}$$

以上式中: Q_{obs}^{i} 与 Q_{sim}^{i} 为第 i 时刻的观测值与模拟值; $\bar{Q}_{\text{obs}}$ 为观测系列对应均值; N 为系列长度; m 为实测值与模拟值都大于或小于多年平均值的年数。

3 结果分析

本文以丹江口水库以上流域为研究对象，收集了丹江口水库1956—2016年逐月径流资料。考虑到各月径流过程影响成因存在差异，分别对丹江口水库12个月月平均流量的预测因子进行筛选，采用随机森林模型预测丹江口水库逐月平均流量。

3.1 预测因子选取

EI Nino和La Nina事件、西太平洋副热带高压等气候因子与我国江河水文过程之间存在密切关系，其异常现象将导致水文过程发生不同程度的变化。本次研究将国家气象局气候中心提供的百项气候系统指数集纳入径流预测因子的初选范畴。考虑到大气环流因子与径流过程间的遥相关性，研究以径流过程发生前一年的各月大气环流因子作为初选因子，结合相关系数显著性检验方法筛选出显著性因子。

EI Nino和La Nina事件、西太平洋副热带高压等气候因子通常与汉江流域径流过程间相关系数较高，采用相关系数法筛选因子时，能够筛选为预报因子；而南海副热带高压、印度洋偶极子指数可能会因为相关系数较低出现漏选的情况。相关研究表明[11-12]，南海副热带高压、印度洋偶极子指数与汉江流域径流过程关系较为密切，考虑到相关系数法筛选因子仅能反映预报因子与预报变量的线性关系，本次从物理成因的角度对南海副热带高压、印度洋偶极子与丹江口水库来水过程间的相关关系进行深度挖掘，对初步筛选的因子进行优化，从10个初选预报因子中剔除相关性较差且无显著物理成因联系的因子，补充加入南海副热带高压、印度洋偶极子指数因子，仍维持10个入选预报因子。为研究通过物理成因分析优化后预报因子改善随机森林模型预测精度，设置仅通过相关系数法初步挑选的10个预测因子为比选方案。南海副热带高压、印度洋偶极子与丹江口水库来水特性间的物理成因分析结果如下。

3.1.1 南海副热带高压

南海副热带高压是指在南海到中南半岛区间内频繁出现的天气尺度闭合副热带高压系统。作为西太平洋副热带高压的西伸部分，南海副热带高压给汉江流域带来了丰沛雨水，尤其当脊线跃升至23°N以上，它与西太平洋副热带高压的共同作用将导致汉江上游发生持续性的强降水，并产生洪涝灾害[11]。

本次采用符号一致性分析南海副热带高压指数（脊线和强度）丹江口入库年径流间相关关系，若某年夏秋季南海副热带高压脊线位于23°N以上且强度较大，且次年丹江口入库年径流偏丰（高于多年平均值），则表明两者一致性程度较高，若次年丹江口入库年径流偏枯（低于多年平均值），则表明两者一致性程度较差。1955—2015年间两者符号一致性年数高达17年，而符号相异的年数仅为4年。结果表明，若某年夏秋季南海副热带高压脊线位于23°N以上且强度较大，则次年丹江口水库来水偏丰的可能性较大。

3.1.2 印度洋偶极子指数

印度洋偶极子是以赤道印度洋东南部海温异常冷却和西部海表温度异常变暖为特征的气候年际变化调节因子，对应指数为西热带印度洋与东南热带印度洋的平均海表温度距平之差，反映了印度洋偶极子强度。若印度洋海温偶极子指数大于0.25，则认为该年度为印度洋偶极子正位相年，若小于-0.25，则认为该年度为印度洋偶极子负位相年。

已有研究表明[12]，印度洋偶极子正位相期间，东亚地区的西南季风爆发偏晚，强度增强，华南地区降水则显著偏多，长江流域降水有减少倾向；负位相期间，长江流域降水偏多，华南地区降水偏少。与南海副热带高压相似，本次统计正、负位相事件与次年丹江口水库丰水年、平水年及枯水年遭遇情况。结果表明，1955—2015年内发生了16次印度洋偶极子正位相事件，对应后一年度丹江口水库发生丰水年为11次，平水年为2次，枯水年为3次；发生了16次印度洋偶极子负位相事件，对应后一年丹江口水库发生丰水年2次，平水年4次，枯水年10次。据此可分析得，印度洋偶极子正位相事件下，次年汉江流域易发生枯水年，负位相事件下，次年汉江流域易发生丰水年。

不难发现南海副热带高压指数与印度洋偶极子指数与丹江口水库来水量呈现明显的相关关系，可作为丹江口水库来水量预测中前期气候因子。

以汛期 7 月平均流量为例，两种方案选定的预报因子如表 1 所示，其中方案 1 为比选方案（通过相关系数法初选 10 个预报因子），方案 2 为在比选方案基础上基于物理成因优选预报因子方案。由表 1 不难看出，对于 7 月而言，方案 2 挑选了南海副热带高压脊线位置指数和印度洋偶极子指数，这两项变量虽然与 7 月径流过程的线性相关系数并不明显突出，但前文分析其与丹江口水库来水具有较为明显的物理成因关系。考虑文章篇幅问题，其他月份对应预报因子筛选结果及对比并未展示。

表 1　7 月丹江口入库平均流量的预测因子

序号	方案 1	方案 2
1	前一年 4 月欧亚经向环流指数	前一年 4 月欧亚经向环流指数
2	前一年 1 月亚洲区极涡强度指数	前一年 1 月亚洲区极涡强度指数
3	前一年 1 月东亚槽强度指数	前一年 1 月东亚槽强度指数
4	前一年 6 月 850 hPa 西太平洋信风指数	前一年 6 月 850 hPa 西太平洋信风指数
5	前一年 3 月西太平洋遥相关型指数	前一年 3 月西太平洋遥相关型指数
6	前一年 5 月西太平洋副热带高压脊线位置指数	前一年 5 月西太平洋副热带高压脊线位置指数
7	前一年 7 月 NINO 3 区海表温度距平指数	前一年 7 月 NINO 3 区海表温度距平指数
8	前一年 10 月西太平洋暖池面积指数	前一年 10 月西太平洋暖池面积指数
9	前一年 8 月北半球极涡中心纬向位置指数	前一年 9 月南海副热带高压脊线位置指数
10	前一年 9 月北大西洋-欧洲环流 E 型指数	前一年 8 月热带印度洋偶极子指数

3.2　模型结果分析

本次研究将 1956—2006 年作为模型率定期，2007—2016 年作为验证期，将 3.1 节中不同方案对应预测因子导入随机森林模型中，对丹江口逐月径流过程进行模拟预测，最终不同方案对应模拟结果及相应精度指标如图 1、图 2 及表 2 所示。

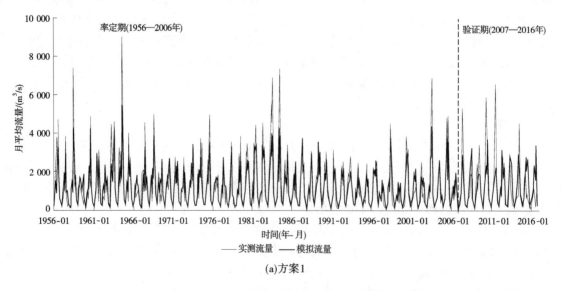

(a)方案 1

图 1　丹江口水库 1956—2016 年逐月流量过程模拟结果对比

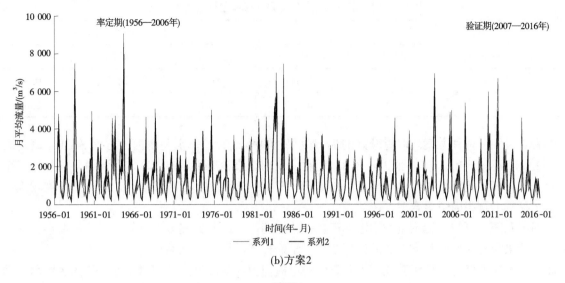

(b)方案2

续图1

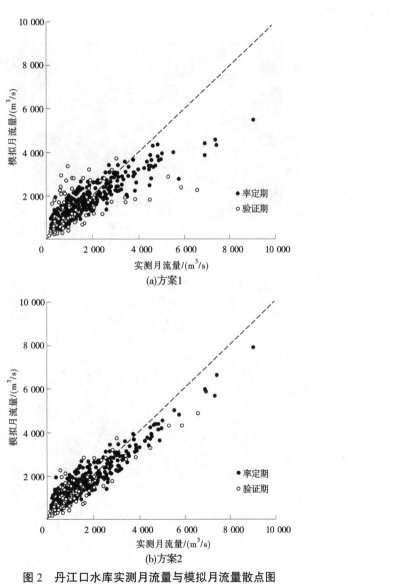

(a)方案1

(b)方案2

图2 丹江口水库实测月流量与模拟月流量散点图

表 2 不同方案对应丹江口逐月入库流量模拟结果精度

时期	方案 1			方案 2		
	Symbol	MAPE	DC	Symbol	MAPE	DC
率定期	88%	29.9	0.82	89%	28.9	0.88
验证期	48%	66.9	0.30	76%	46.5	0.61

由表 2 可知，两种方案均取得较好的模拟效果。具体来看，率定期内两种方案 Symbol 值均大于 85%，MAPE 值小于 30%，DC 值大于 0.8，而验证期的结果精度则略差于率定期。另外，相比于率定期，验证期方案 2 的模拟精度提升明显。相比于方案 1，三种指标均表明方案 2 的模拟精度较优，表明方案 2 筛选的预报因子更合理。

由图 1 和图 2 可知，无论是在率定期还是在验证期内，两种方案丰水年份的模拟值偏小，枯水年份的模拟效果相对较好，且方案 2 的模拟结果对汛期径流的模拟性能明显优于方案 1。

此外，本次研究还计算了验证期内各月份对应模拟值与实测值间的相对误差，如图 3 所示。结果表明，两种方案对应模拟结果精度的差异主要处于汛期内（6—10 月），方案 2 筛选出的预测因子组合对汛期月份预测精度更高。

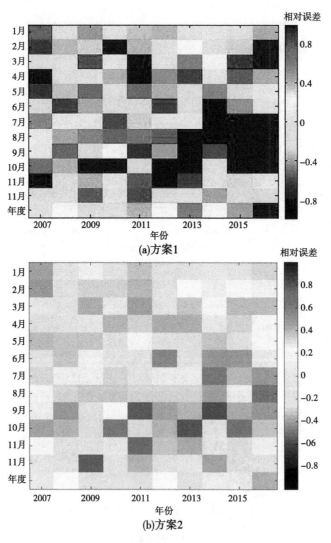

图 3 逐月流量模拟结果相对误差对比图

4 结论

本文首先从大气环流、海表温度等外强迫因子，采用相关系数法初步筛选出与丹江口水库径流量密切相关的预测因子，其次从物理成因方面进一步优化筛选因子，在此基础上，采用随机森林模型对月径流过程进行相应预测，并与仅采用相关系数法筛选因子进行对比，结果表明：

（1）基于两种方案下的模拟结果，随机森林模型对于丹江口水库逐月径流的预测结果均取得了较高的精度，说明该模型能较好地应用于丹江口水库中长期来水预测研究。

（2）对比两种方案的模拟结果，在相关系数法的基础上采用物理成因分析优选预报因子对应预测精度显著高于仅采用相关系数法的方案，特别对于汛期，前者的预测精度更高，表明在相关系数法的基础上采用物理成因分析优选预报因子组合相对更为合理。

参考文献

[1] 刘勇，王银堂，陈元芳，等．丹江口水库秋汛期长期径流预报 [J]．水科学进展，2010，21（6）：771-778.

[2] 冯小冲，王银堂，刘勇，等．基于物理统计方法的丹江口水库月入库径流预报 [J]．河海大学学报（自然科学版），2011，39（3）：242-247.

[3] 郦于杰，梁忠民，唐甜甜．基于支持向量回归机的长期径流预报及不确定性分析 [J]．南水北调与水利科技，2018，16（3）：45-50.

[4] 许斌，杨凤根，郦于杰．两类集成学习算法在中长期径流预报中的应用 [J]．水力发电，2020，46（4）：21-24，34.

[5] 谢帅，黄跃飞，李铁键，等．LASSO 回归和支持向量回归耦合的中长期径流预报 [J]．应用基础与工程科学学报，2018，26（4）：709-722.

[6] Huang H, Liang Z, Li B, et al. Combination of multiple data-driven models for long-term monthly runoff predictions based on bayesian model averaging [J]. Water Resources Management, 2019, 33（9）: 3321-3338.

[7] 仕玉治，彭勇，周惠成．基于相关向量机的中长期径流预报模型研究 [J]．大连理工大学学报，2012，52（1）：79-84.

[8] Breiman L. Random forests [J]. Machine Learning, 2001, 45（1）: 5-32.

[9] Peters J, et al. Random forests as a tool for ecohydrological distribution modeling [J] Ecological Modelling, 2007, 207（2-4）: 304-318.

[10] 赵铜铁钢，杨大文，蔡喜明，等．基于随机森林模型的长江上游枯水期径流预报研究 [J]．水力发电学报，2012，31（3）：18-24.

[11] 陶玫，蒋薇，项瑛，等．1998 和 2010 年长江流域汛期洪涝成因对比分析 [J]．气象科学，2012，32（3）：282-287.

[12] Zhou Z Q, Xie S P, Zhang R. Historic Yangtze flooding of 2020 tied to extreme Indian Ocean conditions [J]. Proceedings of the National Academy of Sciences, 2021, 118（12）: e2022255118.

南水北调东线工程受水流域用水情势分析

焦 军 梅 梅 吴晨晨

（中水淮河规划设计研究有限公司，安徽合肥 230601）

摘 要：以流域为单元的水资源供需矛盾动态演变趋势研判是决定跨流域调水工程任务和规模的重要依据，受水流域用水情势分析是受水区水资源需求分析的重要内容。以南水北调东线工程受水流域为对象，采用长序列实际用水数据，从流域用水总量变化趋势、城镇分行业用水变化趋势、现状不合理用水情况等方面，结合经济社会发展中长期战略布局，对南水北调东线工程受水流域供水对象中长期用水情势进行分析，可为东线工程受水区需水预测合理性分析提供参考。

关键词：南水北调；跨流域调水；用水情势；需水预测

1 流域用水情势分析的意义

流域是水资源天然分布的基本单元，我国水资源时空分布不均，长期呈现"夏汛冬枯、北缺南丰"的时空分布特征。为缓解这一状况，自中华人民共和国成立以来，我国陆续修建了一大批水利工程。以南水北调工程为代表的跨流域调水工程通过合理调剂不同流域水资源丰枯分布状态，持续推动流域人口经济与水资源环境均衡发展，极大提升了我国战略发展空间，是贯彻落实"空间均衡"治水思路的重要举措，是构建国家水灾害防控、水资源调配和水生态保护水利基础设施网络的骨干工程。

跨流域调水工程调水线路长，受益范围广，工程规模大，建设周期长。流域间水量调配涉及调水区及受水区的利益关系、不同部门的利益关系、调水与防洪排涝的关系、外调水与当地水的关系，水权水事关系十分复杂，且调水工程对调出区均有一定的负面影响，由于认识的局限性，往往难以准确识别调水工程实施后长期衍生带来的负面影响，因此对于重大跨流域调水工程，应首先以流域为单元，研究受水流域水资源演变规律，评价受水流域本地水资源开发利用潜力[1-2]，着眼供需矛盾动态演变趋势研判，在优先保护受水流域生态安全和充分考虑其开发利用潜力的前提下，科学评判流域内水资源禀赋条件与经济社会发展需水的适配度，若明显失衡或严重失衡，通过本流域内水资源优化调配难以有效改善，则应考虑外流域适当补水以有效改善本流域水资源水生态水环境承载能力。

跨流域调水工程流域层面用水情势分析可从更大空间尺度上分析受水流域用水需求演变趋势，为调水工程受水区需水预测成果合理性分析提供参考。南水北调工程是国家水网工程主骨架和大动脉，其中东线工程主要供水对象为城镇和河湖生态，受水区主要涉及淮河流域和海河流域。

2 南水北调东线工程受水流域用水情势分析

2.1 流域用水量、用水结构变化分析

（1）20 世纪 80 年代至今，流域总用水量从快速增长进入逐步稳定时期，用水结构发生剧变。

20 世纪 80 年代至 20 世纪末，淮河流域总用水量从 519.3 亿 m³ 快速增长至 587.1 亿 m³，年增长率 0.62%，生活用水、工业用水、农业用水比例由 5.4%、7.7%、86.8% 快速变化为 10.3%、17.3%、72.2%，进入 21 世纪后，总用水量从 624.1 亿 m³ 增长至 2019 年 641.5 亿 m³，年增长率 0.15%，总用

作者简介：焦军（1989—），男，工程师，主要从事水资源规划、节约使用和调度等方面工作。

量由快速增长进入逐步稳定时期,但用水结构持续优化[3-4],生活用水、工业用水、农业用水比例由10.3%、17.3%、72.2%调整为14.9%、13.0%、66.5%,生活用水比例显著提升,工业用水比重逐渐趋稳且略有下降,农业用水比例稳步降低。1980—2019年淮河流域用水变化趋势如图1所示。

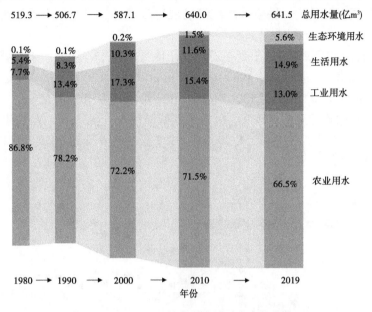

图1　1980—2019年淮河流域用水变化趋势

海河流域用水量与经济社会发展状况密不可分,20世纪80年代至20世纪末,集约式经济发展模式和粗放式用水导致流域用水总量快速增加,到2000年达到402亿m³,大大超过水资源承载能力,水资源短缺导致供需矛盾极端突出,引发地下水大量超采和生态环境破坏。进入21世纪后,伴随经济社会发展方式逐渐变化,节水水平不断提升,用水量呈现稳步下降趋势,近些年全流域用水总量基本稳定在370亿~380亿m³。从用水结构变化来看,不断加速的城镇化进程导致生活用水量不断增加,近年来生态文明建设步伐的加快也导致人工生态与环境补水量持续快速增长。与此同时,国民经济和产业结构的转型使得工业用水量和农业灌溉用水量呈现下降趋势。1980—2019年海河流域用水变化趋势如图2所示。

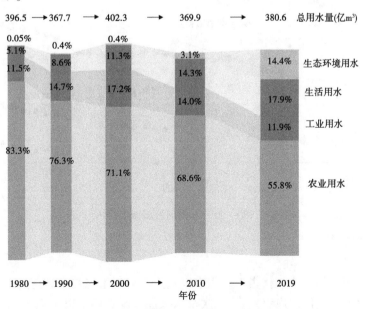

图2　1980—2019年海河流域用水变化趋势

（2）城镇化率迅速提升，流域城镇用水需求快速增长。

20 世纪 80 年代初至 20 世纪末，全国经济建设突飞猛进，城镇化水平快速提升，城镇化率从 1980 年 10.4% 提高到 2000 年 36.2%[5]。20 世纪末我国开启了全面建设小康社会的奋斗进程，截至目前全国已实现全面建成小康社会，城乡区域统筹发展稳步推进，城镇化水平稳步提升，城镇化率从 2000 年 36.2% 提高到 2019 年 60.6%。

近 40 年经济社会快速发展也对水资源供给产生了巨大的需求，伴随而来的就是城镇用水的稳步增长，淮河流域城镇用水（见图 3）从 1980 年 45.8 亿 m³ 增长到 2000 年 130.4 亿 m³，年增长 5.4%，呈现粗放式快速增长特征。从 2000 年 130.4 亿 m³ 增长到 2019 年 168.6 亿 m³，年增长 1.4%，开始由粗放式快速增长向集约式稳定增长转变。海河流域城镇用水（见图 4）从 1980 年 55.2 亿 m³ 增长到 2000 年 99.7 亿 m³，年增长 1.9%。从 2000 年 99.7 亿 m³ 增长到 2019 年 117.0 亿 m³，年增长 0.8%，增长趋势逐渐放缓。

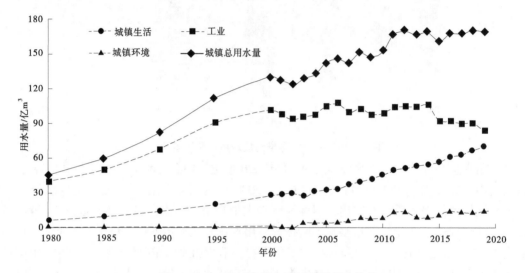

图 3　1980—2019 年淮河流域城镇用水趋势

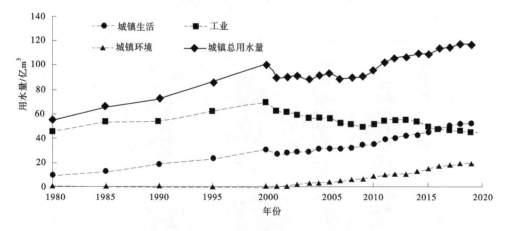

图 4　1980—2019 年海河流域城镇用水趋势

2.2　流域不合理用水现象分析

2.2.1　淮河流域不合理用水分析

（1）城镇用水以超采地下水、挤占农业用水以及掠夺河湖生态用水维持其自身用水需求。

根据《淮河区水中长期供求规划》、第三次全国水资源调查评价以及淮河流域重点区域地下水超采治理与保护方案等成果，2018 年淮河流域平原超采区地下水开采量超过其可开采量 17.3 亿 m³，淮河流域河道内生态环境用水被挤占水量为 26.6 亿 m³。淮河的部分主要支流常年出现生态流量难以保障的局面，比如涡河、沭河的主要控制断面生态基流日满足程度仅在 50% 左右，生态基流保障岌岌可危。

（2）农业亏水灌溉现象长期存在。

淮河流域 2018 年农田有效灌溉面积 1.92 亿亩，实灌面积 1.62 亿亩，实灌率为 84%，同时在实灌面积中存在亏水灌溉的情况，经统计，近些年多年平均农田实灌定额 245 m³/亩，《淮河流域及山东半岛水资源综合规划》测算的农业灌溉亩均需水量为 280 m³/亩。农业实灌面积亏水约 56 亿 m³。

淮河流域城镇用水超采地下水、掠夺河湖生态用水量以及农业亏水灌溉缺水总量接近 100 亿 m³。

2.2.2 海河流域不合理用水分析

（1）水资源禀赋差，城镇挤占生态用水严重。

海河流域水资源禀赋差，城镇刚性需求强，水资源供需矛盾突出。水资源开发利用率达到了 106%。生产、生活用水严重挤占农业和河湖生态环境用水，重要河湖的生态挤占量达到 9.3 亿 m³；流域入海水量由 20 世纪 50 年代的 155 亿 m³ 下降到近 18 年来的 39 亿 m³，湖泊、湿地水面面积减少 50% 以上，27 条主要河流中，有 23 条出现不同程度的断流或干涸，断流河长超过 3 600 km，占 23 条河流总河长的 51%。大运河文化带，除通惠河、北运河外，其他河道用水需求均不能满足，尤其是南运河，除城镇景观段外，其余河段基本处于干涸状态，若实现全线有水的目标，尚需通过外调水补水来解决。

（2）地下水超采、生态环境问题严重。

华北地区地下水长期超采，将 2018 年的供水量与三次评价确定的地下水可开采量成果进行比较，海河流域仍超采 38 亿 m³，主要分布在东线受水区，基本上全部为深层水超采。1980 年以来，海河流域地下水超采形成的累计亏空量已达 1 800 亿 m³，其中浅层地下水亏空量占累计亏空量的 53%。地下水超采、常年的地下水亏空，带来地面沉降和地裂、河流断流和干涸、湿地萎缩和泉水断流、海（咸）水入侵等一系列问题，对标生态文明建设差距甚远。

2.3 供水对象中长期用水趋势分析

2.3.1 高质量发展转型稳步推进，流域城镇用水需求仍将稳定增长

（1）淮河流域城镇用水趋势。

从生活看，过去 40 年城镇人口由 1.9 亿增长至 8.5 亿，城镇化率由 19.4% 增长至 60.6%，未来我国的城镇化仍将继续推进，城乡一体化进程将明显加快，随着生活水平的提高和生活环境的改善，城镇生活的用水增长基本是确定无疑的[6]。

从生态看，过去 40 年生态环境用水量由 0.18 亿 m³ 增长至 35.34 亿 m³，生态环境用水量比例从 0.04% 增加至 5.5%，尤其近些年，河湖长制全面建立，河湖面貌焕然一新，未来随着生态文明建设持续推进，人民对美好生态环境的需求不断增加，未来生态环境用水需求将会持续增长。

从工业看，过去 40 年工业增加值由 0.2 万亿元增长至 31.7 万亿元，按不变价计算，年增长率 10.5%，根据近 40 年工业用水变化趋势，考虑工业动能经济转换逐渐完成，新型工业化体系打造，未来工业用水中长期的变化趋势将呈现稳向微增长的集约用水发展模式。

（2）海河流域城镇用水趋势。

南水北调东、中线一期工程通水后，海河流域用水紧张局面虽得到有力缓解，但年用水总量多年保持在 370 亿~380 亿 m³，流域水资源供需仍然处于"紧平衡"状态。从 1980 年以来用水变化情况看，流域的生活和环境用水量增加，工业用水量基本持平，农业用水量减少。未来随着经济社会的发展、京津冀协同发展、雄安新区等国家战略的实施，以及生态文明建设的新要求，用水需求仍会增长。主要增长的行业仍是生活和生态环境，其次是工业用水量微增长。由于农村人口向城镇转移、城镇化率的提高和用水定额的增加，城镇生活的用水量将有大幅地增加；未来生态文明建设和人民对美好生活的向往，生态环境用水需求也将大幅度增长。

2.3.2 新时期生态文明建设，改善生态环境的水资源需求将显著提升

当前我国社会的主要矛盾已转化为人民日益增长的美好生活需要和不平衡、不充分的发展之间的矛盾，国家及地方对生态文明建设和环境保护与修复提出了新的、更高的要求。到 2035 年，华北地区地下水全面实现采补平衡，河湖生态流量得到有效保障，水功能区总体达标，生态环境根本好转。如白洋淀生态水位目标为 6.5 m，年需水量 3 亿~4 亿 m^3；京杭大运河 2025 年力争实现正常来水年份基本有水，2035 年力争实现正常来水年份全线有水；黄河地表水资源开发利用率低于 78%，保障河道基本生态流量和入海水量；实施地下水压采综合治理、跨流域水源调配、地下水回灌补源等措施，地下水超采得到有效治理，地面沉降、海水入侵等生态及环境地质问题逐步得到缓解等，都对水资源保障提出了更高要求，未来流域改善生态环境的水资源需求将显著提升。

3 结语

（1）随着高质量发展转型稳步推进和生态环境保护持续深入，东线工程受水流域供水对象用水需求仍将稳定增长。

（2）以现状不合理用水为特征，统筹流域内存量、增量供水潜力，淮河流域整体处于紧平衡状态，海河流域明显失衡，通过跨流域调水适当提高海河流域水资源承载能力，推动流域人口经济与水资源环境均衡发展，是贯彻落实"空间均衡"治水思路的必然选择。

（3）建议在调水工程规划阶段，强化顶层设计，从流域层面统筹配置流域间需调水量，按照协同调配原则，优化确定调水工程总体布局与调水规模。

参考文献

[1] 沈宏，王浩，詹同涛. 淮河流域及山东半岛水资源综合规划 [J]. 治淮，2020（12）：71-73.
[2] 梅梅，刘琦，詹同涛. 淮河流域水资源承载能力与承载状况评价 [J]. 治淮，2020（12）：79-82.
[3] 陈新颖，董增川，寇嘉玮，等. 淮河流域总用水量与用水结构变化的响应 [J]. 水电能源科学，2019，37（2）：35-38.
[4] 刘慧敏，周戎星，于艳青，等. 我国区域用水结构与产业结构的协调评价 [J]. 水电能源科学，2013，31（9）：159-163.
[5] 陈伟雄，杨婷. 中国区域经济发展 70 年演进的历程及其走向 [J]. 区域经济评论，2019（5）：28-38.
[6] 张巍，韩军，周绍杰. 中国城镇居民用水需求研究 [J]. 中国人口·资源与环境，2019，29（3）：99-109.

南水北调东线工程主要受水区节水潜力及
释放途径分析

梅 梅 焦 军 吴晨晨

（中水淮河规划设计研究有限公司，安徽合肥 230601）

摘 要：南水北调东线工程是解决我国北方地区水资源严重短缺问题的重大战略举措，也是关系到我国经济社会可持续发展的特大型基础设施。南水北调东线一期工程已经通水，在"节水优先、空间均衡、系统治理、两手发力"的治水思路下，分析南水北调东线工程受水区的节水潜力，在节水优先的前提下开展南水北调东线后续工程相关规划设计工作是必须的。

关键词：南水北调；节水水平；节水潜力；释放途径

南水北调工程是构建我国"四横三纵、南北调配、东西互济"水资源配置总体格局的重大战略性工程。从20世纪50年代提出设想，历经半个多世纪的前期工作，形成了规划的总体格局。南水北调东线工程利用江苏省江水北调工程，扩大规模，向北延伸。从江苏省扬州附近的长江干流引水，利用京杭大运河以及与其平行的河道输水，连通洪泽湖、骆马湖、南四湖、东平湖作为调蓄水库，经泵站逐级提水进入东平湖后，分水两路，一路向北穿黄河后向华北平原东部供水；另一路向东自流经新辟的山东半岛输水干线接引黄济青渠道，向山东半岛供水。

南水北调东线后续工程拟在一期工程基础上，进一步扩大规模，向北延伸扩大供水范围，东线后续工程拟新增供水范围涉及天津、北京2个直辖市，安徽、山东、河北3个省17个地级市的74个县（区、市）及雄安新区。工程任务为：补充北京、天津、河北、山东及安徽等省（市）的输水沿线生活用水、工业用水、城镇生态环境用水，安徽省高邮湖周边农业灌溉用水、萧县和砀山高效农业果木林灌溉用水；向白洋淀等重要湿地生态供水，补充黄河以北地下水超采治理补源的部分水量，补充大运河生态和航运用水，并置换部分黄河水量。在"节水优先、空间均衡、系统治理、两手发力"的治水思路下，分析南水北调东线工程受水区的节水潜力，在节水优先的前提下开展南水北调东线后续工程相关规划设计工作是十分重要的[1]。南水北调东线工程主要受水区为北京、天津、河北和山东规划供水范围。

1 主要受水区现状节水水平

南水北调东线工程主要受水区2018年实际用水量251.76亿 m^3，其中生活用水量56.48亿 m^3，占总用水量的22.4%；工业用水量37.32亿 m^3，占总用水量的14.8%；农田灌溉用水量109.79亿 m^3，占总用水量的43.6%；林牧渔畜用水量17.82亿 m^3，占总用水量的7.1%；生态环境用水30.34亿 m^3，占总用水量的12.1%。

现状节水水平主要通过供用水效率进行评价，评价指标采用人均用水量、万元GDP用水量等指标。主要受水区人均用水量214 m^3/人，为全国人均用水量432 m^3/人的1/2不到；主要受水区万元GDP用水量23.4 m^3，约为全国万元GDP用水量的1/3；主要受水区万元工业增加值用水量10.2 m^3，

作者简介：梅梅（1976—），女，高级工程师，主要从事水资源规划工作。

不到全国万元工业增加值用水量的 1/4；主要受水区城镇供水管网漏损率 13.8%，略低于全国平均水平，主要是由于北京管网老旧，漏损率较高；主要受水区灌溉水有效利用系数达到 0.66，高出全国的 20%，南水北调东线工程主要受水区现状节水水平明显高于全国平均水平，见表 1。

表 1　南水北调东线工程主要受水区现状节水水平

区域	人均用水量/ （m³/人）	万元 GDP 用水量/m³	万元工业增加值 用水量/m³	城镇供水管网 漏损率/%	灌溉水有效利用系数
北京市	188	12.4	7.5	16.0	0.74
天津市	217	24.0	14.8	13.0	0.71
河北省	230	61.8	13.1	13.0	0.70
山东省	217	25.0	9.6	12.9	0.64
主要受水区	214	23.4	10.2	13.8	0.66
淮河流域	302	47.7	18.4	13.5	0.55
海河流域	242	37.8	14.8	14.0	0.68
全国	432	66.8	41.3	14.7	0.55

2　现状供用水节水潜力

2.1　用户端节水可能性分析

居民生活用水净定额随着人民对美好生活向往目标的逐步实现，广大人民群众的生活质量、卫生环境条件未来将会进一步改善，人均用水器具会增加，居民生活用水整体上呈上升趋势，居民生活用水用户端无节水潜力，生活用水用户端的节水重点应放在提高居民节水意识、制止用水浪费行为、提高居民家庭用水器具水效等级等方面。

在最严格水资源管理制度的约束下，万元工业增加值用水量将呈现明显下降趋势，随着产业结构的调整、工艺的改良，工业用水用户端的节水潜力较大[2]。

农业灌溉从用户端来看，节水潜力并不明显，农业灌溉净定额主要受作物种植的影响，而气候条件是作物种植制约性和限制性因素，未来在局部上存在改善作物种植结构的情况[3]，整体上看，长期以来，各地区已形成与当地自然条件、气候环境相适宜的种植结构，各地区的灌溉净需求节水空间不大。

2.2　供水端节水可能性分析

生活用水从供水端节水分析，供水管网漏损率至 2035 年有 4%~7% 的下降空间，节水器具普及率最大有 29% 的提高空间，可见生活用水从供水端看仍有一定的节水潜力。

工业用水供水端节水分析主要为工业用水重复利用率[4]，现状相比规划有 1%~5% 的提高空间，在工业用水循环利用设计上存在一定的节水空间。

农业用水供水端节水分析主要为灌溉水有效利用系数，现状相比规划有 8%~20% 的提高空间，通过节水潜力分析，农业节水占比较重，农业节水的重要抓手和关键所在应是采用节水灌溉，努力提高农业灌溉水利用效率。

2.3　现状节水潜力分析

节水潜力是以各部门、各行业（含农作物）通过综合节水措施所达到的节水指标为参照标准[5]，分析现状用水水平与节水指标的差值，并根据现状发展的实物量指标计算最大的可能节水量。

节水潜力分析主要考虑各项节水指标，对生活、工业、农业等分行业进行综合衡量，分析现状用水水平与节水指标的差值，并根据实物量指标测算节水量。生活用水节水潜力主要包括降低管网漏失率和提高节水器具普及率两方面；工业用水量取决于工业产值、工业结构和科技水平，主要体现在万元工业增加值取水量上，以现状水平年工业增加值为计算基础，工业节水的关键是合理调整工业结构和布局、提高科技水平、推广节水技术、提高工业用水效率；农业节水潜力主要体现在农田灌溉用水上，主要通过调整作物种植结构，采用节水灌溉提高灌溉水有效利用系数实现，以现状年农田灌溉用水量为计算基础。

2.3.1 农业节水潜力

农业节水潜力根据式（1）计算：

$$W_{农潜} = A_0 Q_0 (1 - \mu_0) - A_0 Q_t (1 - \mu_t) \tag{1}$$

式中：$W_{农潜}$ 为农业灌溉通过工程措施节水潜力；A_0 为现状农田实灌面积；Q_0 为现状农田灌溉用水定额；μ_0 为现状农业灌溉水有效利用系数；μ_t 为未来（2035年）节水指标条件下农业灌溉水有效利用系数；Q_t 为未来节水指标条件下农田灌溉用水定额。

2.3.2 工业节水潜力

工业节水潜力按式（2）计算：

$$W_{工潜} = W_{yt}\left[(1 - \eta_0) - (1 - \eta_t)\right] + W_{q0}(L_0 - L_t) = W_{yt}(\eta_t - \eta_0) + W_{q0}(L_0 - L_t) \tag{2}$$

其中

$$W_{yt} = P_0 \times Q_t / (1 - \eta_t)$$

式中：$W_{工潜}$ 为工业通过工程措施节水潜力；W_{yt} 为未来节水指标条件下用水量（等于取水量加重复利用水量）；η_0 为现状工业用水重复利用率；η_t 为未来（2035年）节水指标条件下工业用水重复利用率；P_0 为现状工业增加值；Q_t 为未来（2035年）节水指标条件下工业用水定额；W_{q0} 为现状非自备水源工业取水量；L_0 为现状工业管网漏损率；L_t 为未来（2035年）节水指标条件下工业管网漏损率。

2.3.3 城镇生活节水潜力

从城镇生活用户端分析，城镇生活用水定额在规划年将随着经济社会发展和生活水平提高而提高[6]，节水潜力低，故本次从城镇生活供水端分析，通过城镇供水管网改造降低漏损率计算节水潜力。

城镇生活节水潜力按式（3）计算：

$$W_{生潜} = W_0 (L_0 - L_t) \tag{3}$$

式中：$W_{生潜}$ 为城镇生活节水潜力（含公共用水）；W_0 为现状城镇生活用水量；L_0 为现状城镇供水管网漏损率；L_t 为未来（2035年）节水指标条件下城镇供水管网漏损率。

通过对主要受水区生活、工业和农业灌溉等重点节水领域节水潜力分析（见表2），主要受水区节水潜力21.46亿 m³，其中城镇生活节水潜力2.91亿 m³，工业节水潜力9.58亿 m³，农业节水潜力8.95亿 m³，生活节水潜力仅占13.6%，工业节水潜力占44.6%，农业节水潜力占41.7%，工业和农业是重点节水领域。

表2 南水北调东线工程主要受水区节水潜力　　　　　　　　　单位：亿 m³

区域	城镇生活	工业	农业	合计
北京市	1.16	0.87	0.15	2.19
天津市	0.28	0.99	0.78	2.05
河北省	0.14	0.27	1.93	2.35
山东省	1.33	7.45	6.09	14.87
主要受水区	2.91	9.58	8.95	21.46

3 节水潜力释放途径分析

3.1 农业节水潜力

如表3、图1所示，主要受水区现状农业灌溉用水量109.79亿 m³，受水源条件等因素的影响，现状农田灌溉长期处于亏水灌溉状态，2018年主要受水区农业有效灌溉面积7 597万亩，实灌面积

6 740 万亩，尚有 1 274 万亩未灌溉，实灌面积的亩均灌溉定额小于农田灌溉需水定额。按照有效灌溉面积下农作物的灌溉需求，现状农业灌溉需水量为 144.74 亿 m³，与实际用水量的差距达 34.95 亿 m³，虽然未来农业灌溉用水量会随着灌区节水改造、灌溉水系用系数的提高而有所下降，但农业存量节水潜力 8.95 亿 m³（见图 1）的释放，还是主要用于补充农业本身的灌溉用水，改善现状不充分灌溉的条件，基本没有供其他部门使用的潜力。

表 3　南水北调东线工程主要受水区农业节水潜力释放途径　　　　单位：亿 m³

区域	现状农田灌溉用水量	存量节水潜力	基准农田灌溉需水量	增量增长	规划年需水量
北京市	2.41	0.15	4.16	−0.62	3.54
天津市	8.48	0.78	10.00	−1.88	8.12
河北省	24.48	1.93	29.24	−4.71	24.53
山东省	74.41	6.09	101.34	−3.11	98.23
主要受水区	109.78	8.95	144.74	−10.32	134.42

注：现状年为 2018 年，规划年为 2035 年，下同。

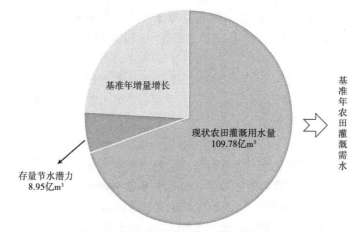

图 1　主要受水区农业节水潜力释放途径

3.2　工业节水潜力

如表 4、图 2 所示，主要受水区现状工业用水量 37.33 亿 m³，工业存量节水潜力 9.58 亿 m³，受水区属于我国经济较发达区域，按照区域功能定位和工业发展态势，未来工业增加值仍处于稳定增长趋势，经初步测算，在完全按照节水定额的前提下，到 2035 年，工业用水的增量增长将达到 16.24 亿 m³，存量工业节水潜力 9.58 亿 m³ 的释放可以支撑 60%左右的工业用水增长需求。

表 4　南水北调东线工程主要受水区工业节水潜力释放途径　　　　单位：亿 m³

区域	现状工业用水量	存量节水潜力	增量增长	规划年需水量
北京市	3.24	0.87	1.45	3.82
天津市	6.36	0.99	2.33	7.70
河北省	3.20	0.27	2.16	5.09
山东省	24.53	7.45	10.30	27.38
主要受水区	37.33	9.58	16.24	43.99

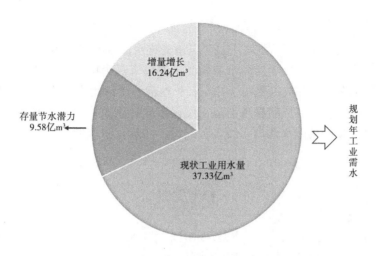

图2　主要受水区工业节水潜力释放途径

3.3　城镇生活节水潜力

如表5、图3所示，主要受水区现状城镇生活用水量 48.11 亿 m³，存量生活节水潜力 2.91 亿 m³，受水区节水潜力仅占现状用水量的6%，且未来考虑人民生活水平进一步提高，生活用水定额还会随着生活品质提高而逐渐上升，城镇生活存量用水量会有一定提升，在城镇化的快速进程下，带来城镇人口的增长，相应带来了大量的增量生活用水需求，经初步测算，到 2035 年，主要受水区城镇生活用水量的增幅将在 30 亿 m³ 以上，生活节水潜力的释放仅能用于补充少量存量用水增长，对于缓解未来生活用水量缺口的作用不大。

表5　南水北调东线工程主要受水区城镇生活节水潜力释放途径　　　　单位：亿 m³

区域	现状城镇生活用水量	存量节水潜力	存量增长	增量增长	规划年需水量
北京市	16.58	1.16	3.04	2.75	21.21
天津市	6.93	0.28	2.61	4.17	13.43
河北省	3.76	0.14	2.33	3.65	9.60
山东省	20.84	1.33	10.76	10.22	40.49
主要受水区	48.11	2.91	18.74	20.79	84.73

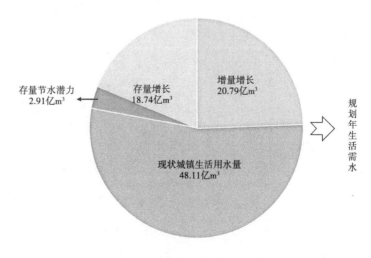

图3　主要受水区生活节水潜力释放途径

4 结语

南水北调东线工程主要受水区节水水平处于全国先进水平，现状供用水节水潜力不大。生活节水潜力的释放仅能用于补充少量存量生活用水增长，工业节水潜力的释放可以支撑 60%左右的工业用水增长需求，农业节水潜力的释放主要用于补充农业本身的灌溉用水，改善现状不充分灌溉的条件，为有效应对东线工程主要受水区严峻缺水形势，仅仅依靠存量节水难以实现，必须贯彻落实"空间均衡"治水思路，进一步推动南水北调东线工程建设，持续促进受水区人口经济与水资源环境均衡发展。

参考文献

［1］李英能. 浅论跨流域调水的节水问题［J］. 南水北调与水利科技，2005，3（3）：768-774.

［2］唐晓灵，李竹青. 区域工业用水效率及节水潜力研究——以关中平原城市群为例［J］. 生态经济，2020，36（10）：7.

［3］顾世祥，朱赟，李亚龙，等. 滇中受水区农业节水潜力估算与分析［J］. 长江科学院院报，2021，38（7）：150-154.

［4］沈福新，耿雷华，秦福兴，等. 黄淮海流域及南水北调中线东线受水区工业节水分析［J］. 水科学进展，2002，13（6）：768-774.

［5］秦长海，赵勇，李海红，等. 区域节水潜力评估［J］. 南水北调与水利科技（中英文），2021，19（1）：36-42.

［6］宋国君，高文程. 中国城市节水潜力评估研究［J］. 干旱区资源与环境，2017，31（12）：1-7.

伊金霍洛旗水资源及其开发利用现状分析

郑艳爽　马东方　丰　青　张春晋

（黄河水利科学研究院，河南郑州　450003）

摘　要： 本文介绍了伊金霍洛旗自然、地理及气候、水利工程等概况，以伊金霍洛旗2020年国民经济和社会发展统计公报、伊金霍洛旗水资源公报等数据为基础，采用资料统计分析的研究方法，对伊金霍洛旗2020年水资源量、供水量、用水量、用水水平和用水结构等方面进行了详细分析，根据取得的研究成果对水资源的合理利用提出了相应建议。

关键词： 水资源量；水资源利用；伊金霍洛旗

1　引言

习近平总书记在2019年9月18日在黄河流域生态保护和高质量发展座谈会上的讲话[1]中指出：将黄河流域生态保护和高质量发展上升为国家重大战略，发出了"让黄河成为造福人民的幸福河"的号召；指出了当前黄河流域存在"流域生态环境脆弱、水资源保障形势严峻"等一系列问题，提出了推进水资源节约集约利用，把水资源作为最大的刚性约束。伊金霍洛旗隶属于内蒙古自治区鄂尔多斯市，所在区域为黄河流域，是大型煤炭建设基地，《煤炭工业发展"十四五"规划》中提出，"牢固树立绿色发展理念，推行煤炭绿色开采，发展煤炭洗选加工，因地制宜保水开采，做好黄河流域煤炭资源开发与生态环境保护建设。"为掌握伊金霍洛旗水资源利用现状，本文以《伊金霍洛旗2020年国民经济和社会发展统计公报》《2020年自蒙古自治区水资源公报》《鄂尔多斯市水资源公报》《伊金霍洛旗水资源公报》等统计数据为基础，分析了伊金霍洛旗现状年2020年水资源量、用水量、用水水平和用水结构等方面，取得的研究成果可为该区域的水资源开发利用建设提供技术参考。

2　研究区域概况

伊金霍洛旗位于鄂尔多斯市东南部，地处鄂尔多斯高原毛乌素沙地东北边缘，地理坐标为东经109°00′~110°30′，北纬39°00′~40°00′，旗境东与准格尔旗、陕西省府谷县接壤，南与陕西省神木县为邻，西与乌审旗、杭锦旗交界，北与鄂尔多斯市辖区毗邻，全旗总土地面积5 565 km²，辖7个镇。伊金霍洛旗地形总体呈西北高、东南低趋势，境内地面高程为1 300~1 400 m[2]。

该区域属温带大陆性半干旱气候，四季寒暑巨变，春秋两季干旱多风沙；夏季炎热而短促，多暴雨且集中；冬季严寒而漫长[3]。2020年全年总日照时长2 978.7 h，总降水量322.8 mm，最长连续降水量25.7 mm（8月28—31日），日最大降水量20.2 mm（8月12日）。年平均蒸发量2 144.7 mm。全年平均气温7.7 ℃，年极端最高气温34.1 ℃（6月5日），年极端最低气温-23.6 ℃（12月30日、12月31日）。全年无霜期总天数277 d，终霜日期2020年4月11日，初霜日期2019年10月7日。伊金霍洛旗境内黄河流域水系支流主要为窟野河流域，包括窟野河和牻牛川两大河流。截至2020年，伊金霍洛旗已建蓄水工程63座、提水工程23座、机电井26 478眼。

作者简介： 郑艳爽（1980—），女，高级工程师，主要从事流域水沙变化、河道河床演变及河流泥沙动力学研究工作。

3 水资源开发利用现状分析

3.1 水资源状况

依据全国水资源综合规划成果，以及内蒙古自治区水利水电勘测设计院等编制的《内蒙古自治区水资源及其开发利用调查评价》成果，伊金霍洛旗境内多年平均地表水资源量为 23 874 万 m³，地表水可利用量为 2 541 万 m³；多年平均地下水资源量（矿化度≤2g/L）为 13 972 万 m³，地下水可开采量为 6 858 万 m³。扣除地表水与地下水之间重复计算量 2 163 万 m³，全旗多年平均水资源总量为 35 683 万 m³（见表1）。

表1　伊金霍洛旗水资源总量及可利用总量统计表　　　　单位：万 m³

行政区划	地表水		地下水		水资源总量	
	资源量	可利用量	资源量	可开采量	资源总量	可利用总量
伊金霍洛旗	23 874	2 541	13 972	6 858	35 683	9 399

3.2 供水量

根据《鄂尔多斯市水资源公报（2016—2020 年）》统计数据，伊金霍洛旗近 5 年供水情况见图 1。可以看出，2016—2020 年伊金霍洛旗供水量变幅较小，总体呈增加趋势；地表水源供水量呈逐年减少的趋势；地下水源供水量在波动中呈增加趋势；其他水源供水量全部为再生水供水量，呈逐年增加趋势。

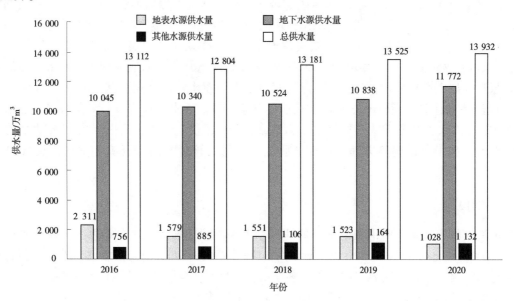

图 1　伊金霍洛旗近 5 年供水情况

2020 年伊金霍洛旗各类水源总供水量为 13 932 万 m³，其中地表水供水量为 1 028 万 m³，占总供水量的 7.4%；地下水供水量为 11 772 万 m³，占总供水量的 84.5%；其他水源供水量为 1 132 万 m³，占总供水量的 8.1%。

3.3 用水量

根据《鄂尔多斯市水资源公报（2016—2020 年）》统计数据，伊金霍洛旗近 5 年各行业用水量统计详见表 2。

表 2　伊金霍洛旗各行业用水量　　　　　　　　　　　　　　　　单位：万 m³

年份	生活用水量				第一产业用水量				
	城镇	农村	小计	其中地下水	农业灌溉	林牧渔	牲畜	小计	其中地下水
2016	476	102	578	578	6 496	1 398	129	8 023	6 763
2017	486	116	602	602	5 816	2 028	148	7 992	7 176
2018	612	167	779	779	4 921	1 553	177	6 651	5 850
2019	710	194	904	904	4 988	1 674	185	6 847	6 134
2020	699	113	812	650	4 965	384	186	5 535	5 350

年份	第二产业用水量				第三产业用水量		生态环境用水量		总用水量	
	工业	建筑业	小计	其中地下水	小计	其中地下水	小计	其中地下水	总计	其中地下水
2016	3 415	9	3 424	517	176	176	911	20	13 112	8 054
2017	3 030	11	3 041	504	163	163	1 006	56	12 804	8 501
2018	3 923	12	3 935	2 949	121	121	1 695	824	13 181	10 524
2019	3 960	40	4 000	378	180	180	1 594	0	13 525	7 462
2020	4 016	26	4 042	217	235	153	3 308	0	13 932	6 370

由表 2 可知，2016—2020 年伊金霍洛旗用水总量呈增长趋势；生活用水总量呈先增加后减少的趋势；第一产业用水量呈逐年减少的趋势；第三产业用水量呈先减少后增加的趋势；第二产业用水量在波动中呈增加趋势；生态环境用水总量呈持续增长趋势，主要原因是始终坚持绿色发展理念，环保基础设施不断改善，生态环境保护全面加强，加快生态林建设和加强水土流失综合治理。

2020 年全旗总用水量 13 932 万 m³，其中：第一产业用水量 5 535 万 m³，占总用水量的 39.7%；第二产业用水量 4 042 万 m³，占总用水量的 29.0%；第三产业用水量 235 万 m³，占总用水量的 1.7%；居民生活用水量 812 万 m³，占总用水量的 5.8%；生态环境用水量 3 308 万 m³，占总用水量的 23.7%。近几年全旗各行业用水量统计详见表 2。

3.4　用水结构

伊金霍洛旗近 5 年用水结构见表 3。可以看出，生活用水量占总用水量的比例呈先增加后减小的趋势；第一产业用水量占总用水量的比例在波动中呈减小趋势；第二产业用水量占总用水量的比例在波动中呈增长趋势；第三产业用水量占总用水量的比例呈先减小后增加的趋势；生态环境用水量占总用水量的比例呈逐年递增的趋势。

分析伊金霍洛旗现状年各行业用水结构，其中生活用水量占总用水量的 5.8%；第一产业用水量占总用水量的 39.7%，第二产业用水量占总用水量的 29.0%；第三产业用水量占总用水量的 1.7%，生态环境用水量占总用水量的 23.8%。

3.5　用水水平

根据《内蒙古自治区 2020 年水资源公报》《鄂尔多斯市 2020 年水资源公报》《内蒙古自治区地方标准行业用水定额》（DB15/T 385—2020）相关数据，对伊金霍洛旗现状年用水水平与用水效率进行分析。根据 2020 年伊金霍洛旗各行业用水量及社会经济指标数据，折算出各行业用水水平。

表 3　伊金霍洛旗近 5 年用水结构　　　　　　　　　　　　　%

年份	生活用水量	第一产业用水量	第二产业用水量	第三产业用水量	生态环境用水量	总用水量
2016	4.4	61.2	26.1	1.3	7.0	100
2017	4.7	62.4	23.7	1.3	7.9	100
2018	5.9	50.5	29.9	0.9	12.9	100
2019	6.7	50.6	29.6	1.3	11.8	100
2020	5.8	39.7	29.0	1.7	23.8	100

3.5.1　生活用水水平

现状年 2020 年伊金霍洛旗常住人口 18.02 万，其中城镇居民 4.76 万人，农村居民 13.26 万人。城镇居民人均生活用水水平为 402.3 L/（人·d），现状用水水平高于《内蒙古自治区地方标准行业用水定额》（DB15/T 385—2020）规定的"50 万以下中小城市居民生活用水定额 90.0 L/（人·d）"的定额标准，高于全区同期城镇人均生活用水 108 L/（人·d）的平均用水水平；农村居民人均生活用水水平为 23.3 L/（人·d）。现状用水水平低于《内蒙古自治区地方标准行业用水定额》（DB15/T 385—2020）规定"农村居民生活用水定额 60.0 L/（人·d）"的定额标准，低于全区同期农村人均生活用水 100 L/（人·d）的平均用水水平。

3.5.2　第一产业用水水平

第一产业用水主要包括农田灌溉、林牧渔业和牲畜用水。2020 年农田实际灌溉面积 34.62 万亩，林牧渔灌溉面积 8.84 万亩，牲畜数量为 57.2 万头。现状 2020 年农田灌溉用水量 4 965 万 m³，综合灌溉用水定额为 143.41 m³/亩，低于全区同期综合灌溉用水定额 256 m³/亩的平均水平；畜牧业用水量为 186 万 m³，大畜平均用水定额 40.5 L/（d·头），小畜平均用水定额为 4.9 L/（d·头）（只），生猪平均用水定额 31.2 L/（d·头），大畜和生猪的用水量均优于自治区行业用水定额标准［50~100 L/（d·头）、40 L/（d·头）］，小畜的用水量满足自治区行业用水定额标准［1~10 L/（d·头）］。

3.5.3　第二产业用水水平

现状年 2020 年伊金霍洛旗第二产业国内生产总值增加值为 481.67 亿元，万元工业增加值实际用水量为 10.62 m³/万元，根据 2020 年《自蒙古自治区水资源公报》数据，万元工业增加值用水量为 13.68 m³/万元，现状年伊金霍洛旗万元工业增加值用水量优于全区平均用水量。

现状年 2020 年建筑业用水量为 0.52 m³/万元，由于《内蒙古自治区 2020 年水资源公报》《鄂尔多斯市 2020 年水资源公报》中均未统计全区及全市建筑业增加值，本次无法将伊金霍洛旗建筑业万元增加值用水量与全区及鄂尔多斯市平均用水量进行对比分析。

3.5.4　第三产业用水水平

伊金霍洛旗 2020 年第三产业国内生产总值增加值为 219.79 亿元，第三产业万元增加值用水量为 1.07 m³/万元，第三产业万元增加值用水量较低。人均用水量 135.3 L/（人·d）（指城镇居民）。根据《室外给水设计规范》（GB 50013—2018），伊金霍洛旗为中、小城市，位于第三分区，日平均第三产业用水定额为 40~80 L/（人·d），现状年伊金霍洛旗第三产业人均用水量高于规范标准。

3.5.5　综合用水水平

伊金霍洛旗 2020 年总用水量 13 932 万 m³，2020 年伊金霍洛旗人均用水量为 773.2 m³/人，万元 GDP 用水量为 19.6 m³/万元。根据《2020 年自蒙古自治区水资源公报》，2020 年人均综合用水量为 809 m³/人，全区万元 GDP 用水量为 78.28 m³/万元，因此 2020 年伊金霍洛旗人均综合用水量、万元 GDP 用水量均低于同期全区平均用水水平。

4　结语

（1）伊金霍洛旗地表水资源可利用量少，随着经济社会的快速发展，工业和城市生活需水量仍在进一步增加。随着我国西部大开发的进一步实施，特别是伊金霍洛旗资源的开发，能源基地的建设，水资源的供给难以满足经济社会发展的需水要求。水资源形势严峻，供需矛盾突出。

（2）现状年伊金霍洛旗地下水开发利用量为 6 370 万 m³，地下水可开采量为 6 858 万 m³，占地下水资源可开采量的 92.9%。地下水暂无大的开发潜力。并且过度开发水资源，造成水资源短缺，建议未来应优先利用煤矿疏干水、再生水等非常规水源。

（3）依据现状年伊金霍洛旗各行业用水量统计结果，第一产业用水量占总用水量的比例达到 39.7%，且大部分取用地下水。建议合理使用地下水，积极使用再生水及煤矿、矿井涌水，同时对于农业灌溉要采用更为节水型的灌溉设施。

参考文献

［1］习近平. 在黄河流域生态保护和高质量发展座谈会上的讲话［J］. 求是，2019（20）.
［2］蒋丽伟，卢泽洋，宫殷婷，等. 内蒙古伊金霍洛旗植被恢复生态效益研究［J］. 林业资源管理，2019，2（1）：38-43.
［3］彦世伟. 伊金霍洛旗生态恢复效益评价及耦合协调度分析［R］. 2020：8-9

宁夏苦水河流域水沙变化特点分析

郑艳爽　张晓华　尚红霞　丰　青

（黄河水利科学研究院，河南郑州　450003）

摘　要：以苦水河流域郭家桥水文站长系列实测水沙资料为基础，采用资料统计分析的研究方法，对苦水河流域不同时期、年际及年内水沙量变化进行了分析，并采用 Mann-Kendall 突变检验研究方法确定了郭家桥水文站水沙突变年份。结果表明：苦水河水少沙多，水沙年际间变化悬殊，水沙量主要集中在汛期，1969 年以前水沙量基本最少，较多年均值偏少 76.7% 和 55.6%，1990—1999 年水沙量最大，较多年均值偏多 80.6% 和 180.2%。研究成果可为黄河上游宁夏河段水沙调控及河道治理提供技术参考。

关键词：水沙量；水沙变化；突变检验；苦水河流域；宁夏河段

1　流域概况

苦水河是宁夏境内直接入黄的一级支流，集水面积为 5 218 km²（宁夏境内 4 942 km²，甘肃省内 276 km²），河长 224 km。发源于甘肃省环县甜水堡镇花石山沙坡子沟脑，在宁夏流经盐池、同心、灵武、吴忠等四县（市），于灵武市新华桥镇华一村汇入黄河。流域地处宁夏中部干旱区域，干旱少雨，蒸发强烈，风大沙多，日照强度大，昼夜温差大；年平均降水量 260 mm，多年平均蒸发量 1 420 mm，天然径流量仅有 1 670 万 m³，水资源总量少，丰枯变化大，年内分配极不均匀。绝大部分集中在汛期 6—9 月，水质差，苦水河为多泥沙河流，含沙量高，流域平均输沙模数 1 021 t/km²[1]，最大 7 000 t/km²，最小 2.4 t/km²。

2　资料来源与研究方法

2.1　资料来源

苦水河在入黄河口设有郭家桥水文站，是该支流上的一个控制水文站，位于苦水河的下游，控制流域面积为 5 216 km²，该站设立于 1954 年，实测观测资料系列较长，本次研究收集到的水沙资料系列为 1957—2015 年，所采用水沙实测资料均来源于《中华人民共和国水文年鉴黄河流域水文资料》。

2.2　研究方法

Mann-Kendall 检验法是一种非参数统计检验方法，可分析时间序列资料的变化趋势和突变点[2-3]。与参数统计检验方法相比，此方法不需要样本遵从一定的分布，也基本不受少数异常值的干扰影响，而且计算简单，近年来此法被众多学者应用于水文气象等非正态分布序列趋势分析中[4]。

Mann-Kendall 突变检验的统计量构造秩序列：

$$S_k = \sum_{i=2}^{k} \sum_{j=2}^{i-1} r_{ij} \quad (k = 2,\ 3,\ \cdots,\ n) \tag{1}$$

式中：r_{ij} 为第 i 个样本 x_i 大于第 j 个样本 x_j 的累积数。

基金项目：国家重点研发计划资助项目（2017YFC0404402）；中央级公益性科研院所基本科研业务费专项资金资助项目（HKY-JBYW-2020-14，HKY-JBYW-2018-11，HKY-JBYW-2019-07）。

作者简介：郑艳爽（1980— ），女，高级工程师，主要从事流域水沙变化、河道河床演变及河流泥沙动力学研究工作。

$$r_{ij} = \begin{cases} 1 & x_i - x_j > 0 \\ 0 & x_i - x_j \leqslant 0 \end{cases}$$

S_k 的数学期望和方差为

$$E(S_k) = \frac{k(k-1)}{4} \tag{2}$$

$$\mathrm{Var}(S_k) = \frac{k(k-1)(2k+5)}{72} \tag{3}$$

$$UF_k = \frac{S_k - E(S_k)}{\sqrt{\mathrm{Var}(S_k)}} \quad (k = 2, 3, \cdots, n) \tag{4}$$

式中：n 为序列容量。

统计量 UF_k 服从标准正态分布，若 UF_k 为正，表明系列具有上升或增加的趋势；若 UF_k 为负，则表明系列具有下降或减小的趋势。通常取显著水平 $\alpha = 0.05$，相应的检验临界值 $UF_\alpha = 1.96$。如果 $|UF_k| > |UF_\alpha|$，表明序列的增长或减少趋势是显著的，超过临界值的范围确定为出现显著突变的时间区域，所有 UF_k 将组成一条曲线 C_1。把以上方法应用到反序列中，重复上述计算过程，并使计算值乘以"-1"，得出 UB_k。UB_k 在图中表示为 C_2，若 C_1 和 C_2 两条曲线存在交点，且交点位于临界线之间，则交点对应的时刻为突变开始的时刻，即为突变点[5-6]。时间序列中的突变是序列从一种稳定状态到另一种稳定状态的飞跃，也是从一个统计特性到另一个统计特性的急剧变化[7]。

3 苦水河流域水沙变化特点

3.1 年均水沙量变化特点

根据苦水河郭家桥站的实测水沙资料收集情况，为分析苦水河不同时期水沙量变化情况，将郭家桥资料系列划分成 1957—1969 年、1970—1979 年、1980—1989 年、1990—1999 年、2000—2015 年五个时段来分析。本次研究长时期是指 1957—2015 年。

郭家桥水文站长时期年均水沙量分别为 0.932 亿 m³ 和 0.045 4 亿 t（见表 1）。与长时期年均值相比，年均水量偏多的时期为 1990—1999 年、2000—2015 年两个时期，水量分别偏多 37.1%、80.6%。而 1957—1969 年、1970—1979 年、1980—1989 年三个时期有所减少，减少范围在 7.1%~76.7%；年均沙量偏多的时段是在 1990—1999 年，偏多 180.2%；其他几个时期有所减少，减少范围在 5.5%~60.5%，其中 1980—1989 年减幅最大。

表 1 苦水河郭家桥站不同时期水沙量变化

时段	年水量/亿 m³	与长时期相比年水量变幅/%	年沙量/亿 t	与长时期相比年沙量变幅/%
1957—1969 年	0.218	−76.7	0.020 1	−55.6
1970—1979 年	0.623	−33.1	0.042 9	−5.5
1980—1989 年	0.866	−7.1	0.017 9	−60.5
1990—1999 年	1.683	80.6	0.127 2	180.2
2000—2015 年	1.278	37.1	0.033 5	−26.2
1957—2015 年	0.932		0.045 4	

3.2 年际间水沙量变化

苦水河的特点之一是水少沙多，含沙量相对较高，郭家桥多年平均含沙量约为 48.7 kg/m³。另一个特点是年际间水沙量变化起伏较大，丰枯悬殊。从郭家桥的逐年水沙量变化过程可以看到，水沙量逐年变化较大。苦水河郭家桥水文站最大水沙量分别为 2.182 亿 m³ 和 0.365 亿 t（见图 1），分别发生在 2002 年和 1996 年，最小水沙量分别为 0.098 亿 m³ 和 0.000 1 亿 t，发生在 1963 年，水沙量最大、最小分别相差 22.2 倍和 3 557 倍。

从郭家桥站不同时期水沙量的变幅（最大值与最小值的比值）来看，苦水河水沙量变幅虽然有

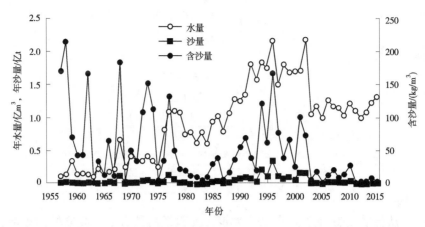

图 1　苦水河郭家桥站逐年水沙变化过程

所起伏，但基本呈减少趋势，水量变幅由 1957—1969 年的 6.8 减少到 2000—2015 年的 2.2，沙量变幅由 1 202.1 减少到 87.5，可见沙量变幅明显大于水量变幅。

3.3　水沙量年内水沙变化特点

3.3.1　水沙量年内分配比例

由于宁夏各支流流域降水一般发生在汛期（6—10 月），因此苦水河水沙量也主要集中在汛期，点绘苦水河郭家桥站年内水沙变化过程图（见图 2、图 3），分析可知，长时期来看，汛期水量占年水量的比例在 68.9%，汛期沙量占年沙量比例为 97.6%。水沙量主要集中在汛期，沙量的集中程度更高。

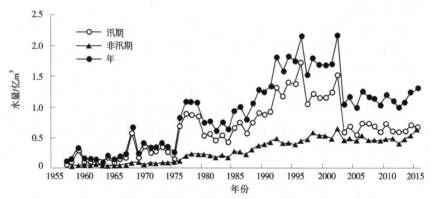

图 2　苦水河郭家桥站水量逐年汛期、非汛期变化

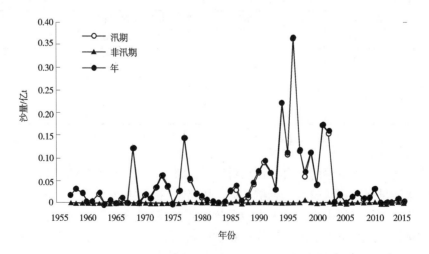

图 3　苦水河郭家桥站沙量逐年汛期和非汛期变化

进一步分析郭家桥站不同时段的水沙量年内分配情况，可以看到在 1957—1969 年、1970—1979 年、1980—1989 年、1990—1999 年四个时段汛期水量占年水量比例在 71.1% ~ 79.4%，2000 年之后，汛期水量占年水量比例有所下降，2000—2015 年下降到 60.8%，汛期沙量占年沙量比例都比较大，1957—1969 年、1970—1979 年、1990—1999 年、2000—2015 年汛期沙量占年沙量比例都在 95% 以上，范围为 97.5% ~ 99.6%，1980—1989 年时段汛期沙量占年沙量比例在 90%。

3.3.2 年内不同时期水沙特征参数

统计分析苦水河郭家桥水文站不同时期汛期、非汛期水沙量的特征参数（见表 2）。可以看到，苦水河郭家桥站汛期各时段年均水量在 0.162 亿 ~ 1.225 亿 m³ 范围变化，年均沙量在 0.016 1 亿 ~ 0.125 1 亿 t 范围变化，水沙量在时段内的变化起伏不定，总体上呈先增大后减小趋势，在 1990—1999 年时段年均水沙量达到最大，2000 年之后有所减少；平均流量在 1.52 ~ 11.53 m³/s 范围变化，各时段平均含沙量在 26.1 ~ 124.1 kg/m³ 范围变化，均呈先增大后减小趋势，并且平均流量和平均含沙量在 1990—1999 年时段达到最大值，其后均有所减小；来沙系数呈逐渐减少趋势，从 1957—1969 年的 81.7（kg·s）/m⁶ 逐渐减小到 2010—2015 年的 5.7（kg·s）/m⁶。苦水河郭家桥站非汛平均流量很小，且变化幅度不大，非汛期流量在 0.27 ~ 2.40 m³/s，时期上均呈明显增大的特点，而到 2000—2015 年达到最大。

表 2　郭家桥站不同时期水沙量特征值

时段	汛期					非汛期
	水量/亿 m³	沙量/亿 t	平均流量/（m³/s¹）	平均含沙量/（kg/m³）	来沙系数/[（kg·s）/m⁶]	平均流量/（m³/m）
1957—1969 年	0.162	0.020 1	1.52	124.1	81.7	0.27
1970—1979 年	0.495	0.042 2	4.66	85.2	18.3	0.62
1980—1989 年	0.616	0.016 1	5.80	26.1	4.5	1.19
1990—1999 年	1.225	0.125 1	11.53	102.1	8.9	2.19
2000—2015 年	0.777	0.032 4	7.31	41.7	5.7	2.40

4　苦水河流域水沙突变诊断

确定苦水河流域水沙变化的突变年份是分析流域水沙变化规律的基础，也是流域治理的技术参考依据[8]。本次采用 Man-Kendall 法对苦水河郭家桥站年径流量、年输沙量进行分析，分析得出苦水河水沙变化的突变年份和变化趋势。

由郭家桥站年径流量 M-K 突变检验曲线图（见图 4）可知，苦水河郭家桥站年径流量 UF 与 UB 有交点，但是在临界线之外，因此年径流量不存在突变点。郭家桥站年径流量在 1966—2015 年呈增加趋势，其中在 1970—2015 年呈显著增加趋势；从郭家桥站年输沙量 M-K 突变检验曲线图（见图 5）可以看到，苦水河郭家桥站年输沙量 UF 与 UB 在临界线内有交点，交点所处的年份即为年输沙量的突变年份，郭家桥站年输沙量突变年份为 1971 年，近期年输沙量没有出现突变年份。

5　结论

（1）苦水河具有水少沙多的特点，入黄控制站郭家桥长系列多年平均入黄水沙量分别为 0.932 亿 m³ 和 0.045 4 亿 t，含沙量为 48.7 kg/m³。汛期水量占全年的比例由 70% 以上降低到 56%；沙量仍主要集中在汛期，占到全年的 97.6%。

（2）苦水河郭家桥站 1969 年以前水沙量都较少，分别较多年均值偏少 76.7% 和 55.6%，水量是最少的时期，沙量仅稍多于 1980—1989 年（比多年平均偏少 60.5%）；而 1990—1999 年是水沙量最

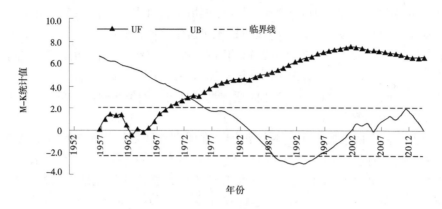

图 4　苦水河郭家桥站年径流量 M-K 突变点

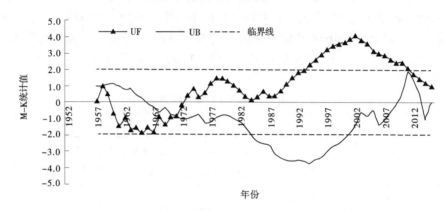

图 5　苦水河郭家桥站年输沙量 M-K 突变点

大的时期，分别较多年均值偏多 80.6% 和 180.2%。

（3）采用 M-K 检验法对苦水河流域水沙进行突变分析，苦水河郭家桥站年径流量不存在突变年份，年输沙量突变年份在 1971 年，近期未出现突变。

参考文献

［1］张华，汪文浩，暴路敏，等. 宁夏苦水河流域生态水量分析评价应注意问题浅析［J］. 宁夏工程技术，2019，18（4）：371-374.

［2］马妍博，袁鹏，李保琦. 前河流域上游径流的时间变化特征及变化趋势分析［J］. 水电能源科学，2013，31（9）：16-19.

［3］卢爱刚，王瑛. 延安市近 60 年气温与降水趋势突变分析［J］. 干旱区资源与环境，2012，26（1）：60-62.

［4］曹洁萍，迟道才，武立强，等. Mann-Kendall 检验方法在降水趋势分析中的应用［J］. 研究农业科技与装备，2008（5）：35-40.

［5］魏凤英. 现代气候统计诊断预测技术［M］. 北京：气象出版社，1999.

［6］郭玉琢，张伟. 基于 M-K 法的绥芬河流域延边州境内径流变化趋势分析［J］. 吉林水利，2014，3：39-42.

［7］苏晓慧，张晓华，田世民. 黄河上游宁蒙河段水沙变化特征分析［J］. 人民黄河，2003，2（2）：13-15.

［8］侯素珍，王平，楚卫斌. 黄河上游水沙变化及成因分析［J］. 泥沙研究，2012，4：46-52.

关于优化安徽省水资源开发利用布局的思考

徐　驰[1,2]　雷　静[1,2]　刘国强[1,2]　何子杰[1,2]

(1. 长江勘测规划设计研究有限责任公司，湖北武汉　430010；
2. 流域水安全保障湖北省重点实验室，湖北武汉　430010)

摘　要： 安徽省拥有长江、淮河等大江大河的丰富水资源，以及大别山、黄山、天目山的优质水资源，也
已修建了陈村、梅山等大型水库及引江济淮、淮水北调等重大引调水工程，但仍不足以满足经济
社会发展需求，且随着经济社会进一步发展，其水资源配置能力与经济社会发展需求不匹配、优
质供水保障能力不足等短板问题将会愈发突出。本文回顾了安徽省水利工作的成效，从水资源开
发利用格局、用水效率、优质水源供给等方面分析了现状存在的问题；提出将全省划分为沿江区、
沿淮及淮北平原区、黄山及天目山区、大别山区四大水资源开发利用片区，利用长江水资源及大
别山、黄山、天目山优质水资源提升各片区水资源开发利用能力的新思路。相关成果可为安徽省
制订水资源开发利用对策提供参考。

关键词： 安徽；水资源；分片区；开发利用

1　安徽省水资源开发利用现状及基本特点

1.1　水资源禀赋

　　安徽省地处我国长江下游、淮河中下游的河网地区，水系发达。据调查，安徽省内流域面积 50 km² 以上的河流多达 900 条，河流总长度近 3 万 km，境内最重要的水系是中部地区的长江干支流水系、北部地区的淮河干支流水系。其中，长江在安徽境内长 320 km，重要支流水系包括青弋江、水阳江、漳河、滁河、巢湖、皖河、秋浦河等；淮河在安徽境内长约 290 km，重要支流水系包括史灌河、淠河、沙颍河、涡河、新汴河、包浍河、奎濉河等。另外，安徽省南部还是新安江水系的源头区。

　　安徽省长江流域是水资源量最丰沛的地区，降水量为 1 000~2 200 mm，其中皖南天目山及黄山山区、皖中大别山区降水量在 1 400 mm 以上，且长江干流多年平均过境径流量达 8 900 亿 m³。然而，相对于长江流域，省内淮河流域水资源量相对不足，淮河流域降水量为 800~1 000 mm，从淮南向淮北逐渐减少，淮河洪泽湖以上多年平均径流量仅为 373 亿 m³。

　　总体而言，安徽省水资源总量丰富，2018 年全省年均水资源量达到 836 亿 m³[1]，位列全国 34 个省级行政区的第 11 位，约为华北、西北地区的总和，其中地表水资源量 767 亿 m³，地下水资源量 204 亿 m³，与地表水资源不重复的量为 135 亿 m³。从水质而言，安徽省南部山区水质优良，青弋江、水阳江的源头区水质普遍为 Ⅰ~Ⅱ 类。但是，由于全省人口众多，人均水资源量并不富裕：2018 年全省常住人口合计 6 324 万，人均水资源量为 1 322 m³，低于全国平均水平，仅为世界平均水平的 15%[2]。水资源高效开发利用和安全保障任务依旧严峻。

1.2　水资源开发利用情况

　　中华人民共和国成立以来，尤其是改革开放以来，安徽省水利基础设施建设取得了长足进步。尤

基金项目： 国家重点研发计划项目（2021YFC3200202）；长江勘测规划设计研究有限责任合伙科研项目
（CX2016Z12）。

作者简介： 徐驰（1988—），男，高级工程师，主要从事水利规划设计研究工作。

其是在大别山、黄山、天目山区等自然条件较好的地区修建了花凉亭、佛子岭、龙河口、梅山、陈村、港口湾等重大水库，为长江流域和江淮地区居民的生产、生活提供重要水资源保障。同时，为解决皖北水资源本底的缺陷，安徽省充分利用长江、淮河骨干河道，巢湖、菜子湖等关键节点，实施了引江济淮、南水北调东线、淮水北调等重大调水工程，初步构建了蓄水工程和引调水工程相结合的水资源开发利用网络，有力支撑了经济社会可持续发展。安徽省主要水系及工程分布图，见图 1。

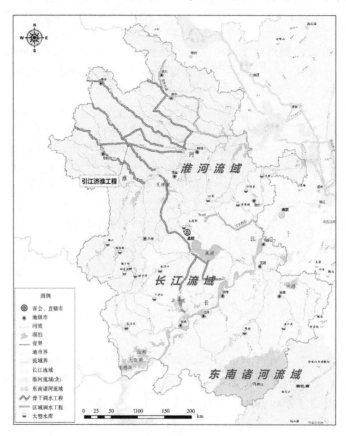

图 1　安徽省主要水系及工程分布图

同时，安徽省也不断推进水资源集约节约利用工作，颁布了《安徽省节水型社会建设规划》，修编并颁布了《安徽省行业用水定额》，分皖北地区、江淮丘陵及环巢湖地区、沿江地区和皖南皖西山区等不同片区制定了节水型社会建设重点和任务。2018 年全省供水总量 286.61 亿 m^3，其中地表水源供水量 252.27 亿 m^3，占 88.0%，地下水源供水量 29.82 亿 m^3，主要集中在皖北地区，占 10.4%，其他水源供水量 4.51 亿 m^3，占 1.6%。全省万元 GDP 用水量 78 m^3（扣除火电直流冷却水），人均综合用水量 369.5 m^3，万元工业增加值用水量 33.3 m^3，农田灌溉亩均用水量 266 m^3，农田灌溉水有效利用系数 0.537[1]。

2　安徽省水资源开发利用存在问题

2021 年，我国已全面进入"十四五"时期，《中共中央关于制定国民经济和社会发展第十四个五年规划和二〇三五年远景目标的建议》提出了"更高质量、更有效率、更加公平、更可持续、更为安全"的新形势高质量发展方向[3]。对照新要求，安徽省水资源开发利用现状依旧薄弱，水利发展的新老水问题错综交织。

2.1　水资源开发利用格局与经济社会发展布局仍不匹配

总体而言，安徽省水资源时空分布不均特征明显，具有南多北少、沿江多、沿淮少、山区多、平原少，汛期（5—9月）多、枯期少的典型特征，已建水利工程的调蓄和综合利用能力与区域人口、产业发展仍不匹配。

长江流域南片的池州、铜陵、芜湖、马鞍山等地区，居民生产生活的水源主要依靠长江，未有独立的第二水源提供保障，若发生类似长江枯水年水位低、船舶泄露、上游沿江突发污染等问题，则易出现供水风险。江淮地区的合肥、滁州等地区在一般年份能够保障供水安全，但在枯水年份则存在缺水问题。例如，2019年安徽省遭遇了较为严重的干旱，全省降水量均值为843 mm，较常年偏少约两成，尤其是在台风"利奇马"影响结束后，全省面均降水量仅为82.5 mm，较常年同期少六成，导致安徽省大型水库、湖泊总蓄水量低，合肥、滁州等江淮地区重要城市遭受了严重干旱，董铺、大房郢、黄栗树、沙河集等水源水库基本见底，农业旱情严重，政府部分采取紧急措施从长江抽水，解决居民生活喝水问题。沿淮及淮北地区的阜阳、亳州、宿州、淮北、淮南和蚌埠等城市是国家重要的粮食主产区和能源基地，对水资源的需求量大，但却是安徽省最缺水的地区，本地年均水资源总量仅为全省的约17%，开发利用程度已超过国际公认的40%合理限度，水资源承载能力严重不足。

安徽省已建水资源配置工程还不能满足经济社会发展对供水保障的需求，一旦遇到干旱年份易产生持续时间长、受灾面积广的严重旱情，将对经济社会造成巨大损失。

2.2 用水效率处于全国落后水平

截至2019年，安徽省的水资源利用效率仍低于全国平均水平。其中，人均生活用水量为438 m³，远高于浙江（286 m³）、河南（247 m³）等相邻省。万元工业增加值用水量为74.3 m³（扣除火电直流冷却水），远高于全国平均水平（38.4 m³）。农业用水占总用水量的55%，但灌溉水有效利用系数仅为0.544，为用水先进国家的一半左右，达不到全国的平均水平（0.559），也落后于上海（0.738）、江苏（0.614）和浙江（0.600）等其他长三角区域。城镇生活用水的管网漏损率平均超过10%，达不到《国家节水行动方案》制定的标准。尤其是沿淮及淮北地区的蚌埠、滁州、六安、淮北等城市，水资源本底条件差但水资源利用效率还低于全省平均水平[4]，进一步造成了水资源短缺的严峻形势。

表1　安徽省和全国代表城市的用水效率统计

行政区	人均综合用水量/m³	万元国内生产总值用水量/m³	耕地实际灌溉亩均用水量/m³	农田灌溉水有效利用系数	人均生活用水量/（L/d）			万元工业增加值用水量/m³
					城镇生活	居民生活	农村居民	
全国	431	60.8	368	0.559	225	139	89	38.4
北京	194	11.8	164	0.747	249	139	126	7.8
安徽	438	74.8	250	0.544	195	127	94	74.3
上海	416	26.4	489	0.738	298	161	86	60.9
江苏	768	62.1	475	0.614	267	154	100	65.6
浙江	286	26.6	325	0.600	270	144	118	17.9
河南	247	43.8	157	0.615	161	119	72	24.5

注：数据来源于《2019年中国水资源公报》。

2.3 优质供水能力不足

进入新发展阶段，城乡供水保障应坚持"以人民为中心"的思想，在提高供水保证率的前提下进一步提高供水品质。安徽省作为全国水资源本底条件相对较优的地区和长三角区域一体化发展国家战略的重要组成，应加快步伐推进"优水优用"。

安徽省不同地区水质差异较大。根据安徽省生态环境厅公布的 2020 年 1—7 月全省 16 个地级市地表水质量结果，黄山、池州、铜陵三市位列前三，长江流域整体水质较好，但淮北地区的蚌埠、亳州等城市水质长期存在问题，因此安徽省南部的长江流域是实现"优水优用"的重点地区。

目前，合肥、滁州、宣城等地已建有董铺、大房郢、黄栗树、沙河集、港口湾等山区水库，为部分群众提供了优质的水资源。但大别山、黄山、天目山区等山区的优质水资源仍以农业灌溉用水为主，未充分发挥优质水资源的宝贵价值；且受限于已建水库的调蓄能力和调度现状，山区洪水资源未能得到有效利用。

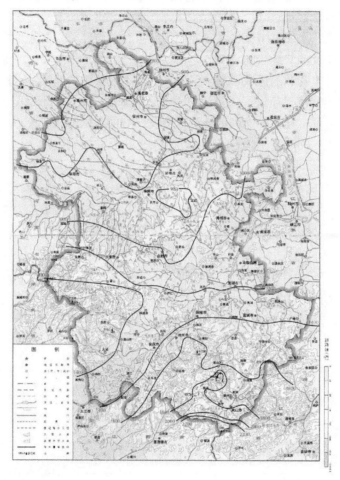

图 2　安徽省降水等值线图[5]

3　安徽省水资源开发利用的新思路探讨

广大水利工作者一直在为安徽省水资源开发利用出谋划策，指出了安徽省经济结构与水资源时空分布不均衡、开发利用模式与水资源承载能力不平衡等问题，并提出了在可持续发展思路下，加强水资源配置工程建设的若干建议[6-7]。本次研究在以上研究工作基础上，结合安徽省省情、水情、工情，提出了一种安徽省水资源片区划分方法及优化水资源开发利用布局的思路。

3.1　划分水资源开发利用片区

充分尊重自然水系网络特征及水体流动规律，全面统筹安徽省的水资源禀赋条件及经济社会发展布局，将全省划分为沿江区、沿淮及淮北平原区、黄山及天目山区、大别山区四大片区，见图 3。

3.1.1　沿江区

沿江区包括马鞍山、芜湖、池州、铜陵全市，以及合肥、滁州、安庆部分地区。本地区是长江经济带、南京都市圈和合肥都市圈的交会地带，社会经济发展地位重要，有青弋江、水阳江、滁河等重要支流以及巢湖、石臼湖、华阳河湖群等重要湖泊，水系本底条件优厚。以长江为主水源，区域内已经修建了引江济淮承担调水北送任务；已建董铺、大房郢、黄栗树、沙河集水库，是合肥、滁州水资源调配等重要工程。

3.1.2 沿淮及淮北平原区

沿淮及淮北平原区包括安徽省淮河以北区域及淮河以南六安市霍邱县、合肥市和滁州市淮河流域地区。本地区为淮河干流及主要支流辐射区域，区内有淮河干流、颍河、涡河、西淝河、怀洪新河、新汴河、濉河、涡河、城东湖、城西湖、瓦埠湖等重要河湖，但水资源短缺严重、水质不佳，且用水效率较为落后。

3.1.3 大别山区

大别山区包括安庆、六安部分地区。本地区是中国大别山地质公园的重要组成部分，生态环境、旅游地位突出，优质水资源丰富，现状已建梅山、佛子岭、响洪甸、龙河口、花凉亭等大型水库，库区自然资源旅游开发潜力巨大，多年平均优质水资源潜在供给规模约 60 亿 m^3 [8]。

3.1.4 黄山及天目山区

黄山及天目山区包括宣城、黄山全市。区内黄山是世界文化与自然双重遗产、世界地质公园、国家 AAAAA 级旅游景区、国家级风景名胜区。本地区优质水资源丰富，在宣城市修建了港口湾、陈村大型水库。

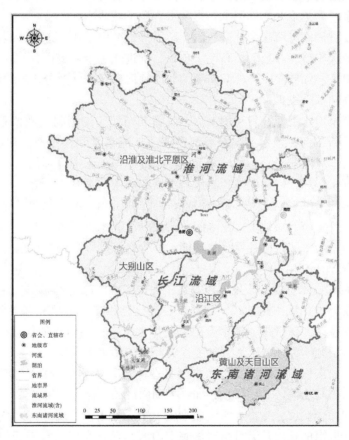

图 3 水资源开发利用片区划分

3.2 水资源开发利用布局

根据各分区的水资源开发利用条件，结合"长三角区域一体化发展"国家战略，加强全省统筹，不断加强水资源集约节约利用能力，合理布局各片区水资源优化利用，长远谋划好未来一段时期水资源开发利用布局。

（1）利用沿江区的水资源禀赋提升沿淮及淮北平原区、江淮地区的水资源承载能力。

沿江区水资源禀赋突出，是实现全省水资源优化开发利用的核心。

一是要加强本区域的水资源集约节约利用，提高用水效率；结合长江干支流水系及相关大型水库布置，寻找山区水库或湖泊作为沿江安庆、池州、铜陵、芜湖等城市的优质第二水源，提高双水源保障和优质供水能力。

二是针对沿淮及淮北地区，在加快实施引江济淮及其他有关调水工程的同时，统筹研究沿江调水工程在不同时期的调水规模、任务、方式，考虑长江枯水期调水工程的应急避让措施，从长江、淮河跨流域层面优化向安徽省北部地区的调水任务。

三是针对江淮地区枯水期的缺水困局，可依托引江济淮工程和淠史杭灌溉体系，研究江淮分水岭水资源配置体系，构建江淮地区的水网，串联驷马山干渠、淠史杭干渠、巢湖、引江济淮等四通八达的水系，统一配置江水、淮水、淠水、巢湖水、大别山区水，将董铺、大房郢、黄栗树、沙河集等水库融入江淮分水岭水资源配置体系，全面提升合肥、滁州等江淮地区的水安全保障水平。

此外，针对长三角环太湖地区生态用水紧缺问题，可研究在芜申运河航运工程基础上，由水阳江至太湖湖西的补水方案，以改善沿程和太湖水动力条件，优化太湖水质，同时提升沿程城镇的水资源利用能力，并改善芜申运河航运条件。

（2）沿淮及淮北平原区充分挖掘本地区水资源利用潜力，结合外调水源提升水资源承载能力。

沿淮及淮北平原区是安徽省最缺水的区域但却是全省水资源集约节约利用效率的落后地区。本地区要在合理利用当地水的前提下补充外调水，提升水资源承载能力。

首先，各行业需要贯彻实行节水型社会建设，不断推进节水工作，进一步提高水资源利用率。工业领域加强产业转型升级步伐，严禁新上高耗水项目，推进化工企业退市，实现节流治污并举。农业要加快安徽怀洪新河灌溉、江巷灌区、临淮岗灌区、沙颍河灌区、江淮分水岭果岭灌区 5 大灌区工程建设与节水改造，提高精准灌溉水平。

其次，要充分挖潜本地水资源开发利用潜力。以临淮岗枢纽控制利用为核心、充分利用史灌河、淠河、沙颍河、涡河、新汴河、包浍河、奎濉河等淮河支流水系和八里河、东西湖、瓦埠湖、女山湖、焦岗湖、沱湖、安丰塘、龙子湖、高塘湖等沿淮湖泊，加强水资源优化配置，研究淮河干流洪水资源合理利用，协调好水环境、河道生态、洪水与水资源利用的关系。

再次，加快实施引江济淮一期工程，推进引江济淮二期工程、淮水北调工程等跨流域、跨区域引调水工程，置换淮北主要城市深层地下水超采问题，提升淮北水资源承载能力。

最后，还需要发挥采煤沉陷区的存蓄水量功能，联合蚌埠闸以上湖泊洼地与河道，加强蓄水联合调度研究及非常规水资源开发利用研究[4]。

（3）山区充分挖掘优质水资源的开发利用效益，促进生态产品价值实现。

大别山区、黄山及天目山区山岳连绵、水质优良，已建设了一些大中型水库，水利基础条件较好，应加强优质水资源利用，探索将"绿水青山"转化为"金山银山"的新途径。

一是要进一步完善山区水源涵养工作，加强水资源保护和水土保持，维护好一山好水。

二是在长江以北、长江以南山区加强供水水网打造，提升优质水资源综合利用效益。在长江以北，结合淠史杭灌区、驷马山灌区工程体系，加强大别山区的花凉亭、佛子岭、梅山、响洪甸、龙河口等水库的连通建设和综合调度，并将水库优质水用于生活用水，实现"优水优用"，灌溉用水寻找其他水源代替。在长江以南的黄山及天目山区等皖南山区，在青弋江、水阳江的源头已修建了陈村、港口湾等大型水库，正在建设牛岭水库，在桐汭河、秋浦河上分别正在谋划凤凰山、鸿陵水库等，可研究依托以上重要水库节点，打造皖南山区水网，实现水库群联网联调和水资源优化配置，并统筹需要和可能，研究山区优质水资源满足本省马鞍山、芜湖、铜陵、宣城等城市生活用水的同时，将优质水源调入上海市及环太湖区域城市，发挥优质水资源的综合效益。

三是加强研究受水区对水源区多元化的生态保护补偿方式，促进水源区的经济社会发展，最大限度实现绿水青山转化为金山银山，提升当地居民爱护生态环境、保护水资源的主动性、积极性和内生动力，促进生态文明建设和绿色高质量发展。

4 结语

安徽省是我国水资源总量相对丰沛的省份，也修建了一定规模的水利基础设施，但作为"长江三角洲区域一体化发展"国家战略的重要组成部分，高质量、一体化发展的新形势对全省水安全保障提出了更高要求，水资源的支撑和保障能力亟须进一步提升。安徽省必须全面统筹各片区的水情、工情，充分发挥长江、大别山、黄山、天目山的优质水资源优势，提前谋划水资源开发利用布局，制订水资源开发利用对策，促进水资源开发利用能力与经济社会发展布局相适应，以适度超前的水资源安全保障能力为经济社会发展保驾护航。

参考文献

［1］潘理中，金愗高．中国水资源与世界各国水资源统计指标的比较［J］．1996（4）：96-101.

［2］张树军，许士国，高尧，等．淮北市采煤沉陷区非常规水资源开发利用研究［J］．水电能源科学，2010，28（7）：27-30，117.

［3］湖南省水利厅．安徽省水利工程位置图集［M］．长沙：湖南地图出版社，2018.

［4］纪冰．安徽省水资源开发利用的现状与思考［J］．中国水利，2007（5）：26-28.

［5］张效武．安徽省水资源开发利用布局分析研究［J］．江淮水利科技，2019（3）：41-42.

［6］黄润，王升堂，倪建华，等．皖西大别山五大水库生态系统服务功能价值评估［J］．地理科学，2014，34（10）：1270-1274.

滦河流域径流演变特性分析

陈　旭　杨学军

（水利部海河水利委员会水文局，天津　300170）

摘　要：径流变化特性分析对流域水资源合理开发和高效利用具有重要参考价值。以滦河流域 10 个水文站近 60 年的实测径流序列为基础，采用多种统计学方法对径流变化的趋势性、突变型和周期性进行分析。结果表明：滦河流域年径流量和汛期径流量均呈现显著的减少趋势，并且年径流量的减少幅度大于汛期径流量的减少幅度，若未来维持该趋势，将加剧径流的年内丰枯差异。结合滦河流域实际下垫面变化以及水利工程修建情况，确定滦河流域径流变化的突变年份为 1979 年。滦河流域年径流量演变过程中存在着 17~30 年、11~18 年、7~11 年和 3~6 年的 4 类尺度的周期变化规律，其中 23 年为第一主周期；14 年为第二主周期；5 年和 9 年依次对应着第三主周期和第四主周期。截至 2011 年，径流量等值线均未封闭，表明研究区径流量仍将继续增加，按照最强振荡尺度 23 年的周期特征推算，径流量增加趋势将持续到 2018 年左右。研究结果可为流域水资源综合规划、合理开发利用及科学管理调度提供参考。

关键词：滦河流域；径流；演变特性

1　引言

径流是一定时期内气候因素、下垫面自然因素和人类活动（下垫面人为因素）等综合作用的结果。近年来，在气候变化和人类活动的共同作用下，径流序列形成的物理背景发生了较大变化，直接影响了流域水资源的合理配置与开发利用，以及河流系统的物理、化学和生物过程[1]。滦河作为海河流域三大水系之一，其流域水文水资源变化引起学者们越来越多的关注[2-6]，本文利用多种统计学方法，探讨滦河河川径流的演变特征，了解其在不同时间尺度上的变化情况和内在演变规律，对其未来的演变趋势进行了定性分析，为流域的水资源开发利用、水资源调度与管理和生态环境保护提供一定参考。

2　研究区域及数据

滦河流域位于华北平原东北部，地理坐标位置为 115°34′E ~ 119°50′E，39°10′N ~ 42°30′N，滦河全长 888 km，流域面积 4.48 万 km²，干流呈东南向，横穿燕山和冀东平原。该区域地处温带大陆性季风区，春秋干旱少雨，冬季寒冷干燥，夏季炎热多雨。

综合考虑水文站径流资料的代表性、可靠性等因素，选取滦河流域 9 个典型水文站的径流资料对该流域径流变化趋势及变异特性进行分析。在进行周期特性分析时，需要求得流域年均径流量，因沟台子站位于滦河流域上游，为增加资料代表性，故又增加沟台子站。其中，沟台子站和下河南站的实

基金项目：国家重点研发计划"地表要素的卫星和 UAV 多源遥感及其水文业务预报应用"（2018YFE0106500），"National Key R&D Program of China"（No. 2018YFE0106500）。

作者简介：陈旭（1988—），女，博士，研究方向为水文学及水资源。

通讯作者：杨学军（1972—），男，教授级高级工程师，主要从事水文学及水资源研究工作。

测径流资料长度为 1957—2011 年，菠萝诺站的径流资料长度为 1960—2011 年，韩家营水文站的径流资料长度为 1957—2003 年，三道河子站和李营站的径流资料长度为 1957—2011 年，承德站的资料长度为 1956—2011 年，下板城站的径流资料长度为 1968—2011 年，平泉站径流资料长度为 1959—2008 年，滦县站的资料长度为 1950—2015 年。

3 研究方法

3.1 趋势性分析

检验水文时间序列趋势变化的方法，主要有参数检验法和非参数检验法。由于对水文时间序列的趋势特性进行检验时，非参数检验方法比参数检验方法在非正态分布的数据趋势分析中更有效，并且非参数检验法对数据的分布类型不敏感，所以非参数检验法在趋势分析中得到广泛的应用[7-8]。在非参数检验法中，Mann-Kendall（M-K）趋势分析法和 Spearman 法是 2 种比较常用并且有效的检验方法。为增加趋势检验结果的可靠性，本文同时运用滑动平均法[9-10] 以及非参数检验方法 Spearman 和 M-K 趋势分析法[11] 对滦河流域水文要素的变化趋势进行分析。

3.2 突变性分析

在水文气象领域，诸多水文要素受到不同程度的人类活动影响，其自然变化情况常常表现出突发性，因此对水文时间序列进行突变分析有助于掌握其变化趋势。对水文气象要素进行突变分析常用的方法主要包括 Mann-Kendall 突变检验、佩蒂特（Pettitt）突变检验、勒帕热（Le Page）法、滑动 t 检验等[12-14]，各方法在原理上具有一定的相似性。本文在对滦河流域径流序列进行突变检验时，主要采用滑动 t 检验、Pettitt 法、Le Page 法和启发式 BG（Bernaola-Galvan）分割算法。

3.3 周期性分析

小波变换是在傅立叶（Fourier）变换的基础上发展起来的一种时间-频率（时间-尺度）分析方法，其原理与傅立叶分析类似，但小波分析用的是多种能衰减的小波基通过伸缩和平移来表示某个信号。由于小波分析比傅立叶分析多了一个时域，所以其在处理非平稳水文时间信号中有出色表现[15-16]。本文应用小波理论对时间序列进行周期分析。

4 径流变化特性分析

4.1 径流趋势性分析

本文同时采用滑动平均法、M-K 趋势分析法和 Spearman 秩次相关检验法对滦河流域所选典型水文站的年降水序列和汛期降水（7—9 月）序列进行趋势分析检验，得到各站年径流序列以及汛期径流序列的变化趋势（见图 1、表 1~表 3）。

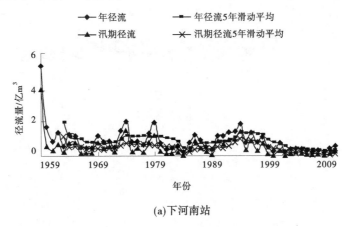

(a)下河南站

图 1　各水文站年、汛期径流变化及其 5 年滑动平均过程

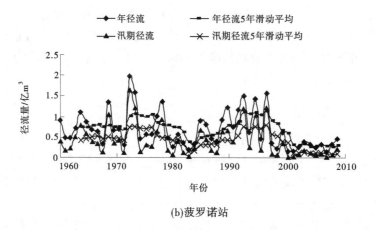

(b)菠罗诺站

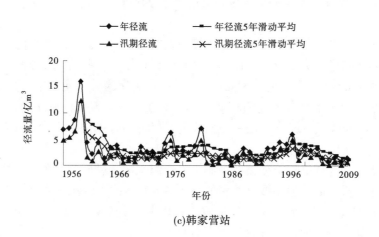

(c)韩家营站

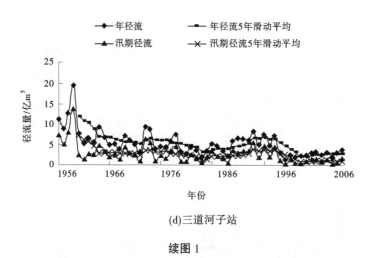

(d)三道河子站

续图 1

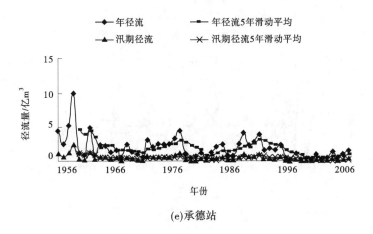

(e)承德站

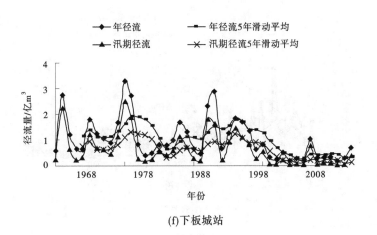

(f)下板城站

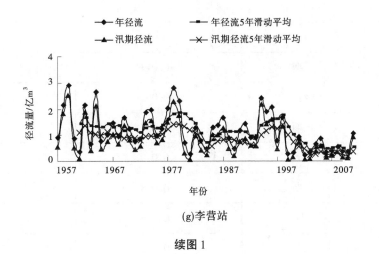

(g)李营站

续图1

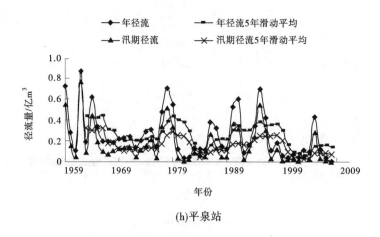

(h)平泉站

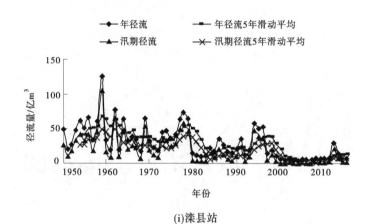

(i)滦县站

续图1

表1　流域年、汛期径流趋势变化分析结果

站名	时间尺度	线性变化幅度/（亿 m³/a）	变化趋势
下河南	年	−0.021	▽
	汛期	−0.013	▽
菠罗诺	年	−0.008	▽
	汛期	−0.007	▽
韩家营	年	−0.078	▽
	汛期	−0.058	▽
三道河子	年	−0.114	▽
	汛期	−0.072	▽
承德	年	−0.044	▽
	汛期	−0.011	▽

站名	时间尺度	线性变化幅度/（亿 m³/a）	变化趋势
下板城	年	−0.027	▽
	汛期	−0.020	▽
李营	年	−0.017	▽
	汛期	−0.015	▽
平泉	年	−0.005	▽
	汛期	−0.004	▽
滦县	年	−0.746	▽
	汛期	−0.548	▽

注：▽表示下降趋势。

表2 流域年、汛期径流自相关系数

站名	时间尺度	自相关系数
下河南	年	0.27
	汛期	0.13
菠罗诺	年	0.24
	汛期	0.16
韩家营	年	0.47
	汛期	0.37
三道河子	年	0.55
	汛期	0.38
承德	年	0.31
	汛期	0.31
下板城	年	0.45
	汛期	0.37
李营	年	0.26
	汛期	0.22
平泉	年	0.24
	汛期	0.14
滦县	年	0.46
	汛期	0.36

表 3　年、汛期径流序列变化趋势检验表

站名	时间尺度	Spearman 检验法		M-K 检验法			变化趋势
		秩相关系数 r_s	临界值 $W_{p0.05}$	Z 统计量	临界值	倾斜度 $\beta/$（亿 m³/a）	
下河南	年	-0.48	0.27	-3.49	-1.96	-0.01	▼
	汛期	-0.40	0.27	-2.72	-1.96	-0.01	▼
菠罗诺	年	-0.42	0.27	-2.82	-1.96	-0.01	▼
	汛期	-0.41	0.27	-2.75	-1.96	-0.01	▼
韩家营	年	-0.35	0.29	-2.52	-1.96	-0.04	▼
	汛期	-0.34	0.29	-2.25	-1.96	-0.03	▼
三道河子	年	-0.63	0.27	-4.78	-1.96	-0.09	▼
	汛期	-0.53	0.27	-3.93	-1.96	-0.05	▼
承德	年	-0.41	0.26	-2.86	-1.96	-0.03	▼
	汛期	-0.41	0.26	-2.86	-1.96	-0.01	▼
下板城	年	-0.52	0.30	-3.45	-1.96	-0.02	▼
	汛期	-0.49	0.30	-3.25	-1.96	-0.01	▼
李营	年	-0.40	0.27	-2.72	-1.96	-0.01	▼
	汛期	-0.39	0.27	-2.77	-1.96	-0.01	▼
平泉	年	-0.43	0.29	-3.00	-1.96	0	▼
	汛期	-0.43	0.29	-2.88	-1.96	0	▼
滦县	年	-0.68	0.24	-5.48	-1.96	-0.63	▼
	汛期	-0.63	0.24	-5.04	-1.96	-0.41	▼

注：▼表示显著下降趋势。

根据滦河流域年及汛期 5 年滑动平均过程线（见图 1）和线性倾向估计（见表 1）可知：各水文站年及汛期径流量变化有一定的相似性，但是仍然存在差异；各水文站年和汛期径流量的变化趋势表现出较强的一致性，趋势变化基本相同；各水文站年及汛期径流量的倾向值均小于零，即滦河流域径流整体表现为下降趋势，并且年径流量的变化幅度大于汛期径流量的变化幅度，其中滦县站年及汛期径流变化幅度最大，分别为 -0.746 亿 m³/a 和 -0.548 亿 m³/a，平泉站最小，分别为 -0.005 亿 m³/a 和 -0.004 亿 m³/a；滦河流域 9 个水文站年及汛期径流量在 1963—1972 年、1974—1984 年和 1998—2004 年时间段表现为下降趋势，在 1972—1974 年和 1984—1994 年时间段表现为上升趋势，在 1994—1998 年和 2004 年—序列末表现为稳定波动状态。

为了定量分析该研究区域年、汛期径流量的变化规律，本文选用 M-K 和 Spearman 秩次相关检验法进一步对研究区域的径流趋势变化特性进行分析。运用 M-K 法对序列进行趋势检验前，首先需要计算降雨序列的自相关系数，计算结果如表 2 所示。由 2 表中可以看出，所有水文站年及汛期径流序列的自相关系数均大于 0.1，因此在进行 M-K 检验前均需要进行预白热化处理。利用 M-K 法和

Spearman 秩次相关法对该区域年及汛期径流序列进行趋势性检验，检验结果参见表3。由表3可以看出，两种统计方法一致检测到研究区9个水文站年及汛期径流序列均呈现显著的下降趋势。分析各站的 Kendall 倾斜度 β 可知，9个水文站的年及汛期径流序列的 Kendall 倾斜度均为负值，这与 M-K 和 Spearman 统计检验的结果吻合。9个水文站中年及汛期径流减少速率最快的为滦县站，分别以 0.63 亿 m^3/a 和 0.41 亿 m^3/a 的速率递减，最慢的为平泉站，这与滑动平均法的结果完全吻合，只是在减少速率上略有差别，主要是因为 M-K 法利用中值来计算变化率，而线性倾向估计法直接计算序列的斜率得到倾向值。

4.2 径流突变性分析

本文同时运用滑动 t 检验法、Pettitt 法、Le Page 法和 BG 分割法对滦河流域9个水文站年径流序列的突变特性进行分析，结果见图2~图10。对9个水文站年径流序列四种突变检验方法的检验结果进行汇总，见表4。

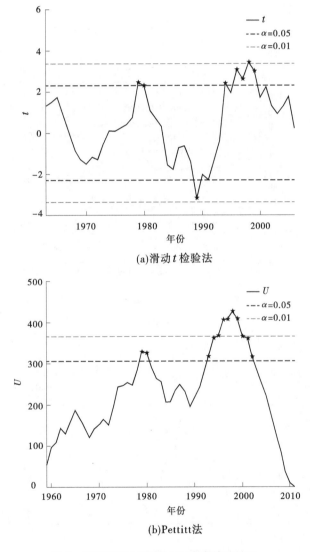

(a)滑动 t 检验法

(b)Pettitt法

图2 下河南站年径流序列突变检验结果

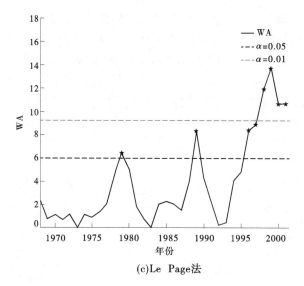

(c)Le Page法

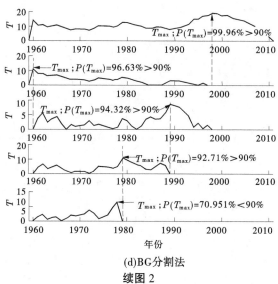

(d)BG分割法

续图 2

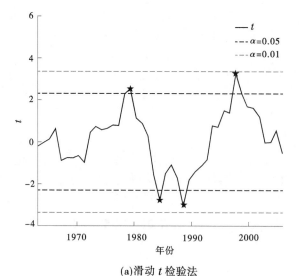

(a)滑动 t 检验法

图 3　菠罗诺站年径流序列突变检验结果

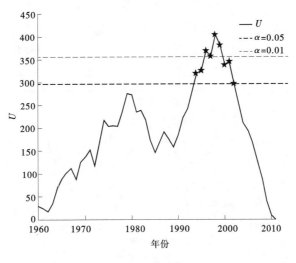

(b)Pettitt法

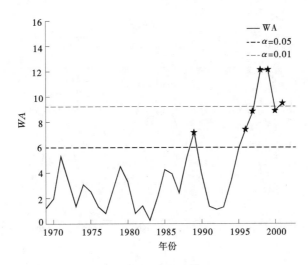

(c)Le Page法

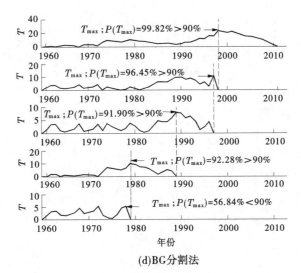

(d)BG分割法

续图3

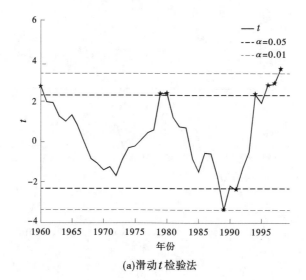

(a)滑动 t 检验法

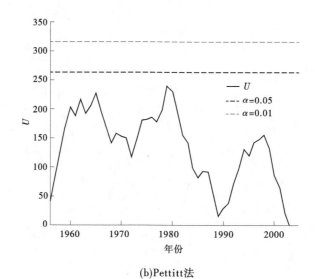

(b)Pettitt法

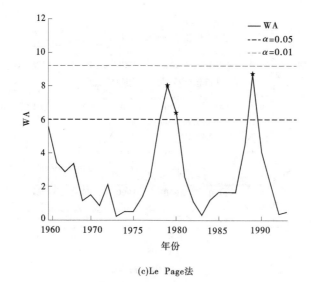

(c)Le Page法

图 4 韩家营站年径流序列突变检验结果

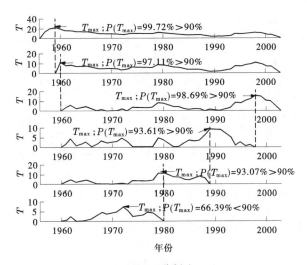

(d)BG分割法

续图4

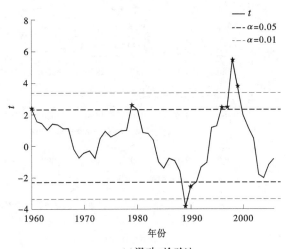

(a)滑动t检验法

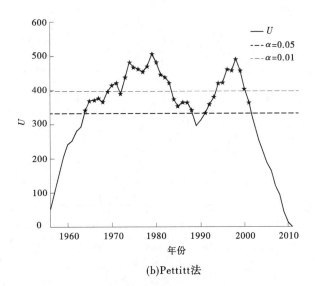

(b)Pettitt法

图5 三道河子站年径流序列突变检验结果

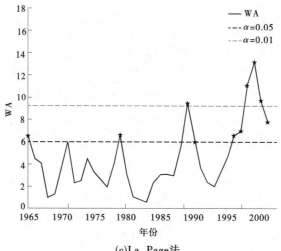

(c)La Page法

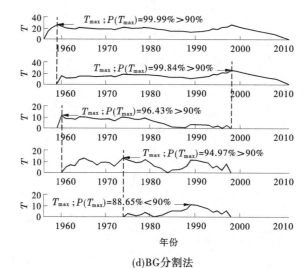

(d)BG分割法

续图 5

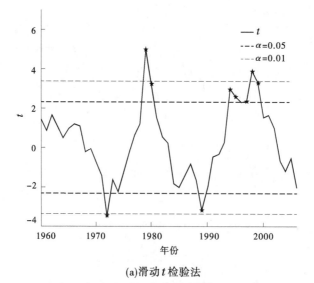

(a)滑动 t 检验法

图 6 承德站年径流序列突变检验结果

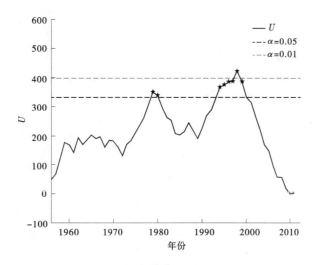

(b)Pettitt法

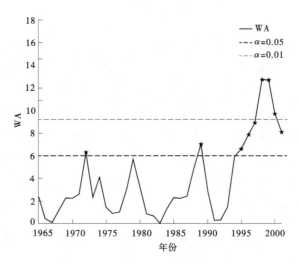

(c)Le Rage法

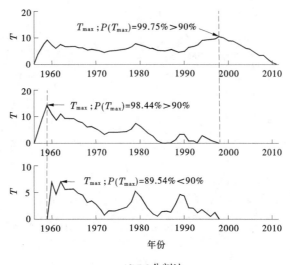

(d)BG分割法

续图 6

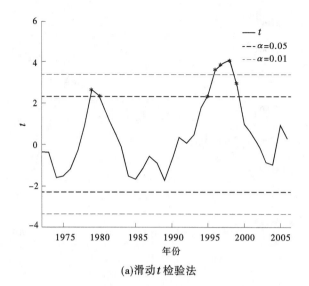

(a)滑动 t 检验法

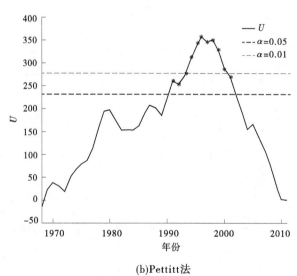

(b)Pettitt法

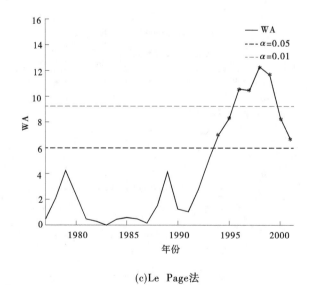

(c)Le Page法

图 7　下板城站年径流序列突变检验结果

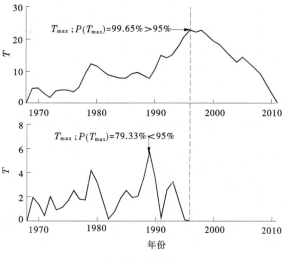

(d)BC分割法

续图7

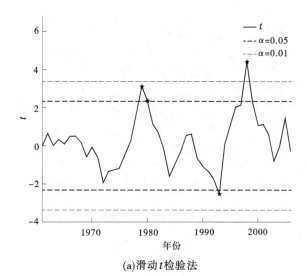

(a)滑动t检验法

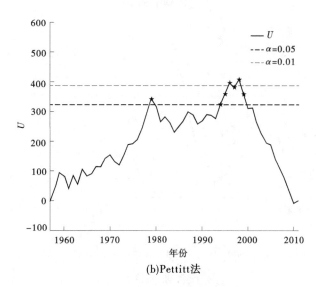

(b)Pettitt法

图8　李营站年径流序列突变检验结果

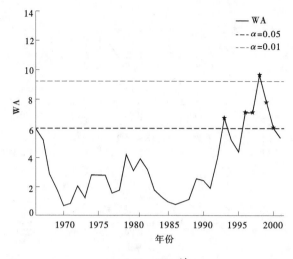

(c)Le Page法

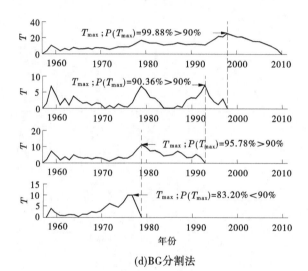

(d)BG分割法

续图 8

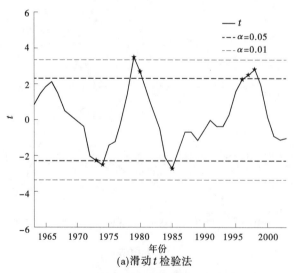

(a)滑动 t 检验法

图 9　平泉站年径流序列突变检验结果

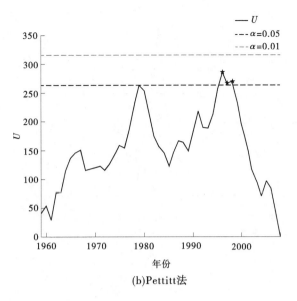

(b)Pettitt法

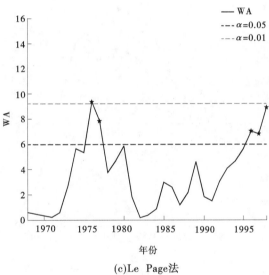

(c)Le Page法

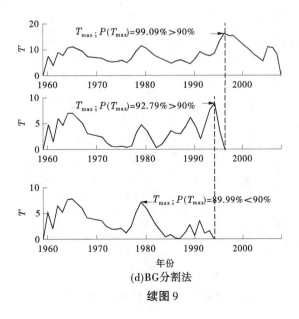

(d)BG分割法

续图9

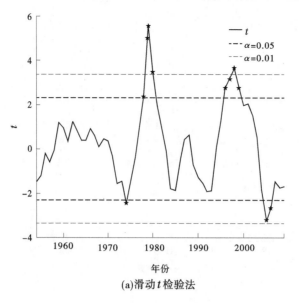

(a)滑动 t 检验法

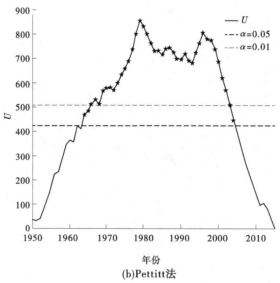

(b)Pettitt法

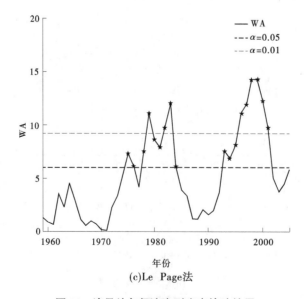

(c)Le Page法

图 10 滦县站年径流序列突变检验结果

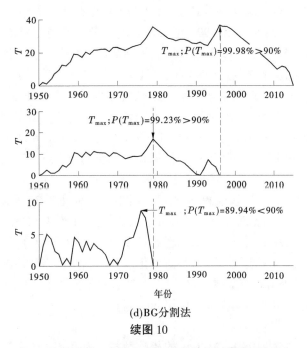

(d)BG分割法

续图10

表4　滦河流域9个水文站年径流序列突变检验结果

水文站	突变点年份				
	BG 分割法	Le Page 法	Pettitt 法	滑动 t 检验法	可能变异点
下河南	1960, 1979, 1989, 1998	1979, 1989, 1998	1979, 1998	1979, 1989, 1998	1960, 1979, 1989, 1998
菠罗诺	1979, 1989, 1996, 1998	1989, 1996, 1998	1996, 1998	1979, 1984, 1989, 1998	1979, 1989, 1996, 1998
韩家营	1959, 1960, 1989, 1998	1979, 1998	—	1979, 1998	1959, 1979, 1998
三道河子	1959, 1960 1998	1979, 1989, 1998	1979, 1998	1979, 1989, 1998	1959, 1979, 1989, 1998
承德	1959, 1998	1989, 1996, 1998	1979, 1998	1979, 1996, 1998	1959, 1979, 1996, 1998
下板城	1996	1994, 1996	1989, 1996, 1998	1979, 1994, 1998	1994, 1996, 1998
李营	1979, 1994, 1998	1994, 1996, 1998	1979, 1996, 1998	1979, 1998	1979, 1994, 1996, 1998
平泉	1979, 1996	1979, 1984, 1996, 1998	1979, 1996	1979, 1996	1979, 1996
滦县	1979, 1998	1979, 1984, 1996, 1998	1979, 1998	1979, 1998	1979, 1998

由图 2~图 10 及表 4 可知，滦河流域各子流域径流序列的可能变异点大致为 1959 年、1960 年、1979 年、1989 年、1994 年、1996 年和 1998 年。为了确定最可能的变异点，需结合其物理成因进行分析。其中，1994 年、1996 年及 1998 年滦河流域分别遭遇了特大洪水，且这三场洪水均属汛期特大暴雨导致的特大洪水。因此，不能判定 1994 年、1966 年和 1998 年变异点是由于下垫面变化导致的。另外，下河南站、韩家营站、三道河子站和承德站径流序列的年限为 1956—2011 年，从统计学角度而言，靠近序列首段（1959 年和 1960 年）年作为变异点不可靠。滦河流域径流 1979 年的突变时间与该流域最大的水利工程——引滦工程的建设时间吻合。引滦工程是由滦河跨流域向天津市和唐山市供水的大型水利工程群。它由引滦枢纽工程（潘家口水利枢纽蓄水工程、大黑汀水利枢纽蓄水工程、分水枢纽工程）、引滦入津输水工程、引滦入唐输水工程、滦河下游的引水渠等部分组成。潘家口水利枢纽蓄水工程位于滦河中游，总库容 29.3 亿 m^3，控制流域面积 3.37 万 km^2，控制滦河流域面积的 76%；大黑汀水利枢纽蓄水工程总库容 3.37 亿 m^3，控制流域面积 3.51 万 km^2。1979 年 10 月，潘家口水利枢纽蓄水工程、大黑汀水利枢纽蓄水工程开始蓄水，1983 年引滦工程向天津输水，1984 年开始向唐山输水。因此，结合滦河流域实际下垫面变化以及水利工程修建情况，确定各子流域的变异点均为 1979 年。这与丁一民等的研究成果基本一致。滦河流域年径流突变的出现时间在一定程度上反映了该流域径流量变化对大型水利工程调蓄作用的响应。

4.3 径流周期性分析

根据滦河流域 10 个水文站 1956—2011 年的径流数据，利用泰森多边形法（见图 11）求得该流域年均径流，采用 Morlet 小波分析法对滦河流域近 60 年的径流进行周期分析，计算得到小波系数实部等值线图、小波系数模等值线图、小波系数模方等值线图以及小波方差图（见图 12）。

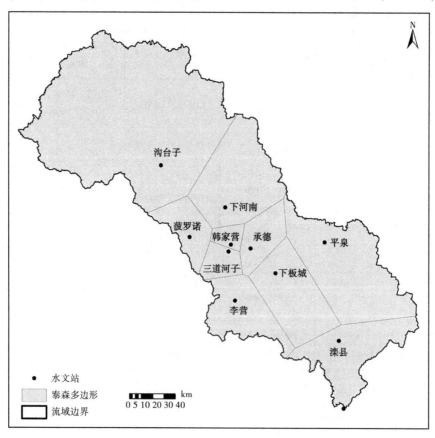

图 11　滦河流域水文站点分布及泰森多边形划分结果

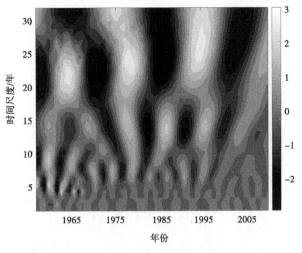

(a)小波系数实部等值线图

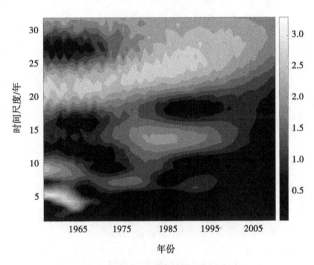

(b)小波系数模等值线图

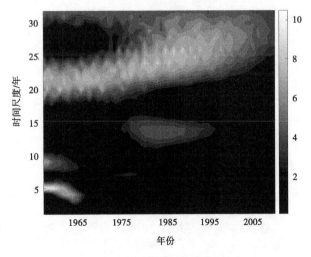

(c)小波系数模方等值线图

图 12　滦河流域年径流小波分析

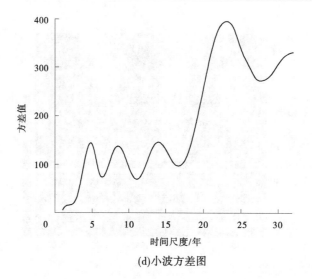

(d)小波方差图

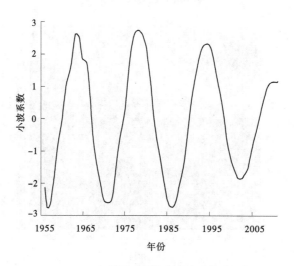

(e)23年特征时间尺度小波系数过程线

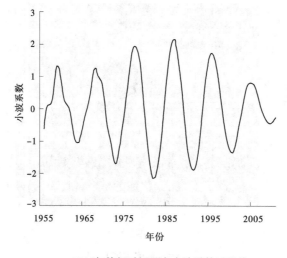

(f)14年特征时间尺度小波系数过程线

续图 12

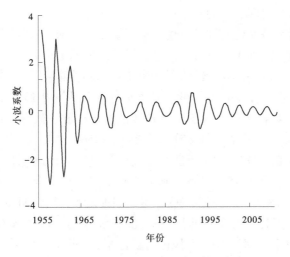

(g)5年特征时间尺度小波系数过程线

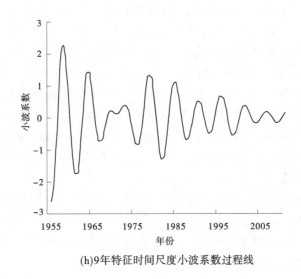

(h)9年特征时间尺度小波系数过程线

续图 12

　　图 12（a）的小波系数实部等值线图反映了滦河流域年径流在不同时间尺度上的周期变化及其在时间域中的分布，总的来说在年径流量演变过程中存在着 17~30 年、11~18 年、7~11 年和 3~6 年的 4 类尺度的周期变化规律。其中，在 17~30 年尺度上出现丰—枯交替的 4 次振荡，且直到 2011 年等值线未闭合，说明当前正处于径流偏多期，未来一段时间径流将继续偏多；在 11~18 年尺度上上存在准 6 次振荡，且这 2 个时间尺度在整个分析时段表现较为稳定，具有全域性；在 7~11 年尺度上出现丰—枯交替的 10 次振荡，且时段初至 60 年代末以及 80 年代中期至 20 世纪末表现较为稳定；在 3~6 年尺度上出现丰—枯交替的 14.5 次振荡。图 12（b）小波系数模等值线图和图 12（c）小波系数模方等值线图反应了滦河流域年径流量在不同时间尺度上的周期振荡能量，即强弱分布情况。在 3~6 年的尺度上周期振荡能量最强，但具有明显的局部特性（20 世纪 50 年代中期至 60 年代中期）；在 7~11 年的尺度上周期振荡能量在 1965 年后有所减弱，在 1957 年和 1976 年左右存在两个明显的振荡中心；在 11~18 年的尺度上周期振荡能量最弱，在 1983 年左右存在一个明显的振荡中心；在 17~30 年的尺度上周期振荡具有全域性，但在 1995 年之后有所减弱。

　　图 12（d）的小波方差图中存在 4 个比较明显的峰值，依次对应着 23 年、14 年、5 年和 9 年的时间尺度。最大峰值对应着 23 年，说明 23 年左右的周期振荡最强，为年径流量变化的第一主周期；14 年时间尺度对应着第二主周期；5 年和 9 年依次对应着第三主周期和第四主周期。四个周期波动控

制着滦河流域年径流量在整个时间域内的变化特征。

为了进一步说明径流量交替变化的波动特性，根据小波方差图判断的第一周期、第二周期、第三周期及第四周期绘制年径流量系列小波系数实部过程线图，见图 12（e）~（h）。根据过程线图可以判断 23 年的尺度下平均周期大约为 14 年经历了 4 个丰—枯转换期；在 14 年的尺度下平均周期大约为 9 年经历了 6 个丰枯转换期；在 9 年的尺度下平均周期大约为 6 年经历了 10 个丰枯转换期；在 5 年的尺度下平均周期大约为 4 年经历了 14.5 个丰枯转换期。小波系数即周期活动表现，在不同时间跨度内，波动幅度不尽相同。23 年的小波实部过程线在 1956—1995 年振幅较大，振荡明显，但在 1995 年后振幅相对较小，振荡减弱；14 年周期在在整个计算时段内表现相对稳定；9 年周期 1956—1965 年振幅较大，振荡明显，在 1975—1995 年振幅变化相对平稳，但在其他时段振幅相对较小，振荡较弱；5 年周期在 1962 年前振幅变化相对平稳，但在 1962 年后振幅明显变小，振荡减弱。在不同时间跨度内，年径流的丰枯变化形势不尽相同。周期为 23 年的小波实部在 1960—1967 年、1975—1982 年、1990—1998 年、2007—2011 年等时段内为正位相，表明在 23 年的周期尺度下，这些年份的径流处于较高水平；1967—1975 年、1982—1990 年、1998—2007 年等时段内则为负位相，表明在同一周期尺度下，这些年份径流偏少。然而在 14 年的周期尺度下，滦河流域年径流相对偏多时段（丰水年）为：1957—1962 年、1966—1970 年、1976—1980 年、1985—1989 年、1994—1998 年、2003—2007 年，其余时段年径流相对偏少（枯水年）；在 9 年的周期尺度下，丰水年为：1958—1960 年、1964—1966 年、1969—1974 年、1978—1980 年、1984—1986 年、1990—1992 年、1995—1997 年、2001—2003 年、2006—2008 年，而其他时段为枯水年；在 5 年的周期尺度下，丰水年为：1959—1960 年、1962—1963 年、1965—1967 年、1970—1971 年、1973—1975 年、1978—1980 年、1982—1984 年、1987—1988 年、1991—1992 年、1994—1996 年、1998—2000 年、2002—2003 年、2005—2006 年、2008—2009 年，而其他时段为枯水年。这说明径流量的多少或者丰枯是一个相对概念，在不同周期尺度下，呈现结果可以完全不同。

根据上述分析，不同时间尺度下的径流量丰枯交替变化不同，径流量周期变化以第一周期为主，第二、第三和第四周期为辅。截至 2011 年，径流量等值线均未封闭，表明研究区径流量仍将继续增加。按照最强振荡尺度 23 年的周期特征推算，径流量增加趋势将持续到 2018 年左右，在 14 年的尺度下，2010—2016 年年径流量将呈减少趋势。

5 结论

基于滦河流域 10 个水文站近 60 年径流资料，采用多种统计学方法系统分析径流变化的趋势、突变和周期特性特征，主要结论如下：

（1）滦河流域径流呈现显著的下降趋势，并且年径流量的变化幅度大于汛期径流量的变化幅度，其中滦县站年及汛期径流变化率最大，分别为 -0.746 亿 m³/a 和 -0.548 亿 m³/a，平泉站最小，分别为 -0.005 亿 m³/a 和 -0.004 亿 m³/a；滦河流域 9 个水文站年及汛期径流量在 1963—1972 年、1974—1984 年和 1998—2004 年时间段表现为下降趋势，在 1972—1974 年和 1984—1994 年时间段表现为上升趋势，在 1994—1998 年和 2004 年至序列末表现为稳定波动状态。

（2）结合滦河流域实际下垫面变化以及水利工程修建情况，最终确定滦河流域的变异点为 1979 年。滦河流域年径流突变的出现时间在一定程度上反映了该流域径流量变化对大型水利工程调蓄作用的响应。

（3）滦河流域年径流量演变过程中存在着 17~30 年、11~18 年、7~11 年和 3~6 年的 4 类尺度的周期变化规律。其中在 17~30 年尺度上出现丰—枯交替的 4 次振荡，且直到 2011 年等值线未闭合，说明当前正处于径流偏多期，未来一段时间径流将继续偏多；在 11~18 年尺度上上存在准 6 次振荡，且这两个时间尺度在整个分析时段表现较为稳定，具有全域性；在 7~11 年尺度上出现丰—枯交替的 10 次振荡，且时段初至 60 年代末以及 80 年代中期至 20 世纪末表现较为稳定；在 3~6 年尺度上出现丰—枯交替的 14.5 次震荡。滦河流域第一至第四主周期分别为 23 年、14 年、5 年和 9 年。截至 2011 年，径流量等值线均未封闭，按照最强振荡尺度 23 年的周期特征推算，径流量增加趋势将持续到 2018 年左右。

参考文献

[1] 梁东业，李艳萍，王景才. 渭河上游河川径流演变特性分析 [J]. 人民长江，2012, 43 (8): 52-55.

[2] 鲍振鑫，张建云，严小林，等. 基于四元驱动的海河流域河川径流变化归因定量识别 [J]. 水科学进展，2021, 32 (2): 171-181.

[3] 付博超. 滦河流域近 59 年径流变化分析研究 [J]. 水利科技与经济，2019, 25 (12): 48-55.

[4] 周金玉，张璇，许杨，等. 基于 Budyko 假设的滦河流域上游径流变化归因识别 [J]. 南水北调与水利科技（中英文），2020, 18 (3): 15-30, 47.

[5] 师忱，袁士保，史常青，等. 滦河流域气候变化与人类活动对径流的影响 [J]. 水土保持学报，2018, 32 (2): 264-269.

[6] 张兵，韩静艳，王中良，等. 海河流域极端降水事件时空变化特征分析 [J]. 水电能源科学，2014, 32 (2): 15-18, 34.

[7] Yue Sheng, Pilon Paul, George Cavadias. Power of the Mann-Kendall and Spearman's rho tests for detecting monotonic trends in hydrological series [J]. Journal of Hydrology, 2002, 259 (1): 254-271.

[8] Zhang Shurong, Lu X X. Hydrological responses to precipitation variation and diverse human activities in a mountainous tributary of the lower Xijiang, China [J]. Catena, 2009, 77 (2): 130-142.

[9] 谷桂华，段路松，余守龙，等. 云南省长江流域水资源变化特征分析 [J]. 人民长江，2019, 50 (S1): 86-89.

[10] 孔达奇，黄庆良. 曹娥江流域嵊州站年径流变化特性分析 [J]. 浙江水利科技，2020, 48 (5): 6-8.

[11] Li Lijuan, Zhang Lu, Wang Hao, et al. Assessing the impact of climate variability and human activities on streamflow from the Wuding River basin in China [J]. Hydrological Processes, 2007, 21: 3485-3491.

[12] 张敬平，黄强，赵雪花. 漳泽水库径流时间序列变化特征与突变分析 [J]. 干旱区资源与环境，2014, 28 (1): 131-135.

[13] 龚珺夫，李占斌，任宗萍. 延河流域径流过程对气候变化及人类活动的响应 [J]. 中国水土保持科学，2016, 14 (5): 57-65.

[14] 向亮，郝立生，安月改，等. 51a 河北省降水时空分布及变化特征 [J]. 干旱区地理，2014, 37 (1): 56-65.

[15] 张代青，高军省. 基于小波分析的黄河上游径流变化周期研究 [J]. 灌溉排水学报，2007, 26 (3): 75-78.

[16] 夏库热·塔依尔，海米提·依米提，等. 基于小波分析的开都河径流变化周期研究 [J]. 水土保持研究，2014, 21 (1): 142-146.

习近平总书记有关长江经济带重要讲话精神的学习启示

黄　阁　　高晓宏　　贺珍珍

（汉江集团丹江口水源文旅发展有限公司，湖北丹江口　442700）

摘　要： 长江经济带横跨中国东中西三大区域，地域广阔，地理位置和战略地位十分重要。习近平总书记三次视察长江经济带，发表了重要讲话。推动长江经济带发展，是以习近平同志为核心的党中央做出的重大决策，是关系国家发展全局的重大战略。长江经济带发展战略是习近平新时代中国特色社会主义思想的重要体现，是新发展理念的生动实践，是高质量发展的历史选择。认真学习贯彻落实习近平总书记有关长江经济带重要讲话精神，对汉江集团公司、汉江文旅公司的发展具有重要的指导意义。

关键词： 长江经济带；习近平新时代中国特色社会主义思想；高质量发展

按照水利部、长江委和汉江集团公司的安排部署，我们认真学习了习近平总书记关于长江经济带发展的重要讲话指示批示精神，坚持生态优先、绿色发展。结合实际和本职工作有一些感悟和思考，现汇报如下。

1　长江经济带发展战略是习近平新时代中国特色社会主义思想的重要体现

长江经济带覆盖上海、江苏、浙江、安徽、江西、湖北、湖南、重庆、四川、云南、贵州等 11 个省（市），面积约 205.23 万 km²，占全国的 21.4%，人口和生产总值均超过全国的 40%。长江经济带横跨中国东中西三大区域，是具有全球影响力的内河经济带、东中西互动合作的协调发展带、沿海沿江沿边全面推进的对内对外开放带，也是生态文明建设的先行示范带。

推动长江经济带发展，是以习近平同志为核心的党中央做出的重大决策，是关系国家发展全局的重大战略，是中央重点实施的"三大战略"之一，对实现"两个一百年"奋斗目标、实现中华民族伟大复兴的中国梦具有重要意义。

因此，鉴于长江经济带的以上特点，无论是空间区域、资源利用、生态保护、交通运输、综合治理、市场经济等，还是诊断病因、文化保护、体制机制、战略发展等都离不开"整体性"思维，离不开全局统筹。既有系统谋划，也必有内部协作。2016—2020 年跨时 5 年，先后在重庆、武汉、南京三次关于长江经济带发展的座谈会上，习近平总书记的重要讲话处处体现着"整体性"内涵。共抓、整体、统筹、一体、统一、协调、系统……这类词在讲话中高频出现。

2016 年在重庆，习近平强调，长江经济带作为流域经济，涉及水、路、港、岸、产、城和生物、湿地、环境等多个方面，是一个整体，必须全面把握、统筹谋划。要增强系统思维，统筹各地改革发展、各项区际政策、各领域建设、各种资源要素，使沿江各省市协同作用更明显，促进长江经济带实

作者简介： 黄阁（1977—），男，经济师，主要从事汉江水文化建设、水源品牌创建、旅游资源开发管理、旅游经济研究、酒店管理等工作。

现上中下游协同发展、东中西部互动合作，把长江经济带建设成为我国生态文明建设的先行示范带、创新驱动带、协调发展带。要优化已有岸线使用效率，把水安全、防洪、治污、港岸、交通、景观等融为一体，抓紧解决沿江工业、港口岸线无序发展的问题。要优化长江经济带城市群布局，坚持大中小结合、东中西联动，依托长三角、长江中游、成渝这三大城市群带动长江经济带发展。

第一次座谈会上，针对思想上问题，习近平强调沿江省（市）和国家相关部门要在思想认识上形成一条心，在实际行动中形成一盘棋，共同努力把长江经济带建成生态更优美、交通更顺畅、经济更协调、市场更统一、机制更科学的黄金经济带。

2018年在武汉，针对存在的问题，习近平总书记指出，化工污染整治和水环境治理、固体废物治理是有关联性的，抓的过程中有没有协同推进？抓湿地等重大生态修复工程时有没有先从生态系统整体性特别是从江湖关系的角度出发，从源头上查找原因，系统设计方案后再实施治理措施？从嘉陵江上游布局了大量采矿冶炼企业，形成了200余座尾矿库，给沿江生态带来巨大威胁的事情，习近平总书记指出，目前长江生态环境保护修复工作"谋一域"居多，"被动地"重点突破多；"谋全局"不足，"主动地"整体推进少。这就需要正确把握整体推进和重点突破的关系，立足全局，谋定而后动，力求取得明显成效。

在讲到治理上时，习近平总书记讲过，"长江病了"，而且病得还不轻。治好"长江病"，要科学运用中医整体观，追根溯源、诊断病因、找准病根、分类施策、系统治疗。这要作为长江经济带共抓大保护、不搞大开发的先手棋。要从生态系统整体性和长江流域系统性出发，开展长江生态环境大普查，系统梳理和掌握各类生态隐患和环境风险，做好资源环境承载能力评价，对母亲河做一次大体检。要针对查找到的各类生态隐患和环境风险，按照山水林田湖草是一个生命共同体的理念，研究提出从源头上系统开展生态环境修复和保护的整体预案和行动方案，然后分类施策、重点突破，通过祛风驱寒、舒筋活血和调理脏腑、通络经脉，力求药到病除。这些都处处体现着"整体性"问诊、施策的思想。

正确把握总体谋划和久久为功的关系，坚定不移将一张蓝图干到底。推动长江经济带发展涉及经济社会发展各领域，是一个系统工程，不可能毕其功于一役。要做好顶层设计，要有"功成不必在我"的境界和"功成必定有我"的担当，一张蓝图干到底，以钉钉子精神，脚踏实地抓成效，积小胜为大胜。这也是对习近平总书记5年三次座谈会念兹在兹大力推动长江经济带发展的生动写照。

谈及长江经济带发展的领导，习近平总书记强调，推动长江经济带发展领导小组要统一指导长江经济带发展战略实施，统筹协调跨地区跨部门重大事项，督促检查重要工作落实情况，对重点任务和重大政策要铆实责任、传导压力、强化考核。要落实中央统筹、省负总责、市县抓落实的管理体制。中央层面要做好顶层设计，主要是管两头，一头是在政策、资金等方面为地方创造条件，另一头是加强全流域、跨区域的战略性事务统筹协调和督促检查。

在全社会层面参与方面，习近平总书记强调要调动各方力量。"人心齐，泰山移。"推动长江经济带发展不仅是沿江各地党委和政府的责任，也是全社会的共同事业，要加快形成全社会共同参与的共抓大保护、不搞大开发格局，更加有效地动员和凝聚各方面力量。要强化上中下游互动协作，下游地区不仅要出钱出技术，更要推动绿色产业合作，推动下游地区人才、资金、技术向中上游地区流动。要鼓励支持各类企业、社会组织参与长江经济带发展，加大人力、物力、财力等方面投入。

习近平总书记指出，长江拥有独特的生态系统，是我国重要的生态宝库。当前和今后相当长一个时期，要把修复长江生态环境摆在压倒性位置，共抓大保护，不搞大开发。要把实施重大生态修复工程作为推动长江经济带发展项目的优先选项，实施好长江防护林体系建设、水土流失及岩溶地区石漠化治理、退耕还林还草、水土保持、河湖和湿地生态保护修复等工程，增强水源涵养、水土保持等生态功能。要用改革创新的办法抓长江生态保护。要在不突破生态环境容量的前提下，依托长江水道，统筹岸上水上，正确处理防洪、通航、发电的矛盾，自觉推动绿色循环低碳发展，有条件的地区率先形成节约能源资源和保护生态环境的产业结构、增长方式、消费模式，真正使黄金水道产生黄金效益。

2020 年在南京，习近平总书记再次指出，要加强生态环境系统保护修复。要从生态系统整体性和流域系统性出发，追根溯源、系统治疗，防止头痛医头、脚痛医脚。要找出问题根源，从源头上系统开展生态环境修复和保护。要加强协同联动，强化山水林田湖草等各种生态要素的协同治理，推动上中下游地区的互动协作，增强各项举措的关联性和耦合性。要注重整体推进，在重点突破的同时，加强综合治理系统性和整体性，防止畸重畸轻、单兵突进、顾此失彼。

2 长江经济带发展战略是新发展理念的生动实践

通过学习，更加明白了长江生态保护与经济发展的辩证关系，两者不是简单对立，而是可以辩证统一的。习近平总书记指出，正确把握生态环境保护和经济发展的关系，探索协同推进生态优先和绿色发展新路子。推动长江经济带探索生态优先、绿色发展的新路子，关键是要处理好绿水青山和金山银山的关系。这不仅是实现可持续发展的内在要求，而且是推进现代化建设的重大原则。生态环境保护和经济发展不是矛盾对立的关系，而是辩证统一的关系。生态环境保护的成败归根到底取决于经济结构和经济发展方式。发展经济不能对资源和生态环境竭泽而渔，生态环境保护也不是舍弃经济发展而缘木求鱼，要坚持在发展中保护、在保护中发展，实现经济社会发展与人口、资源、环境相协调，使绿水青山产生巨大生态效益、经济效益、社会效益。

习近平总书记强调，推动长江经济带绿色发展首先要解决思想认识问题，特别是不能把生态环境保护和经济发展割裂开来，更不能对立起来。要坚决摒弃以牺牲环境为代价换取一时经济发展的做法。

我们要深刻理解习近平总书记关于长江经济带发展的重要讲话指示批示精神，对处于南水北调中线水源地的重要战略位置，应更加明白水保护的重大意义；对如何发展应有更坚定的思考，对汉江集团公司建设"安澜汉江、绿色汉江、活力汉江、智慧汉江、和谐汉江""五个汉江"的愿景目标，具有重要的指导意义，更加坚定了我们走绿色发展之路，指明了汉江集团公司长远发展的方向和路径。就如习近平总书记所说，再不"补肾"，我们还能撑多少年呢？

当前汉江集团公司提出立足新发展阶段，坚持"十六字"治水思路，贯彻新发展理念、融入新发展格局，统筹处理好稳定与发展、规模与效益的辩证关系，以全方位推动高质量发展为主线，坚持稳中求进，着力构建"一基础两支柱"战略布局。以水利水电产业为基础，以制造业、服务业为两大战略支柱。加强水电清洁能源项目的开发，加强集团所辖水利水电工程运行管理，充分发挥工程综合效益，统筹协调经济发展、汉江防洪与南水北调供水安全。做精制造业，做优做大服务业，优化产业结构，调整产业布局，坚定不移走生态优先、绿色发展之路，积极培育发展绿色经济新业态。通过调整，集团公司关停了高耗能的钢厂、老铝厂、碳化硅等，大力发展旅游产业，整合资源成立汉江文旅公司，制定公司"十四五"文旅产业发展专项规划；积极发展生态修复和绿化产业，绿化项目拓展多个省市；上马大数据项目，为未来发展蓄势奠基，探索新径。2020 年、2021 年国内新冠疫情持续影响的两个年度，汉江集团公司实现了逆势上涨，取得了历史性突破的经济效益。转变思路，贯彻新发展理念，走高质量发展效应显现。

3 长江经济带发展战略是立足新发展阶段，贯彻新发展理念，构建新发展格局，推进高质量发展的历史选择

经过改革开放 40 多年，我国经济发展实现了历史性跨越。2020 年国内生产总值（GDP）超过 100 万亿元，稳列世界第二，人均 GDP 达到 1 万美元，实现了全面进入小康社会，有着 1 亿人的中产阶级，唯一一个拥有世界制造业类别完整产业链国家。

那种物质紧缺，注重经济发展不顾环境，讲数量不讲质量，粗放式的发展的时代已经过去。站在新的历史方位上，为保持经济和社会的持续健康发展，党中央做出了伟大的决择。现在，我国经济已由高速增长阶段转向高质量发展阶段。新形势下，推动长江经济带发展，关键是要正确把握整体推进和重点突破、生态环境保护和经济发展、总体谋划和久久为功、破除旧动能和培育新动能、自身发展和协同发展等关系，坚持新发展理念，坚持稳中求进工作总基调，加强改革创新、战略统筹、规划引导，使长江经济带成为引领我国经济高质量发展的生力军。

长江经济带发展战略根本是"以人民为中心"的发展理念的现实实践。新时代我国社会主要矛盾从以前的人民日益增长的物质文化需要同落后的社会生产之间的矛盾转变为人民日益增长的美好生活需要和不平衡不充分的发展之间的矛盾。老百姓不再满足于温饱，而有更多的对美好生活的追求。"带领人民不断创造美好生活，是中国共产党人不变的追求""走高质量发展之路，就要坚持以人民为中心的发展思想""把高质量发展同满足人民美好生活需要紧密结合起来"等，这些都是长江经济带发展战略的初心所在，是还长江一个健康，还人民一个健康，还中国一个健康。

在 2018 年召开的全国生态环境保护大会上，习近平总书记强调，良好生态环境是最普惠的民生福祉，坚持生态惠民、生态利民、生态为民。一个健康的长江就是最好的惠民、利民、为民，就是"民生"的最好体现。天更蓝，空气更加润肺；水更净，吃水不再担忧；鸟回归，更多珍稀动物显现长江，与人们和谐共处；环境更美，吸引了更多的旅游者，招来了更多的投资商，促进了更多的绿色产业发展；发展更加有质量、更加有活力、更加持续长久。百姓生活更加幸福，社会更加和谐。以牺牲环境质量、人民健康的发展注定是要被唾弃。

推动长江经济带发展，既是一场攻坚战，更是一场持久战，我们要坚定信心、咬定目标，苦干实干、久久为功，为实施好长江经济带发展战略而共同奋斗。

4 认真贯彻落实，做好新时代汉江文旅公司的高质量发展

习近平总书记指出，长江造就了从巴山蜀水到江南水乡的千年文脉，是中华民族的代表性符号和中华文明的标志性象征，是涵养社会主义核心价值观的重要源泉。要把长江文化保护好、传承好、弘扬好，延续历史文脉，坚定文化自信。

汉水文化是长江文化的重要组成部分。国有企业背景的水口单位汉江集团公司下属的汉江文旅公司作为汉水文化的代言企业，应主动扛起汉水文化的发展大旗，坚持生态优先、绿色发展的理念，正确把握生态环境保护和经济发展的关系，积极融入长江经济带发展战略，发挥水文化产业引领作用。

深入贯彻习近平新时代中国特色社会主义思想和党的十九大和十九届三中、四中、五中全会精神，立足新发展阶段，贯彻新发展理念，构建新发展格局，不断提高政治判断力、政治领悟力、政治执行力，实现高质量发展，把人民对美好生活的追求融入文旅事业发展中，围绕集团公司"做优做大服务业"的战略部署，借助南水北调中线水源的知名度，依托丹江口水利枢纽工程的影响力，讲好汉水文化、十堰水文化、水利枢纽故事，打造与"南水北调世纪工程"影响力相匹配的水利文化"汉江文旅"品牌。

　　坚持水利文化和生态旅游功能定位，推进汉水文化与丹江口大坝、南水北调水源地等水利特色品牌旅游，摒弃低端的、低价的简单参观游，丰富文化元素进入产品，提高产品价值，近期专项给两个南水北调干部学院打造的红色党建课件、中小学生精品研学课件赢得了受众的肯定，提升了产品价值，大幅增加了收入，这也坚定了后期继续走高质量发展的信心，并继续深入开发研学业务、红色教育、文化康养、水利科普，积极推进集团公司内部相关文旅资源的整合，加快与大平台、专业公司合作共赢；借势引效，依托集团公司水利工程开发的基础，实现新的业务突破，谋划集团公司水利文化旅游的业务延伸，提升区域性运营能力。

　　充分利用集团公司和地区区域内的文旅资源，围绕"水利+旅游""旅游+教育""旅游+康养"等三大战略，立足于汉水文化、水利工程文化、水利精神的传播，水利形象的展示，打造集水利观光、研学实践、红色培训、水文化体验、生态科普、休闲康养、酒店运营等为一体的国内具有一定知名度的水利文化旅游企业，和谐健康可持续发展。

参考文献

［1］新华社电．习近平主持召开推动长江经济带发展座谈会并作重要讲话［N］．重庆［2016-01-07］.

［2］新华网．习近平：在深入推动长江经济带发展座谈会上的讲话［N］［2019-08-31］http：//www.xinhuanet.com/.

［3］新华社．习近平主持召开全面推动长江经济带发展座谈会并发表重要讲话［N］．中国政府网 http：//www.gov.cn/xinwen/2020-11/15/content_ 5561711.htm.

嘉陵江流域水文情势评估研究

郭 卫 邵 骏 欧阳硕 杜 涛 卜 慧

（长江水利委员会水文局，湖北武汉 430000）

摘 要： 本文选取嘉陵江流域为研究区域，首先还原北碚站天然径流过程，采用 Mann-Kendall、Kendall 秩次相关检验等检验方法分析得出嘉陵江流域年径流过程无明显变化趋势，之后采用 RVA 法分析现有梯级水库运行对嘉陵江河流水文情势的影响程度，得出北碚站整体水文指标改变度为高度，研究成果可为梯级水库调度实践提供参考。

关键词： 嘉陵江流域；梯级水库；M-K 法；RVA 法；水文变异法

1 引言

水利工程在河流上的修建对于工程下游天然河流水文情势带来较大影响，不仅改变了水资源的年际、年内分配，更因对洪水的调节作用，影响了下游鱼类的洄游产卵，为了定量评估这种影响程度，学者们开展了大量的研究，水文变异法（range of variability approach，RVA）[1-2] 通过构建河流的水文指标集，分析不同时期水文指标值的变化情况来间接反映河流水文变异的程度，在国内不同流域都有了大量的应用研究，如杨娜等[3] 在原 RVA 法评价各参数水文变化度的基础上进行了改进，并将之用于珊溪水库下游河道的水文变异分析。马晓超等[4] 基于水文变异指标（IHA 指标），应用水文变异法（RVA 法），计算渭河中下游生态水文目标，研究生态水文特征的变异度。蔡文君等[5] 应用变化范围法（RVA 法）评估了三峡水库运行后对长江中下游水文情势的影响，得出三峡水库运行对长江中下游的径流影响属于中度改变。李兴拼等[6] 采用 RVA 法评估枫树坝水库对径流的影响。陈栋为等[7] 基于 RAV 法分析了东江流域水文情势变化情况，岳俊涛等[8] 采用 RVA 法分析了二滩水电站运行后小得石的水文情势为高度改变。

本研究考虑在采用 Mann-Kendall、Kendall 等检验方法对流域径流演变趋势分析的基础上，采用 RVA 法评估流域下游河流的水文情势变异情况，以期探求流域水资源的演变规律，评估流域现状河道水文情势，为流域控制性水利工程的优化运行调整提供参考。

2 研究区域

嘉陵江是长江上游左岸的主要支流，干流全长 1 120 km，全流域面积 15.98 万 km²。嘉陵江干流已建的主要水利水电工程 16 座，其中亭子口水库是嘉陵江干流中游的关键控制性工程，对于提高流域的防洪、供水能力具有非常重要的作用。北碚水文站是嘉陵江流域的控制站，本次选取北碚站来开展嘉陵江流域径流变化趋势及干流河道水文变异研究。上游已建具有较强调节能力的大型水库主要为碧口水库和宝珠寺水库。碧口水库于 1975 年底下闸蓄水，为季调节水库，死库容 2.29 亿 m³，总库容 5.21 亿 m³；宝珠寺水库于 1996 年 10 月下闸蓄水，为不完全年调节水库，死库容 7.6 亿 m³，总库

基金项目： 第二次青藏高原综合科学考察研究资助（2019QZKK0203）；长江水利委员会长江科学院开发研究基金（课题编号：CKWV2019766/KY）。

作者简介： 郭卫（1985—），男，高级工程师，主要从事水文水资源工作。

容 25.5 亿 m³，调节库容 13.4 亿 m³。

嘉陵江流域水系及水库、水文站概化图见图 1。

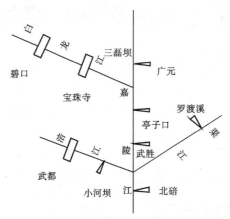

图 1　嘉陵江流域水系及水库、水文站概化图

3　嘉陵江流域径流演变趋势分析

3.1　嘉陵江径流还原分析

北碚水文站上游嘉陵江流域近年来陆续修建有多处水利工程，这些水利枢纽不同程度地影响了北碚站的天然径流分配，其中调节性能较大的水库有白龙江上的宝珠寺电站和亭子口水库。亭子口水库从 2013 年 6 月开始蓄水，因此对宝珠寺电站 1997—2016 年根据水量平衡原理进行径流还原，对亭子口水库从 2013 年 6 月至 2016 年进行还原。

统计 1997—2016 年北碚站还原前后多年平均月流量变化情况，结果见表 1，可以看出，受上游梯级水库调蓄影响，1997—2016 年北碚站 5—11 月实际月平均流量相比天然流量有所减小，供水期 12 月至翌年 4 月流量增加，其中 1 月平均流量增加 26%。从径流量来看，还原前后北碚站径流年内分配情况改变很小，说明北碚以上梯级水库对月径流过程影响较小。

表 1　北碚站 1997—2016 年还原前后月平均流量变化　　　　　　　　单位：m³/s

项目	1 月	2 月	3 月	4 月	5 月	6 月	7 月	8 月	9 月	10 月	11 月	12 月
实测流量	542	426	564	845	1 510	2 250	5 370	3 670	3 890	2 310	1 130	639
还原流量	430	365	459	793	1 530	2 330	5 530	3 740	4 020	2 350	1 140	577
实测流量-还原流量	112	61	105	52	−20	−80	−160	−70	−130	−40	−10	62
（实测流量-还原流量）/还原流量	26.0%	16.7%	22.9%	6.6%	−1.3%	−3.4%	−2.9%	−1.9%	−3.2%	−1.7%	−0.9%	10.7%

3.2　嘉陵江径流演变趋势分析

采用北碚站 1940—2016 年年径流系列，进行 Mann-Kendall 非参数检验[9]、Kendall 秩次相关检验和 Spearman 秩次[10-11] 相关检验，年径流变化趋势检验成果见表 2。

表 2　北碚站 1940—2016 年年径流长期变化趋势检验结果

站点	M-K 检验	Kendall 检验	Spearman 检验
北碚	−1.94	−1.95	1.85

在显著性水平 $\alpha = 0.05$ 下，$U_{\alpha/2} = 1.96$，$t_{\alpha/2}$（71-2）= 1.995。北碚站年径流统计检验成果表明，各项检验值接近临界值，没有突破临界值，说明北碚站 1940—2010 年年径流系列没有显著变化趋势。

4 基于 RVA 法的嘉陵江干流水文情势变异分析

RVA 法（range of variability approach）[1-2] 原理是选取河流控制性水文站点或控制性水文断面，通过对控制站或控制断面以 d 为尺度的长系列径流资料统计分析，构建以流量大小、发生时间、频率、持续时间及变化率等 5 个方面为代表的 32 个指标集，通过选取时间节点，评估控制站点或控制断面因受上游人类活动或水利工程影响的变异情况，目前学者已经将之运用于多条河流的水文变异分析，且评估效果较好，可以用来分析评估嘉陵江干流河道现状及未来水文变异情势。

嘉陵江干流控制站北碚站 1976 年以后流量受到上游水库调蓄的影响，因此本文以 1976 年为北碚站受水利工程影响起始年份，评估北碚站 1976—2016 年水文指标变异情况，得出发生高度改变的指标为 23 个，整体水位改变度为 0.75，结果为高度改变，北碚站 1976—2016 年水位 IHA 指标的改变情况见图 2。

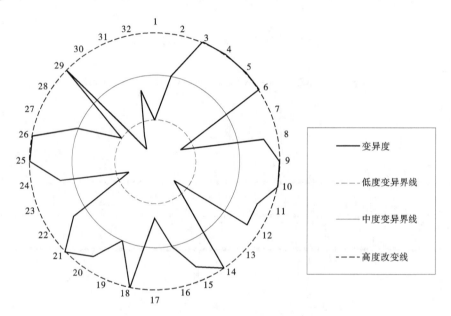

图 2 北碚站水文 IHA 指标变异示意图

选取发生高度改变的水文指标（年最小 3 d、年最大 7 d 平均流量）长系列实测、天然过程列于图 3、图 4 中，来具体分析水利工程对下游河流水文情势的影响程度。

通过图 2~图 4 可以看出，第 1 组各月流量指标中除 1 月、8 月月均流量外，其他月月均流量均为高度改变；第 2 组反映年极端流量的指标中，除年最小 7 d 流量、基流指数为低度改变外，其他指标均为高度改变；第 3 组所有指标均为高度改变；说明梯级水库的蓄丰补枯作用，显著地改变了嘉陵江下游河流的水文情势，天然极端流量事情减少，对于下游鱼类产卵生育带来较大影响；第 4 组高流量持续时间为高度改变。

5 结论

本次研究首先将嘉陵江流域梯级水库蓄变量还原到控制站北碚站，还原北碚站径流天然系列，通过对以宝珠寺水库和亭子口水库为代表的水库投运前后北碚站多年平均月流量变化分析，得出受上游梯级水库调蓄影响，北碚站 5—11 月实际月平均流量相比天然流量有所减小，供水期 12 月至翌年 4 月流量增加，其中 1 月平均流量增加 26%。在显著性水平 $\alpha = 0.05$ 下，北碚站 1940—2016 年径流通过了 Mann-Kendall 非参数检验、Kendall 秩次相关检验，检验成果表明北碚站年径流系列没有显著变

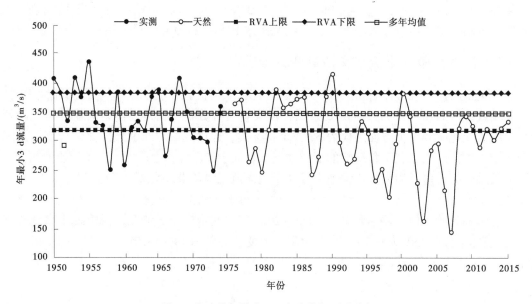

图 3　北碚站年最小 3 d 水文指标对比分析

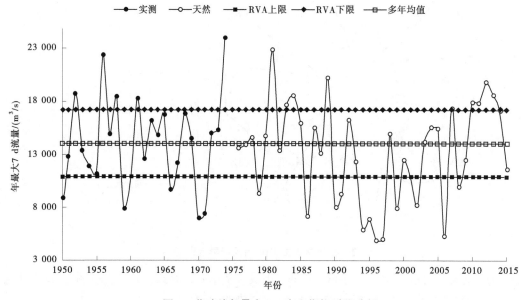

图 4　北碚站年最大 7 d 水文指标对比分析

化趋势。通过分析宝珠寺水库和亭子口水库投运后北碚站水文 IHA 指标的变异情况，得出发生高度改变的指标为 23 个，整体水位改变度为 0.75，结果为高度改变，结合径流还原分析可以得出梯级水库的蓄丰补枯作用将提高嘉陵江下游工农业用水枯水期保障程度，对于下游工农业生产发展有积极作用；RVA 法推算得出水文指标高度改变也反映出因梯级调蓄，改变了水库下游河道的天然水文情势，可能对鱼类等水生物生境带来影响，因此梯级水库调度实践中还需深入评估与优化。

参考文献

［1］ Richter B D, Baumgartner J V, Braun D P, et al. A spatial assessment of hydrologic alteration within a river network ［J］. Regulated Rivers- Research & Management, 1998, 14 (4): 329-340.

［2］ Richter B D, Baumgartner J V, Powell J, et al. A method for assessing hydrologic alteration within ecosystems ［J］. Conservation Biology, 1996, 10 (4): 1163-1174.

［3］杨娜，梅亚东，尹志伟．建坝对下游河道水文情势影响 RVA 评价方法的改进［J］．长江流域资源与环境，2010，19（5）：560-565．

［4］马晓超，粟晓玲，薄永占．渭河生态水文特征变化研究［J］．水资源与水工程学报，2011（1）：16-21．

［5］蔡文君，殷峻暹，王浩．三峡水库运行对长江中下游水文情势的影响［J］．人民长江，2012（5）：22-25．

［6］李兴拼，黄国如，江涛．RVA 法评估枫树坝水库对径流的影响［J］．水电能源科学，2009，27（3）：4．

［7］陈栋为，陈晓宏，李翀，等．基于 RAV 法的水利工程对河流水文情势改变的累积效应研究——以东江流域为例［J］．水文，2011，31（2）：9．

［8］岳俊涛，雷晓辉，甘治国．二滩水电站运行后对雅砻江下游河流水文情势的影响分析［J］．水电能源科学，2016（3）：61-63，14．

［9］Mann H B. Non-parametric tests against trend［J］. Econometrica，1945，13（2）：245-259．

［10］Kendall M G. Rank Correlation Methods［M］. London：Griffin，1948．

［11］Zar J H. Significance testing of the Spearman rank correlation coefficient［J］. Journal of The American Statistical Association，1972，67（339）：578-580．

水文勘测含沙量测算 Excel 应用研究

刘 卓[1] 彭 飞[2] 彭世想[2]

（1. 黄河水利委员会山东水文水资源局，山东济南 250100；
2. 黄河水利委员会水文局，河南郑州 450004）

摘 要：水文勘测含沙量测验多采用置换法处理泥沙水样，置换法处理水样需要检定比重瓶以确定任意温度的瓶加清水质量和置换系数，瓶加清水质量和置换系数与温度的关系实质归结到水密度随温度变化的关系。水密度随温度的变化关系可概化为温度 t 的函数，是一高次多项式，比较复杂。先前多以室温法、差值法先制表，再查表确定瓶加清水质量和置换系数，制表、查表环节烦琐且易出错。随着计算机技术日益普及，利用瓶加清水质量和置换系数与温度 t 的函数式直接计算，如使用 Microsoft Excel 工作簿中的 Visual Basic 程序或宏功能十分方便，操作简单快捷。直接计算省去制表、查表环节，避免该环节人为差错，势必取代室温法和差值法被广泛应用，也是今后含沙量测算实现电算化、智能化的有效途径。

关键词：含沙量测算；直接计算法；Excel；Visual Basic 程序

1 引言

水文勘测中含沙量测验多采用置换法处理泥沙水样，因其简单易行被水文站广泛采用。置换法处理水样有一步重要的工作就是提前检定好比重瓶，把检定数据制作成比重瓶加清水质量与温度关系表，处理水样时从事先制作好的关系表中查出相应水温的瓶加清水质量。检定比重瓶有室温法和差值法两种，早期采用室温法，《河流悬移质泥沙测验规范》（GB 50159—1992）实施后，一般都采用该规范推介的差值法[1]。这两种方法都要事先把比重瓶检定成果制成瓶加清水质量与温度关系表，置换系数也要制表、查表。制表和查表既有一定工作量，也容易在该环节上出错。现介绍一种直接计算得出瓶加清水质量和置换系数的方法，称直接计算法。该法可以省去制表和查表环节，直接计算得出任一温度的瓶加清水质量及置换系数，继而算出含沙量。在计算机技术飞速发展和应用的今天，直接计算法很容易实现，例如应用 Microsoft Excel 工作簿中 Visual Basic 的程序或宏功能就可以轻易实现。该法操作简单快捷，不但省去制表、查表环节，避免该环节中的人为差错，提高水文勘测工作效率，而且还是实现泥沙水样处理向电算化、智能化方向发展的有效途径。

2 比重瓶加清水质量和置换系数直接计算法

2.1 瓶加清水质量直接计算法原理

据《河流悬移质泥沙测验规范讲义》[2] 和置换法处理水样瓶加清水重直算法[3]，对于物体的体积随温度的改变而引起的变化，通常用物体的体积膨胀系数 ε_v 来描述，它表示物体以 0 ℃时的体积 V_0 为准，当平均温度升高 1 ℃时，单位体积的变化量，其表达式可以写成

$$\varepsilon_v = \frac{V_t - V_0}{tV_0} \tag{1}$$

作者简介：刘卓（1990—），女，工程师，主要从事水文水资源监测与研究工作。

则
$$V_t = V_0(1 + \varepsilon_v t) \tag{2}$$

式中：t 为温度；V_t 为温度 t 时的物体体积。

当物体温度由 t_1 变化到 t_2 时，其体积相应从 V_{t1} 变化为 V_{t2}，根据式（2），可将 V_{t2} 与 V_{t1} 的关系写成

$$V_{t2} = V_{t1} \frac{1 + \varepsilon_v t_2}{1 + \varepsilon_v t_1} \tag{3}$$

将 $\dfrac{1}{1 + \varepsilon_v t_1}$ 用幂级数展开后，式（3）即可写成

$$V_{t2} = V_{t1}(1 + \varepsilon_v t_2)(1 - \varepsilon_v t_1 + \varepsilon_v^2 t_1^2 - \varepsilon_v^3 t_1^3 + \varepsilon_v^4 t_1^4 \cdots) \tag{4}$$

由于 ε_v 值很小，而 ε_v^2 值则更小，当忽略去 ε_v^2 及以上高次项后，得

$$V_{t2} = V_{t1}[1 + \varepsilon_v(t_2 - t_1)] \tag{5}$$

$$V_t = \frac{W_t}{\rho_{wt}} \tag{6}$$

式中：W_t 为温度 t 时比重瓶内清水质量；ρ_{wt} 为温度 t 时清水的密度。

将式（6）代入式（5）后，得不同温度时比重瓶内清水质量关系式：

$$W_{t2} = \rho_{wt2} \frac{W_{t1}}{\rho_{wt1}}[1 + \varepsilon_v(t_2 - t_1)] \tag{7}$$

若将 20 ℃与某一温度 t_1 代入式（7），即可写出它们相应的清水质量关系式为

$$W_{t1} = \rho_{wt1} \frac{W_{20}}{\rho_{w20}}[1 + \varepsilon_v(t_1 - 20)] \tag{8}$$

式中：W_{t1} 为某一温度（t_1）时比重瓶内清水的质量；ρ_{wt1} 为温度 t_1 时的清水密度；W_{20} 为温度 20 ℃时比重瓶内清水的质量；ρ_{w20} 为温度 20 ℃时清水的密度；$\dfrac{W_{20}}{\rho_{w20}}$ 为温度 20 ℃时比重瓶的容积（一般为标称容积）。

再将某一温度 t_1 与任一温度 t 代入式（7），即可写出它们相应的清水质量关系式：

$$W_t = \rho_{wt} \frac{W_{t1}}{\rho_{wt1}}[1 + \varepsilon_v(t - t_1)] \tag{9}$$

式（8）、式（9）相减可得任一温度 t 与某一温度 t_1 时比重瓶内清水质量之差一般式为

$$W_t - W_{t1} = \frac{W_{20}}{\rho_{20}}[1 + \varepsilon_v(t_1 - 20)]\{\rho_{wt}[1 + \varepsilon_v(t - t_1)] - \rho_{wt1}\} \tag{10}$$

根据有关资料分析，ε_v 采用 0.000 02。设比重瓶自身质量 W_b，容积为 V_b，上式可写成：

$$W_t + W_b - (W_{t1} + W_b) = V_b[1 + 0.000\ 02(t_1 - 20)]\{\rho_{wt}[1 + 0.000\ 02(t - t_1)] - \rho_{wt1}\} \tag{11}$$

$W_t + W_b$ 为任一温度 t 时的比重瓶加清水质量，记作 W_{bqt}。$W_{t1} + W_b$ 为某一温度 t_1 时的比重瓶加清水质量，记作 W_{bq1}，式（11）可写成：

$$W_{bqt} = W_{bq1} + V_b[1 + 0.000\ 02(t_1 - 20)]\{\rho_{wt}[1 + 0.000\ 02(t - t_1)] - \rho_{wt1}\} \tag{12}$$

若用容积为 50 mL 的比重瓶，$V_b = 50$，若用容积为 100 mL 的比重瓶，$V_b = 100$，以此类推。

把 $V_b = 50$ mL，$t_1 = 4$ ℃，$\rho_{w4} = 0.999\ 972\ 0$（4 ℃时清水的密度）代入式（10）即得

$$W_{wt} - W_{w4} = 49.984\{\rho_{wt}[1 + 0.000\ 02(t - 4)] - 0.999\ 972\ 0\} \tag{13}$$

此式便是《河流悬移质泥沙测验规范》（GB/T 50159—2015）[4] 条文说明 6.3.4 条中的用差值法检定比重瓶（50 mL）任一温度（t）与 $t_1 = 4$ ℃时瓶加清水质量之差值计算公式。

2.2 置换系数直接计算法

置换系数 K_t 可用公式计算：

$$K_t = \frac{\rho_s}{\rho_s - \rho_{wt}} \quad (14)$$

式中：K_t 为温度 t 时的置换系数；ρ_s 为泥沙的密度；ρ_{wt} 为温度 t 时清水的密度。

泥沙密度受温度影响变化极小，可忽略不计。

3 水密度的确定

据《河流悬移质泥沙测验规范讲义》提供的"密度测量技术[5]"资料，水温在 4℃ 时，密度为 0.999 972 0 g/cm³，以及确定的水密度与温度的关系得到多数认可和采用，见表 1。1966 年，贝格（Bigg）根据赛尔森和恰帕斯的试验数据和当时对水的同位素组合对水密度的影响，提出了水的密度表，1970 年格林（Green）等根据贝格的水密度表计算了这个多项式：

$$\rho = \sum_{n=0}^{5} C_n t_{48}^n \quad (15)$$

1971 年，西德技术物理研究院将前式换算为 1968 年国际适用温标，得

$$\rho = \sum_{n=0}^{5} C_n t_{68}^n \quad (16)$$

式中：C_n 为系数，见表 2；t_{68} 为适用温标为 1968 年。

表 1 不同温度水的密度值 单位：g/cm³

来源	不同温度（℃）下水的密度				
	4	10	20	30	40
密度测量技术 1982 年版	0.999 972	0.999 698 7	0.998 201 9	0.995 645 4	0.992 213 6
物理长度与单位 1986 年版	0.999 972	0.999 700 0	0.998 203 0	0.995 646 0	0.992 210 0
环境水质监测质量保证手册 1986 年版	0.999 973	0.999 700 0	0.998 203 0	0.995 646 0	
黏度（日）1981 年版		0.999 700 0	0.998 200 0	0.995 650 0	0.992 210 0

表 2 C_n 系数的取值

n	系数 C_n	n	系数 C_n
0	$9.998\ 395\ 639 \times 10^2$ kg/m³	3	$1.005\ 272\ 999 \times 10^{-4}$ kg/（m³·℃³）
1	$6.798\ 299\ 989 \times 10^{-2}$ kg/（m³·℃）	4	$-1.126\ 713\ 526 \times 10^{-6}$ kg/（m³·℃⁴）
2	$-9.106\ 025\ 564 \times 10^{-3}$ kg/（m³·℃²）	5	$6.591\ 795\ 606 \times 10^{-9}$ kg/（m³·℃⁵）

根据式（16）所算得水密度值的不可靠性最大为 $\pm 5 \times 10^{-6}$ g/cm³，精度是相当高的。我国从 1973 年已正式采用新摄氏温标（t_{68}），因此采用式（16）制作的水密度表是适宜的。式（16）进一步可以写成：

$$\rho_{wt} = 0.999\ 839\ 563\ 9 + 6.798\ 299\ 989 \times 10^{-5}t - 9.106\ 025\ 564 \times 10^{-6}t^2 +$$
$$1.005\ 272\ 999 \times 10^{-7}t^3 - 1.126\ 713\ 526 \times 10^{-9}t^4 + 6.591\ 795\ 606 \times 10^{-12}t^5 \quad (17)$$

式（17）即为任一温度 t 的水密度值 ρ_{wt} 计算公式。

4 Microsoft Excel 计算含沙量程序和步骤

4.1 Microsoft Excel 计算程序

（1）编制 Microsoft Excel 记载计算表。打开 Microsoft Excel 工作薄，按照《河流悬移质泥沙测验规范》（GB/T 50159—2015）附录 B 中表 B.4.4 样式编制"××站××年悬移质泥沙水样处理记载计算表（置换法）"，见图 1。

图 1　带有瓶加清水质量和置换系数计算程序的记载计算表

（2）编制计算程序。在图 1 所示的 Excel 工作薄中打开"开发工具"栏，再打开"Vb 编辑器"。在"模块 1"前半部分录入比重瓶检定信息，比重瓶编号记作 pn，容积记作 vb，检定的瓶加清水质量平均值记作 wbq1，相应水温平均值记作 t1。后半部分为瓶加清水质量及置换系数计算公式代码，$\rho wt1$ 为温度 t_1 的水密度；ρwt 为任一温度 t 的水密度；wbqt 为任一温度 t 的瓶加清水质量；kt 为任一温度 t 的置换系数；ρs 为泥沙密度，见图 2。

```
Function wbqt(pn, t)    'pn为比重瓶编号，t为比重瓶内浑水温度，wbqt为温度t时比重瓶加清水质量。
    If pn = 2 Then
        vb = 50: t1 = 11.2: wbq1 = 75.337    '2号比重瓶容积vb为50ml，瓶加清水质量平均值wbq1为75.337g，相应水温平均值t1为11.2℃。
    ElseIf pn = 101 Then
        vb = 50: t1 = 21.2: wbq1 = 72.584    '101号比重瓶容积vb为50ml，瓶加清水质量平均值wbq1为72.584g，相应水温平均值t1为21.2℃。
    ElseIf pn = 11 Then
        vb = 100: t1 = 15.1: wbq1 = 134.022    '11号比重瓶容积vb为100ml，瓶加清水质量平均值wbq1为134.022g，相应水温平均值t1为15.1℃。
    ElseIf pn = 579 Then
        vb = 500: t1 = 10.9: wbq1 = 603.83    '579号比重瓶容积vb为500ml，瓶加清水质量平均值wbq1为603.83g，相应水温平均值t1为10.9℃。
    ElseIf pn = 5 Then
        vb = 1000: t1 = 9.5: wbq1 = 1127.05    '3号比重瓶容积vb为1000ml，瓶加清水质量平均值wbq1为1127.05g，相应水温平均值t1为9.5℃。
    Else
    End If
    ρwt1 = 0.9998395639 + 6.798299989 * 10 ^ -5 * t1 - 9.106025564 * 10 ^ -6 * t1 ^ 2 + 1.005272999 * 10 ^ -7 * t1 ^ 3 _
    - 1.126713526 * 10 ^ -9 * t1 ^ 4 + 6.591795606 * 10 ^ -12 * t1 ^ 5
    '水温为t1时的密度。
    ρwt = 0.9998395639 + 6.798299989 * 10 ^ -5 * t - 9.106025564 * 10 ^ -6 * t ^ 2 + 1.005272999 * 10 ^ -7 * t ^ 3 _
    - 1.126713526 * 10 ^ -9 * t ^ 4 + 6.591795606 * 10 ^ -12 * t ^ 5
    '水温为t时的密度。
    wbqt = wbq1 + vb * (1 + 0.00002 * (t1 - 20)) * (ρwt * (1 + 0.00002 * (t - t1)) - ρwt1)

End Function

Function kt(t)    'kt水温为t时的置换系数，规范给出一般在1.56~1.62之间。
    ρst = 2.7    'ρst为泥沙的密度，规范给出一般在2.60~2.78之间。
    ρwt = 0.9998395639 + 6.798299989 * 10 ^ -5 * t - 9.106025564 * 10 ^ -6 * t ^ 2 + 1.005272999 * 10 ^ -7 * t ^ 3 _
    - 1.126713526 * 10 ^ -9 * t ^ 4 + 6.591795606 * 10 ^ -12 * t ^ 5
    '水温为t时的密度。
    kt = ρst / (ρst - ρwt)
End Function
```

图 2　比重瓶信息和瓶加清水质量及置换系数计算程序代码

4.2　Microsoft Excel 计算步骤

（1）打开调试好的图 1 所示的 Excel 工作薄，将采取的泥沙水样信息记载至相应各栏里。

（2）选用比重瓶装样，测定比重瓶盛满浑水后质量及浑水的温度，在 N 列输入所用的比重瓶编号，在 O 列输入瓶加浑水质量 W_{ws}，在 P 列输入浑水温度 t。

（3）在 Q10 栏内输入"=wbqt（点击 N10，点击 P10）"，计算出瓶加清水质量 W_w，鼠标左键点击 Q10 栏右下角加号并拖住下拉至所有水样计算完成后放开，即得所有水样的瓶加清水质量。

（4）用 O 列、Q 列相减即得瓶加浑水与瓶加清水质量之差（$W_{ws}-W_w$）。

（5）在 S10 栏里键入"=K（点击 P10）"，即得置换系数，鼠标左键点击 S10 栏右下角加号并拖住下拉至所有水样计算完成后放开，即得所有水样的置换系数。

（6）R 列、S 列相乘即得 T 列泥沙质量，T 列与 M 列（水样容积）之比即得水样含沙量，鼠标左键点击 U10 栏右下角加号并拖住下拉至所有水样计算完成后放开，所有水样的含沙量即求得。

5　结语

置换法测算含沙量，瓶加清水质量和置换系数直接计算法是根据物体热胀冷缩基本原理推导出的。直接计算法与室温法、差值法都是表示瓶加清水质量与水温关系的，只是表现方式不同而已。室温法是以关系曲线及关系表表示的，差值法是以某一温度与 4 ℃时瓶加清水质量之差值表示的。在实际应用中后两者都是以关系表的形式出现的。直接计算法则是以代数式的方式出现的。直接计算法简单快捷，便于推广应用，将带有瓶加清水质量和置换系数计算程序的 Microsoft Excel 工作簿复制一份即可使用。

参考文献

[1] 中华人民共和国国家技术监督局，中华人民共和国建设部．河流悬移质泥沙测验规范：GB 50159—92［S］．北京：中国计划出版社，1992．

[2] 彭世想，沈庆文，李晓伟，等．置换法处理水样瓶加清水重直算法［C］//中国水利学会青年科技工作委员会．中国水利学会第四届青年科技论坛论文集．北京：中国水利水电出版社，2008：265-268．

[3] 中华人民共和国住房和城乡建设部．河流悬移质泥沙测验规范：GB 50159—2015［S］．北京：中国计划出版社，2015．

[4] 廉育英．密度测量技术［M］．北京：机械工业出版社，1982．

无资料地区中小河流水文站预警指标研究

王光磊 黄 旭

（松辽水利委员会水文局（信息中心），吉林长春 130021）

摘 要：中小河流水文站由于建设历史较短，没有积累足够的历史水文资料用于水文计算，属于无资料地区，中小河流水文站预警指标应满足防汛要求，本文结合东北某水文站为例，分析研究预警指标可行性，为水利合理开发、水资源利用、防洪规划的制定和城镇发展布局等提供科学依据，通过对该地区水文站预警指标研究，可为相似区的水文分析计算工作提供参考。

关键词：水文站；预警；指标

1 引言

中小河流水文监测系统工程的建设，水文站网数量、密度得到极大提升，很大程度上解决了原有水文站网不能较好满足水文情报工作需求的问题。中小河流的预警能力尚不足完全满足防洪防汛的要求，进一步提升预报预警能力便成了当下尤其是针对中小河流防洪防汛工作的重点内容，其中的难点更在于因水文站网建设的发展历史问题，中小河流诸多水文站、水位站建设历史较短，没有积累足够的历史水文资料用于水文计算，属于无资料地区，其预报预警工作难度更甚，针对无资料地区中小河流预警工作也显得尤为必要。本文以东北某水文站为例开展研究。

无资料地区中小河流水文站水位预警指标的确定工作是以计算预警水位为目的，通过收集测站基本信息、大断面施测数据、实测水位流量数据等，分析大断面洪水特性，计算大断面处设计洪水，最终确定水位预警指标的工作。

2 基本情况

2.1 水文站概况

本站建站于 2016 年，为中小河流专用水文站、汛期站、河流上下游控制站。位于东北某省，集水面积 456 km²，断面主槽宽约 50 m，河床由砂石组成，河床较稳定，测流断面冲淤变化不大。河两岸均为斜坡用碎石、铁网护坡，左岸为居民，右岸为农田。断面下游 80 m 处有一公路桥，桥长为 31 m，测验河段顺直，长度约 300 m。水位在 99.00 m 以下时，水流在主槽中运行，水位超过 99.00 m 时，滩地开始过水，水位流量关系稳定。观测项目为水位和流量，水位采用浮子水位自记自动监测，流量测验采用 ADCP 和流速仪施测，整编方法采用水位流量关系曲线法推流。

2.2 设计洪水洪水及断面设施情况

历史上发生较大洪水年份有 1932 年、1956 年、1957 年、1960 年、1961 年、1964 年、1966 年、1974 年、1981 年、1985 年、1991 年、1994 年等年份。1932 年以来，本站排在前三位的历史洪水是 1932 年、1994 年、1960 年。1932 年 8 月，调查洪峰流量 5 730 m³/s；1994 年 7 月 15 日，实测洪峰流量 4 060 m³/s；1960 年 8 月 9 日，实测洪峰流量 3 890 m³/s。

断面上游有 S 水库。S 水库工程自 1981 年 11 月 27 日经验收以后投入正常运行。集水面积 118

作者简介：王光磊（1981—），男，高级工程师，主要从事水文水资源管理工作。

km², 设计标准 $P=2\%$, 校核标准 $P=0.33\%$。设计洪水位 170.60 m, 校核洪水位 171.65 m、168.80 m, 死水位 155.00 m。总库容 2 000 万 m³, 防洪库容 720 万 m³, 兴利库容 1 240 万 m³。由土坝、输水洞、溢洪道组成, 坝顶高程 173.3 m, 坝长 420 m, 坝顶宽 5.0 m, 平均坝高 15.0 m, 干砌石护坡。设计灌溉面积 4.08 万亩, 实灌面积 4.5 万亩, 保护农田 2.0 万亩, 保护人口 25 000。

S 水库位于河流下游, 坝址以上流域面积 108 km², 水库总库容为 2 985 万 m³, 水位相应库容 2 544 万 m³, 死库容为 383 万 m³。水库永久占地 4 143.00 亩, 工程临时占地 362.56 亩, 具有城市供水、农业灌溉、防洪抗旱、生态改善和森林防火等综合利用功能。该工程于 2017 年 4 月开工, 分两期建设, 一期工程主要建设内容包括土石坝、溢洪道、供水隧洞; 二期工程主要建设内容包括取水泵站、输水管线、净水厂、配水干线。工程已于 2021 年 11 月全部完工。水库修建后, 使下游河道堤防防洪标准提高到 30 年一遇, 为城镇年总供水量 957 万 m³, 为农业灌溉年总供水量 492 万 m³, 改善水田灌溉面积 0.9 万亩, 通过与某水库联合调度可以保证 5.5 万亩水田灌溉。将有效缓解某城市缺水问题, 全面提高当地农业灌溉保证率。

2.2.1 设施设备情况

水位观测设施: 直立式水位自记平台 1 座、直立式水尺 6 支。测验河段基础设施: 水准点 4 处, 断面桩 2 根, 断面标志 1 个, 断面界桩 2 根, 滩地定距桩 5 根, 测站保护标志 1 个, 观测道路和观测踏步各 1 处。主要设备: 浮子水位计 1 个。

2.2.2 水准点

水准点: 基本水尺断面附近设有基本水准点 4 个, 水准点设置 4 处, 分别为 $BM_{基1}$（黄海高程 197.741 m）、$BM_{基2}$（黄海高程 196.358 m）、$BM_{基3}$（黄海高程 195.755 m）、$BM_{基4}$（黄海高程 194.389 m）。$BM_{基1}$ 位于右岸基上 78 m 处, $BM_{基2}$ 位于右岸岸基上 27 m 处, $BM_{基3}$ 位于右岸基上 2 m 处, $BM_{基4}$ 位于右岸基下 270 m 处。本站高程采用假定基面, 根据 2016 年三等水准测量成果, 与黄海基面的换算关系为: $H_{黄海}$（m）$= H_{假定}$（m）$+96.258$（m）。

2.2.3 测验河段情况

基本水尺断面下游约 80 m 处有公路桥一座, 该桥长 31 m、宽 6.5 m。河段顺直长度约 350 m, 河床由块石组成, 断面稳定, 两岸碎石护坡。左岸堤顶高程 99.45 m, 堤脚高程 96.29 m, 右岸堤顶高程 99.58 m, 堤脚高程 97.00 m。

2.2.4 测站报汛任务

6 月 1 日至 9 月 30 日采用遥测数据传输自动报汛。断面控制较好, 洪水成因主要是上游流域降水和水库泄洪放水, 洪峰过程多为单式洪峰, 急涨急落, 涨落历时较短, 峰型尖瘦。历史最高水位: 调查 99.50 m, 实测 98.27 m。水位达 98.00 m 时, 左岸上游约 300 m 处低洼带开始过水。水位达 98.50 m 时, 邻近村落两岸耕地房屋进水。水位达 99.50 m 时, 邻近村落两岸耕地房屋可能被淹, 需要做好转移准备。

3 设计洪水计算

3.1 由暴雨推求设计洪水

在暴雨洪水计算时, 根据全省具有较长水文资料系列的测站, 进行历史洪水样本统计, 通过分析计算, 进行洪峰、洪量等要素的经验频率（P_m）、统计参数（均值 $X_{均}$、变差系数 C_v、偏差系数 C_s）等参数的计算, 点绘在地图上并根据地形地势勾绘出相应的等值线, 以便无资料地区计算设计暴雨时会直接查询取值。在进行设计暴雨点面转换时, 对暴雨历时关系、暴雨相应关系数 r_e 与面积 F 及参数 ε、λ 等参数也进行相关线绘制以供查询。

根据不同的地形地势以及气象条件, 利用长系列水文资料进行设计暴雨分区和产流分区的划分, 不同设计暴雨分区、产流分区之间, 暴雨特性、产流特性有所差异, 通过不同的参数在计算过程中得以体现。

上述各参数等值线（或相关图）及设计暴雨分区、产流分区情况见图1。

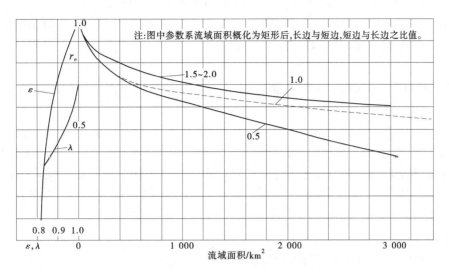

图1　相关系数 r_e 与流域面积 F、ε、λ 相关图（暴雨分区Ⅲ2、Ⅲ3区）

（1）根据设计流域的位置，在上述各图中查得相应时段的最大点雨量均值 $\overline{H}_\text{点}$ 和 $C_{v\text{点}}$ 值，并计算设计点雨量 $H_{\text{点}P}$（$H_{\text{点}P}=\overline{H}_\text{点}\cdot K_P$）。其中，$K_P$ 为模比系数，可由水文图集附表查得。

（2）将设计流域形状概化成矩形，计算矩形的长边 $L_\text{长}$ 与短边 $L_\text{短}$ 比、短边与长边比。再根据设计流域所在暴雨分区、流域面积、计算的长边与短边比及短边与长边比，由图1查得24 h暴雨相应相关系数 $r_{e\text{长}}$、$r_{e\text{短}}$。

（3）量算矩形长边在暴雨长轴上的投影长度 $L_\text{长投}$，矩形短边在暴雨短轴上的投影长度 $L_\text{短投}$，计算流域平均相应相关系数 r_e。

（4）根据计算的 r_e 值查得24 h暴雨的 ε、λ 值，计算24 h面雨量均值 $\overline{H}_{24\text{面}}$、$C_{v\text{面}}$ 及24 h设计面雨量 $H_{P_{24}\text{面}}$。

（5）计算6 h、3 d设计面雨量，结合水文图集与中小流域涉及暴雨洪水图集，K_{24} 为24 h设计面雨量与设计点雨量比值；$K_{P\text{点}}$ 为不同时段点雨量模比系数；$\overline{H}_\text{点}$ 为不同时段点雨量均值；β 为不同时段与24 h点面系数换算值。

（6）根据6 h、24 h、3 d等不同时段的设计面雨量，根据暴雨历时关系进行其他不同时段的设计面雨量计算，设计历时 t 的设计雨量；H_1、H_6、H_{24}、H_{72} 分别为1 h、6 h、24 h、72 h设计面雨量；S_0、S_1、S_2 和 n_0、n_1、n_2 分别为1~24 h、6~24 h、24~72 h的雨力和分段暴雨递减指数。

3.2　设计洪水

3.2.1　产流计算

采用初损后损法的产流计算方案，由水文（位）站大断面控制范围内的设计暴雨过程来计算其净雨在时间上的变化（净雨过程），净雨总量即为该水文（位）站控制断面的一次地面洪水总量。产流计算的步骤为：

（1）确定其产流参数。

产流参数主要有流域最大损失量 I_m、消退系数 K、流域蒸发能力 E_m、前期影响雨量 P_a、雨期蒸发量 $E_\text{雨}$。

各参数可根据水文（位）站大断面的地理位置在设计暴雨产流分区图中查得所在的产流分区，然后通过查询水文图集相关附表得各参数值。

（2）净雨过程计算。

根据水文（位）站大断面的地理位置查设计暴雨分区图，根据暴雨分区，采用水文图集推荐的暴雨时程分配方案，得到水文（位）站大断面的设计暴雨雨量时程分配过程。

根据查图所得产流参数，进行产流量计算，当 $P+P_a-E_雨$ 值超过 200 mm 时，降雨径流关系呈平行于 45°线的直线，产流量可用下式计算：

$$R_总 = P + P_a - E_雨 - I'_{m面}$$

当 $P+P_a-E_雨$ 值不超过 200 mm 时，采用降雨径流关系曲线求得产流量。

潜流深采用下式计算：

$$R_潜 = \alpha R_总^\beta$$

式中：α、β 为参数，根据水文（位）站大断面的位置查得所在产流分区，然后查得具体值。

按设计暴雨时程分配过程，首先逐时段扣除降雨损失，直至初损值全部扣除完毕，然后计算潜流，从设计暴雨时程分配最后一个时段向前逆时逐时段扣除潜流深，直至潜流深全部扣除完毕，此时得到净雨过程。

3.2.2 汇流计算

汇流计算采用瞬时单位线法，具体计算过程如下：

计算各水文（位）站大断面处的 B 值。瞬时单位线参数 n、K，在无水文资料条件下无法直接算得，而是通过寻求 B 与地理参数的关系，建立经验公式来决定。首先根据单站用矩法推求的 n、K 值计算各站 m_1（$m_1=mk$）建立 $m_1 \sim \bar{a}$ 相关关系，取 $\bar{a}=1$ 的 m_1 值。

3.3 由流量推求设计洪水

由流量推求设计洪水是《水文图集》推荐的另一种计算设计洪水的方法，其原理是根据全省具有较长水文资料系列的测站，进行历史洪水样本统计，通过分析计算，进行洪峰、洪量等要素的经验频率（P_m）、统计参数（均值 $X_均$、变差系数 C_v、偏差系数 C_s）等参数的计算，通过绘制各站洪水相关图并利用考虑面积的影响公式，得到 20 年一遇洪水参数 C_P、B_1、B_3、B_7 等，将洪水参数及相应的 C_v 值点绘在流域重心处，根据地形地势变化勾绘洪水参数等值线。

在进行设计洪水的洪峰流量计算时，直接采用下式：

$$Q_{mP} = \frac{K_P}{K_{5\%}} C_P F^{0.67} \tag{1}$$

式中：Q_{mP} 为设计洪水洪峰流量；C_P 为最大流量参数，通过《水文图集》附图查得；K_P 为不同频率的模比系数，通过《水文图集》附表查得；$K_{5\%}$ 为 20 年一遇洪水模比系数，通过《水文图集》附表查得；F 为大断面控制面积。

水文站水文资料系列不足以进行设计暴雨的计算，因此采用暴雨参数等值线法计算设计暴雨，各参数通过《省水文图集》中的暴雨参数成果进行查询求得，6 h、24 h、3 d 等不同时段的雨量均值 $\bar{H}$、变差系数 C_v 以及不同重现期设计面雨量详见表 1，C_s/C_v 采用推荐值 3.5。

表 1　设计暴雨计算参数及成果

历时	$\bar{H}$/mm	C_v	C_s/C_v	重现期雨量值/mm	
				10 年（$H_{10\%}$）	5 年（$H_{20\%}$）
6 h	48.0	0.65	3.5	74.9	55.5
24 h	68.0	0.66	3.5	112.7	83.6
3 d	88.0	0.65	3.5	152.7	113.1

3.4 设计洪水过程

由流量推求设计洪水是《水文图集》推荐的另一种计算设计洪水的方法，其原理是根据所在省

（区）具有较长水文资料系列的测站，进行历史洪水样本统计，通过分析计算，进行洪峰、洪量等要素的经验频率（P_m）、统计参数（均值 $X_均$、变差系数 C_v、偏差系数 C_s）等参数的计算，通过绘制各站洪水相关图并利用考虑面积的影响公式，得到 20 年一遇洪水参数 C_P、B_1、B_3、B_7 等，将洪水参数及相应的 C_v 值点绘在流域重心处，根据地形地势变化勾绘洪水参数等值线。

根据设计暴雨分区图，水文站位于暴雨分区Ⅲ1区，3 d 暴雨时程分配为小、中、大，最大日 6 h 暴雨时程分配为中、最大、次大、小；根据产流分区图，水文站位于产流分区第 9 区，其前期土壤含水量 P_a 为 80 mm，最大损失量 I_m 为 140 mm，潜流量计算经验系数 α 为 0.82、β 为 0.70；根据省流域汇流参数 C_3 等值线图，水文站的流域汇流参数 C_3 为 2.00。根据以上参数，结合测站基本信息，对水文站的设计洪水进行计算。以重现期为 5 年的设计洪水为例，洪峰流量为 132 m³/s。根据《水文图集》由流量推求设计洪水的方法，水文站最大流量参数 C_P 值为 6.0，相应 C_v 值为 1.30，C_s / C_v 采用推荐值 2.25，可求得 5 年一遇设计洪水的洪峰流量为 157 m³/s，对比两种方法计算结果，最终设计洪水成果采用 5 年一遇洪峰流量 132 m³/s，其设计洪水过程线见图 1。

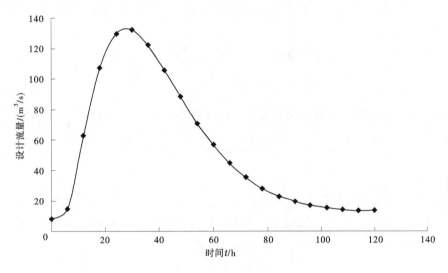

图 1　设计洪水过程线

3.5　水位流量关系线计算

3.5.1　根据实测值拟定

部分水文（位）站有一定的实测资料积累，可根据实测水位、流量数据，按照《水文资料整编规范》（SL/T 247—2020）中关于水位流量关系线拟定的要求，按照单一曲线法，参考三类精度水文站的定线精度，进行水位流量关系线的拟定[1]。

3.5.2　曼宁公式法

对于无可用于拟定水位流量关系线的实测水位流量资料时，可采用曼宁公式法进行水位流量关系线的计算确定。

当水文（位）站大断面处水位流量关系曲线采用曼宁公式法确定时，其计算公式由曼宁公式推求而得。曼宁公式为

$$v = \frac{k}{n} R^{\frac{2}{3}} J^{\frac{1}{2}} \tag{2}$$

式中：k 为转换常数，国际单位制中为 1；n 为糙率；R 为水力半径；J 为比降。

断面流量可由下式计算：

$$Q = Av = A \frac{1}{n} R^{\frac{2}{3}} J^{\frac{1}{2}} \tag{3}$$

式中：Q 为计算断面过水流量；A 为断面过流面积；v 为曼宁公式求得的断面流速。

由式（4）可知，大断面处流量取决于断面过水面积、水力半径、河道糙率以及比降[2]，其中过水面积、水力半径可通过大断面图进行计算，而河道糙率及比降对水位流量关系线的拟定同样影响较大，其值则可通过河道形态及高程进行经验取值或计算。

3.5.3　河道糙率

河道糙率对洪水传播、演进有较大影响，与河道水位流量关系密切相关，同时河道糙率的大小取决于河道特征，与河道形态、河床、岸壁等有关，滩地糙率还与滩地植被覆盖情况相关[3]，在有充足实测资料的条件下，可以通过实测资料对糙率进行率定计算，在缺乏实测资料的情况下，可以根据河道及滩地特征对糙率进行选取。

3.6　河道比降

中小河流水文（位）站在建站时即对大部分站点进行了断面测量，对河道诸如是否顺直、河床的组成及其稳定性等进行了综合考虑，因此首先收集关于河道比降的现有资料，可直接采用[4]。

在没有相关资料的情况下，通过断面测量，根据河道高程进行计算。需要注意的是，优先采用由洪痕确定的比降，宜选用由最新洪水洪痕确定的水面比降，若资料不允许，则采用水面高程或河底高程进行计算。

河道较为顺直，中间无陡坎、跌水等现象时，河床比降计算公式如下：

$$i = \frac{h_1 - h_0}{l} \tag{4}$$

河道较弯曲，中间存在陡坎、跌水等现象时，河床比降计算公式如下：

$$i_{均} = \frac{(h_0 + h_1)l_1 + (h_1 + h_2)l_2 + \cdots + (h_{n-1} + h_n)l_n - 2h_0 l}{l^2}$$

式中，$l = l_0 + l_1 + \cdots + l_n$。

水位流量关系曲线的确定主要是通过初步确定的水位查询相应流量和设计洪水对比，或者通过设计洪水中洪峰流量查询相应的水位。根据历史实测资料或者测站大断面形态及所在河段特征，利用水位流量关系线计算相关方法，其大断面及水位流量关系线成果见图 2、图 3。

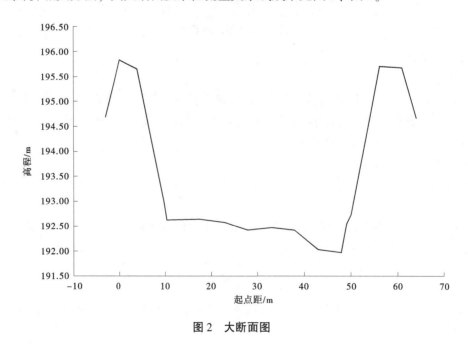

图 2　大断面图

3.7　水位预警指标确定

水位预警指标的确定，主要分以下两种情况：

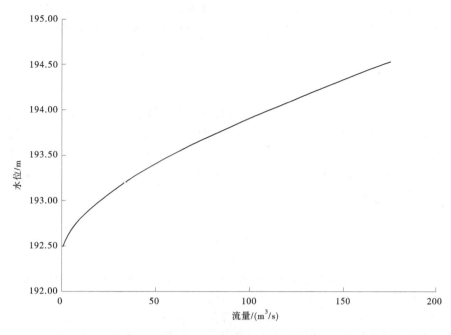

第一，断面处洪水控制较好，断面稳定，一般有堤防、护岸等，同时周边地形地势无较大变化，不同水位基洪水淹没情势明确，居民居住地或两岸建筑物受洪水淹没情况明晰，这种情况，可根据两岸主要受洪水威胁对象及断面形态变化，考虑洪水涨落特性，首先确定可能的预警水位，然后根据水位流量关系线推求相应流量，分析其重现期，来进一步判断预警水位是否合适[5]。

第二，不具备直接由断面现场实际确定水位预警指标的，按以下方法确定。

根据我国各地曾研究使用的通过年最高水位频率分析法确定警戒水位的经验，经验公式为：$x = EX \pm k \cdot \sigma$，即年最高水位频率作为警戒水位的依据，其理论基础是随机理论分析。将每年汛期发生的最高水位看作随机变量（x_i），则x_i应落在多年最高水位均值（EX）与两旁相应的均方误差（σ）之间。假定x_i落在上、下限为一个σ的区间内为正常，反之则为异常情况（洪涝或干旱）。其中，k假定按正态分布，相当于拟定一个σ，即$k = 1$，频率（P）区间为15.9%~84.2%，则警戒水位的频率范围为15.9%（重现期约6年一遇）至84.2%（重现期约1年一遇），由此警戒水位（x）重现期范围可在1~6年。

同时根据《水情预警发布管理办法》《水情预警发布管理办法》等相关规定，洪水水情预警由低到高分为蓝色预警、黄色预警、橙色预警、红色预警，其中蓝色预警等级对应洪水量级为小洪水，接近河流警戒水位，或者重现期接近5年一遇[6]。

综合考虑以上两种情况，在无法首先初步确定水位预警指标的，则先计算该水文（位）站设计洪水，取其重现期5年一遇的洪峰流量值作为水位预警指标的相应流量，再由水位流量关系线推求相应的水位，即为初步确定的水位预警指标。再综合考虑历史洪水、河道、断面、周边主要受洪水威胁对象等实际情况，综合确定水位预警指标。

通过水位流量关系线，查线求得五年一遇设计洪水洪峰流量132 m³/s的相应水位是194.20 m，高程为85黄海高程，根据高程转换关系转换至假定高程为97.94 m。

通过分析大断面形态及洪水可能淹没情况，见洪水及断面设施情况相关内容，结合测站所在河段附近主要受洪水淹没威胁对象的情况，当水文站大断面水位达到98.00 m时，断面及上下游两岸沿河低洼地带开始跑滩过水，若水位继续上涨，则两岸耕地房屋将要进水、被淹，可认为98.00 m的水位对防洪防汛有较好的预警意义，根据高程转换关系转换至85黄海高程系统，98.00 m对应的水位为194.26 m。

综合以上，考虑历史最高洪水水位等，同时为便于预警工作开展，得到 98.00 m（85 黄海高程为 194.26 m），最终确定水文站水位预警指标为 98.00 m（85 黄海高程为 194.26 m），重现期略超 5 年一遇。

4 结论

东北高寒区地形复杂，中小河流多分布于丘陵山区，河道特点明显，无雨时河流流量较小，有降雨过程时，洪水陡涨陡落常态化，同时该站点控制面积较小，洪水涨落迅速，洪水预警工作繁杂。本文通过水文典型站研究无资料地区中小河流水位预警指标确定方法，是对无资料地区开展中小河流洪水预警工作的探索与尝试。河流洪水预警指标可为水利合理开发、水资源利用、防洪规划的制定和城镇发展布局等提供科学依据。

参考文献

［1］中华人民共和国水利部 . 水文资料整编规范：SL/T 247—2020［S］. 北京：中国水利水电出版社，2020.

［2］李兰兰 . 无资料地区水文分析与计算研究［J］. 河南科技，2016（19）：59-60.

［3］朱勇，陆泳舟，王世昭，等 . 无资料地区设计洪水计算方法应用研究［J］. 水利规划与设计，2021（3）：34-37.

［4］张颖 . 基于无资料地区设计洪水及排涝流量计算探析［J］. 黑龙江水利科技，2018，46（8）：68-70，84.

［5］庄广树 . 基于地貌参数法的无资料地区洪水预报研究［J］. 水文，2011，31（5）：68-71.

［6］唐洪波，何灼伦，王霖 . 格库铁路青海境内无资料地区设计洪峰流量计算分析［J］. 宁夏大学学报（自然科学版），2020，41（1）：92-97.

内蒙古西辽河流域水资源变化趋势分析

黄　旭　李月宁

（松辽水利委员会水文局（信息中心），吉林长春　130021）

摘　要： 内蒙古西辽河流域是我国水资源短缺区域之一，近年来该区域水资源短缺情况日益受到大众关注。基于该区域1956—2016年降水、径流等资料，分析研究了各水文要素的变化趋势，并对其水资源数量变化原因进行分析。结果表明：2000年以来，内蒙古西辽河流域降水量明显减少，水资源量呈减少趋势；由于流域下垫面变化、地下水开采等方面因素的综合作用，流域水资源量衰减趋势加重。

关键词： 内蒙古西辽河流域；水资源；趋势分析

1　引言

内蒙古自治区西辽河流域面积12.7万 km²，占整个西辽河流域的91.9%，是我国重要的粮食生产区和畜牧业生产基地。但该区域同时是草原沙地农牧生态区，年平均降水量在400 mm 降水量线以下，人均水资源量约占全国人均的1/3，是我国水资源严重短缺地区之一。另外，受气候变化和人类活动影响，近年来当地水资源衰减严重，加之开发利用过度，更加剧了水资源短缺。深入研究内蒙古西辽河流域各水文要素的变化趋势，对该区域水资源规划与合理开发利用具有重要的现实意义。为此，本文通过研究该区域1956—2016年的降水量、蒸发量、地表径流量、地下水资源量及水资源总量的数据，分析了各水文要素的变化趋势，并简要分析了水资源数量变化的原因。

2　研究区概况

西辽河流域位于我国东北地区西南部，蒙古高原向辽河平原递降的斜坡地带，属于中温带半干旱季风气候区，大陆性气候显著。流域降水量从东南向西北逐渐减少，多年平均降水量338.8 mm，年内分配不均匀，6—9月降水量占全年总降水量的80%以上[1]。

在对内蒙古西辽河流域降水、蒸发、单站径流调查分析和还原计算的基础上，将水资源系列延长至2016年，对现状下垫面条件下1956—2016年61年水资源变化情况进行分析。通过对研究区内多个代表站的降水、径流资料分析后，1980—2016年系列包含了一个连续丰枯变化的周期段，具有较好代表性，故选择1980—2016年系列作为重点分析系列。

3　水资源数量分析

3.1　降水量

从各系列统计表分析，37年系列的降水量比长系列61年降水量减少2.83%；在37年系列中，21年系列的降水量比37年降水量增加6.38%，16年系列的降水量比37年降水量减少8.38%，总体呈现减少趋势。内蒙古西辽河降水各系列分析见表1。

作者简介：黄旭（1980—），男，高级工程师，主要从事水资源管理相关工作。

表 1   内蒙古西辽河降水各系列分析

水资源三级区	计算面积/km²	时段	降水量		37 年系列比 61 年系列/%	16 年系列比 37 年系列/%	21 年系列比 37 年系列/%
			mm	万 m³			
西拉木伦河及老哈河	53 818	1956—2016 年	353.0	189 979 4			
		1980—2016 年	342.1	184 133 6	−3.08		
		2001—2016 年	319.9	172 182 8		−6.49	
		1980—2000 年	359.1	193 239 0			4.94
乌力吉木仁河	359 54	1956—2016 年	340.7	122 482 7			
		1980—2016 年	336.3	120 909 6	−1.28		
		2001—2016 年	300.5	108 059 3		−10.63	
		1980—2000 年	363.5	130 700 3			8.10
西辽河下游区间	376 99	1956—2016 年	350.0	131 945 0			
		1980—2016 年	336.3	126 777 0	−3.92		
		2001—2016 年	306.1	115 395 4		−8.98	
		1980—2000 年	359.1	135 448 7			6.84
合计	127 471	1956—2016 年	348.6	444 407 1			
		1980—2016 年	338.8	431 820 2	−2.83		
		2001—2016 年	310.4	395 637 5		−8.38	
		1980—2000 年	360.4	459 388 0			6.38

通过分析可知，该流域降水的地区分布特点是由上游向下游逐渐递减；南部、北部多雨，中部、东部干旱少雨；山区降水大、平原区小。

3.2   蒸发量

将蒸发量折算成 E601 蒸发器蒸发量，并对缺测年份蒸发量进行插补延长，得到内蒙古西辽河流域各蒸发观测站不同时段的水面蒸发量，根据折算系数按照计算规则进行计算，得到单站水面蒸发量系列。根据水面蒸发量代表站 1980—2016 年和 1980—2000 年两个系列统计特征值分析，内蒙古西辽河 1980—2000 年 21 年系列多年平均水面蒸发量为 1 062 mm，1980—2016 年 37 年系列多年平均水面蒸发量为 1 057 mm，两个系列的多年平均水面蒸发量变化不大。

通过对本次选用的水面蒸发量观测站 1980—2016 年水面蒸发量成果以及在此基础上绘制的蒸发量等值线图分析来看，水面蒸发量地区分布与降水量分布趋势正好相反，降水量大的地区蒸发量小，降水量小的地区蒸发量大，同时水土流失严重、植被稀疏、温度较高地区的蒸发量大于植被较好、相对湿润寒冷的地区。内蒙古西辽河流域水面蒸发的总体分布趋势为由上游向下游逐渐递增；南北部小，中西部大；山区小、平原区大，最大值出现在教来河及西辽河干流区间。

3.3   地表径流量

从各系列统计表分析 37 年系列内蒙古西辽河流域多年平均地表水资源量总体比 61 年呈现减少趋势，37 年系列的地表水资源量比长系列 61 年地表水资源量减少 3.89%（降水量减少 2.83%）；在 37 年系列中，21 年系列的地表水资源量比 37 年地表水资源量增加 19.36%（降水量增加 8.38%），16 年系列的地表水资源量比 37 年地表水资源量减少 25.41%（降水量减少 8.38%），总体呈现减少趋势。内蒙古西辽河地表水资源量各系列分析详见表 2。

表 2　内蒙古西辽河地表水资源量各系列分析

水资源三级区	计算面积/km²	时段	地表水资源量		37年系列比61年系列（%）	16年系列比37年系列（%）	21年系列比37年系列（%）
			mm	万 m³			
西拉木伦河及老哈河	538 18	1956—2016 年	25.2	135 669.43			
		1980—2016 年	23.3	125 600.49	−7.42		
		2001—2016 年	19.5	104 825.06		−16.54	
		1980—2000 年	26.3	141 429.38			12.60
乌力吉木仁河	35 954	1956—2016 年	12.0	43 137.03			
		1980—2016 年	13.8	49 758.24	15.35		
		2001—2016 年	7.8	28 175.65		−43.37	
		1980—2000 年	18.4	66 202.12			33.05
西辽河下游区间	37 699	1956—2016 年	4.2	15 804.79			
		1980—2016 年	3.1	11 690.75	−26.03		
		2001—2016 年	1.7	6 524.26		−44.19	
		1980—2000 年	4.1	15 627.13			33.67
合计	127 471	1956—2016 年	15.3	194 611.25			
		1980—2016 年	14.7	187 049.48	−3.89		
		2001—2016 年	10.9	139 524.97		−25.41	
		1980—2000 年	17.5	223 258.63			19.36

内蒙古西辽河流域天然径流量分布存在明显的地区性差异。从分区地表水资源量计算成果及径流深等值线图来看，地表水资源量地区分布总体上与降水量分布趋势一致，分布特点是由上游向下游逐渐递减；南部、北部大，中部、东部小；山区大、平原区小。

3.4　地下水资源量

结合第三次水资源调查评价，确定本次采用的 1980—2016 年系列的地下水资源量及平原区可开采量成果。研究区平原区多年平均地下水资源量为 291 550.0 万 m³，山丘区多年平均地下水资源量为 146 287.8 万 m³，多年平均地下水资源量为 410 648.4 万 m³，平原区地下水可开采量为 236 191.7 万 m³。

3.5　水资源总量

从各系列统计表分析 37 年系列内蒙古西辽河流域多年平均水源总量总体比 61 年呈现减少趋势，37 年系列的水资源总量比长系列 61 年水资源总量减少 5.59%（降水减少 2.83%、地表水资源量减少 3.89%）；在 37 年系列中，21 年系列的水资源总量比 37 年水资源量总增加 8.74%（降水量增加 6.38%、地表水资源量增加 19.36%），16 年系列的水资源总量比 37 年水资源总量减少 11.48%（降水量减少 8.38%、地表水资源量减少 25.41%），总体呈现减少趋势。内蒙古西辽河水资源总量各系列分析见表 3。

3.6　小结

通过上述分析可以看出，2001—2016 年内蒙古西辽河流域水资源持续偏枯，水资源总量较 1980—2000 年减少 19%，较 1956—1979 年减少 17%。其中，地表水资源量较 1980—2000 年减少 37%，较 1956—1979 年减少 32%。

内蒙古西辽河流域 1956—2016 年不同阶段水资源量对比见表 4，逐年变化情况见图 1。

表3　内蒙古西辽河水资源量总量各系列分析

水资源三级区	计算面积/km²	时段	水资源总量/万 m³	37 年系列比 61 年系列/%	16 年系列比 37 年系列/%	21 年系列比 37 年系列/%
西拉木伦河及老哈河	53 818	1956—2016 年	253 503.64			
		1980—2016 年	241 676.39	-4.67		
		2001—2016 年	216 279.83		-10.51	
		1980—2000 年	261 026.14			8.0
乌力吉木仁河	35 954	1956—2016 年	127 866.33			
		1980—2016 年	133 783.82	4.63		
		2001—2016 年	107 815.65		-19.41	
		1980—2000 年	153 569.09			14.79
西辽河下游区间	37 699	1956—2016 年	208 321.13			
		1980—2016 年	199 300.03	-4.33		
		2001—2016 年	184 708.50		-7.32	
		1980—2000 年	210 417.40			5.58
合计	127 471	1956—2016 年	589 691.10			
		1980—2016 年	574 760.24	-2.53		
		2001—2016 年	508 803.98		-11.48	
		1980—2000 年	625 012.63			8.74

表4　1956—2016 年不同阶段水资源量不同阶段水资源量

时段	1956—1979 年	1980—2000 年	2001—2016 年
降水/mm	364	360	310
水资源总量/亿 m³	61.3	62.5	50.9
地表水资源量/亿 m³	20.6	22.3	14.0

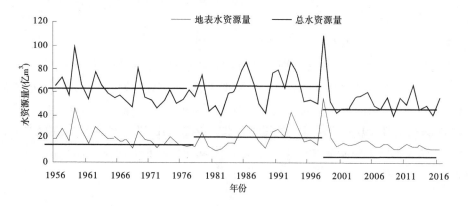

图1　1956—2016 年内蒙古西辽河流域逐年水资源量

4 水资源数量变化原因分析

一是降水量减少。2001—2016 年年均降水量较 1980—2000 年减少 14%，较 1956—1979 年减少 15%，降水量减少是导致水资源总量与地表径流减少的直接原因。

二是下垫面改变。根据相关研究，自 2000 年以来，内蒙古西辽河流域人工林地面积从 217 万亩增加到 3 511 万亩，水土保持面积从 479 万亩增加到 5 267 万亩[2]。林地发展与水土保持面积的增长增加了土壤蓄水滞流的能力，改变了产流机制，是造成地表径流减少的重要原因。

三是地下水开采大量袭夺河川径流量。自 2000 年以来，山丘河谷地区地下水开采从 5 亿 m^3 左右增加到 11 亿 m^3 左右，大量袭夺地表水，是导致河川径流减少的主要原因[3]。

5 结语

通过前面分析，得出以下初步结论：2000 年以来，内蒙古西辽河流域降水量明显减少，水资源量呈减少趋势；由于流域下垫面变化、地下水开采等方面因素的综合作用，流域水资源量衰减趋势加重。因此，需严格控制水资源开发利用程度，以切实解决水资源短缺加剧的严重问题，统筹提出内蒙古西辽河流域水资源管理的总体方案。

参考文献

[1] 松辽水利委员会水文局. 松辽流域水资源 [M]. 长春：吉林科学技术出版社，2006.

[2] 国家林业和草原局. 中国森林资源报告 [M]. 北京：中国林业出版社，2019.

[3] 丁元芳，李月宁，吴昊晨，等. 西辽河流域地下水开发利用及问题成因分析 [J]. 东北水利水电，2020，38（5）：32-35.

农业水价综合改革经验总结及政策建议

王健宇[1]　朱永楠[2]　姜　珊[2]

(1. 水利部预算执行中心，北京　100038；

2. 中国水利水电科学研究院 流域水循环模拟与调控国家重点实验室，北京　100038)

摘　要：深入推进农业水价综合改革，完善水价形成机制对促进我国水资源可持续利用和农业可持续发展具有重要意义。本研究跟踪总结了典型地区农业水价综合改革进展和相关经验，认真分析了推进农业水价综合改革仍面临的形势与问题，从严格用水总量控制和定额管理、实行分类水价、完善农业用水精准补贴机制等方面提出了推进农业水价综合改革的政策建议。

关键词：两手发力；农业水价；农业用水；精准补贴

农业是用水大户，也是节水潜力所在。深入推进农业水价综合改革，完善水价形成机制对促进我国水资源可持续利用和农业可持续发展具有重要意义。自 2016 年《国务院办公厅关于推进农业水价综合改革的意见》(国办发〔2016〕2 号) 印发以来，各地积极探索，深入推进农业水价综合改革，取得显著成效。笔者对四川、广西、湖南、江西等地开展实地调研，深入了解各地典型做法，总结归纳相关经验，为深入推进农业水价综合改革提出政策建议。

1　典型地区经验做法

1.1　严格农业用水总量控制，实行定额管理

部分水资源短缺地区为了控制用水规模、促进节约用水，研究确定了农业用水总量控制指标，实行封顶政策。如甘肃省根据国务院批准的黑河分水方案，在保证黑河莺落峡来水量 15.8 亿 m^3、正义峡下泄水量 9.5 亿 m^3 的前提下，明确了区域允许耗水量和可利用水量，将水资源使用权分配到各县 (区)。各县 (区) 用水总量指标根据全市用水总量、各县 (区) 的多年平均可利用水量、现状用水量等因素统筹考虑确定。各县 (区) 水资源使用权由县 (区) 政府行使，并根据分配的水资源量、人口和经济社会发展及用水定额制订各行业用水总量控制指标。

1.2　探索开展水权交易，优化水资源配置

一些地区结合当地实际，积极探索开展水权交易。甘肃省深入开展水权制度改革，进一步建立健全水量分配制度，完善水权制度体系。积极推行"制度健全、水权明确、总量控制、定额管理、配水到户、公众参与、水价调节、水权交易、以水定地、以水定产、优化配置、城乡一体、统一管理"的模式和运行机制，初步明晰了各行业、各县 (区)、灌区、乡 (镇)、村组和用水户的用水权，实现了水票制供水，建立了总量控制与定额管理制度和合理的水价形成机制。

1.3　完善用水户协会，推进农民用水自治

过去，斗渠、农渠、毛渠等末级渠系工程产权不明确，管护主体缺位，导致农户用水秩序混乱，灌溉得不到保证，水事纠纷不断。一些地区把成立和完善用水户协会、实行用水户参与灌溉管理，作为解决末级渠系产权和管理主体缺位的有效途径，全面推进协会的规范化建设，大力提升农民用水自

基金项目：国家重点研发计划项目 (2018YFE0196000)。

作者简介：王健宇 (1982—)，男，高级工程师，主要从事资源环境经济研究工作。

治能力。如四川省通过制定制度、政策、提供奖励资金等措施，积极扶持协会建设，指导协会良性运行和健康发展。目前，各地农民用水户协会建设得到较快发展，农民用水自主管理能力有了有效提高，规范化建设初见成效。许多用水户协会基本能够独立有效地组织和引导农户积极参与工程改造建设和建后维护管理，能够有效组织灌溉服务，协调用水事务，能够逐步规范财务收支行为，实现民主理财，基本实现了用水自治。

1.4 完善工程管护机制，确保工程有人管

保证工程有人管、有钱管是农业水价综合改革中的重要任务之一，各地积极探索，协调推进小型农田水利工程产权改革，形成了农民用水合作组织、村组集体、新型农业经营主体等共同参与的农田水利工程管护机制。如江西省建立科学的灌区末级渠系管理体制，通过农民用水合作组织规范化建设，推进农业用水管理体制改革，建立以农民用水户协会为主要形式的新型农业供水管理体制。同时，建立"产权明晰、责任明确、管理民主"的末级渠系工程产权制度，将改造完成的末级渠系工程产权（或使用权）明确归农民用水合作组织所有，最终使农民用水户协会成为末级渠系工程的产权主体、改造主体和管理运营主体，实现农民用水自治。四川省在严格工程建设的同时，同步加快了工程管理体制改革步伐，通过管理体制改革明确工程所有权和管理责任，力争做到每处工程都有人管、有钱修。广西崇左市建立形成"农户+合作社+企业"的农业水价综合改革模式，由甘蔗企业租用末级渠系工程，享有 10 年的工程使用权，并承担工程运行管护责任，确保工程良性运行，形成了新型农业经营主体参与的工程管护机制。

1.5 合理分担农业供水成本，探索建立精准补贴机制

各地积极探索，建立健全农业用水精准补贴机制，取得明显成效。

一是建立财政补助机制。为了降低农民水费支出，保障灌排工程良性运行，部分省市尝试由财政承担国有工程部分运行管理费用。如陕西省建立农灌工程运行管理费用分担机制，由省级财政给予补贴，解决大型灌区因水价不到位造成的政策性亏损和农灌抽水成本过高等问题，由本级财政补贴解决中小型灌区存在的同类问题，保障农业灌溉工程设施良性运行。湖南省青山灌区，由临澧县财政承担国有工程部分成本费用，江苏省财政承担 30 座省属和省指定翻水站发生的电费、油料费、维修费及人员费用。

二是建立水费补助和水价调整机制。如湖南省浏阳灌区，由浏阳市财政每年安排 25 万元经费向官庄水库买水，建立工程水费补助机制。山西省对使用地表水灌溉的大中型泵站统一执行 0.07 元/（kW·h）的电价，电费差额部分由财政补贴。

三是建立"以工补农"水价制度。为了实现保障水利工程良性运行和降低农民水费支出双重目标，部分地区尝试完善农业供水与非农业供水成本分担机制，建立"以工补农"水价制度。如湖南省铁山灌区非农供水收入占灌区当年收入的 60% 左右，通过非农供水收入为水利工程建设管护提供了重要的经费支撑。

2 农业水价综合改革面临的形势与问题

2.1 农业经营方式加快转变对农业水价综合改革提出更高要求

农业水价综合改革不仅承担优化水资源配置的任务，而且承担保障灌排工程良性运行、提升农业灌排服务，服务现代农业发展等任务。近年来，国家鼓励承包经营权在公开市场上向专业大户、家庭农场、农民合作社、农业企业流转，发展多种形式规模经营。新型经营主体的快速发展和农业经营方式的加快转变，对农业水价综合改革提出更高要求，要求以农业水价综合改革为平台，推动提升农业供水保障程度、落实工程产权主体及责任，建立农田水利良性发展机制。

2.2 硬件设施仍需进一步完善

我国部分地区农业供水体系仍不完善，灌排服务不到位，影响农民水费缴纳意愿，硬件约束有待破除。一是骨干工程老化失修。近几年，各级政府加大对灌区节水改造与续建配套方面的投入，灌区

骨干工程明显改善，但由于欠账太多，投入不足，工程老化失修严重，许多工程修建时间较长，急需更新改造、续建配套与除险加固。二是末级渠系不配套。通过大中型灌区续建配套和节水改造，灌排骨干工程大多得到改善，但末级渠系投入不足，"上通下堵"现象依然突出，"最后一公里"仍然制约着灌排工程整体效益发挥。三是计量设施不完善。多数灌区仅能计量到斗口，按乡按村按亩分摊水费，水价对节水的促进作用有限，急需因地制宜完善计量设施。

2.3 工程管理模式亟待创新发展

伴随我国农业经营方式加快转变，农业大户、农业合作组织、农业企业等多种新型经营主体不断涌现，为农业灌排工程管护提供了更多选择。很多地区农业种植大户、农业企业、农业合作社等新型农业经营主体日益增多，这些新型经营主体对农业供水服务要求高、需求大，乐于参与农田水利工程管护，但从各地实践来看，尽管出现了很多新型农业经营主体参与工程管护的做法和成功例子，但总体而言，新型农业经营主体在农田水利工程管护中的作用能有很大发挥空间，需要创新工程管护机制，进一步吸引社会资本参与。

2.4 水价形成机制仍待探索完善

我国部分地区农业水价形成机制仍不完善，农业水价标准总体偏低，有的地区农业水费收入甚至无法满足工程运行维修养护需要，亟须进一步完善农业水价形成机制，建立促进节约用水、保障工程良性运行的水价形成机制。

2.5 农业用水精准补贴经费不足

受农业比较收益较低、农民农业生产积极性下降等因素影响，农民对农业水价的心理承受能力相对较低，农业水价低于供水成本，农业灌排工程运行管理经费不足问题依然存在，严重影响农业灌排工程良性运行和农田水利健康发展。各地积极探索落实农业用水精准补贴，但受财力所限，主要资金仍需用于工程渠系建设、维护等方面，用于农业用水精准补贴资金仍十分有限。

3 推进农业水价综合改革的政策建议

经过各地积极探索，农业水价综合改革积累了宝贵经验，形成适合当地特点、可复制、可推广的改革方式和路径。各地可以借鉴相关成功经验重点做好以下几方面工作。

3.1 严格实施用水总量控制和定额管理

对于用水总量控制指标已分解到县的，由县级人民政府授权水利部门将用水总量控制指标分解到工业、农业、服务业等不同行业，重点明确农业用水总量，并进一步分解到灌区管理单位、用水合作组织，具备条件的地区可分解到户。用水总量控制指标尚未分解到县的，可以根据多年用水量、节水目标等确定县级农业用水总量上限，并逐级分解至用水户。

3.2 积极推进超定额用水累进加价制度

区分不同作物和养殖产品，充分考虑水资源条件、田间水利设施建设情况、节水技术推广应用情况，合理制定农业用水定额，超定额用水实行累进加价。超定额用水要细分用水量级，分别确定加价幅度。

3.3 广泛实行分类水价制度

在农业内部区分粮食作物、畜禽养殖、一般经济作物、高附加值经济作物、林果业、水产养殖和设施农业等，实行差别化水价。一般而言，粮食作物用水价格达到补偿运行维护费用水平，有条件的达到补偿成本水平。畜禽养殖、一般经济作物用水价格达到补偿成本水平。高附加值经济作物、林果业、水产养殖和设施农业等用水价格达到补偿成本适当盈利水平。

3.4 建立健全农业用水精准补贴机制

各地可以结合自身情况和农业发展需要，建立农业节水奖励基金，用于对节约用水的种粮农户进行精准补贴。补贴方式包括：对农业供水用电给予适当补助，实施优惠电价；推进水权交易，开展水权回购；对节水农户或用水合作组织进行直接奖励；对农业灌排工程运行维护费进行适当补助，保障工程良性运行并发挥长期效益等。

3.5 深化小型农田水利工程产权制度改革

推进小型农田水利工程产权制度改革，将小水库、堰塘、引水渠、斗毛渠、五小水利工程等小型水利工程产权移交给农民用水户协会、村组集体或受益农户等，明确工程产权主体承担工程维修管护责任。农民用水户协会可以将工程进一步分段承包给用水小组及用水户，让农民获得对工程的产权，引导和鼓励农民投资维修、改造和管护小型水利设施，解决工程管护主体缺失问题。

3.6 完善灌排工程与计量设施

不断配套完善的灌排工程与计量设施，骨干工程在国有工程和群管工程产权分界点设置计量设施，确保国有水利工程全部实现计量供水。末级渠系按照因地制宜原则，合理设置计量设施，有条件的地区要计量到农渠进口，适当划小计量单元，为进行计量收费、农业用水定额管理、农业用水水权交易等提供条件。

参考文献

[1] 丁杰，万劲松，康敏. 推进我国农业水价改革基本思路研究 [J]. 价格理论与实践，2012 (5)：10-11.

[2] 柳长顺. 关于新时期我国农业水价综合改革的思考 [J]. 水利发展研究，2010 (12)：16-20.

[3] 王健宇，余艳欢. 农业经营方式转变背景下的农田水利建设管护机制探索 [J]. 水利发展研究，2012 (11)：15-18.

[4] 姜文来. 我国农业水价改革总体评价与展望 [J]. 水利发展研究，2011 (7)：47-51.

河南省南水北调水权交易潜力及展望

高　磊[1]　章雨乾[1]　郭贵明[2]

(1. 中国水权交易所，北京　100053；
2. 河南省水利厅，河南郑州　450003)

摘　要：针对河南省南水北调中线工程受水区，梳理了推进区域水权交易的政策因素及有利环境，从供给侧和需求侧两个维度分析了区域水权交易潜力，提出了有关交易建议。

关键词：河南省；南水北调；区域水权交易；潜力

河南省地跨长江、淮河、黄河、海河四大流域，多年平均水资源总量403.53亿 m^3 ，人均水资源量不足400 m^3 ，仅为全国平均水平的1/5，属于水资源严重短缺的省份。随着中部崛起战略实施，以及城镇化、工业化和农业现代化的加速发展，用水刚性需求不断增加，水资源短缺问题已成为制约河南省经济社会持续发展的重要瓶颈。局部地区为保障供水需求，过度开发水资源，已接近或超过水资源承载能力，迫切需要通过水权交易方式盘活用水存量，满足新增用水需求。

1　河南省南水北调中线工程水量配置情况

南水北调中线工程在河南境内干渠全长731 km，供水范围涉及南阳、平顶山、漯河、周口、许昌、郑州、焦作、新乡、鹤壁、安阳、濮阳等11个省辖市和34个县（市、区），直接受益2 000万人，见图1。依据《河南省人民政府印发关于批转河南省南水北调中线一期工程水量分配方案的通知（豫政〔2014〕76号》），南水北调中线一期工程分配河南多年平均水量37.69亿 m^3 ，扣除引丹灌区和总干渠输水损失后，分水口门水量29.94亿 m^3 ，各地市水量分配见图2。河南省建设了989.3 km的配套输水工程，通过42座分水口门向45座城市、83座水厂、6座调蓄水库供水。利用南水北调充库调蓄的水库有南阳市的兰营水库，平顶山市的白龟山水库，新郑市的老观寨水库、望京楼水库，郑州市的尖岗水库、常庄水库，6座水库多年平均充库调蓄2.35亿 m^3 。

2　河南省区域水权交易进展

2014年12月，水利部、河南省政府联合批复《河南省水权试点方案》，明确河南省作为7个国家水权试点重点探索跨流域水量交易，2018年通过水利部组织的技术评估和行政验收。试点期间，河南省组建了省水权收储转让中心，出台了《河南省南水北调水量交易管理办法》《河南省水权交易规则》等多项水权交易制度办法，建立了风险防控机制和水权交易规则，依托南水北调工程，促成了多宗省内处于不同流域和区域的地市间水量交易，充分发挥了市场配置水资源的作用，提升了南水北调工程综合效益[1-2]。

在河南省水利厅积极推动下，2016年以来共促成平顶山市与新密市、南阳市与新郑市、南阳市与登封市、邓州市与郑州市4单南水北调中线区域水权交易，交易水量17 200万 m^3 /年。该4单交易采取"长期意向"和"短期协议"相结合的方式，先由双方政府之间签订交易意向，交易年限不低于10年，再由双方水利部门每3年签订一次合同，约定具体事项。其中，平顶山市与新密市的水量

作者简介：高磊（1981—），男，高级工程师，主要从事水权交易研究工作。

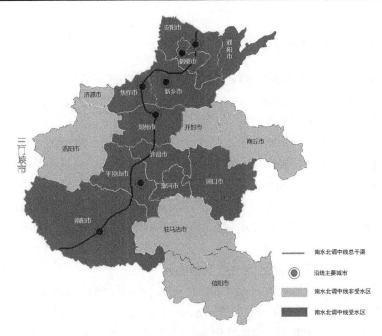

图 1   河南省南水北调受水区市县分布示意图

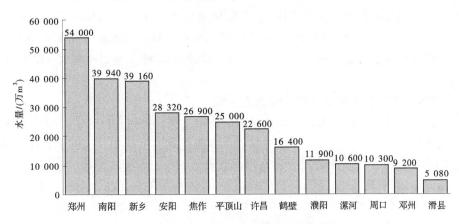

图 2   河南省南水北调受水区各地市分配水量

交易在中国水权交易所开业活动上正式签署了水权交易协议书，南阳市与新郑市的水量交易通过中国水权交易所平台完成交易流程[3-4]。4 单区域水权交易详细情况见表 1。

表 1   河南省已开展区域水权交易基本情况

签约时间	甲方	乙方	年交易水量/万 m³	交易期限		交易价格/（元/m³）	
				协议期限	意向期限	交易价格	其中：交易收益
2015 年 11 月	平顶山市政府	新密市政府	2 200	3 年	20 年	0.87	0.13
2016 年 9 月	南阳市水利局	新郑市政府	8 000	3 年	10 年	按省定综合价计算	0.13
2016 年 12 月	南阳市水利局	登封市政府	2 000	3 年	10 年	按省定综合价计算	0.23
2020 年 4 月	邓州市水利局	郑州市人民政府	5 000	3 年	10 年	按省定综合价计算	—

3 推进河南省区域水权交易的有利因素

3.1 黄河流域生态保护和高质量发展为水权交易创造了良好外部环境

2019 年 9 月，习近平总书记在黄河流域生态保护和高质量发展座谈会上发表重要讲话，提出要把水资源作为黄河流域发展最大的刚性约束，坚持以水定城、以水定地、以水定产，合理规划人口、城市和产业发展，坚决抑制不合理用水需求，实施全社会节水行动，推动用水方式由粗放向集约节约转变。河南省中北部地区地下水超采严重，滑县、汤阴县、内黄县、浚县和兰考县 5 个县被列为全国地下水超采区治理试点县，需要通过水权替代方式逐步缓解地下水超采局面。未来随着水资源刚性约束制度的建立以及取水许可限批的全面落实，在严控用水总量的前提下，水资源超载地区需要更大程度发挥市场在水资源配置中的作用，通过水权交易方式满足新增用水需求，提高用水效率，促进水资源集约节约利用。

3.2 南水北调工程的精细化管理倒逼区域水权交易的开展

近年来，河南省有关市、县加快推进南水北调中线配套工程建设和水量消纳，2018—2019 调度年度用水量已达到 24.23 亿 m^3，但城市供水消纳水量与分配水量差距仍然较大，以邓州市和平顶山市为例，2018—2019 年度城市供水量为 2 442 万 m^3、2 798 万 m^3，仅占分配指标的 26.5%、11.2%，影响和制约南水北调综合效益。2020 年 9 月，河南省水利厅、住房和城乡建设厅联合印发了《关于进一步做好南水北调用水效益提升工作的函》，文件明确要求对于水量指标确有结余的，各省辖市、省直管县（市）应积极开展一定期限内的跨行政区域的水权交易；对水量指标确有结余又不转让的，省水利厅将统筹调整到其他有需要的市、县使用。相关政策的实施，将倒逼有水量结余指标的地区主动推进区域间水权交易[5]。

3.3 河南省"四水同治"实施将为水权交易创造空间

河南省委、省政府高度农村饮水安全和饮用水地表化工作，按照先行先试、滚动推进的方式，开展饮用水地表化和城乡供水一体化，统筹推进农村供水规模化、市场化、水源地表化、城乡一体化。2020 年 7 月，河南省印发了《关于开展全省饮用水地表化试点工作通知》，选择平顶山市、濮阳市为市级试点，新郑市等 21 个县（市、区）为县级试点，计划在两年内完成饮用水地表化试点任务，文件明确要求要充分利用全省各地当地水、外调水地表水源，深入推进饮用水水源地下水置换工作。目前，仅南水北调受水区市、县年度地下水用水量在 70 亿 m^3 左右，随着饮用水地表化和城乡供水一体化试点工作的全面推开，将会面临很大的地表水用水需求。

3.4 已有交易案例为深入推进水权交易提供了示范和经验借鉴

试点期间，河南建立了南水北调用水指标调配机制，倒逼缺水地区通过水权交易满足其用水需求，培育了水权交易的买方市场；探索建立了结余水量指标认定与收储机制，受水区对南水北调结余指标可进行处置和交易，水权收储中心对未处置的指标统一收储，培育了水权交易的卖方市场；探索形成了"长期意向"与"短期协议"相结合的交易方式，建立了政府建议价与市场协议价相结合的定价机制，解决了区域水量交易的难点问题。围绕区域水量交易探索出的一套切合实际、行之有效、可复制可推广的经验和做法，为下一步深入推进区域间水权交易提供了重要经验借鉴。

4 河南省区域水权交易潜力分析

4.1 水权交易供给侧

（1）从省级层面来看。南水北调中线工程主要解决沿线城市生活用水和生产用水，兼顾生态环境用水和农业用水，工程自 2014 年建成运行以来，发挥了巨大的经济效益、社会效益、生态效益。受配套水厂建设进度、地下水压采分阶段实施、受水区用水需求与经济社会发展预期不同步、产业结构调整等因素影响，在南水北调工程运行初期水资源供需不平衡，实际消纳水量与分水指标存在较大差异，近年来工程实际供水量见图3。

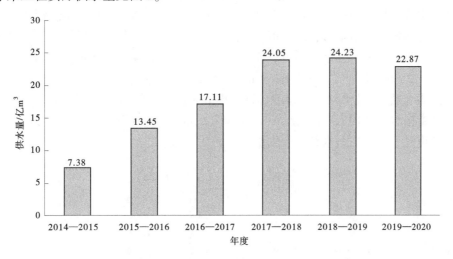

图3 河南省南水北调工程近年来实际供水量

从图3可以看出，工程运行初期实际消纳水量较小，仅占分配水量的20.1%，之后随着配套水厂建设逐年增加并基本保持稳定，最大年份供水量24.23亿 m³，占分配水量的67.4%。从目前的供水情况来看，年度实际供水量基本稳定在24亿 m³ 左右，按照现状用水水平估算，在南水北调中线工程运行初期，河南段每年存在近12亿 m³ 的富裕用水指标。

从河南省2010—2018年人均年用水量、城镇综合生活人均用水量、万元GDP用水量、万元工业增加值用水量等主要用水指标变化趋势来看，城乡生活环境用水量和工业用水量基本稳定，分别保持在50亿 m³、65亿 m³ 的用水水平，基本没有太大的节水空间。河南省2010—2019年主要用水指标变化趋势见图4。

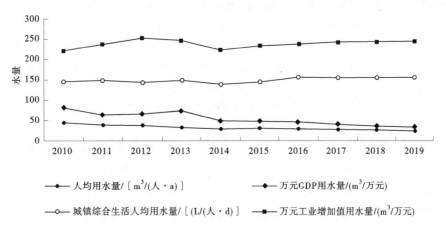

图4 河南省2010—2019年主要用水指标变化趋势

习近平总书记在黄河流域生态保护和高质量发展座谈会上强调，要大力发展节水产业和技术，大力推进农业节水，河南省是一个农业大省，未来节水空间主要在农业，通过实施灌区节水工程改造，提高用水效率，将会产生很大的农业节水量。2019年农田灌溉水有效利用系数为0.613，农田灌溉亩均用水量155 m³，南水北调受水区11个地市2019年农业用水量70.13亿 m³，如果能提高10%的利用率，就可达到7亿 m³ 的节水潜力。

综合考虑南水北调供水指标以及农业节水潜力，近期受水区各地市将有约19亿 m³ 的富裕水量，可打包后以河南省作为转让方，同南水北调沿线的北京市和天津市开展省际间区域水权交易。

（2）从市级层面来看。依据各地市的水量指标消纳情况，大致可以分为三类、第一类引丹灌区、平顶山市、郑州市，实际用水总量基本达到分配指标，尤其引丹灌区和郑州市，近三年实际用水量均已达到或超出分配水量，平顶山市虽然前几年维持在 1/2 左右，2019—2020 年度实际用水量已超出分水指标。第二类是邓州市、南阳市、漯河市、许昌市、新乡市、濮阳市，近年来实际用水量占分配指标的 50% 左右，按近三年平均用水量计算，年度富裕水量分别为 4 274 万 m^3、17 426 万 m^3、2 874 万 m^3、3 584 万 m^3、25 162 万 m^3、4 717.67 万 m^3。第三类是其他地市，包括周口市、焦作市、鹤壁市、安阳市，实际用水量不足分配水量的 1/3，近三年指标利用率在 21.1%~31.85%，按近三年平均用水量计算，年度富裕水量分别为 6 203 万 m^3、20 367 万 m^3、9 946 万 m^3、18 427 万 m^3。河南省南水北调受水区各地市近三年平均用水量占分水指标比例见图 5。

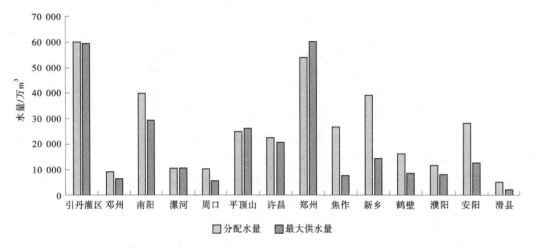

图 5　河南省南水北调受水区各地市近三年平均用水量与分水指标对比图

与全省情况一样，受水区各地市城乡生活环境和工业用水量基本稳定。由于水源条件、产业结构、生活水平和经济发展状况的差异，受水区各地市用水量及其结构有所不同，安阳、新乡、焦作、濮阳、周口等市农业用水占比例相对较大，均在 60% 以上，农业节水存在较大潜力。依据 2019 年河南省水资源公报，受水区地市中超出河南省农田灌溉亩均用水量的有安阳、鹤壁、新乡、焦作、濮阳、南阳 6 个市。以近三年河南省平均农田灌溉亩均用水量 157 m^3/亩（2017 年 159 m^3/亩、2018 年 155 m^3/亩、2019 年 157 m^3/亩）为基数，对上述 6 地市预期节余农业用水量进行核定，见表 2。

表 2　受水区部分地市农业节余水量核定

序号	地市	灌溉面积/万亩	现状亩均用水量/（m^3/亩）	目标值/m^3	农业节水量/万 m^3
1	安阳市	437.56	189	157	14 001.92
2	鹤壁市	131.62	219	157	4 211.84
3	新乡市	540.68	262	157	17 301.76
4	焦作市	267.52	305	157	8 560.64
5	濮阳市	366.10	256	157	11 715.2
6	南阳市	771.97	172	157	24 703.04

综合考虑南水北调节水指标以及农业节水潜力，低于全省亩均用水量平均值的市县暂不计算农业节水量，第二类、第三类受水区地市预期富裕指标见表 3。

表3　受水区部分地市节余水量核定　　　　　　　　　　　　　单位：万 m³

序号	地市	南水北调节水量	农业节水量	总节水量
1	邓州市	4 274	0	4 274.00
2	南阳市	17 426	24 703.04	42 129.04
3	漯河市	2 874	0	2 874.00
4	周口市	6 203	0	6 203.00
5	许昌市	3 584	0	3 584.00
6	焦作市	20 367	8 560.64	28 927.64
7	新乡市	25 162	17 301.76	42 463.76
8	鹤壁市	9 946	4 211.84	14 157.84
9	濮阳市	4 718	11 715.2	16 433.20
10	安阳市	18 427	14 001.92	32 428.92

从表3可以看出，总节水量在2亿 m³ 以上为南阳市、焦作市、新乡市、安阳市，总节水量在1亿~2亿 m³ 的为鹤壁市、濮阳市，河南省南水北调受水区具备水权出让潜力的地区主要分布在这些地市。

4.2 水权交易需求侧

（1）从河南省"饮用水地表化、城乡供水一体化试点"政策实施来看。2020年中央一号文件明确要推进城乡供水一体化，2020年7月，河南省启动饮用水地表化、城乡供水一体化试点工作，选择平顶山市、濮阳市为市级试点，新郑市等21个县（市、区）为县级试点，要求2022年底前完成饮用水水源地下水置换工作，明确要以南水北调水、黄河水等为重点，推动水源置换工作。依据河南省2019年水资源公报，南水北调中线受水区11个地市地下水用量在2.6亿~15.54亿 m³，总用水量近70亿 m³，以濮阳市为例，2019年全市供水总量12.32亿 m³，地下水供水量5.29亿 m³，占供水总量的42.3%，若全部置换为地表水源，每年将有近6个亿的新增用水需求。

（2）从区域中心城市发展需求来看。河南省南水北调受水区位于全省经济社会发展核心区域，随着国家中西部开发战略和制造业向中西部转移的实施，中原经济区战略、河南省工业强省战略的实施，以及河南省工业化、城镇化、新型农村的加快推进，中原城市群（洛阳、新乡、焦作、许昌、平顶山、漯河、济源9个省辖市）一体化进程明显加快，郑汴（郑州与开封）一体化的深入推进，城区框架持续拉大，河南省用水刚性需求持续增长，部分地市水资源供需缺口进一步加大，经济社会发展存在较大用水需求，平顶山、安阳、濮阳等地年缺水率在13.3%~22.69%，缺水量分别在2亿~3.4亿 m³。以郑州市为例，作为GDP破万亿、常住人口破千万区域中心城市，"十四五"期间将落实"东强、南动、西美、北静、中优、外联"发展战略，围绕促进黄河沿线生态保护和高质量发展，规划建设国家黄河生态带核心示范区，进一步发挥辐射带动作用，推进国家中心城市建设，承接南水北调分配水量后，中长期仍存在6亿 m³ 用水缺口。

（3）从非受水区用水需求来看。习近平总书记指出"人民对美好生活的向往就是我们的奋斗目标"，要实现优质水资源、健康水生态、宜居水环境，增强人民的获得感、幸福感。河南省政府高度重视农村饮水安全，提出要实现城乡供水同标准、同保障、同服务，城乡居民共享优质饮用水水源。河南省南水北调部分非受水区依靠地表水和浅层地下水作为城乡居民生活用水水源，而浅层地下水和主要河流大多受到不同程度的污染，即便经过净化处理与通过南水北调工程输送的丹江水相比仍然存在一定水质差距，市民希望能够喝上优质饮用水。同时，部分市县供水水源单一，没有应急备用水源，一旦出现水质污染突发事件，居民生产生活用水将受到严重威胁，并对当地经济发展和社会稳定造成严重影响。因此，在非受水区存在通过南水北调进行水权交易的现实需求，商丘等地从提升饮水质量角度已向河南省水利厅提出了水权交易需求。

（4）从京津冀城市群发展来看。从南水北调受水区用水增幅来看，京津两地增幅最快，近几个调水年均超计划用水，并且实际用水量已逼近或者超过规划供水量。从未来用水需求看，京津两市用水需求仍将大幅增加。目前，北京市良乡水厂、第十水厂、黄村水厂、亦庄水厂等已经通水，石景山水厂、大兴国际机场水厂、温泉水厂等新水厂建设正加速推进。天津市永清渠泵站已向原引滦受水区供水，天津用水规模进一步增加。由于规划供水量已无富余空间，因此京津两地未来只能通过区域间水权交易方式满足新增用水需求，具备水权受让的潜力。

5 有关建议

通过供给侧和需求侧分析可以看出，河南省南水北调中线具有较大的区域水权交易潜力。从河南省内来看，随着经济社会发展和人口增长，郑州市、开封市等主要城市存在一定的用水缺口，而南阳市、新乡市等地受配套工程建设及近期水量消纳程度影响，存在富裕水量，这些城市之间可以开展区域水权交易，比如郑州市与南阳市、邓州市；开封市与新乡市；濮阳市与安阳市等，也可推进驻马店市、长垣县、汝州市、商丘市买方挂牌，通过市场方式需求卖方。从省级间来看，北京市、天津市引江水量出现超计划用水情况，河南省在满足自身新增用水需求的情况下，整体存在富裕水量，可以开展河南省与北京市、天津市区域水权交易。从流域间水权交易来看，河南省部分市县通过使用南水北调引江水，可以压减一定的引黄水指标，腾出黄河水用水指标之后，可以通过水量交易方式与黄河水可以输送到的黄河流域、淮河流域、海河流域缺水地区进行水权交易，存在黄河流域与其他流域间、黄河流域上下游间水权交易潜力[6-7]。

参考文献

[1] 水利部. 关于开展水权试点工作的通知（水资源〔2014〕222 号）[R]. 2014.

[2] 水利部，河南省人民政府. 关于河南省水权试点方案的批复（水资源〔2014〕438 号）[R]. 2014.

[3] 郭贵明，李建顺，王晓娟，等. 河南省南水北调水权交易试点探索 [J]. 水利发展研究，2014（10）：74-77.

[4] 郭贵明，韩幸烨，陈金木. 河南省水权试点实践及探索 [J]，河南水利与南水北调，2016（7）：57-58.

[5] 河南省水利厅，河南省住建厅. 关于进一步做好南水北调用水效益提升工作的函（豫水资函〔2020〕39 号）[R]. 2020.

[6] 王继元，郭贵明，李建顺，等. 关于河南省南水北调水权交易的思考 [J]，河南水利与南水北调，2014（19）：6-8.

[7] 郭晖，陈向东，刘刚. 南水北调中线工程水权交易实践探析 [J]，南水北调与水利科技，2018（6）：175-182.

水利水电工程智慧运营管理应用场景探讨

宋健蛟

（中国电建集团成都勘测设计研究院有限公司，四川成都　610072）

摘　要： 近年来，随着多个重大水利水电工程项目的立项和完工，后续项目的智慧运营及管理将是工程运行阶段的工作重点。如何运用物联网、大数据、GIS+BIM 等技术提高工程智慧运营水平，达到降本增效的目标，是现阶段需要思考和解决的问题。本文结合某已建水利水电工程，分析其在运营管理中在信息感知、网络互联、数据挖掘、决策分析方面存在的问题，提出水利水电工程运营管理智慧化建设的总体思路，并对工程运营业务的新形态进行规划，可为后续类似工程项目建设提供一定参考。

关键词： 水利水电工程；运营管理；智慧化；GIS+BIM

1　引言

我国作为全球水问题最为复杂的国家，水旱灾害频发、新老问题叠加，治理水问题不仅是经济社会发展的重要保障，也是生态文明建设的重要基础[1]。信息化是国家 2035 愿景目标的重要支撑，智慧水利是水利行业现代化的重要标志和有利抓手，也是实现国家治理体系与治理能力现代化的重要标识[2]。落实智慧水利总体方案，有序推进水利新基建，构建面向未来的水利基础设施体系，是贯彻党中央关于"十四五"发展的决策部署的关键之举。未来一个时期，我国智慧水利建设将进入一个重要的发展时期[3]。

智慧水利水电工程是一种管理的新理念和新方法，智慧水利水电工程建设实质是一项智慧水利建设的创新实践。目的是响应"节水优先、空间均衡、系统治理、两手发力"的治水思路，以"安全、实用"的原则，朝着工程"基础感知、数据管理、业务支撑、综合管理、智慧决策"的智能化方向发展，实现水利水电工程管理理念、管理模式和技术应用的融合创新[4]。然而，实现智慧水利并不是一蹴而就的，而是一个随着业务和技术变化不断更迭的过程[5]。目前，水利水电行业的智慧化水平与智慧城市等领域仍存在一定差距，水利水电工程智慧化建设的需求还未得到充分满足[6-7]。

2　建设需求和目标

2.1　建设需求

本文所研究工程于 2001 年底竣工发电，已安全运行 20 年，建立了一定的信息化基础，包括硬件、网络设施、数据基础以及部分信息化标准等，为当前业务提供了有效的信息化支撑，但还存在一些"短板"，制约了工程的智慧化运营管理。

目前，数据管理存在"有而不全""采而不管""用而不深"三个方面的问题。在生产业务中，尤其是机组、闸门等设备、设施状态监控业务中采集了大量数据，但未能对各类业务执行过程，如巡检、检修等进行全面的数据采集；同时，大量数据采集后，未能进行有效的管理和应用，数据多数存在于业务系统、数据报表、报告中，无法有效地融合应用，无法形成知识、智慧沉淀；虽然对已有数

作者简介： 宋健蛟（1989—），男，工程师，从事水利水电信息化工作。

据进行了分析，但在挖掘深度方面还有欠缺，难以从海量业务数据中挖掘出有价值的信息，缺乏数据深度应用基础。

2.2 建设目标

智慧运营管理需要以将创新作为源动力，以实际需求作为指导，以数字化转型为手段，以业务为核心，以安全为保障，强化工程运营管理和信息技术的深度融合，深化信息资源的管理利用和整合共享，达到"安全智能、精细协同、便捷高效"的目标。

以工程运行的管理业务为核心，综合运用物联网、大数据、GIS+BIM 等技术，加强顶层设计，统筹各应用系统的建设，明确系统界面划分、功能模块、交互模式。制定数据标准规划和传输共享机制，统一接口，整合流程，实现数据交互和系统之间的联动，挖掘数据价值，支撑智慧决策。

3 总体框架设计

依据水利水电工程运行业务需求分析和水利部智慧水利总体方案，确保规划设计能实现、促进管理水平提升，以透彻感知、全面互联、深度挖掘、智慧决策为建设重点，加快补齐水利信息化短板，提升支撑强监管能力，以水利信息化驱动水利改革发展。

智慧化水利水电工程运营管理系统总体框架按照感知层、数据层、支撑层、应用层、展示层设计，见图1。

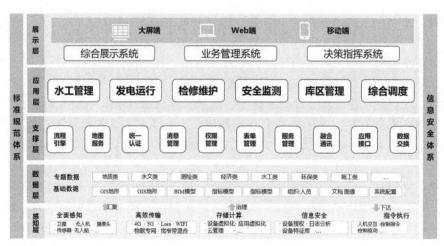

图 1 智慧化水利水电工程运营管理系统总体框架

框架内容是"五横两纵"的架构，通过以下 7 个层次的建设，提供对领导管理能力、员工业务能力、工程运营能力的赋能。

（1）展示层。构建跨平台的综合展示系统、业务管理系统、决策指挥系统，提升对外宣传、日常管理、应急指挥能力。

（2）应用层。加强信息化应用系统与实际生产业务的紧密结合，具备对各项业务流程进行信息化重构的能力。

（3）支撑层。将传统应用系统进行解耦，细致梳理各项业务所需的应用功能，并采用 SOA 软件架构进行重新设计，再集成大数据相关技术，形成平台化的软件应用和数据服务体系对上层业务应用提供统一支持服务。

（4）数据层。将基础数据和专题数据进行统一清洗、整编、存储，打通数据孤岛，构建工程管理数据库。

（5）感知层。构建覆盖水利水电工程的综合监测体系，包括对水质、水量、雨量、视频、工程安全、人为活动等方面的数据采集技术，通过 4G/5G、Wifi、Lora 等技术传输。

（6）标准规范体系。围绕智慧水利水电工程运营管理，构建强有力的组织架构，强化组织人员的协作机制，健全和落实智慧水利水电工程管理各项制度标准，开展关键技术研究，为智慧水利水电工程建设提供支撑。

（7）信息安全体系。遵循等保、电力监控系统安全防护及水利部等相关国家和机构的安全管理条例。吸取 PDRR 等网络安全防护成熟体系的方式方法，按照 8 分管理 2 分技术的思路，从管理和技术两方面逐步强化水利水电工程管理中心的网络安全体系。

4 智慧运营管理应用场景

智慧运营管理应用作为水利水电工程运营的核心内容，其中水工管理、发电运行、检修维护、安全监测、库区管理、综合调度六大业务是智慧水利水电工程建设的重点突破，利用其中各类应用系统，促进业务向信息化、数字化迈进，提升整体业务能力，拓展感知控制范围，提高业务执行便捷性。

4.1 智慧水工管理

智慧水工管理，应积极推动生产管理系统的在业务领域的深度应用，以生产管理系统为业务核心，将水工管理业务中的计划管理、执行管理、成果管理从原有线下操作模式变更为线上操作执行，利用生产管理系统的共享性、规范性，倒逼业务，以数据驱动业务的信息化改革。在完成业务信息积累和初步的业务改革后，推进水工监控系统的升级改造，将闸门、坝用电、启闭机、泵房等设施设备统一纳入在线信息化管理。将与安全监测业务相结合，以智慧安全监测平台为感知前端，基于水工建筑物、金属结构等设施、区域的监测数据全面采集，根据分析评估结果，开展水工建筑物、金结设备的数字化维护管理、状态信息化管理和技改项目全生命周期管理。

4.2 智慧发电运行

智慧发电运行，是信息化与智能化技术针对发电运行业务中实际生产需求，结合在大数据、物联网、可视化、先进测量与智能控制等先进技术的系统化应用，主要特征是泛在感知、自适应、智能融合与互动化，将被动式管理变为主动式安全管理，为枢纽平稳发电运行提供科学的安全作业保障。

集中的运行、操作模式，能够提高运行作业执行效率，减少信息传递中带来的不确定性，消除时间差。利用信息化技术、系统强大的数据采集管理能力、分析优化功能，对发电运行业务过程进行智能化管理，是增加发电收益、提高业务水平、规范作业标准、提升工作效率的重要路径。

4.3 智慧检修维护

智慧检修维护，是以"同步监控、动态分析、智能诊断、自主决策"为目标，以状态监控为基础，通过对检修数据、维护数据、设备状态监控数据的持续挖掘，结合行业、企业管理标准、专家经验，建立各类设备的检修维护决策模型和知识库，提供会商诊断的平台及数据基础，从"坏了修、到点修"转变为"提前修、预测修"，打造动态、精准、智能的检修维护工作机制和管理模式。

设备状态多维度的预测分析，基于设备状态监测的大数据，利用专家知识、历史数据、分析模型等多种手段，对设备状态进行状态评估和趋势预测，将检修维护工作进行前置。结合状态趋势预测结果、检修计划等边界条件，从备品备件的需求，到采买对象的规格要求以及采购过程的动态跟踪，到最后的物品使用台账及流向追溯，变被动申请为按需求主动触发。

4.4 智慧安全监测

智慧安全监测的规划，旨在利用智能化自动化采集手段、大数据整合管理能力、多维度分析方法等新方法和新技术，来解决当前安全监测的存在问题和需求现状。智慧安全监测建立在完备的监测数据智能采集体系基础上，以数据统一管理、共享为基本前提，利用无人机、工业电视、巡检机器人等设备替代人工低值重复作业，通过远程监控、无人巡检、集中控制的模式，提升作业效率和管控能力。

4.5 智慧库区管理

智慧库区管理，将改变传统人工巡查的方式。以"数字化巡查监测、集成化管理、科学化预警、智能化决策"为目标，在总体框架下，运用空间遥感、无人机、高清摄像头、GIS、互联网、大数据、人工智能等高新技术，开发建设适合于库区管理实际的集数据采集、传输、处理于一体的库区智慧管理信息系统，构建互联互通、信息资源集成共享、现场和历史资料实时查询、现场执法与后台指挥系统实时互动、能够为依法查处水事违法行为提供技术支持的库区管理大数据网络，提高库区管理工作水平和效率。

4.6 智慧综合调度

智慧综合调度，是以"深度挖掘、精准预测、智慧调度"为目标，以水利水电工程调度管理业务需求为基础，以大数据分析、数学模拟、人工智能等技术为手段，在保证工程安全运行、库坝防汛安全基础上，围绕水情预报、沙情预报、方案制订、调度模拟、调度决策、调度监视、评价跟踪等调度全过程，构筑多维度多尺度预报调控一体化管理，实现水利水电工程智能的多目标联合优化调度。

5 结论和展望

本文提出了以信息化技术为手段，建设智慧化水利水电工程运营管理平台系统，描绘了智慧水利水电工程运营管理平台的发展前景，在此基础上，分析了智慧水利水电工程运营管理平台的业务场景。在未来一个时期，智慧水利水电工程运营管理平台的建设需要借助云联网、云技术、数字孪生、人工智能等新一代技术手段的深化应用，落实国家智慧水利总体方案，提高智慧运营水平，国家水利水电工程提供安全保障。

参考文献

［1］水利部网络安全与信息化领导小组办公室．智慧水利总体方案［R］．北京：水利部网络安全与信息化领导小组办公室，2019.

［2］张建云，刘九夫，金君良．关于智慧水利的认识与思考［J］．水利水运工程学报 2019（6）：1-7.

［3］蒋云钟，冶运涛，赵红莉．智慧水利大数据内涵特征、基础架构和标准体系研究［J］．水利信息化，2019（4）：6-19.

［4］涂扬举．建设智慧企业 推动管理创新［J］．四川水利发电，2017，36（1）：148-151.

［5］赵洪丽，马吉刚，郭江．智慧水利泵闸站标准化建设规程研究［J］．2020，51（S1）：221-226.

［6］杨明祥，蒋云钟，田雨，等．智慧水务建设需求探析［J］．清华大学学报（自然科学版），2014，54（1）：133-136.

［7］蒋云钟，刘家宏，梅超，等．智慧水利 DIS 体系构建研究与展望［C］//数字孪生与水科技创新论坛．2021.

北方灌区中水回用问题与对策

李 娜 高建辉

（陕西省水利电力勘测设计研究院，陕西西安 710001）

摘 要：北方地区是整个中国的粮仓。我国北方灌区水资源短缺是限制其农业发展的制约因素，中水回用可以极大地缓解灌区水资源短缺的压力。针对灌区中水回用在政策、标准、技术、管理、安全与观念等方面存在的问题，以水资源节约和高效循环利用为原则，提出了有关北方灌区中水回用健全体制机制、创建示范区、用水户和使用者的双约束机制、8 种多元化的中水回用模式等措施建议，提出灌区需要建立"统筹规划、绿色生态、安全第一、优水优用、一水多用"的中水利用理念，为灌区可持续绿色发展提供科学参考。

关键词：灌区；中水回用；污水达标

1 引言

根据国家统计年鉴数据资料显示，2019 年我国耕地灌溉面积达到 68 679 万 hm²，比 2000 年增长了 14 859 万 hm²；2019 年万亩以上的灌区数量达到 7 884 处，比 2000 年增加了 2 201 处。换句话说，灌区是我国粮食的主产区，而灌溉对灌区耕地极其重要。对于我国北方灌区而言，水资源短缺是限制其灌区农业发展的核心制约因素，而中水能极大地缓解灌溉水资源不足和直接排放对地表水环境的压力。

中水，又称再生水，是污水经过一系列处理之后达到国家规定标准，水质介于污水和饮用水之间，能在一定范围内使用的非饮用水。中水回用技术的研究与应用已有近百年的历史。目前，许多缺水国家已将中水作为第二水源加以利用，把中水回用作为解决水资源短缺的重要战略之一。中水主要用于工业生产、农田灌溉、市政绿化、生活杂用、回灌地下及补充地表水源等方面，且在不同国家不同地区建立了一些示范工程和应用工程。中水回用在一定程度上可获得经济、环境、社会等方面效益[1]。首先，在全球气候变化的影响下，例如，干旱洪涝等极端天气事件频次和强度增加，导致可利用水资源量减少，中水被认为是解决气候变化导致的水资源严重短缺问题的一种可能方案。2012年联合国粮食及农业组织（Food and Agriculture Organization of the United Nations）出版的 38 号水报告 *Coping with water scarcity: An action framework for agriculture and food security* 指出，在水资源日益紧缺的新形势下，中水可在农业灌溉中发挥非常重要的作用。《中华人民共和国水法》《国家节水行动方案》《国务院关于实行最严格水资源资源管理制度的意见》《城镇排水与污水处理条例》《水污染防治行动计划》《节水型社会建设"十三五"规划》等文件都要求将中水等非常规水源纳入水资源统一配置，鼓励使用中水，加快中水管网建设，逐步提高中水利用比例。2021 年，国家发展和改革委员会等 10 部门联合发布的《关于推进污水资源化利用的指导意见》（发改环资〔2021〕13 号）中，提出实施农业农村污水以用促治工程，逐步建设完善农业污水收集处理再利用设施，处理达标之后采取就近灌溉回用。2021 年国家发展和改革委员会、住房和城乡建设部和生态环境部联合编制了《"十四五"城镇

作者简介：李娜（1995—），女，硕士研究生，研究方向为农村污水处理、生态灌区建设与管理。

通讯作者：高建辉（1973—），男，高级工程师，主要从事水利水电工程设计、污水处理工作。

污水处理及资源化利用发展规划》中提出，到 2025 年全国地级及以上缺水城市再生水利用率达到 25% 以上，京津冀地区达到 35% 以上，黄河流域中下游地级及以上缺水城市力争达到 30%。随着生态环境问题日益突出和紧迫，需要严格控制环境纳污总量、废（污）水排放等方面，污水处理可减少对自然水体的破坏和污染，是保护环境的一个重点途径。20 世纪 70 年代以前，各国对城市污水是以一级处理为主，处理水以农业再生利用为主，以减轻对环境的污染为主。20 世纪 70 年代以后，逐步变为以二级处理为主，处理之后的中水主要用于工农业生产和城市生活等方面。

因此，灌区需要秉承"节水即治污"的理念，在节水基础上，进行中水回用，开展污水资源化利用，这对于北方缺水灌区和环境敏感灌区的绿色可持续发展具有重要意义。目前，有关中水回用的研究很多，主要偏向于生活污水的处理以及中水的实际应用，但有关灌区中水回用的建议措施很少。因此，本文以灌区绿色可持续发展为背景，从北方灌区中水回用存在的问题为着手点，总结并提出灌区中水回用相关建议措施，以期为北方灌区严峻的缺水问题提供方法与科学依据。

2 北方灌区中水回用问题

灌区中水主要回用于绿地灌溉、农业灌溉、其他杂用水等方面，存在问题主要归纳为政策与标准、技术、管理、安全与观念等几个方面。

2.1 政策与标准方面

一方面，在中水使用方面，我国主要颁布了国家标准和行业标准，例如：《建筑中水设计规范》（GB 50336—2002）、《城市污水再生利用 工业用水水质》（GB/T 19923—2005）、《城市污水再生利用 景观环境用水水质》（GB/T 18921—2002）等，缺乏有关灌区具体的中水回用政策和法规支持。目前，国际上还没有一致认可的中水利用指南来指导污水的再生利用，不同国家在中水的回用途径分类方面也不尽相同。灌区中水主要使用于绿地灌溉、农业灌溉、其他杂用水等方面，缺乏分级分质的使用标准；缺乏中水用于生态补水的技术规范和管控要求；缺乏灌区处理污水的相关技术、设备、工程等方面的具体标准。另一方面，对比我国《城镇污水处理厂污染物排放标准》（GB 18919—2002）和《城市污水再生利用城市杂用水水质》（GB/T 18920—2002），其排放标准、回用标准和水质标准不匹配，达标排放水质标准低于再生利用水质标准。灌区在中水回用方面相关的法律法规更是短缺，且缺少匹配的应急预案与措施等[2]，不能仅仅依靠节水部门的规章制度来规范。灌区缺少全面的中水回用实施方案与制度、考核标准，缺少支持污水资源化利用的财金政策等。

2.2 技术方面

生活污水排放量大，灌区缺乏与灌溉、直排等用途有关的污水处理工艺与技术支撑。目前，灌区附近农村地区污水处理工艺相对单一，在进行回用前缺少合适的污水处理措施，处理之后的污水水质达不到《城镇污水处理厂污染物排放标准》（GB 18919—2002）一级 A 排放标准。灌区附近地区生活污水处理一般采用 A^2O 工艺，但其反硝化作用并不很高效，对氮磷的去除效果稍差[3]。使用的膜生物反应器技术虽然具有结构简单、占地面积小、运行稳定、耐冲击性能强、出水水质效果好、污泥龄较长、剩余污泥龄减少等优势。但膜容易发生堵塞，清洗困难且所需能耗较高；膜使用寿命有限，运行费用高；膜组件易受污染等方面缺陷[4]。在经济条件落后、对环境重视度不高的农村地区，一般采用的是三格式化粪池处理方式，甚至连简单的生活污水预处理设备都没有。三格式化粪池存在污泥多、效益不高、去除能力有限等缺陷，对生活污水仅达到初步处理的过程。部分地区污水处理站因为资金、人员技术等问题只能低负荷运行或间歇运行，造成设施的资源性浪费和效率低下[5]。对于水质要求较高的中水，其没有污水深度处理和污泥资源化利用的成熟工艺、技术和装备。北方冬季寒冷且漫长，污水处理设备基本处于瘫痪状态，人工湿地等工艺受到制约，工艺的缺陷使得冬季污水不经过处理就随地排放，造成严重的灌区环境破坏。

2.3 管理方面

灌区缺乏中水回用的系统规划，中水管网覆盖率低，中水得不到充分利用。目前，中水水质要求高，导致中水处理技术要求高，中水回用的成本偏高，造成中水设施投资运营后成本很难得到保障，直接影响中水的使用进程。灌区缺少环保、水利、住房、农业等多部门具体的中水用水规划，导致出现多部门难以统筹安排协调推进、难以统一建设思路和标准、难以明细运营监管责任等问题；缺少一套从污水处理、输送和回用等多环节的一个多层次的、全面的中水安全利用风险管理体系。另外，各级中水回用应急预案存在应急管理各阶段组织机构任务不清晰、权责与实际任务设置不合理等问题，也存在各级应急预案中仍存在"防与救"的问题[6]。缺少引导公众正确认识中水回用，没有鼓励全体成员共同参与中水回用的工作中，灌区用水户之间也没有中水回用的自律精神。

2.4 安全与观念方面

灌区缺少对中水质量的全程跟踪监测。因对污水处理不达标，产生对生态环境、空气、人类健康等方面的危害。另外，因缺少对中水回用的宣传和科普教育，在人们传统的意识观念中，水资源只有饮用水和污水之分，对中水回用相关概念不是特别清楚，对中水回用的安全性存在疑虑。大部分人都存在处理结果是否达标，处理工艺是否合格等方面疑虑，这也在一定程度上制约了中水回用的长远发展[7]。

3 北方灌区中水回用的建议

灌区的发展关系着我国粮食安全，是我国农业现代化发展成败的关键，在其发展过程中需注重"资源开发利用上限"，其中包含着水资源的可持续高效利用[8]，中水回用成为水资源高效利用的一个途径。尽管污水处理达到规定标准，但是群众对中水回用还存在一定程度的担忧。且如何更高效地进行中水回用及风险管控，是灌区在中水回用发展过程中需要解决的主要问题。

3.1 做好顶层设计，加快产业一体化发展

灌区需要开展因地制宜的顶层设计，迅速提升中水回用的技术应用、技术生产和技术管理能力，保障中水回用的长远绩效[9]。围绕灌区发展、水环境治理、水资源高效可持续利用等多方面内容，通过特许经营形式优化整合资产，科学合理规划，集中资源优势和企业运营管理经验，积极发挥产业效应和社会效应双重作用，打造从源头治理到资源利用，集灌区排水管网养护、生活污水处理、中水生产供应、污泥资源化利用为一体的产业化发展模式。因我国东部、中部和西部地区生产阶段和污水治理阶段的工业用水效率存在较大的差异，北方灌区可以发展劳动密集型的低耗水行业[10]。同时，利用大数据技术，打造灌区智慧排水信息化系统，提升灌区治污设施安全稳定运行管理能力。建立灌区中水利用管理平台，应用现代化信息自动技术，实现灌区中水利用运行过程的动态管理和实时信息监督管理，增强中水利用的监管。

积极探索多元化、多渠道的投融资体系和建设运营模式[11]，引导和鼓励社会资本参与中水回用设施及配套管网建设。围绕中水回用设施建设运营管理需求，加强专业技术人才、管理人才的建设培养；推动多元化中水回用关键技术的研发、创新、示范和推广，以及增强信息化监管能力。强化应急管理体系、应急科技体系、应急保障体系，加强应急人员面对突发事件的技术水平培养；构建灌区多元化应急管理模式，提升应急物资储备和管理平台。

3.2 建立健全体制机制，完善灌区中水回用引导机制

灌区作为农业发展的重点区域，水资源是其发展的关键，推行节水制度势在必行，推进中水回用纳入水资源统一调配，是提高水资源利用率和保障节水政策的途径，是落实国家《国家节水行动方案》的重要基石。随着生活与经济水平逐渐提高，产生的用水习惯、用水意识主要以饮用水为主，与中水回用思想不相匹配，人们在一定程度上对中水回用存在抗拒意识。因此，需要尽快完善中水回用的引导机制，从制度、政策、宣传等多方面逐步引导中水回用。灌区需要推动修订地方水污染物排放标准，提出差别化的污染物排放要求和管控措施，制定不同用途的污水资源化利用的分级分类标准；完善用水总量控制指标中非常规水源利用指标考核相关规定，加大中水等非常规水源利用的权重，实行分类考核；统筹配置水资源，将中水纳入水资源统一配置体系，在保证安全的条件下优先使

用中水；健全灌区中水回用的价格机制，采用"优水优用、谁用谁付"的原则，按照灌区中水投资运行成本、用途、水质标准、供水规模等健全中水价格体系，具体价格采用用水户与供应户自主协商的方式；健全中水回用风险管理机制，严格禁止扩大使用范围和改变用途，根据不同的用途制定对应的风险管理机制和应急预案。

3.3 选择合适的处理工艺，保证处理质量

污水再生处理工程中单独利用某种技术是很难满足水质要求的，需要针对污水来源和中水回用用途，采取不同的处理工艺。例如，根据中水回用需求，按照分级分类的原则，筛选可满足不同需求的中水处理工艺，提高中水处理工艺的技术可行性和经济适用性，促进中水的推广应用。其中，生活用水和工业生产用水需要较高标准的中水，农业用水和工业循环用水对中水水质的要求相对较低。例如，农田灌溉水需要达到《中水水质标准》（SL 368—2006）、《城市污水再生利用：农田灌溉用水水质》（GB 20922—2007）、《农田灌溉水质标准》（GB 5084—2005）等要求，并满足农产品质量、农灌设施、土壤保护要求和排入水系要求。不同处理技术的选择会直接影响出水水质的不同，而且不同处理技术对污水中污染物的去除机制和去除效果也有所不同。为了满足某一特定用水途径对中水水质的要求，多种处理方法和技术往往需要组合使用，需要采取完整的处理工艺流程。例如，预处理主要包括格栅、调节池等；主处理包括沉淀、活性污泥、生物膜法、二次沉淀、过滤、生物活性炭以及土地处理等主要处理工艺单元；后处理为过滤、活性炭吸附、紫外线消毒[12]等深度处理单位。景观环境用水可以采取二级处理（氧化沟/SBR/A^{2}O等）+混合沉淀/过滤/生物滤池/MBR+消毒等处理工艺。工业用水可以采取臭氧—气浮再生处理/混凝—沉淀—过滤再生处理等工艺。灌溉用水可以采取 A^{2}O 工艺+MBR 等处理工艺。典型的"格栅+沉淀+一级处理+活性污泥法+消毒"处理工艺的出水可以用作非食用农作物的灌溉用水，在这一工艺基础上再加上表面过滤的出水就可能用作景观灌溉用水，如果满足某些工业生产工艺用水的水质，还需再加上纳滤和离子交换等处理工艺。司林杰[13]采用"MVR+A^2/O+MBR 工艺"对毒死蜱环化废水进行处理，出水可直接回用于循环冷却水的补充用水。龙潇等[14]采用污水处理厂出水经过实惠处理之后作为循环水补充水。

3.4 创建多种选择模式，形成多元化的中水回用模式

灌区中水不仅使用于农业灌溉，还用于景观用水、工业用水等多方面，同一用水户的需求可能是多元的。因此，需要明确不同的污水处理目标，以便更好地选择污水处理工艺和处理指标，通过进行技术经济比选，确定优先方案。灌区需要在总结自身中水回用基础上，不断借鉴其他地区和国外中水回用的经验[15-16]，探讨出适合灌区自身发展的中水回用模式。灌区中水回用的模式应结合灌区地形地貌、污水处理厂位置、灌溉点、不同用水户等多方面进行全方位的考虑，提出了农业灌溉、景观、工业用水 3 个用途的 8 种模式，具体如下。

3.4.1 农业灌溉模式

中水作为农业灌溉水，需水量大，主要考虑因素为水质和就近灌溉原则。根据《农田灌溉水质标准》（GB 5084—2005）和《城镇污水处理厂污染物排放标准》（GB 18918—2002）对比，城镇污水处理厂的三级标准即可满足农田灌溉水质标准，但还要充分的考虑中水用于农田灌溉的特性[17]。其一，对于居住较为集中的村庄、有能力建设集中污水处理设施的村庄或者水处理厂主干管周边能自流入主干管或具备转输条件的村庄，将污水统一收集之后，由污水处理厂直接统一处理，达标之后直接运送到集中成片农田，属于"集中供给模式"。其二，对于居住较为分散的村庄，因污水管道建设难等问题，需要单户或者联户式污水处理，其污水量较少，因此，可以采取附近小面积灌溉用水和绿化的处理方式，属于"散点供给模式"。其三，对于非灌溉期，集中用户的污水经污水处理厂之后可以运输至附近其他用水户，经深度处理之后供其使用，即"余量供水模式"。

3.4.2 景观用水模式

景观用水主要作为娱乐景观用水等，对水质的要求较高。根据《地表水环境质量标准》（GB 3838—2002）中Ⅳ和Ⅴ类水，污水处理厂的尾水达到一级 A 标准后还需要进行深度处理。其一，对

于完全利用中水作为景观用水的类型，需要进行深度处理，例如，浊度改善、消毒处理、总氮总磷深度处理等，即高标准供给模式。其二，对于临时用来补充水源，间断性地使用中水作为景观用水的地方，可以使用污水处理厂的达标尾水，即中标准供给模式。其三，对于补充人工湿地的中水，因其湿地本身具有去除污染物能力，因此，对尾水的排放可以放宽要求，只需要满足一级 A 标准即可，然后通过人工湿地的净化，达到景观和污水生态处理两种效果，即低标准供给模式。

3.4.3　工业用水模式

日本学者提出的"第六产业"概念，就是通过发展加工企业、旅游业、休闲农业、农产品物流、互联网+农产品电商等产业链条，构建全产业链，其核心原理在于利用乘法效应实现三大产业融合发展，这与我国提倡的产业融合发展具有相似的内涵。灌区不断地走向国际化，三大产业也不断地融合发展。工业厂区用水量大，排放量大，需要建立完善的污水处理设施，在深度处理之后按照水质的类型运输到不同的用户，首先需要满足自己的需求，剩余水量较多的时候可以运输到灌溉用水户和景观用水户等。灌区工业用水可以分为直接用水和间接用水两种。其一，直接用水使得中水与生产产品直接接触，对水质的要求是极高的。因此，需要对二级出水进行深度处理之后进行工业再回用，中水深度处理是减缓腐蚀、结垢和微生物滋生问题的最根本手段[18]，即"直接供水模式"。其二，间接用水一般与产品质量无太大关联，一般是用于锅炉补给水、冷却用水等，可以直接使用污水处理厂的达标处理水，即间接供给模式。

3.5　创建小型示范区，提高中水回用可信度

用事实说话，用成绩证明。灌区要想中水政策长远发展，需要在可靠度的基础上不断建设示范区。一方面，灌区实行中水回用政策，需要创建中水回用的示范区，通过中水回用的实际使用情况、农业质量产量、节水成本、环境等多方面效益，证明中水回用的可靠性和经济效益。另一方面，引导用水户充分认识中水回用的重要性，加大宣传力度，推广普及中水回用知识，引导用水户正确认识中水回用，消除用水户疑虑，提高灌区用水户对中水利用的认知度和接受度。

3.6　建立双约束机制，提升使用感和话语权

目前，中水回用政策不能很好的实施，主要是用水户的不信任与供水者的低话语权，即供水者和用水户之间没有形成有效的约束机制。第一，用水户对供水者提供的水资源缺乏信任感，主要来源于缺乏有效的监督机制。灌区需要积极推进污水处理过程的全程监测、检测以及评价，采用政府牵头、企业配合、用水户监督的方式不断提高信任感，减少水事纠纷。第二，供水户缺乏绿色信用体系。供水者需要采取创建一个平台，保证各方面信息的公开透明化。这个平台主要是对污水的处理过程、处理结果、检测结果等一些专业化信息进行公开，实现社会共享，以便于提高自身的信用体系。

一方面，实行纵向的协同联动，主要是指灌区各部门自上而下的推动机制。建立以灌区最高主管部门为核心的责任体系，自上而下，逐步推动；建立以用水户为主的监督制度，自下而上，逐级汇报、迅速解决。另一方面，实行横向的部门协同联动。为了避免出现灌区内部不同职能部门的职责相织相交，不同部门之间的信息不对称、各司其责、互不配合等问题，实行横向部门之间的协同联动。加强灌区各部门之间的工作联系，强化不同部门横向间的信息共享、交流等，保证灌区的高质量可持续发展。在职责的划分方面，明确各部门的职责。例如，灌区的生态环境部，加强灌区污水排放监管力度，对灌区治污设施污染物排放进行环境监管，对中水回用造成的环境影响进行实时监督等；灌区宣传部，牵头协调用水户，落实中水回用鼓励、支持政策，指导用水户正确使用中水等。灌区各个部门按照"优水优用、分质供水"的原则，科学编制规划，明确用水的重点部门，做好与灌区建设规划、灌区水资源及供水等规划相衔接。

4　结语

灌区是综合农业种植、生态环境、资源利用等多方面的复杂系统，其可持续发展是保障我国粮食安全、推进农业现代化建设、实施乡村振兴战略的重要基石。灌区中水回用可以极大地缓解灌区水资

源短缺的压力。灌区在今后的发展中，需要立足于水资源节约和高效循环利用政策，以提高灌区中水回用利用率为切入点，以灌区可持续绿色发展为目标，建立"统筹规划、绿色生态、安全第一、优水优用、一水多用"的中水利用格局，不断推进灌区中水的高质量高效率利用，促进灌区高标准发展。

参考文献

[1] 侯智龙. 成都中水回用的问题与对策分析 [J]. 经济体制改革, 2011 (2)：64-68.

[2] 李昌林, 胡炳清. 我国突发环境事件应急体系及完善建议 [J]. 环境保护, 2020, 48 (24)：34-3.

[3] 彭彬, 胡思源, 王铸, 等. 农村生活污水分散式处理现状与问题探讨 [J]. 农业现代化研究, 2021, 42 (2)：242-253.

[4] 牛犇. 城市中水回用中膜污染分析及对策 [J]. 工业水处理, 2021, 41 (2)：127-130.

[5] 李发站, 朱帅. 我国农村生活污水治理发展现状和技术分析 [J]. 华北水利水电大学学报（自然科学版）, 2020, 41 (3)：74-77.

[6] 郭雪松, 赵慧增. 突发公共卫生事件应急预案的组织间网络结构研究 [J]. 暨南学报（哲学社会科学版）, 2021, 43 (1)：64-79.

[7] 马炳旺, 徐利岗. 银川市污水资源再生与循环利用问题探讨 [J]. 水资源与水工程学报, 2010, 21 (6)：62-66.

[8] 李娜, 刘发, 张泽中, 等. 乡村振兴战略指导下生态灌区建设与管理"三条红线" [J]. 节水灌溉, 2020 (8)：101-105.

[9] 范彬. 我国农村污水治理技术构架与顶层设计构想 [J]. 环境保护, 2015, 43 (Z1)：46-49.

[10] 邓光耀, 张忠杰. 基于网络 SBM-DEA 模型和 GML 指数的中国各省工业用水效率研究 [J]. 自然资源学报, 2019, 34 (7)：1457-1470.

[11] 王春燕, 朱炜. 污水处理 PPP 项目政府补偿机制研究 [J]. 人民黄河, 2020, 42 (6)：79-83.

[12] 陈真贤, 张朝升, 荣宏伟, 等. 中水消毒技术研究 [J]. 中国农村水利水电, 2008 (4)：60-62.

[13] 司林杰. MVR+A~2/O+MBR 法处理毒死蜱环化废水 [J]. 工业水处理, 2016, 36 (5)：93-95, 108.

[14] 龙潇, 刘克成, 王平, 等. 中水回用于循环冷却水系统的试验研究 [J]. 中国农村水利水电, 2010 (2)：53-55, 59.

[15] 金凤杰, 王栋鹏. 西安市中水回用模式探讨 [J]. 环境工程, 2016, 34 (S1)：437-440.

[16] 李玉庆, 张宏伟, 刘绪为, 等. 朝阳市中水回用工程设计 [J]. 中国给水排水, 2015, 31 (24)：48-51.

[17] 荣晓明, 吴初昌, 蔡大应. 开封市中水用于农业灌溉的成本效益分析 [J]. 人民黄河, 2014, 36 (8)：60-61, 65.

[18] 魏源送, 郑利兵, 张春, 等. 热电厂中水回用深度处理技术与国内应用进展 [J]. 水资源保护, 2018, 34 (6)：1-11, 16.

水生态

太湖流域水生态环境保护现状、存在问题及面临形势分析

陆志华[1]　韦婷婷[1]　王元元[1]　蔡　梅[1]　李　蓓[1]　翟淑华[2]

（1. 太湖流域管理局水利发展研究中心，上海　200434；
2. 生态环境部太湖流域东海海域生态环境监督管理局，上海　200434）

摘　要：太湖流域在国家发展中具有极为重要的战略地位，经过多年治理，太湖流域水生态环境得到明显改善。本文系统梳理分析了太湖流域水环境、水生态、水资源现状，总结剖析了流域水生态环境保护存在的问题及成因，研判了"十四五"时期流域水生态环境保护工作面临的形势，研究提出了水生态环境保护相关建议，可为流域及地方管理部门开展水生态环境保护工作提供参考和借鉴。

关键词：太湖流域；水生态环境保护；存在问题；形势分析

太湖流域在国家发展中具有极为重要的战略地位。太湖流域地处长三角地区的中心区域，涉及江苏、浙江、上海、安徽三省一市。流域北抵长江，东临东海，南滨钱塘江、杭州湾，西以天目山、茅山等山区为界，总面积约 3.69 万 km²，其中 80% 为平原，是典型的平原河网地区。太湖流域水系是长江水系最下游的支流水系，以太湖为中心，分上游山丘区水系和下游平原河网水系[1]。太湖是我国第三大淡水湖，水域面积 2 338 km²，平均水深 1.89 m，属典型的平原浅水湖泊，是太湖流域洪水的集散地，是长三角区域水资源调配中心，是长三角地区水生态水环境的晴雨表[2]。"十三五"期间，太湖流域深入贯彻落实习近平新时代中国特色社会主义思想、习近平生态文明思想，积极践行"绿水青山就是金山银山"的理念，紧紧围绕国家"水十条"、打好碧水保卫战、长三角区域一体化发展、乡村振兴等战略部署，全面推进水污染防治与水生态环境保护，加快补齐控源截污基础设施短板，深入推进环境保护管理体制机制改革，切实提升水生态环境监管能力，大力开展生态美丽河湖建设，流域水生态环境质量显著提升，为流域经济社会发展提供了有力支撑。但与治理目标相比，仍有一定差距，在治理过程中也暴露出一些新情况和新问题[3]。

本文梳理了太湖流域水生态环境现状，分析了流域水生态环境保护主要存在问题及成因，研判了流域水生态环境保护面临形势，提出了相关建议，可为流域及地方管理部门开展水生态环境保护工作提供参考和借鉴。

1　太湖流域水生态环境保护现状分析

基于水环境、水生态、水资源"三水统筹"理念[4]，系统梳理分析太湖流域水环境、水生态、水资源及水环境风险状况。

基金项目：国家重点研发计划水资源高效开发利用专项项目（2018YFC0407205）。
作者简介：陆志华（1987—），男，硕士研究生，研究方向为水资源保护、水环境污染与防控、水生态文明等。

1.1 水环境状况分析

1.1.1 地表水总体水质

依据《地表水环境质量评价办法》（试行）及生态环境部门监测数据，"十三五"期间，太湖流域地表水总体水质稳定向好。2020 年太湖流域 91 个国控断面达到或优于Ⅲ类的断面比例为 78%，全面消除了劣Ⅴ类水体，较 2016 年分别提升了 20.9%、5%。91 个国控断面中有 88 个断面达到了 2020 年规划水质目标，断面达标率为 96.7%。"十三五"期间，流域重要江河湖泊水功能区水质达标率稳步提升[3]。流域主要饮用水水源地水质明显改善，县级及以上集中式饮用水水源地水质达标率达 92.9%，较 2015 年提高了 15.4%。

1.1.2 重要河湖水质

太湖是流域水资源调蓄的中心，2020 年太湖平均高锰酸盐指数 3.91 mg/L（Ⅱ类）、氨氮浓度 0.12 mg/L（Ⅰ类）、总磷浓度 0.077 mg/L（Ⅳ类）、总氮浓度 1.26 mg/L（Ⅳ类）、叶绿素 a 23.7 mg/m³，平均水质类别为Ⅳ类，属于轻度污染，主要污染指标为总磷。太湖东部沿岸区水质状况良好（Ⅲ类），其次为湖心区、北部沿岸区水质轻度污染（Ⅳ类），西部沿岸区水质最差，呈中度污染（Ⅴ类）。"十三五"期间太湖高锰酸盐指数变化较小，氨氮、总氮浓度持续下降，降幅分别为 20%、28.4%，总磷、叶绿素 a 呈现波动上升趋势，升幅分别为 14.9%、99.2%。淀山湖是流域第二大省界湖泊，2020 年水质类别为Ⅴ类，属于中度污染，主要污染指标为总磷，"十三五"期间水质总体呈现好转趋势。太浦河是流域骨干供排通道和浙江、上海重要水源地，2020 年整体水质类别为Ⅱ类，水质状况为优，"十三五"期间水质基本平稳。

1.2 水生态状况分析

1.2.1 重点湖库富营养化及蓝藻水华状况

依据《地表水环境质量评价办法》（试行)，太湖现状营养状态总体为轻度富营养，2020 年综合营养状态指数为 55.0，"十三五"期间年度综合营养状态指数为 54.9~56.7。太湖蓝藻水华历史较久，进入 21 世纪蓝藻水华成为常态化，2020 年竺山湖、梅梁湖、湖心区、西部沿岸区为蓝藻水华高发区域。淀山湖现状营养状态总体为轻度富营养，2020 年综合营养状态指数为 55.9，"十三五"期间年度综合营养状态指数为 54.7~58.4。淀山湖蓝藻水华时有暴发，主要发生在 7~9 月，发生区域较为分散，多集中在北部沿岸、南部沿岸和湖心区域，东部沿岸等区域也有发生。

1.2.2 重要生态空间水生态状况

流域内各省市均划定了生态保护红线、"三线一单"生态环境分区管控方案。山区水系缓冲带总体保存完好，平原水系缓冲带数量较少，且多被农业用地、建筑用地侵蚀；太湖湖滨带以大堤型湖滨带为主[5]，约占湖滨带岸线总长度的 73%，岸线利用项目类型主要包括旅游设施、桥梁码头、取排水设施、企业等。流域湖荡湿地内共有水生维管植物 64 种[6]，分别属于 33 科 51 属；流域水生植物种类、数量及覆盖面积与历史上比较，呈下降趋势；挺水植物种类最多，共 22 种，其中以莎草科和禾本科的种数最多；湿生植物 16 种，其中以莎草科和禾本科的种数最多；沉水植物 10 种，其中以眼子菜科的种数最多；浮叶植物 8 种，以菱科植物为主；漂浮植物 8 种，主要为浮萍科。太湖水生生物主要包括浮游植物、浮游动物、底栖动物、鱼类、水生植物等；依据《2019 太湖健康状况报告》[7]，2019 年春季（5 月）和夏季（8 月）太湖水生植物分布面积分别为 327 km² 和 332 km²，主要分布在东太湖、东部沿岸区和贡湖，其中春季出现频次较高的种类主要为穗花狐尾藻、菹草和金鱼藻，夏季为穗花狐尾藻、苦草和金鱼藻；"十三五"期间太湖沉水植被、挺水植被面积总体呈增加趋势[8]。

1.2.3 河湖水生态健康评价

自 2008 年以来太湖流域每年组织发布太湖健康状况报告，2016—2019 年太湖健康状况报告显示太湖稳定处于亚健康水平，主要是浮游植物数量、浮游动物生物损失指数、鱼类生物损失指数等指标得分偏低。依据《太湖生态安全调查与评估》[9]，目前太湖生态安全指数为 65 分，基本处于较安全状态。太湖流域江苏、浙江、上海等省（市）也相继出台了相关评估技术指南，开展了河湖水生态健康评价工作。

1.3 水资源状况分析

1.3.1 水资源总量

太湖流域多年平均水资源总量 176 亿 m³。2019 年太湖流域年降水量 1 262 mm，流域水资源总量 225.6 亿 m³，平均产水系数 0.48。其中，地表水资源量 204.1 亿 m³，地下水资源量 44.1 亿 m³。降水偏多导致近十年流域水资源总量总体高于多年平均值，其中以 2016 年、2015 年最高，分别达 439.2 亿 m³、342.4 亿 m³。

1.3.2 水资源开发利用

与流域经济社会用水需求相比，太湖流域本地水资源明显不足，流域总用水量远大于流域本地水资源量，用水不足部分主要依靠从长江直接取水、沿江口门引水和上下游重复利用弥补。2019 年太湖流域用水总量 338.7 亿 m³，较 2015 年减少 0.8%；用水结构方面，生活用水占 10.0%，生产用水占 89.2%，生态环境补水占 0.8%，与 2015 年相比，生活用水占比增加 0.9%，生产用水占比减少 1%，生态环境补水占比增加 0.1%。2019 年流域人均综合用水量 549 m³，较 2015 年减少 3.5%；万元国内生产总值（当年价）用水量 35 m³，较 2015 年减少 31.4%；万元工业增加值（当年价）用水量 62 m³，较 2015 年减少 26.2%。

1.3.3 生态流量（水位）保障

依据水利部相关文件，太湖流域已列入全国生态流量保障重点河湖名录的有太湖、黄浦江、淀山湖、元荡、苏南运河、长荡湖、澄湖、阳澄湖、西苕溪等 9 个，其中有 6 个水体明确了生态流量（水位）保障目标，分别为太湖最低生态水位 2.65 m，黄浦江松浦大桥断面敏感生态流量 90 m³/s，苏南运河镇江段丹阳断面生态水位 3.2 m，苏锡常段枫桥断面生态水位 2.7 m，西苕溪港口水文站断面最低生态水位 2.59 m（1985 国家高程基准），淀山湖、元荡最低生态水位 2.25 m（吴淞吴淞基面）。目前，《太湖生态水位保障实施方案》《黄浦江生态流量保障实施方案》已印发实施，《淀山湖、元荡生态水位保障实施方案》已编制完成。

1.4 水环境风险分析

1.4.1 突发性水环境风险

流域内不同类型水源地面临不同的突发性水环境风险。太湖水源地存在受蓝藻暴发影响的风险；长江沿线水源地受长江中下游地区临沿江化工企业密布、长江口水域航线密集等影响，发生船舶碰撞事故、溢油和化学品泄漏事故的风险较高；太浦河沿线水源地易受企业排污、船舶泄漏、航运污染等突发事故影响；嘉兴等河网地区河道型水源地水质季节性波动较大；湖州、杭州等水库水源保护区内存在村庄、农田、交通穿越等潜在风险。部分农村饮用水水源地在管理上存在薄弱环节。

1.4.2 累积性水环境风险

在外源输入没有得到有效控制的情况下，太湖内源污染不断积累，造成太湖底泥存在累积性风险；太湖 0~30 cm 深度区间底泥中，有机污染底泥主要分布在竺山湖、贡湖北部、湖心区靠近竺山湖与梅梁湖处、西部沿岸区局部地区、南部沿岸区局部地区以及东太湖和东部沿岸区；太湖宜兴沿岸局部点位存在重金属污染风险，主要风险指标为镉。淀山湖表层底泥总体处于中度-严重污染，具有明显的总磷释放特性。其他部分河湖存在底泥重金属累积性风险，如京杭运河总体表现为铜、锌、镉复合污染，新孟河表现为铅污染，德胜河表现为镉污染，长荡湖表现为镉污染，湖州市德清县余英溪表现为铬、镍、锌复合污染等。

2 太湖流域水生态环境保护存在问题及成因分析

虽然近年来太湖流域水生态环境保护工作取得了明显成效，但是与"美丽中国"的建设要求相比，仍有不小差距。

2.1 流域水环境形势依然严峻，氮磷超标问题突出

2.1.1 太湖总磷浓度高位波动，水环境治理瓶颈凸显

太湖入湖河道控制浓度不达标、入太湖污染物总量仍远超湖体纳污能力。太湖总磷浓度经历了"先降后升"的过程，2006—2010 年总磷浓度下降明显，2011—2014 年呈波动状态，而 2015—2017 年则呈现逐步上升趋势，2018—2020 年相比 2017 年有所下降，但仍处于高位。2020 年太湖高锰酸盐指数、氨氮、总氮均已达到《太湖流域水环境综合治理总体方案修编》2020 年目标，但总磷浓度超出 2020 年目标（0.05 mg/L）54%，距离国家控制目标尚有较大差距，总磷治理瓶颈凸显，治理难度较大。究其原因[3,10-11] 有以下几点：一是流域农田种植、畜禽养殖、水产养殖等面源污染治理不到位，导致河网及入湖河道总磷含量高；二是入湖河流总磷平均浓度高于太湖水体平均浓度，超出水体自净能力，且逐年总磷净入湖量持续累积；三是蓝藻水华与湖泊总磷循环之间存在反馈机制，蓝藻频发加快湖体磷循环，增加水体总磷含量；四是湖泊生态系统退化，湖体对磷的吸收转化能力下降。

2.1.2 河网水质持续向好但基础仍不稳固，部分断面水质难以稳定达标

流域河网部分断面水质不稳定、易反弹，个别月份、个别指标存在超标隐患。省控断面或市控断面仍存在劣 V 类断面，部分地区甚至出现黑臭水体反弹现象，部分断面夏季溶解氧超标现象比较突出。主要成因如下：一是流域内结构性污染仍然存在，工业废水排放量较大；二是城镇污水厂配套管网不完善，存在雨污混接、支管网建设滞后等现象，导致城镇污水处理设施效能不能有效发挥，部分地区污水厂处理能力不能满足地区污水增量和初雨截流纳管增量要求，据相关统计，江苏省太湖流域城镇生活污水实际接管率为 77.6%；三是农业面源污染面广量大[12]，但农业面源污染控制基础较为薄弱，缺乏有效防控手段，汛期或稻田退水、夏季养殖冲塘水排放等易造成部分断面水质季节性波动；四是农村生活污水收集处理能力不足，设施运维水平有待提高，部分农村仍存在生活污水直排现象；五是船舶污水排放监管难度大，港口、码头、装卸站船舶污水设施处理能力普遍不足；六是气温升高、洪水影响等原因造成水体中饱和溶解氧浓度降低。

2.2 河湖富营养化现象普遍存在，水生态系统退化明显

2.2.1 流域湖泊普遍存在富营养化问题，蓝藻水华时有发生

目前，太湖营养过剩的状况没有根本扭转，"藻型"生境尚未改变，蓝藻水华暴发态势也尚未得到完全控制，暴发大面积蓝藻水华的潜在风险仍然存在，表现为藻密度升高、暴发面积加大、暴发时间延长，发生强度上升，西北部湖湾、西部沿岸区和湖心区等仍将是蓝藻水华主要发生水域。"十三五"期间太湖年均藻密度比"十二五"上升 50%左右，特别是夏季湖体藻密度月均值长期处于高位；2017 年、2019 年、2020 年大面积蓝藻水华（超过湖体面积 10%）暴发次数分别高达 37 次、27 次、22 次，远高于 2009—2016 年平均 10 次的水平。淀山湖、滆湖、长荡湖等也存在蓝藻水华暴发风险。淀山湖于 2017—2020 年 7 月发生蓝藻水华 30 余次；滆湖在 2019 年之前蓝藻水华出现次数较少，夏季只有零星水华出现，但 2019 年夏季出现了蓝藻大规模聚集、发黑发臭现象；长荡湖虽尚未出现蓝藻水华暴发迹象，但营养指数较高，蓝藻水华暴发防控工作不容忽视；昆承湖、澄湖等湖泊也处于轻度富营养化状态。

2.2.2 水域湿地面积大幅萎缩，河湖生态系统退化明显

受水体污染、水域湿地面积减少等多种因素影响，流域水生态系统呈现退化态势，生物多样性受到破坏，水生生物栖息地遭到一定程度破坏，河湖水生态系统健康状况不容乐观。2015 年太湖沉水植物因过度收割面积骤减，近 5 年来虽有所恢复，但短期内难以恢复至原有水平，健康的水生植物群落结构尚未形成，同时浮游植物和底栖动物生物多样指数相对较低，鱼类小型化、低值化趋势明显。淀山湖、元荡、滆湖环湖岸线局部受侵占，湖泊生态自净功能退化，沉水植物大面积消退，土著鱼类种类减少。城市河道普遍多为硬质驳岸，河滨带消失，郊区及城镇河道生态缓冲带受侵占，水下"荒漠化"现象较为普遍，水体自净能力较差。此外，水生态评价标准及相关规范尚未形成完善的体系。

2.3 生态流量保障工作尚处于起步阶段，区域再生水利用不足

2.3.1 生态流量保障工作尚处于起步阶段

由于河湖生态保护对象多、不精准，生境类型多样，生态需水要求不尽相同，以及不同河湖生态目标、基础数据情况不同等，河湖生态流量保障目标确定工作复杂、难度大。目前，太湖流域生态流量保障工作尚处于起步探索阶段。流域内已列入全国生态流量保障重点河湖名录的长荡湖、澄湖、阳澄湖及其他地方重点河湖的生态流量（水位）保障目标尚处于研究制定中。此外，相较于太湖流域密布的河网，目前纳入生态流量保障管理的河湖覆盖度相对不高，且存在生态流量（水位）管控权责如何划分、管控措施如何落地见效、如何考核监管等问题。

2.3.2 区域再生水利用不足

太湖流域是我国最大的综合工业基地之一，目前流域再生水利用率相对较低。再生水利用主要停留在企业层面，多因为行业准入和节水要求，企业自主实施的节水措施。但由于缺乏政策法规的引导，企业在管网建设和投资方面缺少动力和相应责任，主要由政府主导，仅有个别工业园区在再生水厂周边铺设输水管网，向临近企业供应再生水。再生水管网建设不完善，加上工业园区层面缺乏有效的统一协调模式，尚未在园区层面形成产业链形式的再生水利用。再生水利用及管理仍缺乏不同用途情景下的环境健康安全要求、配套管理措施、水质监管措施等。各地污水处理厂尾水人工湿地建设比例较低，再生水利用不足，生态补水少。

2.4 饮用水安全保障存在隐患，水生态环境风险防范压力大

2.4.1 饮用水水源地存在潜在风险，饮用水安全保障仍有隐患

近年来，太湖总磷浓度高位波动，蓝藻水华频发，给太湖水源地水质安全带来潜在风险，太湖贡湖沙渚、贡湖锡东、贡湖金墅湾、渔洋山、镇湖（上山）水源地等部分时段存在总磷超标现象，且蓝藻水华一旦大面积暴发，引起的湖泛、释放的藻毒素等都将对水源地供水安全产生严重威胁。常州市金坛长荡湖涑渎水源地、武进滆湖应急水源地也存在部分时段总磷超标现象。太浦河金泽水源地受上游来水影响较大，存在较高的化学品、油品泄漏等突发性污染风险。长江沿线水源地发生船舶碰撞、溢油和化学品泄漏事故的风险较高，枯水期咸潮入侵也对长江口水源地产生威胁。其他部分水源地因保护区内有道路交通穿越、陆域污染治理不到位等原因，存在不同程度的安全风险。

2.4.2 水生态环境风险防范压力大，存在不稳定因素

石化、化工、医药、纺织、印染等高风险、重污染企业沿长江分布较为密布，沿江排污口影响附近水域水质，间接对沿江地区造成不利影响；太湖一级保护区还存在少数化工企业，是影响太湖水生态环境安全的潜在风险；太浦河区域纺织、印染、化工等高污染企业居多，大量使用化学原料，存在化工品泄露的风险；流域内河湖底泥的重金属累积性风险底数尚不掌握；影响人体健康的持久性污染物、新型污染物等潜在隐患也需要引起关注。

3 太湖流域水生态环境保护面临形势分析

太湖流域作为多个重大国家战略的交汇点，处在追求更高水平、更高质量发展的关键阶段，人民群众对持久水安全、优质水资源、健康水生态、宜居水环境、先进水文化有着更高的需求[13]，流域水生态环境保护工作面临着重大挑战和发展机遇。

（1）"美丽中国"建设，迫切需要太湖流域经济社会高质量发展，促使经济社会发展同生态环境承载力相协调。

"美丽中国"建设强调把生态文明建设放在突出地位。太湖流域工业发达，城镇化水平高，污染排放总量大，生态环境负荷较重，经济社会发展与环境承载能力之间的矛盾依旧突出，流域污染排放总量仍远超水环境承载能力的情况没有根本改变。"十四五"时期，太湖流域要坚持走生态优先、绿色发展之路，促进经济社会发展全面绿色转型，从源头减少物质、能源消耗和环境影响，促使经济社会发展同生态环境承载力相协调，促进经济社会在实现高质量发展上不断取得新进展，推动经济社

与生态文明高质量协调发展。

（2）人民群众对美好生活的向往，迫切需要太湖流域整体推进水生态环境保护，构建"三水统筹"的保护格局。

流域本地水资源量有限，水质型缺水问题突出，优质水用水需求随经济社会发展不断增加，但污染排放总量较大，污水收集处理能力相对不足，饮用水水源地安全存在潜在风险，加之河湖生态系统功能退化，生物多样性减少，公众满意度不高。"十四五"时期，太湖流域要积极回应人民群众所想、所盼、所急，整体推进水生态环境保护，构建水环境、水生态、水资源"三水统筹"的保护格局，继续"保好水""治差水""增生态用水"，大力推进美丽河湖建设，用"让老百姓一直喝上放心水"及"清水绿岸、鱼翔浅底"的美好景象来增强人民群众的获得感、幸福感、安全感。

（3）生态环境治理体系和治理能力现代化建设，迫切需要太湖流域创新水生态环境保护管理体制机制制度，形成流域协同治水新格局。

坚持和完善生态文明制度体系是实现生态环境领域治理体系和治理能力现代化的重要保障。太湖流域属典型的平原河网地区，必须加强河流上下游、左右岸协同治理，坚持水岸同治，深化跨区域、跨部门联防联控，才能有效推动流域水生态环境根本好转。目前，流域水污染防治管理体制仍以行政区域管理为主，导致各行政区污染责任不清、污染物排放量超过流域环境容量等问题难以协调，跨界水污染问题难以有效解决。"十四五"时期，太湖流域要创新水生态环境保护管理体制机制，实行最严格的生态环境保护制度，健全生态保护和修复制度，严明生态环境保护责任制度，推动形成流域内各省市和国家相关部门协同融合开展太湖流域水生态环境保护工作的新局面。

4 建议

"十四五"时期及今后一段时期，太湖流域水生态环境保护应以习近平生态文明思想为指导，坚持以人民为中心，贯彻新发展理念，以水生态环境质量为核心，以污染减排和生态扩容为重要抓手，坚持山水林田湖草系统治理，坚持水环境治理、水生态保护和水资源利用"三水统筹"，坚持流域一体化的管理思路，创新机制体制，着力解决群众身边突出的水生态环境问题。

（1）坚持问题导向，系统推进工业、农业、生活、航运污染治理、河湖生态流量保障、生态系统保护修复和风险防控等各项任务。在水环境方面，深化污染治理，持续提升水质，加强饮用水水源地保护，全面深化水环境风险防控；在水生态方面，坚持保护优先、自然恢复为主，持续加强水生态保护与修复；在水资源方面，坚持节约优先，保障生态用水，完善区域再生水循环利用体系。

（2）坚持因地制宜，针对太湖、湖西区、浙西区、长三角生态绿色一体化发展示范区、大运河文化带等重要河湖水体及重要区域，系统规划针对性的任务措施。太湖以水生态保护和修复为核心，稳妥有序开展生态修复，科学推进湖泊内源污染治理，持续加强蓝藻水华防控；湖西区、浙西区等太湖上游地区深入开展控源截污及水源涵养，打造绿色生态屏障，突出农业面源污染治理，减少入太湖污染负荷，提升环湖河流入湖水质；长三角生态绿色一体化发展示范区以太浦河"清水绿廊"建设及以淀山湖、汾湖、元荡等跨界河湖保护为重点，完善联防共保机制；京杭运河段积极治理运河船舶污染，加强运河绿色航运及生态环境保护修复，促进生态环境保护和文化传承相互融合。

（3）坚持协同共治，注重流域与地方联动，聚焦系统性、区域性、跨界性突出水生态环境问题，全面探索区域联动、分工协作、协同推进、合作共赢的水生态环境共保联治新路径，严守"确保太湖饮用水安全、确保太湖不发生大面积湖泛"底线，推动流域水环境质量持续改善、生态持续恢复，把太湖治理打造成全国生态文明建设的样板工程，为全国湖泊治理提供太湖模式，不断提升太湖流域水生态环境治理体系和治理能力现代化水平，推动太湖流域生态文明建设实现新进步，以生态环境高水平保护推进流域经济社会高质量发展。

参考文献

［1］吴浩云，陆志华．太湖流域治水实践回顾与思考［J］．水利学报，2021，52（3）：277-290.

［2］李国英．调研太湖流域治理管理工作［J］．中国水利，2021（8）：5.

［3］蔡梅，王元元，龚李莉，等．新一轮太湖流域水环境综合治理的思考和建议［J］．水利规划与设计，2021，4（2）：4-6，45.

［4］马乐宽，谢阳村，文宇立，等．重点流域水生态环境保护"十四五"规划编制思路与重点［J］．中国环境管理，2020，12（4）：40-44.

［5］叶春，李春华，陈小刚，等．太湖湖滨带类型划分及生态修复模式研究［J］．湖泊科学，2012，24（6）：822-828.

［6］刘倩，李超，徐军，等．太湖流域湖荡湿地水生植物的分布特征［J］．中国环境科学，2020，40（1）：244-251.

［7］水利部太湖流域管理局．太湖健康状况报告（2019年）［R］.2020.

［8］中国科学院南京地理与湖泊研究所．2019年太湖水生高等植被遥感调查报告［R］.2019.

［9］太湖流域东海海域生态环境监督管理局，太湖流域管理局水利发展研究中心，中国科学院南京地理与湖泊研究所，中国水产科学研究院淡水渔业研究中心．太湖生态安全调查与评估［R］.2021.

［10］吴浩云，贾更华，徐彬，等．1980年以来太湖总磷变化特征及其驱动因子分析［J］．湖泊科学，2021，33（4）：974-991.

［11］翟淑华，周娅，程媛华，等．2015—2016年环太湖河道进出湖总磷负荷量计算及太湖总磷波动分析［J］．湖泊科学，2020，32（1）：48-57.

［12］陆沈钧，姚俊，曹翔．浅析太湖流域农业面源污染现状、成因及对策［J］．水利发展研究，2020，20（2）：40-44，53.

［13］贾更华，戴晶晶，吴亚男，等．新发展阶段太湖治理与保护关键问题探讨［J］．中国水利，2021（5）：24-27.

许家崖水库水源地生态保护措施应用效果分析

王 冬

（山东临沂水利工程总公司，山东临沂　276006）

摘　要： 水源地生态保护是落实最严格的水资源保护制度的重要举措，本文以许家崖水库生态治理为样本，分析了入库河涧生态设施、库滨带生态拦截工程、预防隔离设施、库周深沟及洼地修复工程、分级设置联锁式护坡、自嵌式鱼巢砌块生态护岸、格宾网石笼挡墙等多种集成形式的优点。通过采取一系列工程措施，削减入河污染物负荷、净化水质、拦截并减少了面源污染，保障了水库饮用水水源地水质，改善了水生态和水环境，保障了水质安全，从而改善居民的生活环境，增加河道的亲水性，水源地生态涵养能力和水质标准得到提高，对同类工程水生态保护有借鉴意义。

关键词： 生态修复；保护措施；水质安全

1　工程基本概况

许家崖水库是饮用水水源地，临沂市第二水源地。2018 年 1 月开始实施水源地生态保护工程，2020 年 1 月全面完工。工程的实施营造了从上游河道到水库岸线自上而下形成水源涵养林、库滨植物带、人工湿地等点点相连营建植被与水相依健康完整的水生态系统。

本工程主要包括水源地标准化建设、生态修复与保护工程、村居道路硬化、旱厕改造、农村垃圾处理工程、能力建设工程、红花峪小流域治理及环保及水保工程（见图 1）。项目总投资 2.94 亿元，工程沿水库长 96 km，涉及 5 个乡（镇，街道），共 103 个村庄。

图 1　工程完成后的局部实景

2　主要建设内容

2.1　水源地标准化建设工程

2.1.1　安全防护网

为了更好地保护水源地，防止居民及牲畜活动对地表饮用水水源地造成破坏，本工程沿许家崖水库饮用水水源地一级保护区边界建设隔离防护措施，隔离防护网结构设计按钢立柱和浸塑钢丝网格结构，采用统一的标准，规格高度 1.8 m，总建设长度为 12.6 km。隔离防护网采用低碳喷塑钢丝，分围网、立柱、围栏门三部分，颜色为草绿色，使整个网围栏设施既能起到防护作用，又起到美化环境

作者简介： 王冬（1982—），男，高级工程师，主要从事水利工程施工管理工作。

的作用。

2.1.2 宣传警示标志

在隔离防护网建设的同时，在人、畜活动频繁的区域设立宣传警示标志。警示牌设置在水源地取水口旁边，临近道路地段，平均每千米设置 2 套，许家崖水库饮用水水源地保护区共设置大型宣传警示牌 98 处、小型宣传警示牌 12 处、界桩 192 个。

2.1.3 雨水收集系统

雨水收集系统主要是指雨水和危化品收集的整个过程，目的是净化雨水和收集危化品，防止污水和有害化学品流入水库。本工程在 15 座跨库桥设置雨水收集系统 19 处。

2.1.4 跨库桥防侧翻设施与防撞护栏

防侧翻设施与防撞护栏主要用于高速公路、乡（镇）公路、河道、国家一二级公路机动车安全防护、减速撞击、安全隔离，本工程共设置跨库桥防侧翻设施 19 处，共计防撞护栏 2 668 m。

2.2 生态修复及保护子工程

为保障饮用水水源地水环境质量达标，在饮用水源地二级保护区内实施水源涵养林种植和植草修复，涵养水源并作为地表径流入河的缓冲带；库滨带种植水生植物，恢复生态系统，降解污染物、净化水质；新庄河等入库段进行生态护岸工程，生态与防洪排水相结合，完善河道生态环境。

2.2.1 水源涵养林及植草修复工程

在保护区内进行水源涵养林种植及植草修复，用以坚固土壤和减少水土流失量。水源涵养林建设采用耐贫瘠、耐干旱的速生本地树种，如垂柳、竹柳、中山杉、水杉等。水源涵养林种植面积为 24 万 m^2。水源保护区靠近库岸带以植草修复为主，植草植被选用本地生长的地被物种（山麦冬、狼尾草、马尼拉、黄花萱草、千屈菜等），保证植草的成活率及适应性，植草面积为 18 万 m^2。

2.2.2 人工湿地工程

为有效拦截面源污染，在入库沟汊、河汊等主入库口，设人工湿地，建设总面积 18.24 万 m^2。

2.2.3 生态护岸工程

生态护岸不仅具有抵御洪水和水土保持的能力，还可以调节地表水和地下水的水文状况，使水循环途径发生变化，生态护岸在水陆生态系统之间架设了一道桥梁，对两者间的微生物和动植物交流发挥着廊道、过滤器和天然屏障的功能。生态护岸可以增强水体的自净功能，改善水源地水质，在治理水污染、控制水土流失、加固堤岸、增加动植物种类、提高生态系统生产力、调节微气候和美化环境等方面都有很大的作用。生态护岸带既具有生态学的特性，又具有力学和社会经济特性，本工程生态护岸工程形式多样，总长度为 12.2 km。其中，包括格宾网生态护岸工程 10.2 km，浆砌石生态挡墙工程 0.7 km，预制混凝土联锁块护坡工程 1.0 km，植草砖护岸 0.1 km，自嵌式生态鱼巢砖和格宾网联合挡土墙护岸 0.2 km（见图 2）。

2.2.4 生态清淤工程

项目区内新庄河等河槽淤积情况严重，淤泥释放污染物质影响入库河流水质。本工程对新庄河进行清淤，清除底泥，减少污染物，保障入库水质。本项目生态清淤合计清淤量 30.51 万 m^3（包括围堤 27 处、新庄河 1 处）。

2.2.5 库滨带植物种植构建工程

本工程在许家崖水库入库河流附近库滨带构建原位生态净化系统，对水库水体进行深度净化。工程主要根据水域水深和水质的差异，有区别地构建不同类型的水生植物群落，形成水下森林系统，重构和强化由水生植物、鱼类、底栖动物、微生物等构成的水体自净功能系统，在净化上游来水的同时，恢复水域自然的水体景色。整个水生态系统建设主要为水生植被恢复。

本工程选择的水生植物有芦苇、芦竹、菖蒲、荷花、再力花、香蒲、睡莲、黄菖蒲、黄花鸢尾等水生植物，总种植面积 4.8 万 m^2。

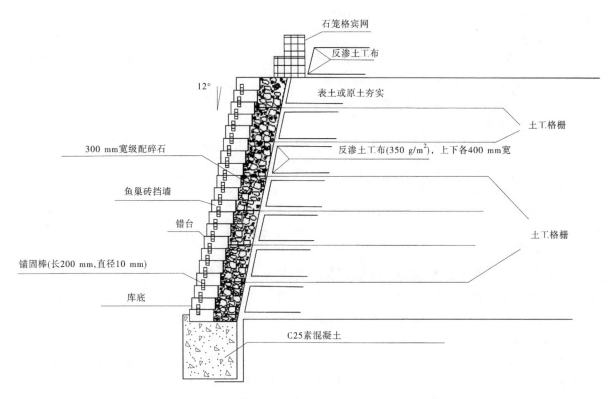

图 2　鱼巢砖与格宾网联合挡土墙断面

2.2.6　村庄道路工程及旱厕改造、农村垃圾处理工程

库区沿岸 5 个乡（镇）旱厕改造工程共完成 4 250 处，村居道路硬化工程共完成 53. 44 万 m^2，农村垃圾处理工程钢制集装箱 88 套，垃圾装运设备 5 套。

2.2.7　红花峪小流域治理

红花峪小流域治理范围为 24. 2 km^2，治理范围主要涉及水库南部水域，主要治理内容为封禁治理、因地制宜建设水保林、对现有梯田进行整修和综合护坎，建设经济林、新建蓄水堰坝、新建蓄水池、新建以坝代路、新建生产路等。

2.3　能力建设工程

2.3.1　系统概况

工程建设智能监测系统 1 套，建设位置位于水库管理处东侧。本项目分析仪表的安装集成采用一体化机柜方式，各监测仪器、数据采集器、电气控制设备皆安装在机柜内。每个分析单元的 4～20 mA 输出信号直接输入到控制系统中的模拟量输入模块，通过程序和上层软件与数据库的数据采集和存储，实现了多路分析结果的数据采集。

2.3.2　监控站点及监测指标

能力建设工程完成主要工程量：固定监测站 4 个，移动式水质监测站 3 套，基础资料收集处理及数据库建设 1 套，系统框架搭建 1 套，水源地保护工程指挥综合信息系统 1 套，库河联合调度决策支持系统 1 套，移动工作平台 1 套，公众汛情发布 1 套。

每个固定监测站设置水质自动监测系统各 1 套，选择合适地形配套建设设备间 1 处，用于安装在线监测仪器，固定式水质自动监测系统项目涵盖本项目各项主要考核指标，即高锰酸盐指数（COD_{Mn}）、总磷（TP）、总氮（TN）、氨氮（NH_3-N）、溶解氧（DO）、pH 值等（见表 1）。移动式水质监测站点设置有浮标平台，每个移动式监测站点设置的监测系统主要考核指标包括水温、pH 值、电导率、溶解氧、浊度、COD_{Cr} 等（见表 2）。

表 1　固定式自动监测站位置及监测指标

序号	监测站位置	监测指标
1	大王庄	水温、pH 值、电导率、溶解氧、浊度等常规五参数，以及 COD_{Mn}、氨氮、总磷、总氮
2	仙人岛	
3	新庄姜家岭	
4	梁家峪	

表 2　移动式自动监测站位置及监测指标

序号	监测站位置	监测指标
1	新庄河入库口	溶解氧、pH 值、电导率、水温、氨氮、浊度等常规六参数，以及 COD_{Cr}
2	温凉河入库口	
3	许家崖水库出水口	

2.3.3　设备

监测分析单元负责完成水样的监测分析工作。水质自动监测仪器是水质自动监测系统中最重要的部分。常规五项参数包括水温、pH 值、电导率、溶解氧、浊度等五参数，五参数可集成在一个仪表中，即常规五参数分析仪。多参数分析仪包括溶解氧、pH 值、电导率、水温、氨氮、浊度等六参数。监测高锰酸盐指数分析仪，主要适用于饮用水和地表水，用于评估水体中有机物的含量。用氨氮分析仪、总磷总氮监测仪监测氮、磷污染物，是评价水体富营养化的一个重要指标。

2.3.4　水质监测设备安装调试

采样系统采取双泵/双管路采水方案，一采一备，满足实时不间断监测的要求，并且当一路出现故障时，能够自动切换到另一路进行工作，保证整个系统的正常运行。采样点由可移动浮筒及水泵组成，浮筒通过 3 组地锚进行固定。采水管路均使用优质的保温材料对室外管路进行保温处理，减少环境温度对水样温度的影响。

2.3.5　水质监测运行情况

许家崖水库水质监测站对当前水域 COD_{Mn}、氨氮、总磷、总氮及常规五参数（水温、pH 值、电导率、浊度、溶解氧）进行监测，采取间隔运行模式，每 4 h 对当前水质进行一次检测。表 3 是截取的 4 号站近期部分监测数据。

表 3　固定监测站（4 号）监测数据

时间 （年-月-日 T 时：分）	pH 值	水温/℃	溶解氧/（mg/L）	电导率/（S/m）	浊度/NTU	高锰酸盐指数	总磷/（mg/L）	总氮/（mg/L）	氨氮/（mg/L）
2021-07-30T12：07	8.96	27.43	7.60	305.76	22.621	7.5576	0.0648	0.5785	0.28
2021-07-30T16：07	9.00	27.26	8.13	306.08	26.551	7.5576	0.0541	0.2702	0.17
2021-07-30T20：07	8.90	27.17	7.78	307.37	31.811	7.5576	0.0580	0.6140	0.17
2021-07-31T00：07	8.76	26.97	6.86	309.59	33.744	7.5576	0.0422	1.0426	0.17
2021-07-31T04：07	8.78	26.76	6.90	307.30	36.645	7.5576	0.0604	0.3478	0.20
2021-07-31T08：07	8.98	26.96	7.79	305.71	36.653	7.5576	0.0567	0.5268	0.20
2021-07-31T12：07	9.57	29.22	11.05	300.73	37.637	7.5576	0.0579	0.3936	0.13
2021-07-31T16：07	9.71	29.30	11.81	298.78	39.805	7.5576	0.0474	0.3263	0.12

续表 3

时间 （年-月-日 T 时：分）	pH 值	水温/ ℃	溶解氧/ （mg/L）	电导率/ （S/m）	浊度/ NTU	高锰酸盐指数	总磷/ （mg/L）	总氮/ （mg/L）	氨氮/ （mg/L）
2021-07-31T20：07	9.79	29.14	12.37	293.88	42.577	7.5576	0.0467	0.4166	0.10
2021-08-01T00：07	9.68	28.55	11.49	284.56	43.539	7.5576	0.0497	0.3828	0.10
2021-08-01T04：07	9.59	28.37	10.85	279.05	44.343	7.5576	0.0460	0.3036	0.11
2021-08-01T08：07	9.65	28.45	11.06	280.34	43.537	7.5576	0.0465	0.8317	0.10
2021-08-01T12：07	9.85	29.64	12.76	270.26	45.675	7.5576	0.0465	0.3624	0.08

3　工程建设的意义

许家崖水库作为饮用水源地，随着经济社会发展的不断加快，人民群众对生活质量要求的不断提高，各级政府和广大群众对城市饮用水的质量安全和水源地建设、保护、开发越来越关注，水源地保护面临着区域保水、护水与经济社会协调发展的问题。许家崖水库水源地生态保护工程既为水源地"输血"，又为水源地培养"造血"功能，推动水源地实现"生态""保水""富民"水生态环境，其主要意义如下：

入库河涧增设生态型滚水坝；库滨带以坝带路生态拦截工程；预防隔离设施在一级保护区全覆盖；将现有库周深沟及洼地修复为生态塘；水流湍急处采用改良联锁式护坡；生态护岸采用自嵌式鱼巢砌块；格宾网石笼挡墙结合地形地貌采用 5 种形式的集成。这一系列工程措施实施后，拦截并减少了面源污染，保障了许家崖水库饮用水水源地水质，削减入河污染物负荷、净化水质，改善了水生态和水环境，保障了水质安全，从而改善了居民的生活环境，增加了河道的亲水性，有利于生态环境保护和水土保持。对推进生态文明建设和经济社会可持续发展具有战略意义。

4　工程建设取得的效益

通过重要饮用水水源地生态保护、环境治理和生态修复等措施，水源地周围的环境及生态得到有效的保护与恢复，生态系统越来越稳定和健康。随着植被覆盖率的提高，区域水土保持的效果明显，小气候得到了改善，生态多样性不断增加，水源地周边抵御外界自然风险的能力得到了加强，取得了可观的生态效益。

水源地保护工程的建设经济效益主要包括直接经济效益和间接经济效益两部分。直接经济效益方面，水源地保护各项措施实施后，增强供水量供应的稳定性，将极大地促进当地农牧业、工业及第三产业的发展。间接经济效益方面，通过水源地保护建设，不仅可改善地区用水情况，保障居民饮水安全，同时将降低水环境的风险，生态环境质量得到提高，可创造生态价值、生物价值等，区域丰富的生态系统多样性，在科研和学术上都有较高价值，因此由水源地环境质量的改善所产生的间接经济效益是非常可观的。

许家崖水库水源地生态修复和保护创新种植规划设计，植物垂直分布、乡土植物为主、适当引入外来物种，促进生物多样性；采用生态净化技术，充分利用水生植物及微生物，通过植物吸附、土壤截留、微生物降解、交替氧化还原等措施，培育生物多样性，使水质进一步净化。提升植被覆盖率，治理水土流失，保障饮用水水源地供水安全，加快了社会建设步伐，提高了人民幸福指数，具有很好的社会效益。

与项目建设之前相比，在近四年水库出水口水质监测数据（见图 3）中可以看出，水库水质明显提高，已达到稳定Ⅲ类水质，年均增加生态环境效益 79%以上；通过对红花峪 24.2 km² 生态小流域治理，实现核桃、板栗等经济林创收，年均增加经济效益 568 万元；当地群众安居乐业，实现了社会

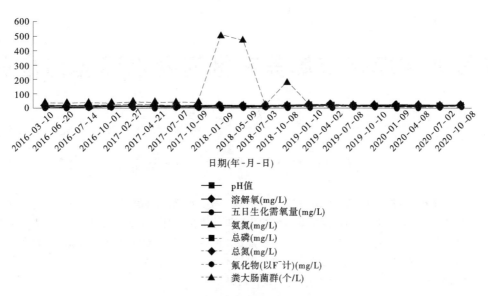

日期(年-月-日)

- ■— pH值
- ◆— 溶解氧(mg/L)
- ●— 五日生化需氧量(mg/L)
- ▲— 氨氮(mg/L)
- -■-- 总磷(mg/L)
- -◆-- 总氮(mg/L)
- -●-- 氟化物(以F⁻计)(mg/L)
- -▲-- 粪大肠菌群(个/L)

图 3　近四年水库出水口水质监测数据

效益的巨大提升，从而达到生态效益、经济效益、社会效益的"三统一"。

5　结语

通过实施水源地生态保护工程，营造了绿植与碧水相依，白云与青山交融，环库拦截堤与村居道路纵横交错，生态林与生态净化池错落有致的环境，交织出一幅幅美丽的画卷。许家崖水库水源地生态保护措施为水源地类似工程提供了样板，应用前景十分广阔。

参考文献

［1］倪艳芳，梁慧. "十二五" 期间黑龙江省城市饮用水水源地规范化建设研究［J］. 环境科学与管理，2018，43（11）：22-25.

［2］彭小玉，周理程. 湖南省典型农村饮用水水源环境状况调查与保护对策［J］. 安徽农业科学，2017，45（25）：83-85.

［3］安秀刚，王金莲，李亭亭. 加强饮用水水源地保护、保障供水安全［J］. 城镇供水，2020（4）：90-93.

EM 技术在净化密集养殖区河网水环境初步探索

董小涛　任　亮

（水利部综合事业局，北京　100053）

摘　要：生物除藻技术能有效解决水体的富营养化问题，减少水藻，去除异味，降解含有大量氮磷营养积累的底泥，净化水质。通过对 EM 技术净化密集养殖区河网水环境浮床覆盖率、水力负荷等参数试验分析，开展应用模式的原则、EM 投加量和投加方式的测试分析，提出了浮床覆盖率、投加量和投加方式的最优建议，为今后生物除藻技术应用提供了借鉴。

关键词：EM 技术；水环境；浮床覆盖率；投加量；投加方式

生物措施是以改善水质为目的的湖泊水生生物群落管理，水体富营养化主要是外源营养物质的大量输入引起藻类异常繁殖，进而使水质恶化的过程。生态系统恢复通过逐步恢复受损水体的生态系统的结构，在生产者、消费者、分解者等之间建立有效的食物链，促进系统的物质循环，进而恢复水体的功能，达到水体生态系统恢复的目的。目前，国内外水生态系统恢复的首要目标是恢复水体的水生植物，包括沉水植物、停水植物、浮游植物等。生物修复除藻剂是目前世界上先进的生物修复除藻产品，包括针对处理富营养化水体的十几种活性微生物和相应的酶，对水体中的水生生物、人类等不产生危害及副作用，微生物迅速激活与水中藻类竞争营养源，从而使藻类缺乏营养死亡，沉入水底，越来越多的微生物继续降解死亡藻类，直至将其消灭，使水体变清。

1　EM 技术净化密集养殖区河网水环境运行参数

通过在人工模拟河道中开展微生物联合植物浮床技术净化污染河水的动态模拟试验，探求微生物联合植物浮床技术对动态污染河水的净化效果，并确定较合适的水力负荷、浮床水面覆盖率等参数，为建立有效的污染河道水体净化技术提供借鉴。

1.1　浮床覆盖率对水质净化效果的影响

浮床水面覆盖率是浮床技术净化污染河水和改善水面景观效应的一个重要指标。在模拟河道的 5 个水槽中分别设置覆盖率为对照 0、10%、30%、60%、90% 的美人蕉浮床，设定水力负荷 1.0 $m^3/(m^2 \cdot d)$，通过测定各个覆盖率条件下的出水中 TN、TP、COD_{Mn} 及 DO 等水质指标来判断不同覆盖率对水质的改善效应（见表 1）。系统连续监测运行 7 d，最后结果取 7 次监测结果的平均值。

表 1　不同覆盖率条件下浮床净化效果研究

指标	进水水质	不同覆盖率情况下出水水质及造价				
		0	10%	30%	60%	90%
DO （mg/L）	1.98	3.05	2.91	2.01	1.03	0.49
TN （mg/L）	7.16	6.99	6.57	4.90	4.54	3.60
TP （mg/L）	0.51	0.47	0.41	0.33	0.27	0.22
COD_{Mn} （mg/L）	10.05	9.13	8.79	7.98	7.85	7.75
浮床造价 （100 元）	0	0.63	1.89	3.78	5.67	

植物浮床对污水中的 TD、TP 及 COD_{Mn} 的去除率都随着覆盖率的增加而增加，但是在覆盖率超

作者简介：董小涛（1978—），男，高级工程师，主要从事水文水资源方面的研究工作。

过 30%时，TP 及 COD_{Mn} 的去除率增加并不明显（见图 1）。在 30%覆盖率的水槽出水 DO 为 2.01 mg/L，与进水几乎一样，而 60%覆盖率及 90%覆盖率的水槽出水 DO 分别下降至 1.03 mg/L 和 0.49 mg/L，且已经严重破坏原有水面景观，所以为了使得植物浮床技术对污染河水有一定的净化效果，又与原有水面景观协调，综合考虑浮床覆盖率控制在 30%左右为宜。

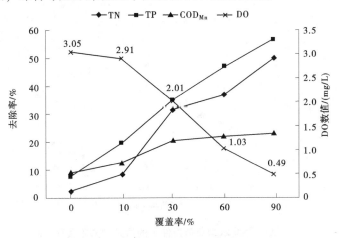

图 1　不同覆盖率对污染物去除率的影响

1.2　水力负荷对水质净化效果的影响

在浮床覆盖率为 30%的条件下，研究不同水力负荷下浮床对 TN、TP 及 COD_{Mn} 等污染物的去除率及去除负荷的影响。试验连续监测运行 7 d，以 7 次监测的平均值作为最后试验结果（见表 2）。

表 2　不同水力条件下进出水水质情况　　　　　　　　　　　单位：mg/L

水质指标	进水水质	不同水力负荷条件下的出水水质/ [m³/ (m²·d)]				
		0.25	0.5	1.0	1.5	2.0
TN	6.13	2.36	2.54	2.75	3.97	4.90
TP	0.42	0.13	0.13	0.16	0.25	0.32
COD_{Mn}	7.86	3.83	4.11	5.16	6.50	6.66

总体上，浮床对各污染物的去除能力为：TP>TN>COD_{Mn}，且随着水力负荷的增加，各污染物的去除率总体成下降趋势，TN、TP 在水力负荷小于 1.0 m³/ (m²·d) 时，去除率下降较慢，超过该水力负荷则迅速降低（见图 2）。

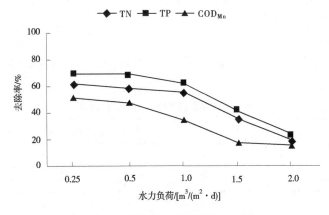

图 2　水力负荷对污染物去除率的影响

与去除率相比，在相同的时间内，较多污染物总量的去除更有益于降低河水的污染负荷（见图3）。在水力负荷小于 1.0 $m^3/(m^2 \cdot d)$ 时，水力负荷的增加在降低去除率的同时提高了去除负荷，但水力负荷大于 1.0 $m^3/(m^2 \cdot d)$ 时，水力负荷的增加却使去除率和去除负荷都降低，因此最优的水力负荷为 1.0 $m^3/(m^2 \cdot d)$。

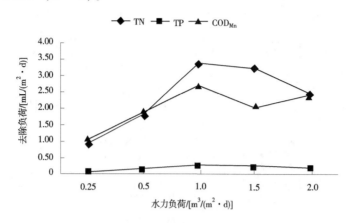

图 3　不同水力负荷条件下的污染物去除负荷

2　EM 技术净化密集养殖区河网水环境的应用模式

2.1　EM 技术选用原则

污染河流水质净化与生态修复技术的选择应在遵循河流治理总体原则的基础上，按照安全性、长效性、经济性、实用性、系统性和集成性紧密结合的方针，根据城市污染河流的现状、物理结构和生态系统的特点，制订技术上科学、工程上合理、经济上可行的综合技术方案。所选用的技术一般应满足以下条件：

（1）有较高的处理效率，能安全有效地去除污染河水中的污染物质。

（2）要有一定的持续性，能在较长时间内发挥作用。

（3）能较好地和城市河流原貌相结合，有一定的生态兼容性。

（4）建造和运行费用较低，能保证在城市污染河流中大规模推广使用。

（5）不影响城市河流的防洪功能。

2.2　EM 技术示范应用

结合在天然河道中开展生物–生态技术净化污染河水的初步试验，探求生物–生态技术在实际运用过程的水质净化效果及存在问题，提出生物–生态床技术在河道水环境治理中的应用示范模式。

2.2.1　EM 投加量对水质净化效果的影响

试验时采用了 1.0×10^{-5}（$V_{原液}/V_{废水}$）、1.5×10^{-5}（$V_{原液}/V_{废水}$）和 2.0×10^{-5}（$V_{原液}/V_{废水}$）三个 EM 投加量，每个工况试验连续运行监测 7 d，以 7 d 监测指标的平均值作为最终试验结果（见表3、图4）。

表 3　各监测点 COD_{Mn} 浓度监测值

微生物投加量	取样断面 COD_{Mn} 浓度/（mg/L）			
	A	B	C	D
EM = 1.0×10^{-5}（$V_{原液}/V_{废水}$）	9.31	8.36	7.67	7.55
EM = 1.5×10^{-5}（$V_{原液}/V_{废水}$）	9.45	7.57	7.25	7.22
EM = 2.0×10^{-5}（$V_{原液}/V_{废水}$）	9.37	7.44	7.22	6.99

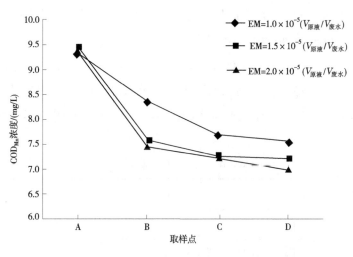

图 4　EM 投加量对 COD_{Mn} 净化效果的影响

随着 EM 投加量的增大，COD_{Mn} 的去除效果变好。当 EM 投加量为 $1.0×10^{-5}$（$V_{原液}/V_{废水}$），经过中试试验区的处理以后，COD_{Mn} 含量由 9.31 mg/L 降到 7.55 mg/L，去除率为 18%；但当 EM 投加量增至 $1.5×10^{-5}$（$V_{原液}/V_{废水}$）时，COD_{Mn} 含量由 9.45 mg/L 降至 7.25 mg/L，去除率增加了 5 个百分点，升高至 23%；EM 继续升高至 $2.0×10^{-5}$（$V_{原液}/V_{废水}$）时，EM 投量增加了 33%，COD_{Mn} 去除率仅升高了 2 个百分点，因此再继续增大 EM 投加量对 COD_{Mn} 去除效果增加有限。

2.2.2　EM 投加量对 TN 去除效果的影响

随着 EM 投加量的升高，试验区对 TN 的去除效果有大幅提高。当 EM 投加量分别为 $1.0×10^{-5}$（$V_{原液}/V_{废水}$）、$1.5×10^{-5}$（$V_{原液}/V_{废水}$）和 $2.0×10^{-5}$（$V_{原液}/V_{废水}$）时，对 TN 指标的去除率分别为 22%、30% 和 40%。TN 的去除效果与 EM 投加量有较大关系，因此当系统以 TN 为主要去除指标时，应注意增加 EM 的投加量（见表 4、图 5）。

表 4　各取样断面 TN 浓度监测值

微生物投加量	取样断面 TN 浓度/（mg/L）			
	A	B	C	D
EM = $1.0×10^{-5}$（$V_{原液}/V_{废水}$）	2.26	1.98	1.90	1.77
EM = $1.5×10^{-5}$（$V_{原液}/V_{废水}$）	2.11	2.01	1.89	1.66
EM = $2.0×10^{-5}$（$V_{原液}/V_{废水}$）	2.51	2.23	1.79	1.53

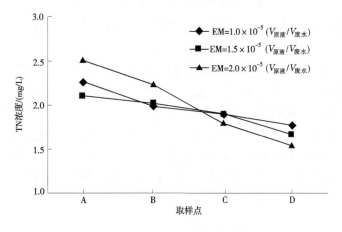

图 5　EM 投加量对 TN 去除效果影响

2.2.3 EM 投加量对 TP 去除效果的影响

在三种投加量情况下，试验区进水 TP 含量基本相同，但随着 EM 投加量的升高，试验区出水 TP 含量呈现明显的下降趋势，当 EM 投加量由 1.0×10^{-5}（$V_{原液}/V_{废水}$）增加至 2.0×10^{-5}（$V_{原液}/V_{废水}$）时，试验区出水 TP 含量由 0.14 mg/L 下降至 0.09 mg/L，降低了 40%。但就 EM 投加量由 1.5×10^{-5}（$V_{原液}/V_{废水}$）增加至 2.0×10^{-5}（$V_{原液}/V_{废水}$）时的情况来看，虽然由于进水 TP 的降低使得出水 TP 含量有一定下降，但其对 TP 的去除率却有所下降（见表 5、图 6），因此以 TP 为考察目标时不建议采用较高的投加量。

表 5　各取样断面 TP 浓度监测值

微生物投加量	各取样点 TP 浓度/（mg/L）			
	A	B	C	D
EM = 1.0×10^{-5}（$V_{原液}/V_{废水}$）	0.16	0.15	0.15	0.14
EM = 1.5×10^{-5}（$V_{原液}/V_{废水}$）	0.18	0.15	0.13	0.11
EM = 2.0×10^{-5}（$V_{原液}/V_{废水}$）	0.16	0.13	0.11	0.09

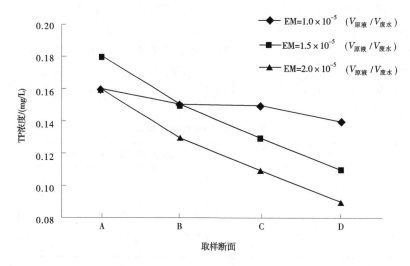

图 6　EM 投加量对 TP 去除效果的影响

EM 投加量的升高有利于 COD_{Mn} 的去除，但当投加量增加至 1.5×10^{-5}（$V_{原液}/V_{废水}$）后，再增加 EM 投加量时对 COD_{Mn} 去除效果的强化效果有限；随 EM 投加量上升 TN 去除率也快速上升，每增加 0.5×10^{-5}（$V_{原液}/V_{废水}$）的 EM 投加量可使 TN 去除率增加 10%；随 EM 投加量上升出水 TP 含量下降，但当 EM 投加量超过 1.5×10^{-5}（$V_{原液}/V_{废水}$）时，其对 TP 的去除效果反而下降。

2.2.4 EM 投加方式对水质净化效果的影响

将所需 EM 一次性投加，一般情况下单纯的 EM 后 7 d 内对水质的净化效果较好，7 d 后水质净化效果逐渐变差，因此考虑将 7 d 的河道平均流量作为所需 EM 一次投加的基数计算微生物的投加量；分段多次投加，将所需 EM 通过计量后，每天分别从 A、B、C 点均匀投加至试验区（见表 6~表 8）。

表 6 不同投加方式各断面 COD_{Mn} 检测结果

取样点	一次性投加		多次均匀投加	
	$COD_{Mn}/$ （mg/L）	去除率/%	$COD_{Mn}/$ （mg/L）	去除率/%
A	9.27	—	9.52	—
B	7.92	14.60	7.59	20.26
C	7.78	16.11	7.39	22.42
D	7.99	13.78	7.31	23.17

表 7 不同投加方式条件下各断面 TN 浓度监测值

取样点	一次性投加		多次均匀投加	
	TN/ （mg/L）	去除率/%	TN/ （mg/L）	去除率/%
A	2.30	—	2.2	—
B	1.84	20.06	1.4	34.97
C	1.72	25.22	1.2	45.79
D	1.78	22.47	1.2	44.94

表 8 不同投加方式条件下各断面 TP 浓度监测值

取样点	一次性投加		分段多次投加	
	TP/ （mg/L）	去除率/%	TP/ （mg/L）	去除率/%
A	0.16	—	0.18	—
B	0.15	6.25	0.16	11.11
C	0.13	18.75	0.14	22.22
D	0.14	12.50	0.13	27.78

一次性投加和多次均匀投加均能对 COD_{Mn}、TN、TP 取得较好的去除效果，但采用分段多次均匀投加时具有更好的去除效果，能维持 3 周左右时间，在实际应用时采用分段多次均匀投加的方式，可最大程度地发挥 EM 的净水作用。

3 结论

地表水环境的主要污染特征是水体富营养化、重金属、有毒有机物及有机污染，根据污染物的主要特点，通过在人工模拟河道中开展微生物联合植物浮床技术净化污染河水的动态模拟试验，探索浮床覆盖率对河水净化影响，分析了 EM 投加量、投加方式和附着方式等运行参数对 EM 技术在实际水体中净化水产养殖废水的效果，获得了最佳浮床覆盖率约 30%，EM 的最佳投加量为 1.5×10^{-5}（$V_{原液}/V_{废水}$），均匀投加方式为适宜投加方式，为 EM 技术在水产养殖废水处理上的推广和应用提供了有力的技术支持。

参考文献

［1］司晓光，张晓青，成玉，等．藻基 EM 菌剂在黑臭水体处理中的应用［J］．工业用水与废水，2021，52（4）：55-58.

［2］卢瑜，曾淼，田京枚，等．EM 菌技术治理不循环水体研究——以阿坝师范学院南湖水质为例［J］．现代农业科技，2020（16）：140-141.

［3］李维炯，倪永珍，张立功．EM 技术在不同领域的研究与应用［J］．西北园艺（果树），2016（2）：8-11.

［4］郑琴．刍议水环境保护和治理中的相关生态技术［J］．农业科技与信息，2019（3）：43-44.

［5］程磊．水环境保护技术的应用与展望［J］．科技传播，2016，8（18）：160，230.

［6］EM 有效复合微生物在水产领域的应用介绍［J］．水产养殖，2016，37（5）：55.

［7］倪永珍．EM 技术在中国［J］．西北园艺（果树），2016（2）：14-16.

基于均值和内梅罗综合污染指数法的岳城水库水质评价及分析研究

李志林　任重琳

（水利部海河水利委员会漳卫南运河管理局，山东德州　253009）

摘　要：本文采用单因子评价法、均值综合污染指数和内梅罗综合污染指数，选取岳城水库坝前水质监测断面，以总磷、氨氮、高锰酸盐指数3个监测指标作为综合污染指数的参评因子，对岳城水库库区水质状况进行评价，对比分析2019年和2020年水质变化，结果表明：岳城水库2019年水质状况明显优于2020年，主要超标污染物为总磷、氨氮和溶解氧，非汛期水质相对汛期明显较好。

关键词：岳城水库；水质评价；单因子；均值；内梅罗

岳城水库是海河流域漳河上的一座大（1）型控制性水利工程，位于漳河干流河北省磁县与河南省安阳县交界处，东经114°12′21.34″，北纬36°16′55.13″。岳城水库控制流域面积18 100 km²，占漳河流域面积的99.4%，总库容13亿 m³。岳城水库的主要任务是防洪、灌溉、城市供水，同时兼顾发电，是下游河北、河南、山东20余县市和京广铁路、京沪铁路及京港澳等数条高速公路等基础设施防洪的重要屏障。岳城水库作为河北省邯郸市和河南省安阳市的城市供水水源地，是海河流域55个重要饮用水水源地之一，已被列入《全国重要饮用水水源地名录》，同时也为两市及下游相关地区提供农业用水和生态用水。

目前，水利部门评价地表水水源地依据《地表水资源质量评价技术规程》（SL 395—2007），采用单项水质项目类别评价法，即单因子指数评价法。水质站水质类别执行《地表水环境质量标准》（GB 3838—2002）中的限值规定，按照所评价项目中水质最差项目确定。单因子指数评价以最大污染物的浓度指数进行水质类别评价，具有快速、简洁、突出的优点，对于管理者快速掌握水质状况，锁定污染物项目十分有利。但是，单因子评价法过于聚焦超标污染物，特别是超标倍数大的污染物，一方面不利于水资源质量的全方位反映；另一方面容易忽略指标的变化趋势，一定程度上的聚焦效应可能造成水资源过度保护。本文采用单因子指数评价法、均值综合污染物指数法和内梅罗综合污染指数法，分析评价岳城水库水质状况和变化趋势，力求全面、客观地反映水库水质，并对不同方法的评价效果进行比较。

1　数据来源

本文以2019—2020年岳城水库坝前水质监测数据为基础，根据岳城水库水功能区划水质Ⅱ类目标，水质评价执行《地表水环境质量标准》（GB 3838—2002）Ⅱ类的限值规定。

2　评价方法

2.1　单因子指数评价法

单因子指数评价法采用单监测项目污染指数表示，其值为某一水质监测指标的测定值与执行标准的相应水质类别的该项目的限定值之间的比值，其中pH值和溶解氧除外[1]。

作者简介：李志林（1989—），男，工程师，主要从事流域水资源水环境监测与评价工作。

单因子指数按式（1）计算：

$$P_i = \frac{C_i}{C_0} \tag{1}$$

式中：P_i 为单因子污染指数；C_i 为某一水质监测指标的测定值；C_0 为该项目的限定值。

单因子指数评价法中，$P_i > 1$，则水质不达标，其具体符合类别按单因子评价。

2.2 均值综合污染指数法

本文研究的均值综合污染指数法是指算术平均值的综合污染指数，是对水质的多指标综合评价，尽量规避了单一监测项目数据对水质综合评价的影响，同时降低了水质监测数据异常造成的整体评价误差。

均值综合污染指数按式（2）计算：

$$P = \frac{1}{n}\sum_{i=1}^{n} P_i \tag{2}$$

式中：P 为均值综合污染物指数；P_i 为单因子污染指数；n 为参与评价的监测项目个数。

均值综合污染指数的污染程度划分为：$P \leqslant 0.20$，水质好；$0.21 \leqslant P \leqslant 0.40$，水质较好；$0.41 \leqslant P \leqslant 0.70$，轻度污染；$0.71 \leqslant P \leqslant 1.00$，中度污染；$1.01 \leqslant P \leqslant 2.00$，重污染；$P \geqslant 2.01$，严重污染[2]。

2.3 内梅罗综合污染指数法

内梅罗综合污染指数法是当前国内外进行综合污染指数计算的最常用方法之一。该方法根据各监测项目的污染指数，计算综合污染指数。其特点是突出最大值的环境质量指数，兼顾各监测项目污染指数的平均值和最高值，重点突出最大污染项目对水质评价的影响[3]。

内梅罗综合污染指数按式（3）计算：

$$I = \sqrt{(P^2 + P_{i,\max}^2)/2} \tag{3}$$

式中：I 为内梅罗综合污染指数；P 为均值综合污染指数；$P_{i,\max}$ 为 n 项监测项目中单因子污染指数最大值。

内梅罗综合污染指数的污染程度划分为：$I < 1$，水质清洁；$1 \leqslant I \leqslant 2$，轻度污染；$2 < I \leqslant 3$，污染；$3 < I \leqslant 5$，重污染；$I > 5$，严重污染[3]。

3 评价结果及分析

3.1 单因子指数评价法

根据单因子指数评价法评价[4]，除 pH 值和溶解氧不计算超标倍数外，岳城水库水质评价结果见表 1。

表 1 岳城水库水质单因子指数评价法评价结果

监测月份（2019年）	水质类别	是否达标	主要超标污染物及超标倍数（以Ⅱ类计算）	监测月份（2020年）	水质类别	是否达标	主要超标污染物及超标倍数（以Ⅱ类计算）
1	Ⅰ	是		1	Ⅲ	否	总磷（0.8）
2	Ⅱ	是		2	Ⅱ	是	
3	Ⅰ	是		3	Ⅱ	是	
4	Ⅱ	是		4	Ⅱ	是	
5	Ⅱ	是		5	Ⅱ	是	
6	Ⅱ	是		6	Ⅱ	是	
7	Ⅰ	是		7	Ⅲ	否	总磷（0.4）
8	Ⅲ	否	总磷（0.8）	8	Ⅳ	否	总磷（1.6）、氨氮（0.14）

续表 1

监测月份 （2019年）	水质 类别	是否 达标	主要超标污染物及超标倍数 （以 II 类计算）	监测月份 （2020年）	水质 类别	是否 达标	主要超标污染物及超标倍数 （以 II 类计算）
9	III	否	总磷（0.4）	9	III	否	总磷（1.2）、溶解氧（＊）
10	III	否	总磷（0.4）	10	III	否	总磷（0.8）
11	III	否	总磷（0.4）	11	III	否	总磷（0.8）
12	II	是		12	III	否	总磷（1.2）

根据单因子指数法评价结果，按照水质目标《地表水环境质量标准》（GB 3838—2002） II 类计算，岳城水库 2019 年水质达标率为 67%，主要超标污染物为总磷，最大超标 80%，水质达标期在 12 月至翌年 7 月，主要集中在非汛期。2020 年水质达标率为 42%，主要超标污染物为总磷、氨氮、溶解氧，其中总磷最大超标倍数 1.6，氨氮最大超标倍数 14%，水质达标期在 2—6 月，主要集中在非汛期。从年度评价情况来看，2019 年水质状况明显好于 2020 年，2020 年水质达标率较 2019 年下降 25%，其中 2020 年 8 月水质 IV 类，主要污染贡献指标为总磷。

3.2 均值综合污染指数法

根据单因子指数评价法评价结果，结合岳城水库的水质特点，选取总磷、氨氮、高锰酸盐指数共 3 个监测项目的单因子指数作为均值综合污染指数，岳城水库水质评价结果见表 2。

表 2　岳城水库水质均值综合污染指数法评价结果

监测月份 （2019年）	P_i-I_M	P_i-NH_4	P_i-TP	P	水质评价	监测月份 （2020年）	P_i-I_M	P_i-NH_4	P_i-TP	P	水质评价
1	0.48	0.21	0.40	0.48	轻度污染	1	0.63	0.37	1.60	0.86	中度污染
2	0.43	0.32	0.80	0.43	轻度污染	2	0.60	0.14	0	0.25	水质较好
3	0.45	0.16	0.40	0.45	轻度污染	3	0.53	0.33	0.80	0.55	轻度污染
4	0.48	0.27	0.80	0.48	轻度污染	4	0.55	0.08	0.80	0.48	轻度污染
5	0.45	0.27	0.80	0.45	轻度污染	5	0.65	0.35	0.40	0.47	轻度污染
6	0.50	0.22	0.80	0.50	轻度污染	6	0.70	0.21	0	0.30	水质较好
7	0.50	0.11	0	0.50	轻度污染	7	0.65	0.88	1.20	0.91	中度污染
8	0.53	0.47	1.60	0.53	轻度污染	8	0.75	1.14	2.40	1.43	重污染
9	0.53	0.33	1.20	0.53	轻度污染	9	0.78	0.26	2.00	1.01	重污染
10	0.63	0.30	1.20	0.63	轻度污染	10	0.73	0.39	1.60	0.91	中度污染
11	0.55	0.43	1.20	0.55	轻度污染	11	0.78	0.39	1.60	0.92	中度污染
12	0.50	0.36	0.80	0.50	轻度污染	12	0.73	0.43	2.00	1.05	重污染

根据均值综合污染指数法评价结果，岳城水库 2019 年全年水质状况为轻度污染。2020 年水质重污染率为 25%、中度污染率为 33%、轻度污染率为 25%，水质较好仅为 17%，水质较好和轻度污染时期在 2—6 月，主要集中在非汛期。2019 年水质状况虽然为轻度污染，但明显好于 2020 年，从 P_i 值来看，高锰酸盐指数控制在 0.43～0.63，氨氮控制在 0.11～0.47，总磷控制在 0.40～0.63。2020 年水质状况波动较大，总体呈现变差趋势，尤其在非汛期和汛期之间比较，汛期水质明显变差。从各参评污染指数变化可以看出，导致水质变差趋势的主要因子为高锰酸盐指数和总磷，其中高锰酸盐指数 P_i 值范围为 0.53～0.78，总磷 P_i 值范围为 0.25～1.43。氨氮的 P_i 值仅在 7、8 月出现较大变化，

集中在七下八上的主汛期，这与降水形成的入库径流产生的面源污染有直接关系，其余时间 P_i 值范围为 0.08~0.43。

3.3 内梅罗综合污染指数法

根据单因子指数评价法和均值综合污染指数法评价结果，以总磷、氨氮、高锰酸盐指数共 3 个监测项目作为内梅罗综合污染指数参评指数，岳城水库水质评价结果见表 3。

表 3 岳城水库水质内梅罗综合污染指数评价结果

监测月份（2019 年）	I	水质评价	监测月份（2020 年）	I	水质评价
1	0.42	水质清洁	1	1.29	轻度污染
2	0.67	水质清洁	2	0.46	水质清洁
3	0.40	水质清洁	3	0.69	水质清洁
4	0.67	水质清洁	4	0.66	水质清洁
5	0.67	水质清洁	5	0.57	水质清洁
6	0.67	水质清洁	6	0.54	水质清洁
7	0.38	水质清洁	7	1.06	轻度污染
8	1.29	轻度污染	8	1.98	轻度污染
9	0.98	水质清洁	9	1.58	轻度污染
10	0.98	水质清洁	10	1.30	轻度污染
11	0.99	水质清洁	11	1.31	轻度污染
12	0.69	水质清洁	12	1.60	轻度污染

根据内梅罗综合污染指数评价结果，岳城水库 2019 年水质清洁率达 92%，仅在 8 月出现轻度污染。2020 年水质轻度污染率 58%，水质清洁率 42%，相较 2019 年下降 50%。轻度污染主要出现在 7 月及以后，水质清洁集中在 2—6 月。2019 年水质状况明显好于 2020 年，仅在 8 月出现轻度污染，$I=1.29$，其余时间 I 值控制在 0.38~0.98。从 I 值可以看出，9—11 月 I 值明显较高，处在轻度污染临界。2020 年 I 值范围 0.46~1.98，其中 8 月 I 值最高为 1.98，处于污染状态的临界。

4 结论

根据以上 3 种评价方法的评价结果及分析，可以看出：单因子指数评价法对于水质是否达到区划目标比较直观，可以从宏观上获得超标污染物和超标倍数，便于直观地获取污染信息，但是对达标项目的数据变化反映不敏感；均值综合污染指数法可以根据污染物和重点监测项目进行综合评价水质的污染程度，能够反映各参评项目的变化趋势，同时 P 综合指数可以均衡单 P_i 指数对水质评价的影响，所以评价更加均衡、具有重点，但由于各参评指数的权重一致，所以导致水质评价的污染程度较高；内梅罗综合污染指数通过计算，突出每个时期最大污染物对水质的影响，兼顾其他参评指标，其评价结果相对均值综合污染物指数更加平和。

研究表明：

（1）岳城水库 2019 年水质状况明显优于 2020 年，2020 年水质达标率下降 25%，出现水质重污染和中度污染，污染率分别为 25% 和 33%，水质清洁率下降 50%。

（2）2019 年和 2020 年岳城水库主要超标污染物为总磷、氨氮和溶解氧，其中总磷最大超标倍数 1.6 倍。2020 年水质变差主要污染贡献来源于总磷和高锰酸盐指数，其 P_i 值范围分别为 0.25~1.43、0.53~0.78。

（3）从 I 值可以看出，2019 年和 2020 年 I 值范围分别为：0.38～1.29、0.46～1.98，其中 2020 年 8 月 I 值最高达 1.98，处于污染状态的临界。

（4）根据 2019 年和 2020 年岳城水库 3 种评价方法的评价和分析结果均可得出，岳城水库水质在非汛期明显相对较好，汛期水质明显变差。

参考文献

[1] 刘捷，邓超冰，黄祖强，等 . 基于综合水质标识指数法的九洲江水质评价 [J] . 广西科学，2018，25（4）：400-408.

[2] 申锐莉，鲍征宇，周旻，等 . 洞庭湖湖区水质时空演化（1983—2004）[J] . 湖泊科学，2007，19（6）：677-682.

[3] 唐哲，王琪，申亚兰，等 . 湖库型铁山水库饮用水水源地水资源评价 [J] . 人民长江，2017，48（S2）：104-107，192.

[4] 中华人民共和国水利部 . 水环境监测规范：SL 219—2013 [S] . 北京：中国水利水电出版社，2013.

流域水生态环境承载力监测技术方法及应用

李香振

（濮阳黄河河务局第二黄河河务局，河南濮阳　457000）

摘　要： 承载力在生态学的概念中，是指一个生态环境所能支持的某一物种的最大量。近年来，人们对生态环境和可持续发展之间相互关系的认识程度不断提高，承载力概念也越来越广泛地被应用到各个研究领域。然而，水生态承载力研究仍然处于起步阶段，只有少数的研究涉及水生态环境承载力，完整的理论体系也还没有真正形成。本文主要阐述当前流域水生态环境承载力监测技术方法及应用。水生态环境承载力作为流域水环境管理技术体系的承上启下环节，是完善水环境管理技术体系的关键步骤。对现阶段不同流域的水生态环境承载力进行统一客观的评价，对临界超载的流域控制单元采取污染物总量控制等风险防治措施，为实现可持续生态保护的发展目标，制定阶段性流域水资源-水环境-水生态保护战略提供可靠参考。

关键词： 优控污染物；水生态环境；应急监测；预警

1　水生态承载力的意义

流域水生态承载力不仅要考虑水资源数量上的满足，还要考虑水环境质量上的保证，同时更加关注生态系统的健康发展。所以，水生态承载力指的是"在一定历史阶段，在一定的环境背景条件下，某一流域的水生态系统在满足自身的健康发展的前提下，所能持续支撑人类社会经济发展规模的阈值"。水资源是生态资源中的重要组成部分，但由于人们大力发展工业，自然资源造成了严重的污染的同时，对水域造成了不可逆的影响。水生态环境承载力评估是水环境管理体系中承上启下环节，通过评估水生态环境承载力，正确认识区域经济社会-水环境-水资源-水生态系统间的耦合机制，为制定阶段性水环境管理策略提供指引，促进我国水生态环境承载力评估技术体系逐渐走向完整和成熟。

2　流域水生态环境承载力监测的一般方法

2.1　明确流域水生态环境承载力的作用机制

明确各个组成系统和影响因素之间对流域的反馈作用机制，从各个系统之间的反馈作用机制入手，深入研究子系统对承载力影响的数学特征，是完整构建水生态环境承载力评估体系的关键步骤。

2.2　特征性的评价方法和指标亟待统一

建立完整统一的水生态环境承载力评估技术，开发构建出适合评估全流域的评估方法模型，降低评估过程的主观影响。在建立评估体系的过程中，应将不同流域特征类型纳入评估体系，结合当地的可持续发展战略，制订适宜的承载力提升方案，是保证当下流域水资源、水环境和水生态健康发展，修复受污染水域的必要措施。

2.3　完善动态评估机制，实时指标监测，及时预警防控

从可持续发展的绿色生态理念出发，制订流域污染物总量控制和承载力提升方案，修复受污染水体，保护现有水资源。因此，未来研究应整合 GIS 地理空间技术等相关学科领域技术，实现对评估指标的实时监测，对即将超载的评估单元采取风险控制方案，解决水生态环境承载力较弱地区的可持续

作者简介： 李香振（1982—），男，工程师，主要从事水利工程施工管理工作。

发展问题。

3 流域水生态环境承载力监测技术方法及应用

3.1 优控污染物筛选

环境优控污染物指从众多有毒有害的化学污染物中筛选出的在环境中出现概率高、对人体健康和生态平衡危害大，并具潜在环境威胁的污染物。如何从众多的污染物中筛选出应该重点监测和治理的指标项目，一直是国内外环保领域研究的重点课题。在筛选环境优先污染物的实践中，主要有综合评判法、潜在危害指数法等，各种方法优缺点对比如表1所示。

表1 筛选方法优缺点对比

方法	优点	缺点
综合评判法	简单、易行、直观	具有很大的主观性
潜在危害指数法	简单、可定量表示结果	只能进行粗略的分类，不能作为最终的结果
模糊聚类法	简单、直观	只能进行粗略的分类，不能作为最终的结果
综合评分法	直观，更具科学性	参数的分级、评分困难，主观性强
主成分分析法	利用降维技术减少变量	命名清晰性低
因子分析法	降维减少变量，变量有实际意义	只能进行综合性评价

通过对比发现，主成分分析法对于主控因子筛选具有更成熟、更准确的优点，但主成分分析法会造成无法明确表述哪个主成分代表哪些原始变量，即提取出来的主成分无法清晰地解释其代表的含义。而因子分析在提取公因子时，不仅注意变量之间是否相关，还考虑相关关系的强弱，使得提取出来的公因子不仅起到降维的作用，还能够被很好地解释。因此，可采用因子分析法，结合相关性分析对指标项目进行筛选。首先，对指标进行标准化以消除量纲的干扰；其次，对指标数据进行因子分析，提取出多个主成分，将指标旋转后荷载值小于0.7的指标删除，其余指标进行相关性分析；最后，根据相关性分析结果，删掉与各个主成分中荷载值最大指标相关性较高的指标（相关性指数大于0.7视为相关性高），剩余指标即为筛选出的优控污染物。

3.2 监测技术分类及筛选优化

3.2.1 监测技术分类

（1）影像反演类监测技术。

影像反演类监测技术包括卫星遥感监测技术和无人机遥感监测技术，主要用于监测叶绿素a浓度、悬浮物浓度、有色可溶性有机物和油污染等水质特性指标。该类技术通过在水体光谱特征与水质参数浓度之间建立水质参数估算模型，反演污染物浓度进行监测，能够迅速、同步地监测大范围水环境质量状况及其动态变化，弥补了常规监测手段的不足。

遥感监测技术的具体实施步骤为：确定待监测的水域，开展水样采集和遥感影像获取工作；根据相关需求，化验水样的相关参数；对原始遥感影像进行预处理，掩膜出待监测区域的遥感影像，并确定用于反演的数据波段组合；根据实际情况，选择模型分析法、半经验分析法和经验分析法中的任意方法进行水质反演，生成各类水质因子反演成果图进行分析。以卫星遥感技术中Landsat 8卫星影像作为数据源，针对不同指标的遥感监测的波段选择。

虽然卫星遥感技术适应性强、监测范围大、效率高，能够对水体进行实时监控，但易受制于天气影响、过境时间和精度要求，而无人机监测能够填补其空白，增加监测手段，同时可搭载各类成像载荷（可见光、热红外、多光谱等）、采样载荷、微型在线监测设备，为生态环境执法、环境监测、环境应急工作提供有力的支持。国内无人机第一次应用于环保领域是在辽宁省，采用无人机遥感系统对辽河流域进行的辽河治理现状航拍和遥感监测，得到了分辨率为0.1 m的实景图像数据，并对这些图像进行了技术评估，从而及时掌握了辽河治理重点区域的动态变化情况。无人机遥感技术作为一项极具潜力的环境监测技术，具有实时传输影像、续航时间长、系统保养维修简便、使用成本低、覆盖区域广、用途多、机动灵活等优点，正在得到快速发展。

（2）物联网类监测技术。

物联网类监测技术包括固定式水质自动监测技术（水质自动监测站）和移动式（车载或船载）水质自动监测技术，主要用于监测水质理化指标。某河流监测情况如表 2 所示。

表 2　某河流水质情况

指标	溶解氧/（mg/L）	温度/℃	pH 值	电导率/（S/m）	浊度/NTU	高锰酸盐/（mg/L）	氨氮/（mg/L）	总磷/（mg/L）	总氮/（mg/L）
均值	10.685 8 ▲	6.858 3	7.868 9 ▲	676.75	5.77	5.148 3 ■	0.347 8 ★	0.140 6 ■	2.876 7 ▼
Ⅲ类达标率	0	100%	100%	100%	100%	100%	100%	100%	0
Ⅴ类超标个数	36	0	0	0	0	0	0	0	36

注：标注▲的为Ⅰ类，标注★的为Ⅱ类，标注■的为－Ⅲ类，标注▼的为超Ⅴ类。

水质在线监测系统可以实现监测自动化及水污染的预警，对防止污染进一步恶化起到至关重要的作用。此外，该技术还可实现水质信息在线查询和共享，快速为管理决策提供科学依据。固定式自动监测虽然具有一定的连续监测和预警监测能力，但其监测点位固定，难以根据实际情况调整，灵活性和应对突发性事故的监测能力不足。因此，车载式监测技术因其具有一定的灵活机动性得到了越来越广泛的关注。

车载式水质动监测系统（站）由车载式监测平台及车载监测系统组成。监测平台车体分为驾驶区和实验区，实验区改造安装供配电、空调通风、供排水、辅助配置等设施；车载监测系统主要由取排水单元、水样预处理及配水单元、监测分析单元、通信单元、现场控制单元、辅助分析单元等组成。将以上设施集成在 1 台车上，可以自动完成水质在线监测分析过程中的采样、留样、分析、数据上传等功能。

（3）物化类监测技术。

物化类监测技术包括色谱-质谱联用法、红外吸收光度法、原子发射光谱法等，通过物理或化学的方法实现对污染物浓度的有效监测。该类方法主要用于对农药（杀虫剂、除草剂）、药物、个人护理品（PPCPs）、苯、多环芳烃（PAHs）、重金属等具有典型污染特征的污染物进行测定。陈贤等利用气相色谱法分离定性与质谱法定性相联用的分析方法，对 PPCPs 进行了精准测定。蔡霖采用高效液相色谱串联二级质谱和气相色谱串联质谱测试，建立了土壤中 110 种农药的多残留检测方法。对于油类污染物，红外吸收光度法的检测范围广、精度高，借助有机萃取剂萃取水中的油类物质，并通过计算萃取物在特定波长处的吸光度，得到油类物质含量。重金属离子可以通过原子发射光谱法识别重金属元素的波长来判断其元素种类。在样本检测的过程中，借助于捕捉和识别重金属离子被激发所产生的特定电磁辐射，从而判断重金属元素在检测样本中的种类与含量。此类监测技术的精确度较高，但基本在实验室内进行。

（4）应急监测技术。

环境污染事故的高发使得对监测技术的需求日益迫切，如何采取快速、有效的技术措施将污染灾害降至最低已经成为环境事件应急处理过程中面临的一个重要问题。因此，现场应急监测分析技术也相应地得到了快速发展。目前，现场应急监测常见的技术主要有检测管技术、试剂盒技术、便携式紫外-可见光吸收技术、便携式荧光光谱技术、便携式红外光谱仪技术、便携式拉曼光谱仪技术、便携式气相色谱技术、便携式气质联用技术、便携式离子色谱技术、便携式电化学仪技术等。环境污染事故发生后，应急监测人员需在已有调查资料基础上，迅速查明事故中污染物种类、污染严重程度、波及范围和发展趋势，同时充分利用现场快速监测方法进行鉴定和确认。

此外，实验室水质简易快速检测技术可作为环境污染事故现场快速监测方法的补充，更好地满足快速、准确的环境污染事故监测需求。针对挥发性有机物快速监测技术，主要采用顶空技术和快速气相色谱技术，减少样品预处理和分析时间来提高分析速度；对于半挥发性有机物监测技术，主要采用小体积萃取技术、固相微萃取技术等预处理技术联用快速气相或液相色谱技术以减少样品预处理和分析时间来提高分析速度；快速气相色谱-串联四极杆质谱技术或快速液相色谱-串联四极杆质谱技术可对大分子有机物进行快速监测，水样经过过滤后就可以直接进样分析；电感耦合离子质谱技术可实现对重金属的快速监测，水样也可以经过过滤后直接进样分析。

3.2.2 监测技术筛选优化

对流域水生态环境承载力监测技术的筛选要以技术环境指标、经济指标和技术指标作为其评价指标，分析研究技术的可行性、先进性及实施效果，从而筛选最合适的流域水生态承载力监测技术。对于技术筛选方法，国内外的研究主要包括层次分析法、模糊数学法和组合处理方法。通过综合分析比较，研究采用层次分析法结合综合得分法对指标进行权重赋值以及得分排序，对各项技术进行综合评价，确定不同监测技术的技术适宜度。具体操作流程如下：首先，指标选取。综合考虑技术特点，适用范围，采用层次分析法构建评价指标体系。评价体系分为 3 个层次，第 1 层次为目标层：技术适宜度；第 2 层次为准则层：环境依赖性、技术投资和技术适用性；第 3 层次为指标层：水温、气相条件、检测成本、仪器设备重复利用率、技术难易程度、检出时间、技术成熟度和可监测指标数等 8 项指标。其次，指标权重赋值方法。利用层次分析法构造判断矩阵，并对判断矩阵进行指标权重赋值以及一致性检验。最后，对评估指标进行等级划分和权重赋值，通过计算，可以确定各监测技术的适宜度，实现对监测技术的评估，分析其监测效率。

4 结语

本文主要基于对水生态环境承载力概念发展和评估技术的探讨，明确水生态环境承载力的重要意义，从完整构建水环境管理体系出发，总结当前评估技术特征，结合生态可持续发展战略，为未来水生态环境承载力相关技术的研究发展寻求突破，是落实生态发展战略规划的关键环节。

参考文献

［1］吴敬东 . 北京蛇鱼川生态清洁小流域水环境承载力研究［D］. 北京：北京林业大学，2010.

［2］王国强，薛宝林 . 流域水系统资源–环境–生态协同承载力测度方法与提升技术［J］. 中国科技成果，（16）：1.

［3］孙志伟，袁琳，叶丹，等 . 水生态监测技术研究进展及其在长江流域的应用［J］. 人民长江，2016，47（17）：6-11.

［4］朱悦 . 基于"三水"内涵的水环境承载力指标体系构建——以辽河流域为例［J］. 环境工程技术学报，2020，10（6）：141-147.

热带地区感潮河流生态修复工程探索与实践

马卓荦[1,2]　饶伟民[1,2]　王贤平[1,2]　黄文达[1,2]

(1. 中水珠江规划勘测设计有限公司，广东广州　510610；
2. 珠江委水生态工程中心，广东广州　510610)

摘　要：结构稳定且功能正常的生态系统对维持河流健康生命至关重要，而生态修复将是未来河流整治工作的重点。以东方市北黎河为例，在分析现状生态环境问题的基础上，提出生态修复总体思路，并结合不同河段的特点设计出有针对性的修复方案，有效指导了下一步工程实施。根据东方市北黎河生态修复工程实践经验，总结出在热带地区感潮河流生态修复设计工作中需要对植物选择、高程设定及围挡措施选择等几方面问题进行研究。

关键词：热带地区；感潮河流；生态修复

1　引言

近年来，随着经济社会急速发展，人类活动造成了城市水体严重的环境污染，生物多样性严重受损，许多生物栖息地环境改变甚至消失，自然河流或湖泊生态系统受到严重破坏[1]。人类生产生活对城市水体的干扰程度超过了其承载能力，破坏了水体生态，从而使城市水体原本具有的抵抗力、自净能力、恢复力丧失，造成了如今富营养化甚至黑臭的局面[2]。随着国家对生态环境的重视，对环境治理与保护的力度不断加大，采取了包括截污、清淤等内外源污染共治措施对水环境进行治理。但在污染源截断后，生态系统结构与功能的自然恢复往往需要几十年甚至几百上千年的时间。在这期间，只要有突发的自然环境变化或人类造成的强烈扰动，就会打破生态系统平衡，使生态系统处于脆弱状态[3]，这时生态系统极易被再度破坏，回到恢复的起点。因此，为加速严重受损的城市水体生态系统向健康的水生态系统演替，采取生态修复工程措施是必要的。

生态修复指的是帮助受损或毁坏的生态系统恢复的过程[4]。河流生态修复通过构建各类适宜的生境条件，形成系统稳定、功能强大、结构优化、群落配比合理的生态系统，从结构与功能的角度对受损河流生态系统重建[5]。本研究以海南省东方市北黎河为例，通过对现状河道进行详细调查，分析其存在的主要问题，在此基础上探索生态修复总体思路，拟订出切合实际的设计方案，总结实践经验，为推动河流生态修复工作提供参考。

2　河道现状及存在问题

2.1　区域基本情况

东方市位于海南岛西南部，北部湾东岸，海岸线长 128.4 km，土地总面积 2 272 km²。东方市属热带季风海洋性气候，日照时间长、气温高、风速大，热多寒少且干燥，雨量少而集中，干湿分明。东方市下辖 10 个乡（镇），常住人口 44.45 万，2020 年完成地区生产总值 186.5 亿元。

基金项目：广东省水利科技创新项目（2020-26）。

作者简介：马卓荦（1982—），男，高级工程师，主要从事水环境治理、水生态修复、城乡水系规划、河湖健康评价等工作。

2.2 河流概况

北黎河发源于东方市境内的牛岭，集水面积 195.6 km²，河长 42.1 km，平均比降 2.0‰，从东向西流经抱板、热水、抱英，在墩头港入海。北黎河流域现有 4 宗水库，其中探贡水库为中型水库，长田水库、唐马园水库和居便水库为小（1）型水库。

2.3 现状存在问题

北黎河下游段在 2014 年实施了防洪（潮）工程，同期建设翻板闸 1 座，用于在平时拦蓄河水形成稳定的水面。已建堤防护岸为斜坡和多级斜坡形式，蓄水位以上均采用生态材料护坡，草皮绿化，蓄水位以下为硬质直立挡墙或混凝土硬质斜坡。由于长期水污染，北黎河下游段水环境出现一定程度的恶化，再加上整治后的部分河岸以硬质化材料为主，导致生态系统遭到破坏。北黎河现状生态环境主要存在以下几方面的问题。

2.3.1 存在富营养化风险

北黎河下游段主要为周边鱼塘、菜地面源污染输入，在翻板闸运行蓄水形成相对静止水体的工况下，易引发水体出现富营养化。

2.3.2 河岸硬化，生境缺失

部分河段混凝土岸坡隔绝了土壤与水体之间的物质交换，使岸坡生物失去了赖以生存的环境，逐步造成水体、河滨带、陆地生态环境的恶化。

2.3.3 水生态系统破碎，水体丧失自净能力与恢复力

生境缺失，导致水生动植物减少、岸带植被缺乏，水生态系统破碎化，生物群落结构单一，水体自净能力丧失、水生态系统恢复能力减弱。

3 生态修复工程设计方案

3.1 设计思路

按照国家对生态文明建设的总体部署和海南省对河流生态修复建设的各项要求，针对北黎河现状生态环境问题，采取有针对性的措施，恢复健康的河流水生态系统，最终实现"河畅、水清、岸绿、景美"的目标，提升人民群众对美好生态环境的获得感。

基于生态学原理，应用水域生态构建技术进行河道生态修复，恢复退化水生态系统结构中缺失的生物种群及结构，修复和强化水体生态系统的主要功能，并使水生态系统实现生产者、消费者、分解者三者有机统一，促进整个生态系统达到自我维持、自我演替的良性循环。首先通过水文计算，扣除满足排水防涝最小要求的过水断面后，确定各河道范围内可用于恢复或构建多自然型河流生态系统的最大空间，并结合水体水深、盐度、涨落潮影响、河道整治现状等情况，分别构建淡水生态系统和红树林湿地生态系统。

3.2 淡水植物群落修复设计

北黎河翻板闸正常蓄水位高程 3.3 m（85 国家高程，下同），高于多年平均最高潮位 2.33 m，潮水无法上溯至翻板闸上游，故翻板闸上游常年为淡水环境，水体流速较慢，存在富营养化风险。该段河道两岸滩地较多，可以营造多样性的生境，增强水体自净能力。在该段构建以挺水植物、沉水植物和水生动物形成的清水草型生态系统，水深 0.5 m 以上区域种植沉水植物，水深 0.5 m 以下区域种植挺水植物。

沉水植物主要选择苦草、眼子菜和狐尾藻，根据群落发展状况，不断进行调整和优化，使其形成优势稳定的群落。采用人工控制和生物控制（草食性鱼类）相结合的手段，控制先锋植物和其他植物的密度和分布面积，扩大苦草、眼子菜等目标植物的优势度、覆盖率和分布面积，成为清水态系统的优势种类。结合驳岸景观，在浅水区配置水生美人蕉、黄菖蒲和香蒲等景观性好、耐污性强的挺水植物，对减少岸坡侵蚀、截流陆地入河的污染有重要的作用。为了确保挺水植物不被淹没过多，提高种植成活率，将种植区域部分回填（见图1），临水侧采用仿木桩+抛石进行防护。

图 1　北黎河淡水植物群落生态修复断面示意图

3.3　红树林群落修复设计

北黎河最下游的入海口段为感潮河段，水位随潮汐涨落，水体盐度为半咸水—咸水，适宜种植红树林，在该段构建以红树林群落为主的河口生态系统（见图 2）。红树林植物生长分布情况取决于树种的不同抗浸淹能力和海水盐度。北黎河入海口处多年平均高潮位 2.05 m，多年平均最高潮位 2.33 m，多年平均潮位 0.85 m，多年平均低潮位 0.20 m，最大潮差 3.4 m，平均潮差 1.49 m。故采用耐水淹能力强的白骨壤和桐花树作为红树林群落修复的主要树种，其防风消浪和促淤造陆效果也较为显著。对红树林群落修复区域进行回填、平整后，覆盖 50 cm 种植土，表面覆盖一层抗冲固土生态垫，近河道一侧用仿木桩+抛石进行防护，挖栽植穴带土球栽植。修复区红树林种植密度为 4 株/m²，均匀分布种植。

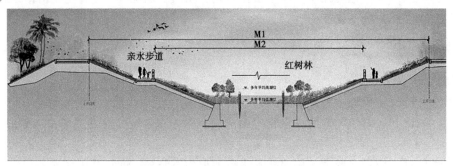

图 2　北黎河红树林群落生态修复断面示意图

4　热带地区感潮河流生态修复工程设计探讨

根据东方市北黎河生态修复工程实践经验，总结出在热带地区感潮河流生态修复设计工作中需要对植物选择、高程设定及围挡措施选择等几方面问题进行研究。

4.1　植物选择

在选择植物品种时应基于一定原则，首先植物需具有一定抗风性和抗冲刷性，由于入海口河段沿岸风浪较大，选用的植物应抗风性好、风灾后恢复能力强。其次以乡土植物为主，植物品种易生速成，能快速建成群落。再次遵循适地适种原则，满足植物多样性要求，优先考虑具有生态价值的植物。由于靠近入海口，还应考虑水体盐度的影响，宜选择耐盐碱的植物品种，在感潮河段还可构建红树林群落。对于流经城区的河段，植物还需考虑景观效果，组合各种观花、闻香及色彩艳丽的灌木、草本植物进行艺术搭配，体现多品种、多色彩的植被格局，丰富群落的多样性及季相景观。

4.2　高程设定

河流水位受上游来水影响会有季节性变动，感潮河段在潮汐作用影响下水位变化更加频繁，水位的变化对植物生长会造成一定影响，因此需要设定合适的种植高程。挺水植物能耐受一定程度淹没，可种植在常水位下 0.5 m 水深以内范围内，但不宜过低，以避免高水位时被全部淹没而造成植物损害。沉水植物需根据水体透明度情况设计种植高程，一般种植在水深 0.5~1.5 m 处。天然红树林生长在潮间带，涨潮时潮水淹没根部和树干，退潮时全部露出，因此红树林植物种植高程应在多年平均低潮位与多年平均高潮位之间。

4.3 围挡措施选择

并非所有河段都具备可直接进行生态修复的条件，在堤防临水侧滩地较窄或高程较低的河段，需要先进行滩地培高，再进行生态修复。滩地培高后，为防止被波浪淘刷，还需在滩地外侧设立围挡措施稳固滩地，防止滩地基质流失。围挡措施有密排松木桩+土工布+抛石护脚、密排仿木桩+土工布+抛石护脚、间排仿木桩+土工格栅+土工布+抛石护脚、吹填模袋砂等多种形式，应结合河道情况、堤防现状、生态修复要求等选择合适的围挡措施。其中，松木桩接近于自然，但吸水受潮后容易腐烂、膨胀变形，导致后期保养维护费用高。仿木桩具有天然木质感和木质纹理，虽单价较高，但后期无须维修与养护，使用寿命长，相对松木桩更经济。仿木桩可采用间排布置方式，用土工格栅+土工布提供横向支撑作用，从而减少仿木桩使数量，进一步节省投资。在波浪影响较大的河段，为了防止波浪淘刷滩涂，还可在滩涂表面覆盖一层抗冲固土生态垫。

5 结语

随着生态文明建设深入推进，生态修复将成为河流整治工作的主要任务。本研究针对东方市北黎河存在的现状生态环境问题，提出生态修复建设总体思路和设计方案，有效指导下一步工程实施，还可为我国热带乃至南亚热带地区感潮河流的生态修复提供借鉴和参考。

参考文献

[1] 梁尧钦，梅娟. 人水共生视角下城市河流生态修复研究与实践 [J]. 人民黄河，2021，43.
[2] 陈作山. 城市河流生态治理措施研究 [J]. 地下水，2021，43（1）：75-76.
[3] 胡艳霞，郑瑞伦，杨志臣，等. 产业融合对北京密云浅山区的生态脆弱性影响 [J]. 中国农业资源与区划，2020，41（5）：146-153.
[4] 谢德俊. 关于河道治理和生态修复工作的思考 [J]. 工程建设与设计，2020（16）：93-94.
[5] 雷书姗. 基于生态修复技术的河流治理研究 [J]. 黑龙江水利科技，2020，48（11）：125-127.

三种水质指数法在水质评价中的比较研究
——以沙湾水道和市桥水道为例

陈　娟[1,2]　余　正[3]

（1. 珠江水利委员会珠江水利科学研究院，广东广州　510611；

2. 水利部珠江河口治理与保护重点实验室，广东广州　510611；

3. 河北省水利水电第二勘测设计研究院，河北石家庄　050021）

摘　要：为比较单因子指数法、综合水质标识指数法和CCME WQI法在我国水资源管理中的适用性，分别以沙湾水道和市桥水道为实例，基于2018年监测数据选取溶解氧等6个评价指标，采用3种指数法进行了水质评价及对比分析。结果表明：3种方法均能用于水质评价，其中单因子指数法受污染最严重指标影响，但评价简单、直观；综合水质标识指数法评价结果涵盖的信息较全，且定性与定量有机结合；CCME WQI法计算涵盖的信息较多，且提供了量化数据，便于相同水质目标下水质优劣排序。结合我国水体水质实际情况，建议以单因子指数法为基础，以综合水质标识指数法为辅助进行水体水质评价，可为水环境管理者提供技术参考。

关键词：单因子指数法；综合水质标识指数法；CCME WQI法；水质评价

　　水资源开发利用的重要任务就是在对水资源质量全面合理评价的基础上，根据不同供水目的，提供满足其用水水质要求且具有一定水量保证的水源，因此水质评价是贯彻落实最严格水资源管理"三条红线"、保障水资源可持续利用的前提，同时也是水环境管理与决策的依据。目前，关于水质评价的方法很多，如单因子指数法、综合水质标识指数法、平均水质指数法、直接评分法、内梅罗指数法、综合指数评价法。然而不同方法各有优缺点，往往由于条件限制，不能广泛应用于实际[1-2]。目前，我国规定的河流水质评价方法是单因子指数法[3-4]。该方法概念明确、计算简单，不过这种评价方法得到的最终评价结果中水质级别都比较高，一定程度上不能反映出水体的整体水质。徐祖信2005年提出综合水质标识指数[5-6]，可以标识水质评价类别、水质数据及功能区目标值等信息，近年在我国应用较多[7-8]，但该方法计算相对烦琐。国际上认可度较高的加拿大环境部长理事会水质指数（CCME WQI）于20世纪90年代提出，可从超标范围、超标频率及超标幅度三方面综合衡量一定时间范围内的水质信息，该方法在参数选择时较为灵活、研究区域适用广、评价过程计算量小、评价结果更为直观以及缺失值的容错性较强，在许多国家和地区得到了广泛应用[9-10]，但该方法需要有水质目标，且评价结果也是与水质目标的比较，不能准确对应水质级别。由于以上3种方法在我国水质评价中的优劣性比较不多，对此，本文基于沙湾水道和市桥水道2018年监测数据，将单因子指数法、综合水质标识指数法和CCME WQI法进行实例应用对比分析，旨在为水质评价和管理提供技术参考。

基金项目：科技基础资源调查项目（2019FY101900）；国家自然科学基金（5170929）。

作者简介：陈娟（1983—），女，高级工程师，主要从事水资源、防洪评价、数模计算及水环境研究工作。

1 评价方法

1.1 单因子指数法

单因子指数法是将每个指标评价数据与其评价标准进行比较,确定水质类别,最后选择最差水质指标所属类别来确定水体综合水质类别。单个水质指标超标倍数计算公式为:

$$B_i = \frac{C_i}{S_i} - 1 \tag{1}$$

式中：B_i 为某个指标超标倍数；C_i 为某个指标评价数据，mg/L；S_i 为某个指标Ⅲ类标准限值，mg/L；水质指标不包含水温、溶解氧和 pH 值。

1.2 综合水质标识指数法

综合水质标识指数法计算公式为:

$$I_{wq} = X_1.X_2X_3X_4 \tag{2}$$

式中：$X_1.X_2$ 为综合水质类别，$X_1.X_2$ 的计算见文献 [7]；X_3 为劣于水环境功能目标的指标个数；X_4 为综合水质类别与水环境功能目标的比较，X_4 的计算见文献 [5]。

通过 $X_1.X_2$ 可判断综合水质级别。$1.0 \leqslant X_1.X_2 \leqslant 2.0$ 为 Ⅰ 类，$2.0 < X_1.X_2 \leqslant 3.0$ 为 Ⅱ 类，$3.0 < X_1.X_2 \leqslant 4.0$ 为Ⅲ类，$4.0 < X_1.X_2 \leqslant 5.0$ 为 Ⅳ 类，$5.0 < X_1.X_2 \leqslant 6.0$ 为 Ⅴ 类，$6.0 < X_1.X_2 \leqslant 7.0$ 为劣 Ⅴ 类但不黑臭；$X_1.X_2 > 7.0$ 为劣 Ⅴ 类并黑臭。

1.3 CCME WQI 法

CCME WQI 法计算公式为:

$$CCME\ WQI = 100 - \frac{\sqrt{F_1^2 + F_2^2 + F_3^2}}{1.732} \tag{3}$$

其中：$F_1 = \dfrac{P}{n} \times 100$，$F_2 = \dfrac{q}{nm} \times 100$，$F_3 = \dfrac{Q}{0.01Q + 0.01}$，$Q = \dfrac{\sum S}{nm}$。

当评价指标越大、水质越好时，$S = $（标准值/超标值）$-1$；当评价指标越大、水质越差时，$S = $（超标值/标准值）$-1$。

式中：F_1、F_2、F_3 分别为范围、频率、振幅；P 为超标指标数；n 为参与评价的指标数；q 为全部监测数据中超标数据的个数；m 为监测次数；nm 为全部监测数据总数。

CCME WQI 法水质等级按照分数从高到低分为极好（95~100]、好（80~94]、中（65~79]、差（45~64]、极差（0~44] 五个等级。

2 实例分析

2.1 基础数据

沙湾水道位于广州市番禺区和南沙区交界,起于张松,终于小虎山,长度 26 km。市桥水道位于广州市番禺区,起于龙湾,终于大刀围头,长度 18 km。在沙湾水道和市桥水道各取一监测点,见图 1。沙湾水道和市桥水道受潮汐影响,故每月在涨潮和退潮时各监测一次,监测时间为 2018 年,监测次数共 24 次,其中枯水期（1 月、2 月、11 月、12 月）8 次,平水期（3 月、4 月、9 月、10 月）8 次、丰水期（5—8 月）8 次。本次评价时段分为枯水期、平水期、丰水期和全年。水质监测项目为《地表水环境质量标准》（GB 3838—2002）中规定的 24 项基本项目及电导率共 25 个指标。根据监测结果,本文选取溶解氧、高锰酸盐指数、五日生化需氧量、氨氮、总磷、总氮为评价指标。沙湾水道水质目标为Ⅲ类。市桥水道水质目标为Ⅵ类。单因子指数法和综合水质标识指数法采用各水期和全年监测数据的算术平均值,见表 1。

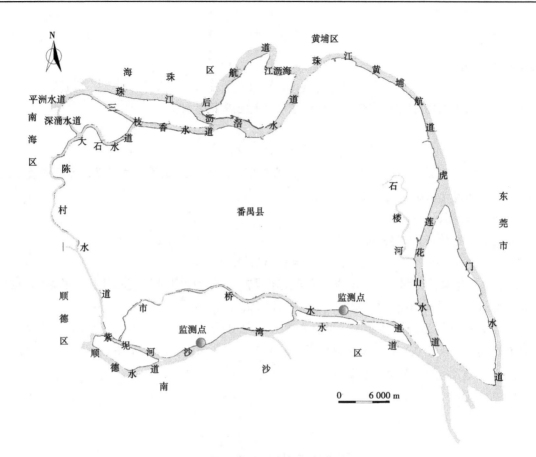

图 1　监测点位置示意图

表 1　各时期监测数据均值　　　　　　　　　　　　　　　　单位：mg/L

水道	水期	溶解氧	高锰酸盐指数	五日生化需氧量	氨氮	总磷	总氮
沙湾水道	枯水期	7.23	2.20	1.60	0.41	0.10	2.89
	平水期	6.67	2.40	1.50	0.26	0.09	2.49
	丰水期	6.02	2.60	1.30	0.19	0.08	2.31
	全年	6.64	2.40	1.40	0.28	0.09	2.57
市桥水道	枯水期	6.59	2.46	2.12	0.65	0.13	2.73
	平水期	5.34	2.77	2.02	0.56	0.16	2.92
	丰水期	4.99	2.73	1.77	0.35	0.10	2.71
	全年	5.64	2.66	1.97	0.52	0.13	2.79

2.2　评价结果分析

单因子指数法、综合水质标识指数法和 CCME WQI 法 3 种方法评价结果见表 2。为了体现同类别水质好坏，综合水质标识指数法计算 X_2 时保留两位有效数。

表2 3种水质指数法评价结果

水道	评价期	单因子指数法（超标项目，超标倍数）	综合水质标识指数法			CCME WQI 法				
			$X_1.X_2$	$X_1.X_2X_3X_4$	对应等级	F_1	F_2	F_3	结果	对应等级
沙湾水道	枯水期	劣Ⅴ类（总氮1.89）	3.00	3.010	Ⅱ类	0.17	0.17	23.99	86.1	好
	平水期	劣Ⅴ类（总氮1.49）	2.95	3.010	Ⅱ类	0.17	0.17	19.91	88.5	好
	丰水期	劣Ⅴ类（总氮1.31）	2.29	2.310	Ⅱ类	0.17	0.17	17.92	89.7	好
	全年	劣Ⅴ类（总氮1.57）	2.96	3.010	Ⅱ类	0.17	0.17	20.69	88.1	好
市桥水道	枯水期	劣Ⅴ类（总氮1.79）	3.30	3.310	Ⅲ类	0.17	0.17	13.87	92.0	好
	平水期	劣Ⅴ类（总氮1.93）	3.48	3.510	Ⅲ类	0.50	0.21	15.12	91.3	好
	丰水期	劣Ⅴ类（总氮1.71）	3.33	3.310	Ⅲ类	0.33	0.19	11.72	93.2	好
	全年	劣Ⅴ类（总氮1.81）	3.37	3.410	Ⅲ类	0.67	0.56	13.59	92.1	好

由表2可知，单因子指数法计算简单，能迅速判定水质综合类别、超标项目及超标倍数，但单因子指数法只反映了最差指标的污染情况，忽略有其他因子对水体的影响。例如，沙湾水道水质目标为Ⅲ类，总氮污染严重，各水期（全年）均值均超过Ⅴ类限值，溶解氧、高锰酸盐指数、五日生化需氧量、氨氮、总磷均值均没有超出Ⅱ类标准。单因子指数法不能判断同一类别水质间的水质差异，如沙湾水道和市桥水道各水期（全年）均值均为劣Ⅴ类，同一测点评价时期内水质好坏则无法比较。

综合水质标识指数法相对单因子指数法和CCME WQI法计算最复杂，却能将定性和定量有机结合，既能准确判断出综合水质类别，也能在同类别水质中比较水质的好坏，还能解读到超标指标个数及与水质目标的差距。通过$X_1.X_2$能判断沙湾水道各水期（全年）综合水质类别均为Ⅱ类，从$X_1.X_2$大小可以判断沙湾水道水质丰水期优于平水期优于全年优于枯水期。通过X_3X_4可知沙湾水道有一个指标超标，达到水质目标要求。同样，市桥水道各水期（全年）综合水质类别均为Ⅲ类，从$X_1.X_2$大小可以判断市桥水道枯水期水质优于丰水期优于全年优于平水期。通过X_3X_4可知市桥水道有一个指标超标，达到水质目标要求。通过沙湾水道和市桥水道各水期水质对比可知，枯水期、平水期和丰水期水质优劣的规律性不强。

CCME WQI法从超标范围、超标频率及超标幅度三方面综合衡量一定时间范围内水质信息。从计算过程分析，超标幅度F_3值明显大于超标范围F_1值和超标频率F_2值，可见F_3对评价结果影响较大。从评价结果分析，沙湾水道各水期（全年）评价结果为86.1～89.7，对应等级为好；市桥水道各水期（全年）评价结果为91.3～93.2，对应等级为好。单从评价结果数据分析，市桥水道水质优于沙湾水道，实际上因水质目标不同导致评价结果数据不能直接对比。若沙湾水道水质目标取与市桥水道一致，为Ⅳ类，用CCME WQI法计算沙湾水道2018年全年的评价结果为93.9，这时从评价结果数据分析知沙湾水道水质优于市桥水道，这也说明CCME WQI法只能在相同水质目标下才能对比水质优劣。

综合水质标识指数法和CCME WQI法均能反映同类别水质目标下水质的优劣。从评价结果看，沙湾水道各水期（全年）水质优劣排序两种方法计算结果是一致的，丰水期优于平水期优于全年优于枯水期，而市桥水道排序则有区别，综合水质标识指数法评价结果是枯水期优于全年优于丰水期优于平水期，CCME WQI法评价结果是丰水期优于全年优于枯水期优于平水期。从监测数据分析，沙湾水道总氮均超标，市桥水道除总氮均超标外，还有溶解氧超标1次、氨氮超标1次以及总磷超标1

次，由于评价的角度不同导致市桥水道两种评价方法得出的各水期（全年）水质优劣排序有不一致的地方。

2.3 对比分析与探讨

单因子指数法是最简单的水质评价方法，也是最直观的评价方法，故实际工作中得以广泛应用。单因子指数法实行一票否决制，即以最严重污染指标水质类型决定水体综合水质类别。随着水资源的从严监管，水质管理的目标是消除超标指标，水质越差，越容易引起重视。

综合水质标识指数法既能对水质类别进行评价，又能进行定量比较，且该指数通俗易懂，是一种值得推荐的水质评价方法。目前，对综合水质标识指数的改进侧重于权重的改进[11-13]。

CCME WQI 法考虑了超标"范围、频率及振幅"，计算涵盖了所有的监测指标和监测数据，原理通俗易懂，计算也相对简单。水环境管理部门更容易从评价结果中掌握水质现状与水质目标间的差距，并采取相应措施。同时，在相同水质目标下，CCME WQI 提供了量化数据，便于水质优劣排序。目前对 CCME WQI 法改进主要是两方面，一方面是对毒性指标的考虑[14]，另一方面是考虑水环境不确定性因素[15]。从前面分析中知，超标幅度 F_3 值与超标范围 F_1 值和超标频率 F_2 相比较，超标幅度 F_3 对评价结果影响较大。在以后的研究中，可结合评价区域特点及管理者侧重方向，对 CCME WQI 法适当改进，以期改善其评价效果。

3 结论

（1）本文采用单因子指标法、综合水质标识指数法和 CCME WQI 法对沙湾水道和市桥水道水质进行了评价，结果表明 3 种水质指数法均能将各指标评价值综合成一个值，用来评价水质好坏，其评价结果容易被大众接受。

（2）单因子指数法可判断主要污染指标，直观反映水质状况，是评价的基础。综合水质标识指数法将定性与定量评价相结合，且评价结果能与我国水环境质量标准对应，可应用于不同水体不同时期水质评价，适用范围广，是值得推荐的水质评价方法。

（3）针对综合水质标识指数法计算相对烦琐，可考虑"机器换人"来解决。综合水质标识指数法运算简单，便于计算机编程，提高工作效率。

参考文献

[1] 潘莘，黄晓荣，魏晓玥，等. 三种常用水质评价方法的对比分析研究 [J]. 中国农村水利水电，2019 (6)：51-55.

[2] 刘宇，吉正元，刘淑娟，等. 三种方法在高原湖泊水质评价中的应用与比较 [J]. 海洋湖沼通报，2020 (2)：166-174.

[3] 国家环境保护总局. 地表水环境质量标准：GB 3838—2002 [S]. 北京：中国环境科学出版社，2002.

[4] 中华人民共和国水利部. 地表水资源质量评价技术规程：SL 395—2007 [S]. 北京：中国水利水电出版社，2002.

[5] 徐祖信. 我国河流单因子水质标识指数评价方法研究 [J]. 同济大学学报（自然科学版），2005，33 (3)：321-325.

[6] 徐祖信. 我国河流综合水质标识指数评价方法研究 [J]. 同济大学学报（自然科学版），2005，33 (4)：482-488.

[7] 高凡，邹兰，孔晓懿. 改进综合水质指数法的乌伦古湖水质空间特征 [J]. 南水北调与水利科技（中英文），2020，18 (1)：127-137.

[8] 程卫国，李亚斌，苏燕，等. 不同赋权方法的综合水质标识指数法对比分析 [J]. 灌溉排水学报，2019，38 (11)：93-99.

[9] 王坤，黄晶，冯孙林，等. CCME WQI 在入海河流（鳌江）感潮河段水质评价中的应用 [J]. 中国环境监测，

2019，35（4）：93-99.

［10］杨婷婷，魏月梅，燕文明，等. CCME WQI 在我国水质评价中的应用［J］. 水电能源科学，2017，35（7）：73-75.

［11］周密，马振. 改进的综合水质标识指数法及其应用［J］. 水力发电，2017，43（3）：1-4.

［12］闫滨，姜秀慧，钟占华，等. 基于改进权重的综合水质标识指数法的大伙房水库上游水质评价研究［J］. 沈阳农业大学学报，2019，50（3）：314-323.

［13］曲田，黄川友，殷彤，等. 改进权重综合水质标识指数法及应用［J］. 水电能源科学，2018，36（1）：44-47.

［14］闫峰，康青，王雨潇，等. 基于健康风险的改进 CCME WQI 模型及其应用［J］. 水电能源科学，2020，38（2）：73-75.

［15］马惠群，肖燕，闫峰. 基于模糊可变集合理论的改进加拿大水质指数评价方法及应用［J］. 水电能源科学，2018，36（5）：35-38.

近年来集中输水对官厅水库水质的影响分析

贺文慧

(北京市官厅水库管理处，北京　754410)

摘　要： 官厅水库是中华人民共和国成立后修建的第一座大型水库，是综合治理永定河的关键性工程。该库是一座以防洪、供水为主，兼顾发电、灌溉、生态涵养等多种功能的水利枢纽，是北京重要地表水源地。为首都和周边地区的经济社会发展做出了巨大贡献，对保障首都的供水安全和改善城区水生态环境发挥了重要作用。为了保障和提高水库供水能力，1984—2002 年实施了北京市内跨流域补水，由白河堡水库向官厅水库补水。自 2003 年起由水利部组织实施从官厅水库上游山西省、河北省各水库开展本流域集中输水，2019 年首次实现了黄河水跨流域向官厅水库的生态调水。现通过对永定河向官厅水库管理处集中输水的补水断面（八号桥断面）2013—2020 年上半年（截至 6 月 7 日）水质状况进行分析，综合分析评价集中输水对官厅水库水质的影响，为以后的输水工作提供借鉴和依据。

关键词： 官厅水库；输水；水质；分析

1　水库概况

官厅水库是中华人民共和国成立后兴建的第一座大型水库，是兼防洪、供水、发电、灌溉多种功能的综合利用工程，是首都北京主要供水水源之一。坝址位于北京市西北约 80 km 的官厅山峡入口处，坝址以上控制流域面积为 43 402 km²，占总流域面积 47 016 km² 的 92.3%。20 世纪 80 年代中期以后，随着水库上游地区经济社会迅速发展和居民生活水平的提高，大量的废水、污水排入河道，水库有机污染日趋严重，呈现严重的富营养化状态，水库于 1997 年被迫退出北京市饮用水供水系统。在经过多年持续治理后，于 2007 年 8 月恢复饮用水源地功能。

在 2019 年引黄入京集中输水调入官厅水库之前，官厅水库的水源主要来源于上游补给以及大气降水，由于近年干旱，上游补给量少，官厅水库入库水量不大。反推入库水量分布如图 1 所示，2014—2015 年入库水量下降了 72%。2014—2019 年水库入水量总体呈上升趋势，自 2019 年黄河水调入官厅水库以来，官厅水库入库水量突破 3 亿 m³。库区主要来水河流为桑干河和洋河，是影响库区水质影响的主要水源，本文分析的数据主要是针对桑干河和洋河的来水。

1.1　采样点的布置

按照《水环境监测规范》（SL 219—2013）确定官厅水库水质监测断面和监测频次。涿鹿桥断面是册田水库向官厅水库集中输水的控制断面，主要用以衡量桑干河的来水水质；下花园桥断面是洋河水流的控制断面，主要用以衡量洋河的来水水质；八号桥断面是桑干河和洋河来水汇合进入官厅水库的控制断面，汇集了桑干河、洋河的全部来水，是此次集中输水的入库水质监测控制断面。库区代表站分为永库区和妫库区，永库区的代表站为永 1000 断面；妫库区的代表站为妫大桥断面；永定河来水入库断面代表站为河口断面，监测断面位置见图 2。

作者简介： 贺文慧（1989—），女，助理工程师，主要从事水质化验工作。

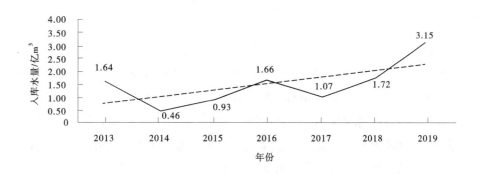

图 1　官厅水库入库水量变化

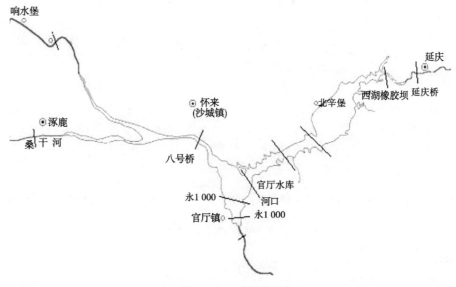

图 2　官厅水库水质监测断面布置

1.2　分析项目的方法及评价标准

1.2.1　分析项目及方法

官厅水库现在主要面临的问题是水体富营养化、氟化物超标，所以本文选取了无机盐指标氟化物；营养物质指标总磷、总氮、氨氮、溶解氧、高锰酸盐指数为主要研究目标。本文所有数据来自于官厅水库管理处水质监测成果，选取 2013—2020 年共 8 年的年均值资料作为评价依据。

各项检测项目的分析方法均为地表水监测的国家标准或行业标准，见表 1。

表 1　水质监测项目与分析方法

序号	监测项目	分析方法
1	氟化物	水中无机阴离子的测定（SL 86—1994）
2	总磷	水质总磷的测定钼酸铵分光光度法（GB/T 11893—1989）
3	总氮	水质总氮的测定碱性过硫酸钾消解紫外分光光度法（GB/T 11894—1989）
4	氨氮	水质氨氮的测定纳氏试剂比色法（HJ 535—2009）
5	溶解氧	水质溶解氧的测定碘量法（GB/T 7489—1987）
6	高锰酸盐指数	水质高锰酸盐指数的测定（GB/T 11892—1989）

1.2.2　评价标准

采用国家《地表水环境质量标准》（GB/T 3838—2002）为水质评价依据，以水质分类标准中的Ⅲ类作为评价标准，超标倍数即为超标准Ⅲ类的倍数。

2 监测项目分析

2.1 溶解氧的分析

溶解于水中的分子态氧称为溶解氧，通常记作 DO，水中 DO 的多少是衡量水体自净能力的一个指标。水里的溶解氧被消耗，要恢复到初始状态，所需时间短，说明该水体的自净能力强，或者说水体污染不严重。如图 3 所示，库区的 DO 的含量相近且变化趋势一致，涿鹿桥与八号桥的变化趋势一致；涿鹿桥的 DO 含量远高于下花园桥；八号桥 2013—2019 年 DO 浓度上升了 36%。在 2019 年开始监测输水水质中 DO 含量，数据表明输水水质中 DO 含量明显升高。库区各个站点的 DO 含量相对集中且稳定，基本符合地表水 I 类标准，表明官厅水库库区水体自净能力良好。

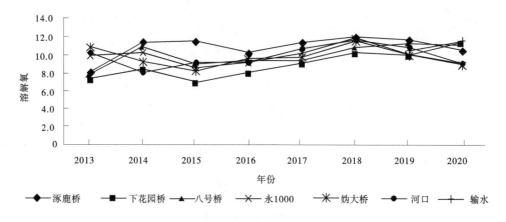

图 3 入库和库区溶解氧含量变化

2.2 总磷的分析

水中总磷（TP）主要来源为生活污水、化肥、有机磷农药及近代洗涤剂所用的磷酸盐增洁剂等。水体中的磷是藻类生长需要的一种关键元素，过量磷是造成水体污秽易臭、发生富营养化的主要原因。如图 4 所示，涿鹿桥 TP 含量相对较低，2013 年的浓度为 0.13 mg/L，达到地表水 III 类水标准；2014—2020 年含量相对稳定且符合地表水环境质量标准 I 类；下花园桥 TP 含量呈逐年上升趋势，水质达到劣 V 类，最大污染含量为 0.63 mg/L，超标 215%，2019 年较 2018 年浓度下降了 37%；八号桥水质 TP 浓度呈现下降趋势，2017—2020 年水质符合地表水环境质量标准 III 类；库区代表站 TP 含量相对集中稳定，含量也相对较低，符合地表水环境质量标准 III 类。输水水质中 TP 浓度呈现下降趋势，含量高于库区，低于下花园桥。

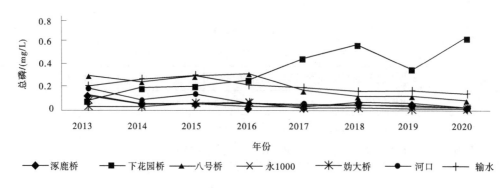

图 4 入库和库区水体 TP 质量浓度变化

2.3 总氮的分析

总氮（TN）是水中各种形态无机氮和有机氮的总量，氮是衡量湖泊水库营养的关键元素之一。氮在水体中的转化主要是含氮化合物从有机氮转化为无机氮，然后通化硝化和亚硝化作用使无机氮进一步转化。如图5所示，库区TN含量相对集中且稳定，其中河口水质TN含量呈逐年下降趋势，2018年至今库区水质符合地表水环境质量标准Ⅳ类；下花园桥、八号桥、涿鹿桥的TN符合地表水环境质量标准劣Ⅴ类，其中下花园桥水质中TN含量呈上升趋势，2018年TN含量浓度为10.88 mg/L，超标988%；涿鹿桥与八号桥总体浓度呈下降趋势，但是受下花园桥影响，八号桥的TN浓度略高于涿鹿桥；从2018年开始监测TN含量，输水水质中TN含量与八号桥变化趋势都相同。6个地区的TN含量在2019年最低，而2019年的入库水量也最高。

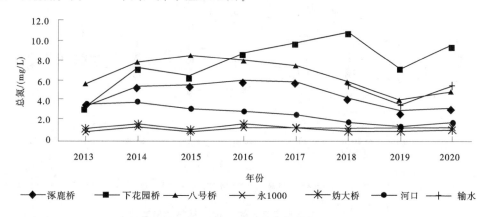

图5 入库和库区水体TN质量浓度变化

2.4 氨氮的分析

氨氮（NH₃-N）是水体中的营养素，可导致水富营养化现象产生，是水体中的主要耗氧污染物，对鱼类及某些水生生物有毒害。因此，NH_3-N是评价水体营养化程度的重要指标。如图6所示，涿鹿桥2015年至今一直保持在地表水环境质量标准Ⅲ类；下花园桥站2013—2018年水质中NH_3-N质量浓度呈上升的趋势，说明洋河的水质污染劣于桑干河；八号桥的水质受到下花园桥影响，水质中氨氮含量浓度波动比较明显，2013—2015年浓度升高，2016—2018年浓度下降，2019年又有所回升；输水水质2013—2016年与八号桥NH_3-N浓度变化趋势相同，有所升高，2017年输水水质中NH_3-N含量达到近几年的最高值1.318 mg/L，超标达到32倍，2018—2020年，输水水质中NH_3-N含量相对稳定，保持在地表水环境质量标准Ⅲ类；库区2013—2016年水质中NH_3-N浓度含量符合地表水环境质量标准Ⅱ类，水质相对稳定。

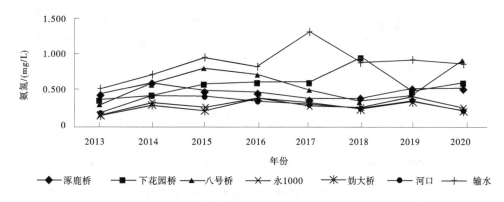

图6 入库和库区水体NH_3-N质量浓度变化

2.5 高锰酸盐指数的分析

高锰酸盐指数（COD_{Mn}）是反映水体中有机及无机可氧化物质污染的常用指标。由于库区水体中有机及无机可氧化物质含量较低，所以采用 COD_{Mn} 分析有机及无机可氧化物质含量。如图 7 所示，涿鹿桥 2013—2017 年 COD_{Mn} 含量呈下降趋势，2018—2020 年 COD_{Mn} 含量逐年缓慢上升，水质中 COD_{Mn} 含量基本符合地表水环境质量标准 Ⅱ 类；下花园桥 COD_{Mn} 含量总体呈上升趋势，2013—2020 年（6 月）浓度上升 66%；八号桥 COD_{Mn} 含量基本在 4 mg/L 左右，无明显波动情况；输水水质中 COD_{Mn} 含量总体高于其他站点；库区的 COD_{Mn} 的浓度含量相对其他站点偏高。

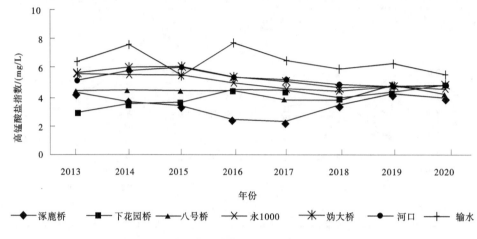

图 7 入库和库区水体 COD_{Mn} 质量浓度变化

2.6 氟化物的分析

根据《国家饮用水标准》规定，饮用水含氟的适宜浓度为 0.5～1.0 mg/L。当低于国家标准时，容易造成对牙齿的损伤，从而诱发龋齿。但是长期饮用含氟高的水，大量氟进入人体后与钙结合形成氟化钙，沉积在骨中，使骨中氟化钙增加，骨密度增高，血钙减少。如图 8 所示，涿鹿桥 F^- 浓度含量相对较低，2016 年之后保持在地表水环境质量标准 Ⅰ 类；2013—2018 年下花园桥的 F^- 浓度含量远高于涿鹿桥，2018—2020 年 F^- 浓度含量相差不大；其他站点的 F^- 浓度变化相对集中且相对稳定，在 1.1～1.4 mg/L，符合地表水环境质量标准 Ⅳ 类；输水水质中 F^- 浓度含量变化明显，总体呈现倒 V 形状，先升高再降低，2017 年达到最大值 1.44 mg/L，超标 44 倍，2020 年输水水质明显好转，达到地表水环境质量标准 Ⅰ 类。

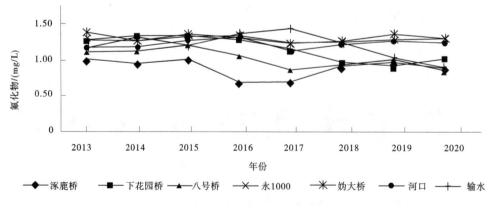

图 8 入库和库区水体 F^- 质量浓度变化

3 输水期间八号桥水质变化情况

2013—2018 年，主要是侧田水库、友谊水库对官厅水库集中输水。2019 年，我国首次"引黄入京"，对永定河进行生态补水。2020 年，我国连续第二年引黄河水对永定河进行生态补水，成效显著。此次补水引黄河水的水量及永定河补水规模都是历年来最大的。集中输水期间八号桥断面各项目水质变化情况如图 9~图 14 所示。

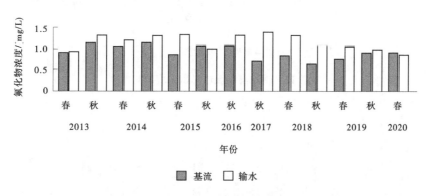

图 9 输水与基流中氟化物浓度的对比

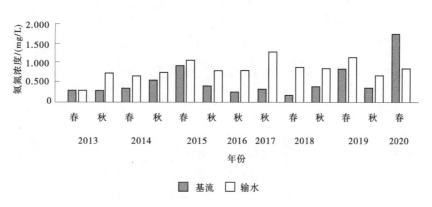

图 10 输水与基流中氨氮浓度的对比

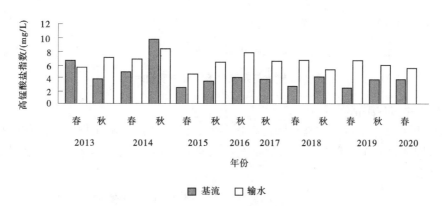

图 11 输水与基流中高锰酸盐指数的对比

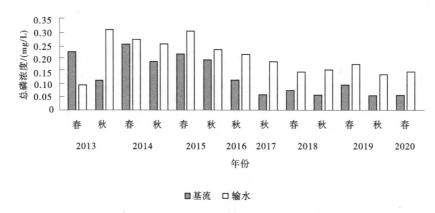

图 12　输水与基流中总磷浓度的对比

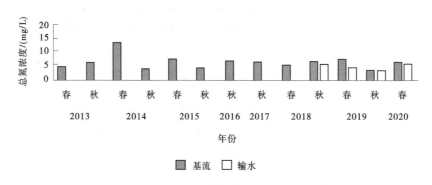

图 13　输水与基流中总氮浓度的对比

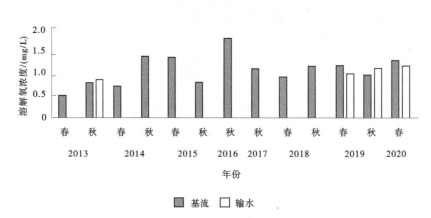

图 14　输水与基流中溶解氧浓度的对比

3.1　2013—2018 年的水质情况

2013—2018 年水库中基流水质基本保持在Ⅳ类水，超标项目为氟化物、高锰酸盐指数、氨氮和总氮四项。中期基本维持Ⅴ、Ⅳ类水，后期则变差到劣Ⅴ类水。输水期间水质较基流明显变差。

3.2　2019 年水质情况

2019 年输水水质情况水质主要表现为：友谊水库向官厅水库补水期间历时短，共进行 3 次水质监测工作（3 月 7—11 日），输水过程中氟化物、高锰酸盐指数、总磷、总氮、氨氮污染物含量均比基流高，其中氟化物由Ⅰ类降低至Ⅳ类；高锰酸盐指数由Ⅱ类降低至Ⅲ类；总氮呈上升趋势，水质类别为劣Ⅴ类；总磷由Ⅲ类降低至Ⅴ类；氨氮Ⅴ类。输水水质相较于基流变差。册田水库引黄河水向官厅水库补水共进行春、秋两季。从输水水质监测数据进行分析得出：春、秋两季册田水库向官厅水库补水期间，共进行 31 次水质监测工作，输水过程中总氮、氨氮、总磷等含量呈下降趋势显著，水质类别由基流劣Ⅴ类上升至Ⅳ类，输水水质较基流变好。对入库水质提升起到积极的作用。

3.3 2020年水质情况

2020年上半年输水水质情况主要表现为：八号桥断面基流水质类别为Ⅳ类，超标项目为氟化物。洋河水库补水期间，共进行8次水质监测工作，其间八号桥断面主要水质类别为Ⅳ类，个别次数达到Ⅴ~劣Ⅴ类，主要超标项目为氨氮、总氮劣Ⅴ类，总磷Ⅳ~Ⅴ类，水质相较基流变差。册田水库（黄河补水）补水期间，与基流水质相比较，水体中氟化物、氨氮、总氮等含量呈下降趋势。总磷与高锰酸盐指数基本保持不变，达到Ⅲ类水质标准，水质变化趋好。

4 结论

集中输水中的氟化物浓度、溶解氧浓度与各断面浓度相差不大，下花园桥氟化物超标严重，分析主要是因为洋河河道是高氟区，洋河水质中氟化物浓度一直比较高，建议加强上游洋河流域的治理。输水中总磷的含量高于库区，会引起库区水质总磷的升高。总磷是重要的营养物质指标，需要继续进行密切观察，分析形成现状原因，预测未来水质变化趋势。输水的高锰酸盐指数、氨氮含量略高，会加重库区的富营养化程度。总体来说，库区的水质优于集中输水的水质，表明官厅水库库区生态系统能力较好，自净能力较强。

输水前八号桥和输水中八号桥取样对比：输水前八号桥水质和输水中八号桥水质都为Ⅳ类，输水前后超标项目相同。输水期间，集中输水的水质变化明显，2019年，对官厅集中输水过程中，输水前期的水质不如输水后期的水质。主要是因为前期是洋河来水，后期是桑干河来水，说明桑干河水质优于洋河水质。

输水过程中随着入库水量的不断地增加，尤其在2019年黄河对官厅的补水，入库水量明显上升，输水从八号桥入库以后污染被稀释，所以此次输水对改善官厅水库的水质有比较大的好处，降低了官厅水库氨氮和总磷的浓度，最终趋于稳定，水质平稳安全，减轻了水库的富营养化程度，基本没有发生水华的压力。

参考文献

［1］中华人民共和国水利部 . 地表水资源质量评价技术规程：SL 395—2007［S］. 北京：中国水利水电出版社，2007.

［2］王俊德 . 水文统计［M］. 北京：水利电力出版社，1993.

［3］袁博宇 . 官厅水库水质现状及趋势分析［J］. 北京水利，2000（5）.

［4］国家环境保护总局 . 水和废水监测分析方法［M］.4版 . 北京：中国环境科学出版社，2002.

［5］姜瑞，曾红云，王强 . 氨氮废水处理技术研究进展［J］. 环境科学与管理，2013，38（6）：131-134.

［6］张跃武，车胜华 . 官厅水库氟化物污染分析［J］. 北京水务，2008（1）.

［7］杨大杰，姜树君 .2004年向官厅水库集中输水的水质分析与影响评价［J］. 北京水利，2005（1）.

［8］杨建民 . 官厅水库富营养化状况及其生态治理［J］. 北京水务 .2013（3）.

［9］王雪莲，赵红磊，姜树君 . 官厅水库水化学特征的演化及原因探讨［J］. 北京水务，2011（3）.

湖北湖泊保护与治理"十四五"规划思考

熊　昱[1]　雷俊山[1]　华　平[2]　赵肥西[1]

(1. 长江水资源保护科学研究所，湖北武汉　430051；
2. 湖北省湖泊保护中心，湖北武汉　430071)

摘　要："十三五"期间，湖北强化湖泊保护的顶层设计，建立健全体制机制，强化湖泊空间管控。"十四五"是湖泊保护的战略机遇期，必须贯彻"生态优先、绿色发展"的要求，在湖泊形态保护、防洪除涝、水源地保护、水生态修复、监测和管理等方面采取更加强有力的措施，实现湖泊生态安全与可持续利用。

关键词：湖泊；保护与治理；"十四五"规划

1　引言

根据《湖北省湖泊变迁图集》，湖北省在中华人民共和国成立初期水面面积 100 亩以上的湖泊有 1 332 个，中水位时的总面积为 8 528.2 km²。至 20 世纪 80 年代，湖北省 100 亩以上的湖泊 843 个，湖泊总面积 2 983.5 km²。其中，面积 5 000 亩以上的湖泊有 125 个，湖泊面积 2 519.7 km²，相应容积 56.9 亿 m³，有效调蓄容积 30.7 亿 m³。湖北现有列入省政府保护名录的湖泊 755 个，总面积 2 706.9 km²，总容积 52.7 亿 m³。近几十年，随着社会经济快速发展，湖泊面积急剧缩，水质恶化，湖泊原有的生态系统遭到严重破坏，部分湖泊的生态系统甚至遭受灭顶之灾。湖泊容量和有效调蓄容积的锐减，导致湖泊调洪蓄洪功能减弱；河床抬高、河道淤积，湖泊交通运输功能逐渐退化；由于河湖阻隔，水生物种群数量在明显减少，湖泊功能退化相当严重。

党的十八大以来，湖北抢抓生态文明建设和长江大保护等一系列重大机遇，推进湖泊保护工作，较好地践行习近平总书记提出的"十六字"治水思路和"山水林田湖草沙"系统治理的理念，为长江大保护和美丽湖北建设做出了应有贡献。

"十四五"时期要进一步深入贯彻习近平新时代中国特色社会主义思想和党的十九届五中全会精神，围绕统筹推进"五位一体"总体布局和协调推进"四个全面"战略布局，以最大限度地保护长江岸线资源不受破坏，科学合理发挥岸线资源生产、生活服务功能，为全面推动长江经济带高质量发展的重要课题，坚持"生态优先、绿色发展"理念，按照"共抓大保护，不搞大开发"的要求，以湖北省"十四五"时期经济社会发展主要目标——生态文明建设取得新成效，长江经济带生态保护和绿色发展取得显著成效，"三江四屏千湖一平原"生态格局更加稳固，生态文明制度体系更加健全，城乡人居环境明显改善为根本导向，围绕湖泊保护与治理，运用"追根溯源、诊断病因、找准病根、分类施策、系统治疗"的整体观，依法规范湖泊开发利用行为，保障湖泊面积不萎缩，湖泊生态功能不退化，有效控制湖泊污染及富营养化趋势，全面改善湖泊生态环境；进一步加强湖区水利体系建设，增强湖区洪涝灾害防御能力、水生态保护能力和水利管理能力，广泛形成绿色生产生活方式，生态环境得到根本好转，实现"美丽湖北"，让千湖之省碧水长流，让湖泊成为造福人民的"幸福湖"。

作者简介：熊昱（1992—），女，工程师，主要从事水资源保护方面研究工作。

2 "十三五"期间湖北省湖泊保护与治理成效

2.1 湖泊形态得到有效巩固

依据《湖北省湖泊保护条例》和生态红线管控要求，全省列入保护名录的 755 个湖泊全部划定管理范围，687 个湖泊确定最低水位线，505 个湖泊设置最低水位线标志，勘界立桩 39 389 个，设置湖泊保护宣传牌 1 751 个、警示牌 2 008 个、公示牌 2 058 个，全省湖泊形态保护完好。

2.2 湖泊防洪安全得到加强

组织实施了 88 座涉湖泵站和水闸除险加固工程全面建成受益。五大重点易涝区新建或改扩建 12 处泵站全面建成受益，易涝区 29 处新建泵站基本完成建设任务。列入 172 国家重点项目的黄盖湖综合治理工程已完工，洪湖、梁子湖、长湖、斧头湖、汈汊湖五大湖泊堤防加固已全面完成。

2.3 湖泊水质得到明显改善

根据《2020 年湖北省生态环境监测方案》，通过对 17 个省控湖泊的 21 个水域开展例行监测，发现总体水质为轻度污染，其中 17 个省控湖泊的 21 个水域中，Ⅲ类水域占 42.9%，Ⅳ类占 42.9%，Ⅴ类占 14.2%，无劣Ⅴ类水域；主要污染指标为总磷、化学需氧量和高锰酸盐指数。与 2019 年相比，Ⅲ类水域比例上升 14.3%。其中，斧头湖咸宁水域、涨渡湖、大冶内湖、保安湖、长湖荆州水域、汈汊湖和龙感湖水质有所好转，其余湖泊水质保持定。

2.4 湖泊生态得到有力保护

编制《湖北省湖泊保护总体规划》和 13 个涉湖市州的湖泊保护总体规划，合理确定湖泊开发利用、生态保护、岸线利用等控制指标。完成 755 个湖泊的详细保护规划、全省 18 个 30 km² 以上湖泊水利综合治理规划编制。主要湖泊污染排放总量、富营养化的趋势得到有效控制，水功能区划达标率 70%以上，具有饮用水源和重要生态功能的湖泊水质达到Ⅲ类及以上。完成五大湖泊退垸还湖 212.5 km²。

2.5 责任体制基本建立

建立了党政同责的省、市、县、乡四级湖长责任体系，湖泊水质达标、退垸（田、渔）还湖等工作目标纳入省委对市州"全面推行河湖长制"年度考核项目清单。2018 年机构改革，市、县水行政主管部门统一冠名"水利和湖泊局"。建立湖北省湖泊保护联合执法工作制度，利用湖泊卫星遥感监测系统针对湖北省 755 个湖泊进行"一月一普查"，对 22 个重点湖泊进行"两月一详查"。

3 当前和今后一个时期湖北省湖泊保护面临的主要问题

3.1 湖泊保护制度建设有待完善

制度支撑体系尚不完备，跨区域湖泊保护体制机制有待完善。各责任部门齐抓共管有待加强，湖泊日常管理与保护机构应有待进一步健全。涉湖市、县普遍存在湖泊保护基层工作人员偏少、专业人才匮乏、执法水平不高的现象，并有待解决。

3.2 湖泊系统治理与修复有待提升

局限于湖泊本身，护展的范围也仅是涉及入湖的河流（排污口），缺乏山水林田湖草是生命共同体的意识，统筹规划不够。重点水污染物排放总量削减和控制计划还没有完全分解至县（市、区）和排污单位。湖泊生态保护和治理涉及多部门、多地区，从流域全局出发统筹考虑不够，缺乏整体协调性，湖泊系统治理与生态修复进展缓慢。湖泊调蓄能力偏弱，城镇化导致地表径流增大，蓄滞洪区及分蓄洪民垸建设总体滞后，尚未完全达到设计标准，易涝区涝灾与城市内涝依然频繁，仍是需重点解决的突出问题。

3.3 湖泊投入及补偿机制有待健全

条例规定对重要湖泊的保护，应当建立生态补偿机制，在资金投入、基础设施等方面给予支持。目前，因为补偿机制不完善，以渔民上岸为主的生态移民存在问题突出。此外，省级及一些市、县财政还未安排湖泊保护和生态修复与治理、保护专项资金，也没有明确经费列支渠道。一些涉湖市、县财力确实有限，单靠地方财政投入，满足不了湖泊保护工作的需要。

3.4 湖泊保护监测能力提待提高

湖北省湖泊水文、水环境等方面的监测工作取得一定的进展与成效，但与全面推进湖长制的工作、水生态文明建设及湖泊保护工作的基本要求尚存在较大差距。同时，兼具多类型监测点的湖泊很少，且由于缺乏跨越部门的规划布局，同一个湖泊的水文和水环境监测点大部分位于湖泊的不同位置，造成了各类监测站点无法形成网络化的监测格局，监测数据在空间上的关联性和连续性较差，同一湖泊的监测指标的代表性有一定差异。湖泊水生态监测工作开展较少。长效、大范围、周期性的湖泊水生态监测工作尚未开展。

4 "十四五"期间湖北省湖泊保护与治理的重点任务

4.1 加强湖泊空间管控

巩固湖泊确权划界、勘界立桩成果，严格湖泊形态保护。加强湖泊空间管控，尽量恢复湖泊的历史风貌，确保湖泊水域面积不被侵占，天然形态得以保持和恢复。落实省委省政府长江大保护行动方案，推进湖泊清淤及综合治理试点和退垸（田、渔）还湖等生态保护工作。湖泊保护范围发生改变的，参照《湖北省湖泊保护总体规划》中"湖泊保护范围划定的依据与具体原则"重新划定湖泊保护范围，并设置湖泊保护范围界线界桩。

4.2 加强水源地保护和工程建设

在科学论证的基础上，着力提高武汉市、鄂州市、孝感市及四湖流域等重点地区水资源调蓄能力，规划梁子湖、长湖、童家湖、野潴湖等重点湖泊水源工程建设。城市湖泊应急备用水源地工程建设，以武汉市、鄂州市、孝感市、黄冈市、咸宁市等为重点，确保城市供水水质安全。

4.3 修复改善湖泊生态环境

对水污染较严重、水生态系统脆弱、功能退化的湖泊开展水生态修复，实施四湖流域和鄂东南湖泊群的水生态修复治理工程，汈汊湖、武湖、钟祥南湖的湖泊清淤工程，大东湖生态水网二期工程，以及江汉平原其他重点湖泊（10 km² 以上）水生态修复等工程，通过湖滨带生态修复、水系连通、退垸还湖、人工栖息地建设等措施，改善湖泊水环境，恢复湖泊生态功能。

4.4 加强湖泊排涝能力建设

统筹"流域与区域、防洪与排涝、堤与圩、蓄与排"的关系，加强湖区防洪治涝工程建设，提高排涝标准，实施新一轮湖泊补短板工程建设，包含四湖流域骨干河渠堤防加固项目，22 个主要湖泊防洪达标建设工程，26 处重点易涝地区排涝泵站扩建或新建工程，34 处泵站除险加固工程，12 座涉湖大中型病险水闸进行除险加固工程，完善"自排、调蓄、电排"相结合的综合治涝体系，提升治涝效率和效益。

4.5 提高湖泊监测和管理水平

优化整合省、市、县各类监测监控站点设施，构建布局合理、全域覆盖、结构完备、功能齐全、高度共享的基础信息采集与传输系统，对湖泊形态、水文、水环境、水生态指标等进行全面监测。科学布设监测站点，引入点、面相结合的监测手段；加强湖泊监测组织协调力度，分期、分段逐步推进湖泊监测工作；以重点区域、重点湖泊为抓手，优先建设部分重点示范湖泊监测体系，带动其他区域监测工作，最终形成全面监测的格局。

5 "十四五"期间湖北省湖泊保护与治理的对策

5.1 优化湖泊空间管控的体制机制

全面推行"湖长制"，从体制、机制、法制入手，进一步完善湖泊保护行政首长负责制、湖泊管护标准体系和监督考核机制，健全湖泊管理保护长效机制和保障机制，建立科学有效的协商协作机制，不同区域、不同部门的相互协作，确保湖泊管理取得更大成效。压实、压细各级湖长主体责任和监管部门的监管责任，充分发挥各级湖长在湖泊空间管控及保护中的作用。

5.2 强化湖泊水量水质保护的管理措施

转变湖泊水质由区域管理向区域与流域相结合的水质管理方式，根据湖泊水功能区划确定的水质保护目标，核定湖泊纳污能力，确定各入湖河道的断面水质标准。推进湖泊工程建设，强化水量调度管理，提高湖泊供水水量保证率。推进湖泊健康状况评估，对水文水资源、水生生物状况、服务功能等不同层面针对性施策，提高湖泊水质的达标率。保障江汉平原湖区的生产、生活、生态用水需求。

5.3 建立湖泊水生态修复与保护的投入政策

按照湖泊保护与管理事权划分，将湖泊保护经费纳入财政预算，形成稳定的湖泊保护投入机制。尽快设立湖泊保护专项资金，发挥公共财政投入的引导作用，建立市场化、多元化的湖泊保护投融资机制，引导更多的民间资本、社会资本投入湖泊保护事业。推动湖泊生态补偿机制建立。整合相关资金，围绕湖泊工作建立资金统筹使用机制，对重点湖泊实行以奖代补。

5.4 完善湖泊灾害防御的排涝体系

落实湖泊防汛责任制，完善统一指挥、分级负责、部门协作、反应迅速、协调有序、运转高效的应急管理机制。切实增强防汛抗灾、涉湖工程建设、涉湖水利工程运行管理等各方面安全生产工作的责任感和紧迫感，及时排除和处置各类安全隐患。不断总结湖泊防洪调度经验，完善湖泊防洪安全调度方案和应急预案，确保湖区人民群众的生命和财产安全。

5.5 构建湖泊保护的监控预警体系

完善湖泊卫星监控系统，积极推进智慧湖泊建设。探索城中湖网格化管理，提高湖泊保护监督执法、湖泊管理和湖泊闸（站）工程调度的信息化水平。强化湖泊管理执法，严禁建设项目非法侵占湖泊水域、岸线，防止侵占湖泊，依法查处非法围垦水面、侵占湖泊岸线行为。继续完善部门间联合执法的同时，逐步建立起综合执法的湖泊保护与管理模式。同时，深入推进湖泊"清四乱"常态化规范化，做好中央环保督察、长江经济带生态环境等涉及湖泊的问题整改，建立建全常态化管理机制。

5.6 形成湖泊保护的社会合力

推进《湖北省湖泊保护条例》修订、贯彻实施和宣传，推动地方重要湖泊立法，发挥湖泊保护志愿者等群团组织作用，营造爱湖、护湖的良好社会氛围，提高全民湖泊保护意识，争取社会对湖泊保护工作的支持，形成湖泊保护的社会合力。

参考文献

[1]《湖北省湖泊志》编委会. 湖北省湖泊志［M］. 武汉：湖北科学技术出版社，2015.

[2] 朱志龙，周梦，雷柯航. 湖北省湖泊开发利用主要问题分析［C］//健康湖泊与美丽中国——中国湖泊论坛暨湖北科技论坛. 2013.

[3] 孔小莉，张华钢. 湖北省湖泊环境保护的困境与对策［C］//2019 中国环境科学学会科学技术年会论文集（第二卷）. 2019.

[4] 袁修猛，熊昱，等. 河湖长制背景下创新长湖管理模式的思考［J］. 长江经济，2019（2）：23-27.

基于多元统计方法对河流营养元素和重金属空间分布特征及来源研究

张海发¹   郑芳文²

（1. 珠江水利委员会珠江水利综合技术中心，广东广州   510610；
2. 南昌工程学院水利与生态工程学院，江西南昌   330099）

摘   要：为研究河流营养元素和重金属空间分布特征及来源，在修江干流和支流 38 个采样点共采集 114 个河水样品，分别测试了营养元素和重金属等变量。采用分层聚类分析将采样点分为 4 个主要区（原始山区、山地农村区、农业区、城镇工业区），大多数被归类为人类活动影响较小的山地农村区，潦河下游为人类活动影响较强烈的的城镇工业区。主成分分析和相关分析表明，修江流域的重金属和营养元素因流域人为活动的异质性（主要受城镇工业、农业活动污染的影响）和自然环境变异性（如地质特征）而不同。

关键词：营养元素；重金属；聚类分析；主成分分析

河流系统在整个生物物理环境的可持续发展中起着重要作用，而流经河段的人类活动与自然过程会对河流系统产生强烈和持久影响[1]。人为活动如市政及工业排放、农业活动、矿产开发等和自然过程如降水、侵蚀和风化等的共同作用决定了一个地区的河水水质[2]。本次基于多元统计方法对修江流域营养元素和重金属元素分布和来源进行研究：①确定修江流域营养元素和重金属的空间特征及污染现状；②利用多元统计方法确定修江流域营养元素和重金属的自然或人为来源。

1   基本原理

多元分析和地质统计学方法被广泛应用于河流水化学空间变异性建模、空间分布和危险风险评估的研究[3]，如聚类分析（CA）、主成分分析（PCA）、因子分析（FA）、方差分析（ANOVA）、相关分析、判别分析（DA）。

聚类分析（CA）是一种无监督的模式识别方法，根据样本的异同将对象进行分类或聚类[4]。判别分析（DA）进一步评价水质的空间变化，用于划分两个或多个发生的变量组[5]。因子和主成分分析（FA/PCA），已被广泛应用于空间和时间变化的表征。这些方法得出的是一个综合结论，一方面反映变量之间的相互关系，另一方面不同的方法得出的结论也可以相互验证。

本次研究数据统计和聚类分析（CA）使用 SPSS19（IBM Corporation，Armonk，NY，USA），绘图采用 Origin 9（OriginLab，USA）和 sigmaplot 10（Systat，USA）进行统计分析，每个采样点测试的连续 3 d 水化学元素平均值作为此采样点统计和分析值。

作者简介：张海发（1976—），男，高级工程师，主要从事水文地质与水生态技术研究工作。

2 实例分析

2.1 研究区概况

修江位于江西省西北部，鄱阳湖之西。干流流经铜鼓、修水、武宁、永修县，经吴城镇注入鄱阳湖，全长 419 km，流域面积 14 797 km²。修江干流本研究分为三段，修水县以上为上游段，修水县至武宁县为中游段，武宁县以下至鄱阳湖为下游段。现状地貌山地占 15%，丘陵占 48%，冲洪积平原占 37%。流域经济不发达，以林农业为主，城市和工业规模不大，矿产分布较少，主要分布流域上游。

由于矿产冶金业、工农业和都市发展，鄱阳湖及其流域呈现出不同程度的污染[6-8]，修江入湖口水体的 TN、TP 含量分别达到 1.34 mg/L 和 0.09 mg/L，污染程度仅次于饶河入湖口[9]。

2.2 取样

在修江流域主要支流和干流布置了 38 个采样点，每个采样点分别连续 3 d 各采集一次样品。室内将样品分为三份：一份为 1 L，用来测定营养元素参数，样品移至实验室静止 24 h 取上层清液测定总氮（TN）、氨氮（NH_4^+-N）、总磷（TP）、化学需氧量（COD）；一份为 0.5 L，用来测定五日生化需氧量（BOD_5）；一份为 2 L，用高纯度硝酸酸化 pH 值为 2~3 待测重金属含量。

2.3 试验结果分析

2.3.1 河流水化学基本特征

修江干流流域 pH 值变化范围为 6.17~7.23，平均值 6.72，支流潦河流域 pH 值为 7.13~7.37，平均值为 7.21。干流流域和潦河支流溶解氧（DO）浓度变化分别介于 5.37~8.86 mg/L 和 5.76~6.91 mg/L，平均值分别为 6.77 mg/L 和 6.40 mg/L。干流流域和支流潦河 COD 含量变化分别介于 0~17.87 mg/L 和 0~16.88 mg/L，平均值分别为 6.13 mg/L 和 6.14 mg/L。干流流域和支流潦河 BOD_5 含量变化分别介于 0.73~3.7 mg/L 和 1.27~3.63 mg/L，平均值分别为 2.67 mg/L 和 3.00 mg/L。修江流域 COD 和 BOD_5 平均含量均为上游、下游及支流潦河偏大，干流中游偏小，DO 正好与之相反，见表 1、图 1。

表 1 修江流域河水中营养元素和重金属元素平均含量

地点		pH 值	DO/ (mg/L)	COD/ (mg/L)	BOD_5/ (mg/L)	NH_4^+-N/ (mg/L)	TP/ (mg/L)	TN/ (mg/L)	Cu/ (μg/L)	Zn/ (μg/L)	Cr/ (μg/L)	As/ (μg/L)
鄱阳湖流域	修江主流	6.72	6.77	6.13	2.67	0.336	0.130	0.51	60.5	37.8	5.15	0.289
	修江潦河	7.21	6.40	6.14	3.00	0.207	0.098	0.52	85.0	102.1	5.56	1.876
	修江	7.30	—	21.20	—	0.475	0.090	1.34	62.4	133.7	—	—
饮用水水质标准	WHO[A]	6.50~8.20	3.00	—	—	0.500	0.200	—	2 000	3 000	50	10
	中国（Ⅲ）[B]	6~9	5.00	20.00	4.00	1.000	0.200	1.00	1 000	1 000	50	50

注：A 为世界卫生组织饮用水准则；B 为中国Ⅲ类地表水环境质量标准；—为未检测。

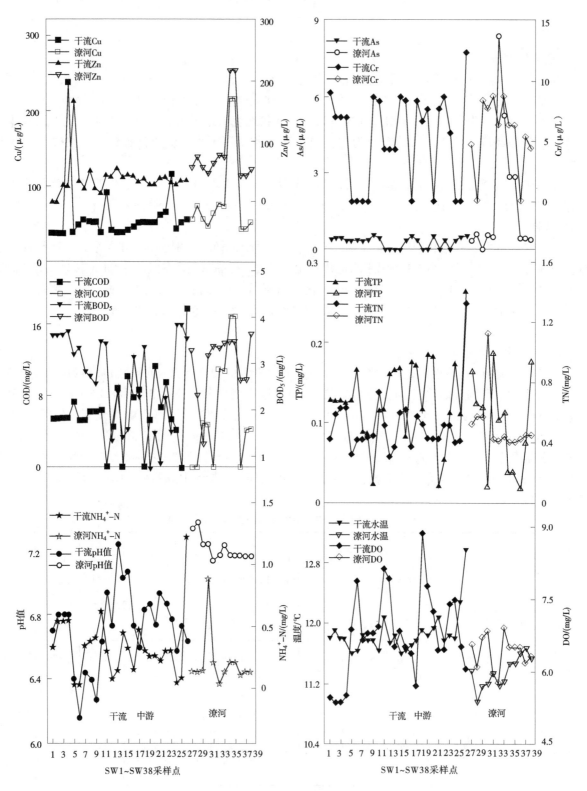

图 1　修江流域河水中营养元素和重金属元素空间变化特征

2.3.2 河流氮和磷含量变化

修江流域水体 TP、TN 及 NH_4^+-N 含量变化范围分别为 0.02~0.26 mg/L、0.3~1.32 mg/L 及 0.03~1.22 mg/L，干流流域和潦河 TP、TN 及 NH_4^+-N 含量平均值分别为 0.13 mg/L、0.51 mg/L 及 0.336 mg/L 和 0.098 mg/L、0.52 mg/L 及 0.207 mg/L，修江流域总磷、总氮及氨氮浓度平均值均优于国家饮用水 Ⅲ 类和 WHO 水质要求，但 SW26 和 SW30 取样点水质 TP、TN、NH_4^+-N 和 TN、NH_4^+-N 分别为流域平均值 3 倍左右，低于国家饮用水 Ⅲ 类和 WHO 水质要求，SW26 和 SW30 均位于地势相对平缓的区域，可能主要受农业活动的磷肥和氮肥影响[10]，也有大量研究 TN、NH_4^+-N 由污水排放和硝化过程产生。见表 1、图 1。

2.3.3 河流溶解重金属特征及空间分布

修江干流流域和潦河流域 Cu、Zn、Cr、As 含量平均值分别为 60.5 μg/L、37.8 μg/L、5.15 μg/L、0.289 μg/L 和 85.0 μg/L、102.1 μg/L、5.56 μg/L、1.876 μg/L，修江干流流域重金属平均含量为 Cu>Zn>Cr>As，潦河支流溶解态重金属平均溶度为 Zn>Cu>Cr>As。修江干流流域 Cu、Zn 含量平均值上游、中游、下游变化较小，Cr、As 含量平均值自上游至下游有轻微增加趋势；Cu、Zn、Cr 含量在支流潦河高于干流流域，其中 Zn 高出近 3 倍，As 低于干流流域。结果显示，干流上游河段 SW4 和 SW5 采样点样品分别为 Cu 与 Zn 含量较大值，潦河支流 SW34 和 SW35 采样点样品 Cu、Zn 及 As 含量为平均值的 2~3 倍，潦河支流 SW32 和 SW33 样品 As 为平均值的 3~4 倍，总之修江流域支流潦河重金属相对污染较严重，但均优于国家 Ⅲ 类水质和 WHO 标准。见表 1、图 1。

3 多元统计方法分析

3.1 样本空间相似性和分组（聚类和单因素分析）

修江流域所有采样点被分组为四个具有统计学意义的聚类。CA2（39.5%）占据了较大部分研究区域，CA3 和 CA4 为最短的连接距离，然后三者都连接到 CA1。由表 2 方差分析所示，除 T、pH 值、TP 和 Zn 外，所有聚类中的重金属和营养元素均有显著性差异，其中 CA1 的 COD 和 Cu 含量较高，CA2 的 Zn 特别高，CA3 的 DO 含量高而 BOD_5 特别低，CA4 的 NH_4^+-N 和 TN 含量特别高。根据聚类分析的聚类采样点和各元素含量信息，CA1 主要位于流域下游城镇或工业较为发达的平原地带，CA2、CA3 和 CA4 主要为山区和农村地带。沿支流潦河城镇相对发达，人类活动的废水未经处理直接排入河流，因此 CA1（4，32，33，34，35）中水质的退化是由于人为影响，聚类中的 COD、Cu^{2+} 和 As 分别为 12.23 mg/L、164.67 mg/L 和 3.94 mg/L，均为四个聚类中最高值，反映了潦河支流铜矿等加工和开采。CA2（5，6，7，8，11，16，18，24，25，27，28，31，36，37，38）为山区的农村地带，Zn 为 102.4 mg/L 在聚类中含量最高，DO 较高而 BOD_5 较小表明水质较好，反映了人类活动不强烈，同时表明轻微污染的河流具有自净能力，Zn 可能主要来自流域自然风化。CA3（9，12，13，14，15，19，20，21，22，23，29）为鲜有人涉足的山区，主要为原始地貌，DO 最高而 BOD_5 最低表明水质好，未明显受人类活动影响。CA4（1，2，3，10，17，26，30）为地势较平缓的农村，人类活动以农业生产为主，NH_4^+-N、TN 和 Cr 分别为 0.66 mg/L、0.77 mg/L 和 8.52 mg/L，均为聚类中最高，DO 最低而 BOD_5 最高也表明水质受人类活动影响。见图 2、表 2。

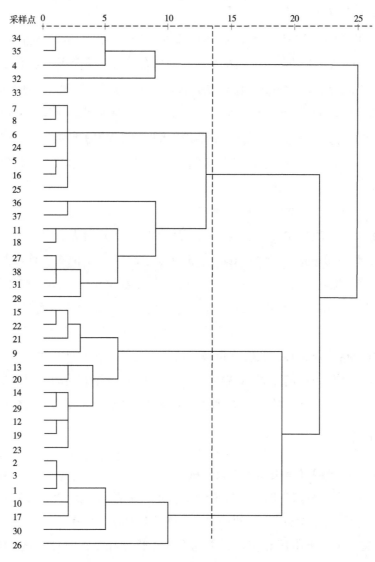

图 2　树状图显示了根据 Ward 方法使用平方 Euclidean 距离聚类的采样点

表 2　修江流域聚类分析的四个聚类溶度、方差分析和显著性检验

项目	聚类								显著性检测 $df=3$		
	CA1 （$n=5$）		CA2 （$n=15$）		CA3 （$n=11$）		CA4 （$n=7$）				
	Mean	SD	Mean	SD	Mean	SD	Mean	SD	MS	F	P
T	11.44[d]	0.25	11.67	0.32	11.74	0.23	11.87[a]	0.55	0.19	1.63	0.20
pH 值	7.12[d]	0.18	6.83	0.38	6.88	0.26	6.76[a]	0.21	0.14	1.52	0.23
DO	6.24	0.58	6.88[d]	0.84	6.97[d]	0.54	5.96[bc]	0.67	2.02	4.09	0.01
COD	12.23[e]	4.77	2.98[e]	3.07	6.64[ab]	3.21	7.72[ab]	4.64	118.49	8.85	0
BOD_5	3.48[e]	0.13	3.17[c]	0.46	1.58[e]	0.59	3.32[c]	0.49	7.53	31.93	0
NH_4^+-N	0.23[d]	0.19	0.17[d]	0.12	0.27[d]	0.11	0.66[e]	0.30	0.40	13.57	0
TP	0.08	0.04	0.13	0.05	0.12	0.06	0.14	0.07	0	0.99	0.41
TN	0.46[d]	0.10	0.44[d]	0.07	0.47[d]	0.10	0.77[e]	0.33	0.19	7.56	0
Cu^{2+}	164.67[e]	82.41	54.89[a]	13.68	57.27[a]	21.64	45.24[a]	7.16	18 063.70	17.66	0

续表2

项目	聚类								显著性检测 $df=3$		
	CA1 ($n=5$)		CA2 ($n=15$)		CA3 ($n=11$)		CA4 ($n=7$)				
	Mean	SD	Mean	SD	Mean	SD	Mean	SD	MS	F	P
Zn^{2+}	20.87	8.74	102.4	142.6	37.88	9.17	21.52	16.78	16 743.90	1.98	0.14
Cr^{6+}	6.93[b]	1.01	2.27[e]	3.05	6.58[b]	2.75	8.52[b]	1.83	80.67	11.91	0
As	3.94[e]	3.04	0.36[a]	0.16	0.17[a]	0.24	0.45[a]	0.07	19.18	17.15	0

注：T 单位为℃，pH 值为无量纲，DO、COD、BOD_5、NH_4^+-N、TP、TN 的单位为 mg/L，Cu^{2+}、Zn^{2+}、Cr^{6+}、As 的单位为 μg/L，下同。SD 为均方差，df 为自由度，MS 为均方。

3.2 重金属和营养元素来源识别

为了揭示数据相互关系，探讨水化学元素来源，将数据进行了主成分分析。特征值大于1.0得到了5个旋转的主成分，解释了方差的75.7%修江流域原始信息。根据主成分分析绝对负荷值大于0.75，0.75～0.5和0.5～0.3可分为强负载、中等负载和弱负载。据表3、表4，因子1主成分方差贡献率为21.0%，主成分 NH_4^+-N、TN、Cr 具有很强的正负荷，这些变量也相互高度相关，而 DO 具有弱的负荷载。因子1主要代表农业和市政源的污染，也正好验证了污染带来的 DO 负载荷。因子2主成分方差贡献率为15.9%，主成分 T、pH 值具有强的正负荷和负荷载，同时有较好的相关性，As 为弱正负荷，反映了河流 As 的含量在一定程度上受温度影响[11]。因子3主成分方差贡献率为15.5%，主成分 COD、Cu^{2+} 和 As 分别具有强和中等的正负荷，一方面揭示了 COD 与 Cu 和 As 重金属污染有关系；另一方面说明 Cu 与潦河支流等铜矿生产加工有关，与 As 主要矿物质来源不一致。因子4主成分方差贡献率为11.1%，主成分 BOD_5 和 DO 分别具有中等和强的负荷，变量为负相关，反映了河水溶解氧和需要量之间的对立关系，即溶解氧越大，水质相对越好，水体需要量越少，反之亦然[12]。因子5主成分方差贡献率为10.6%，主成分 TP 和 Zn 分别具有中等和强的负荷，TP 与 Zn 的荷载相反关系表明 Zn 是 TP 的外部输入来源，因子5可以归因于人为和岩石成因的混合来源。

表3 修江河水因子负荷和变量因子分析

项目	因子1	因子2	因子3	因子4	因子5
T	0.30	*0.82*	−0.01	0	0.02
pH 值	0.15	*−0.84*	0.03	0	−0.22
DO	−0.35	0.26	−0.10	*−0.59*	0.13
COD	0.25	0.12	*0.77*	0.06	0.12
BOD_5	−0.05	0.12	0.12	*0.88*	0.08
NH_4^+-N	*0.89*	0.32	0.05	0.12	0.06
TP	0.08	0.17	−0.39	0.14	*0.72*
TN	*0.88*	0.11	−0.06	0.15	0.05
Cu	−0.02	−0.07	*0.77*	0.09	−0.11
Zn	−0.12	−0.06	−0.32	0.11	*−0.79*
Cr	*0.78*	−0.24	0.22	−0.15	0.13

续表 3

项目	因子 1	因子 2	因子 3	因子 4	因子 5
As	-0.14	-0.48	*0.58*	0.31	0.15
特征值	2.84	2.38	1.46	1.18	1.04
方差/%	21.0	15.9	15.5	11.1	10.6
累计方差/%	21.0	36.9	52.4	63.5	74.2

注：因子负荷>0.50 或<-0.5 斜体加粗，被认为是显著的。

表 4　修江流域重金属元素和营养元素 Pearson 相关矩阵

项目	T	pH 值	DO	COD	BOD_5	NH_4^+-N	TP	TN	Cu	Zn	Cr	As
T	1											
pH 值	*-0.52* * *	1										
DO	0.06	-0.22	1									
COD	0.19	-0.05	-0.22	1								
BOD_5	0.04	-0.09	-0.26	0.04	1							
NH_4^+-N	*0.45* * *	-0.18	-0.24	0.26	0.13	1						
TP	0.27	-0.19	0.04	-0.03	0.05	0.10	1					
TN	0.28	0.06	-0.18	0.19	0.14	*0.89* * *	0.13	1				
Cu	-0.08	0.22	-0.11	*0.39* *	0.21	0.01	-0.27	-0.04	1			
Zn	-0.04	0.21	-0.05	-0.21	-0.06	-0.22	-0.23	-0.12	-0.18	1		
Cr	0.1	0.23	-0.25	0.29	-0.09	*0.55* * *	-0.01	*0.49* * *	0.12	-0.22	1	
As	*-0.37* *	0.31	-0.20	*0.44* * *	0.27	-0.20	-0.18	-0.12	0.28	-0.10	0.12	1

注：斜体加粗值表示显著相关性，* * 表示在 0.01 水平（双侧）上显著相关，* 表示在 0.05 水平（双侧）上显著相关。

修江流域空间主成分和相关分析的结果表明，由于流域人为活动和地质特征等自然环境差异性，河流化学元素在不同河流段或支流间存在差异。流域大多数水化学元素是由一个或多个源解释的，可以被认为是市政和采矿废水、农业化肥污染以及自然风化等单一或混合作用造成的。

4　结论

修江流域水质被评估通过测定重金属和营养元素，结果显示污染较为轻微，但河段间水化学存在巨大的空间变异性。应用多种统计和分析方法对流域空间水质和来源进行了识别和研究，聚类分析与识别分析表明不同的方法在联合使用时是有效和一致的。聚类分析分为四个区，CA1 主要位于潦河支流下游，此河段流域铜矿等矿产开采和加工具有一定规模，SW32~SW35 样品 Cu、Zn 及 As 含量为流域平均值的 2~4 倍，相对含量特别高。CA4 区域以农业地带为主，SW30 样品 TN、NH_4^+-N 超过国家饮用水Ⅲ类和 WHO 水质要求，为流域平均值近 3 倍。CA2 和 CA3 主要为自然状态的山区，高的 DO 和低的 BOD_5 一定程度上反映了未被人类干扰的水质。主成分和相关分析研究发现河流受到的主要影响来自分散的点源（矿产工业和城镇污水）和漫射源-农业活动。

参考文献

［1］Kowalkowski T, Zbutniewski R, Szpejna J, et al. Application of chemometrics in water river classification ［J］. Water Res. , 2006, 40：744-752.

［2］Giri S, Singh K. Risk assessment, statistical source identification and seasonal fluctuation of dissolved metals in the Subarnarekha River, India ［J］. J. Hazard Mater, 2014（265）：305-314.

［3］Lee C S, Li X D, Shi W Z, et al. Metal contamination in urban, suburban, and country park soils of Hong Kong：A study based on GIS and multivariate statistics ［J］. Science of the Total Environment, 2006, 356：45-61.

［4］Miller J N, Miller J C. Statistics and chemometrics for analytical chemistry ［M］. 5th edn. Pearson Education Limited, Harlow, 2005.

［5］Wunderlin D A, Diaz M P, Ame M V, et al. Pattern recognition techniques for the evaluation of spatial and temporal variation in water quality—a case study：Suquia river basin（Cordoba Argentina）［J］. Water Res. , 2001, 35：2881-2894.

［6］万金保, 蒋胜韬. 鄱阳湖水环境分析及综合治理 ［J］. 水资源保护, 2006, 22（3）：24-27.

［7］张大文, 张莉, 何俊海, 等. 鄱阳湖溶解态重金属空间分布格局及风险评估 ［J］. 生态学报, 2015, 35（24）：8028-8035.

［8］李传琼, 王鹏, 陈波, 等. 鄱阳湖流域赣江水系溶解态金属元素空间分布特征及污染来源 ［J］. 湖泊科学, 2018, 30（1）：139-149.

［9］刘倩纯, 胡维, 葛刚, 等. 鄱阳湖枯水期水体营养浓度及重金属含量分布研究 ［J］. 长江流域资源与环境, 2012, 21（10）：1230.

［10］王毛兰, 周文斌, 胡春华. 鄱阳湖区水体氮、磷污染状况分析 ［J］. 湖泊科学, 2008, 20（3）：334-338.

［11］许立巍. 砷酸盐固溶体溶解度与稳定性研究 ［D］. 重庆：重庆大学, 2011.

［12］万金保, 闫伟伟, 谢婷. 鄱阳湖流域乐安河重金属污染水平 ［J］. 湖泊科学, 2007, 19（4）：421-427.

黄河小浪底水利枢纽工程生态环境影响概述

王 玮[1] 党永超[2] 段文生[2]

（1. 黄河小浪底水资源投资有限公司，河南郑州 450000；
2. 黄河水利水电开发集团有限公司，河南郑州 450000）

摘 要：小浪底水利枢纽投入运行以来，原生区域在水库蓄水前后生态环境发生了巨大的变化。本文通过20年来库区周边的小气候、水土流失情况、林草覆盖率、区域动植物多样性、生态旅游资源的变化，概述小浪底在流域生态环境保护修复，构建黄河流域生态廊道和生物多样性保护网络，推动生态经济发展做出的贡献。在此基础上，为小浪底下一步生态建设工作提出以下工作建议：①开展小浪底水库生态评价工作；②高质量开展小浪底区域绿化美化工作；③构建小浪底智慧生态监测体系。

关键词：小浪底水利枢纽；复苏河湖生态；小气候影响；生物多样性变化

1 引言

黄河小浪底水利枢纽工程，位于洛阳市以北、黄河中游最后一个峡谷的出口处，上距三门峡水利枢纽130 km，下距郑州花园口128 km，是一座发挥着防洪、防凌、减淤、灌溉、供水、发电、生态等综合效益的特大型控制性工程，控制着黄河流域总面积的92.3%、天然径流量的87%和近100%的输沙量。小浪底主体工程于1994年9月12日开工，1997年10月28日截流，1999年年底下闸蓄水，2001年12月31日最后一台机组并网发电。随着小浪底水利枢纽的投入运用，对库区周边的社会、经济、生态环境都产生了一定的正面影响[1]。

2 库区小气候影响变化情况

小浪底水库蓄水后形成大面积水域，通过蒸散发等方式改变了库区周边的水汽流通，对局地气候会造成一定影响。通过库区周边长系列气象观测数据可以定量评估局地气候变化。小浪底水库及周边气象数据以孟津站的气象数据作为气象数据（简称库区站）来源，以河南省内沿黄主要气象站数据（简成沿黄站）为参照[2]，分析小浪底水库蓄水后20年的气温变化情况（见表1）。通过对比可以看出小浪底水库蓄水前十年（2000—2009年），库区年均温度相较沿黄站年均温度降低0.28 ℃，库区月温差相较沿黄站没有太大变化，随着水库运行时间的增加（2010—2019年），库区年均温度相较沿黄站年均温度降低了0.63 ℃，库区月温差相较沿黄站其他站点温度降低了0.23 ℃。近20年来，河南省内沿黄区域平均气温增温速率为0.56 ℃/10 a，而库区周边平均气温增温速率仅为0.2 ℃/10 a，水库蓄水形成的宽阔水面，库区年均相对湿度达到59%，相较沿黄站湿度提升4.4%，库区年均降水量增加91 mm[3]。通过蓄水前后对比，小浪底水库对周边小气候的改善起到了积极的调节作用。

作者简介：王玮（1984—），男，高级工程师，主要从事水生态研究和水库大坝管理工作。

表1 小浪底库区及河南省内沿黄区域气温对比变幅

时段	类目	温度/℃	最大月温差/℃	变幅/℃
2000—2009 年	库区站月最高温（7月）	26.35	26.30	0.01
	库区站月最低温（1月）	0.05		
	沿黄站月最高温（7月）	26.45	26.29	
	沿黄站月最低温（1月）	0.16		
	库区站年均气温	14.49		0.28
	沿黄站年均气温	14.76		
2010—2019	库区站月最高温（7月）	27.27	26.90	0.23
	库区站月最低温（1月）	0.37		
	沿黄站月最高温（7月）	27.95	27.13	
	沿黄站月最低温（1月）	0.82		
	库区站年均气温	14.69		0.63
	沿黄站年均气温	15.32		

3 水土流失治理情况

小浪底库区周边原生区域水土流失严重，根据遥感数据解译，1990年，水土流失侵蚀强度以中度侵蚀和强度侵蚀为主，土壤侵蚀模数为 2 000~3 000 t/(km²·a)，水土流失面积占土地总面积的75%[4]。小浪底开工建设后，水土保持措施与主体工程"同时设计、同时施工、同时投产使用"，其间小浪底水利枢纽水土保持工程建设概算总投资为 11 469 万元，主要用于边坡防护、防止滑坡挡墙和坡面排水、生态环境修复，场地平整兼顾水土保持和美化、绿化。2002年，小浪底完成水土保持验收工作，经过水土流失控制和防护措施后，水土流失控制率达到95%以上，小浪底库区周边土壤侵蚀模数均值下降到 1 000 t/(km²·a)。后又经过近20年的人工干预及生态修复，截至2019年，运用 ArcGIS NV 软件工具，解译得出小浪底库区周边土壤侵蚀模数均值已下降到 600 t/(km²·a)，总体侵蚀强度以轻度侵蚀和微度侵蚀为主[5-6]，见图1。

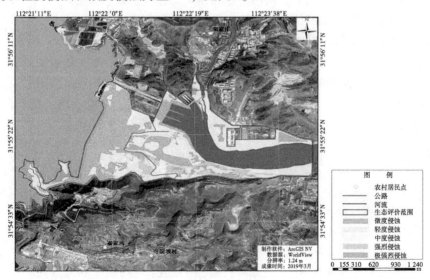

图1 土壤侵蚀图（2019年）

4 林草覆盖率变化情况

小浪底水利枢纽工程施工区原林草覆盖率仅为 10%，工程开工后，小浪底对永久占地区采取了围栏等保护性措施，杜绝了樵采、盗伐、放牧、垦植等破坏植被的活动，使原生植被得到了充分的恢复。同时，小浪底将生态绿化工作与工程建设工作同步，截至 2002 年，小浪底区域共植树 150.7 万株，其中乔木 77.9 万株，灌木 72.8 万株；累计绿化面积 483 hm²，其中水土保持林 328 hm²、风景林（草）105 hm²、防护林 40 hm²、经济林 10 hm²、草坪 36 hm²，小浪底绿化面积达到施工破坏面积的 2 倍，植被恢复率达到 85%，项目区林草覆盖率由 10% 提升到 30.1%[7-8]。后又经过近 20 年的环境整治及生态修复期的抚育，小浪底工程区域绿化苗木整体存活率高，水土保持效果稳定[9]。截至 2020 年，小浪底区域陆地林草覆盖率超过 75%，包含大坝和水域面积在内的总体林草覆盖率达到 47%。

5 生物多样性变化情况

5.1 植物景观资源

小浪底水库蓄水前，库区周边景观主要由农业生态系统（旱地）、林地生态系统、水库河流生态系统与草地生态系统组成，植被类型由阔叶林、针叶林、灌丛和草丛 4 个类型，14 个群系，23 个群丛，群系主要有刺槐林、侧柏林、荆条灌木丛和酸枣灌丛等。库区周边植物种类 79 科 271 种，代表植物为刺槐、榆、侧柏、荆条、酸枣、蒿类和紫苑等。随着水库蓄水，库区周边小气候的改变，库区农业生态系统在旱田种植的基础上，出现了水田种植且面积逐年增加。

2003 年，"三门峡库区湿地省级自然保护区""洛阳孟津水禽湿地省级自然保护区""洛阳吉利湿地省级自然保护区"3 个省级自然保护区成立河南黄河湿地国家级自然保护[10-11]，小浪底枢纽管理区域大部分都在黄河湿地保护区实验区，涉及保护区面积约 7.10 km²。保护区的建立，进一步增强了小浪底库区及周边在涵养水源、保持水土、改善环境和保持生态平衡等方面的作用。截至 2020 年，库区周边陆地及湿地分布着天然草本植物、灌木及农作物（旱地、水田）、人工防护林、经济林等。经调查保护区内植物由 68 科 745 种组成，湿地植被类型 20 个，主要包含杨树群系、莎草群系、芦苇群系、艾蒿群系、莲群系、香蒲群系、水蓼群系。

5.2 动物资源

水库蓄水前，库区野生动物种类和数量很少，水鸟种类较多，但数量较少，因水流流速大，且泥沙含量高，黄河干流水生生物种类贫乏，黄河中鱼类主要栖息于各种支流中。

水库蓄水后，良好的植被环境和优良的水生态为动物栖息创造了良好的条件。枢纽管理区及周边共有脊椎动物 36 目 99 科 427 种。其中，鱼类 7 目 14 科 84 种，两栖类 2 目 5 科 14 种，兽类 7 目 15 科 25 种，爬行类 2 目 8 科 25 种，鸟类 18 目 57 科 279 种。根据鸟类分布的数量统计，优势种类有大天鹅、苍鹭、池鹭、豆雁、赤麻鸭、绿头鸭、斑嘴鸭、普通秋沙鸭等 17 个；被国家列入重点保护鸟类有 41 种，包括国家一级保护的动物黑鹳、白鹤、金雕、白肩雕、大鸨、白头鹤、白鹤、丹顶鹤、玉带海雕、白尾海雕等 10 种，国家二级重点保护动物大天鹅、灰鹤等 31 种。

6 生态旅游资源

以小浪底水利枢纽为依托，经过近 20 年的持续开发建设，塑造了爱国主义教育基地展示厅、大坝、坝后生态保护区、雕塑广场、微缩黄河景观、移民故居、老神树、文化馆、黄河故道、出水口等数十个景点，小浪底现已形成以生态科普、工程文化、水情教育为主的特色旅游资源。凭借得天独厚的生态旅游资源，小浪底相继获得"国家环境保护百佳工程""国家水情教育基地""全国中小学研学实践教育基地""爱国主义教育基地""国家 4A 级旅游景区""国家水利风景区"等荣誉称号，社会影响力和美誉度持续提升，前来参观游览的的人数屡创新高，2019 年度达到 75.12 万人次（见图 2），累计带动周边产业上亿元的经济收入。

图 2　小浪底游客数量

7　结论与建议

7.1　结论

　　小浪底水库枢纽经过近 20 年的运行，在充分发挥其设计功能"以防洪、防凌、减淤为主，兼顾供水、灌溉、发电，蓄清排浑，除害兴利，综合利用"的基础上，库区生态环境持续改善。大面积的宽阔水域，使库区增温速率降低、降水量及空气湿度增加，水土保持效果显著，林草覆盖率增加。小浪底区域所在的河南黄河湿地国家级自然保护区动植物资源丰富，生态旅游持续向好，以上变化说明了小浪底将生态理念贯穿于水利工程的全生命周期，构筑了区域生态安全屏障，推动了社会经济发展。

7.2　建议

　　（1）尽快系统开展小浪底水利枢纽运行方式对生态环境影响评价，建立一套生态评价指标体系，持续跟踪评价大型水利工程—小浪底对复苏河湖生态的作用。

　　（2）推动新阶段水利高质量发展的实施路径，高标准开展小浪底库区及周边绿化美化工作，统筹库区山水林田湖草系统修复，进一步提升生物多样性，打造沿河绿色生态廊道。

　　（3）加速构建小浪底智慧生态监测体系，在小浪底库区建立多要素智能气象站、水质自动监测站、生态环境遥感监测系统、生物多样性监测系统等数字化、网络化、智能化的一体化管控平台，支撑小浪底水生态安全预报、预警、预演、预案的模拟分析。

参考文献

［1］黄河勘测规划设计研究院有限公司．小浪底水利枢纽生态作用评估报告［R］．郑州，2019.

［2］姬兴杰，丁亚磊，李凤秀．河南省气温资料均一化前后气温变化趋势对比分析［J］．气象与环境学报，2021，1（37）：43-52.

［3］张利新，樊思林．小浪底水利枢纽发挥的生态作用［C］//建设生态水利 推进绿色发展论文集，南京，2018.

［4］北京师范大学环境科学研究所．黄河小浪底水利枢纽工程竣工验收环境影响调查报告［R］．郑州，2002.

［5］黄河水利水电开发总公司．小浪底水利枢纽生态环境提升（旅游区）项目对河南黄河湿地国家级自然保护区生物多样性影响评价报告［R］．济源，2019.

［6］中国水利水电科学研究院．黄河小浪底水利枢纽工程环境影响后评价报告［R］．北京，2004.

［7］小浪底水利枢纽建设管理局．黄河小浪底水利枢纽工程水土保持设施竣工验收技术报告［R］．郑州，2002.

［8］水利部小浪底水利枢纽建设管理局．黄河小浪底水利枢纽工程环境保护执行报告［R］．郑州，2002.

［9］张静，朱梦娜，宋佳佳，等．基于归一化植被指数的小浪底库区植被覆盖度时空变化研究［J］．科学技术创新，

2021（13）：66-69.

［10］水利部小浪底水利枢纽建设管理局．黄河小浪底水利枢纽配套配套工程—西霞院反调节水库水土保持设施竣工验收技术报告［R］．郑州，2008.

［11］中国水利水电科学研究院．黄河小浪底水利枢纽配套配套工程——西霞院反调节水库竣工环境保护验收调查报告（报批稿）［R］．北京，2010.

河道生态修复改造及防护措施在十堰市百二河生态修复工程中的应用

张 斌 李 杰

（黄河勘测规划设计研究院有限公司，河南郑州 450003）

摘　要： 针对现状百二河存在的问题，提出了生态修复改造的应对思路和解决措施。采用土钉支护与衡重式挡墙相结合的方法建设河道护岸，解决了河道两岸施工空间限制的问题；尝试采用土工固袋作为河底防护材料，解决河道防洪安全与生态功能修复之前矛盾的问题。

关键词： 防洪河道生态修复改造；土钉支护与衡重式挡墙组合护岸；土工固袋

1　引言

百二河发源于十堰市茅箭区西的大独岭，河流大致由东南流向西北，与张湾河汇流后注入神定河，最终流入丹江口水库，主河道全长 18.6 km。百二河下游段纵贯中心城区，是城区的重要河流，两侧分布有众多居住区及商业区，道路纵横、人口集中、建筑稠密、老旧小区多，雨污分流不彻底，河道硬化，缺乏自净能力，各类管线错综复杂，整体环境较差。

由于百二河沿线居民对百二河的综合功能具有较高的期望，为彻底解决百二河线旱季污水、初期雨水污染及景观性差等问题，还市民一河清水，为沿线市民开辟休闲活动空间，十堰市委市政府决心开展百二河生态修复工程建设，以提升城市功能、品味和宜居水平，彰显城市特色、体现城市内涵，不断增强人民群众的获得感、幸福感。

2　项目难点及存在的问题

百二河城区段早年由政府投资进行了综合治理，对河床进行了硬化。现状河道宽度及断面不等，宽 21~60 m，两岸均有浆砌石护岸堤防（见图1），防洪标准为 100 年一遇，河堤高度为 2.8~5.4 m，河床为混凝土硬质铺底，中间为 5~10 m 宽、0.6 m 高的河道子槽，水深仅 20 cm 左右，为典型的"三面光"河道。河道生态修复存在以下难点：

（1）百二河作为十堰市的"母亲河"，承担着诸多城市功能，针对现状存在的水质差、生态环境差、存在防洪安全隐患等问题，如何通过生态修复使其恢复成一条让人民群众满意的幸福河，是本次项目的首要面对的问题。

（2）百二河现状河道浆砌石护岸为经加高建设后达到现状的 100 年一遇防洪标准，多年运行后，护岸出现破损，墙体安全稳定存在隐患，需要拆除重建。由于河道两岸城市建设紧邻护岸，造成开挖稳定边坡空间不足，如何解决此问题是本项目的难点。

（3）百二河承担着行洪排涝的任务，如何协调解决河道防洪安全与生态功能修复之间的矛盾，也是本项目的难点。

作者简介： 张斌（1986—　），男，工程师，主要从事生态河道治理相关的设计工作。

图 1　百二河河道现状

3　应对思路及解决措施

百二河作为一条行洪河道，河道的防洪安全是保障其生态系统健康和正常功能的基本前提。根据水文计算结果，本次设计设防标准 100 年一遇洪水流量 505~669 m^3/s，对应洪水水深 3~5.4 m，洪水流速 2.82~4.78 m/s。为保证河道两岸人民群众的生命财产安全，需对河道进行防护。本次工程根据不同河段的实际情况，制定相应的防护对策。

3.1　河道防护的布置原则

百二河十堰城区段河道防护工程布置遵循下列原则：

（1）河道工程布置根据百二河的洪水特性，河道布置和断面设计应满足防洪排涝任务要求。

（2）河道岸线布置应与现状河道岸线相适应，不改变百二河现状的主流流向，岸线就现状河道走向，有条件处适当退岸。

（3）河道岸线布置力求平顺，不应采用折线或急弯，维持河道已经形成的弯道顺势布局。

（4）百二河河道工程及建筑物布置与河道景观、生态修复、市政设施等相协调。

3.2　河道防护的应对思路

（1）保证 100 年一遇洪水行洪安全、留足行洪断面、水流通畅。

（2）尽可能利用现有地形，保证上、下游水位平顺衔接。

（3）河道布置充分考虑对两岸建筑物和道路的影响，并尽量将影响降到最低。

（4）河道布置充分考虑亲水需求，为人们营造游憩空间。

3.3　河道断面形式选择

本次河道整治的基本断面结合现状断面，尽可能地利用现有堤岸进行处理，避免造成大的开挖回填工程。河道断面形式应按照地理位置、地质条件、土地占用、功能要求等因素综合考虑。常见的断面形式有梯形断面、矩形断面和复式断面。由于项目位于城市核心区域，受城市用地限制和河道行洪要求，工程设计整体采用矩形断面结构形式，局部段落配合景观退岸设计采用梯形断面。

3.4　河道防护措施

根据规范要求，河道防护顶高程应超过设计洪水位 0.5 m。所以，百二河生态修复工程河道护岸防护顶高程取 100 年一遇洪水位超高 0.5 m 控制。百二河河道 100 年一遇设防水位水深达到 3.0~5.4 m，水流流速为 2.82~4.78 m/s，因此两岸河道护岸高差较大，且冲刷严重，综合考虑两岸施工空间限制、护岸稳定安全、施工方便等因素，本次河道断面设计中，依据河道两岸的不同情况及河道流速情况，选取了生态土工固袋植草护岸，衡重式混凝土挡墙护岸两种形式。

（1）生态土工固袋植草护岸。河道桩号 0+000~0+300 段，毛巾厂片区和上湾片区拆迁后，除现状硬质浆砌石挡墙，河道具备退岸空间，能够实现自然生态河道的景观状态。此段拆采用 0.5 m 土工固袋形成坡式护岸，后期岸坡进行植草绿化，形成水清岸绿的自然效果。

（2）土钉支护与衡重式挡墙组合护岸。由于本次工程两岸空间限制，施工开挖放坡距离较窄，无法按照安全建议边坡坡比开挖施工，为防止开挖边坡变陡后发生滑塌，需进行开挖支护。土钉支护的措施是将边坡逐层开挖，逐层在边坡以较密排列（上下左右）打入土钉（钢筋）。在基坑开挖坡面，用机械钻孔或洛阳铲成孔，孔内放钢筋，并注浆，在坡面安装钢筋网，喷射 C20 厚 80～200 mm 的混凝土，使土体、钢筋与喷射混凝土面板结合，成为边坡土钉支护。土钉与土体形成复合体，提高了边坡整体稳定和承受坡顶超载能力，增强土体破坏延性，改变边坡突然塌方性质，有利于安全施工；土钉墙体位移小，对相邻建筑影响小；设备简单，易于推广，由于土钉比土层锚杆长度小得多，钻孔方便，注浆亦易，喷射混凝土等设备，施工单位均易办到。如能与土方开挖配合好，实行平行流水作业，则工期可缩短，噪音小，并且经济效益好，成本较低。基坑坡面可以做到竖直 90°。

衡重式挡土墙护岸由上墙、衡重台与下墙三部分组成。其稳定主要是靠墙身自重和衡重台上填土重来满足。墙背开挖，允许边坡较陡。由于衡重台以下墙背为仰斜，其土压力值也大为减少，断面一般比重力式挡墙小。百二河生态修复工程衡重式挡土墙护岸断面结构参数为：上墙高 3.00/2.00 m，台宽 2.45/1.50 m，上墙背坡坡比 1∶0.25，下墙背坡坡比 1∶0.35，墙趾台阶高 0.50 m，墙趾台阶宽 0.3 m。

本次项目将土钉支护的开挖防护坡面设置为与衡重式挡墙下墙背坡坡比相同的 1∶0.35，当土钉支护施工完成后衡重台以下可直接在开挖边坡内浇筑混凝土（见图 2），此种方法不但方便快捷，加快了施工进度，而且节省了施工成本，取得了良好的经济效益。

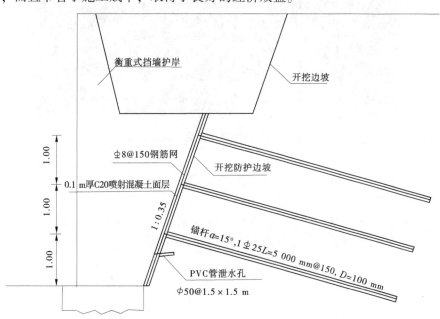

图 2　土钉支护与衡重式挡墙组合护岸典型断面图　（单位：m）

3.5　河底防护及生态修复措施

经计算，百二河 100 年一遇洪水流量，河道局部冲刷深度为 0～2.16 m。为防止河道冲刷破坏，需对百二河河底进行防护。由于百二河年内各月平均径流变化比较大，如果河床底全断面过流，在水量较小年份，河道的景观效果和亲水效果会很差。因此，在河道中间布置子槽，营造溪流水面，在水量较小时，人群可在子槽两岸行走游玩。设计子槽底宽 10.0～20.0 m，深 0.5 m。子槽底部采用 0.15 m 生态混凝土，面层满铺卵石，底部设 0.2 m 厚级配碎石垫层。防止水流冲刷的同时，可以满足植物的生长。

对于非蓄水段子槽两岸，有种植要求的区域采用土工固袋对河底进行防护。其结构为 0.5 m 厚格宾笼，内部设土工固袋，袋内填充种植土，此种结构可以抵御洪水冲刷，同时可以满足植物生长。在河道底部进行景观植物种植，若不采用特殊的防护措施，植物在洪水期存在冲刷损坏风险。植物种植于土工固袋内，袋内种植土可满足植物生长、根系发育，外部由于格宾笼与土工固袋的防护，可有效地抵御洪水冲刷，其抗冲流速可达 6 m/s。因此，在洪水期，河底种植的景观植物上部可能受洪水冲刷影响，当洪水过后，经一定时间生长，景观植物可较大程度恢复至设计状态。相对于其他防护形式，生态性与景观效果均良好。

4 结语

百二河生态修复工程在考虑河道防洪要求，保障安全的前提下，从全局角度出发，结合区域特色，深入分析问题根源，因地制宜地选择治理技术，综合考虑采用不同的技术手段组合，通过对各种技术方案的综合比选，选择经济可行的方案，尽量降低建设成本，并通过河道防护及生态修复改造措施改善城区的水生态环境，满足市民亲水需求（见图 3）。将百二河打造成为一条景观轴、生态轴、文化轴、休闲轴。

图 3　百二河生态修复后的河道典型

参考文献

［1］周风华，哈佳，田为军，等．城市生态水利工程规划设计与实践［M］．郑州：黄河水利出版社，2015.
［2］董哲仁．生态水工学探索［M］．北京：中国水利水电出版社，2007.

浅析喀什地区绿洲演变影响因素及预测方法

徐宗超　陈阳阳

（黄河勘测规划设计研究院有限公司，河南郑州　450003）

摘　要：绿洲是荒漠区适宜多种生物共同生息繁衍的地域，它通过人为干扰、气候波动和构造活动等因素的变化调控而发生演变。本文结合喀什地区绿洲演变现状，总结了绿洲演变的影响因素及绿洲演变的预测方法，客观分析了绿洲演变对地区生态环境的影响，提出了切合喀什地区绿洲演变实际的预测方法，可为喀什地区生态环境演化特征及趋势研究及分析提供支持。

关键词：绿洲演变；影响因素；预测；多指标的综合合成法

1　绿洲的概念

由于人类历史上众多的古绿洲和古文明失落在沙漠中，加上现代绿洲环境不断劣变，绿洲生态系统不断退化而变得十分脆弱，因此引起了全社会的广泛重视，开始总结教训，进行研究。绿洲概念：是荒漠区适宜多种生物共同生息繁衍的地域。这个概念包括了三层含义：一是绿洲相对荒漠而言，它以荒漠为背景，绿洲内仍然有大量的荒漠生物组分和干旱气候特征；二是阐明绿洲范围内具有生物多样性，在绿洲地域内繁衍的生物共同构成了一个完整的绿洲生态系统，它通常包含多个子系统，如水域的、湿地的和农田的等；三是说明绿洲是一个地理单元，是镶嵌在荒漠区的一种特殊地域景观，既包括天然存在的，也包括人工开发形成的绿洲。还应指出的是，绿洲不应理解为一个简单的地理单元，它的内涵包括了存在于绿洲内的所有生物，是一个绿洲生态系统[1]。

2　喀什地区的绿洲演变

喀什地区现状的绿洲范围是 1970 年以来最大的时期，绿洲区面积由 1970 年的 25 201 km² 增加到 2017 年的 27 721 km²；灌区面积由 1970 年的 5 805.6 km² 扩增到 2017 年的 16 219.7 km²，扩大了 2.79 倍；天然林草地面积由 1970 年的 15 115.6 km² 缩减到 2017 年的 7 029.1 km²，缩减了 53.5%。大部分地域的自然生态环境被人工环境所替代，天然林草地被开垦为农耕地，灌区面积大幅度扩增，天然林草地缩减[2]。

3　研究的意义

绿洲演变是永恒的，其演变的调控因素较多，但主要有人为干扰、气候波动和构造活动等。人为干扰确实对近期历史中绿洲演变起了主导作用，但从区域环境演变角度看只是人类社会的迅速发展加速了自然演变趋势[3]。利用以上绿洲演变主要调控因素的特性、相互关系及其作用原理，通过人工干预绿洲的演变，例如控制用水总量、提高水的利用效率、保护好水质、退地减水、退耕还林等，在充分认识气候波动和构造活动对绿洲演变及绿洲现代演变过程的基础上，科学有序地强化人为干扰的调控作用，将实现喀什地区绿洲的可持续发展。

作者简介：徐宗超（1984—），男，工程师，主要从事水利工程建设管理工作。

4 绿洲演变的影响因素

4.1 人为干扰

人类早期行为对绿洲的影响主要表现在对资源的无节度索取和无意识破坏上，不只是人具有毁灭绿洲的能力，更小的生物如发生极端严重的虫害，也可能完全毁灭绿洲，但人却是唯一具有调控绿洲生态系统、改善绿洲环境的能力的绿洲生物组分。从理论上讲，凡是科学有序地干预，总是使绿洲保持某一平衡状态，保证绿洲持续发展人为干扰对绿洲演变的影响在时间和空间上都是有限的、不协调的，但往往是迅速的、强烈的[4]。

4.2 气候波动

气候波动对绿洲的影响与气候变动的幅度和持续的时间有关，无论周期长短，大变幅的气候波动都将诱发绿洲特征的变化；而小变幅、短周期的气候波动不会引起绿洲的明显变化，但小变幅、长周期的气候波动仍将显著地影响绿洲演变。气候变化影响绿洲的结果主要表现在绿洲范围的扩张和萎缩两个方面。在中国西部干旱区山地冰川对所有重要绿洲（或河流）都起关键的调节作用，但是当升温消耗了大量（或全部）冰川资源之后，对应的绿洲必须适应新的水资源供应系统，特别是有小冰川补给的中、小河流在每次升温之后到相对暖期前会首先面临此问题。假设升温，河源区冰川便快速融化，湖泊、湿地和绿洲因此得到丰富的补给而成为盛期，一旦消融达到平衡，河流补给趋于稳定，水量因源区冰川大量缩减理应显著减少，因此湖泊、湿地和绿洲开始消耗储备，直到萎缩。如果相对暖期持续，必然导致绿洲衰退，所以半个冷暖周期（或一个完整的升温过程）将产生一个完整的绿洲盛衰过程[4]。

4.3 构造活动

在一个构造活动强烈的地区，构造活动对绿洲演变的影响是不可忽视的。这种变形速率在百年尺度上也许还见不到变化，但在千年尺度上却是十分显著的，不但能引起河道迁移，还会引起地下水水位的变化，引起河流等的侵蚀和堆积区的变化等。各种地貌演变都反映了构造作用存在构造活动是通过改变绿洲养分供应系统的空间布局来影响绿洲的。其特点是具有明显的空间差异性，表现在作用性质影响强度和持续时间上等。在时间发展上表现为滞后和缓慢特征（地震为特例），这不仅是其作用本身缓慢，还有其中间过程，如地下水水位下降或上升、河床下切和河道迁移等。但是对绿洲演变的预测及绿洲生态系统的调控和有序管理等问题而言，构造作用是绝对不可忽视的[4]。

4.4 影响因素的相互关系

人、气候和构造活动的内在联系甚远，但对于某一具体绿洲的演变而言，它们的作用则是密切相联的。从时间上看，干旱区环境变化研究表明绿洲演变在十年尺度上以人类活动影响为主，在百年尺度上气候波动的影响更为突出，而在千年尺度上以新构造活动影响的结果则不能被忽视。各种因素的作用是持续的，但演变结果的表现总是阶段性的。各种事实表明，人为干扰作用是强烈的，但无论在时间上还是在空间上都是有限的。在充分认识气候波动和构造活动对绿洲演变以及绿洲现代演变过程的基础上，科学有序地强化人为干扰的调控作用，将实现绿洲的可持续发展[4]。

5 绿洲演变预测的方法

5.1 孤立绿洲系统演化的动力学理论

假定绿洲和荒漠组成一个与周围环境无物质和能量交换的孤立系统，在能量守恒的条件下分析绿洲的分布和演变特征，结果表明，绿洲的演变会出现多平衡态分布的特征，在初始面积较小时，第一个平衡态表征了绿洲面积增加的解，此时荒漠地表-冠层温差较大，绿洲和荒漠之间存在较强的能量交换，绿洲通过降温增加面积而荒漠升温导致面积减小；第二个平衡态表征了绿洲面积减小的解，荒漠地表冠层温差较为合适。若迁移后绿洲面积增加，则平衡态不稳定，能量迁移趋向于零，绿洲和荒漠能量各自达到平衡，绿洲面积最终等于初始面积。李耀锟等[5]进一步利用该理论模型分析了反照率和冠层阻抗对大气运动的影响。这些工作提高了对绿洲的理论认识水平，对生产实践活动也具有一定的科学指导意义。

5.2 基于高分遥感影像绿洲城镇空间格局演变法

近些年来，土地利用和土地覆被变化（LUCC）作为国际地圈生物圈计划以及国际全球环境变化人文因素计划至关重要的研究项目一直都吸引着国内外很多学者的关注和研究。随着机器学习理论的快速发展，很多研究机构和学者在此基础上提出了不同的土地利用预测模型与算法，如系统动力学模型、灰色理论系统模型（GM）、元胞自动机（CA）模型、BP算法、CLUE-S模型、RBF神经网络、人工神经网络方法（ANN）以及支持向量机算法等。刘丽团队[6]分别以2005年和2015年作为模拟的初始年，分别对应不同的实际十地需求量，运行CLUE-S模型，得到了2015年和2025年的125团土地利用变化和空间格局分布模拟图。

5.3 多指标的综合合成法

目前，国内外使用的系统评价方法很多，基本类型有三类：第一类是专家评价法，主要包括评分法、综合评分法、优序法等；第二类是经济分析法，包括用于一些特定情况、有特定形式的综合指标和一般费效分析法；第三类是运筹学和其他数学方法，包括多目标决策方法、DEA方法、AHP方法、模糊综合评价、可能满意度方法和数理统计方法等。实际应用中常把各类方法综合起来使用，前面分析了绿洲稳定性评价指标体系是一个多指标多层次系统评价问题，多指标综合评价的合成方法的选择是非常重要的步骤。合成是指通过一定的算式将多个指标对事物不同方面的评价值综合在一起，得到一个整体性的评价。韦如意团队[7]在全疆范围内选取了吐鲁番、阜康、沙湾、精河、新和、尉犁、若羌、莎车、策勒、民丰10个绿洲，从应用的角度进行了绿洲稳定性的实证研究。运用多指标的综合合成法，得出策勒绿洲为极不稳定，其余7个绿洲为不稳定，民丰绿洲已接近极不稳定的临界值。

5.4 推荐方法

推荐使用多指标的综合合成法，目前对绿洲稳定性的评价分析尚没有统一的标准，也没有普遍适用的评价依据。孤立绿洲系统演化的动力学理论，缺点是采用理想化的模型，而实际的影响因素较多，因此评价的准确性较差。基于高分遥感影像绿洲城镇空间格局演变法缺点是利用遥感技术进行解析分析，实地调查的资料少，容易产生实际偏离。多指标的综合合成法指标多样化，并且取不同的权重指数合成，数据来源广，指标多样化，可以较客观地评价喀什地区的绿洲演变情况[8]。

6 结论及建议

用多指标的综合合成法研究喀什地区的绿洲演变，从表面上看喀什地区的绿洲面积总量没有发生大的变化，但实质上人工绿洲大量代替天然绿洲，使得单位面积的耗水量增加，单位面积生态承载力下降，导致地下水过量开采，水位下降，水质也变差。目前，冰川面积减小，短时间内融雪加大，河流处于丰水期，加大地下水的补给，抵消了一部分人为开采过量地下水的不利影响。但从长远看，冰川面积减小，当冰川消融到一定时候，将导致融雪减少，河流处于枯水期[9-10]。用指标的综合合成法研究喀什地区的绿洲演变，能从现象到本质综合地研究绿洲演变。

参考文献

[1] 郭西万．地下水资源学科文集［M］．乌鲁木齐：新疆人民出版社，新疆科学技术出版社，2014.

[2] 黄淑波，李利．新疆喀什地区地下水资源利用保护规划［R］．新疆兵团勘测设计院（集团）有限责任公司，2019.

[3] 杨依天，杨越，武智勇．西北干旱区绿洲化及其环境效应综述［J］．河北民族师范学院学报，2016，17（1）：189-190.

[4] 穆桂金，刘嘉麒．绿洲演变及其调控因素初析［J］．第四纪研究，2000，20（6）：539-545.

［5］李耀锟，巢纪平．孤立绿洲系统演化的动力学理论研究［J］．中国科学，2015，45（3）：305-306.

［6］刘丽．基于高分遥感影像绿洲城镇空间格局演变及评价研究［D］．北京：交通大学，2018.

［7］韦如意．绿洲稳定性及其评价指标体系的研究［D］．南京：南京气象学院，2004.

［8］丁建丽，张莹，王宏卫．干旱区绿洲稳定性评价指标体系构建及其应用分析［J］．干旱区资源与环境，2008，22（2）：31-35.

［9］陈忠升．中国西北干旱区河川径流变化及归因定量辨识［D］．上海：华东师范大学，2016.

［10］崔瀚文．中国西部冰川变化与湿地响应研究［D］．长春：吉林大学，2013.

丹江口典型小流域氮素来源及输出特征分析

李 超 贾海燕 徐建锋

（长江水资源保护科学研究所，湖北武汉 430051）

摘 要：丹江口水库作为南水北调中线水源地和我国最大的饮用水源保护区，如何有效控制面源污染，降低总氮负荷成为水库水污染防治的重点任务之一。本文对南水北调丹江口库区典型小流域胡家山小流域进行布点监测和数据的收集分析，围绕氮同位素来源进行辨析，结果表明三大支流氮素污染来自于居民点养殖、生活污水和有机肥料，断流域内粪便或生活污染是其氮素主要贡献源。氮的流失程度与农业活动密切相关，居民点农村生活及旱地耕作在氮素的流失过程中起到了重要的作用。

关键词：丹江口；典型小流域；氮素；氮同位素

1 引言

丹江口水库作为南水北调中线水源地和我国最大的饮用水源保护区，对水质要求极高，关系到库区居民、汉江中下游沿线和南水北调中线受水区几亿人民的生活、生产及生态用水[1-2]；随着"十二五"规划执行完成，丹江口水库达到制定的水质目标，但与"十一五"末相比，总氮浓度有小幅增加。"十三五"期间丹江口水库和中线取水口水质稳定并保持Ⅱ类，库区总氮浓度不劣于现状水平。如何有效控制面源污染，降低总氮负荷成为"十三五"期间丹江口水库水污染防治的重点任务之一[3]。本文研究丹江口库区典型小流域，进行氮素数据的收集、布点监测和模拟分析，为库区管理、水质评价和富营养化发生趋势提供依据。

2 基本概述

2.1 研究区概况

典型小流域胡家山小流域位于习家店镇，见图 1，小流域水系从北面丘陵山地向南流入库区，为汉江的一级小支流。由于胡家山流域边界清晰，有单一出口，面积约为 23.9 km²，符合小流域筛选的要求；流域内设有黑龙庙沟监测站，具有丰富的水文、气象等资料，并得到了当地环保和农业部门的大力支持，在丹江口库区具有普遍性和代表性[4]。本研究依据监测的科学性、可操控性和成本节约的原则选择其作为代表性典型小流域，反映库区流域农业经济特点及污染特征。

2.2 氮同位素检测特征

氮同位素检测方法可以通过水体 NO_3^- 中 $\delta^{15}N$ 值，直接判断污染来源及贡献特征，确定污染物的主要来源；此方法具有操作简单、便于推广的特点。地表水中的硝态氮大致可分为天然有机氮和生活污水、畜禽粪便及有机化肥的使用。来源不同的硝酸盐氮同位素 $\delta^{15}N$ 值一般在一个特征范围内变化[5]：一般雨水的 N 值为 −8‰~2‰，化学肥料的 N 值为 −7.4‰~6.8‰，养殖粪便（有机肥）的 N 值为 10‰~22‰，生活排水的 N 值为 10‰~17‰。

2.3 采样布设

在胡家山小流域布设 13 个采样点。1~5 号采样点位于胡家山小流域西侧板桥支流上；6~8 号采样点分别位于胡家山小流域内中间支流（五龙池支流）的上、中、下游；9~11 号采样点在胡家山小流域东边王家岭支流上；12 号采样点控制五龙池与王家岭支流；13 号采样点则控制整个胡家

作者简介：李超（1985—），女，工程师，主要从事水资源、水生态保护、环境化学分析等方面工作。

山小流域。采样点位置如图 2 所示。在非降雨期和降雨期采样，进行氮氧同位素和常规氮素测定来分析其研究区氮素来源。

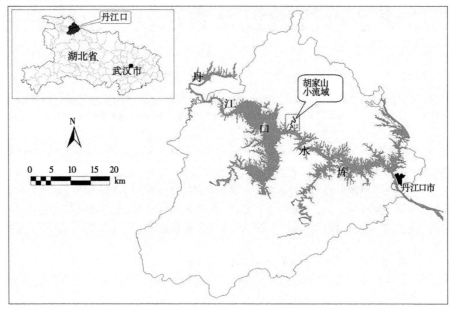

图 1　胡家山小流域地理位置

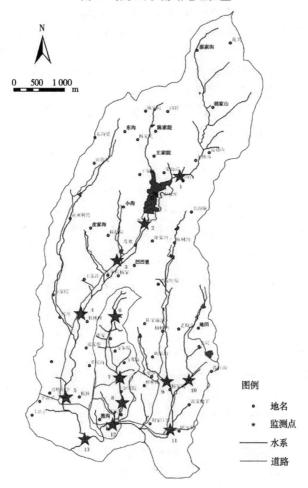

图 2　胡家山小流域采样点位置

3 典型小流域总氮来源及输出特征研究

3.1 典型小流域氮同位素来源辨析

为了验证氮同位素测定的准确率，分别收集化肥、畜禽粪尿液（猪）和厨余废水 3 种类型，对照参考文献中对应污染物硝态氮中的 $\delta^{15}N$ 特征值[6]，分析氮同位素测定的准确率，结果见表 1。从检测结果显示，氮同位素测定的准确率较高，16 个样本中有 13 个样本检测结果在特征值范围内，鉴别准确率可达到 75% 以上。

表 1 胡家山小流域代表性污染源中 $\delta^{15}N$ 特征值与参考值对比

类型	样本数量/个	变幅/‰	中值/‰	参考值/‰
化肥	5	-1.31~5.98	4.27	-7~5
畜禽粪尿液（猪）	6	8.32~19.81	17.53	10~22
厨余废水	5	9.96~17.63	11.42	10~17

3.1.1 板桥支流地表水中硝态氮主要来源辨析

板桥支流是胡家山小流域中最大的支流，集水面积为 14.03 km²，其中林地面积 7.85 km²，旱地面积 5.58 km²，荒草地 1.43 km²，居民点面积 0.25 km²，其余为水体面积。

降雨期和非降雨期板桥支流的氮素特征以及氮同位素测定值见表 2。板桥支流共布设 5 个采样点，从上至下，采样点编号为 1~5。板桥支流地表水中总氮、硝态氮和铵态氮的浓度范围分别为 0.34~2.84 mg/L、0.09~2.16 mg/L 和 0.11~0.42 mg/L。总体而言，板桥支流总氮、硝态氮和铵态氮浓度值均较低。除 4 号采样点和 5 号采样点的浓度值相对较高外，各个采样点之间的差异不显著。降雨期硝态氮和总氮浓度值略高于非降雨期，但方差分析显示，降雨期和非雨期硝态氮和总氮差异不显著。

表 2 板桥支流地表水氮素浓度与硝酸盐氮同位素测定值

时间	采样编号	总氮/（mg/L）	硝态氮/（mg/L）	铵态氮/（mg/L）	$\delta^{15}NAir$/‰
降雨期	1	0.80	0.32	0.23	5.11
	2	0.38	0.28	0.11	5.79
	3	0.65	0.42	0.20	9.20
	4	1.71	1.48	0.19	11.57
	5	1.96	1.46	0.26	9.15
非降雨期	1	0.43	0.09	0.23	0.41
	2	0.34	0.12	0.18	6.78
	3	0.60	0.27	0.42	11.54
	4	2.84	1.80	0.25	10.04
	5	2.66	2.16	0.37	10.54

1 号采样点位于胡家山水库上游。非降雨期和降雨期监测值相差较大，降雨期氮素值明显高于非降雨期。非降雨期氮同位素属于无机化肥和天然降雨，降雨期属于无机化肥和土壤有机氮范围。由于硝态氮浓度较低，结合土地利用状况可以分析判断 1 号采样点的氮素主要来自于天然。

2 号采样点为胡家山水库坝下。降雨期和非降雨期 $\delta^{15}N$ 值相差不大，基本处于无机化肥和土壤有机氮来源的特征值范围内，这是因为胡家山水库坝下附近区域以林地为主，由此可以判断该区域氨氮主要来自于土壤有机氮，属于天然硝态氮。

3~5 号采样点的总氮、硝态氮、铵态氮明显高于 1、2 号采样点，表现出从 3 号采样点至 5 号采样点逐步递增的趋势。降雨期和非降雨期氮同位素大多超出土壤有机氮的上限值，属于畜禽排泄物和厨余废水。结合土地利用状况，板桥支流下游地区大多为旱地和居民点，对当地施肥情况做过走访调查，该该区域极少使用有机氮肥，因此可以进一步判断 3~5 号采样点氮素主要来自居民点养殖或生活污水。

3.1.2 五龙池支流地表水中硝态氮主要来源辨析

五龙池支流是胡家山小流域中最小的支流，集水区面积仅 1.40 km²，共布设 3 个采样点，从上至下，采样点编号为 6~8。与板桥支流相比，五龙池支流 6~8 号采样点控制面积内林地所占比例分别是 62.1%、31.7% 和 27.9%，旱地所占比例分别是 36.1%、63.5% 和 67.3%，居民点面积分别是 0、4.0% 和 3.9%。

五龙池支流地表水中总氮、硝态氮和氨氮的浓度范围分别为 0.83~2.52 mg/L、0.47~1.42 mg/L 和 0.19~0.40 mg/L。总体而言，降雨期总氮和硝态氮浓度值略高于非降雨期，6 号采样点明显高于 7 号采样点和 8 号采样点。降雨期和非降雨期五龙池支流的氮素特征以及氮氧同位素测定值见表 3。

表 3　五龙池支流地表水中氮素浓度与硝酸盐氮同位素测定值

时间	样点	总氮/（mg/L）	硝态氮/（mg/L）	铵态氮/（mg/L）	δ^{15}NAir/‰
降雨期	6	2.52	1.42	0.27	7.34
	7	1.42	0.63	0.40	14.02
	8	1.17	0.66	0.33	13.86
非降雨期	6	1.10	0.71	0.19	16.81
	7	0.83	0.47	0.31	9.78
	8	1.63	0.90	0.30	11.07

五龙池支流上游 6 号采样点非降雨期和降雨期硝态氮中 $\delta^{15}N$ 值分别为 16.81‰ 和 7.34‰。对照不同来源的 $\delta^{15}N$ 特征值范围，非降雨期 6 号采样点的 $\delta^{15}N$ 值处于养殖粪便（有机肥）（10‰~22‰）和生活排水 $\delta^{15}N$ 特征值（10‰~17‰）范围内，可以判断 6 号采样点主要受养殖或生活污水污染；在降雨期，6 号采样点的 $\delta^{15}N$ 值降至 7.34‰，在土壤 $\delta^{15}N$ 特征值范围内，且明显低于非降雨期。这一变化特征与硝态氮浓度变化相反，由此推测在降雨期土壤有机氮对 6 号采样点硝态氮浓度影响较大。

7 号采样点和 8 号采样点在非降雨期和降雨期 $\delta^{15}N$ 值的变化特征相似，均表现为降雨期 $\delta^{15}N$ 值高于非降雨期。对照不同来源的 $\delta^{15}N$ 特征值范围，在非降雨期 7 号采样点和 8 号采样点硝态氮主要来自土壤有机氮、有机肥料或生活污水，其中土壤有机氮在硝酸盐来源中占主导地位。在降雨期，2 个采样点硝酸盐的来源以养殖或生活污水为主，土壤有机氮的组分下降，这与 7、8 号采样点集水范围内土地利用格局有着密切的关系。7、8 号采样点位于五龙池支流中下游，居民点面积比例较大，来自居民生活的污染物随降雨大量进入地表水，改变了硝态氮来源组成。

3.1.3 王家岭支流地表水中硝态氮主要来源辨析

王家岭支流流域面积大于五龙池支流，为 5.04 km²，共布设 3 个采样点，从上至下，采样点编号为 9~11。从上至下，采样点控制范围内林地所占比例分别是 53.6%、40.1% 和 45.4%，旱地所占比例分别是 43.7%、55.2% 和 51.3%，居民点面积分别是 1.1%、2.5% 和 1.7%。

王家岭支流地表水中总氮、硝态氮和铵态氮的浓度范围分别 0.88~5.91 mg/L、0.25~5.46 mg/L 和 0.16~0.86 mg/L。与板桥和五龙池支流相比，王家岭支流地表水中总氮和硝态氮平均浓度介于五龙池和板桥支流之间。与上述两个小流域浓度值变化规律相同，降雨期总氮和硝态氮浓度值略高于非降雨期。降雨期和非降雨期王家岭支流的氮素特征及氮氧同位素测定值见表 4。

表 4　王家岭支流地表水中氮素浓度与硝酸盐氮同位素测定值

时间	样点	总氮/（mg/L）	硝态氮/（mg/L）	氨氮/（mg/L）	δ^{15}NAir/‰
降雨期	9	2.17	1.48	0.56	12.53
	10	2.24	1.25	0.86	11.11
	11	1.99	1.14	0.16	9.96
非降雨期	9	0.88	0.25	0.42	2.00
	10	5.91	5.46	0.38	15.50
	11	1.24	0.85	0.26	17.63

9 号采样点位于王家岭上游，非降雨期地表水中硝态氮主要来自土壤有机氮，属于天然硝酸盐，δ^{15}N 值仅 2.00‰；相反降雨期，来自耕作和居民生活的硝态氮增多，δ^{15}N 值增加至 12.53‰。

王家岭中下游 10 号采样点和 11 号采样点的硝态氮来源组分变化与上游相反。非降雨期地表水中硝态氮主要来自养殖或居民生活污水；受上游来水组分的影响，在降雨期，硝态氮转为土壤有机氮，有机肥料或居民生活污水并重的格局。

3.2 典型小流域氮素流失特征

在胡家山小流域布设的采样点中，12 号采样点控制五龙池与王家岭支流；13 号采样点则控制整个胡家山小流域。对于胡家山小流域总体而言，小流域出口处（13 号采样点）地表水中 δ^{15}N 值更多地继承了五龙池支流和王家岭支流的污染来源组分特征。尽管板桥支流的集水面积最大，是胡家山小流域来水的主要支流，但从 δ^{15}N 值特征分析，五龙池支流和王家岭支流是胡家山小流域氮污染的主要来源。

研究表明，氮同位素的组成具有以下指示意义[6]：对于受粪肥或生活污水污染者，往往呈现出 δ^{15}N 较高，且硝态氮浓度也较高的双高特征；而受化肥和工业污水污染者，则呈现 δ^{15}N 较低而硝态氮浓度值较高的特征；受生活污水和垦植土壤污染则呈现 δ^{15}N 中等，且硝态氮浓度值也中等的特征。非降雨期和降雨期 13 个采样点地表水中硝酸盐浓度值分别为 1.08 mg/L（0.09~5.46 mg/L）和 1.02 mg/L（0.28~1.48 mg/L），δ^{15}N 值分别为 10.79‰（0.41‰~17.63‰）和 10.41‰（5.21‰~14.02‰）。流域总体而言，硝酸盐浓度较低，但 δ^{15}N 值的变化区间较大。在胡家山小流域中 δ^{15}N 较低而硝态氮也较低的采样点有 1 号、2 号、3 号和 7 号，说明这些采样点的外来氮源输入极少。在流域内存在 δ^{15}N 较高而硝态氮浓度值较低的多个采样点，根据 δ^{15}N 特征值范围，初步推断粪便或生活污染是其主要贡献源。硝态氮浓度较低表明居民经济活动尚未对地表水水质构成较大风险。

4 结论

丹江口库区总氮主要来自农业耕地和农村生活集中地的面源污染。胡家山小流域利用氮同位素来源辨析研究区氮素污染输出过程,分析得出三大支流氮素污染来自于居民点养殖、生活污水和有机肥料。推断流域内粪便或生活污染是其氮素主要贡献源。氮的流失程度与农业活动密切相关,居民点农村生活以及旱地耕作在氮素的流失过程中起到了重要的作用。

参考文献

［1］万育生,张乐群,付昕,等. 丹江口水库营养程度分析评价及富营养化防治研究［J］. 北京师范大学学报(自然科学版),2020（4）:275-281.

［2］张乐群,付昕,白凤朋. 丹江口水库典型支流对水库总氮浓度的影响［J］. 人民长江,2020（7）:40-45.

［3］王新才,吴敏. 关于加强南水北调中线水源地保护与管理的思考［J］. 长江科学院院报,2019（9）:1-5.

［4］罗璇,史志华,尹炜,等. 小流域土地利用结构对氮素输出的影响［J］. 环境科学,2010,31（1）:58-62.

［5］王丽丽,吴俊森,王琦. 水体中硝酸盐氮同位素分析预处理方法研究现状［J］. 环境科学与管理,2011（9）:54-58.

［6］邱述兰. 利用多同位素（$\delta^{34}S$,$\delta^{15}N$,$^{87}Sr/^{86}Sr$ 和 $\delta^{13}C_{DIC}$）方法示踪岩溶农业区地下水中硝酸盐和硫酸盐的污染——以重庆市青木关地下河系统为例［D］. 重庆:西南大学,2012.

气候变化和人类活动对若尔盖湿地水源涵养量的影响

蒋桂芹　靖　娟　毕黎明

（黄河勘测规划设计研究院有限公司，河南郑州　450003）

摘　要：若尔盖湿地是黄河重要的水源涵养地，研究气候变化和人类活动对若尔盖湿地水源涵养量变化的影响，对于科学布局若尔盖湿地生态保护和修复工程具有重要意义。选取四川省若尔盖湿地为研究区，利用 SWAT 构建了涵盖研究区的流域分布式水文模型，计算分析了 1971—2016 年湿地水源涵养量，模拟评估了气候变化和人类活动对水源涵养量变化的影响。结果表明：①若尔盖湿地年水源涵养量为 121.4~348.1 mm，20 世纪 90 年代开始明显减少；②气候变化和人类活动对水源涵养量变化的贡献率分别为 31% 和 69%，人类活动是导致若尔盖湿地水源涵养量减少的主要因素。

关键词：水源涵养量；气候变化；人类活动；SWAT 模型；若尔盖湿地

1　引言

水源涵养是植被层、枯枝落叶层和土壤层对降水进行再分配的复杂过程，是水循环系统的重要环节。气候变化和人类活动作为影响水资源系统的主要因素，近年来在定量研究气候变化和人类活动对流域径流量[1-2]、水资源量[3] 及水文过程影响[4] 等方面，取得了很多有价值的成果。但从宏观层面分析气候变化和人类活动对水源涵养量影响的成果还相对较少。

若尔盖湿地位于青藏高原东南缘，是世界上海拔最高、面积最大的高原泥炭沼泽湿地，是黄河上游最重要的水源涵养区，素有"黄河蓄水池"之称，是黄河流域乃至国家的重要生态安全敏感区与关键区[5]。习近平总书记在黄河流域生态保护和高质量发展座谈会上的讲话中指出"黄河上游要以三江源、祁连山、甘南黄河上游水源涵养区等为重点，推进实施一批重大生态保护修复和建设工程，提升水源涵养能力"[6]。20 世纪 70 年代以来，受自然和人为因素双重影响，若尔盖湿地出现植被退化、草原沙化、湿地萎缩等一系列生态问题，备受各界关注。熊远清等[7]、李玫等[8]、税伟等[9] 采用试验分析手段，将土壤含水量作为表征指标分析了若尔盖湿地水源涵养功能变化及其原因，尹云鹤等[10] 基于改进的 LPJ 动态植被模型，研究了气候变化对 1981—2010 年黄河源区水源涵养量的影响。

若尔盖湿地行政区划涉及四川省的若尔盖县、红原县、阿坝县、松潘县、甘肃省南部的玛曲县和碌曲县以及青海省南部的久治县，其中四川省分布面积最大，占 80% 以上。本文以四川省若尔盖湿地作为研究区（见图 1），定量评估气候变化和人类活动对水源涵养量变化的影响，以期为若尔盖湿地生态保护和工程布局、提高水源涵养能力提供科学依据。

基金项目：国家重点研发计划（2017YFC0404404）。

作者简介：蒋桂芹（1986—），女，高级工程师，主要从事水文水资源研究工作。

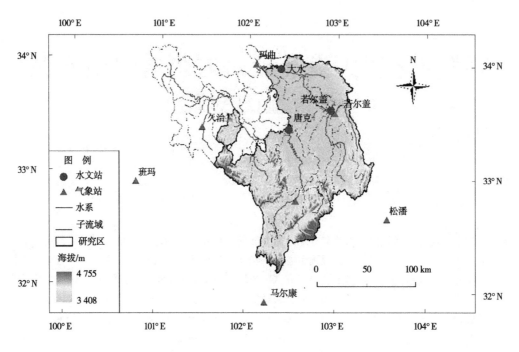

图 1　研究区内气象与水文站点分布

2　研究方法

鉴于水源涵养是水循环的重要环节，参照气候变化和人类活动对径流量、水资源量影响等研究思路，采用水土评价模型（soil and water assessment tool，SWAT）模型，构建涵盖研究区的流域分布式水文模型，采用水量平衡法[11-12]定量分析水源涵养量，分析水源涵养量变化趋势；通过设置不同的方案集并对比分析，模拟评估气候变化和人类活动等不同驱动要素对水源涵养量变化的驱动作用。

2.1　SWAT 模型构建

2.1.1　基础资料收集与处理

研究收集的基础资料包括：①DEM、土地利用、土壤类型等 GIS 数据，其中 DEM 数据来自地理空间数据云网站，分辨率为 90 m，经过投影转换、数据裁剪等处理后使用；土地利用数据采用 2015 年 Landsat 数据解译后使用，分辨率为 30 m；土壤类型数据来自于中国土壤数据库，图层采用 1∶100 万矢量数据，土壤物理化学性质数据库根据中国土壤数据库建立，采用三次样条插值方法进行粒径转换，采用土壤水特性软件计算属性参数。②研究区及周边的红原、若尔盖、松潘、玛曲、久治、班玛、马尔康等 7 个气象站点 1967—2016 年降水量、最高气温、最低气温、风速、相对湿度、日照时数日值数据，全部来源于中国气象数据共享网。③唐克站（1981—2016 年）、大水站（1985—2016 年）和若尔盖站（1981—2016 年）的实测月径流数据，用于模型的率定和验证。研究区内气象与水文站点分布见图 1。

2.1.2　模型构建

SWAT 模型是由美国农业部农业研究中心开发的流域半分布式水文模型，具有描述水文循环时空变化过程的物理基础，广泛用于水文循环模拟研究中[13]。按照 SWAT 模型构建流程，输入 DEM、土地利用、土壤等数据进行子流域和水文响应单元划分，由于研究区不是一个完整的流域，本研究在构建模型时以涵盖研究区的门堂—玛曲流域进行子流域和水文响应单元划分，以 20% 的土地利用类型和土壤类型作为水文响应单位划分的阈值。选取径流曲线（soil conservation service，SCS）模型计算地表径流、Penman-Monteith 公式计算潜在蒸散发。输入气象数据驱动模型并进行初次模拟。

2.1.3　模型率定和验证

采用唐克、若尔盖、大水 3 个水文站的实测月流量资料对模型进行校准和验证。模型运行期为 1967—2016 年，其中 1967—1970 年为预热期，1971—2000 年为校准期，2001—2016 年为验证期。根据各水文站建站时间，确定唐克站（1978 年建站）、若尔盖站（1980 年建站）校准期为 1981—2000 年，大水站（1984 年建站）校准期为 1985—2000 年。

采用相对误差 R_e、相关系数 R^2 和纳什效率系数 E_{ns} 来评价模型参数校验准确性（见表 1）。相对误差 R_e 反映了模拟值和实测值吻合程度，其值越小表明吻合程度越好；相关系数 R^2（取值范围为 0~1）反映了模拟值和实测值的相关程度，其值越接近 1 表明二者的相关性越好；纳什效率系数 E_{ns} 的允许取值范围在 0~1，值越大表明效率越高，模拟结果越准确，当该值小于 0 时，说明模拟结果没有采用平均值准确。若尔盖湿地 SWAT 模型校准和验证结果如表 1 所示。可以看出，3 个站点月径流最大相对误差在 7% 以内，相关系数达到 0.70 以上，模拟效率系数超过 0.60，模型校准参数可用于研究区水文过程模拟，进而评估水源涵养量。

表 1　SWAT 模型校准和验证结果统计

水文站	校准期			验证期		
	$R_e/\%$	R^2	E_{ns}	$R_e/\%$	R^2	E_{ns}
唐克站	−6.33	0.80	0.70	−2.69	0.89	0.83
若尔盖站	4.26	0.76	0.69	6.48	0.71	0.63
大水站	−4.74	0.73	0.61	5.75	0.78	0.66

2.2　水源涵养量评估方法

采用水量平衡法计算水源涵养量：

$$Q = \sum_{i=1}^{n} (P_i - ET_i - SURQ_i) A_i / 1\,000 \tag{1}$$

式中：Q 为研究区水源涵养量，m^3；P_i 为第 i 个水文响应单元的降水量，mm；ET_i 为第 i 个水文响应单元的蒸散发量，mm；$SURQ_i$ 为第 i 个水文响应单元的地表径流量，mm；A_i 为水文响应单元（HRU）的面积，km^2；n 为水文响应单元的总个数。

水源涵养量也可以用水深（mm）表示，即上述以体积表示的水源涵养量除以计算面积。

2.3　气候变化和人类活动对水源涵养量影响评估方法

生态系统水源涵养量变化是多因子复合作用的结果。水源涵养量变化的影响因素可分为气候变化和人类活动，气候因素包括降水、气温、辐射、潜在蒸散发等，人类活动主要体现为下垫面类型和结构的改变。降水直接影响生态系统的水分收入，气温、风速、相对湿度、辐射等因素通过影响蒸散发量而影响水分支出，进而影响生态系统的水源涵养量。其中，潜在蒸散发量代表理想条件下的大气水分需求能力，是综合表征陆气系统水分和热量平衡关系的重要因子，受气温、风速、相对湿度、辐射等诸多要素综合作用。人类活动通过改变下垫面的类型和结构直接或间接影响水源涵养过程，其作用方式首先表现为改变土壤质地、结构，通过对土壤孔隙度的作用来影响水源涵养量，其次表现为改变土地利用类型及其特征进而影响水源涵养量，可用不同时期土地利用类型的变化来表征人类活动因素。

水源涵养量变化是气候变化和土地利用变化共同作用的结果，鉴于此，可通过改变边界条件设计不同的情景方案，采用上述构建的 SWAT 模型，模拟不同情景方案下的水源涵养量，进而评估气候变化和人类活动因素对水源涵养量的影响。方案设置如表 2 所示。

表 2　气候变化和土地利用变化对水源涵养量影响模拟分析方案

影响因素	输入数据	基准方案	方案 1	方案 2
气候变化	1971—1990 年气象数据	√		√
	1997—2016 年气象数据		√	
土地利用变化	1975 年土地利用数据	√	√	
	2015 年土地利用数据			√

根据研究区气候变化和土地利用变化情况，界定基准期和影响期。认为在基准期气候尚未发生明显突变，人类活动的干扰相对较小；影响期则认为气候明显突变，且人类活动干扰强烈。结合若尔盖湿地气候变化和土地利用变化特点，将 1971—1990 年作为基准期，1997—2016 年作为影响期。基准期土地利用类型采用 1975 年数据，影响期土地利用类型采用 2015 年数据。采用基准期气候因素、土地利用类型作为输入条件来设置基准方案。在基准方案设置基础上，采用有无对比的思路依次改变影响因素，来设置其他对比方案，各对比方案设置如下：

方案 1：气候变化作用方案。在基准方案基础上，用影响期气象数据代替基准期的气象数据，其他参数不变。

方案 2：土地利用变化作用方案。在基准方案基础上，用影响期土地利用数据代替基准期土地利用数据，其他参数不变。

利用构建好的 SWAT 模型，通过改变不同的输入条件，模拟计算不同方案条件下水源涵养量。设基准方案多年平均水源涵养量为 Q_0，气候变化、土地利用变化作用下（对应不同模拟方案）水源涵养量分别为 $Q_气$ 和 $Q_土$，则气候变化和人类活动对水源涵养量变化的影响相对作用 $\delta_气$ 和 $\delta_土$ 为：

$$\begin{cases} \delta_气 = \dfrac{Q_气 - Q_0}{|Q_气 - Q_0| + |Q_土 - Q_0|} \times 100\% \\ \delta_土 = \dfrac{Q_土 - Q_0}{|Q_气 - Q_0| + |Q_土 - Q_0|} \times 100\% \end{cases} \quad (2)$$

3　结果与讨论

3.1　若尔盖湿地水源涵养量变化特征

若尔盖湿地 1971—2016 年水源涵养量如图 2 所示。若尔盖湿地 1971—2016 年平均水源涵养量为 230.1 mm（39.0 亿 m³），最高是 1975 年的 348.1 mm（59.1 亿 m³），最低是 2002 年的 121.4 mm（20.6 亿 m³）。

若尔盖湿地水源涵养量总体呈减小趋势。20 世纪 80 年代平均水源涵养量最大，为 260.1 mm，距平百分率为 13.1%；90 年代减少至 218.5 mm，距平百分率为 -5.0%；2001—2010 年平均水源涵养量最小，为 200.1 mm，距平百分率为 -13.0%；2011—2016 年平均水源涵养量为 230.4 mm，与 1971—2016 年平均水平持平。水源涵养量下降趋势与尹云鹤等[10]的研究结果基本一致，与 20 世纪 90 年代以来该区实际观测的径流明显减小的现象亦相一致。

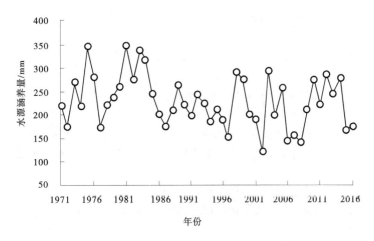

图 2 若尔盖湿地 1971—2016 年水源涵养量

3.2 气候变化和人类活动对水源涵养量的影响

根据各方案模拟结果，基准方案下若尔盖湿地多年平均水源涵养量为 46.68 亿 m³，气候变化方案、土地利用变化方案多年平均水源涵养量分别为 44.82 亿 m³ 和 42.55 亿 m³；从气候变化和土地利用变化对水源涵养量变化影响作用来看，气候变化占 31%、人类活动因素占 69%。人类活动是导致若尔盖湿地水源涵养量减少的主要因素（见表 3）。人类活动因素主要表现在对资源的不合理开发和利用上，如过度放牧、开沟排水等人为因素的影响，造成生态系统呈现"沼泽—沼泽化草甸—草甸—沙漠化地—荒漠"的逆向演替趋势，水源涵养功能减弱。

表 3 气候变化和人类活动对若尔盖湿地水源涵养量变化的影响评估结果

方案	水源涵养量/亿 m³	变化量/亿 m³	相对影响/%
基准方案	46.68		
气候变化方案	44.82	1.86	31
土地利用方案	42.55	4.13	69

4 结论

通过建立若尔盖湿地 SWAT 模型，分析了 1971—2016 年若尔盖湿地水源涵养量及其变化，提出了气候变化和人类活动对水源涵养量影响模拟方案，并分析了气候变化和人类活动对若尔盖湿地水源涵养量变化的相对作用，结论如下：

（1）若尔盖湿地多年平均水源涵养量为 230.1 mm，年水源涵养量整体呈减小趋势；20 世纪 80 年代平均水源涵养量最大，20 世纪 90 年代、2001—2010 年平均水源涵养量不断减小。

（2）气候变化和人类活动对水源涵养量变化影响的贡献率分别为 31% 和 69%，人类活动是导致若尔盖湿地水源涵养量减少的主要因素。

参考文献

［1］赵娜娜，王贺年，张贝贝，等．若尔盖湿地流域径流变化及其对气候变化的响应［J］．水资源保护，2019，35（5）：40-47.

［2］陈鑫，刘艳丽，刁艳芳，等．基于模型对气候变化与人类活动影响下径流变化的量化分析［J］．南水北调与水利科技，2019，17（4）：9-18.

［3］何盘星，胡鹏飞，孟晓于，等．气候变化与人类活动对陆地水储量的影响［J］．地球环境学报，2019，10（1）：38-48．

［4］董磊华，熊立华，于坤霞，等．气候变化与人类活动对水文影响的研究进展［J］．水科学进展，2012（2）：278-285．

［5］吴丹，邵全琴，刘纪远，等．三江源地区林草生态系统水源涵养服务评估［J］．水土保持通报，2016，36（3）：206-210．

［6］习近平．在黄河流域生态保护和高质量发展座谈会上的讲话［J］．求是，2019（20）：4-11．

［7］熊远清，吴鹏飞，张洪芝，等．若尔盖湿地退化过程中土壤水源涵养功能［J］．生态学报，2011，31（19）：5780-5788．

［8］李玫，罗鸿兵，宋慧瑾，等．若尔盖湿地土壤水分特征及动态模拟［J］．人民黄河，2014（3）：64-66．

［9］税伟，白剑平，简小枚，等．若尔盖沙化草地恢复过程中土壤特性及水源涵养功能［J］．生态学报，2017，37（1）：277-285．

［10］尹云鹤，吴绍洪，赵东升，等．过去30年气候变化对黄河源区水源涵养量的影响［J］．地理研究，2016（1）：49-57．

［11］乔飞，富国，徐香勤，等．三江源区水源涵养功能评估［J］．环境科学研究，2018，31（6）：1010-1018．

［12］顾铮鸣，金晓斌，沈春竹，等．近15a江苏省水源涵养功能时空变化与影响因素探析［J］．长江流域资源与环境，2018，27（11）：2453-2462．

［13］张荣飞，王建力，李昌晓．土壤、水文综合工具（SWAT）模型的研究进展及展望［J］．科学技术与工程，2014，14（4）：137-143．

"21·7"洪水对岳城水库水质影响的研究

李志林　杨苗苗　任重琳

（水利部海河水利委员会漳卫南运河管理局，山东德州　253009）

摘　要： 2021 年 7 月 17 日至 23 日漳卫河系发生 2021 年 1 号洪水，此次洪水过程对漳卫南运河水系水文水质要素产生重要影响。通过洪水期前后重要污染监测指标的变异系数计算，分析研究了此次洪水过程对岳城水库水质的影响程度，同时结合污染监测指标的变化趋势，得出洪水前后水质微观层面的变化结果，分析了点源、面源和泥沙污染的来源。研究表明："21·7"洪水对岳城水库浊度产生的影响最大，变异系数为 443.8；对 pH 值影响最小，变异系数为 0.003。"21·7"洪水导致岳城水库水中溶解氧降低，浊度升高，电导率下降，氨氮降低，化学需氧量短期降低。

关键词： 岳城水库；洪水；水质；变异系数；趋势

　　岳城水库位于河北省邯郸市磁县和河南省安阳市安阳县交界处，是海河流域漳卫河系漳河上的一个控制工程，控制流域面积 18 100 km²，占漳河流域面积的 99.4%，总库容 13 亿 m³，是集防洪、灌溉、城市供水功能的国家大（1）型控制性水利工程。根据多年历史水质监测数据，岳城水库水质常年稳定在《地表水环境质量标准》（GB 3838—2002）规定的 Ⅱ～Ⅲ 类（总氮不参评）。

　　目前，漳卫南运河管理局在岳城水库设有水质自动监测站 1 处，为岳城水库坝前水质自动监测站，国家地表水重点水质站 2 处，分别为岳城水库坝上站和库心站。水质自动监测站常规监测频次为 2 次/d，国家地表水重点水质站常规监测频次为 1 次/月。"21·7"洪水期间根据水质监测需要，将岳城水库坝前水质自动监测站监测频次提高至 2 次/d。本文主要根据"21·7"洪水前后岳城水库坝前水质自动监测站数据，反映岳城水库水质变化情况，并对主要污染因子的来源进行分析。

1　"21·7"洪水过程

　　7 月 17 日至 23 日，受台风"烟花"和"查帕卡"影响，河南对流层上空形成了一个低压涡旋，不断吸收东、南部水汽，加之太行山区特殊地形对偏东气流的强辐合抬升效应，使垂直上升运动更加剧烈，引发漳卫河系持续强降雨过程。

　　此次降雨主要集中在卫河及漳河地区。卫河地区降雨量和雨强明显大于漳河地区。卫河暴雨中心在合河至五陵一带，石门河、黄水河、沧河、淇河、安阳河等支流均出现强降雨，合河、新村—淇门区间面雨量达 592.5 mm。漳河暴雨中心在天桥断、匡门口—岳城水库区间，特别是岳城水库附近。观台站降雨量 619.8 mm。卫河地区面雨量 517.6 mm，漳河地区面雨量 138.5 mm。最大降雨量出现在黄水河龙水梯站，为 1 158.5 mm。

　　卫河、漳河均出现洪水过程。随着降雨的持续，卫河各支流上水库陆续开始加大泄洪。水库泄流叠加河系产流，共渠及卫河干流河道水位流量持续上涨。22 日 19：30，卫河淇门、共产主义渠刘庄闸出现组合洪峰 944 m³/s。7 月 25 日 08：54 元村站出现洪峰流量 947 m³/s。漳河暴雨集中在 21 日至

作者简介：李志林（1989—），男，工程师，主要从事流域水资源水环境监测与评价工作。

22 日凌晨，观台站 22 日 8 时出现洪峰流量 2 780 m³/s，岳城水库最大反推入库流量 4 860 m³/s。卫河、漳河洪水汇合后向下游推进，卫运河南陶站 7 月 20 日 20 时水位流量开始出现明显上涨，至 30 日 14 时，出现洪峰 1 100 m³/s，水位 41.53 m。31 日 12 时临清站出现最大洪峰流量 953 m³/s，水位 35.09 m。

2 研究方法

本文主要以"21·7"洪水前后岳城水库坝前水质自动监测站数据，选取 2021 年 7 月 1~16 日为洪水前时间段、7 月 17~23 日为洪水期时间段、7 月 24 日至 8 月 10 日为洪水后时间段，以 pH 值、溶解氧、浊度、电导率、总磷、总氮、氨氮、化学需氧量 8 个监测项目作为分析因子，计算变异系数，通过绘制趋势图，对"21·7"洪水对岳城水库水质产生的影响进行分析，明确主要污染因子或潜在污染因子，分析其来源。

变异系数是一个无量纲的量，用于反映数据的离散程度[1]。对洪水期前后数据的变异分析，可以反映出"21·7"洪水过程对岳城水库水质的影响程度。

$$C = \frac{\sqrt{\frac{1}{n-1}\sum_{i=1}^{n}(x_i - \bar{x})^2}}{\bar{x}} \times 100\%$$

式中：C 为变异系数；n 为监测数据个数；x_i 为监测数值；$\bar{x}$ 为监测数据的算数平均值。

3 水质分析

3.1 变异系数分析

2021 年 7 月 1~16 日洪水前，各监测指标变异系数分布范围为 0.002~0.863。其中，pH 值 0.002、溶解氧 0.058、浊度 0.863、电导率 0.101、总磷 0.003、总氮 0.021、氨氮 0.005、化学需氧量 0.031。

2021 年 7 月 17~23 日洪水期间，各监测指标变异系数分布范围为 0.003~443.8。其中，pH 值 0.003、溶解氧 0.092、浊度 443.8、电导率 6.207、总磷 0.004、总氮 0.394、氨氮 0.010、化学需氧量 0.006。

2021 年 7 月 24 日至 8 月 10 日洪水后，各监测指标变异系数分布范围为 0.001~3.949。其中，pH 值 0.003、溶解氧 0.254、浊度 3.949、电导率 1.176、总磷 0.004、总氮 0.013、氨氮 0.001、化学需氧量 0.024。

从变异系数分布范围可以看出，岳城水库 8 个分析因子在洪水前变化程度最低，水质基本处于稳定状态。洪水期间变化程度最大，水质状况变化较大。洪水后变化程度较洪水期间明显减少，略高于洪水前，说明水质基本由大的变化趋于平稳，与洪水前的差异一方面来源于受洪水影响，水体污染物尚处于交换稳定的过程，另一方面也与时间序列的选择和时间步长的确定有很大关系。总体来看，变异系数的变化基本能够反映出"21·7"洪水过程对岳城水库水质的影响程度较高，但从后期变异系数的恢复程度，结合水质监测具体数据来看，污染物的浓度基本控制在地表水水质Ⅲ类以下，对岳城水库水质类别的变化影响较少。

3.2 水质变化趋势

选取洪水前后变异系数大的监测指标进行水质变化分析，以反映主要污染物的变化趋势，便于分析"21·7"洪水对岳城水库水质的影响因子和程度。根据变异系数计算结果，确定溶解氧、浊度、电导率、氨氮、化学需氧量5个监测项目作为分析因子，绘制趋势图。

3.2.1 溶解氧

从洪水前后溶解氧变化趋势（见图1）可以看出，7月17~23日洪水期间溶解氧明显降低，7月23日洪水过后，溶解氧基本呈现波动式逐步回升趋势。洪水期由于光照不足，严重影响水生物的光合转换过程，导致产氧量下降，气压降低，造成水体对氧的溶解度降低，溶解氧含量降低。另外，环境气压低对水中浮游动物体内的溶氧能力产生了负面作用，导致血液携氧量降低，因需要通过更多的呼吸来增加氧的摄入，加大了对水中溶解氧的消耗。溶解氧的变化趋势符合洪水期对溶解氧产生降低影响的基本规律。

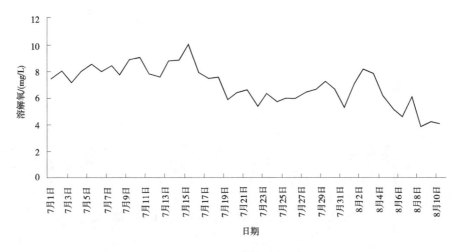

图1 "21·7"洪水前后溶解氧变化趋势

3.2.2 浊度

从洪水前后浊度变化趋势（见图2）可以看出，7月17~23日洪水期间浊度明显上升，22日浊度出现峰值，这主要是洪水携带大量泥沙入库导致，符合洪水对浊度产生影响的基本规律。7月29日后，浊度基本恢复至洪水前水平，说明泥沙等悬浮物逐步沉降，此次洪水水体浊度自净时间约8 d。

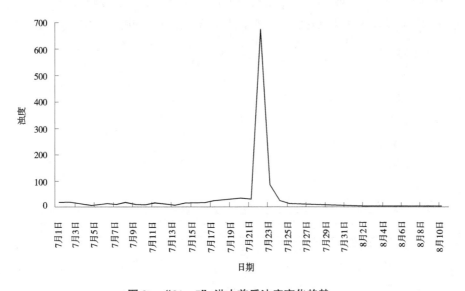

图2 "21·7"洪水前后浊度变化趋势

3.2.3 电导率

从洪水前后电导率变化趋势（见图3）可以看出，7月1~19日洪水期前电导率基本平稳，21日电导率急剧下降，至31日处于逐步回升过程，8月1日后电导率基本平稳，但总体比洪水期前下降80 μS/cm 左右。暴雨或洪水期间，电导率的变化取决于水体和周围土壤，在干季和湿季期间，由于洪水对水源的稀释，通常在湿季期间电导率总体上下降。洪水期前后电导率平稳期的水平变化情势说明，此次洪水总体上对库区电导率产生了降低影响，周边土壤径流和上游来水的电导率水平低于原库区水体。

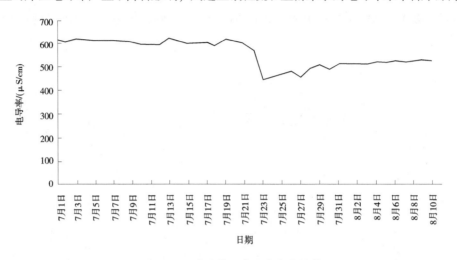

图3 "21·7" 洪水前后电导率变化趋势图

3.2.4 氨氮

从洪水前后氨氮变化趋势（见图4）可以看出，7月1~21日洪水期前氨氮逐步上升，21~23日氨氮急剧下降，23日以后逐步平稳，略有下降，但总体上，与洪水期前比较，氨氮浓度降低。水体中氨氮主要来源于4种途径，即水生动物的排泄物、施加的肥料和被微生物菌分解的饲料、粪便及动植物尸体。水体中氨氮的消除途径主要有3种，硝化和脱氮、藻类和植物的吸收和挥发及底泥吸收。洪水期前氨氮的产生途径基本没有变化，但是由于受光照等气候条件影响，藻类等水生植物对氨氮的吸收作用降低，导致氨氮浓度的上升。洪水期间，水中溶解氧降低，反硝化细菌能将硝酸还原为亚硝酸、次硝酸、羟胺或氮，形成的气态氮作为代谢物释放，氨氮的消除增加，洪水期间氨氮浓度降低明显。

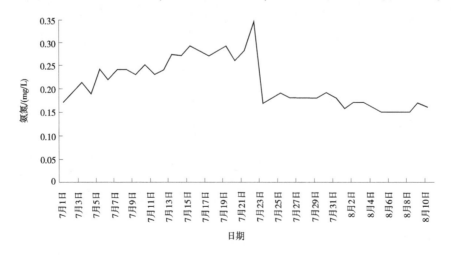

图4 "21·7" 洪水前后氨氮变化趋势图

3.2.5 化学需氧量

从洪水前后化学需氧量变化趋势（见图5）可以看出，洪水期前后化学需氧量总体变化不大，比较平稳。7月21~22日略有降低，过程不明显。

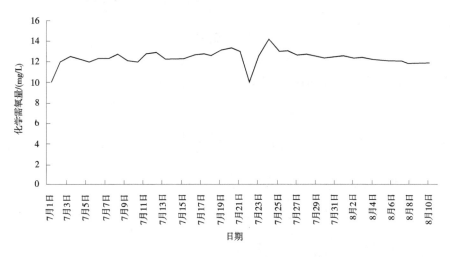

图5 "21·7"洪水前后化学需氧量变化趋势

4 污染源分析

点源污染方面，2017年8月磁县申家庄煤矿关停，2018年6月磁县六合工业有限公司（采煤和生活）关停，冀中能源峰峰集团辛安（黄沙）矿污水排入跃峰渠，不再排入库区，基本消除了影响水库水质的安全隐患。截至2020年11月，已无排污口污水排入岳城水库库区，观台以上河道也无排污口排入岳城水库二级保护区内。此次洪水的点源污染主要为沿库周边村庄居民生活垃圾存放点和生活污水排存点，随暴雨产生的地表径流进入库区。

面源污染方面，由于近几年水库水量明显减少，库区内裸露大量土地，当地村民在保护区内和水库周边农田种植农作物，主要种植小麦、玉米，农田耕种时使用大量化肥及农药。同时，二级保护区内有3条公路穿过，北侧有S222省道，长度约7.5 km，东侧有丛峰公路，长度约15.5 km，西侧有152乡道，长度约11 km，南侧有152乡道，长度约8 km。环库公路全长约42 km，丛峰公路汛前正在翻修，以上为入库面源污染的主要来源。

泥沙来源方面，岳城水库以上漳河支流众多，水系呈扇形分布，上源可分东、西两区。其中，东区清漳河为石质山区，山高谷深，岩石裸露，坡陡流急，含沙量小。西区浊漳河为丘陵和盆地，多为土质区，黄土覆盖较深，植被差，水土流失严重，洪水挟带泥沙较多，为漳河流域泥沙之主要来源，洪水期与水库周边地表径流携带的地表泥沙共同构成了此次洪水期泥沙的主要来源。

5 结论

通过以上研究和分析，可以得出以下结论：

（1）洪水期前后岳城水库水质基本稳定，洪水期间从水质监测指标的微观变化来看，影响较大。洪水前，各监测指标变异系数分布范围为0.002~0.863，洪水期间为0.003~443.8，洪水后为0.001~3.949。此次洪水对浊度产生的影响最大，变异系数为443.8；对pH值影响最小，变异系数为0.003。

（2）此次洪水，导致岳城水库水中溶解氧降低，浊度升高，电导率下降80 μS/cm左右，氨氮降低，化学需氧量短期降低。洪水期后，浊度和化学需氧量基本恢复至洪水期前水平，电导率和氨氮较洪水前明显降低。

（3）洪水期间污染物的浓度基本控制在地表水水质Ⅲ类以下，总体来看，此次洪水对岳城水库的水质类别影响较小。

参考文献

[1] 刘金兰. 管理统计学 [M]. 天津：天津大学出版社，2007.

德国赫施曼 Solarus 太阳能电子滴定器测定水中高锰酸盐指数的应用研究

高 迪 杨苗苗

（水利部海委漳卫南运河管理局，山东德州 253009）

摘 要： 德国赫施曼 Solarus 太阳能电子滴定器能通过旋转滴定旋钮控制滴定速度，滴定量会随着滴定过程的进行在电子滴定器上的 LCD 液晶屏上显示和变化，以此来计算出高锰酸盐指数值。让操作者可以直接看到显示的数字，读数更加准确，可以精确到 10 μL 的水平。与传统的酸式滴定管滴定相比，排除了手动操作导致的误差，即使操作者人员更换，时间变化，操作都能保证结果的均一性，测量更加准确。

关键词： 德国赫施曼 Solarus 太阳能电子滴定器；测定；高锰酸盐指数；结果比对

1 引言

高锰酸盐指数（COD_{Mn}）是指在一定条件下，以高锰酸钾为氧化剂处理水样时所消耗的氧化剂量。它常被作为地表水体受有机污染物和还原性无机物质污染程度的综合指标，广泛应用于饮用水、水源水和地表水的测定[1]。它是表示水中还原性物质多少的一个指标。实验室测定高锰酸盐指数方法采用的是国家标准"高锰酸盐指数-酸性法"，原来使用的器皿是酸式滴定管，操作较为复杂，对操作人员的技术要求较高，并带来很多系统误差和随机误差，影响测定结果的准确度和精密度。该器皿不能满足当前水环境监测中精准测定的要求。

德国赫施曼 Solarus 太阳能电子滴定器能通过旋转滴定旋钮，控制滴定速度，把控好滴定终点，滴定量会随着滴定过程的进行在电子滴定器上的 LCD 液晶屏上显示和变化。让操作者可以直接看到显示的数字，读数更加准确，可以精确到 10 μL 的水平，以此来计算出高锰酸盐指数值。

2 试验部分

2.1 仪器

德国赫施曼 Solarus 太阳能电子滴定器是由北京翰百赫仪器有限公司生产。该仪器为手动操作的瓶口电子滴定器，用于液体滴定，基本底座为 A45 螺纹口径，有多种接头，可以适合各种试剂瓶。

25 mL 棕色酸式滴定管。

数显恒温水浴锅。

2.2 试剂

硫酸（优级纯）、草酸钠（优级纯）、高锰酸钾（优级纯）。

3 结果与讨论

3.1 方法检出限和测定下限

根据《环境监测分析方法标准制修订技术导则》（HJ 168—2010）[2] 要求，利用德国赫施曼

作者简介：高迪（1988—），女，工程师，主要从事水质监测工作。

Solarus 太阳能电子滴定器进行 7 次空白试验测定，计算平行测定的标准偏差和方法检出限，4 倍检出限作为测定下限。公式如下：

$$MDL = t(n-1, 0.99) \times S$$

式中：MDL 为方法检出限；n 为样品的平行测定次数；t 为自由度为 $n-1$ 置信区间为 99% 时的 f 分布（单侧）；S 为 n 次平行测定的标准偏差。

自由度为 $n-1$，置信区间为 99% 时的 t 值可通过 t 分布分位数表查得，$t(6, 0.99) = 3.143$。根据检出限公式计算得出，检出限为 0.062 9 mg/L，检出下限为 0.251 mg/L，低于高锰酸盐指数国标法的测定下限 0.5 mg/L，符合地表水检测的条件。测定结果见表 1。

表 1 方法检出限和检出下限测定结果

平行空白	1	2	3	4	5	6	7
测定值/（mg/L）	0.30	0.29	0.33	0.34	0.32	0.33	0.35
平均值/（mg/L）	0.32						
标准偏差 S	0.02						
t 值	3.143						
检出限/（mg/L）	0.062 9						
检出下限/（mg/L）	0.251						

3.2 准确度测试

使用德国赫施曼 Solarus 太阳能电子滴定器对国家水利部标准样品研究所的不同浓度高锰酸盐指数标准样品进行准确度测定，计算出绝对误差和相对误差，测定值均在标准高锰酸盐指数标准样品有效范围内。实验室内相对误差在 0.5%~2.6%，准确度较好。测定结果见表 2。

表 2 高锰酸盐指数标准样品准确度测定结果（德国赫施曼 Solarus 太阳能电子滴定器）

标准样	编号	标准值及不确定度/（mg/L）	测定值/（mg/L）	绝对误差/（mg/L）	相对误差/%
1 号	160961	2.86±0.15	2.80	−0.06	2.1
2 号	170545	3.73±0.22	3.79	0.06	1.6
3 号	200502	3.03±0.22	3.07	0.04	1.3
4 号	200503	4.25±0.30	4.27	0.02	0.5
5 号	203165	1.54±0.16	1.58	0.03	2.6

使用酸式滴定管对国家水利部标准样品研究所的不同浓度高锰酸盐指数标准样品进行准确度测定，计算出绝对误差和相对误差，测定值均在标准高锰酸盐指数标准样品有效范围内。实验室内相对误差在 1.9%~5.8%。测定结果见表 3。

表 3 高锰酸盐指数标准样品准确度测定结果（酸式滴定管）

标准样	编号	标准值及不确定度/（mg/L）	测定值/（mg/L）	绝对误差/（mg/L）	相对误差/%
1 号	160961	2.86±0.15	2.78	−0.08	2.8
2 号	170545	3.73±0.22	3.62	−0.11	2.9
3 号	200502	3.03±0.22	3.10	0.07	2.3
4 号	200503	4.25±0.30	4.33	0.08	1.9
5 号	203165	1.54±0.16	1.45	−0.09	5.8

使用德国赫施曼 Solarus 太阳能电子滴定器测定高锰酸盐指数的相对误差小于使用酸式滴定管测定高锰酸盐指数的相对误差，表明 2 种仪器的准确度都很好，但使用德国赫施曼 Solarus 太阳能电子滴定器测定高锰酸盐指数的准确度更高。

3.3 精密度测试

使用德国赫施曼 Solarus 太阳能电子滴定器对高锰酸盐指数标准样品和实际样品进行多次测定，计算出相对标准偏差。实验室内相对标准偏差在 1.3%~3.0%，重现性较好，精密度较高。测定结果见表 4。

表 4　高锰酸盐指数标准样品和实际样品精密度测定结果（德国赫施曼 Solarus 太阳能电子滴定器）

编号	测定值/（mg/L）						平均值/（mg/L）	相对标准偏差/%
	1	2	3	4	5	6		
标样 1	1.58	1.60	1.61	1.55	1.63	1.50	1.58	3.0
标样 2	4.35	4.33	4.18	4.20	4.20	4.29	4.26	1.7
样品 1	1.25	1.30	1.31	1.25	1.26	1.28	1.28	2.0
样品 2	3.30	3.19	3.25	3.27	3.25	3.20	3.24	1.3
样品 3	8.45	8.55	8.40	8.54	8.63	8.73	8.55	1.4

使用酸式滴定管对高锰酸盐指数标准样品和实际样品进行多次测定，计算出相对标准偏差。实验室内相对标准偏差在 1.9%~4.7%。测定结果见表 5。

表 5　高锰酸盐指数标准样品和实际样品精密度测定结果（酸式滴定管）

编号	测定值/（mg/L）						平均值/（mg/L）	相对标准偏差/%
	1	2	3	4	5	6		
标样 1	1.58	1.60	1.61	1.55	1.63	1.50	1.52	4.0
标样 2	4.35	4.33	4.18	4.20	4.20	4.29	4.26	3.8
样品 1	1.20	1.25	1.17	1.30	1.29	1.32	1.26	4.7
样品 2	3.30	3.18	3.17	3.19	3.28	3.35	3.25	2.3
样品 3	8.30	8.40	8.62	8.40	8.62	8.72	8.51	1.9

使用德国赫施曼 Solarus 太阳能电子滴定器测定高锰酸盐指数的相对标准偏差小于使用酸式滴定管测定高锰酸盐指数的相对标准偏差，表明 2 种仪器的精密度都很好，但使用德国赫施曼 Solarus 太阳能电子滴定器测定高锰酸盐指数相对使用酸式滴定管的测定精密度高。

3.4 实际样品比对

用德国赫施曼 Solarus 太阳能电子滴定器和酸性滴定管 2 种仪器对 3 个地表水、3 个污水比对测定。2 种仪器测定出来的相对偏差都在 3% 以内，没有显著性差异，符合水质分析的标准。测定结果见表 6。

表 6　德国赫施曼 Solarus 太阳能电子滴定器和酸性滴定管比对试验结果

样品	编号	电子滴定器/（mg/L）	酸性滴定管/（mg/L）	相对偏差/%
地表水	1	1.59	1.67	2.5
	2	3.26	3.32	0.9
	3	7.56	7.73	1.1
污水	1	9.23	9.50	1.4
	2	10.69	10.42	1.3
	3	12.11	11.86	1.0

3.5　操作过程比较

用酸式滴定管进行滴定，对操作人员的要求较高，滴定终点不易掌握，费时费力，效率较低。用德国赫施曼 Solarus 太阳能电子滴定器进行滴定操作，可以实现快速滴定，提高了试验中的工作效率和速度。该滴定仪通过电子马达的控制，自动化的运动，排除了手动操作导致的误差，即使操作人员更换，时间变化，操作都能保证结果的均一性。滴定范围满足从 10 μL 到 99.999 mL，数值显示可以精确到小数点后 3 位。

4　结论

通过使用德国赫施曼 Solarus 太阳能电子滴定器和酸式滴定管测定天然水样、标准物质和空白水样中的高锰酸盐指数进行分析对比。结果表明，使用德国赫施曼 Solarus 太阳能电子滴定器测出的检出限为 0.062 9 mg/L，检出下限为 0.251 mg/L，低于高锰酸盐指数国标法的测定下限 0.5 mg/L，符合地表水检测的条件；使用德国赫施曼 Solarus 太阳能电子滴定器测定高锰酸盐指数的相对误差范围为 0.5%~2.6%，使用酸式滴定管测定高锰酸盐指数的相对误差范围为 1.9%~5.8%，德国赫施曼 Solarus 太阳能电子滴定器测定高锰酸盐指数准确高；使用德国赫施曼 Solarus 太阳能电子滴定器测定高锰酸盐指数的相对标准偏差范围为 1.3%~3.0%，使用酸式滴定管测定高锰酸盐指数的相对标准偏差范围为 1.9%~4.7%，德国赫施曼 Solarus 太阳能电子滴定器测定高锰酸盐指数精密度高。

使用德国赫施曼 Solarus 太阳能电子滴定器测定高锰酸盐指数的整个操作过程可靠，自动化程度高、操作简便，其方法检出限和检出下限均满足国标方法的要求，精密度、准确度均满足实际监测工作的需要。

参考文献

[1] 陈娟，屈秋，等 . 高锰酸盐指数自动滴定仪（电位法）在环境监测中的应用［J］. 四川环境，2020（39）：101-104.

河南黄河滩区生态修复及工程措施探讨
——基于河南黄河濮阳段的研究

孔维龙

（中原大河水利水电工程有限公司，河南濮阳 457000）

摘　要：分析了黄河下游濮阳段生态环境保护现状，发现黄河下游濮阳段生态保护与高质量发展面临的水资源衰减与用水刚性增长矛盾突出、生态功能持续退化、滩区治理压力大等问题。黄河滩区作为黄河流域的基础组成部分，促进其综合提升和可持续性发展，是推动黄河流域高质量发展的重要内容。本文结合实地调研，通过实施黄河河南段生态修复保护，加强水利行业对河道管理范围的监管，维护河道空间，消除生态胁迫，优化生态空间格局，修复和完善生态系统，恢复黄河流域的自然生态本底，构建黄河生态廊道，提升沿岸群众的获得感和幸福感。

关键词：黄河下游滩区；生态修复；植物治理工程

黄河下游濮阳段河道上宽下窄，是典型的"豆腐腰"河段，133 km的"二级悬河"中还有125 km未治理。黄河滩区形成的主要原因是黄河河道的游荡。由于黄河历史上多次改道，在黄河主河道的游荡摆动及黄河所挟带的泥沙的堆积作用下，黄河主河道与黄河大堤之间形成了大片滩地。这些由黄河所挟带的泥沙在当地淤积形成的滩地就是现在的黄河滩区。黄河滩区在当地既是黄河用于提供滞洪、沉沙功能的行洪通道，又是当地居民生活、居住、生产的场所。近年来，党中央、国务院高度重视黄河生态治理工作，将黄河大保护治理上升到国家战略，黄河流域生态环境持续向好，但生态环境形势总体不容乐观。

1　黄河下游滩区生态环境现状问题剖析

1.1　自然生态质量下降，湿地萎缩

黄河下游滩区生态系统类型较少，濮阳段滩区内以湿地、灌草、农田和林地为主，随高程呈阶梯分布，还有大面积的退化裸地和弃耕地。河流湿地物种多样性低于同纬度气候带的内陆湿地，植被群落层次简单化、矮小化。此外，湿地萎缩的原因还有黄河的"二级悬河"特征，它导致水陆交错带的自然形态几近丧失，水分和养分的横向传递受阻，河滩湿地植被带稀少，自然湿地生境受损，天然河流边缘效应难以体现。滩地存在明显的土地退化特征，存在一定程度的土地沙化和盐渍化，部分退化土地几乎无植被覆盖，生境条件极差。碎片化和不连续的生态景观也降低了自然走廊的生态功能价值。

1.2　人为活动影响大

2021年全国人大常委会开展黄河保护立法工作，黄河流域生态保护和高质量发展作为关系中华民族伟大复兴和永续发展的重大国家战略，上升为国家法律层面。河南省也出台了《河南省黄河河道管理办法》《河南省黄河滩区居民迁建规划》等一系列关于对黄河滩区发展和迁建规划做出的系统安排。目前，黄河滩区正有序安排滩区居民迁建，实施滩区土地综合整治，分区管控滩区土地利用。但是滩区内分布有大量的基本农田，且大部分为核心地区。水源保护区涉及大量生活、生产区域，人

作者简介：孔维龙（1969—），男，高级工程师，主要从事水利工程施工管理、造价管理以及黄河工程建设生态保护研究工作。

为干扰强度大，农耕生产与生态保护修复争水争地问题日益严重。

1.3 滩区治理压力大

由于历史原因，黄河下游滩区有大量居民，划定了大量国家基本农田，虽现已大部分规划搬迁，但仍存在大量国家基本农田，经济效益与生态效益矛盾日益突出。

另外，黄河下游滩区现状水生植被结构单一，湿地生态系统退化，生态净化能力弱，缺乏高等水生植物群落。

2 河南黄河滩区生态修复总体研究

黄河滩区是一个动态的水陆交错带的生态系统，具有独特的空间结构和生态服务功能，对滩区植被带进行结构特征的识别和分类。根据黄河防洪要求及现状情况，将滩地内与堤顶高程一致区域归为旱生生境；堤顶高程至临水控制线区域，结合其现状生境条件，归为半干半湿生境；滩内临水控制线至黄河水边线区域以及水系坑塘水面附近区域，归为湿生生境（见图1）。

图1 河南黄河滩地生境类型系统构建

根据湿生生境、半干半湿生境和旱生生境，结合现状具体条件，对每个生境类型进行植物群落类型的具体细分，以对每个场地类型实施具有针对性的生态修复提升策略（见图2）。

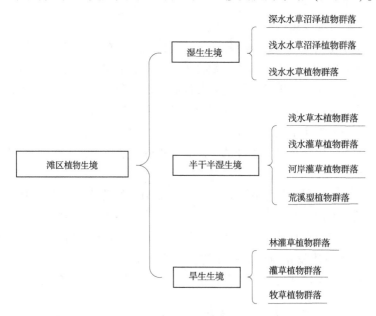

图2 滩地生境下植物群落分类

3 河南黄河滩区生态修复工程措施

针对现状问题，采取生态修复措施，改善黄河滩区水生植被现状，从而改善湿地生态环境。具体工程措施：坚持生态优先，以生态保育、生态修复、生态建设为基本原则，在遵循自然规律的前提下，利用生态系统的自我恢复能力，通过减轻或消除人为干扰压力，辅以适当的人工引导措施，协助退化的、受损的、被破坏的生态系统逐步恢复到近于受干扰前的自然状况，使生态系统向良性循环方向发展，实现水质净化与保护、水生态系统重构与水体景观的有机统一，以及景观、生态与经济的协调，营造生态水系的特色。

3.1 湿生生境

由于黄河两岸周期性过水河流反复冲淤和人类的频繁活动，两岸大量湿地和鸟类保护区栖息地减少、生态服务功能退化，湿生生境生态修复工作迫在眉睫。

湿生生境在模拟现状自然植物群落的基础上，以耐水湿、适应高低水位变化、适宜河南黄河滩区的适生水生植物、湿生植物、喜湿植物群落为主，引入乡土湿生、浮水、挺水、沉水植物等，建立多样化生态系统，构建具有地方特色的生态群落。建议种植植物如表1所示。

表 1 湿生生境植物种植建议名录

中文名	拉丁名	科属	株高/cm	植物功能
黑藻	*Hydrilla verticillata*	水鳖科黑藻属	50~80	断株再生能力强，轮叶黑藻不易折断，即使被蟹夹断，也极易生根存活
金鱼藻	*Ceratophyllumdemersum*	金鱼藻科金鱼藻属	40~100	生长快
狐尾藻	*Myriophyllum verticillatum*	小二仙草科狐尾藻属	40~100	净化水体
芦苇	*Typha angustifolia*	禾本科芦苇属	40~150	调节气候，涵养水源，所形成的良好湿地生态环境，也为鸟类提供栖息、觅食、繁殖的家园
蒲草	*Cyperus rotundus*	香蒲科香蒲属	50~150	是重要的水生经济植物之一
莎草	*Polygonum hydropiper*	莎草科莎草属	30~80	生长较快
水蓼	*Typha orientalis*	蓼科蓼属	20~80	生活力、再生能力很强
香蒲	*Imperata cyrica*	香蒲科香蒲属	40~70	可以控制水土流失，促进土壤的发育和熟化，提高土壤中有机质及 N、P、K 等的含量，从而提高了土壤肥力

续表 1

中文名	拉丁名	科属	株高/cm	植物功能
白茅	*Imperata cyrica*	禾本科白茅属	50~80	根状茎可长达 2~3 m 以上，能穿透树根，断节再生能力强
碱茅	*Puccinellia distans*	禾本科碱茅属	20~40	用于盐碱土地区草坪建植和公路护坡
马唐	*Digitaria anguinalis*	禾本科马唐属	30~50	在疏松、湿润而肥沃的撂荒或弃垦的裸地上，往往成为植被演替的先锋树种之一
黄河虫实	*Corispermum huanghoense*	藜科虫实属	10~20	成片生长
苦苣菜	*Sonchus oleraceus*	菊科苦苣菜属	40~150	花罢成絮，迎风飞扬，落湿地即生
钻叶紫菀	*Aster subulatus*	菊科紫菀属	25~100	喜生于潮湿的土壤，沼泽或含盐的土壤中也可以生长
朝天委陵菜	*Potentilla supina*	蔷薇科委陵菜属	20~50	喜生于湿地
苍耳	*Xanthium sibiricum*	菊科苍耳属	20~90	根系发达，入土较深，不易清除和拔出
旋鳞莎草	*Cyperus ichelianus*	莎草科莎草属	30~80	生长较快
荷花柳	*Cynanchum riparium*	萝摩科鹅绒藤属	9~12	河南区域黄河特有植物
荭草	*Polygonum orientale*	蓼科蓼属	80~100	具观赏价值
大刺儿菜	*Cephalanoplos setosum*	菊科刺儿菜属	60~120	喜生于腐殖质多的微酸性至中性土中，生活力、再生能力很强

3.2 半干半湿生境

半干半湿生境是陆域与水域之间的过渡地带，是多种生境交汇的区域，同时为鸟类提供了丰富的栖息环境，增加了河岸景观的异质性和生物多样性。考虑到防洪要求，尽量不用乔木，以灌木、草本为主要栽种模式，普遍采用能够滞尘、调节气候、保持水土、净化水质，并且自身能够耐瘠薄，耐寒、耐旱、耐水湿，再生能力强、管护方便且观赏期长的植物类型，通过合理的组合搭配，营造出层次结构合理的自然河岸带，以期减少人工成本，注重生态价值的发挥。建议种植植物如表2所示。

表2 半干半湿生境植物种植建议名录

中文名	拉丁名	科属	株高/cm	植物功能
白晶菊	*Chrysanthemum paludosum*	菊科茼蒿属	10~15	观花，春季
石竹	*Dianthus chinensis*	石竹科石竹属	10~25	观花，春夏
金盏菊	*Calendula officinalis*	菊科金盏菊属	30~60	观花，春夏
雏菊	*Bellis perennis*	菊科雏菊属	10~15	观花，夏季
红花酢浆草	*Oxalis corymbosa*	酢浆草科酢浆草属	5~15	观花，春夏
鸢尾	*Iris tectorum*	鸢尾科鸢尾属	50~90	观花，夏季
穗花婆婆纳	*Veronica spicata*	玄参科婆婆纳属	40~50	观花，夏季
郁金香	*Tulipa gesneriana*	百合科郁金香属	10~50	观花，春季
美女樱	*Verbena hybrida*	马鞭草科马鞭草科属	10~50	观花，夏季
薰衣草	*Lavandula angustifolia*	唇形科薰衣草属	10~50	观花，夏季
绣球	*Hydrangea macrophylla*	虎耳草科绣球属	30~150	观花，夏季
松果菊	*Echinacea purpurea*	菊科松果菊属	60~100	观花，夏季
凤仙花	*Impatiens balsamina*	凤仙花科凤仙花属	40~80	观花，夏季
萱草	*Hemerocallis fulva*	百合科玉簪属	30~100	观花，夏季
玉簪	*Hosta plantaginea*	百合科玉簪属	30~100	观花，夏季
虞美人	*Papaver rhoeas*	罂粟科罂粟属	60~80	观花，春夏

续表 2

中文名	拉丁名	科属	株高/cm	植物功能
柳叶马鞭草	*Verbena bonariensis*	马鞭草科马鞭草科属	100~130	观花, 夏秋
白三叶	*Trifolium repens*	豆科车轴草属	10~30	观叶、观花, 春夏
紫花苜蓿	*Medicago sativa*	豆科苜蓿属	30~100	观花, 夏季
狼尾草	*ennisetum alopecuroides*	禾本科狼尾草属	30~100	观叶, 夏季

3.3 旱生生境

旱生生境位于滩地内地势较高区域及堤顶两边区域。选用河南地区乡土且具一定观赏性的植物,根据黄河防洪安全要求、空间使用特点以及丰富植物群落的要求,营造良好的植物群落自然迭代,注重常绿植物与落叶植物的搭配比例,营造"花灌-地被"四季色彩变化的植物肌理,在植被多样性修复的同时具有一定的观赏性。建议种植植物如表 3 所示。

表 3 旱生生境植物种植建议名录

中文名	拉丁名	科属	株高	植物功能
银杏	*Ginkgo biloba*	银杏科银杏属	10~20 m	观叶、观果, 秋季
国槐	*Sophora japonica*	豆科槐属	15~25 m	观花、观叶, 春季
垂柳	*Salix babylonica*	杨柳科柳属	6~18 m	观叶, 春夏
七叶树	*Aesculus chinensis*	七叶树属	10~25 m	观叶 夏季
侧柏	*Platycladus orientalis*	柏科侧柏属	10~20 m	观叶, 四季
杜仲	*Eucommia ulmoides*	杜仲科杜仲属	10~20 m	观叶, 夏季
二乔玉兰	*Magnolia soulangeana*	木兰科木兰属	10~18 m	观花、观叶, 春季
合欢	*Albizia julibrissin*	豆科合欢属	4~15 m	观花, 夏季
樱花	*Cerasus sp.*	蔷薇科樱属	4~16 m	观花, 春季

续表3

中文名	拉丁名	科属	株高	植物功能
西府海棠	*Malus micromalus*	蔷薇科苹果属	2.5～5 m	观花，春季
垂丝海棠	*Malus halliana*	蔷薇科苹果属	2.5～5 m	观花，春季
紫叶李	*Prunuserasifera f. atropurpurea*	蔷薇科李属	3～8 m	观叶、观果，四季
梅花	*Armeniaca mume*	蔷薇科李属	4～10 m	观花，春冬
迎春	*Jasminum nudiflorum*	木樨科素馨属	30～100 cm	观花，春季
连翘	*Forsythia suspensa*	木樨科连翘属	1～3 m	观花，春季
丁香	*Syringa oblata*	木樨科丁香属	1～3 m	观花，夏季
黄刺玫	*Rosa xanthina*	蔷薇科蔷薇属	1～2.5 m	观花，夏季
月季	*Rosa chinensis*	蔷薇科蔷薇属	1～2 m	观花，夏季
玉簪	*Lagerstroemia indica*	百合科玉簪属	30～100 cm	观花，夏季
麦冬	*Ophiopogon japonicus*	百合科沿阶草属	10～20 cm	观叶，四季

3.4 滩区生境种植总体控制

通过对不同生境条件的种植比例等进行控制，以满足防洪安全、生境条件、美学等不同层次的要求，从指标控制、形态要求等方面整体把控区域效果。滩地内地势较高区域，结合原有林地，搭配坡地或平地地形，散状点植灌木，大面积种植地被植物；滩地内一般区域考虑行洪安全，以草本地被植物为主，花灌木以耐水湿植物为主，呈散点式布置；近水区域，以草本和湿生植物为主。

3.4.1 旱生生境

该区域结合滩地内保留林地，梳理保留林地，适当补充花灌木，多为缓坡地和平地，以灌木和草本为主。为保证防洪安全，补充低矮灌木（散状点植）及草本地被类植物，灌木占比控制在10%以下。

3.4.2 半干半湿生境

该区域为半干半湿环境，保留现状小乔木，植物选择以既耐水湿又耐旱的两栖类植物为主，少量种植部分耐瘠薄、耐干旱、耐水湿的植物。为保证防洪安全，补充低矮灌木（散状点植）及草本地被类植物，灌木占比控制在15%以下。

3.4.3 湿生生境

湿生生境为近水区域，常年受水淹，以湿生植物为主，包括水生植物（挺水植物、浮水植物和沉水植物）及耐水湿的草本植物等，此区域不种植乔木。补充低矮灌木（散状点植）及草本地被类、湿生水生类植物，灌木占比控制在5%以下。

3.4.4 滩地种植原则

滩地种植以滩地道路为种植基准线，主路两侧各 10 m，二级路两侧各 5 m（见图3~图5）。陆地植被修复，以灌、草、地被为主配搭植物群落。代表灌木：迎春、红瑞木、连翘、南天竹等；代表花卉：紫穗狼尾草、大滨菊、波斯菊、费菜、柳叶马鞭草等；代表地被：艾蒿、灯心草、繁缕、油菜花、二月兰等。其余区域以滩地植被修复为主，以点植灌木，大面积种植乡土地被为主，代表植物：胡枝子、沙冬青、艾蒿、青蒿、苜蓿、狼尾草、大麦草、狗尾草、马蔺、繁缕、薄荷、藜、铁苋菜等。

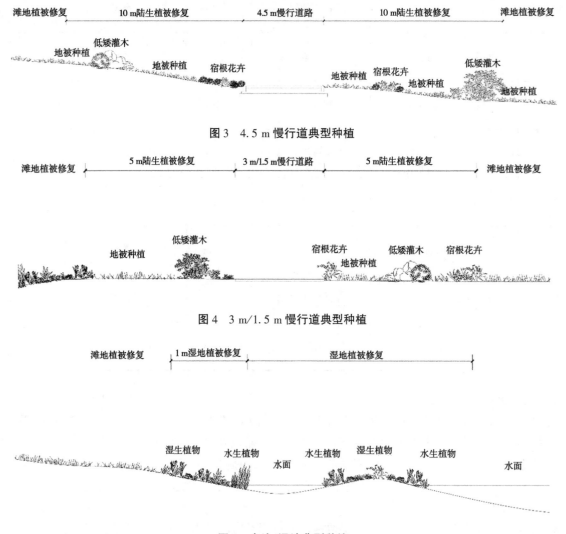

图3　4.5 m 慢行道典型种植

图4　3 m/1.5 m 慢行道典型种植

图5　水边/湿地典型种植

3.4.5 滩区修复灌溉方式

本着安全、适用、节水、节能、环境美化、人与自然和谐为目标，以工程设计合理、设备选择正确、施工安装简易、运行操作恰当、设备维护保养精心、灌溉用水科学、管理方便、遵循绿地植物的耗水规律，保证各种植物正常生长，防止破坏绿地，损伤植物结构和外貌为原则，进行本次工程灌溉设计。

本次设计对于地被植物采用地埋式喷头灌溉，同时绿地内安装一定数量的快速取水阀，以满足不同植被的灌溉需求。

4 结语

本研究以实地调研黄河下游滩区濮阳段为案列，提出了湿生生境、半干半湿生境、旱生生境的具体修复策略。研究发现，依据"生境分治"理念进行植物设计，不同滩地适应以及需求的植物存在明显差异，黄河下游滩区生态修复遵循生态性、科学性、安全性、艺术性等四个原则。

长期以来，黄河下游滩区生态修复的研究多聚焦防洪安全问题、水资源状况、生物多样性等方面，又由于滩区以农业生产为主而忽视了植物对于黄河下游生态治理的重要作用。本研究从黄河生态安全出发，结合植物学、水文学等学科的研究成果，对滩区进行生态修复和工程措施研究，以期为黄河下游滩区生态修复提供相关建议。

参考文献

[1] 张明祥，张阳武，朱文星，等. 河南省郑州黄河自然保护区湿地恢复模式研究 [J]. 湿地科学，2010，8（1）：67-73.

[2] 肖笃宁. 景观生态学：理论、方法及应用 [M]. 北京：中国林业出版社，1999.

[3] 兰翔. 植物在河道生态修复中的应用 [J]. 园林，2020（8）.

[4] 葛文宏，侯平. 水生态修复技术在河道治理中的应用探索 [J]. 现代园艺，2018.

[5] 任全进，徐勤明，陈晓萱，等. 水生植物在园林中的应用配置 [J]. 江苏农业科学，2012，40（10）.

[6] 王远飞. 黄河滩区自然景观生态系统特征研究 [D]. 开封：河南大学，2005.

澳门附近水域表层水质空间分布特征遥感分析

冯佑斌[1,2]　何颖清[1,2]　潘洪洲[1,2]　刘茉默[1,2]

(1. 水利部珠江河口动力学及伴生过程调控重点实验室，广东广州　510611；
2. 珠江水利委员会珠江水利科学研究院，广东广州　510611)

摘　要： 澳门三面环水，内陆水体与外海交换频繁，水质的输移扩散会受外海潮流的影响。本文以哨兵二号多光谱影像为遥感数据源，基于水质遥感模型提取附近水域的水表 COD 和 Chla，并结合成像时刻的涨潮、落潮条件分析澳门附近水域表层水质的分布特征。在空间分布上，COD 浓度较高的区域主要集中在拱北湾、筷子基、十字门水道水域，Chla 的高值区出现在内港的筷子基，其他水域差异不大。在潮流分布上：①表征有机污染的 COD 主要源于沿岸污水排放，除拱北湾水域外，基本表现出落潮高于涨潮的特征；②表征富营养化的 Chla 主要源于外缘的伶仃洋水体，除人工岛附近的填海 A 区外，其他区域整体表现为涨潮高于落潮的特征。

关键词： 澳门；水质遥感；哨兵二号

1　引言

澳门附近水域位于珠江河口伶仃洋西侧，既是磨刀门出口经洪湾水道进入伶仃洋的泄洪通道，也是中珠联围以及珠海、澳门陆域涝水的主要排水通道，同时还是伶仃洋西岸行洪纳潮输沙的重要通道，在珠江河口泄洪纳潮、水资源与水生态保护方面具有重要地位。摸清区域水质分布特征，对于确保澳门及珠江河口水安全、开展相关水利基础研究、促进澳门及粤港澳大湾区经济社会可持续发展具有重要意义。

目前，获取澳门附近水域水质状况的途径可以分为人工采样监测、自动站点监测、卫星遥感监测三种。其中，对人工采样监测数据的分析应用开展较早，李秀玉[1]、梁海含等[2-3] 分别基于 2002 年 10 月至 2003 年 9 月、2003 年 11 月至 2004 年 9 月的采样数据对澳门路凼填海区湿地及周边水域开展水质调查；何万谦等[4] 采用聚类分析和判别分析技术对澳门半岛近岸海域 2000—2005 年的 22 个样点数据进行水质时空分析。此外，澳门环境保护局每年公布的《澳门环境状况报告》[5] 基于澳门沿岸采样点化验数据，通过总评估指数、重金属评估指数、非金属评估指数、富营养化指数及叶绿素 a 浓度五方面分析澳门附近水域水质状况。但该成果仅代表监测点的年度概况，时效性较低，且未考虑区域内陆水体与外海交换的影响。自动站点监测的代表性成果是澳门环境保护局每年公布的《澳门水质自动监测站年度监测数据报告》[6]。该报告给出了澳门筷子基北湾青洲塘（筷子基北湾）、路凼城生态保护区以及内港 3 个水质自动监测站的逐月监测数据，包括水温、电导率、盐度、酸碱值、浑浊度及溶解氧共 6 项参数，监测频率相对提升，但站点分布范围较小，未能覆盖澳门东部海域。

卫星遥感具有大范围同步观测、信息采集成本低、监测频率高的技术特点，结合水质遥感技术和影像成像时刻的潮动力条件，可以更加全面地获取澳门附近水域的水质分布状况。唐中实等[7] 通过对 Landsat TM3 波段进行非监督分类、图像增强等处理后，发现澳门附近海域悬浮泥沙有明显的高、

作者简介：冯佑斌（1989—），男，主要从事水环境遥感、水利遥感应用等工作。

低浓度带；许祥向等[8] 基于经验公式得到澳门水域表层含沙量，并分析了悬浮泥沙的输移、扩散规律；吴虹等[9] 根据 8 个时段的 Landsat 及 SPOT 影像的光谱曲线对珠海市—澳门近岸水污染状况和时空分布规律开展了调查研究。但是，以上研究开展的时间较早，近期附近水域的水质遥感研究则多集中在内伶仃洋[10]、珠江河口[11-14]，缺少对澳门附近水域水质现状的总结归纳。本文以 2017—2021 年覆盖澳门附近水域的哨兵二号多光谱影像为主要数据，基于水质遥感模型提取水域表层的叶绿素与 COD 含量，并结合成像时刻的涨潮、落潮情况，分析区域的水表水质参数的时空分布特征。

2 研究方法

2.1 研究区概况

参考国务院令第 665 号通过的澳门特别行政区行政区划图，澳门附近水域主要包括内港水域、十字门水域、澳门水道水域以及澳门东部、南部水域，西与磨刀门水道相连、东与伶仃洋相通、南与南海毗连。澳门周边水系在岛屿的分割下形成东西向的洪湾水道、澳门水道和南北向的湾仔水道、十字门水道及它们之间的汇流区。

2.2 数据处理

欧空局的哨兵二号系列是目前运用较广的公益性卫星之一，分为 2A、2B 两颗卫星，分别于 2015 年 5 月、2017 年 3 月发射升空，每 5 d 可完成一次赤道附近地区的完整成像。卫星搭载的多光谱成像仪（MSI）包含了 13 个光谱波段，其中 10 m 分辨率的波段覆盖了蓝、绿、红、近红外四个通道，可开展相应的地表参数定量提取。

搜集整理哨兵二号有成像记录以来的研究区影像，经数据质量及云覆盖情况筛选，共有 16 景影像参与长时间序列的水质组分浓度遥感反演，主要处理步骤包括大气校正[15]、水域提取[16] 和基于水体辐射传输模型的叶绿素 a 浓度（Chla）、化学需氧量（COD）反演[17]。由于缺少同步的水质实测数据，本文对遥感反演的水质参数浓度进行归一化处理，以 0~1 之间的数值来反映水质数据的相对大小。

由于澳门三面环水，内陆水体与外海交换频繁，水质的输移扩散会受外海潮流的影响。结合历史潮位资料，绘制澳门内港在影像成像日期的潮位线（见图 1），得到对应成像时刻的涨潮、落潮情况，如表 1 所示。成像时刻澳门港处于落潮的有 7 景，处于涨潮的有 9 景。

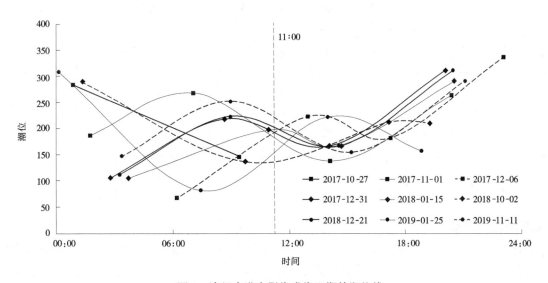

图 1　澳门内港在影像成像日期的潮位线

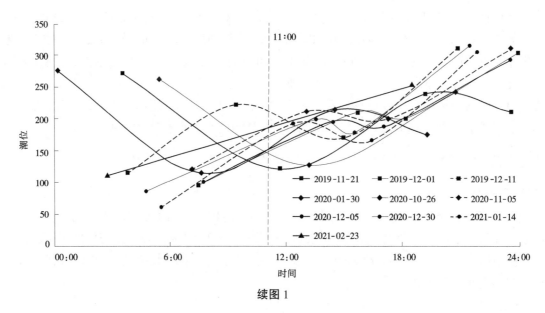

续图 1

表 1　影像成像时刻澳门内港涨落潮情况

序号	成像日期 （年-月-日）	涨落潮情况	序号	成像日期 （年-月-日）	涨落潮情况
1	2017-10-27	涨	9	2019-12-01	涨
2	2017-11-01	落	10	2019-12-11	落
3	2017-12-06	涨	11	2020-01-30	涨
4	2017-12-31	落	12	2020-10-26	落
5	2018-01-15	落	13	2020-11-05	涨
6	2019-01-25	涨	14	2020-12-05	涨
7	2019-11-11	落	15	2020-12-30	涨
8	2019-11-21	落	16	2021-01-14	涨

3　结果与分析

3.1　水质空间分布特征

通过计算澳门附近水域 16 个时相的 COD、Chla 浓度均值，获取澳门附近水域的水质浓度多年平均分布，如图 2、图 3 所示。图中所示的样点名称与《澳门环境状况报告》[5] 所述监测样点保持一致，用以描述局部水质状况。

图2　澳门附近水域COD多年均值的空间分布　　　　图3　澳门附近水域Chla多年均值的空间分布

从整体的空间分布上看，澳门附近水域COD的空间分布特征较为明显，高值区主要集中在内港、拱北湾、十字门水道等水动力环境较弱的水域；低值区则多分布在临海一侧，例如澳门国际机场东、南侧水域。相对而言，Chla在空间分布上的差异较小，仅在湾仔水道上游的前山河出现大片的高值区，其他水域的差异较小。

读取监测站点所在区域（中心像元3×3范围）的水质遥感反演多年均值，如图4所示。其中，COD的最大值出现在拱北湾，其次是内港的筷子湾和十字门水道的氹仔、水道中段、谭公庙，最小值位于澳门水道的外港；Chla的最大值出现在内港的筷子基，其他站点普遍较低。

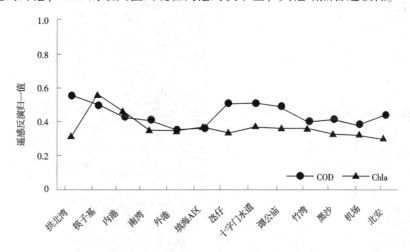

图4　澳门沿岸监测断面COD和Chla的多年遥感均值

在上述的水质较差区域中，湾仔水道（内港）是珠—澳两地渔船的主要停泊点之一，加上两岸人口密度较大，船舶营运和居民生活用水排放是导致该水域有机污染严重的主要因素；拱北湾位于澳门以北，由于港珠澳大桥、人工岛及其他重大项目的实施，弱化了拱北湾海域的水动力条件，在一定程度上加重了滩涂淤积和水质恶化的风险；而十字门水道较为狭长，加上水道内路环污水厂的影响，污水在此处聚集，易出现污染物高浓度区。

综上所述，受水动力条件和沿岸人类活动影响，澳门附近水质较差的区域主要分布在筷子基、拱北湾和十字门水道。

3.2 水质涨落潮分布特征

根据影像成像时刻的澳门内港涨落潮情况，分别取涨潮、落潮时的水质反演结果均值，得到澳门附近水域在涨潮和落潮时的 COD、Chla 空间分布，如图 5、图 6 所示。

图 5　澳门水域落潮、涨潮时刻 COD 时相均值的空间分布

图 6　澳门水域落潮、涨潮时刻 Chla 时相均值的空间分布

3.2.1 COD

根据澳门附近水域的水质空间分布特征，COD 的高值区主要集中在拱北湾、筷子基、十字门水

道水域。读取监测站点所在区域涨落潮的 COD 遥感反演多年均值，如图 7 所示，可以看出：

对于拱北湾水域，涨潮时的 COD 在数值和高值区范围方面均大于落潮时的情况。涨潮时受潮流的顶托作用，湾内水环境受下游人工岛、澳门水道的影响，纳污总量增加；落潮时，伶仃洋的下泄径流会稀释水体含污量，降低区域有机污染程度。因此，该水域的 COD 主要源于沿岸污水排放，并表现出明显的潮动力特征。

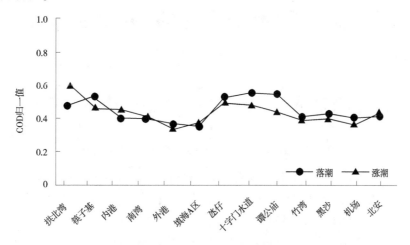

图 7　澳门沿岸站点 COD 涨潮、落潮均值的空间分布

对于筷子基水域，落潮时的 COD 较高，但在数值上与涨潮的差异不明显。以上游前山河和湾仔水道之间的水闸为界，落潮时水闸上游 COD 明显高于下游，涨潮时则无明显的空间分布差异。根据前山河的水闸开放情况（为维持前山河的景观水位，涨潮时开启引水；达到景观水位后，关闸），落潮时内港水域与上游无水体交换，湾内污染物呈蓄滞状态；涨潮时，该区域受外海涨潮流的作用，稀释了水体污染物浓度。

对于十字门水道，水道上游的氹仔站点附近水域涨潮、落潮差异不大，但中段和下游的谭公庙附近水域则表现出落潮高于涨潮的特征，且涨潮时水道水质表现出明显的上游至下游逐步变好的趋势。该水域一方面纳入了洪湾水道落潮的污染物，另一方面受到自身水动力、水环境（污水处理厂）的影响，水质较差；而涨潮时由于潮流顶托，较清洁的外海水体能够在一定程度上稀释水体污染物，但受河道形态的限制，稀释作用有限，到达水道上游入口的外海潮流较少。

对于其他水域，落潮时的 COD 基本高于涨潮，但数值差异不明显。受落潮时伶仃洋的下泄径流影响，沿岸径流携带的高浓度 COD 水体沿"洪湾水道—澳门水道右岸—机场东侧"存在明显的扩散路径；但在涨潮流的顶托作用下，该路径被打散，高浓度 COD 水团开始聚集在氹仔岛的北侧。

综上所述，对于表征有机污染的 COD 而言，澳门附近水域的 COD 主要源于沿岸污水排放，其输移扩散规律表现出明显的潮动力特征。

3.2.2　Chla

根据澳门附近水域的水质空间分布特征，Chla 的高值区主要集中在内港附近水域。读取监测站点所在区域涨潮、落潮的 Chla 遥感反演多年均值，如图 8 所示，可以看出：

对于内港附近水域，涨潮时的 Chla 在数值和高值区范围方面均大于落潮时的情况；而上游前山河的 Chla 则表现出落潮高于涨潮的特征。结合落潮时前山河水闸的开放情况，该水域的 Chla 主要源于外海潮流汇入，并在自身径流环境较弱的情况下表现出明显的潮动力特征。

对于其他水域，除人工岛附近的填海 A 区表现出明显的落潮较高的情况外，其他沿岸站点整体表现为涨潮时的 Chla 高于落潮的特征，与 COD 相反。根据图 7 的落潮 Chla 空间分布，挟带较高浓度的伶仃洋水体沿"人工岛—机场东侧"的路径下泄，并与澳门水道下泄径流之间存在明显的 Chla 梯

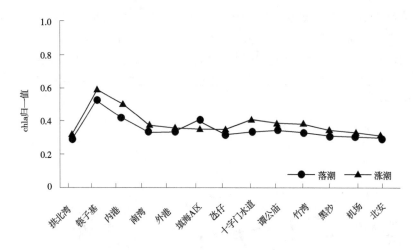

图 8　澳门沿岸站点 Chla 涨潮、落潮均值的空间分布

度带；但在涨潮流的顶托作用下，该梯度减弱，高 Chla 的外海水体开始汇入澳门水道。

综上所述，对于表征富营养化的 Chla 而言，澳门附近水域的 Chla 主要源于外缘的伶仃洋水体，其输移扩散规律表现出明显的潮动力特征。

4　结论

（1）从水质空间分布特征来看，澳门附近水域表层水质受水动力条件和沿岸人类活动影响，COD 高值区主要集中在内港、拱北湾、十字门水道等水动力环境较弱的水域；低值区则多分布在临海一侧，例如澳门国际机场东、南侧水域。而 Chla 在空间分布上的差异较小，仅在湾仔水道上游的前山河出现大片的高值区，其他水域的差异较小。

（2）从水质涨潮、落潮分布特征来看，由于澳门附近水域的 COD 主要源于沿岸污水排放，除拱北湾水域外，在下泄径流的影响下基本表现出落潮高于涨潮的特征；而表征富营养化的 Chla 主要源于外缘的伶仃洋水体，除人工岛附近的填海 A 区外，其他区域整体表现为涨潮高于落潮的特征。

参考文献

[1] 李秀玉. 2002—2003 年度澳门湿地保护区水体水质调查与分析 [D]. 广州：暨南大学，2006.

[2] 梁海含. 澳门路凼填海区湿地水质和芦苇氮磷的时空变化 [D]. 广州：暨南大学，2006.

[3] 梁海含，林小涛，梁华，等. 澳门路凼湿地的水质调查与评价 [J]. 海洋科学，2006（3）：21-25.

[4] 何万谦，黄金良. 澳门半岛近岸海域水质时空变异分析 [J]. 环境科学，2010，31（3）：606-611.

[5] 澳门环境保护局. 澳门环境状况报告 [OL]. [2021.09.13]. https：//www.dspa.gov.mo/publish.aspx

[6] 澳门环境保护局. 澳门水质自动监测站年度监测数据报告 [OL]. [2021.09.13]. https：//www.dspa.gov.mo/publish.aspx

[7] 唐中实，程声通，况昶. 3S 技术在澳门邻近水域悬沙信息定量定位研究中的应用 [J]. 环境科学，1998（6）：74-76，79.

[8] 许祥向，余顺超，杨健新，等. 珠江河口澳门水域遥感监测分析 [J]. 人民珠江，1999（5）：24-27.

[9] 吴虹，邱桔，张银桥. 基于卫星遥感的珠海—澳门近岸海水污染监测分析 [A]. 中国测绘学会科技信息网分会. 2007 全国测绘科技信息交流会暨信息网成立 30 周年庆典论文集 [C]. 中国测绘学会科技信息网分会：中国测绘学会科技信息网分会，2007：4.

[10] 黄彦歌. 基于实测光谱与 Landsat8_ OLI 影像的珠江口内伶仃洋水质参数遥感反演 [D]. 广州：广州大学，2017.

[11] 邓孺孺，何执兼，陈晓翔，等. 珠江口水域水污染遥感定量分析 [J]. 中山大学学报（自然科学版），2002

（3）：99-103.

［12］邢前国．珠江口水质高光谱反演［D］．广州：中国科学院研究生院（南海海洋研究所），2007.

［13］Chen S，Fang L，Li H，et al. Evaluation of a three-band model for estimating chlorophyll—a concentration in tidal reaches of the Pearl River Estuary，China［J］．Isprs Journal of Photogrammetry & Remote Sensing，2011，66（3）：356-364.

［14］解学通，吴志峰，王婧，等．结合实测光谱数据的珠江口水质遥感监测［J］．广州大学学报（自然科学版），2016，15（4）：73-78.

［15］何颖清，冯佑斌，扶卿华，等．一种城市河网区水体大气校正方法：，CN109325973A［P］．2019.

［16］何颖清，冯佑斌，刘超群，等．一种城市河网区水体提取方法：，CN109300133A［P］．2019.

［17］邓孺孺，秦雁，梁业恒，等．同时反演内陆水体混浊度、COD 和叶绿素浓度的方法．CN105092476A［P］．2015.

天津北大港湿地植物调查及区系分析

高金强　王　潜　崔秀平

（水利部海河水利委员会水资源保护科学研究所，天津　300170）

摘　要：通过对北大港湿地生态环境现状、岸边带植物多样性调查及其区系分析，区域内共调查到种子植物 26 科 63 属 78 种，主要为世界性分布，其次为泛热带至温带分布，特有种不明显。从种的科、属分布统计可知，植物种类优势科主要集中在菊科、禾本科、豆科等世界性大科，同时向 60% 以上的寡种科、单种科分散，属的分析结果也基本如此，反映出本区域内植物分类群特征小科和单科较多，而大科较少的特点。

关键词：植物区系；植物多样性；北大港

1　研究区概况

天津北大港湿地自然保护区位于天津市大港的东南部，东邻渤海，与天津古海岸和湿地国家级自然保护区核心区上古林贝壳堤相邻，主要保护对象是湿地生态系统及其生物多样性，包括鸟类和其他野生动物、珍稀濒危物种资源。地理坐标：东经 117°11′~117°37′，北纬 38°36′~38°57′。自然保护区包括北大港水库、独流减河下游、钱圈水库、沙井子水库、李二湾及南侧用地、李二湾河口沿海滩涂，保护区总面积为 348.87 km²，其中核心区面积 118.02 km²，占保护区面积的 33.83%；缓冲区面积 92.05 km²，占保护区总面积的 26.39%；试验区面积 138.79 km²，占保护区总面积的 39.78%，是目前天津市最大的湿地自然保护区[1]。

北大港湿地自然保护区属于自然生态系统类别中的海岸生态系统类型。其中，北大港水库、官港湖属于潟湖湿地系统，沙井子水库、钱圈水库属于人工湿地系统，独流减河、李二湾属于河流湿地系统，沿海滩涂属于海洋和海岸生态系统。

2　调查时间与方法

2017 年 8 月，对天津北大港湿地自然保护区生态环境现状、岸边带种子植物多样性进行了调查。调查范围主要包括水边区域、水陆过渡地带及岸坡区域（距离水体边 30 m 范围内）。考虑样地的典型性和代表性，共选取 10 个具有代表性的调查点位，调查点位信息见表 1。采用样方法进行调查，每个取样样方中，草本群落的取样面积为 1 m×1 m；半灌木、灌木群落的取样，其面积根据冠幅确定，一般取为 5 m×5 m 的样方；乔木取样面积根据种类及冠幅，取 10 m×10 m 的样方。记录样方内植物种名、丰度、高度、盖度和各样地的生境因子（地势、土壤类型、水分状况等），每一样方按调查表要求做好物种组成、盖度、多度等记录植物种类信息。

表 1　植被样方调查断面

序号	断面名称	经度	纬度
1	姚塘子泵站	117°19′22.56″	38°48′43.23″
2	北围堤	117°21′7.00″	38°46′54.94″

作者简介：高金强（1986—），女，高级工程师，主要从事水资源保护工作。

续表 1

序号	断面名称	经度	纬度
3	十号口门过船闸	117°24′31.18″	38°45′48.87″
4	排咸闸	117°28′58.68″	38°44′58.90″
5	东围堤 1#（截渗沟）	117°27′41.91″	38°43′43.20″
6	东围堤 2#	117°23′30.02″	38°41′42.46″
7	南围堤 1#（截渗沟）	117°20′44.52″	38°41′6.53″
8	南围堤 2#	117°16′28.32″	38°42′18.86″
9	西围堤（截渗沟）	117°15′42.82″	38°43′29.82″
10	马圈进水闸	117°15′54.65″	38°45′16.52″

将调查区域内种子植物各科属的分布型进行划分，在分析科属种的区系时，种下分类群均视作种级看待。科的区系分析根据《世界种子植物科的分布区类型系统》[2] 和《中国种子植物区系统计分析》[3]，属的区系分析根据《中国种子植物属的分布区类型》[4] 和《中国被子植物科属综论》[5]。

3 结果分析

3.1 生态环境现状

北大港湿地自然保护区生态系统主要由湿地生态系统、道路生态系统和裸地生态系统组成，见表 2。

表 2 北大港湿地自然保护区生态系统构成（2016 年）

序号	Ⅰ级	Ⅱ级	面积/km²	比例/%
1	湿地生态系统	河流	6.46	4.1
		坑塘	0.47	0.3
		水库	11.56	7.4
		内陆滩涂	16.94	10.8
		林地	3.63	2.3
		芦苇	109.6	69.7
2	道路生态系统	交通用地	7.81	5.0
3	裸地生态系统	裸土	0.73	0.5

湿地生态系统面积 148.66 km²，包括河流生态系统、水库生态系统、坑塘生态系统、林地、芦苇和内陆滩涂生态系统组成，占保护区总面积的 94.5%，具有气候条件、维持鸟类栖息生境、水分供给等重要的生态服务功能。

道路生态系统面积 7.81 km²，主要为北大港水库围堤用地，占保护区总面积的 5.0%。

裸地生态系统面积 0.73 km²，主要为人类活动干扰后形成的荒地、地表植被稀疏，占保护区总面积的 0.5%。

随着人类活动不断干扰，北大港湿地自然保护区生态系统也在发生变化。在湿地生态系统中，湿生植被覆盖面积为 113.23 km²，占保护区总面积的 72.0%，植物群落主要以芦苇/碱蓬为主。以大面积的水产养殖为主的坑塘面积减小，仅为 0.47 km²，占保护区总面积的 0.3%。沼泽湿地和坑塘是多种珍稀水禽的栖息地和南北候鸟迁徙的重要停歇地，具有重要的生态功能。道路、裸地等人类活动强烈的土地面积为 8.54 km²，占保护区总面积的 5.5%。

3.2 科的区系特征

通过对 10 个典型断面的调查，共调查到植物 26 科，63 属，78 种；超过 10 个种的科有：菊科 17 种，禾本科 12 种；单科 4~10 种的有：豆科 6 种，藜科 5 种，旋花科 4 种；单科 2~3 种的共 9 科；区域性单种科达 12 科，比例高达 46.1%，而种数仅占 15.4%。分布状况如表 3 所示。

表 3 科的区系统计

序号	科	区域种数	中国含属种	世界所含属种	分布区
1	白花丹科	1	7/40	21/580	全世界
2	车前科	1	1/20	3/200	全世界
3	柽柳科	1	4/27	3~5/120	全世界
4	唇形科	2	94/793	180/3 500	全世界，主产地中海
5	大戟科	1	63/345	300/5 000	泛热带至温带
6	豆科	6	150/1 120	600/1 300	全世界
7	禾本科	12	217/1 160	620/10 000	全世界
8	蒺藜科	1	5/33	25/160	泛热带至亚热带
9	夹竹桃科	1	46/176	250/2 000	全世界热带、亚热带地区，少数在温带地区
10	锦葵科	3	16/50	50/1 000	泛热带至温带
11	菊科	17	207/2 170	900/13 000	全世界
12	苦木科	1	5/14	20/120	泛热带至亚热带
13	藜科	5	44/209	102/1 400	全世界，主产中亚-地中海
14	蓼科	3	11/210	40/800	全世界，主产温带
15	萝藦科	2	36/231	120/2 000	泛热带至温带
16	马齿苋科	1	2/?	19/58	温带和热带
17	木樨科	1	14/188	29/600	泛热带至温带
18	茄科	3	24/140	80/3 000	热带至温带
19	桑科	2	17/159	53/1 400	泛热带至亚热带
20	莎草科	2	33/569	90/4 000	全世界，主产温带及寒冷地区
21	铁苋菜科	1	24/109	106/2 000	全世界

续表 3

序号	科	区域种数	中国含属种	世界所含属种	分布区
22	苋科	3	13/39	60/850	泛热带至温带
23	旋花科	4	21/102	55/1 650	泛热带至温带
24	杨柳科	2	3/231	3/530	北温带
25	榆科	1	8/52	15/150	泛热带至温带
26	紫草科	1	48/269	100/2 000	世界的温带和热带地区，地中海区为其分布中心

该区域内植物世界分布 11 科，泛热带至温带分布 7 科，泛热带至亚热带分布 4 科，热带至温带分布 3 科，北温带分布 1 科。本区域内植物主要为世界性分布，共计 11 科 53 种，分别占种子植物科和种的 42.3%和 67.9%；其次为泛热带至温带分布，共 7 科 15 种，分别占种子植物科和种的 26.9%和 19.2%。这些现象表明，本区系优势科具有较强的温带性质[6]。

3.3 属的区系分析

在植物分类学上，同一个属所包含的种常具有同一起源和相似的进化趋势，属的分类学特征也相对稳定，占有比较稳定的分布区。同时，在植物进化过程中，同一属内的植物随着地理环境的变化而发生分异，具有比较明显的地区性差异。因此，属比科能够更具体地反映植物的系统发育、进化分异情况及地理特征。

根据吴征镒教授的《中国种子植物属的分布区类型》，参照有关分类学文献，将调查区域内种子植物各属的分布型进行划分，具体见表 4。

表 4　属的区系统计

属	属拉丁名	中国分部属	世界分部属	分部区	区域内种
白酒草属	*Conyza Less.*	11	80-100	热带和亚热带地区	1
薄荷属	*Mentha*	6	5（-30）+-	北温带分布	1
藨草属	*Scirpus*	37	200+-（-300）	世界分布	1
滨藜属	*Atriplex*	19	180	温带及亚热带	1
补血草属	*Limonium Mill*	17-18	300	分布于世界各地，但主要产于欧亚大陆的地中海沿岸	1
苍耳属	*Xanthium*	5	30+-	世界分布	1
草木樨属	*Melilotus*	7-8	20-25	旧世界温带分布	1
梣属	*Fraxinus*	27	61	大多数分布在北半球暖温带，少多伸展至热带森林中	1
车前属	*Plantago*	20	190	广布世界温带及热带地区	1
柽柳属	*Tamarix*	18	90+-	旧世界温带	1
臭椿属	*Ailanthus*	5	10	亚洲至大洋洲北部	1

续表 4

属	属拉丁名	中国分部属	世界分部属	分部区	区域内种
刺槐属	*Robinia*	2	20	东亚和北美洲间断分布	1
打碗花属	*Calystegia*	6	25	泛热带分布	1
大豆属	*Glycine*	2–7	10	热带亚洲至热带非洲分布	1
大戟属	*Euphorbia*	60+	2000+–	泛热带分布	1
地肤属	*Kochia*	7+–10	35–90	北温带和南温带（全温带）间断	2
鹅绒藤属	*Cynanchum*	53	200	泛热带分布	1
狗尾草属	*Setaria*	17	140	泛热带分布	2
枸杞属	*Lycium*	6–7	80–90	北温带和南温带（全温带）间断	1
鬼针草属	*Bidens*	7–8	200+–	世界分布	2
蒿属	*Artemistia*	170+	350–	北温带分布	4
虎尾草属	*Chloris*	3	50	泛热带分布	1
画眉草属	*Eragrostis*	29	300	于温带和热带地区	1
鸡眼草属	*Kummerowia*	2	2	中国–日本分布	2
蒺藜属	*Tribulus*	2	15–20	泛热带分布	1
蓟属	*Cirsium*	2–3	2–3	温带亚洲分布	2
碱蓬属	*Suaeda*	20	100	世界分布	1
苦苣菜属	*Sonchus*	8	50+–	北温带分布	1
苦荬菜属	*Ixeris*	20	50	热带亚洲（印度–马来西亚）分布	2
藜属	*Chenopodium*	19	250+–	世界分布	1
蓼属	*Polygonum*	120	300	世界分布	2
柳属	*Salix*	200+–	500+–	北温带分布	1
芦苇属	*Phragmites*	2	3（–10）	世界分布	1
罗布麻属	*Apocynum*	1	14	北温带分布	1
萝藦属	*Metaplexis*	2	4	中国–日本分布	1
葎草属	*Humulus*	3	3	北温带分布	1
马齿苋属	*Portulaca*	5	200	泛热带分布	1
马兰属	*Kalimeris*	7	20	亚洲南部及东部，喜马拉雅地区及西伯利亚东部	1

续表 4

属	属拉丁名	中国分部属	世界分部属	分部区	区域内种
马唐属	*Digitaria*	20	380	世界分布	2
曼陀罗属	*Datura*	4	16	多数分布于热带和亚热带地区	1
木槿属	*Hibiscus*	10-24	200-300	泛热带分布	1
苜蓿属	*Medicago*	14	70	地中海区域、西南亚、中亚和非洲	1
蒲公英属	*Taraxacum*	40-100	62-120	北温带分布	1
牵牛属	*Pharbitis*	2	24+-	泛热带	2
茄属	*Solanum*	39	1200	世界分布	1
苘麻属	*Abutilon*	9	150	泛热带分布	1
桑属	*Morus*	9+-10	12+-16	北温带分布	1
莎草属	*Cyperus*	30	500	世界分布	1
蜀葵属	*Althaea*	2	12	分布于亚洲中、西部各温带地	1
酸模属	*Rumex*	30+	200	世界分布	1
铁苋菜属	*Acalypha*	16	450	泛热带分布	1
蟋蟀草属	*Eleusine*	2	9	泛热带	1
苋属	*Amaranthus*	13	40	世界分布	3
小苦荬属	*Ixeridium*（A. Gray）*Tzvel.*	13	20-25	分布东亚及东南亚地区	1
旋覆花属	*Inula*	20+	200	旧世界温带分布	1
旋花属	*Convolvulus*	8	250	世界分布	1
杨属	*Populus*	25-30	35-40	北温带分布	1
益母草属	*Leonurus*	12	14-20+-	旧世界温带分布	1
隐子草属	*Cleistogenes*	11	15-21	旧世界温带	2
榆属	*Ulmua*	23	45	北温带分布	1
玉蜀黍属	*Zea*	1	1	世界分布	1
獐毛属	*Aeluropus Trin.*	4	20	分布于地中海区域、小亚细亚、喜马拉雅和北部亚洲	1
紫丹属	*Tournefortia*	2	150	分布于热带和亚热带地区	1

从属的角度分析，本区域内 3 种以上的属有蒿属、苋属 2 属，占总属数 3.17%；含 2 种的有地肤属、狗尾草属、鬼针草属、鸡眼草属、蓟属、苦荬菜属、蓼属、马唐属、牵牛属、隐子草属 10 属，

占总属数的 15.87%，区域性单种属多达 51 个，分别占属、种数目的 80.95% 和 65.38%。

由表 4 可以看出，该区域内温带植物成分占据很大优势，少量存在的热带成分使保护区内的植物表现出过渡性，体现出热带边缘区系的特点。

从种的科、属分布统计（见表 5、表 6）可以看出，区域内植物一方面集中于菊科、禾本科、豆科等一些世界性大科之中，同时向 60% 以上的寡种科、单种科分散，属的分析结果也基本如此，反映出本区域内植物分类群特征小科和单科较多，而大科较少的特点。其原因在于：区域内生物多样性本来就不高，群落结构相对简单，再加上流域内一定时期缺水和受人类活动的干扰，从而使得有的科、属种数分布受限，所含的种数不多，生物多样性普遍降低。本区域的优势科数仍以世界广布的大科大属种为主。

表 5　优势科、属的分析与比较

序号	科	属	属所占比例/%	种	科所占比例/%
1	菊科	11	17.46	17	21.79
2	禾本科	9	14.29	12	15.38
3	豆科	5	7.94	6	7.69
4	藜科	4	6.35	5	6.41
5	旋花科	3	4.76	4	5.13
6	锦葵科	3	4.76	3	3.85
7	蓼科	2	3.17	3	3.85
8	茄科	3	4.76	3	3.85
9	苋科	1	1.59	3	3.85
10	唇形科	2	3.17	2	2.56
11	萝藦科	2	3.17	2	2.56
12	桑科	2	3.17	2	2.56
13	莎草科	2	3.17	2	2.56
14	杨柳科	2	3.17	2	2.56

表 6　优势属的分析与比较

序号	属名	种数	占总种数/%
1	蒿属	4	5.13
2	苋属	3	3.85
3	地肤属	2	2.56
4	狗尾草属	2	2.56
5	鬼针草属	2	2.56

续表 6

序号	属名	种数	占总种数/%
6	鸡眼草属	2	2.56
7	蓟属	2	2.56
8	苦荬菜属	2	2.56
9	蓼属	2	2.56
10	马唐属	2	2.56
11	牵牛属	2	2.56
12	隐子草属	2	2.56

4 结论

本区域内植物具有以下几个特点：

（1）世界分布类型在本区域内占据重要地位，主要隶属于一些世界广布的大科，这种现象说明生态适应幅较大的世界分布在该区生境中适宜生存。

（2）具有明显的温带性质，与热带植物区系存在一定的亲缘关系。

参考文献

［1］天津北大港湿地自然保护区科学考察报告［R］. 天津市北大港湿地自然保护区科学考察组，2001.

［2］吴征镒，周浙坤，李德铢，等. 世界种子植物科的分布区类型系统［J］. 云南植物研究，2003，25（3）：245-257.

［3］李锡文. 中国种子植物区系统计分析［J］. 云南植物研究，1996，18（4）：363-384.

［4］吴征镒. 中国种子植物属的分布区类型［J］. 云南植物研究，1991，12（增刊Ⅳ）：1-139.

［5］吴征镒，路安民，汤彦承，等. 中国被子植物科属综论［M］. 北京：科学出版社，2003.

［6］洪宇薇，曲文馨，蔡在峰，等. 天津北大港湿地自然保护区植物区系多样性研究［J］. 山东林业科技，2019（1）：20-24.

关于流域水生态保护与修复工作的思考与探究

潘炜元　徐宗超

（黄河勘测规划设计研究院有限公司，河南郑州　450001）

摘　要： 党的十八大首次将建设生态文明纳入"五位一体"总布局，开启建设生态文明新时代，提出应将修复流域生态放在重要位置，做到尊重自然、保护自然，推进流域水生态保护和修复。基于此，文章以流域水生态概述为切入点，简要介绍流域水生态范围界定及修复目标，以此为基础，结合流域水生态保护及修复原则，从水生态保护、修复工程两方面出发，提出生态保护措施，以期为相关工作者提供参考。

关键词： 流域水；生态保护；修复工作

随着社会经济的不断进步与科学技术的持续完善，水生态环境也遭到严重破坏，诸多地区开始出现水资源大量匮乏的局面。同时，当水生态利用承载能力达到一定程度时，河流很可能突然断流，从而促使水生态环境越发恶劣。因此，对生态环境系统进行合理保护迫在眉睫。要使经济社会健康发展与水资源自然生态系统环境保护工作处于协调一致的状态，这样才能从根本上推进现代社会的积极发展。

1　流域水生态概述

1.1　范围界定

以"水"为环境介质的湖泊、河流、湿地等水域生态系统的水域生态系统。水生态空间能够为水文-生态过程提供场所，保障水安全、维持水生态系统健康的生态空间，包含河流湖泊等水域空间，也是水源涵养、蓄滞洪的区域范围，作为我国国土空间核心要素，对其他类空间具有保障与支撑作用。而在流域水生态中，是指水域空间及相关的陆域空间，面临着土地退化、流域生态破坏、生态系统人工化及扩张城镇的问题。不同流域水生态问题也有所不同，修复与保护目标应结合具体区域特征，明确生态恢复指标，提高水生态保护与修复效率。

1.2　修复目标

世界各国对流域水生态管理，从无节制利用开发引发灾害污染，逐渐向边治理边开发，进而转向治理水生态的历程。例如，美国密苏里河自然化工程、莱茵河"鳜鱼-2000计划"，日本"多自然河流"的理念，治理流域也从控制流域富营养化，转变为恢复生态系统，重建水生群落。以我国流域水生态保护修复而言，应明确不同河流、不同历史阶段河流情况，确定修复特定河段的生物条件、水文条件、栖息条件及重点保护物种。

2　流域水生态保护及修复原则

国务院印发实行严格水资源管理意见，出台强化水生态保护政策，需维护湖河健康生态，注重保护水源涵养区、生态保护区、河流源头区等，推进修复生态脆弱地区水生态与河流，建设水生态文明，平衡经济发展与水资源保护的关系，推动流域经济实现可持续发展。流域地区通常人口密集，水

作者简介：潘炜元（1985—），男，工程师，主要从事工程管理及智慧水利工作。

资源利用与开发程度较高，过度开采地下水，加剧了水污染，使得湿地面积萎缩，未能遏制水土流失情况。怎样保护水资源可持续发展，恢复生态环境，已经成为流域水生态管理的重要问题。为此，应遵循以下原则：

（1）坚持以人为本。流域地区孕育了人类文明，也为人们生产生活提供丰富资源，在保护流域水生生态基础上，也要密切关注人们生活和生态环境关系，做到以人为本，实现人与自然协同发展，保护水生态的同时，也不能过于影响人们的生活。例如，柴石滩项目，要结合自然修复与人工干预，共同促进流域安全。

（2）遵循生态规律。在流域水生态保护与修复中，需遵循自然生态规律，一切人为活动出发点，均需按照流域生态特点，合理规划水生态保护方案，建设水生态保护工程。如果违背自然规律，则会出现与预期目标相反的情况，不仅无法保护流域水生态，还会破坏当地环境，应考虑水生态功能及体系结构的尺度性、流域性及层次性，从流域层面出发，提出水生态保护工程原则，实现总体布局。

（3）实现技术创新。流域水生态保护和修复建设，应创新管理机制、体制，加强研究水生态保护、修复的新方法、新技术，注重区域综合治理，将重点区域示范效用充分发挥出来。

3 流域水生态保护策略

流域水生态保护工程主要是坚持人和自然和谐相处，立足于生态系统良性循环与动态平衡，通过科学规划水资源，做到高效利用、合理配置，遏制局部区域水生态失衡情况，建设健康水生态系统。水生态保护工程方案如下。

3.1 环境保护策略

在水生态保护工程中，人员行为均以环保为出发点，尽量避免对现有水资源造成影响。可从以下方面出发：

（1）易扬尘地区应采取人工洒水措施，减少扬尘污染，减少柴油、汽油的使用，减少尾气污染。

（2）建筑水泥等各种粉末状、颗粒状施工物料在进行装卸、运输、存储时一般均应保持密闭通风进行，防止粉尘散落，对物料储运中的设备等也要定期进行检修、保养。

（3）对道路运输中使道路受到粉尘危害产生较重要的地段，采取防尘洒水喷雾除尘，保持空气清新，减轻对沿线地区居民正常生产、生活的不良影响。

（4）对其他可能发生受到粉尘危害的道路施工人员也应加强防尘劳动保护，发放各种防尘防护口罩、防尘防护眼镜、防尘帽等各种防尘劳动防护用品，并及时督促人员使用。

3.2 植被保护策略

以有效实现水生态过程为目标，遵循可持续发展理念，保护流域水生生物。修复水生生境，恢复流域水生态功能及结构，应落实植被保护策略，建设生态流域。

（1）继续优化项目规划设计，合理设置规划项目选址，正确设置选线，尽量少有植物侵占非法占用地区林地，以有效程度减小对各种野生植物所在植被植林资源上的非法占用和生态环境上的破坏。

（2）加强项目土地保护政策扶持资金管理，划定一定规模耕地保护区域并限期停止实施项目土地保护退耕还林，加强天然饮用水源项目土地保护涵养林、天然资源土地保护林项目土地管理建设项目管理工作。

（3）加强施工保护项目前期土地情境环评管理应分为两阶段对整个保护工程建设区域的各种植物植被资源情况进行实地跟踪详查，一旦当地林区发现国家级或省级自然保护区的专种野生植物，采取禁止异地植物避让或政府禁止允许异地植物种植或者移栽的多种管理方式都应予以及时进行项目土地环境保护。

3.3 水土保护策略

（1）对各建设工程点前期施工征地过程中可能产生的工程水土保持流失，应按照现行国家有关的行政法律法规的有关规定，编制有关工程征地水土保持恢复方案技术报告设计书，进行工程水土保持恢复方案设计，并及时予以组织实施。主要的工程水土保持恢复措施主要包括：合理充分布置工程施工场地道路，尽量充分利用原有施工道路，避免和尽量减少对施工林地等各种植被的自然破坏。

（2）其他工程征地开挖的材料土石方及已被剥离的材料土方应尽量充分利用于其他工程征地回填，实在大而无法充分利用的土方应及时堆放于合理布置的弃渣场中。对于一些处在干旱山坡的工程土石方弃料场在工程开采前后还要及时修建一道截流排水沟，避免在雨季施工，也可以防止暴雨期间严重的工程水土保持损失。

（3）施工后应及时进行土石场建设，保护和恢复当地植被；下游应设置遮挡墙，上游应设置排水沟，截断水流。堆渣时，应分层压实。到达施工这挡墙高度后，土方应及时施工，保护和恢复当地植被。而在工程征地竣工后，应对工程征地管理范围内的各种土地施工有痕迹地进行植树或者种草，以及时恢复当地植被和自然景观。

3.4 施工管理策略

（1）在工程项目业主建设中单位应及时加强环境管理，提高项目施工单位技术领导和其他施工人员的工程水土环境保持保护意识，在工程施工中及时控制土地扰动、占压控制土地使用面积，注意有效保护建设工程土地周边环境，对于工程水土保持保护措施，建议及时开展工程水土环境保持专项项目招标及工程施工效果图专项招标设计。

（2）加强工程水土环境保持措施执法政策宣传，提高项目建设管理单位和其他施工单位的水土环境支持保护意识，应积极配合环境监测管理单位切实做好环境监测管理工作，及时组织补充和调整完善项目相应的工程水土环境保持保护设施，水土保持措施植物保护措施调查可以采取单独公开招标的一种方式组织实施，以利于工程植物保护措施有效管护。

（3）建议项目业主建设单位尽快组织落实工程水土保持措施监测、监理各项工作，主体工程完工后也可委托其他具有工程水土环境保持措施生态环境保护咨询项目评估机构资质的各单位组织进行工程水土保持植物措施情况调查及工程技术质量评估，编制技术评估报告。

4 流域水生态修复要点

4.1 河湖修复

（1）继续推进河湖健康评估。围绕贯彻落实最严格地下水资源健康管理制度和集中河流水湖健康治理保护工作目标，按照国家河湖健康保护试点技术评估机制工作目标技术评价体系，评估确定河湖健康治理与生态保护的总体效果，为研究制订推进河湖有效健康保护和合理规划开发河湖决策方案提供重要技术理论支撑。

（2）继续严格地下水资源生态保护。继续严格地下水资源功能区环境监督检查管理，控制污水入库流域排污总量，加强流域饮用水重要水源地生态保护，推进地下水资源生态系统环境保护和生态修复。流域重要地下水源地功能区将基本全部实现流域水质调控目标，饮用水重要水源地将全部水质达标，重要流域湿地和重大河流的地下水资源生态将全部得到彻底修复。

（3）继续加强流域地下水资源保护，维护地下水合理水位。全面实施库区地下水治理取水利用水资源总量密度控制，实施南水北调工程受水区地下河供水压力和采用量工程，加快推进建设长江流域库区地下水质量监测监控工程、地下水资源保护和地下水源综合替代利用工程。

4.2 生态修复

遵循在促进生态环境保护中积极主动促进生态资源保护开发、在环境保护资源开发中贯彻落实促进生态环境保护的基本发展原则，正确处理好通过环境治理促进资源保护开发与促进生态环境保护的平衡互补发展关系，强化对规划中生态保护方案实施的监督和评估。全面落实大型水利建设工程湿地生态环境综合保护措施，在大型水利工程项目设计、建设和经营运行各个环节都应采取湿地综合保护措施，努力把对湿地生态环境的直接影响范围减小到最小。同时，应考虑充分发挥大型水利建设项目的湿地生态环境保护效益。其中，如湿地水土资源保护工程应考虑充分发挥污染源的综合防治，中小河流污染保护项目应充分结合湿地景观环境资源和湿地水环境改善资源，河流污染治理工程应考虑充分满足湿地水生生物对其栖息地的处理要求，护岸排水护坡治理工程项目应综合考虑充分采用淡水生物技术。湿地治洪蓄涝治理工程项目应综合考虑充分结合有利湿地生态保护工程需要充分留足湿地蓄涝后的水面，水环境资源配置治理工程项目应综合考虑充分结合有利河湖与水连通需要改善有利水环境，各类有利水环境工程项目应充分考虑结合满足现代人类对自然文化景观和休闲娱乐，以及休闲生活水环境的保护需要。

5 结语

总而言之，水生态环境保护与修复工作，对促进经济社会的健康可持续发展仍然具有重大的客观现实意义，能直接促使水生态系统环境呈现积极健康发展之势。在我国经济社会建设不断稳步加快的实际情况下，搞好对水生态系统文明环境建设保护的同时，积极参与投入到整个水生态环境文明保护的修复工作中，建设水域节水型社会、水生态环境文明新型社会。最终才能使社会环境呈现出健康可持续发展的良好局面，使得整个水生态环境不断得到改善，促进社会的稳定、和谐发展。

参考文献

[1] 郭伟杰，贡丹丹，赵伟华．鄱阳湖流域饶河水生态环境保护与治理对策研究 [J]．水利水电快报，2020，041 (2)：65-70．

[2] 储昭升，高思佳，庞燕．洱海流域山水林田湖草各要素特征、存在问题及生态保护修复措施 [J]．环境工程技术学报，2019 (5)：507-514．

[3] 刘宇同，杨伟超，杨丽娜．北运河流域水生态恢复与保护的实践探索 [J]．北京水务，2019，000 (3)：57-62．

[4] 郭东阳，王晶，蔺冬．山西"七河"流域水生态保护及修复调研与思考 [J]．水利规划与设计，2020，206 (12)：20-22．

[5] 张倩云，韩璐遥，俞芳琴．基于水文过程的南京市城南河流域水生态系统修复方法 [J]．水电能源科学，2020，234 (2)：67-70．

[6] 郭丽峰，林超，侯思琰．州河流域水资源与水生态修复实践与启示 [J]．水利发展研究，2020，224 (2)：61，72．

[7] 田野，冯启源，唐明方．基于生态系统评价的山水林田湖草生态保护与修复体系构建研究——以乌梁素海流域为例 [J]．生态学报，2019，39 (23)：149-159．

[8] 孔令桥，郑华，欧阳志云．基于生态系统服务视角的山水林田湖草生态保护与修复——以洞庭湖流域为例 [J]．生态学报，2019，39 (23)：226-233．

潘大水库表层沉积物中铊潜在生态风险评价

徐东昱[1]　高　博[1]　张永婷[2]

（1. 中国水利水电科学研究院水生态环境研究所，北京　100038；
2. 华北水利水电大学水利学院，河南郑州　450046）

摘　要：铊（Tl）作为一种毒性金属元素，其在水库中的相关研究鲜有报道。本文以潘大水库（潘家口—大黑汀）这一华北地区重要的梯级水库为研究对象，建立了基于库区实际地质背景的铊的地球化学基线值，科学评价了潘大水库表层沉积物的污染现状和潜在生态风险。研究结果表明，潘大水库沉积物中铊的平均浓度为 0.70 mg/kg，略高于建立的地球化学基线值（0.69 mg/kg）。基于地球化学基线模型，发现大黑汀水库比潘家口水库受到的人为影响较多。然而，地积累指数定量结果显示，梯级水库库区表层沉积物并未存在污染，且潜在生态风险处于低风险。

关键词：潘大水库；沉积物；地球化学基线；铊，潜在生态风险

水电开发是保障能源安全、优化能源结构甚至是支持欠发达地区社会经济发展的重要水利措施。随着水库大坝数目的增加，梯级水库建设增强了下游水库的水沙调节能力，而且建设阻隔了河流的连通性，库与库之间受下级水库的顶托作用改变了河流的水文情势，形成坝前湖相、库尾河相相互交替的格局[1]，这势必影响库区内生物、生源要素及污染物的地球化学循环过程。

铊（Tl）是一种微量的非必需元素，地壳的平均浓度为 0.1~1.7 mg/kg[2]。由于其急性和慢性毒性，铊被认为是一种毒性污染物[2-3]。人为工业活动（如煤炭燃烧、黑色金属和有色金属开采）的排放，导致环境中 Tl 浓度的增加[2,4]。为了应对铊的环境风险，部分国家和政府规定了铊的标准限值。例如，我国的《生活饮用水卫生标准》（GB 5749—2006）中规定了铊的最高浓度限值为 0.1 μg/L[5]，加拿大政府规定其标准限值为 0.8 μg/L[6]，美国规定为 2 μg/L[7]。相比于水体中铊的研究，沉积物中铊的相关研究较为欠缺，也没有沉积物中相应的标准限值。沉积物作为水环境中污染物的源和汇，其中铊的潜在生态风险关乎底栖生物的环境地球化学行为，是水环境中铊研究的重要环节。

潘大水库是由潘家口水库和大黑汀水库组成的我国华北地区重要的大型梯级水库，20 世纪 90 年代以来上游来水污染负荷不断增加及库区内大面积网箱养殖的影响，使库区内污染负荷急剧增加[8]。因此，本研究以潘大水库沉积物为研究对象，建立基于潘大水库沉积物实际地质背景的地球化学基线，评价梯级水库沉积物中铊的潜在生态风险，为科学理解铊的地球化学行为提供理论依据。

1. 材料与方法

1.1　研究区域概况

潘大水库位于我国河北省北部的滦河流域，主要由上游的潘家口水库和下游的大黑汀水库构成（见图 1），潘大水库不仅是我国重要的水源地，也是天津和唐山农业用水的重要保障水库。

1.2　样品采集

分别于潘家口水库和大黑汀水库选择 30 个点位，采集沉积物柱状样，并间隔 5 cm 对柱状样进行切割，共计获得 98 个沉积物样品。将采集的沉积物样品装于塑料自封袋中带回实验室，冷干后，研

作者简介：徐东昱（1984—），女，高级工程师，主要从事污染物的水生态修复技术研发。

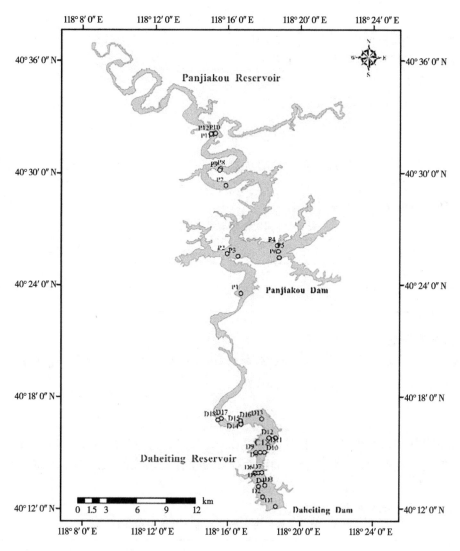

图 1　采样示意图

磨均匀后，过 0.25 mm 尼龙筛网，备用。

1.3　样品分析

过筛后的沉积物样品采用混酸法（HNO_3+HF+H_2O_2）进行密闭消解，消解彻底后，使用电感耦合等离子体质谱仪（ICP-MS Elan DRC-e，美国 PerkinElmer 公司）测定样品中铊含量。分析过程中，使用全过程空白和沉积物标准物质（GBW07310）进行质量控制，标准样品测定结果均在标准值的参考范围内。

1.4　评价方法

1.4.1　地球化学基线

地球化学基线指的是地球表层物质中化学物质（元素）浓度的自然变化，并被进一步表述为一地区或数据集合作为参照时某一元素在特定物质中（沉积物、土壤以及岩石）丰度的自然变化，可作为区域的地球化学背景[9]。地球化学基线建立的方法可分为标准化法和累计频率法，本文选择锂（Li）这一惰性元素作为标准化法的校正元素，建立潘大水库沉积物中铊的地球化学基线。计算过程如下：

（1）建立 Li 和 Tl 的散点图进行点位筛选，在 95% 置信区间以外的点，视为受人为影响的点位删除，并保留 95% 置信区间以内的点，进一步计算。

（2）将保留的点进一步进行线性拟合，建立线性回归方程

$$B_n = aC_n + b \tag{1}$$

式中：B_n 为潘大水库沉积物中铊的地球化学基线值，mg/kg；C_n 为校正元素 Li 的平均值，mg/kg；a，b 为拟合常数，计算获得的沉积物地球化学基线值作为本研究的背景值。

1.4.2 地积累指数法

地积累指数法是迄今为止应用最为广泛的沉积物和土壤中元素污染评价方法。计算公式如下：

$$I_{geo} = \log_2 \frac{C_i}{1.5B_n} \tag{2}$$

式中：I_{geo} 为地积累指数；C_i 为沉积物中铊的实测含量；B_n 为式（1）中获得的地球化学基线值；1.5 为修正指数，通常用来表征沉积特征、岩石地质及其他影响。

地积累指数可分为 7 个等级，见表 1。

表 1　地积累指数与污染程度分级

I_{geo}	≤0	0~1	1~2	2~3	3~4	4~5	≥5
级数	0	1	2	3	4	5	6
污染程度	无	无—中	中	中—强	强	强—极强	极强

1.4.3 潜在生态风险评价

潜在生态风险评价方法充分考虑了元素的毒性和污染对评价区域的敏感度，计算公式如下：

$$C_r = \frac{C_i}{B_n} \tag{3}$$

$$E_r = T_r \times C_r \tag{4}$$

式中：E_r 为沉积物中铊潜在生态危害指数；C_i 为沉积物中铊的实测含量；B_n 为式（1）获得的地球化学基线值；T_r 为毒性系数，反映重金属的毒性强度及水体对污染的敏感程度，本文所用铊的毒性系数为 40[10]。

潜在生态风险等级分级如表 2 所示。

表 2　潜在生态风险指数及其生态危害程度分级

E_r	生态危害程度
<40	轻
40~80	中等
80~160	强
160~320	渐强
>320	极强

2　结果与讨论

2.1 梯级水库沉积物中铊的空间分布特征

沉积物中铊的浓度见图 2。潘大水库沉积物中铊的平均浓度为 0.70 mg/kg，最小值为 0.46 mg/kg，最大值为 1.10 mg/kg。而表层沉积物中铊的浓度略高于沉积物柱状样的平均浓度，为 0.73 mg/kg（见图 2），且主要集中于下游大黑汀水库表层沉积物中。与其他研究相比较，潘大水库表层沉积物中铊的浓度与三峡水库表层沉积物铊浓度相似（0.72 mg/kg），浓度范围极为相似[11]；显著高于密云水库表层沉积物中铊的浓度（0.49 mg/kg）[12]。与河北省土壤铊的背景值相比较（0.45 mg/kg）[13]，潘大水库表层沉积物中铊浓度是其 1.6 倍，同时这一结果也高于中国土壤背景值（0.62 mg/kg）[14]。

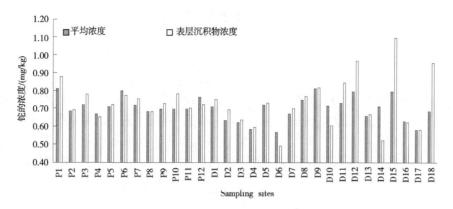

图 2　潘大水库沉积物中铊的浓度

潘大水库表层沉积物中铊的空间分布如图 2 所示。上游潘家口水库沉积物中铊的平均浓度为 0.73 mg/kg，略高于下游大黑汀水库沉积物中铊的平均浓度（0.68 mg/kg），说明上游梯级水库沉积物中铊存在累积现象。此外，大黑汀水库沉积物中铊的空间分布存在显著的空间异质性。

2.2　沉积物中铊地球化学基线

潘大水库沉积物中铊的地球化学基线建立，如图 3 所示。地球化学基线模型的数据点为获得的 98 个沉积物样品。通过建立惰性元素 Li 与铊的线性关系［见图 3（a）］，通过 95% 置信区间筛选人为源样品和自然源样品，95% 置信区间以内的自然源样品，进一步建立线性关系［见图 3（b）］，线性回归方程为 $y = 0.007\,4x + 0.437\,3$（$R^2 = 0.94$，$p < 0.01$）。通过筛选点位 Li 的平均浓度，计算获得区域内沉积物中铊的地球化学基线值，为 0.69 mg/kg。

通过获得的铊的地球化学基线值和表层沉积物中铊的测定值，可进一步获得人为源贡献率，公式如下：

$$人为贡献率(\%) = \frac{测定值 - 基线值}{基线值} \times 100\% \tag{5}$$

通过计算潘大水库表层沉积物中铊的人为贡献率，可知潘大水库沉积物中铊近 50% 的点位存在人为影响。

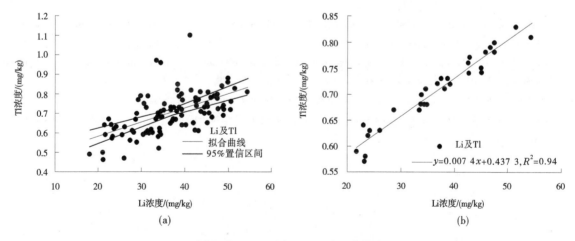

图 3　潘大水库沉积物中铊的地球化学基线模型

2.3　污染评价

通过地积累指数评价潘大水库表层沉积物中铊的污染程度可知，人为贡献率显示潘家口水库和大黑汀水库表层沉积物受到了铊的人为影响，但是 I_{geo} 指数均小于 0，说明两个水库表层沉积物中铊的污染程度处于无污染等级。潜在生态风险评价参数 E_r 的平均值为 48.03，略高于 40，说明部分点位的潜在生态危害程度为中度，应提高对库区沉积物中铊的监测。

3 结论

潘家口水库表层沉积物中铊的平均浓度为 0.70 mg/kg，其值高于以往其他研究区域铊的已有报道值。潘家口水库沉积物中铊的平均浓度高于大黑汀水库沉积物。基于地球化学基线模型，建立了潘家口水库沉积物中铊的地球化学基线值，为 0.69 mg/kg，略低于表层沉积物中铊的平均值，且通过该模型定量计算了沉积物中铊的人为贡献率，发现潘大水库表层沉积物中铊源于人为活动的影响累积。然而，地积累指数评价结果说明该梯级水库沉积物中铊并未存在污染，但部分点位存在一定程度的潜在生态风险。

参考文献

［1］Sá-Oliveira J, Hawes J, Isaac-Nahum V, et al, Upstream and downstream responses of fish assemblages to an eastern Amazonian hydroelectric dam［J］. Freshwater Biology, 2015, 60：2037-2050.

［2］Peter A L J, Viraraghavan T. Thallium：a review of public health and environmental concerns［J］. Environ. Int., 2005, 31：493-501.

［3］Kazantzis G. Thallium in the environment and health effects. Environ［J］. Geochem. Health, 2000, 22：275-280.

［4］Karbowska B. Presence of thallium in the environment：sources of contaminations, distribution and monitoring methods［J］. Environ. Monit. Assess. 2016, 188：640-659.

［5］生活饮用水卫生标准 GB 5749—2006［S］.

［6］CCME, 2003. Summary of Existing Canadian Environmental Quality Guidelines［S］.

［7］USEPA (United States Environmental Protection Agency)., 1992. National primary drinking water regulations［S］.

［8］Li Y Y, Gao B, Xu D Y, et al. Hydrodynamic impact on trace metals in sediments in the cascade reservoirs, North China［J］. Science of the Total Environment 2020, 716：136914.

［9］Xu, D Y, Gao, B, Peng, W. Q., et al., Novel insights into Pb source apportionment in sediments from two cascade reservoir, North China［J］. Science of the Total Environment, 2019, 689：1030-1036.

［10］Gao B, Sun K, Pen M, et al., Ecological risk assessment of thallium pollution in the surface sediment of Beijing River［J］. Ecol. Environ. 2008, 17：528-532.

［11］Xu D Y, Gao B, Peng W Q, et al., Thallium pollution in sediments response to consecutive water seasons in Three Gorges Reservoir using geochemical baseline concentrations［J］. Journal of Hydrology, 2018, 564：740-747.

［12］Han L F, Gao B, Lu J, et al. Pollution characteristics and source identification of trace metals in riparian soils of Miyun Reservoir, China［J］. Ecotoxicol. Environ. Saf. 2017, 144：321-329.

［13］CNEMC, 1990. Background of Soil Environment in China. Environment Science Press［S］.

［14］Chi Q H, Yan M C. Handbook of Elemental Abundance for Applied Geochemistry［M］. Geological Publishing House, Beijing. 2007.

珠江三角洲感潮河网水系连通规划研究
——以佛山市南海区大沥镇为例

武亚菊　吴　琼　王腾飞　龙晓飞　钱树芹

（珠江水利科学研究院，广东广州　510611）

摘　要：本文以佛山市大沥镇为例，大沥镇内河涌是典型的珠江三角洲河网区，区内河涌众多，纵横交错。由于历史原因，水系被截断、侵占，加之生活、工业污水多直接排放到河涌，河涌水污染严重。大沥镇在水生态文明建设中，旨在全面改善内河涌水生态环境，拟通过水系连通，整治河道，并利用水闸泵站等工程综合调水，加快水体循环，提高水体更新速度，改善镇内河涌水生态环境，本文利用 MIKE11 模型，模拟论证在水系连通基础上，并结合整治河道、综合调水等措施对大沥镇主干河涌的水动力水质影响。结果表明，在多渠道的工程措施下，大沥镇主干河涌水动力和水质有较大改善。

关键词：大沥镇；水生态文明；水系连通；MIKE11 模型；水体更新速度

1　研究背景

佛山市南海区位于广东省中部，大沥镇位于南海区东部，东接广州，南接桂城及佛山市禅城区，西接狮山镇。大沥镇内河涌是典型的珠江三角洲河网区，区内河涌众多，纵横交错。镇内的主干河涌、支干河涌和与其相连的众多支涌、毛涌，共同担负着蓄洪排涝、引水抗旱灌溉、景观、交通的重任。由于历史原因，水系被截断、侵占，加之大沥镇的生活、工业污水多是直接排放到河涌，河涌水污染严重。为深入贯彻南海区深化生态文明建设的战略部署，全面改善水生态环境，大沥镇针对镇内河网水系特性，河床底坡平缓，河流水动力较弱，断头涌污染严重，拟规划水系连通，并结合闸泵调度，整体控制水流由南往北、由西往东的方向流动，对河涌水系水动力进行调控，活化水系，提高水体更新速度，在截污治污基础之上，整体改善内河涌水动力水质。

2　研究区域概况

大沥镇属于典型的珠江三角洲河网区，区内河涌众多，水系发达，纵横交错，特别是机场涌以东片区。研究区域内主干河涌总长约 64 km，支干河涌总长约 40 km，另外还有支涌毛涌总长约 90 km。主干河涌有雅遥水道、香基河、机场涌、谢边涌、水头涌、九村涌、龙沙涌、河西大涌、盐步大涌及铁路坑等 10 条，总长约 52.6 km，支干河涌有河东大涌、黎边涌、公路坑、十米涌、漖表涌、九龙涌等 6 条，总长约 21.5 km，另外还有支涌毛涌总长约 60 km。研究区域范围见图 1。

根据大沥防洪排涝体系现状，以机场涌为界分为东、西两片。其中，西片区为低丘区，大部分属于自排区，共分为 15 个小片区；机场涌以东片区则属于平原河网区，划分为 36 个片区。本研究区域位于机场涌以东片区，属于平原河网区，包括 14 个片区，研究区域各涝片涉及水闸泵站见表 1。

内河涌存在的主要问题有：①因城市化建设，区内调蓄面积减小，断头涌水动力水质恶化；②河道多数未整治，淤积严重，局部桥涵宽度严重不足成为瓶颈；③部分河道过水断面偏小，过流能力不

作者简介：武亚菊（1980—），女，高级工程师，主要从事河口、河流水动力水环境工作。

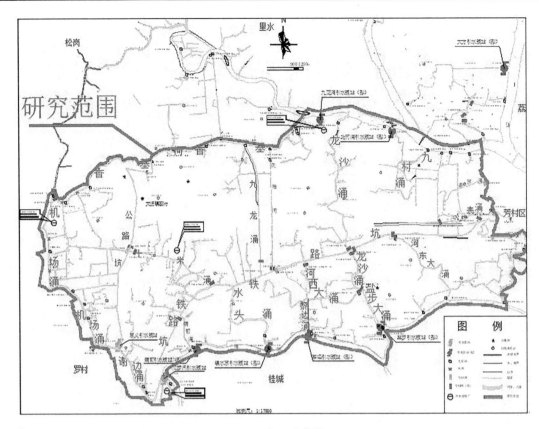

图 1　研究区域范围

足，排水不畅；④闸泵设施老化；⑤尚未能实现全面截污，使得局部地区内河涌水环境得不到根治并出现恶化现象。

表 1　研究区域内排涝水闸泵站

序号	涝片	水闸	泵站	序号	涝片	水闸	泵站
1	罗村站片	罗村水闸	罗村站	10	联滘片	联滘水闸	联滘站
2	歧东歧西片	歧东水闸	歧东站	11	镇水围片	镇水东水闸	镇水东站
		歧西水闸	歧西站			铺前水闸	铺前站
3	六联片	北村涌水闸	六联站	12	太平九谭片	九谭水闸	九谭站
		六联水闸	六联新站			白界西水闸	太平站
4	漖表片	漖表水闸	漖表站			白界东水闸	北海站
		五眼桥水闸				北海水闸	
5	煤场片	煤场水闸	—	13	谢边站片	谢边水闸	谢边站
6	聚龙片	聚龙水闸	聚龙站	14	陆边片	陆边水闸	陆边站
7	南井片	南井水闸	南井站	15	沙海片	沙海水闸	沙海站
		水泥厂暗窦		16	新基片	新基水闸	新基站
8	盐步闸片	盐步水闸	盐步站	17	风格河片	风格河水闸	风格河站
		盐步船闸				九龙涌水闸	
		黎边水闸		18	曹边片	曹边围水闸	曹边新站
9	迴龙片	迴龙水闸	迴龙站				东南站

3 MIKE11 模型[1]

3.1 模型方程

（1）一维明渠非恒定流是基于垂向积分的物质和动量守恒方程，即圣维南方程组：

$$\frac{1}{B}\frac{\partial Q}{\partial x} + \frac{\partial H}{\partial t} = q_L \tag{1}$$

$$\frac{\partial u}{\partial t} + \frac{\partial u}{\partial x} + g\frac{\partial H}{\partial x} + g\frac{u|u|}{C^{2R}} + u_L q_L = 0 \tag{2}$$

式中：H 为断面水位；Q 为流量；u 为平均流速，$u = Q/S$；S 为河道过水面积；g 为重力加速度；B 为不同高程下的过水宽度；q_L 为旁侧入流流量或取水流量；R 为水力半径；C 为谢才（Chezy）系数；x、t 为位置和时间的坐标；u_l 为单位流程上的侧向出流流速在主流方向的分量。

方程离散利用 Abbott 六点隐式格式。

（2）一维对流扩散方程为：

$$\frac{\partial AC}{\partial t} + \frac{\partial QC}{\partial x} - \frac{\partial}{\partial}\left(AD\frac{\partial C}{\partial x}\right) = -AKC + C_2 q \tag{3}$$

式中：x 为空间坐标，m；t 为时间坐标，s；C 为物质浓度，mg/L；D 为纵向扩散系数，m^2/s；A 为横断面面积，m^2；K 为线性衰减系数，$1/d$；C_2 为源/汇浓度，mg/L；q 为旁侧入流流量，m^3/s。

对流扩散方程采用中心和空间的隐式差分格式。

3.2 河网的概化

本模型共概化河道 36 条，涉及水闸 42 座、泵站 8 座，具体见图 2。

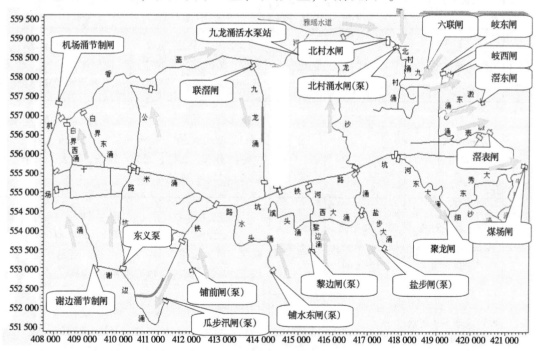

图 2　河网概化图

3.3 污水排放量和污染物概化

根据当地环保部门的研究成果，大沥镇城镇生活污水排放浓度取值范围 COD 为 220~250 mg/L，NH_3-N 为 17~26 mg/L。由于人口分布及数量在短期内不会有太大的变化，采用该研究成果是较为适宜的。

工业污染源方面，大沥镇工业主要为铝型材工厂及废旧金属加工厂，铝型材行业的企业有 110

间，年生产能力达 40 万 t。根据《佛山市汾江河流域水污染物排放标准》成果，汾江河流域工业污染源 COD 排放浓度为 147.4 mg/L，NH₃-N 为 9.7 mg/L。

基于目前污水处理系统的快速建设，污水收集率将大幅度提高，从偏安全的角度考虑，污水量入河系数取 0.8，COD 取 0.7，NH₃-N 取 0.7。根据各河涌流域污染物总量，乘以入河系数，即得出各河涌流域入河污水排放量和入河污染物总量；依据现有及规划各镇排污口及污水处理厂位置，在水质模型中设置污染源分布。

3.4 边界条件和模型参数确定

（1）水动力边界：珠江三角洲网河区大范围一维数学模型"2001.2"典型枯水组合计算成果，为模型提供边界条件。

（2）水质边界：各边界按地表Ⅳ类水标准（COD 为 30 mg/L，NH₃-N 为 1.5 mg/L）赋值。

（3）模型参数：结合各科研单位研究成果，经研究分析，本次水质计算 COD 的降解系数取 0.08~0.2（1/d），NH₃-N 的降解系数取 0.05~0.1（1/d）[2]。

4 水系连通方案设计

根据研究范围内水系特点，结合大沥镇水系连通治理思路，整体定向控制研究范围内河涌流向，分现状和规划设计区域水系格局现状及规划连通方案，见表2。

表 2 水系连通方案设计

方案	方案简述	水系连通	河道地形	闸泵联合调度
现状方案 1	现状闸全开	无	现状	各水闸全开；北村水闸定向排水，仅在达到警戒水位时关闸
现状方案 2	现状闸泵定向	无	现状	瓜步汛（泵）、东义（泵）、铺前、镇水东、黎边、盐步、北村涌、六联水闸定向引水，北村、聚龙、煤场、漖表、漖东、岐西、岐东、沙海水闸定向排水
规划方案 1	现状及规划闸泵定向	无	现状	瓜步汛（泵）、东义（泵）、铺前（泵）、镇水东（泵）、黎边（泵）、盐步（泵）、北村涌（泵）、六联水闸定向引水，北村、聚龙、煤场、漖表、漖东、岐西、岐东、沙海水闸定向排水
规划方案 2	现状及规划闸泵定向，连通两处断头涌	连通九龙涌，铁路坑断头处与谢边涌	现状	瓜步汛（泵）、东义（泵）、铺前（泵）、镇水东（泵）、黎边（泵）、盐步（泵）、北村涌（泵）、六联、联滘（泵）水闸定向引水，北村、聚龙、煤场、漖表、漖东、岐西、岐东、沙海水闸定向排水
规划方案 3	规划地形下，现状及规划闸泵定向，连通九龙涌	仅连通九龙涌	规划	瓜步汛（泵）、东义（泵）、铺前（泵）、镇水东（泵）、黎边（泵）、盐步（泵）、北村涌（泵）、六联、联滘（泵）水闸定向引水，北村、聚龙、煤场、漖表、漖东、岐西、岐东、沙海水闸定向排水

5 模型计算结果分析

根据计算结果分析研究区域整体河网水动水质改善情况，并根据研究区域内排涝片区分布，分片区分析河网情况，主要分为五大片区：公路坑片（谢边片、太平九谭片）、镇水围片、盐步闸片（包括沙海片、风格河片）、聚龙片（包括煤场）、漖表片（包括六联、岐西、岐东）。枯水期各方案下整体河网水体更新速率见表3，枯水期各方案下各片区河网水体更新速率见表4。

表3 枯水期各方案下整体河网水体更新速率

方案项目	现状方案1	现状方案2	规划方案1	规划方案2	规划方案3
引水量/万 m³	306.72	987.72	1 224.72	1 170	2 852.64
水体体积/万 m³	159.84	167.81	176.49	186.58	301.87
水体更新频率/（次/月）	7.14	21.88	25.81	24.12	35.15
水体更新速率/（d/次）	4.34	1.42	1.20	1.29	0.88

表4 枯水期各方案下各片区河网水体更新速率

片区		现状方案1	现状方案2	规划方案1	规划方案2	规划方案3
公路坑片（包括谢边、太平九谭）	引水量/万 m³	85.68	628.56	676.80	651.60	969.84
	水体体积/万 m³	71.92	74.95	74.81	76.53	103.56
	水体更新频率/（次/月）	4.43	31.20	33.65	31.67	34.84
	水体更新速率/（d/次）	7.00	0.99	0.92	0.98	0.89
镇水围片	引水量/万 m³	50.40	108.72	153.36	151.20	653.04
	水体体积/万 m³	15.56	18.08	23.08	24.55	45.2
	水体更新频率/（次/月）	12.05	22.37	24.72	22.91	53.75
	水体更新速率/（d/次）	2.57	1.39	1.25	1.35	0.58
盐步闸片（包括沙海、风格河片）	引水量/万 m³	110.16	247.68	604.80	681.12	1 506.96
	水体体积/万 m³	18.89	31.90	39.87	39.89	62.03
	水体更新频率/（次/月）	21.69	28.88	56.43	63.52	90.37
	水体更新速率/（d/次）	1.43	1.07	0.55	0.49	0.34
聚龙片（包括煤场片）	引水量/万 m³	31.68	131.76	147.60	169.20	203.04
	水体体积/万 m³	9.41	11.88	12.75	14.98	17.62
	水体更新频率/（次/月）	12.52	41.26	43.06	42.02	42.87
	水体更新速率/（d/次）	2.48	0.75	0.72	0.74	0.72
漖表片（包括六联、岐西、岐东）	引水量/万 m³	54.00	220.32	392.40	348.48	545.76
	水体体积/万 m³	18.88	18.53	21.99	21.35	26.62
	水体更新频率/（次/月）	10.64	44.23	66.38	60.72	76.27
	水体更新速率/（d/次）	2.91	0.70	0.47	0.51	0.41

5.1 整体河网改善影响分析

现状方案 1 时，现状地形下现状水闸全开，整体引水量较小，水体更新速率较慢；现状方案 2 时，考虑现状引水泵站，改聚龙水闸引水为排水，引水量亦有所增加，水体更新速率加快 20.2%。

规划方案 1 时，现状地形下考虑现状及规划闸泵定向引排水，引水量有所增加，水体更新速率与现状方案 3 相比加快 15.5%；规划方案 2 时，现状地形下考虑现状及规划闸泵定向引排水，连通九龙涌及铁路坑断头处与谢边涌，联滘水闸改为定向引水，引水量略有减小，与规划方案 1 相比，水体更新速率减缓 7.5%；规划方案 3 时，在规划地形下，考虑现状及规划水闸、引水泵站，并连通九龙涌，与规划方案 1 相比，引水量增加 133%，水体更新速率加快 26.7%。

5.2 各片区河网改善影响分析

现状方案 1 时，现状地形下现状水闸全开，各片区引水量较小，水体更新速率较慢；现状方案 2 时，考虑现状引水泵站，改聚龙水闸引水为排水，仅镇水围片区水体更新速率有所减缓，其余均有所加快，其中公路坑片（包括谢边、太平九谭）水体更新速度加快幅度最大，为 72.95%。

规划方案 1 时，现状地形下考虑现状及规划闸泵定向引排水，与现状方案相比，各片区引水量有所增加，水体更新速率亦加快，其中盐步闸片（包括沙海、风格河片）水体更新速度加快幅度最大，为 48.60%；规划方案 2 时，现状地形下考虑现状及规划闸泵定向引排水，连通九龙涌及铁路坑断头处与谢边涌，联滘水闸改为定向引水，仅盐步闸片区水体更新速率有所加快，其余片区水体更新速率有所减缓；规划方案 3 时，在规划地形下，考虑现状及规划水闸、引水泵站，并连通九龙涌，各片区水体更新速率均有所加快，其中镇水围片区水体更新速度加快幅度最大，为 57.37%。

推荐方案：现状和规划多方案群中，规划方案 3 对研究区域水体更新速率改善效果最优，在规划地形下，河涌 COD、NH_3-N 浓度明显降低，对河涌水质改善明显。

6 工程措施

6.1 河道清淤

需对岐西涌、岐东涌、漱东涌进行清淤，涌底高程需达到 -1.5 m，才能满足枯水日常水位的要求。

6.2 水系连通

九龙涌连通工程，连通九龙涌可增加引水通道，连通线路长约 0.4 km。

6.3 水闸及泵站

为了调节香基河、机场涌河涌水位及控制水流流向，需要在距香基河汇入雅瑶河河口约 500 m 处规划兴建香基河水闸和泵站各 1 座，水闸为 3 孔，单孔宽 24 m，闸底高程为 -1.5 m，泵站规模为 30 m^3/s。

7 结论与展望

在大沥镇水生态文明建设中，拟通过水系连通，河道整治，并结合现有及规划闸泵联合调度，利用 MIKE11AD 模型对不同方案做数值试验，计算分析各方案对主干河涌的水质影响。根据模型计算结果分析比较，规划方案 3 研究区域水体更新速率改善效果最优，河涌 COD、NH^3-N 浓度明显降低，对河涌水质改善明显。推荐规划方案 3 为最优方案，并提出相应的工程措施。

方案的实施需依靠闸泵联合调度，需全面建成一个以水雨工情信息采集系统为基础、通信系统为保障、计算机网络系统为依托、自动监控与调度决策支持系统为核心的泵、闸联合调度管理系统。建议在实施工程措施的同时，还应切实加快对非工程措施的建设力度，并建立河涌日常管理的长效机制，完善河涌保护和管理办法，强化河涌的管理。

参考文献

［1］Danish Hydraulic Institute（DHI）．MIKE11：A Modeling System for Rivers and Channels Reference Manual［R］．DHI，2002.

［2］徐祖信．平原感潮河网水动力水质模型研究［J］．水动力学研究与进展，2003（2）.

遇龙河流域水系连通及水美乡村建设效益分析

李胜华[1,2]　黄伟杰[1,2]　林　萍[1,2]　罗　欢[1,2]　汪义杰[1,2]

(1. 珠江水利委员会珠江水利科学研究院，广东广州　510610；
2. 广东省河湖生命健康工程技术研究中心，广东广州　510610)

摘　要： 农村水系作为我国农业生产的基础、广大农村人居环境的重要载体，与国家乡村振兴、新农村建设战略息息相关。本文以广西阳朔县遇龙河流域水系连通及水美乡村建设试点为例，从社会效益、生态效益、经济效益和示范带动效益方面综合论述，探讨了遇龙河流域水系连通及水美乡村建设效益和建设经验，为我国农村水系生态治理、开展水美乡村建设提供参考和借鉴。

关键词： 水美乡村；建设效益；阳朔；农村生态治理

1　流域概况

农村水系通常指由农村河道、水库、沼泽、湖塘、渠溪等水体构成的水网结构。这些水体大部分承担着防洪、排涝、灌溉、供水、养殖、文化等功能。农村水系作为我国农业生产的基础、广大农村人居环境的重要载体，与国家乡村振兴、新农村建设战略息息相关[1]。

遇龙河干流位于阳朔县城西南部，由金宝河、沟河、白沙河、古乐河汇合而成，河长 54 km，流域面积 651 km²，县境内河段长 41 km，境内流域面积 168 km²。遇龙河自临桂县进入阳朔境内后，流经龙潭、桂阳榨、朝阳寨、新村、金宝林业站、湾塘林场、都麻、土岭、下榨、枣木树、延村、对河、社背、四金井、岩塘、桥背、西牛塘、新寨、川山底、大石寨、兴隆寨、夏棠寨、朝阳寨、矮山门、珠头山、川岩、龙角山、矮山，在田家河村北汇入漓江。遇龙河流经 2 个乡（镇），14 个行政村，141 个自然村，属于农村水系。

遇龙河是著名的景观河流，流域水系存在的问题相对较为突出，其作为著名景区，游人众多，为了不影响旅游产业的和谐有序发展，存在的问题需要尽快解决，潜在的风险也需要及时发现并提前做好应对措施，具有紧迫性；旅游业及民宿给当地政府和百姓带来了丰厚的利润，在工程实施方面具有经济可行性；作为全国乃至世界闻名的风景旅游区，其治理带来的示范效应足以带动整个桂林市的旅游发展，示范带动作用异常显著。据此，阳朔县以遇龙河流域为对象，成功申报了水利部财政部 2020 年水系连通及农村水系综合整治试点项目。

2　效益分析

阳朔县立足遇龙河流域水系格局及特色，形成了"一轴三带、四类七片"的总体布局，建立以村庄为节点、连片治理的措施体系，针对岸线破损的问题，在干流开展清淤清障、岸坡整治和生态修复，在支流进行防污控污，新建或改建不同规模湿地[2]；针对片区水资源短缺的问题，通过主要干、支流与村庄沟渠、湖塘连通，提高水环境容量和河湖生态服务价值[3]；针对人文古迹融入乡村振兴的问题，通过历史建筑的保护与人文提升，传承乡村水文化，唤起乡愁；针对管护的问题，深入落实河长制，创新管护机制，补强水利信息化建设短板，提升河湖管护监管能力，将遇龙河流域打造成国

作者简介： 李胜华（1982—），男，高级工程师，主要从事水环境治理与水生态修复、水利规划相关研究工作。

际一流水准、人文风情浓郁、历史内涵丰富的"世界级旅居目的地"的国际休闲旅游区[3]。

2.1 社会效益

（1）河湖功能得到恢复。

通过对遇龙河流域农村水系建设生态型护岸，使遇龙河流域农村水系主要工程等别达到5级，次要建筑物级别达到5级，遇龙河干流、沟河、白沙河堤防恢复5年一遇的防洪标准和5年一遇的排涝标准要求。清淤清障、堰坝修复等工程实施后，可使湖塘水位维持生态水位不低于0.5 m，满足水生态植物生长空间需求。通过水系连通工程的实施，恢复遇龙河及白沙河、沟河主要干支流与周边村庄的断头沟渠、湖塘的水系连通，把死水变成活水，基本消除农村水系断头河，从而恢复了河湖基本功能[4]。

（2）增加就业机会，提高农民经济收入。

工程的实施分别在工程建设期和运营期增加了当地农民就业机会。根据工程量预估在工程建设期增加就业机会4 500人次，而生态环境的改善可促进旅游服务业的发展，将进一步增加地区居民就业机会，提高农民经济收入。各大特色旅游景区的打造、片区的建设，对居民针对地方特色提供相应服务有了更多的选择，让居民的收入来源多样化[5]。

（3）改善人居环境，提高人们环境保护意识。

工程建设和实施及产生的工程效果，起到非常直观有效的环境保护宣传作用，使当地居民和外来游客能够深刻认识环境保护的重要性，生态环境改善与自身生活状况的密切联系，大大提高居民环境保护意识。各大片区的建设，增加了居民出门游玩、活动的选择，增大了居民互相交流、出门锻炼的概率，对于居民生活品质的提升也有重要意义。

（4）提高公共健康水平，有助于居民身体健康和社会稳定。

水环境安全治理、自然生态环境改善、农村废水收集处理系统建设、人畜粪便和垃圾的有序收集等，一方面净化了区域水体和空气；另一方面消除了蚊蝇等疾病传播媒质的滋生环境，减少疾病发病率，提高了公共健康水平，对区域居民身体健康和社会稳定有很大作用。水环境综合整治带来的良好效果，使居民用水安心、喝水放心、玩水舒心。

（5）优化旅游产业，促进流域生态经济可持续发展。

工程的实施，将加强对富里桥、遇龙桥、仙桂桥、遇龙堡、旧县古村落、归义古城遗址、古井等古迹的保护，充分挖掘与河湖治理相关的历史事件与典故、民俗风情、现代治水成效、治水精神等非物质文化，并将其融入遇龙河景区及周边农村旅游资源中，使遇龙河成为有故事、有文化、有传承的幸福河流，遇龙河景区更具特色。旅游产业更加优化，促进了阳朔县域流域社会经济的可持续发展。

2.2 生态效益

（1）修复河湖空间形态。

通过试点建设，使原有的河道洲滩湿地和农村湖塘湿地，以及河流原有的急流、浅滩等水流和地形地貌得到保护或恢复；遇龙河流域农村水系各断面均采用生态型护岸结构，比例达到90%以上，使遇龙河干流、各支流及小微沟渠都保持其原有的河道形式，维持河道的原生态系统，适合水生和两栖生物的栖息、繁衍和生存，增强水生态系统多样性，河湖空间形态得到保护和修复[6]。

（2）改善农村河湖塘生态环境。

遇龙河流域人口密集，人类活动频繁，部分产生的污染物基本未经处理，直接进入河流、湖泊、池塘，对湖泊、河流水质造成较大威胁，使流域清水产流机制遭到破坏。通过本工程的实施，对河道进行清障、池塘进行清淤，大大去除了水体内污染物；通过建立河长、塘长制度进一步对河、湖、塘水质长期保持高标准提供了保障。

项目实施后，遇龙河流域的湿地面积增加20万 m^2，湿地将增加调蓄能力约15万 m^3；河湖面积增加22万 m^2，湖塘增加调蓄能力约33万 m^3。经估算，项目实施将直接增加遇龙河流域水体涵养能力48万 m^3。流域内新增水土流失基本上可以得到控制，改善生产条件，降低土壤侵蚀强度。水源涵养与水土保持治理面积达 13 万 m², 项目的实施将减少水土流失约 3.8 万 m³。采用影子法对进行估算, 结果表明, 项目实施的生态效应为 9 462 万元, 见表 1。

表 1　生态效益计算

生态功能	工程效益量/m³	影响工程单价/（元/m³）	货币价值/万元
涵水功能	480 000.0	100	4 800
固土功能	38 847.9	200	777
减少土壤肥力损失	38 847.9	1 000	3 885
合计			9 462

（3）提高水环境质量。

试点引水工程和换水工程的实施, 可提高水环境容量, 提升水体质量, 改善水生态环境, 大大保障了居民的用水安全[7], 同时给水生物及陆地生物提供了更好的栖息环境, 向着"绿水青山"迈出重要的一步。项目实施后, 水系连通还将河塘、河沟相连, 交织成网, 使遇龙河风景区的水更有活力, 更有灵性, 把死水变成了活水, 使村落环境卫生状况得到了很大的改善。同时, 在农村水域内建设了湿地, 种植的各种景观植物, 对直立硬质堤岸进行的生态改造, 都大大提高了流域的观赏性和生态性。

（4）改善生物栖息条件。

通过对遇龙河重点段沟渠及湖塘的综合整治及水系连通, 使其水系网络化, 提高了水系的完整性和水体的流动性, 促进水体交换和水质改善, 并增强水体的调蓄功能, 为实现水活、水美创造有利条件, 从而恢复流域清水产流机制和生态功能, 提高生态系统的稳定性和自我更新、自我修复能力, 不断增加生物多样性, 生物栖息条件不断改善。

（5）削减流域污染物负荷效益。

遇龙河流域农村人口密集, 人类活动频繁, 产生的大量污染物部分直接进入河流、水库、湖泊, 对湖泊、河流水质造成较大威胁, 使流域清水产流机制遭到破坏。

试点建设的固定受益群众 2.25 万人, 另考虑游客在遇龙河景区住宿排污的实际情况, 按每年 20 万游客计。按照《室外排水设计规范》（2016 年版）（GB 50014—2006）第 3.4.1 条的最中值进行估算, 试点建设后每年减少 COD、NH_3-N 和 TP 分别为 2 561 t/a、455 t/a、62.3 t/a。

经参照《湖南省发展和改革委员会湖南省财政厅关于完善主要污染物排污权有偿使用收费和交易政府指导价格政策有关问题的通知》（湘发改价费〔2016〕682 号）文件中规定的指导价格, 则项目实施因削减流域污染物总量所带来的环境效益约 7 440 万元/a（见表 2）。

表 2　污染物削减效益

主要污染物	每年减排量/t	排污权交易政府指导价/（万元/t）	污染物削减效益/（万元/a）
COD	2 561	2	5 122
NH_3-N	455	4	1 820
TP	62.3	8	498
合计			7 440

同时，工程的实施对于维持遇龙河流域保持地表水Ⅲ类水质，保护遇龙河流域水环境有着非常重要的作用。

2.3 经济效益

遇龙河流域工程的直接经济效益达 5 399 万元/a，主要体现在以下几个方面：

（1）旅游价值的经济效益。

2012 年后，旅游产业成为阳朔县支柱产业。2018 年阳朔旅游游客约 1 751.95 万人，游客量增速趋于稳定（10%左右浮动）。基于项目特点和现状发展水平，阳朔县游客量年增速将上升到 30%，以目前阳朔游客中有 50%会到遇龙河区域旅游为基数，随着项目的建设和遇龙河流域旅游发展不断完善，预计到 2025 年阳朔游客会有 80%到遇龙河旅游。

以 2018 年为例，阳朔旅游游客人均消费 2 781 元，其中遇龙河流域消费占 50%，约 1 390.5 元。试点任务建设后，预计阳朔县游客量年增速上升到 30%，阳朔县游客赴遇龙河流域旅游增速 28%，试点建设实施预计为遇龙河流域每年额外增加 30 万人次游客，近五年阳朔县游客人均消费水平增速为 17%，预计试点实施可为遇龙河流域游客额外增加 162.8 元/人的消费。据此计算，本次试点建设可为遇龙河流域带来旅游经济效益约 4 879 万元/a，一方面增加了当地百姓的收入，另一方面增加了阳朔县财政收入，旅游经济效益十分明显。

（2）水资源经济价值。

水资源是一种十分重要、有限的自然资源，试点工程通过水资源机会成本分析来计算工程实施产生的水资源经济价值。水资源的机会成本为由于水资源受到污染，不能发挥其资源特性用途时所牺牲的效益或造成的损失。

遇龙河流域部分污染物入河入湖，对遇龙河水体造成比较严重的污染。通过本工程的实施，控制遇龙河流域入湖水质达地表水Ⅲ类标准，保持遇龙河的水体水质，对降低或消除水污染造成的经济损失的风险，起到重要作用。

试点工程生态价值的计算办法参照珠江流域水资源保护局的刘晨和伍丽萍提出的模式进行计算。经计算，本项目试点建设后，每年减少水资源污染的经济损失约 340 万元/a。

（3）生态价值的经济效益。

生态系统服务功能是指生态系统与生态过程所形成与维持的人类赖以生存的自然环境条件与效用。我们在此对生态价值进行量化，并将其纳入国民经济核算体系，旨在促进自然资本开发的合理决策，有利于保护生态系统并最终有利于人类自身的可持续发展。

经计算，工程实施前耕地的生态系统价值为 1 500 元/a，工程实施后建成湿地的生态系统价值为 14 万元/a，即本项目所增加的生态价值总计 80 万元/a。

（4）降低洪涝灾害、水源污染等潜在风险的概率。

通过系统合理的水安全体系建设，使堤防体系进一步完善，全县内涝治理力度进一步加强，显著提高抗御洪灾、旱灾的能力，避免遭遇大洪水或特大洪水时可能发生的毁灭性灾害，洪涝灾害的损失系数降低到 1.0%以下，避免重大人员伤亡和经济损失；通过有效的水污染防治体系建设，使农村污水处理能力进一步提高，污染物排放量得到有效控制，降低突发性水污染事故发生的概率，从而避免此类事故发生时造成的巨大经济损失。

（5）改善供水条件、提高水安全保障能力。

试点工程对受污染及存在其他问题的河段及湖塘进行整治，改善河湖水系水质质量，提高遇龙河流域水环境安全保障能力。试点工程共治理湖塘 85 个，总治理面积约 429 万 m²，试点工程水环境整治建设内容使阳朔县受益人口约达 150 万人（含接待游客及其他流动人口）。试点工程极大的提高了阳朔县的水环境质量，也对居民的用水安全形成了强有力的保障。

2.4 示范带动效益

工程试点实施后，一方面可以带动遇龙河两岸特别是右岸特色产业的发展，将带动阳朔县形成新的旅游文化模式，各大区域结合自身优势形成片区文化，将当地所有的文化资源、地理优势等充分发挥，形成一种全新的旅游文化模式，给阳朔的旅游发展提供一个全新的方向。另一方面，河湖管护方面进行创新，在河长制湖长制的基础上，将农村湖塘设立塘长制，由村长或村民小组长担任塘长，使人民群众参与到湖塘的管理中来，提高农民对于依法治水、合理高效利用水资源的意识，助力乡村振兴战略顺利实施。该项管护创新，将为全国农村水系的管护起到示范引领作用。

再者，可以为阳朔县乃至桂林市其他流域的农村水系综合整治提供示范和治理思路，打下了一个好的基础。产生的社会、生态、经济等各方面的效益都将树立一个典范带头作用。

最后，工程试点实施可以为全国乃至全世界喀斯特地貌区农村水系综合整治提供样板，促进农村水环境整治和乡村振兴，既打造了幸福河，又建设了水美乡村。

3 结论

本次试点实施，按照"一轴三带，四类七片"的总体布局，举全县之力，统筹水系连通、清淤疏浚、岸坡整治、河湖管护措施、防污控污及景观人文等综合举措，打通农村水系治理"最后一公里"。本方案对于各项措施的施工方式、断面形式、植被类型均充分考虑与当前遇龙河两岸自然环境、人文环境及景观要素相融合，项目的实施对于遇龙河风景区的综合效果将是"相得益彰，锦上添花"，总体效果为：遇龙河流域基本消除农村水系断头河，使河湖功能得到恢复；遇龙河干流、各支流及小微沟渠都保持其原有的河道形式，维持河道的原生态系统，河湖空间形态得到保护和修复；水系连通将河塘、河沟相连，把死水变成活水，使农村水环境质量更优；新建景观岛、观景平台、人行绿道、驿站等设施，与古桥、古民居、古堰、古渡口、古井、古水庙等古迹交相辉映，使遇龙河成为有故事、有文化、有传承的幸福河；河湖管护制度的创新，可助力乡村振兴战略顺利实施。

总之，遇龙河流域水系连通及水美乡村建设的实施，将改善生态环境，提升民宿产业品位，给村民带来经济效益和幸福感；打通"治水最后一公里"，提升遇龙河景区的基础设施和服务能力，有效提高安全感；创新运营机制，群众与水系保护、景区发展形成利益共同体，增加村民就业机会及集体收入红利，与景区发展形成利益共同体，群众获得感高，积极性高。

参考文献

[1] 汪义杰，黄伟杰. 南方水系连通及水美乡村建设技术要点 [J]. 中国水利，2021（12）：23-25.

[2] 何理，王静遥，李恒臣，等. 面向高质量发展的河湖水系连通模式研究 [J]. 中国水利，2020（10）：11-13.

[3] 吕彩霞，韦凤年，廖清心. 阳朔山水田园带来生态红利 [J]. 中国水利，2021（12）：91-92.

[4] 李宗礼，李原园，王中根，等. 河湖水系连通研究：概念框架 [J]. 自然资源学报，2011（3）：513-518.

[5] 田玉龙. 水系连通及水美乡村建设需要处理好的问题及建议 [J]. 中国水利，2021（12）：17-19.

[6] 李原园，杨晓茹，黄火键，等. 乡村振兴视角下农村水系综合整治思路与对策研究 [J]. 中国水利，2019（9）：29-32.

[7] 刘昌明，李宗礼，王中根，等. 河湖水系连通的关键科学问题与研究方向 [J]. 地理学报，2021，76（3）：505-510.

[8] 毛米罗. 金华 改善人居环境 助推乡村振兴 农村水系激活综合整治显成效 [J]. 中国水利，2021（12）：70-71.

长江沿线城镇污水系统病害诊断及提质增效方法与实践

摘 要：长江大保护背景下，沿线城镇污水处理提质增效成为修复长江流域生态环境的重要内容。以长江沿线瑞昌市码头区污水处理厂为例，基于污水系统病害检测及管网水质水量监测，分析污水处理厂进水浓度偏低的主要原因，并提出了相应整治思路及措施。管网摸排及检测结果表明：市政污水管网尚有 32 处混错接点，各污水主管的 3 级以上缺陷占比基本超过 20%；排水单元存在部分未分流、部分分流不彻底、内部管网混错接等问题。管网水质水量分析表明：市政污水干管 COD 浓度基本低于 100 mg/L，排水单元出水 COD 浓度在 100 mg/L 以下的占比约为 55.5%，且大部分节点晴天水质浓度多高于雨天，管网混错接问题较为严重。针对以上问题，将"重点源头小区达标改造"与"过程干管全面修复"相结合，重点对内部仍为合流制的 7 个小区以及内部污水系统未接入市政污水系统的排水单元开展整治，优先对 4 条污水干管进行全面修复，以提升城镇污水处理厂进水浓度。

关键词：长江沿线城镇；污水处理；提质增效；管网检测；水质水量分析

1 引言

近年来，随着长江经济带高速发展，沿线城镇生活污水及工业废水产生量快速上升，虽然目前城镇污水处理设施已基本全面普及，但绝大多数污水处理厂存在着进水浓度偏低问题[1-2]。经调查分析，长江沿线城镇污水处理厂进水 COD 或 BOD_5 浓度整体偏低，进水 BOD_5 浓度在 100 mg/L 以下占比为 88.4%，平均值为 62.7 mg/L[3]。低浓度污水致使污水厂运行负荷远小于设计负荷，对于污水厂运行管理和有效发挥环境效益造成诸多不利影响。当前，随着国家战略长江大保护的全力推进，沿线城镇污水处理提质增效成为修复长江流域生态环境的重要内容。

在提质增效三年（2019—2021 年）行动目标背景下，本文以长江沿线瑞昌市码头区污水处理厂为例，从污水系统病害诊断及管网节点水质水量监测两方面着手，剖析该厂进水水质浓度低的主要原因，同时提出治理措施与建议，为该厂实现进水水质提升提供技术支撑，也为长江沿线污水处理厂积累经验。

2 码头区概况及排水系统分析

码头区位于瑞昌市北部，为长江入赣第一镇，自古为长江通商古埠，经济与交通发达，是国家级重点建制镇。码头区主要由生活区和工业区组成，区域面积 71.45 km²，域内人口 5.3 万。截至 2019 年，码头区现状已建市政污水管网约 44 km，管网分布如图 1 所示。码头区现状污水系统主要由六大主干管（亚东大道、江州东路、工业大道、良种场路、经三路、镇南路主干管）组成，污水经过六大主干管收集最终进入码头污水处理厂。

作者简介：桂梓玲（1993—），女，工程师，主要从事水生态环境规划设计与研究工作。

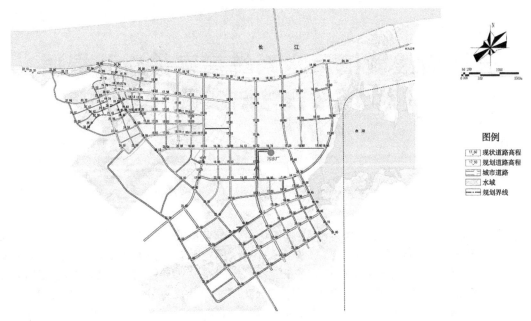

图 1 码头区现状污水系统

码头污水处理厂位于码头工业园区内，经过 2020 年提标改造完成后，污水总处理规模为 2.0 万 m³/d，排放标准为一级 A《城镇污水处理厂污染物排放标准》（GB 18918—2002）。目前，污水处理厂生活污水处理量仅为 3 600 m³/d，远低于规划处理规模；同时，污水处理厂进水 COD 浓度为 20 ~ 40 mg/L，已低于二级排放标准。按照提质增效三年行动目标，加快补齐城镇污水收集和处理设施短板，切实提高污水处理厂的运行效果已是迫在眉睫。

3 码头区污水管网病害诊断思路

（1）将"重点源头小区管网诊断"与"过程干管诊断"相结合，分类、高效地推进码头区管网病害诊断工作。

（2）源头小区面广、内部节点多，逐一排查诊断耗时较长。因此，针对小区终端处的外接支管水质、水量监测，以及昼夜污水流量变化分析，快速推测小区的总体污水浓度及现状客水入侵情况。

（3）对于工程范围内主路的污水过程干管进行全面检测。

4 码头区污水管网摸排及缺陷检测

4.1 市政道路污水管网检测

对码头区镇南路、经三路、工业大道、良种场路、江州东路、亚东大道、沿港北路、高塘路、金城路、瑞码大道、通江路、新村西路等 13 条市政道路的排水管网进行管线摸排，发现共计 32 处混错接点，可知管网混错接较为严重。

同时，对码头区污水主干管进行了详细 CCTV 检测，码头区主要道路尚有 1 703 处缺陷点，镇南路、江州东路、工业大道、经三路等污水主通道管线的 3、4 级以上缺陷占比均超过 20%。缺陷类型以结构性缺陷为主，典型缺陷如图 2 所示，破裂、渗漏、变形、错口、脱节、起伏最为常见；经三路、镇南路等道路的部分检查井存在井室渗漏问题，且检查井多利用顶管工作井改造而来，井室尺寸过大。

4.2 排水单元污水管网排查

另外，通过对码头区约 29 处新旧社区进行管线摸排和综合管线探测，发现区域内排水单元并存合流制、分流制两种排水体制。如图 3 所示，团结下田、江州社区、老瑞码沿线、龟山小区、沿港路餐饮片区、良种场生活区、西街、码头村等排水单元区域内部仍为合流制；荣华苑安置区、金城丽景、理文康城等排水单元虽然已分流或按分流制建设，但内部仍存在不同程度的混错接问题，部分单元污水直排进入周边港渠。

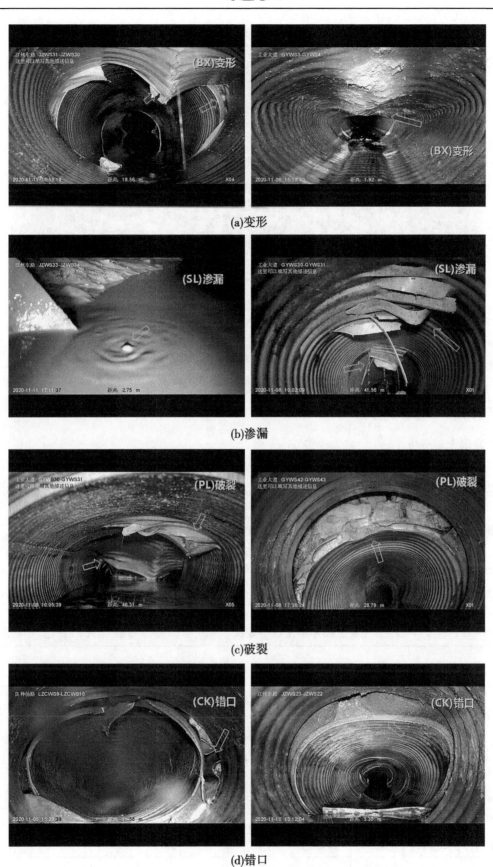

图 2 CCTV 检测管道典型缺陷（变形、渗漏、破裂、错口）情况

图 3　码头区排水单元管网摸排情况

5　码头区污水系统水质分析

5.1　市政管网水质分析

　　为摸清码头区市政污水干管的水质现状，对江州东路、工业大道、经三路、良种场路、镇南路等道路内污水干管共计 29 个节点分别在晴天和雨天进行取样检测，典型晴天（2020 年 10 月 23 日至 11 月 13 日）和典型雨天（2020 年 11 月 15 日至 11 月 26 日）的水质结果分别如表 1 和表 2 所示，其 COD 浓度沿程变化分别如图 4 和图 5 所示。污水干管各个节点 COD 浓度基本低于 100 mg/L，晴天 COD 浓度均值为 38.9 mg/L，雨天 COD 浓度均值为 23.5 mg/L，整体浓度偏低。由图 4、图 5 可知，在晴天和雨天，各条干管在无排水单元支管接入的管段，从上游至下游均呈现 COD 浓度沿程降低的现象。对比晴雨天数据可知，对于部分干管尤其是镇南路上的节点，晴天水质浓度高于雨天，说明市政干管存在混错接问题，导致雨天雨水混入污水管道。

表 1　市政污水干管 2020 年晴天 COD 现状（2020 年 10 月 23 日至 11 月 13 日）　　单位：mg/L

管段	样品名称	COD 浓度									
		10 月 23 日	10 月 24 日	10 月 25 日	10 月 30 日	11 月 4 日	11 月 10 日	11 月 11 日	11 月 12 日	11 月 13 日	均值
江州东路	JZWS2	13.54	6.02			10.78	12.04	10.53	12.04		10.8
	JZWS6				33.11	33.11		33.11	37.62	28.59	33.1
	JZWS11		40.63	40.63	67.72	93.31	67.72	37.62	49.66	54.18	56.4
	JZWS14		30.1		57.19	57.19	43.64	45.15	48.16	12.04	41.9
	JZWS17	27.09	30.1	19.56		39.13	30.1	28.59	18.06		27.5
	JZWS22	33.11	60.2	42.14	64.7	72.24	60.2		46.65	30.1	51.2
	JZWS24								39.13		39.1

续表 1

管段	样品名称	COD 浓度									
		10 月 23 日	10 月 24 日	10 月 25 日	10 月 30 日	11 月 4 日	11 月 10 日	11 月 11 日	11 月 12 日	11 月 13 日	均值
工业大道北	GYWS1（黄沙小区）					81.27					81.3
	GYWST839（金丝堰口）				54.18	60.2					57.2
	GYWS16-1（新建检查井）	30.1	45.15	40.63	51.17	55.68					44.5
工业大道南	GYWS19（胜利下张）	30.1				39.13					34.6
	GYLWS31	19.56			31.6						25.6
	GYWS42（理文康城岗亭）				25.58	25.58	28.59		28.59		27.1
	GYWS44				40.63	40.63			48.16		43.1
工业大道南	JSLWS17（经三路节点）			63.21							63.2
	JSLWS8			64.71			49.66		48.16		54.2
	JSLWS9（泵站）			46.65		40.63			45.15		44.1
镇南路	ZNLWS18-1（消力池）							15.34			15.3
	ZNLWS28							25.58			25.6
	ZNLWS39	7.525	15.05	12.04		13.54					12
	ZNLWS40（污水处理厂进水）	24.08				22.58		36.12	31.6		28.6

表2 市政污水干管雨天COD现状（2020年11月15日至11月26日）　　单位：mg/L

管段	样品名称	COD 浓度							
		11月15日	11月16日	11月18日	11月19日	11月20日	11月22日	11月26日	均值
江州东路	JZWS2		10.53					10.53	10.5
	JZWS6		33.11	27.09			28.59	16.55	26.3
	JZWS11	40.63	48.16	13.54	33.11		34.61		34
	JZWS14	27.09	27.09	18.06					24.1
	JZWS17	15.05	4.52	4.52	4.52	1.515	16.55	1.515	6.9
	JZWS22	30.1	27.09	27.09	15.05	30.1		30.1	26.6
	JZWS24		25.58						25.6
工业大道北	GYWS1（黄砂小区）				33.11				33.1
	GYWST839（金丝堰口）			34.16					34.2
	GYWS16-1（新建检查井）		31.11	30.1					30.6
工业大道南	GYWS19（胜利下张）				25.58				25.6
	GYLWS31	16.55							16.6
	GYWS42（理文康城岗亭）		15.05						15.1
	GYWS44			30.1	30.1				30.1
	JSLWS17（经三路节点）					30.1			30.1
	JSLWS8			28.59		49.66		48.16	42.1
	JSLWS9（泵站）					24.08		45.15	34.6
镇南路	ZNLWS18-1（消力池）		7.525		7.525				7.5
	ZNLWS28				13.54				13.5
	ZNLWS39		7.53	6.02			9.03		7.5
	ZNLWS40（污水处理厂进水）	24.08			15.05	5.615	28.57		18.3

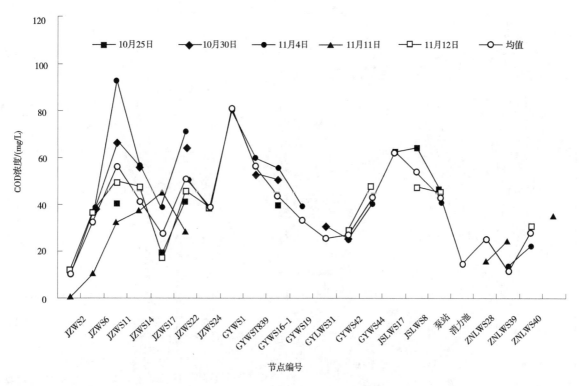

图 4　市政污水干管晴天 COD 沿程变化

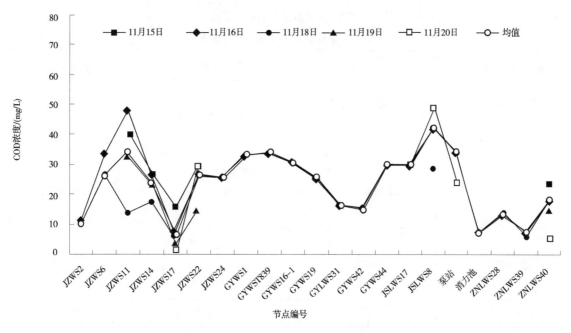

图 5　市政污水干管雨天 COD 沿程变化

5.2　排水单元水质水量监测分析

为评估排水单元内部混错接、客水入渗入流以及其对污水市政干管的污水水质影响，选取工业大道和良种场路片区的 10 个主要排水单元作为典型区域，监测分析单元终端处的外接支管水质、水量特点。典型区域范围见图 6，区域内典型排水单元见表 3。

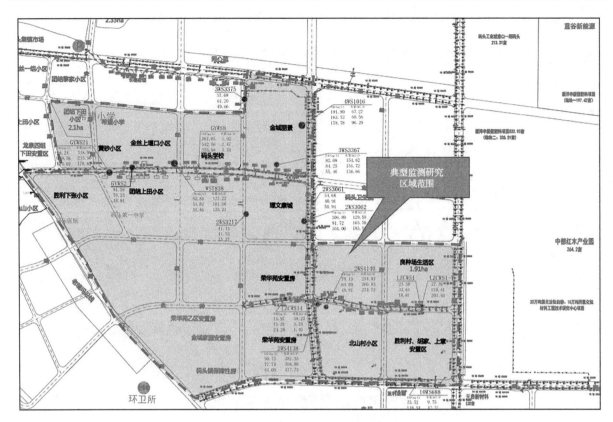

图 6　典型排水单元研究范围

表 3　研究区域典型排水单元情况

排水单元名称	服务人群	水质监测点	水量监测点
北山村小区	小区居民	2WS4140（中和东） 2WS4138（西）	2WS4140 2WS4138
团结上田和胜利下张	小区居民	GYWS21	GYWS21
理文康城	理文化工员工	2WS3217（西） 2WS3061（东） 2WS3062（东）	2WS3062
金城丽景	小区居民	3WS3367（南） 4WS1016（东） 3WS3375（西）	3WS3367 4WS1016
金丝上堰口	小区居民	WST838	WST838
胜利村、胡家、上章	小区居民	10WS688	10WS688
荣华苑	小区居民	LZCWS14	LZCWS14
码头学校	学校学生	GYWS8	GYWS8
黄砂小区	小区居民	GYWS2	GYWS2
良种场生活区	小区居民	LZCWS1 LZCWS1-7	

5.2.1 典型区域内排水单元水质监测分析

为摸清典型区域内排水单元进入干管的 COD 浓度、雨水接入或外水入侵情况，以判断是否需要进一步整治小区雨污混错接等问题，分别在雨天（2020 年 11 月 22 日至 24 日）和晴天（2020 年 11 月 30 日至 12 月 2 日）对各排水单元外接支管的水质进行为期 3 d 的连续监测，水质结果如表 4 所示。

表 4　典型区域内排水单元水质监测结果

排水单元	井号	COD 浓度/（mg/L）						晴雨天均值差
		雨天（11 月 22 日至 11 月 24 日）			晴天（11 月 30 日至 12 月 2 日）			
		最大值	最小值	均值	最大值	最小值	均值	
团结上田和胜利下张	GYWS21	64.71	22.57	42.35	230.2	19.56	107.6	65.25
黄砂小区	GYWS2	91.8	25.58	54.39	129.4	34.61	69.04	14.65
金丝上堰口	WST838	87.29	19.56	55.04	99.33	15.05	62.83	7.79
码头学校	GYWS8	558.3	234.8	342.9	596.5	233.3	415.1	72.2
金城丽景南门	3WS3367	96.32	45.15	72.24	111.5	34.61	76.77	4.53
金城丽景东门	4WS1016	219.7	135.4	195.2	218.2	135.4	180.4	−14.8
金城丽景西门	3WS3375	118.9	28.59	64.5	88.79	22.57	57	−7.5
理文康城西	3WS3217	46.65	16.55	35.47	54.18	28.59	39.84	4.37
理文康城东	2WS3061	24.08	10.53	15.91	85.78	30.1	48.58	32.67
理文康城东	2WS3062	102.3	94.81	99.3	195.6	87.29	114.0	14.7
荣华苑	LZCWS14	33.22	18.06	24.74	28.59	9.03	17.68	−7.06
北山村小区（西）	2WS4138	90.3	42.14	66.84	108.3	55.68	77.3	10.46
北山村小区（中、东）	2WS4140	87.29	25.58	60.63	84.27	37.62	65.28	4.65
胜利村和胡家和上章	10WS688	55.68	42.14	48.37	133.9	25.58	50.47	2.10
良种场生活区（南）	LZCWS1	—	—	—	52.67	18.06	26.15	—
良种场生活区（西）	新井	88.79	60.2	70.23	183.6	45.15	102.9	32.67
良种场生活区（东）	LZCWS1-7	51.17	51.17	51.17	254.3	24.08	109.3	58.13
污水厂前池		28.57	28.57	28.57	33.84	33.84	33.84	5.27

由各排水单元雨天水质数据可知，雨天出水 COD 均值超过 100 mg/L 的共计 2 个监测点，而 COD 值始终低于 100 mg/L 的共计 11 个监测点。分析晴天水质数据，可知晴天出水 COD 均值超过 100 mg/L 的共计 6 个监测点，而 COD 值始终低于 100 mg/L 的共计 7 个监测点。对比雨天与晴天的水质结果可知，雨天出水 COD 波动更大，最大标准差可达 877 mg/L；晴天 COD 浓度更高，超过 75% 的监测点结果显示晴天 COD 值高于雨天。这表明大部分排水单元内部管网存在雨污混错接，降雨时雨

水进入污水管网导致出水 COD 浓度降低。

典型区域内排水单元的 COD 浓度分布和面积占比分别如图 7 和图 8 所示。总体而言，高浓度小区主要分布在沿港路以北人口密集、管网完整的片区，COD 浓度高于 150 mg/L 的片区面积占 12.4%；而低浓度小区主要分布在沿港路以北以南人口较少的片区，COD 浓度低于 100 mg/L 的片区面积占 55.4%，COD 浓度低于 50 mg/L 的片区面积占 25.8%。

图 7　典型区域内排水单元 COD 浓度等级分布

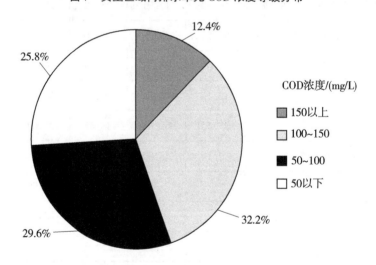

图 8　典型区域内排水单元不同等级 COD 浓度的面积比例

具体而言，高浓度小区涉及团结上田和胜利下张、码头学校、金城丽景、理文康城和良种场生活区，占总小区面积的 44.6%，应作为重点整治改造小区。这 5 个小区在晴雨天的 COD 浓度相差均较大，表明小区内部管网混错接严重，后期需进行混错接改造。其中，金城丽景的 COD 浓度较为异常，部分管网雨天 COD 浓度均超出晴天，可能存在外部污水串入的情况，需进行小区管网摸排。低浓度小区涉及黄砂小区、金丝上堰口、荣华苑、北山村小区、胜利村和胡家和上章安置区共 5 个片区，占总排水单元面积的 55.4%。这些片区污水收集效率过低，可能存在内部管网破损或排口不连通等问题，需对小区内部污水管网、排口进行摸排与整治。

5.2.2 典型区域内排水单元水量监测分析

由水质监测结果可知，各排水单元外接支管 COD 浓度差别显著，为摸清各排水单元进入干管的 COD 总量，分别在雨天（2020 年 11 月 22 日至 24 日）和晴天（2020 年 11 月 30 日至 12 月 2 日）对各排水单元外接支管水量进行为期 3 d 的连续监测，结果如表 5 所示。

表 5　典型区域内排水单元水量监测结果

排水单元	样品编号	三天总水量			
		雨天/m³ (11 月 22 日至 11 月 24 日)	百分比/%	晴天/m³ (11 月 30 日至 12 月 2 日)	百分比/%
团结上田和胜利下张	GYWS21	1 072.94	19.33	713.73	16.65
金丝上堰口	WST838	473.93	8.54	363.92	8.49
码头学校	GYWS8	4.48	0.08	3.72	0.09
金城丽景南门	3WS3367	575.89	10.37	442.99	10.33
金城丽景东门	43WS1016	292.10	5.26	224.12	5.23
理文康城东	2WS3062	625.09	11.26	478.82	11.17
荣华苑	LZCWS15	60.04	1.08	42.88	1
北山村小区（西）	2WS4138	1 389.54	25.03	1 154.03	26.92
北山村小区（中、东）	2WS4140	961.22	17.32	799.5	18.65
胜利村和胡家和上章安置区	10WS688	95.68	1.72	63.79	1.49
合计		5 550.89	100	4 287.49	100

由各排水单元水量数据可知，进入干管污水量最多的为北山村小区，其两个监测点的污水量之和占总水量的 45.56%，需排查是否存在客水渗入的情况。其次为团结上田和胜利下张、理文康城东和金城丽景南门，其污水量分别占总水量的 16.65%、11.17% 和 10.33%。而低浓度排水单元涉及码头学校、金城丽景东、荣华苑、胜利村和胡家和上章安置区，流量占比接近或低于 5%，对干管现状 COD 浓度贡献极小，这些排水单元可能存在污水错接、渗漏或存在其他排口，需结合内部管网摸排成果进行整治改造。比较晴雨天数据可知，雨天水量基本大于晴天，说明排水单元内部存在不同程度的混错接问题，导致雨天雨水进入污水管。

各水量监测点流量在晴天随时间变化的过程如图 9 所示，可知大部分监测点在每日 08：00—20：00 为用水高峰时段，占全天用水量的 75% 以上，而 23：00—06：00 为用水低谷，水量接近于 0。其中，团结上田和胜利下张（监测点 GYWS21）和北山村小区（监测点 2WS4138 和 2WS4140）在 00：00—06：00 时仍有较高流量排入污水干管，说明很可能存在河水或地下水渗入污水管道的情况，需进一步对内部管网进行摸排。

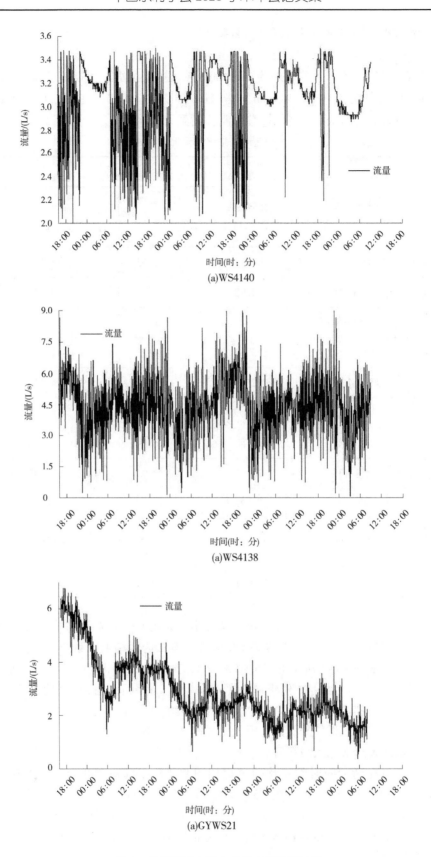

(a)WS4140

(a)WS4138

(a)GYWS21

图 9 典型区域内排水单元水量监测结果

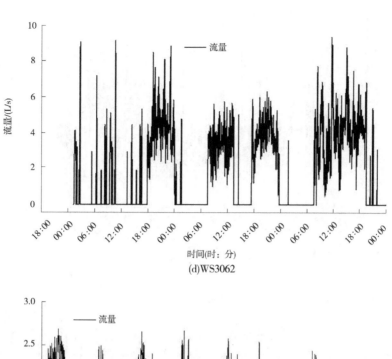

(d)WS3062

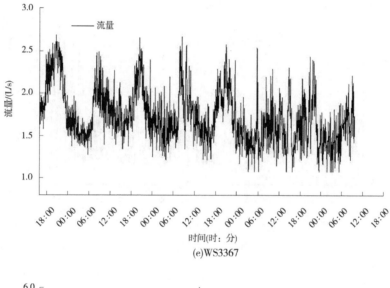

(e)WS3367

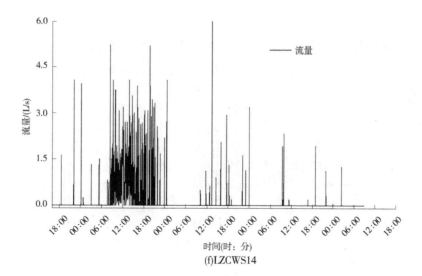

(f)LZCWS14

续图 9

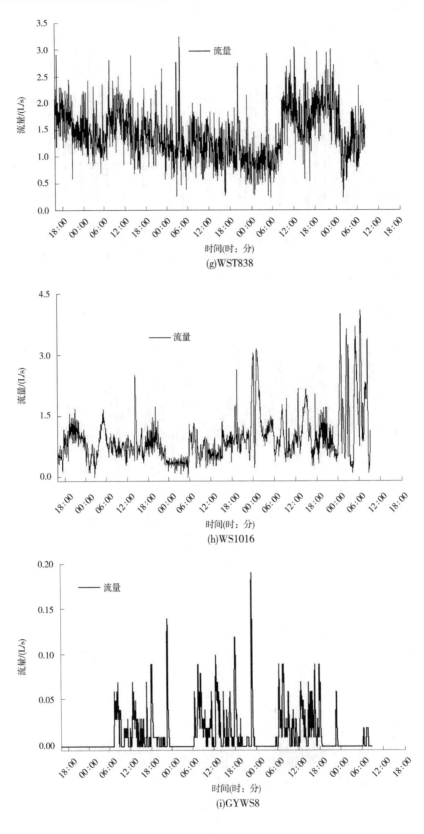

(g)WST838

(h)WS1016

(i)GYWS8

续图 9

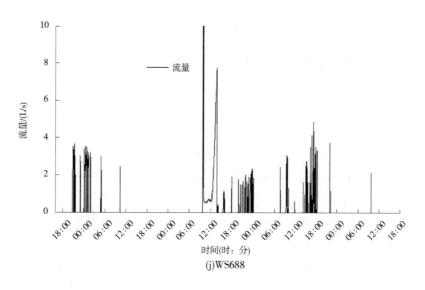

(j)WS688

续图9

5.2.3 各排水单元对干管水质的影响分析

综合分析晴天水质水量监测数据可知，COD浓度较高的码头学校（COD浓度为596.5 mg/L）和金城丽景东门（180.4 mg/L），其在进入干管的污水量仅分别占总水量的0.09%和5.23%，对干管COD浓度的贡献非常有限；而进入干管污水量最多的北山村小区（占比45.56%），其COD浓度低于100 mg/L；COD浓度较低的荣华苑、胜利村和胡家和上章安置区，其流量较小，对干管COD浓度影响也较小。因此，为了分析各排水单元生活污水对总体COD浓度的影响，从而明确下一步需要重点整治的小区，在雨天和晴天分别对各个小区外接支管的COD浓度和污水量进行加权平均，得到各典型区域内排水单元在雨天和晴天对干管COD的贡献率如表6和表7所示。结果表明，北山村小区、团结上田和胜利下张、金城丽景和理文康城四个排水单元对干管水质影响较大，应作为排水单元整治改造的重点。

表6　雨天各排水单元出口的COD总量（11月22日至11月24日）

排水单元	样品编号	流量/（m³/d）	COD浓度均值/（mg/L）	加权平均法计算COD均值/（mg/L）	对干管COD贡献率/%
团结上田和胜利下张	GYWS21	1 072.94	42.35	8.19	13.42
金丝上堰口	WST838	473.93	55.04	4.70	7.70
码头学校	GYWS8	4.48	342.90	0.28	0.45
金城丽景南门	3WS3367	575.89	72.24	7.49	12.28
金城丽景东门	43WS1016	292.10	15.91	0.84	1.37
理文康城东	2WS3062	625.09	99.30	11.18	18.33
荣华苑	LZCWS14	60.04	24.74	0.27	0.44
北山村小区（西）	2WS4138	1 389.54	66.84	16.73	27.43
北山村小区（中、东）	2WS4140	961.22	60.63	10.50	17.21

续表 6

排水单元	样品编号	流量/（m³/d）	COD 浓度均值/（mg/L）	加权平均法计算COD 均值/（mg/L）	对干管 COD贡献率/%
胜利村和胡家和上章安置区	10WS688	95.68	48.37	0.83	1.37
合计		5 550.89	—	61.01	100

表 7　晴天各排水单元出口的 COD 总量（11 月 30 日至 12 月 2 日）

排水单元	样品编号	流量/（m³/d）	COD 浓度均值/（mg/L）	加权平均法计算COD 均值/（mg/L）	对干管 COD贡献率/%
团结上田和胜利下张	GYWS21	237.91	108.59	18.08	20.43
金丝上堰口	WST838	121.31	60.93	5.17	5.85
码头学校	GYWS8	1.24	420.04	0.36	0.41
金城丽景南门	3WS3367	147.66	74.61	7.71	8.71
金城丽景东门	43WS1016	74.71	178.65	9.34	10.56
理文康城东	2WS3062	159.61	123.53	13.8	15.6
荣华苑	LZCWS14	14.29	16.19	0.16	0.18
北山村小区（西）	2WS4138	384.68	76.58	20.61	23.3
北山村小区（中、东）	2WS4140	266.5	63.67	11.87	13.42
胜利村和胡家和上章安置区	10WS688	21.26	91.33	1.36	1.54
合计		1 429.16	—	88.46	100

综合以上分析，典型区域内各排水单元对污水干管 COD 的贡献率及可能存在的问题见表 8。

表 8　各排水单元对污水干管 COD 的贡献率及存在的问题分析

排水单元	对干管 COD贡献率/%	相关问题分析
团结上田和胜利下张（GYWS21）	20.43	小区内存在混错接
		西侧可能有雨水/污水管与暗渠连通
		夜间最小流量偏高
金丝上堰口（WST838）	5.85	流量昼夜变化规律不明显，污水量较少，推测有其他外接支管或者污水进入雨水管网
		需对该小区雨水进行 COD 检测

续表 8

排水单元	对干管 COD 贡献率/%	相关问题分析
码头学校（GYWS8）	0.41	水量偏少，可能存在其他污水排口
金城丽景南门（3WS3367）	8.71	水质变化较大，雨天比晴天浓度高
		夜间最小流量偏高
金城丽景东门（43WS1016）	10.56	
理文康城东（2WS3062）	15.6	流量变化规律，无外水进入管道
		小区内存在混错接，理文康城西南侧有污水排口
荣华苑（LZCWS14）	0.18	COD 浓度很低，外水汇入
北山村小区 1（2WS4138）	23.3	水质比较稳定，COD 浓度偏低，水量较大，推测有其他外水汇入
北山村小区 2（2WS4140）	13.42	情况与 2WS4138 类似
胜利村和胡家和上章安置区（10WS688）	1.54	水量低（可能与镇南路封堵有关）
		小区出水水质偏低，疑似外水进入
		小区内存在混错接

6 污水处理提质增效方法与实践

6.1 整治思路

（1）在污水管网排查诊断的基础上，将"重点源头小区达标改造"与"过程干管全面修复"相结合，分类、高效推进码头区管网整治工作，以提高污水厂进水浓度。

（2）在排水单元管网排查及水质分析基础上，近期重点针对内部仍为合流制及内部污水系统未接入市政污水系统的关键小区进行达标改造整治。

（3）对于工程范围内四条主路的污水过程干管进行全面修复改造。

6.2 技术路线

如图 10 所示，根据码头区污水管网存在的主要问题，整治对策如下：

（1）排水单元：部分排水单元没有进行雨污分流且污水直排入河，已雨污分流的小区分流不彻底，且混错接严重。对于排水单元的整治，主要措施为雨污分流和混错接改造。

（2）市政排水管网：经三路、镇南路、江州东路的检查井过大，且渗漏严重，采取标准化改造的方式进行整治；经三路、镇南路上存在极其严重的错口，且管道埋深近 10 m，拟新建提升泵站和压力管线优化管道系统，对于其他严重的错口开挖翻修；镇南路东段和工业大道、良种场路现状双壁波纹管变形破裂严重，主要采用开挖翻修和穿插内衬管的方式修复；经三路、镇南路西段、江州东路的现状为混凝土管，局部渗漏，采用非开挖方式修复；对于市政道路上的混错接，进行混错接改造；对于污水管未连通的，进行连通。

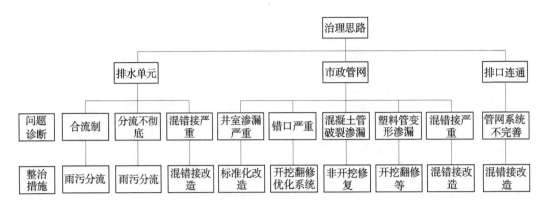

图 10　码头区污水系统提质增效技术路线

6.3　措施布局

6.3.1　市政管网修复改造

综合总体现状分析，码头区本次调研的共 13 条道路内市政污水管网主要存在两方面问题：①管网混错接较为严重，尚有 32 处混错接点；②管道和检查井井室均存在不同程度的缺陷问题，管道缺陷以破裂、渗漏、变形、错口、脱节、起伏等结构性缺陷为主，部分检查井井室存在渗漏和尺寸过大问题。

近期对调研的所有市政干管内共 32 处混错接点进行混错接改造，对存在缺陷问题较多的镇南路、经三路、良种场路、工业大道、江州东路共 5 条市政主干管的部分区段进行修复改造，后续施工可将其他污水管道修复纳入实施。纳入本次改造的市政水管网修复改造总体布局如图 11 所示。

图 11　码头区市政管网修复改造总体布局

6.3.2　排水单元达标改造

结合总体现状分析，码头区本阶段调研排查的 29 处老旧社区及新建居民小区等排水单元并存合流制、分流制两种排水体制，且按分流建设小区部分仍存在污水系统未接入市政污水系统（直排进入周边港渠），以及内部尚存混错接等问题。近期重点针对内部仍为合流制以及内部污水系统未接入市政污水系统的排水单元开展整治，纳入整治排水单元清单如表 9 所示。

表 9　码头排水单元达标改造总体方案

序号	项目	主要存在的问题	整治措施
1	团结下田	雨污混流	开展雨污分流改造
2	江州社区	雨污混流	开展雨污分流改造
3	老瑞码沿线、龟山小区	雨污混流	开展雨污分流改造
4	沿港路餐饮片区	雨污混流	开展雨污分流改造
5	良种场生活区	雨污混流	开展雨污分流改造
6	荣华苑安置区	内部混错接，污水排入良种场渠	污水排口接到现状污水管
7	西街排水单元	雨污混流	开展雨污分流改造
8	码头村排水单元	雨污混流	开展雨污分流改造
9	其他排水单元	雨污分流不彻底，混错接严重	开展混错接改造

7　结语

本文通过污水管网摸排及缺陷检测、晴雨天市政干管及排水单元水质分析可知，对源头排水单元雨污分流情况、过程市政污水干管病害情况进行摸查诊断，分析出对提质增效影响较大的重点排水单元和市政干管，为优先整治工作提供支撑。

经污水管网摸排及缺陷检测可知，码头区市政污水干管主要存在两方面问题：①管网混错接较为严重，尚有 32 处混错接点；②管道和检查井均存在不同程度的缺陷问题，管道缺陷以结构性缺陷为主，部分检查井存在渗漏和尺寸过大问题。排水单元仍有部分未分流，且已分流小区存在部分分流不彻底或内部混错接问题。经污水管网水质监测分析可知，市政污水干管 COD 浓度基本低于 100 mg/L，整体浓度偏低；对于大部分道路尤其是镇南路干管节点，晴天水质 COD 浓度高于雨天，说明市政干管存在混错接问题，导致雨天雨水混入污水管道。排水单元出水 COD 浓度普遍偏低，约 55.5% 的排水单元出水平均 COD 浓度在 100 mg/L 以下；出水 COD 浓度晴天普遍高于雨天，说明内部存在混错接；部分排水单元晴天出水 COD 浓度较低，说明内部管网存在一定程度的缺陷，且部分排水单元出水流量昼夜变化不显著，可能存在河水或地下水渗入。

针对以上导致污水处理厂进水浓度低的原因，将"重点源头小区达标改造"与"过程干管全面修复"相结合，重点对内部仍为合流制以及内部污水系统未接入市政污水系统的排水单元开展整治，优先对四条污水干管进行全面修复，分类、高效地推进码头区管网整治工作，以提升城镇污水处理厂进水浓度。

参考文献

[1] 陈泽鑫, 邹秋云, 江璟航, 等. 珠海市横琴新区污水系统病害分析及提质增效思路 [J]. 中国给水排水, 2021, 37 (2): 78-84.

[2] 周乙新, 李激, 王燕, 等. 城镇污水处理厂低浓度进水原因分析及提升措施 [J]. 环境工程, 2021.

[3] 周小国, 惠二青, 彭寿海, 等. 长江沿线污水处理厂进水 BOD_5 浓度与管网运营调查分析 [J]. 给水排水, 2021, 57 (S1): 129-133.

沁河下游生态修复和建设工程措施研究

李智婷[1]   韩超超[2]   王志伟[2]

（1. 武陟第二黄河河务局，河南焦作 454950；
2. 焦作黄河河务局，河南焦作 410811）

摘 要：黄河流域生态保护和高质量发展已成为重大国家战略，然而沁河作为纳入国家统一规划治理的黄河一级支流，其水生态还比较脆弱，亟须进行生态修复。本文提出了生态修复要遵循安全、生态、公共、系统、特色、可持续等原则，通过消除畸形河势并绿化工程边坡、建设应急调蓄工程、拓宽部分河段并营造湿地绿洲等方法进行生态修复，并提出了博爱张村畸形河势治理、武陟南王畸形河势治理、博爱留村闸应急抗旱蓄水工程、温县兀村闸应急抗旱蓄水工程、武陟陶村闸应急抗旱蓄水工程、老龙湾水生态治理、沁河入黄口水生态治理等具体措施。

关键词：生态修复；沁河下游；畸形河势；应急调蓄工程

1 沁河下游水生态现状

1.1 河道水生态现状

沁河下游主要位于河南焦作境内，其平面形态基本为平直型，河道断面较为规整，河床较宽，部分区域主槽宽度达20~30 m。沁河为季节性河流，汛期水量较大，非汛期水量较小或断流，下游五龙口以下河段水质污染比较严重[1]。自然生境类型单一，部分河道基本无水生植被生长，滩地及堤防栽植有阔叶林带，长势良好，滩地植被以野草、农作物为主。

1.2 生物现状

沁河河道的动植物资源主要种类如下：挺水植物（芦苇、水蓼）；浮叶植物（浮萍、蘋）；基本无沉水植物；滩地农田庄稼品种主要有玉米、红薯、花生、大豆[2]；堤岸带乔木基本上全为速生杨，底层野生植物有曼陀罗、白茅、车前草、藜、荠菜、刺儿菜、苍耳、播娘蒿、狗牙根、蒲公英等；鱼类有鲤鱼、鲫鱼、鲢鱼、草鱼、鲶鱼、虾、蟹、鳝等；水生及两栖动物、底栖动物有蚬、螺、蚌、蚯蚓、青蛙、蛇类；沿河两岸及滩区野生鸟类主要有雉鸡、燕子、麻雀、乌鸦、喜鹊、斑鸠，涉水鸟类主要有白鹭、灰鹭、野鸭。

1.3 现状水生态系统评价

沁河河道平面及断面形态较为丰富，形成了多样化水生生境的基质，断面为复式断面，横向变化较小，水生生境类型丰富[3]。沁河部分区域水质较差，河水颜色多为黄褐色，水体自净能力较弱，河岸有生活垃圾堆放，水生生物存活减少，水生生物多样性受到破坏，对河道生态系统产生了负面影响，亟待通过水系调整及水生态修复措施加以改善。

2 面临的形势与存在的问题

2.1 水资源生态环境脆弱

近年来，沁河下游来水量持续偏少，导致断流频繁、河道干涸、河床坦露。沁河下游断流（以

作者简介：李智婷（1995—），女，助理工程师，主要从事黄沁河防汛抢险和水情管理工作。

沁河武陟站为例，下同）几乎年年发生，其中断流天数最多的年份为 1991 年，共断流 319 d，连续断流时间最长达 240 d。此外，沁河最大支流丹河的断流问题也相当严重，目前丹河除汛期有少量几场洪水进入河南外，其他时段均已无出境水量，丹河山路坪以下更是处于常年断流的状态。

2019 年初以来，沁河武陟站实际过流非常小，流量维持在 0.2~0.7 m³/s，6 月 18 日，沁河温县段以下断流，沁河武陟站断面流量出现 0。2020 年 5 月 1 日，沁河下游武陟水文站显示流量为 0.3 m³/s，仅达到武陟站断面生态基流的 1/10，同年 6 月 8 日 8 时，丹河口以下部分河道完全干涸，武陟站为 0.027 m³/s，其断面以下几乎断流。沁河频繁断流改变了物种生境条件，对鱼类洄游和其他物种的迁移形成障碍，严重影响了河流正常生态过程，河流生态呈恶化趋势。

2.2 水生态安全受到威胁

根据沁河流域润城、五龙口、武陟三个水文站历年实测径流资料统计，1971—1985 年与 1956—1970 年相比，1986—2000 年与 1971—1985 年相比，润城断面平均年径流量分别减少 5.36 亿 m³、2.83 亿 m³；五龙口断面平均年径流量分别减少 7.09 亿 m³、3.16 亿 m³；武陟断面平均年径流量分别减少 8.11 亿 m³、2.44 亿 m³。整体看来，三个断面的径流量大幅度递减，水资源量减少。同时，沁河流域水资源开发利用过度，生态用水被挤占，致使生态供水严重不足，进而影响到傍河的水源补给、河流生物的生长繁殖，水生态安全受到威胁。

3 生态修复原则与目标

3.1 生态修复原则

沁河下游生态修复要以焦作市总体发展目标为引领，尊重水系自然条件，正确处理水系保护与综合利用的关系，体现生态修复对水系功能的引导和控制，实现社会、环境与经济并重的综合效益，生态修复原则如下：

（1）安全性原则。充分发挥沁河涵闸在农田给水、排水和防洪排涝中的作用，确保城乡用水安全和防洪排涝安全。

（2）生态性原则。维护沁河生态环境资源，保护生物多样性，改善河流生态环境。

（3）公共性原则。沁河是公共资源，沁河生态修复应确保水系空间的公共属性，提高水系空间的共享性。

（4）系统性原则。沁河生态修复应将水体、滩区和堤岸作为一个整体进行空间、功能协调，合理布局各类工程设施，形成完善的河道空间系统。沁河河道空间系统应与景观绿化系统、开放空间系统等有机融合，促进沁河空间结构的优化。

（5）特色化原则。沁河生态修复应体现地方特色，强化沁河在塑造城乡景观和传承历史文化方面的作用，形成有地方特色的滨水空间景观，展现独特的沁河魅力。

（6）可持续性原则。沁河生态修复须考虑河道的承载能力，实现水系与经济社会可持续发展。生态修复应满足未来城乡居民对人居环境的需求，应有利于沁河河道综合功能持续高效发挥，促进城乡的建设与发展。

3.2 生态修复目标

生态修复要以保护沁河水资源及周边生态资源、紧抓生态文明建设、创造美好水生态自然环境为目标。提升沁河堤防形象，使其作为沁河治理的展示窗口，使人们走近沁河，了解沁河，从而保护沁河。合理功能分区开展水生态资源合理利用，以人为本，利用工程、生态、景观等手段，解决人与河流的矛盾问题，使河流健康发展，恢复河流生机，美化人民群众的生活环境，达到经济社会效应和生态环境建设和谐共生的新局面。全面增强现有河滨绿地的科普宣教和生态旅游功能，提高公众对河滨绿地的保护意识，对武陟县、沁阳市沁河沿岸景观生态全线升级，提升沿沁现有河滨绿地景观效果，将整个沁河沿线打造成一体化生态建设区域。

4 水生态修复措施

转变观念，由传统的单一满足防洪要求的河道治理向生态河道综合治理方式转变，按照"两岸六水"新治水理念，即统筹考虑水工程、水资源、水生态、水环境、水安全、水文化，达到防洪保安、水资源综合利用、水生态保护、水环境幽美的目的。

沁河下游水生态修复建设工程措施可以采用消除畸形河势并绿化工程边坡、建设应急调蓄工程、水生态治理等。其中，消除畸形河势方面可对博爱张村和武陟南王进行处理并绿化工程边坡。建设应急调蓄工程可以考虑修建博爱留村闸应急抗旱蓄水工程、温县亢村闸应急抗旱蓄水工程和武陟陶村闸应急抗旱蓄水工程。水生态治理可对老龙湾、沁河入黄口进行治理。

4.1 消除畸形河势

4.1.1 博爱张村畸形河势治理

对博爱张村处的畸形河道进行裁弯取直、疏通改造，缓解畸形河势程度，拓宽主河槽，形成大湖面，之后绿化工程边坡（见图1）。此举既能增加过流能力，改变水流形态，消除工程危害，减小不利河势对防洪的影响，又能够营造湿地景观，达到沿河两岸生态修复的目的。

图1　博爱张村畸形河势整治示意图

4.1.2 武陟南王畸形河势治理

为缓解武陟南王畸形河势，可对此段河道进行裁弯取直、疏通改造，拓宽主河槽，改善水流形态。对武陟南王险工现有河槽进行生态化设计，经过人工裁弯取直对畸形河势进行改造，使改造的河流或湖泊的岸线尽量保持一定的自然弯曲形态，重新营造出接近自然的滨水环境；在条件允许的浅滩结构，模仿天然河道的形式，对河床沉积的泥沙进行清理，并将清出的泥沙进行处置，拓宽河道和湖宽，对水系平面岸线进行规划，使岸线平顺自然，恢复湿地景观并增加地下水。

4.2 建设应急调蓄工程，进行闸前水生态修复

实施蓄水工程，可以提高蓄水能力，实现丰蓄枯调，保障流域水资源安全。建设闸前应急调蓄工程，提高沿河城市和经济区供水保障能力，满足农田抗旱用水需求。在沁河下游博爱留村、温县亢村、武陟陶村涵闸处改造河道，可在闸前修建蓄水池，蓄水池布置在主河槽，为不影响河道行洪，将河槽挖深，形成蓄水池。

4.2.1 博爱留村闸应急抗旱蓄水工程

该应急抗旱蓄水工程可设计在沁河下游博爱县孝敬乡留村北沁河主河槽范围内，相应左岸大堤桩号 K25+300～K25+950。根据现场地形条件，本蓄水池工程布置在主河槽，采用下挖式布置。绿化工程主要对蓄水池两岸结合堤防管理需求进行绿化[4]。左岸绿化方案为：水边线 2 m 范围内种植菖蒲、鸢尾等水生植物，水边线外 5 m 至堤脚结合地形地势种植垂柳，垂柳株距 4 m，垂柳一方面可以作为景观观赏树，另一方面也可以作为防浪林。右岸绿化方案为：水边线 2 m 范围内种植芦苇、水葱等水生植物，营造自然湿地景观。

4.2.2 温县亢村闸应急抗旱蓄水工程

该应急抗旱蓄水工程可设计在沁河下游温县武德镇亢村西北沁河主河槽范围内，相应右岸大堤桩号 K34+100～K36+300。根据现场地形条件，本蓄水池工程布置在主河槽，采用下挖式布置。左岸绿化工程主要对蓄水池水边线 2 m 范围内种植芦苇、水葱等水生植物，营造自然湿地景观（见图 2）。

图 2 温县亢村闸应急抗旱蓄水工程示意图

4.2.3 武陟陶村闸应急抗旱蓄水工程

本工程可主要为武陟陶村闸供水范围内的农田提供应急水源。陶村闸位于沁河左岸大堤桩号 K54+100 处，渠道长 550 m，渠底宽度为 3 m，边坡 1:2，渠道比降为 1:1 000，现状为土质边坡。工程可布置在陶村闸上下游侧 500 m 左右的河槽内。为不改变河道河势，不影响河道行洪，一并将河槽挖深，形成蓄水池。绿化工程主要对引黄闸渠道边坡和蓄水池正常蓄水位以上边坡。考虑工程美化和生态需要，对渠道边坡和蓄水池开挖土边坡进行植草，边坡栽植适应性强、成活率高、管理方便、防冲效果好的葛笆草。

4.3 水生态治理，打造精品沁河示范段

对老龙湾段和沁河入黄口进行水生态治理，将原有河道开挖拓宽，整理河床，开挖引水，种植乡土植物，营造河流绿洲。

4.3.1 老龙湾水生态治理

实施老龙湾湿地生态系统保护。老龙湾险工处河道距离堤防近，观赏景观视线好，但是现状河道狭窄，植被少，景观单一，没有景观防护设施。在原河道的基础上对沁河 1 km 河道开挖拓宽成 200 m，河面水深 1 m，岸边增设观景平台，建设地方景观节点。河道内通过整理河床，开挖引水，种植乡土植物，为动植物提供生存环境。

4.3.2 沁河入黄口水生态治理

实施沁河口湿地生态系统保护（见图3）。在沁河入黄"三角洲"处改变原有河道多弯曲现象，顺原有河道形态进行裁弯顺延，对沁河大桥至沁河入黄口弯曲河道进行裁弯取直，并对裁弯后的河道进行开挖拓宽，使河面宽度加宽成200 m，河面水深1 m，扩宽水域，营造湿地绿洲，保护生态环境[5]。

图3 沁河入黄口水生态治理示意图

5 结论

目前，沁河下游水生态比较脆弱，部分区域水质较差，水体自净能力较弱，部分河道基本无水生植被生长，自然生境类型单一，水生态系统功能下降，水生态安全受到威胁，亟须进行生态修复。本文通过研究，认为沁河下游生态修复要尊重水系自然条件，正确处理生态保护和综合利用的关系，提出了可通过消除畸形河势并绿化工程边坡、建设应急调蓄工程、拓宽部分河段并营造湿地绿洲等方法进行治理。

参考文献

[1] 温小国. 沁河水利辑要 [M]. 郑州：黄河水利出版社，2001.

[2] 原丽娟. 沁河流域植被覆盖时空分异特征 [D]. 晋中：山西农业大学，2019.

[3] 胡一三. 中国江河防洪丛书——黄河卷 [M]. 北京：中国水利水电出版社，1996.

[4] 赵延存，汪寿林，张治. 黄河羊曲水电站工程建设生态修复措施研究 [J]. 智能城市，2020，13：116-117.

[5] 李航，王瑞玲，葛雷，等. 人民治理黄河70年水生态保护效益分析 [J]. 人民黄河，2016，38（12）：39-41.

示范区重要湖泊底泥营养物质污染特征分析

朱　静¹　徐　枫¹　秦　红²　马莎莎¹　张　舒²　毛新伟¹

（1. 太湖流域水文水资源监测中心（太湖流域水环境监测中心），江苏无锡　214024；
2. 上海市青浦区水文勘测队，上海　201700）

摘　要： 为推进长三角生态绿色一体化发展示范区水环境综合治理工作，预防湖荡富营养化导致蓝藻暴发造成生态灾害，本文主要对示范区重要湖泊淀山湖、元荡底泥中有机质、氮、磷等营养物质的含量及其平面分布、垂向变化特征进行研究，并结合太湖底泥调查成果对各湖区污染情况进行对比分析，为下一步实施生态清淤和其他综合治理措施提供依据。结果表明：赵田湖及元荡区域底泥有机质污染较严重，淀山湖、元荡底泥营养物质指标含量随深度增加而降低，营养物质主要集中分布在赵田湖及元荡底泥 0~20 cm 深度范围内，应适时进行必要的生态清淤。

关键词： 示范区；淀山湖；元荡；营养物质；有机污染；内源污染

1　引言

长三角生态绿色一体化发展示范区位于太湖流域下游，地处沪苏浙三省市交界处，行政区划分属上海市青浦区、江苏省苏州市吴江区、浙江省嘉兴市嘉善县，总面积约 2 300 km²，水域面积约 350 km²。2019 年 11 月，国务院批复《长三角生态绿色一体化发展示范区总体方案》，明确示范区建设是实施长三角一体化发展战略的先手棋和突破口，探索生态友好型发展模式，率先将生态优势转化为经济社会发展优势，将"生态优势转化新标杆，绿色创新发展新高地，一体化制度创新试验田，人与自然和谐宜居新典范"作为长三角生态绿色一体化发展示范区的战略定位。

淀山湖、元荡是示范区内的重要湖泊，其水体基本处于IV~劣V类水质、中度富营养状态，水体主要污染为氮磷等营养物质。在外源污染得到一定控制之后，沉积物中的营养物质成为淀山湖、元荡富营养化的主导因子，内源污染不容忽视[1-2]。为摸清淀山湖、元荡沉积物中营养物质指标浓度及分布特征，有效发挥好其生态效益，2019 年上海市水环境监测中心青浦分中心组织开展了淀山湖、元荡沉积物现状调查。根据监测调查成果，本文分析了淀山湖、元荡沉积物中所含有机质、氮、磷等营养物质的含量及其平面分布、垂向变化特征，并与太湖污染情况进行分析对比；通过评估淀山湖、元荡内源污染高风险区域，提出整治建议，为下一步实施生态清淤和其他综合治理措施提供依据，以此助力示范区加速转化生态优势、持续绿色创新发展，全力推动长三角高质量一体化发展。

2　材料与方法

2.1　采样点布设与样品采集

本次调查在淀山湖布设 13 个监测点，将淀山湖划分为赵田湖（千墩、赵田湖中心）、湖区北（汪洋湖、湖北 3、湖北 4、湖北 2）、湖区东（西闸）、湖区南（湖南 2、灯标 2、西旺港）、湖区西（朝阳桥、灯标 4、向阳桥）5 个区域；在主要入淀山湖河道布设千灯浦、珠砂港以及急水港 3 个监

作者简介： 朱静（1990—），女，工程师，主要从事水环境水生态分析评估、水文水资源分析评价等工作。

通讯作者： 徐枫（1973—），女，高级工程师，主要从事水环境水生态分析评估及水质分析等工作。

测点；在元荡湖区布设2个监测点，将元荡划分为元荡东、元荡中2个区域，采样点位及分区见图1。本次采取0~50 cm的泥样，采样分层进行，采用箱式采样器采集0~10 cm和10~20 cm的底泥，活塞式柱状底泥采样器采集20~50 cm的泥样。现场将样品存放在冷藏保温箱内，当天运回实验室，自然风干后经研磨、过筛等处理供实验室开展检测。

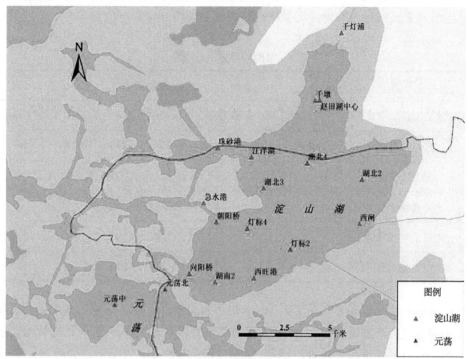

(a)淀山湖、元荡底泥采样点位

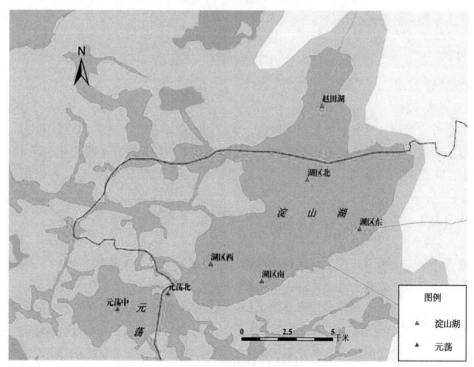

(b)淀山湖、元荡底泥监测分区

注：元荡湖区仅采集到0~20 cm深度范围内的底泥。

图1　淀山湖、元荡底泥采样点位及分区

2.2 测定项目与研究内容

有机质、总磷、总氮的含量是反映湖荡底泥有机营养程度的重要指标。底泥中沉积的有机态氮一般首先转化成铵态氮，则铵态氮是底泥中氮的重要形态[3]。本次监测主要调查淀山湖、元荡底泥及间隙水中有机质、总磷、总氮、铵态氮等营养物质指标，为进一步了解泥水界面氧化还原状态，增加分析氧化还原电位及亚铁指标，摸清底泥受扰动时释放污染物的可能与危害程度。监测项目方法及标准见表 1。

表 1 监测项目方法及标准

监测项目	检测方法	检测依据
有机质	重铬酸钾滴定法	《土壤检测 第 6 部分 土壤有机质测定法》（NY/T 1121.6—2006）
总氮	分光光度法	《土壤检测 第 6 部分 土壤全氮测定法（半微量开氏法）》（NY/T 53—1987）
总磷	分光光度法	《土壤检测 第 6 部分 森林土壤磷的测定》（LY/T 1232—2015）
铵态氮	分光光度法	LY/T 1228—2015
氧化还原电位	电极法现场测试	SL 94—1994
亚铁	邻菲啰啉分光光度法	HJ/T 345—2007

本文用平面分布特征分析表层底泥（0~10 cm）中有机质、总磷、总氮、铵态氮等主要营养物质的分布情况，垂向分布特征分析 0~50 cm 深度底泥中主要营养物质垂向分布变化情况。采用综合污染指数评价法与有机指数评价法分析评价示范区重要湖泊底泥污染情况[4]，并将本次调查成果与太湖流域管理局 2018 年组织开展的太湖污染底泥勘察项目调查结果进行对比分析，全面了解淀山湖、元荡等示范区重要湖泊底泥污染现状。

3 结果与分析

3.1 平面分布特征

3.1.1 有机质分布特征

有机质是造成底泥释放氨氮的最大影响因子，丰富的有机物有利于微生物的繁殖，从而分解大量的有机物，促使底泥处于厌氧环境，促进底泥中氨氮的释放，因此构成富营养化过程的初始驱动因素[5-7]。监测结果表明，淀山湖表层底泥中有机质质量分数均值为 2.11%，各湖区质量分数为 1.82%~2.76%，含量平均值变化规律：赵田湖>湖区北部>湖区西部>湖区东部>湖区南部。元荡有机质质量分数均值为 2.38%，质量分数为 1.97%~2.79%，元荡中部低于东部。

3.1.2 总氮、总磷分布特征及分析

氮、磷营养盐是造成水质恶化、水体富营养化的直接因素，是促使藻类生长的关键因子。由表 2 可知，淀山湖表层底泥中总氮质量比均值为 1 405.9 mg/kg，各湖区质量比为 933.0~2 117.5 mg/kg，各区总氮空间分布差异明显，含量平均值变化规律：赵田湖>湖区西部>湖区东部>湖区北部>湖区南部。根据 EPA 制定的底泥分类标准，南部区域总氮含量<1 000 mg/kg，属轻度污染区；赵田湖总氮含量>2 000 mg/kg，属重度污染区；其余各区域总氮含量均为 1 000~2 000 mg/kg，属中度污染区。总磷质量比均值为 781.9 mg/kg，各湖区质量比为 668.0~980.0 mg/kg，各区含量平均值变化规律为：赵田湖>湖区东部>湖区西部>湖区北部>湖区南部。根据 EPA 制定的底泥分类标准，各区域总磷质量比均大于 650 mg/kg，属于重度污染。

表 2　淀山湖、元荡各分区表层底泥营养物质平均含量

湖泊	分区	有机质质量分数	总氮质量比	总磷质量比	铵态氮质量比
		%	mg/kg		
淀山湖	赵田湖	2.76	2 117.5	980.0	160.9
	湖区东部	1.82	1 269.0	816.0	86.6
	湖区南部	1.20	933.0	668.0	70.5
	湖区西部	2.05	1 462.7	729.3	103.3
	湖区北部	2.09	1 247.5	716.3	113.2
元荡	元荡中	1.97	1 447.0	720.0	84.3
	元荡东	2.79	1 796.0	789.0	159.7

　　元荡表层底泥中总氮质量比均值为 1 621.5 mg/kg，湖区质量比为 1 447.0~1 796.0 mg/kg，属中度污染；总磷质量比均值为 754.5 mg/kg，湖区质量比为 720.0~789.0 mg/kg，属于重度污染。

3.1.3　铵态氮分布特征

　　底泥中沉积的有机态氮一般首先转化成铵态氮，因此铵态氮是底泥中氮的重要形态，是反映底泥营养物质含量的重要指标。淀山湖底泥中铵态氮质量比均值为 106.9 mg/kg，各湖区质量比为 70.5~160.9 mg/kg，含量平均值变化规律为：赵田湖>湖区北部>湖区西部>湖区东部>湖区南部，与有机质含量分布特征一致。元荡底泥中铵态氮质量比均值为 122.0 mg/kg，湖区质量比为 84.3~159.7 mg/kg，元荡中部低于东部。

3.2　垂向分布特征

　　根据淀山湖、元荡底泥主要营养物质垂向变化图（见图 2）可知，淀山湖及元荡底泥中有机质、总磷、总氮、铵态氮含量基本随深度增加而减少。其中，淀山湖湖区东部、南部、北部总氮含量，赵田湖总磷指标含量在 10~20 cm 深度范围内略有升高；各指标含量在 20~50 cm 深度范围内均低于上层，特别是受外源污染严重的赵田湖区域，20~50 cm 深度范围内污染物指标含量下降明显。李小平等[8] 的研究表明，淀山湖底泥中氮、磷浓度的基准值分别为 500 mg/kg、550 mg/kg。根据 20~50 cm 深度范围内的监测数据可知，淀山湖湖区北部、南部底层总氮含量接近基准值 500 mg/kg；除湖区西部底层总氮含量略大外，其余区域底层总氮含量均在 550 mg/kg 左右。由此可知，淀山湖上层底泥（0~20 cm）中营养物质含量受人类活动影响较大，随着深度的增加影响明显减弱。营养物质主要集中分布在赵田湖及元荡底泥 0~20 cm 深度范围内。

3.3　有机污染指数评价

　　考虑到淀山湖、元荡底泥富营养化主要由于有机物、氮和磷的含量较高，并与太湖污染情况类似，本文采用针对太湖湖滨带底泥氮、磷、有机质分布与污染评价中的有机污染指数评价方法，综合考虑氮、磷和有机质共同对淀山湖、元荡底泥的影响[9-10]。计算公式如下：

$$OI = OC(\%) \times ON(\%) \tag{1}$$

$$ON = TN(\%) \times 0.95 \tag{2}$$

$$OC = \frac{OM(\%)}{1.724} \tag{3}$$

式中：OI 为有机污染指数，OI<0.05 污染程度为 Ⅰ 类（清洁）、0.05≤OI<0.20 为 Ⅱ 类（较清洁）、0.20≤OI<0.50 为 Ⅲ 类（尚清洁）、OI≥0.5 为 Ⅳ 类（有机污染）；OC 为有机碳，%；ON 为有机氮，%[11]。

　　本文对淀山湖、元荡不同深度范围内的底泥有机污染进行分析评价，以全面反映其平面及垂向分布情况，评价结果见表 3。淀山湖底泥（0~50 cm）有机质污染指数范围在 0.083~0.251，元荡底泥

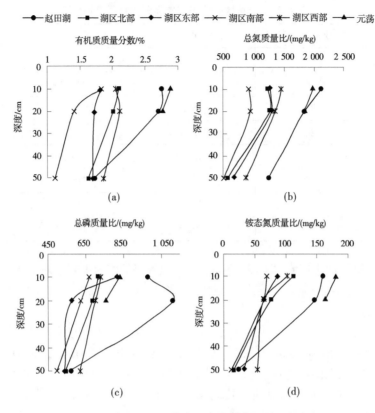

图2 淀山湖、元荡底泥主要营养物质垂向变化

（0~20 cm）有机质污染指数为0.314。各分区有机污染指数变化规律为元荡>赵田湖>湖区西部>湖区北部>湖区东部>湖区南部，淀山湖有机污染严重程度由西北部向东南部递减。淀山湖赵田湖、元荡区域有机质污染等级为Ⅲ类（尚清洁），淀山湖其余均为Ⅱ类（较清洁）。

对比淀山湖、元荡底泥0~10 cm、10~20 cm、20~50 cm范围内有机质污染指数，均表现为随深度增加有机污染明显降低，其中赵田湖、湖区南部、西部20~50 cm范围内有机质污染比上层好转一个类别。

表3 淀山湖及元荡底泥有机污染评价

湖区	深度/cm	OI	等级	湖区	深度/cm	OI	等级
赵田湖	0~50	0.251	Ⅲ	湖区南部	0~50	0.083	Ⅱ
	0~10	0.339	Ⅲ		0~10	0.102	Ⅱ
	10~20	0.291	Ⅲ		10~20	0.096	Ⅱ
	20~50	0.123	Ⅱ		20~50	0.034	Ⅰ
湖区北部	0~50	0.133	Ⅱ	湖区西部	0~50	0.161	Ⅱ
	0~10	0.153	Ⅱ		0~10	0.175	Ⅱ
	10~20	0.152	Ⅱ		10~20	0.168	Ⅱ
	20~50	0.055	Ⅱ		20~50	0.096	Ⅰ
湖区东部	0~50	0.110	Ⅱ	元荡	0~20	0.314	Ⅲ
	0~10	0.134	Ⅱ		0~10	0.331	Ⅲ
	10~20	0.129	Ⅱ		10~20	0.296	Ⅲ
	20~50	0.068	Ⅱ				

3.4 底泥有机污染影响分析

随着湖滨带生态修复、周边污染源控制等工程的实施，外源污染得到了一定程度的控制。此时，底泥污染物释放等内源污染成为淀山湖、元荡水体富营养化的首要影响因素[13-14]。通过分析以下内源污染发生的影响因素，评估出赵田湖及元荡区域为最可能发生内源污染的区域，应适时进行必要的生态清淤。

3.4.1 底泥的氧化还原状态对泥水界面物质交换的影响

研究表明，当底泥—水界面呈还原状态时，底泥中的氮、磷等元素具备向水体释放的可能，底泥的释放可能是示范区重要水体富营养化的内源之一。氧化还原电位及亚铁指标是反映湖泊水体、底质氧化还原状态的重要指标。氧化还原电位呈负值，亚铁离子含量高，则呈还原状态。

根据调查发现，淀山湖底泥—水界面基本处于还原状态，底泥中的氮、磷等元素具备向水体释放的可能，淀山湖赵田湖区域亚铁浓度较高，该区域呈较强的还原性，南部区域亚铁浓度最低，还原性最弱。元荡区域亚铁浓度较低，该区域还原性不强。

3.4.2 氮、磷指标的释放影响

根据调查，淀山湖、元荡间隙水总磷、总氮指标与底泥表层中总磷、总氮浓度分布规律基本一致，赵田湖区域及元荡区域浓度偏高，且间隙水中的氮、磷浓度大大高于上覆水，此时形成浓度梯度是泥—水界面氮、磷释放机制之一，具有扩散释放潜能，条件具备将向水体大量释放，成为内源污染源，影响水质。

4 与太湖底泥污染特征对比

示范区重要湖泊淀山湖、元荡位于太湖流域，属平原河网地区的天然淡水湖泊，与太湖水系相连互通，且均由于湖泊中氮、磷负荷过大，造成湖泊富营养化。

对比淀山湖、元荡与太湖表层底泥营养物质含量，成果见表4。有机质、总氮指标平均含量均表现为：元荡>淀山湖>太湖；总磷指标平均含量表现为：淀山湖>元荡>太湖。

表4 淀山湖、元荡与太湖表层底泥营养物质含量对比

名称	有机质质量分数/%			总氮质量比/（mg/kg）			总磷质量比/（mg/kg）		
	最大值	最小值	均值	最大值	最小值	均值	最大值	最小值	均值
淀山湖	2.76 赵田湖	1.20 湖区南部	2.11	2 376 赵田湖	678 湖区南部	1 405.9	1 072 赵田湖	481 湖区南部	781.9
元荡	2.88 元荡东	1.97 元荡中	2.38	1 982 元荡东	1 447.0 元荡中	1 621.5	829 元荡东	720.0 元荡中	754.5
太湖	7.06 东太湖	0.36 胥湖	1.62	4 730 东太湖	346 西南沿岸区	1 169.7	2 124 竺山湖	317 湖心区	674.8

太湖的主要营养物质平均含量均小于淀山湖、元荡，但太湖水域面积大、入湖河道众多、各湖区水文条件及使用功能不一，则各区域主要营养物质含量差别较大，各指标最大值远大于淀山湖、元荡。淀山湖有机质含量与太湖中漫山湖接近，元荡与竺山湖接近；淀山湖总氮含量与梅梁湖接近，元荡与东太湖接近；淀山湖、元荡总磷含量与贡湖接近。

从特征值可以得出，受来水水质或围网养殖影响较大的淀山湖赵田湖、太湖东太湖及竺山湖营养物质含量最高[15]。

5 结论

（1）淀山湖底泥有机污染平面分布规律为赵田湖>湖区西部>湖区北部>湖区东部>湖区南部，有

机污染严重程度由西北部向东南部递减。淀山湖主要入湖河流急水港、珠砂港和千灯浦集中在西北部，来水水质较差，且北部区域围网养殖，受来水水质及围网养殖影响赵田湖区域有机质污染较严重。元荡底泥有机质污染情况差于淀山湖湖区。

（2）淀山湖、元荡底泥营养物质指标含量表现为随深度增加而降低，营养物质主要集中分布在赵田湖及元荡底泥 0~20 cm 深度范围内。

（3）本文通过分析内源污染发生的影响因素，评估出赵田湖及元荡区域为最可能发生内源污染的区域，应适时进行必要的生态清淤，预防湖荡因富营养化导致蓝藻暴发造成生态灾害，充分发挥好示范区生态效益。

（4）淀山湖、元荡营养物质平均含量高于太湖，但太湖各湖区营养物质含量差别较大，各指标最大值远大于淀山湖、元荡，淀山湖有机质含量与太湖中漫山湖接近，元荡与竺山湖接近；淀山湖总氮含量与梅梁湖接近，元荡与东太湖接近；淀山湖、元荡总磷含量与贡湖接近。

参考文献

［1］卓海华，邱光胜．三峡库区表层沉积物营养盐时空变化及评价［J］．环境科学，2017（12）：5020-5031

［2］于听雷，高歌，等．淀山湖沉积物—水界面氮磷通量及其生态环境效应研究［J］．环境科学与管理，2017，42（10）：145-150.

［3］余辉，张文斌，卢少勇，等．洪泽湖表层底质营养盐的形态分布特征与评价［J］．环境科学，2010，31（4）：961-968.

［4］王佩，卢少勇，王殿武，等．太湖湖滨带底泥氮、磷、有机质分布与污染评价［J］．中国环境科学，2012，32（4）：703-709.

［5］王勇．底泥中营养物质及其他污染物释放机理综述［J］．工业安全与环保，2006，32（9）：27-28.

［6］康丽娟．淀山湖沉积物碳、氮、磷分布特征与评价［J］．长江流域资源与环境，2012，21（Z1）：105-110.

［7］陈芳，夏卓英，宋春雷，等．湖北省若干浅水湖泊沉积物有机质与富营养化的关系［J］．水生生物学报，2007，31（4）：467-472.

［8］李小平，陈小华，等．淀山湖百年营养演化历史及营养物基准的建立［J］．环境科学，2012，33（10）：3301-3307.

［9］丁静．太湖氮磷分布特征及其吸附—解吸特征研究［D］．南京：南京理工大学，2010.

［10］李任伟，李禾，李原，等．黄河三角洲沉积物重金属氮和磷污染研究［J］．沉积学报，2001，19（4）：622-629.

［11］隋桂荣．太湖表层沉积物中 OM-TN-TP 的现状与评价［J］．湖泊科学，1996，8（4）：319-324.

［12］康丽娟，孙从军，等．淀山湖沉积物磷分布特征［J］．环境科学学报，2012，32（1）：190-196.

［13］孙亚敏，董曼玲，汪家权．内源污染对湖泊富营养化的作用及对策［J］．合肥工业大学学报（自然科学版），2000（2）：210-213.

［14］哈欢，朱宏进，朱雪生，等．淀山湖富营养化防治与生态修复技术研究［J］．中国水利，2009，13：46-48.

［15］毛新伟，仵荟颖，徐枫．太湖底泥主要营养物质污染特征分析［J］．水资源保护，2020，36（4）：100-103.

协同超净化水土共治技术在大明湖治理中的应用

张习武[1]　袁禾蔚[2]　刘　雪[1]　江　垠[1]　黄玉峰[1]　窦一文[1]　张亚非[2]

(1. 上海金铎禹辰水环境工程有限公司，上海　201702；
2. 上海交通大学，上海　200240)

摘　要： 针对大庆市大明湖的水体污染问题，采用协同超净化水土共治技术对其进行了净化治理，经过 1 年的治理，各项水体指标取得了显著治理效果。NH_3-N、TN、TP、COD_{Mn}、COD_{Cr}、BOD_5、氟化物的去除率分别为 80.85%、89.86%、50.41%、93.04%、73.62%、51.58%、68.10%，水体的各项污染物指标均达到地表水 V 类标准；底泥的多种污染成分也被显著净化。检测分析表明，协同超净化水土共治技术在这类污染水体治理领域具有可观的应用效果。

关键词： 协同超净化水土共治技术；湖泊治理；金刚石纳米材料

近些年来，我国湖泊地表水体污染物的量急剧增加[1]。根据《2020 中国生态环境状况公报》，110 个开展营养状态监测的重要湖泊（水库）中，贫营养状态湖泊（水库）占 9.1%，中营养状态占 61.8%，轻度富营养状态占 23.6%，中度富营养状态占 4.5%，重度富营养状态占 0.9%。湖泊污染治理已成为水环境保护的重点。常规湖泊治理技术主要有控源技术，现场污染清除与水质改善技术，生态重建技术[2]。这些技术已在国内具有很多成功案例和工程经验，但因其是在"强干预"的状态下恢复水生态系统，存在项目投资大、工程周期长、后期运维烦琐等缺陷[3]。因此，新型"低干预"状态下的投资小、后期养护简易的单项长效湖泊治理技术，已成为现在湖泊治理的必要手段。

本文结合大庆大明湖水质提升项目，采用协同超净化水土共治技术，原位高效对湖泊水、底泥进行治理，从根本上解决湖泊水体水质不达标问题，为湖泊治理研发高效创新技术。

1　研究方法

协同超净化水土共治技术主要利用了调控掺杂纳米金刚石结构芯片电极表面负电子亲和势特性。以大地为正极、核心电极模块电极为负极，在低压电场的驱动下，浸没于水中的核心模块会产生高浓度负亲和势电子逸出到水中。这些释放出的游离电子，有效作用于水分子团形成小分子团活水，与水中胶体络合物吸附在一起形成的污染物纳米点，而纳米点能够高效吸收利用太阳光光子发生光解和光催化，并且能够分解水分子，变为活性氧和氢气溶解在水体中，提高活性氧浓度。光催化能够使有机物中的键态断裂降解，进一步与活性氧作用，转化为二氧化碳和水。有机物降解的同时又会形成新的不同的纳米点，新的纳米点能够同样具有光催化功能，通过链式反应和水体的流动，可以传播到更远的水体区域，并形成更多的纳米点，产生大量活性氧，降解更多污染物。同时，淤泥中的各种络合物也会逐渐分散消解，释放出厌氧菌产生的臭气，并且水中的活性氧能够逐渐渗透到淤泥内部，氧化脱毒和降解其中的污染物。如此，通过纳米金刚石结构芯片电极构架装置产生的高浓度游离电子与阳光协同作用，最终实现湖泊水体和淤泥环境的净化，经过脱毒的胶体络合物能够成为水生物的饵料，使良性的水生态快速恢复（见图 1）。

作者简介： 张习武（1970—），男，中级工程师，主要从事大流域水体生态修复工作。

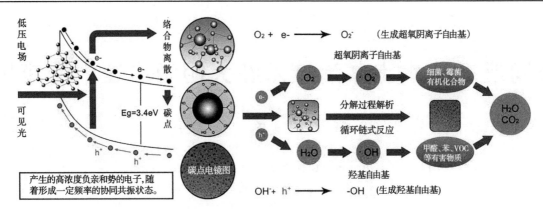

图 1 协同超净化水土共治技术原理

2 大明湖工况

大明湖东西长为 3.669 km，南北长为 1.223 km、0.322 km、0.676 km、0.515 km，成"小刀"形，湖泊周边为草原，最大库容 352 万 m³，水域面积 2.12 km²，平均水深约 1 m。

大明湖为周边炼化公司专用的封闭纳污水体，靠自然蒸发维持水量平衡，于 1988 年建成并投入使用，长期接收污水处理场经处理合格后无法回用的工业废水。自 2017 年 7 月，周边炼化公司停止向大明湖排污，大明湖处于独立封存状态。受当地气候影响，大明湖水量随着自然的蒸发逐渐减少，含盐量也逐年成倍数升高。经检测，其治理前水质指标为劣 V 类，见表 1。

表 1 大明湖治理前水质、底泥各指标情况

项目	水体各项指标						
	COD_{Cr}/（mg/L）	TN/（mg/L）	TP/（mg/L）	BOD_5/（mg/L）	NH_3-N/（mg/L）	COD_{Mn}/（mg/L）	氟化物/（mg/L）
治理前	127	13.80	2.30	29	5.64	20.86	1.21
V 类标准值	40	2.0	0.2	10	2.0	15	1.5
超标倍数	3.17	6.9	11.5	2.9	2.82	1.40	—
项目	底泥各项指标						
	pH 值	挥发酚/（mg/kg）	硫化物/（mg/kg）	锌/（mg/kg）	砷/（mg/kg）	镉/（mg/kg）	六价铬/（mg/kg）
治理前	9.6	0.0593①	555	39.4	3.93	0.113	2L②
项目	铜/（mg/kg）	铅/（mg/kg）	汞/（mg/kg）	镍/（mg/kg）	硒/（mg/kg）	总铬/（mg/kg）	苯并[a]芘/（mg/kg）
治理前	27.3	15.4	0.026	28.3	0.006L	61	4×10⁻⁴L
项目	苯/（μg/kg）	甲苯/（μg/kg）	乙苯/（μg/kg）	间二甲苯+对二甲苯+邻二甲苯/（μg/kg）	总有机碳/%	氟化物/（mg/kg）	
治理前	4.2	4	2	2.8	0.59	328	

注：①当底泥测定结果在检出限以上时，报实际测得结果值，余同。
②当低于方法检出限时，报所用方法的检出限值，并加标志 L，余同。

3 结果与分析

3.1 实施方案

2020 年 5 月底，在大明湖布置 8 组 JDYC-1000 型协同超净化水土共治装备，每套设备覆盖范围半径为 500~1 000 m，在保证一定水深情况下，根据区域地形，以最大限度覆盖所有大明湖水域为目

标进行布置。同时，设定装备运行功率为 0~300 W，24 h 全天候运行，依据水质各项指标数据对装备各项工作参数进行调控，进而调控装备释放游离电子的效率和浓度，对底泥、水中各项污染物进行为期 1 年的降解或无毒化处置。

3.2 治理过程数据分析

根据大明湖实际工况，治理期间选取 4 个点位（见图 2），每月对各项水质指标进行采样检测：

（1）NH₃-N：由图 2 可知，NH₃-N 在前 2 个月内由初始浓度 5.42 mg/L 降至 1.84 mg/L，降了 77%，降幅明显，截至 2021 年 7 月 16 日，NH₃-N 浓度为 1.15 mg/L，达到地表水 V 类标准。治理期间，NH₃-N 最低降至 0.57 mg/L，达到地表水 III 类标准。

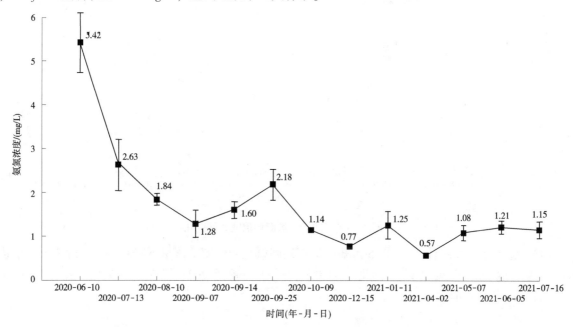

图 2　4 个点位 NH₃-N 浓度均值随时间变化

（2）TN：由图 3 可知，截至 2021 年 7 月 16 日，TN 浓度降低至 1.84 mg/L，达到地表水 V 类标准。

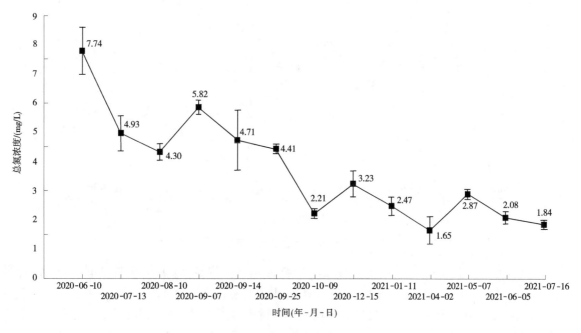

图 3　4 个点位 TN 浓度均值随时间变化

（3）TP：TP 治理前为 2.30 mg/L，超地表水 V 类标准（湖、库）11.5 倍。由图 4 可知，经过 1 年的治理，TP 逐渐下降，截至 2021 年 7 月 16 日，TP 浓度降至 0.18 mg/L，达到地表水 V 类标准。

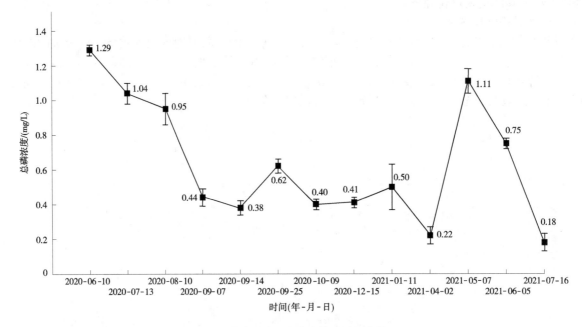

图 4　4 个点位 TP 浓度均值随时间变化

（4）氟化物（以 F⁻ 计）：由图 5 可知，治理期间氟化物浓度整体呈下降趋势。治理 3 个月氟化物浓度已达到地表水 Ⅲ 类及以上标准，为 0.68 mg/L。截至 2021 年 7 月 16 日，氟化物浓度为 0.43 mg/L，降低了 64.4%。

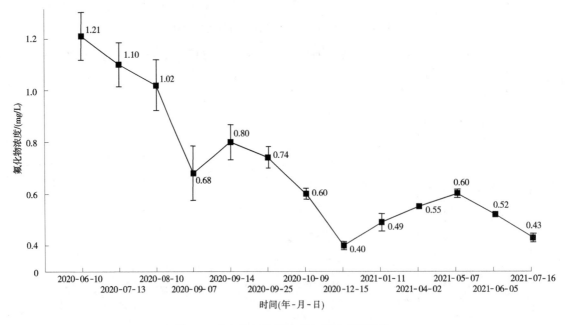

图 5　4 个点位氟化物浓度均值随时间变化

（5）COD$_{Cr}$：由图 6 可知，COD$_{Cr}$ 治理效果较为明显。截至 2021 年 4 月 2 日，COD$_{Cr}$ 降低至 57.25 mg/L，降了 76%；2021 年 5 月 7 日，COD$_{Cr}$ 出现反复，上升至 129 mg/L。这主要是由于 2020 年 10 月底至 2021 年 4 月初大明湖受气温影响处于冰封状态，期间装备持续工作，但水体、底泥在消解过程中产生的中间产物无法溢出。截至 2021 年 7 月 16 日，COD$_{Cr}$ 浓度降至 36.8 mg/L，达到地表水 V 类标准。

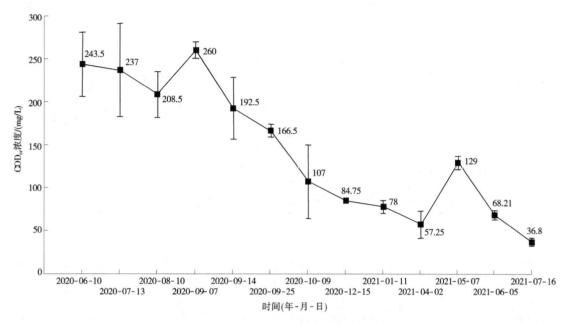

图6　4 个点位 COD_{Cr} 浓度均值随时间变化

（6）BOD_5：治理期间 BOD_5 整体呈下降趋势。由图 7 可知，截至 2021 年 4 月 2 日，BOD_5 降低至 10.5 mg/L，降了 62%；大明湖冰封期间，BOD_5 出现反复，上升至 26.98 mg/L，这与 COD_{Cr} 出现反复原因一致。截至 2021 年 7 月 16 日，BOD_5 浓度降至 8.5 mg/L，达到地表水 V 类标准。

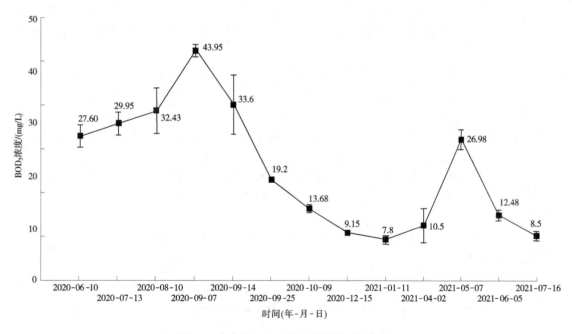

图7　4 个点位 BOD_5 浓度均值随时间变化

3.3　治理结果数据分析

2021 年 8 月 11 日对大明湖治理进行再次采样，其中水质采样点 15 个，底泥 14 个。各点位水质、底泥各项指标具体结果见表 2、表 3。由表可知，经过 1 年的治理，大明湖 NH_3-N、TN、TP、COD_{Mn}、COD_{Cr}、BOD_5、氟化物的去除率分别为 80.85%、89.86%、50.41%、93.04%、73.62%、51.58%、68.10%，各项污染物指标均达到地表水 V 类标准；底泥各项指标均优于治理前水平。

表 2 大明湖治理后水质各项指标情况

项目	水体各项指标							
	pH 值	NH_3-N/ （mg/L）	TN/ （mg/L）	氟化物/ （mg/L）	TP/ （mg/L）	COD_{Cr}/ （mg/L）	COD_{Mn}/ （mg/L）	BOD_5/ （mg/L）
各点均值	8.68	1.08	1.4	0.6	0.16	33.5	10.1	9.25
原始水质	—	5.64	13.8	1.21	2.3	127	20.86	29
降幅	—	80.85%	89.86%	50.41%	93.04%	73.62%	51.58%	68.10%
治理目标	6~9	2.0	2.0	1.5	0.2	40	15	10

表 3 大明湖治理后底泥各指标情况

项目	底泥各项指标					
	pH 值	挥发酚/ （mg/kg）	硫化物/ （mg/kg）	锌/ （mg/kg）	砷/ （mg/kg）	镉/ （mg/kg）	六价铬/ （mg/kg）
治理前	9.6	0.0593	555	39.4	3.93	0.113	2L
治理后	8.9[①]	0.3L[②]	290.9	31.5	0.483	0.068	2L
降幅	—	—	0.48	0.20	0.88	0.40	—

项目	铜/ （mg/kg）	铅/ （mg/kg）	汞/ （mg/kg）	镍/ （mg/kg）	硒/ （mg/kg）	总铬 （mg/kg）	苯并［a］芘 （mg/kg）
治理前	27.3	15.4	0.026	28.3	0.006L	61	4×10⁻⁴L
治理后	23.2	10.05	0.0185	18.89	0.01L	52.5	4×10⁻⁴L
降幅	0.15	0.35	0.29	0.33	—	0.14	—

项目	苯/ （μg/kg）	甲苯/ （μg/kg）	乙苯/ （μg/kg）	间二甲苯+ 对二甲苯+ 邻二甲苯/ （μg/kg）	总有机碳 （%）	氟化物/ （mg/kg）
治理前	4.2	4	2	2.8	0.59	328
治理后	1.9	1.3	1.2	1.2	0.478	299.6
降幅	—	—	—	—	0.19	0.09

4 讨论

随着湖泊水体污染的日益严重和创新技术开发的逐渐兴盛，选取以调制掺杂纳米金刚石材料为核心的湖泊治理技术具有重要发展前景。本次采用协同超净化水土共治技术高效率完成了对大明湖水质提升，大明湖水体和底泥指标均大幅改善。通过本次项目的实施，进一步证明了协同超净化水土共治技术在湖泊治理领域的应用已经成熟，具备了大规模使用的技术条件。

参考文献

[1] 刘韩，王汉席，盛连喜.中国湖泊水体富营养化生态治理技术研究进展 [J].湖北农业科学，2020，59（1）：5-10.

[2] 夏韵，邢奕，周北海.严重富营养化湖泊治理技术的探讨 [EB/OL].北京：中国科技论文在线 [2005-10-26].http://www.paper.edu.cn/releasepaper/content/200510-282.

[3] 冀文彦，胡雅芬，王强，等.关于水环境综合治理的国内外研究综述 [J].北京城市学院学报，2017（6）：16-21.